Müller/Walz Mikroprozessortechnik

Elektronik 5

Helmut Müller / Lothar Walz

Mikroprozessortechnik

Mit Übungen und Testfragen

4., erweiterte Auflage

Vogel Buchverlag

Die Deutsche Bibliothek – CIP-Einheitsaufnahme

Elektronik. – Würzburg: Vogel.
5. Müller, Helmut: Mikroprozessortechnik. –
4. Aufl. – 1992

Müller, Helmut:
Mikroprozessortechnik: mit Übungen und Testfragen / Helmut Müller; Lothar Walz. – 4. Aufl. – Würzburg: Vogel, 1992
(Elektronik; 5)
ISBN 3-8023-1453-0
NE: Walz, Lothar:

ISBN 3-8023-1453-0
4. Auflage. 1992

Satz und Druck: Alois Erdl KG, Trostberg
Buchbinderische Verarbeitung:
Wilhelm Röck, Weinsberg

Vorwort

Mikrocomputer werden immer noch kleiner und preiswerter. Ihr Einsatz in Steuerungen für Geräte, Maschinen und Anlagen nimmt weiter zu, im privaten Bereich ebenso wie in den Büros und Betrieben. Fachleute verschiedenster Berufe müssen sich darauf einstellen und mit dieser neuen Technologie vertraut machen.

Dieser Band 5 der Fachbuchgruppe Elektronik beschreibt am Beispiel des Mikroprozessors Z80 Aufbau, Arbeitsweise und Programmierung von Mikrocomputern. Die Maschinensprache wird ebenso erklärt wie das gute Strukturieren der Programme, wie Aufbau und Anwendung der zugehörigen Speicher- und Eingabe-/Ausgabe-Bausteine. Kurze Beschreibungen von Mikrocontroller-Bausteinen, Signalprozessoren, der RISC- und der Transputer-Architektur sowie eine Einführung in die Technik von 16- und 32-Bit-Prozessoren bieten – aufbauend auf das in diesem Buch erarbeitete Grundlagenwissen – einen Ausblick auf komplexere Architekturen innerhalb der Mikrocomputertechnik.

Die Absicht dieses Buches ist es auch, dem Leser zu vermitteln, daß alle Abläufe im Computer grundsätzlich «primitiv» und durchaus zu begreifen sind, daß sie feststehenden und immer wiederkehrenden Regeln folgen. Erst die enorme Arbeitsgeschwindigkeit und die Zuverlässigkeit seiner Bausteine machen den Computer zum wertvollen Werkzeug.

Aufgrund ihrer Unterrichtserfahrung sind die Verfasser der Meinung, daß es sinnvoller ist, die Beschreibungen auf ein bestimmtes, möglichst weit verbreitetes System zu beziehen. So können nachprüfbare Aussagen gemacht und Übungsaufgaben gestellt werden, deren richtige Lösung dann auch z. B. mit Hilfe von Lernsystemen nachvollziehbar ist. Weil Mikrocomputer alle nach dem gleichen Prinzip arbeiten, sind mit einem bestimmten Typ erworbene Kenntnisse gut auf andere Systeme übertragbar.

Der Mikroprozessor Z80 der Firma Zilog scheint den Verfassern aus mehreren Gründen gut für eine Einführung in die Mikrocomputertechnik geeignet zu sein:

- ☐ Der Prozessor ist mit nur 8 Bit Verarbeitungsbreite besser überschaubar als 16- oder 32-Bit-Prozessoren.
- ☐ Der Z80 ist in der Industrie weit verbreitet.
- ☐ Die Anschlußtechnik ist übersichtlich, es sind keine Anschlüsse doppelt belegt.
- ☐ Die mnemonischen Abkürzungen für die Befehle sind sinnvoll und eingängig gewählt.

Für das Studium dieses Buches sind Grundkenntnisse über binäre Signale und deren Grundverknüpfungen, das duale Zahlensystem und das Prinzip eines Flipflops ausreichend. Angesprochen sind Elektroniker und darüber hinaus alle, für die ein genaueres Verständnis der Arbeitsweise von Mikrocomputern aus beruflichen Gründen wichtig ist oder die «Computern» als ernsthaftes Hobby betreiben.

Freiburg i. Br.

Helmut Müller
Lothar Walz

Zur Fachbuchgruppe «Elektronik» gehören die Bände:

Elementare Elektronik

Elektronik 1: Elektrotechnische Grundlagen

Elektronik 2: Bauelemente

Elektronik 3: Grundschaltungen

Elektronik 4: Digitaltechnik

Elektronik 5: Mikroprozessortechnik

Elektronik 6: Elektronische Meßtechnik

Inhaltsverzeichnis

1 Einführung

1.1 Prinzip der Datenverarbeitung

Datenverarbeitung mit Hilfe von Computern ist inzwischen in fast alle Bereiche der industrialisierten Welt eingeführt. Computer helfen bei der Erfassung und Aufbereitung von Meßwerten, der Herstellung von Fertigungsunterlagen, sie steuern Maschinen aller Größen, verwalten Lagerbestände, kalkulieren Angebote, berechnen Gehälter und Steuern, speichern Verkehrssünder und freie Plätze in Flugzeugen. Der Leser könnte diese Liste sicher noch aus eigener Kenntnis ergänzen.

Bild 1.1
Prinzip der Datenverarbeitung

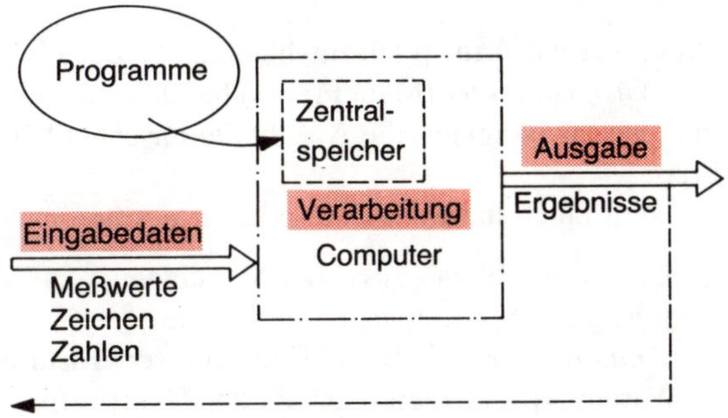

Aber so verschiedenartig diese Anwendungen auf den ersten Blick auch sein mögen, vom Prinzip her ergibt sich immer der gleiche Ablauf einer Datenverarbeitung (Bild 1.1).

> *Eingabe*
> Eingabegeräte stellen Daten zur Verarbeitung bereit.

Zu diesen *Eingabegeräten* zählen beispielsweise:

- ☐ Meßfühler (Sensoren) etwa für Temperatur, Durchflußmenge, Gehalt an Schwefeldioxid usw.;
- ☐ Taster oder ganze Tastaturen, Endschalter;
- ☐ Datenspeicher, wie Magnetband- oder Disketten-Laufwerke.

> *Verarbeitung*
> Diese Daten werden nun von der eigentlichen Verarbeitungseinheit, dem Computer, gelesen und entsprechend einer im Computer vorhandenen Arbeitsanweisung, dem Programm, verarbeitet.

Von den eingelesenen Meßwerten muß vielleicht ein Mittelwert gebildet, Endschalter auf Betätigung überprüft, bei einem Angebot müssen Warenposten addiert und die Mehrwertsteuer hinzugerechnet werden.

Ausgabe
Die Ergebnisse dieser Verarbeitung müssen ausgegeben werden.

Mittelwerte werden als Diagramm gezeichnet, Motoren werden – abhängig von der Stellung der geprüften Endschalter – gestartet oder angehalten, Meldeleuchten aktiviert, Angebote gedruckt.

Der Computer übernimmt dabei nicht nur die Verarbeitung, sondern steuert auch das Einlesen der Daten sowie die Ausgabe der Ergebnisse.

Dieses Arbeitsprinzip gilt unabhängig davon, ob es sich nun um *Mikro-, Mini-, Midi-* oder *Großcomputer* (Main Frame) handelt. Sie unterscheiden sich durch ihre Verarbeitungsgeschwindigkeit, die Anzahl der anschließbaren Geräte und natürlich durch ihren Preis.

Daten fallen in zwei verschiedenen Formen an:

- ☐ als *analoge Werte,* z. B. bei Messungen von Temperatur, Druck, pH-Wert, Spannung am Abgriff eines Potentiometers;
- ☐ in *binärer Form,* z. B. bei Eingaben von Tastaturen, beim Lesen von Bar-Codes auf Warenverpackungen oder bei der Überprüfung von Endschaltern.

1.1.1 Binäre Daten

Heutzutage werden Daten immer mehr in binärer Form verarbeitet, d. h., analoge Daten müssen vor der weiteren Verarbeitung erst mit Hilfe von Analog-Digital-Wandlern in binäre Signale umgewandelt werden.

Die folgenden Merksätze zeigen die Unterschiede der verschiedenen Signalarten.

Analoge Signale können, natürlich zwischen zwei Grenzwerten, *beliebig viele Zwischenwerte* annehmen.
Digitale Signale können nur eine *begrenzte Anzahl* von Zuständen annehmen, z. B. die Zustände +5 V, 0 V, −5 V.
Binäre Signale können nur *zwei Zustände* annehmen.
In Computern werden binäre Signale meist durch zwei verschiedene elektrische Potentiale übertragen, wobei immer gilt:

LOW bzw. L bedeutet das *negativere* Potential
HIGH bzw. H bedeutet das *positivere* Potential

Üblicherweise wird noch folgende Zuordnung gemacht:
LOW: Signal ist nicht aktiv, logisch «0»

HIGH: Signal ist aktiv, logisch «1»

Man bezeichnet diese Zuordnung als *Positive Logik*.

Bei Signalnamen, die mit einem Minuszeichen beginnen oder überstrichen sind, z. B. −MREQ oder $\overline{\text{MREQ}}$, ist die Zuordnung genau umgekehrt (*Negative Logik*):

LOW: Signal ist aktiv, logisch «1»
HIGH: Signal ist nicht aktiv, logisch «0»

Mikrocomputer, das sind Rechner in der Preisklasse bis etwa 15000 DM, sind meist aus Schaltkreisen in MOS-Technologie gefertigt, die mit den folgenden Potentialen arbeiten:

LOW: 0 V ... +0,8 V HIGH: +2 V ... +5 V

In diesem Buch sind also immer, wenn von Rechnern, (Mikro-)Computern usw. die Rede ist, Systeme gemeint, die *ausschließlich binäre Signale* verarbeiten.

Die Technik der sog. *Analogrechner* hat in den letzten Jahren stark an Bedeutung verloren. Sie eignen sich vor allem für die Untersuchung des zeitlichen (dynamischen) Verhaltens von Systemen, die aus verschiedenen Energiespeichern und Dämpfungen bestehen, also mathematisch durch Differentialgleichungen beschrieben werden können. Ein typisches Beispiel dafür ist die Messung des Einschwingverhaltens eines Pkw-Fahrwerks, bestehend aus trägen Massen, Federn und Stoßdämpfern. Dabei werden diese Kennwerte mit Hilfe von beschalteten Operationsverstärkern elektrisch nachgebildet. Durch Variation der Einstellung der Operationsverstärker können so leicht verschiedene Auslegungen des Fahrwerkes *simuliert* werden.

Die digitale Verarbeitung hat sich aus mehreren Gründen durchgesetzt:

- Daten, z. B. analoge Meßwerte, können nur in digitalisierter Form über längere Zeit gespeichert und wieder verarbeitet werden.
- Die Genauigkeit der Verarbeitung läßt sich mit relativ geringem Aufwand praktisch beliebig steigern.
- Digitalisierte Daten sind bei Übertragung störunempfindlicher als analoge Signale. Bei Übertragung analoger Signale addiert sich jede noch so kleine Störung zum Nutzsignal, während sich bei digitaler Übertragung Störungen unterhalb einer bestimmten Schwelle überhaupt nicht bemerkbar machen. Selbst Störungen über dieser Schwelle können bei entsprechendem Aufwand durch Fehlerkorrekturverfahren beseitigt werden.

1.1.2 Verarbeitung binärer Daten

Im Computer – genauer gesagt im Rechenwerk des Computers – befinden sich recht komplizierte Schaltungen, die eingelesene Daten z. B. addieren, subtrahieren, vergleichen oder in ihrem Stellenwert verschieben können. Welche der möglichen Operationen die Daten durchlaufen, wird durch das sog. Programm festgelegt.

> Bei einem Computer handelt es sich also nicht um eine Schaltung, die speziell für eine ganz bestimmte Aufgabe konstruiert ist, sondern um eine universelle binäre Schaltung, die eingelesene Daten entsprechend den Befehlen des im Computer gespeicherten Programms bearbeitet.

Im Prinzip ist es möglich, dieses Programm zu ändern oder gegen ein anderes auszutauschen, so daß Daten dann mit ganz anderen Resultaten bearbeitet werden können.

Das ergibt einen sehr komplizierten, umständlichen und recht langsamen Ablauf. Müssen Mikrocomputer «on-line» arbeiten, d. h. etwa bei einem Regler die Menge der anfallenden Meßwerte so schnell verarbeiten wie sie vom Meßfühler erzeugt werden, haben sie, was die Geschwindigkeit betrifft, deutliche Nachteile gegenüber konventionellen, aus Operationsverstärkern aufgebauten Reglern.

> Der große Vorteil der Datenverarbeitung mit binär arbeitenden Computern liegt darin, daß die Schaltung, also die *Hardware*, im Prinzip *immer gleich aufgebaut* werden kann, weil die Anpassung an die spezielle Aufgabe durch das Programm, die *Software*, geschieht.

So lohnt es sich, für die Baugruppen des Computers sehr hoch integrierte Schaltkreise zu entwerfen, die dann in riesigen Stückzahlen hergestellt werden können und dadurch recht preiswert werden.

> Bei Änderungen der Aufgabenstellung kann die Software relativ leicht ausgetauscht werden, ohne daß – im Prinzip – Änderungen der Verdrahtung notwendig werden.

Die Kosten verlagern sich dann mehr auf die Herstellung der Software, die bis zu 80 % der Gesamtkosten einer Computeranwendung ausmachen kann.

Nur für sehr häufig vorkommende Aufgaben lohnen sich sonst noch die Entwicklungskosten für spezielle ICs, z. B. bei Taschenrechnern oder Digitaluhren.

Eine Wandlung bahnt sich hier an durch den Einsatz eben dieser Computer beim Entwurf und Testen neuer ICs. Auch bei kleineren Stückzahlen wird es zunehmend wirtschaftlich, ICs speziell für eine ganz bestimmte Aufgabe zu entwerfen. Dieses IC arbeitet dann wesentlich effektiver als ein Mikrocomputer. Die steigenden Umsätze der Hersteller von PLAs (Programmable Logic Arrays) bzw. von ASICs (Application Specific IC, anwendungsspezifische IC) lassen einen neuen Trend sichtbar werden.

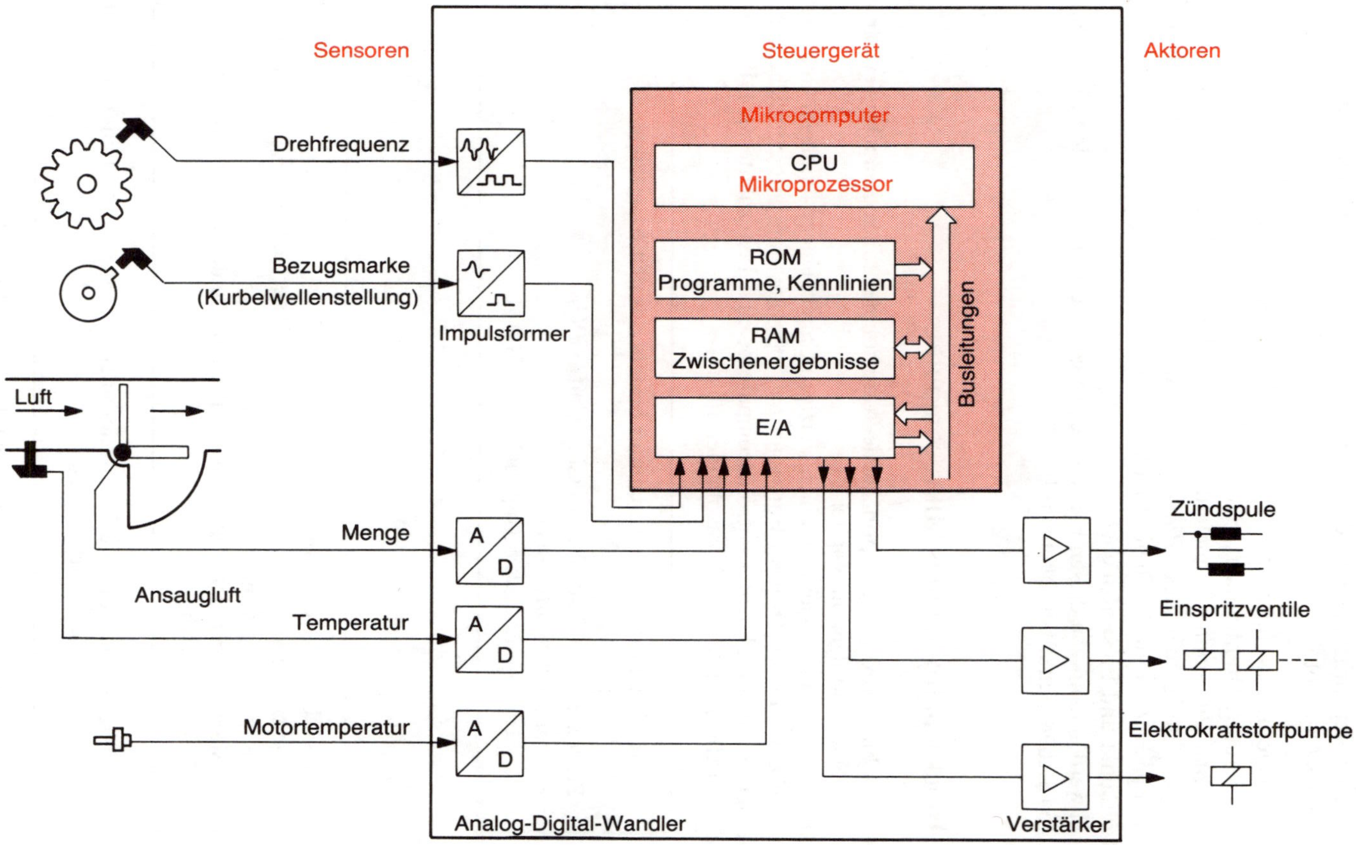

Bild 1.2 Datenverarbeitung bei Steuerung eines Ottomotors

Bild 1.2 zeigt den prinzipiellen Ablauf einer Datenverarbeitung am Beispiel der Steuerung eines Ottomotors:

- □ *Sensoren* liefern Eingangswerte über den Betriebszustand des Motors, wie Motortemperatur, Drehfrequenz, Sauerstoffgehalt des Abgases usw.
- □ *Analog-Digital-Umwandler* wandeln die analogen Meßwerte in digitale Daten um.
- □ Das im Computer gespeicherte *Programm* erzeugt nun mit Hilfe von ebenfalls im Computer gespeicherten Tabellen (Zündkennlinienfelder) Ausgangswerte, z. B. für Zündzeitpunkt und Einspritzmenge.
- □ *Aktoren* werden dann von diesen Ergebnissen so gesteuert, daß der Motor in einem günstigen Arbeitspunkt betrieben wird.

1.2 Blockschaltbild eines Mikrocomputers

In diesem Abschnitt wird erst der prinzipielle Aufbau eines Mikrocomputers erklärt, genauere Einzelheiten folgen in Kapitel 2.

Ein kompletter Computer kann auf einem einzigen Chip in einem 40poligen Gehäuse integriert, auf einer Leiterplatte im Europaformat 100 × 160 mm untergebracht sein, oder, wie bei den heute üblichen Personalcomputern, eine Leiterplatte im DIN-A3-Format einschließlich mehrerer Zusatzplatinen füllen.

> Jeder digital arbeitende Computer besteht aus den Baugruppen (Bild 1.3):
> *Zentraleinheit* (Central Processing Unit, *CPU*)
> *Zentralspeicher (Memory)*
> *Ein-/Ausgabe-Einheiten* (Input/Output, *I/O*)

1.2.1 Zentraleinheit

> Die CPU hat zwei Aufgaben:
> - □ Sie *steuert den gesamten Ablauf*, sowohl innerhalb der CPU als auch im gesamten Computer.
> - □ Sie *bearbeitet Daten*, kann also arithmetische und logische Operationen ausführen.

Durch die seit einiger Zeit mögliche Integrationsdichte können diese Funktionen auf einem einzigen Chip implementiert werden.

> Eine CPU, die auf einem einzigen Chip integriert ist, bezeichnet man als *Mikroprozessor*.

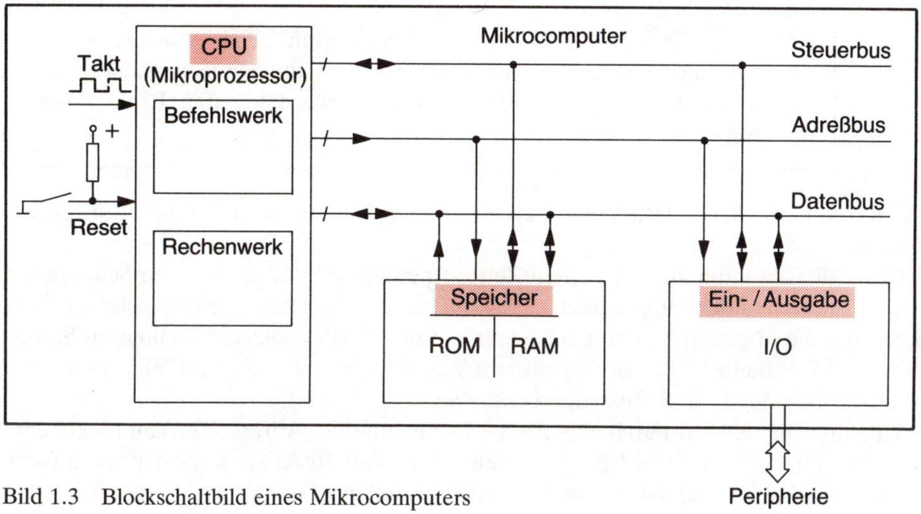

Bild 1.3 Blockschaltbild eines Mikrocomputers

Ein Mikroprozessor ergibt für sich allein noch keinen funktionsfähigen Computer, es gehören noch Speicher und E/A-Bausteine dazu.

Jede CPU hat einen Eingang für ein rechteckförmiges Taktsignal, das meist von einem Quarzgenerator erzeugt wird. Damit werden alle Abläufe innerhalb der CPU und des gesamten Mikrocomputers gesteuert.

Solche Mikroprozessoren werden von vielen Firmen angeboten. Sie unterscheiden sich durch ihre Arbeitsgeschwindigkeit und ihren Programmierkomfort. In den nächsten Abschnitten dieses Buches wird der weitverbreitete Mikroprozessor Z80 der Firma Zilog als Grundlage für genauere Erklärungen verwendet.

1.2.2 Zentralspeicher

> Zentralspeicher werden von der CPU *direkt angesteuert*, im Gegensatz zu peripheren Speichern, z. B. Disketten, Festplatten, die über spezielle E/A-Bausteine (Controller) angesteuert werden müssen.

Zentralspeicher werden heute fast ausschließlich in Halbleitertechnologie hergestellt, wobei zwei Gruppen unterschieden werden.

> *Nichtflüchtige Speicher* (Non Volatile Memory) behalten ihre Information auch beim Abschalten der Versorgungsspannung. Sie sind geeignet für Programme, Codetabellen usw.

Sie werden, nicht mehr ganz korrekt, als *ROM* (Read Only Memory = *Lese-Speicher*) bezeichnet, da es inzwischen Typen gibt, bei denen der Inhalt relativ einfach geändert werden kann, siehe Abschnitt 2.3.

> *Flüchtige Speicher* verlieren ihre Information beim Abschalten der Versorgungsspannung, dafür lassen sie sich aber einfach ändern. Sie werden zum Zwischenspeichern von Eingabedaten und Ergebnissen benötigt.

Sie werden als *RAM* (Random Access Memory) oder *Schreib-Lese-Speicher* bezeichnet.

Grundsätzlich kann man sich einen Zentralspeicher vorstellen als einen Schrank mit vielen untereinander angeordneten Schubladen – fachmännisch *«Speicherzellen»* genannt – die in einem gegebenen System alle die gleiche Anzahl von binären Stellen (Bitstellen) enthalten. Sie ist abgestimmt auf die Anzahl, die die CPU auf einmal verarbeiten kann, z. B. 8 Bitstellen beim Z80.

Jede Speicherzelle ist durch eine Zahl – fachmännisch «Adresse» genannt – gekennzeichnet. Die CPU kann solche Adressen (beim Z80 16stellige Dualzahlen) auf den Adreßbus schalten und damit beliebige Speicherzellen anwählen.

1.2.3 Ein-/Ausgabe-Bausteine

Sie stellen die Verbindung zur «Außenwelt» des Computers, zur *Peripherie*, her. Sie werden oft als Input-/Output-Ports oder kurz I/O-Ports (Port, engl. Tor, Türe, Pforte) bezeichnet.

Sie entlasten die CPU von Routineaufgaben und erhöhen dadurch die Arbeitsgeschwindigkeit des Systems. Es gibt inzwischen sehr komplexe Bausteine, die z. B. parallele in serielle Daten in einem selbst erzeugten Zeittakt umwandeln können. Nicht zu vergessen E/A-Bausteine zur Steuerung von Disketten- oder Festplattenlaufwerken. Andere Bausteine verstärken nur die von der CPU gesendeten Signale zum Betrieb von Relais oder Meldeleuchten.

1.2.4 Busleitungen

Alle Baugruppen eines Mikrocomputers sind durch Busleitungen (abgekürzt «Bus») miteinander verbunden.

> Der Bus besteht aus mehreren Leitungen, wobei an jede Leitung parallel mehrere Bausteine angeschlossen sind (Bus: von lateinisch omnibus, alle).

Das bedeutet, daß eine einzige Leitung z. B. alle mit D0 bezeichneten Datenanschlüsse von CPU, Speicher und E/A-Bausteinen miteinander verbindet.

In Systemen mit Z80-CPU besteht der Datenbus aus 8 Leitungen, so daß bei jedem Transport 8 Bit gleichzeitig übertragen werden können.

Die beiden anderen Gruppen, *Adreßbus* und *Steuerbus*, benötigt die CPU zur Steuerung dieser Informationstransporte, womit das Problem gelöst werden kann, daß auf dem *Datenbus immer nur ein Baustein senden und ein Baustein empfangen darf.*

1.3 Prinzipielle Arbeitsweise eines Computers

1.3.1 Historische Entwicklung

Der Anfang der Entwicklung, die schließlich zur heutigen Struktur führte, geht auf das Jahr 1833 zurück. Zwar wurden auch schon vorher Rechenmaschinen erdacht und gebaut, aber die waren noch nicht programmgesteuert, entsprachen also eher unseren heutigen Taschenrechnern. 1833 begann der englische Mathematiker *Charles Babbage* mit der Entwicklung seiner «Analytical Engine», die bereits aus einem Datenspeicher, Rechenwerk, Steuerwerk und einer Ein-/Ausgabe bestehen sollte. Die Steuerung, also «Programmierung», sollte durch Lochkarten erfolgen, die schon seit 1728 zur Steuerung von Webstühlen verwendet wurden. Die Ausführung scheiterte jedoch an mechanischen Schwierigkeiten.

Erst 1941 verwirklichte *Konrad Zuse* mit seinem Relaisrechner Z3 diese Prinzipien, obwohl er die Ideen von Babbage nicht gekannt hatte. Dieser Rechner gilt als der erste programmgesteuerte Rechenautomat, der auch wirklich funktionierte. Das Programm wurde, immer noch extern, auf einem gelochten Kinofilmstreifen gespeichert. Zuse hat zur Entwicklung der Rechnertechnik zwei neue Ideen beigesteuert:

Die Verwendung bistabiler, also binär wirkender Schaltelemente und des dualen Zahlensystems, das bereits von *Leibniz* 1679 in seiner Schrift «De progressione Dyadica» veröffentlicht worden war. Leibniz beschrieb auch, wie einfach die Regeln der vier Grundrechenarten in diesem Zahlensystem werden.

Zuse erkannte auch, daß sich bei Dualzahlen alle Berechnungen mit den binären Grundoperationen UND, ODER und NICHT durchführen lassen.

Die ersten Rechner von Zuse waren noch mit mechanischen bistabilen Elementen ausgestattet; der Durchbruch erfolgte erst, als mit der Elektronenröhre ein schnelles, nicht mechanisch bewegtes Bauelement für bistabile Kippstufen zur Verfügung stand. Diese ersten «Elektronenrechner» waren saalfüllende Ungetüme, wie z. B. der 1945 in Amerika in Betrieb genommene ENIAC mit 18 000 Röhren und einer Leistungsaufnahme von 150 kW. Nur etwa in der halben Betriebszeit war der Rechner funktionsfähig, die andere Zeit über mußten defekte Röhren gesucht und ausgetauscht werden.

Die vorerst letzten grundsätzlichen Ideen fügte gegen Ende des 2. Weltkrieges der aus Deutschland ausgewanderte Mathematiker *v. Neumann* hinzu.

Nicht nur Daten, sondern auch die Programme sollten im Zentralspeicher abgelegt werden, sie wurden speicherresident.

Die Verwendung sog. «bedingter Sprungbefehle» ermöglichte es nun, z. B. abhängig von der Größe eines Ergebnisses oder eines Zählregisters, Programmteile beliebig oft zu wiederholen (Schleifen) oder aber zu überspringen, d. h., das Programm konnte selbständig Entscheidungen treffen, ohne daß der Mensch eingreifen mußte.

Damit war die prinzipielle Entwicklung abgeschlossen; was danach noch folgte, war im wesentlichen technologische Weiterentwicklung.

Etwa ab 1955 wurden die leistungsfressenden und relativ unzuverlässigen Röhren durch Transistoren ersetzt, ab 1965 erschienen dann integrierte Schaltkreise.

Hier verzweigt sich die Entwicklung. Zum einen entstehen in bipolarer Technik immer schnellere Schaltkreise mit Durchlaufzeiten unter 1 ns, die in Großrechnern eingesetzt werden. Zum anderen erreicht man in der einfacher aufzubauenden MOS-Technik immer größere Packungsdichten.

Etwa seit 1975 gibt es IC, bei denen ein komplettes Steuer- und Rechenwerk auf einem Chip integriert ist, eben den Mikroprozessor, mit ca. 30 000 Transistorfunktionen. Dadurch konnten immer kleinere, verlustärmere, dabei noch schnellere und billigere Computer hergestellt werden. Diese Computer brauchten auch nicht mehr in klimatisierten Rechenzentren aufgestellt zu werden, sondern konnten überall vor Ort, wo eben Rechenleistung benötigt wurde, eingesetzt werden.

Die grundlegende Arbeitsweise eines Computers ist jedoch seit den Ergänzungen Zuses und v. Neumanns gleichgeblieben.

1.3.2 Prinzipieller Ablauf eines Programmes

Das Steuerwerk der CPU ist durch Steuerleitungen mit allen Baugruppen innerhalb der CPU und über die Steuerbusleitungen auch mit Speicher und E/A-Bausteinen verbunden.

Welche Steuerleitungen nun in welcher Reihenfolge aktiviert werden, wird durch *Maschinenbefehle*, das sind bestimmte Kombinationen aus 0 und 1, bestimmt. Solch ein Maschinenbefehl bewirkt meist nicht sehr viel, z. B. den Transport einer 8stelligen Dualzahl vom Rechenwerk der CPU in eine Speicherzelle oder in einen E/A-Baustein. Andere Maschinenbefehle bewirken die Addition oder Subtraktion von zwei in der CPU gespeicherten 8stelligen Dualzahlen. Auch für scheinbar einfache Probleme, wie Addition längerer Dezimalzahlen, Wurzelziehen oder gar Berechnung einer Sinusfunktion, werden bereits eine ganze Menge dieser Maschinenbefehle benötigt. Der Z80 kann ca. 700 verschiedene Maschinenbefehle ausführen, von denen allerdings viele sehr ähnlich sind. Für jede CPU gibt es *Befehlslisten*, in denen alle ausführbaren Befehle aufgeschrieben sind.

> Aus diesen Befehlslisten muß der Programmierer diejenigen Befehle heraussuchen, die er zur Lösung des Problems benötigt.

Je nach Geschick des Programmierers ergeben sich dabei mehr oder weniger elegante Lösungen.

> Die ausgewählten Befehle müssen nun genau in der Reihenfolge, wie sie vom Befehlswerk ausgeführt werden sollen, im Zentralspeicher in unmittelbar aufeinanderfolgenden Speicherzellen abgelegt werden.

Der erste auszuführende Befehl muß dabei in Speicherzelle 0 stehen, und es dürfen keine Zellen übersprungen werden. Ein solches Programm kann z. B. mit Hilfe eines Programmiergerätes in ein EPROM (siehe Abschnitt 2.3) eingeschrieben und dann in einen für einen Speicherbaustein vorgesehenen Sockel des Mikrocomputers eingesetzt werden.

Jedes Befehlswerk besitzt nun ein «Zählwerk», den *Programmzähler*, das im Prinzip die Nummer oder besser die Adresse des Befehles enthält, der gerade ausgeführt wird. Durch einen Taster, der auf den Reset-Eingang der CPU führt, kann dieses Zählwerk

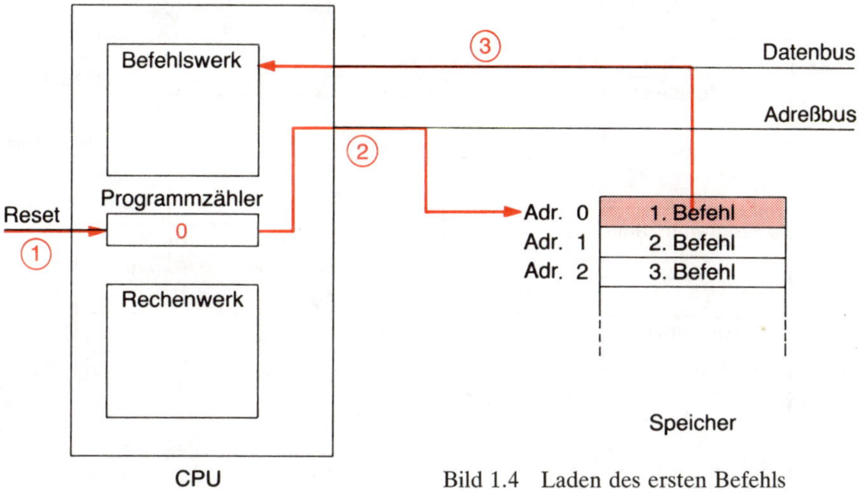

Bild 1.4 Laden des ersten Befehls

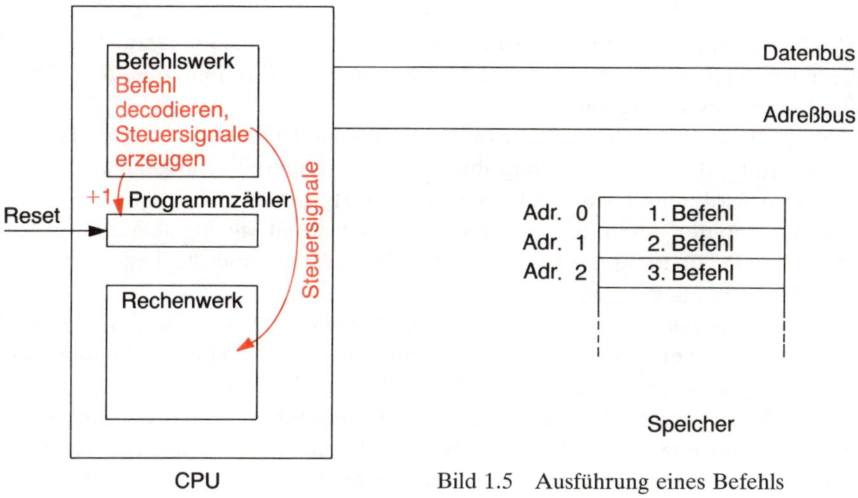

Bild 1.5 Ausführung eines Befehls

auf 0 gesetzt werden. Bei den meisten Computern wird dieses Reset-Signal nach dem Einschalten der Spannungsversorgung automatisch für kurze Zeit aktiviert. Anschließend beginnt das Befehlswerk seine Arbeit:

- Es schaltet den Programmzähler auf den Adreßbus, und der Inhalt der Adresse 0 wird aus dem Speicher über den Datenbus in das Befehlswerk geladen (Bild 1.4).
- Der Befehl wird nun decodiert und die entsprechenden Steuersignale erzeugt, so daß der Befehl «ausgeführt» wird. Anschließend erhöht das Befehlswerk *automatisch* den Programmzähler um 1 (Bild 1.5).
- Dieser nächste Befehl wird nun in das Befehlswerk geladen und ausgeführt (Bild 1.6).
- Nach Ausführung dieses Befehls wird der Zähler wiederum automatisch erhöht, der nächste Befehl geladen usw.

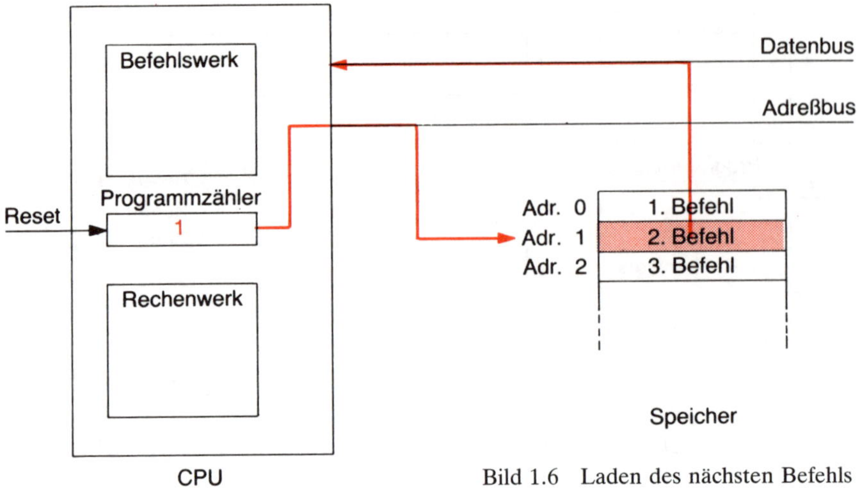

Bild 1.6 Laden des nächsten Befehls

Dieser eigentlich recht sture Ablauf wiederholt sich nun immerzu. Er läßt sich nur beenden durch einen speziellen Befehl, den sog. HALT-Befehl, oder durch Abschalten der Spannungsversorgung.

Spezielle Befehle, die sog. Verzweigungsbefehle (Abschnitt 4.4) bewirken bei ihrer Ausführung, daß der Programmzähler mit einer anderen Zahl geladen wird, die o.g. Prozedur wird dann eben ab dieser Adresse fortgesetzt.

Ein Computer «steht also niemals still», auch wenn «nichts abläuft». So wird z. B. bei einem PC dauernd der Bildschirm neu beschrieben und die Tastatur abgefragt, ob eine Taste gedrückt wurde.

Eines sollte nach dem eben Gesagten klar geworden sein: *Ein Computer kann nicht «denken»*, er kann nur die vom Programmierer eingegebenen Befehle der Reihe nach ausführen. Es können nur diejenigen Tätigkeiten ablaufen, die der Programmierer in seinem Programm berücksichtigt hat. Ein Computer – die Größe spielt dabei keine Rolle – kann nur auf solche Ereignisse reagieren, die der Programmierer in seinem Programm vorausgesehen hat. Ein Beispiel mag das verdeutlichen: Auch Experten können Schwierigkeiten haben, gegen ein gutes Computer-Schachprogramm zu gewinnen. Aber das Schachprogramm wird z. B. von sich aus nie in der Lage sein, etwa die Regeln zu ändern oder gar ein neues Spiel zu erfinden.

Die Maschine ist dem Menschen eigentlich nur in zwei Dingen überlegen:

- ☐ Die *Befehlsausführung erfolgt sehr zuverlässig* und immer in *exakt* der gleichen Weise und Zeitdauer.
- ☐ Befehle werden *sehr schnell ausgeführt*. Die Z80-CPU, mit der wir uns noch näher beschäftigen werden, kann in der Sekunde etwa 200000 Befehle ausführen, bei einer Taktfrequenz von 2 MHz, andere Mikroprozessoren (siehe Kapitel 10) auch 10mal mehr. Man spricht dann von 0,2 bzw. 2 *MIPS* (million instructions per second). Auch die weiteren Kapitel dieses Buches werden zeigen, daß ein Computer keineswegs ein denkendes Wesen, sondern nur eine – allerdings recht komplizierte – elektronische Steuerung ist.

2 Baugruppen eines Mikrocomputers

In diesem Kapitel soll die Hardware eines Computers, also CPU, Zentralspeicher, Ein-/Ausgabe-Bausteine und Systembus, etwas eingehender behandelt werden.

2.1 Systembus

Die Busleitungen, die die Baugruppen eines Mikrocomputers – CPU, Zentralspeicher, E/A-Bausteine – miteinander verbinden, werden als *Systembus* bezeichnet.

Es gibt noch andere Busleitungssysteme, z. B. sind in der CPU alle Register durch einen «internen Datenbus» miteinander verbunden. Auch außerhalb eines Computers werden häufig Bussysteme benutzt, um mehrere Peripheriegeräte an eine E/A-Baugruppe anzuschließen; der in der Meßautomatisierung häufig verwendete IEC-Bus ist ein Beispiel dafür.

Auch eine Gemeinschaftsantennenanlage ist als Bussystem ausgeführt, wobei ein Sender – der Antennenverstärker – mehrere Empfänger betreibt. Im Prinzip können durch «Anzapfen» Geräte dazugeschaltet werden, ohne daß jedesmal eine neue Leitung vom Dach verlegt werden muß.

In einem Computersystem ist die Informationsverteilung jedoch schwieriger, weil mehrere Datensender vorhanden sind. So müssen z. B. Zahlen von verschiedenen Speicherbausteinen zur CPU gesendet werden, damit sie dort bearbeitet werden können. Ebenso müssen Daten von Tastaturen oder Stellungen von Endschaltern über Eingabebausteine zur CPU gesendet und Ergebnisse von der CPU zu Speicher- oder E/A-Bausteinen transportiert werden.

Zur korrekten Abwicklung des Datenflusses werden im Systembus eines Computers entsprechend ihrer Aufgabe drei Gruppen von Busleitungen unterschieden:

- Datenbus
- Adreßbus
- Steuerbus

Um die Steuerung des Datenflusses nicht zu kompliziert zu machen, sind *nur Transporte zwischen CPU und Speicher* oder *CPU und E/A-Bausteinen* möglich, jeweils in beiden Richtungen.

Da an einer Datenleitung also immer mehrere Sender angeschlossen sind, spricht man hier von einem *bidirektionalen Bus*.

Das Steuerwerk der CPU muß nun zwei Probleme lösen:

1. Auswahl einer bestimmten Speicherzelle oder eines E/A-Bausteins für den Datentransport.
2. Festlegung der Richtung des Transportes.

> Das Steuerwerk sorgt dafür, daß zur selben Zeit bei jeder Datenbusleitung nur ein Sender und ein Empfänger durchgeschaltet ist, entsprechend dem gerade auszuführenden Befehl.

2.1.1 Auswahl eines Bausteins

Dazu dienen Adreß- und bestimmte Steuerbusleitungen. Nur die *CPU besitzt Sender* für diese Leitungen, *alle anderen Bausteine* können nur *empfangen*, man spricht von einem *unidirektionalen Bus*.

Die Z80-CPU hat, wie die meisten Prozessoren mit 8-Bit-Datenbus, 16 Adreßausgänge. Speziell beim Z80 stehen noch 2 Steuerausgänge zur Unterscheidung von Speicheransteuerung ($\overline{\text{MREQ}}$) und E/A-Ansteuerung ($\overline{\text{IORQ}}$) zur Verfügung.

Die meisten der Adreßleitungen werden zur Auswahl der Speicherzellen innerhalb eines Bausteins verwendet, siehe Abschnitt 2.3, der Rest steht zur Unterscheidung der einzelnen Bausteine zur Verfügung. Grundsätzlich bedeutet das: Je mehr Speicherzellen ein einzelner Baustein hat, desto weniger Bausteine müssen ausgewählt werden und umgekehrt. Die Gesamtzahl der ansteuerbaren Speicherzellen bleibt konstant und ist durch die Anzahl der von der CPU ausgehenden Adreßleitungen bestimmt, siehe auch Abschnitt 2.2.

Speicher- und E/A-Bausteine besitzen mindestens einen *Auswahl-Eingang*, der aktiviert sein muß, damit der Baustein arbeitsbereit ist und die Datenanschlüsse an die Datenbusleitungen geschaltet werden. Diese Anschlüsse werden in Datenblättern mit *CS* (Chip Select), *CE* (Chip Enable), *DS* (Device Select) oder *DE* (Device Enable) bezeichnet. Einige Möglichkeiten der Bausteinauswahl seien hier kurz aufgezeigt:

Auswahl ohne Decodierung
Sind nur wenige Bausteine zu unterscheiden, ergibt sich eine recht einfache Auswahlschaltung (Bild 2.1). Sie wird häufig zur Ansteuerung von E/A-Bausteinen verwendet. Mit 3 Adreßleitungen könnten eigentlich 8 Bausteine unterschieden werden, wie das nächste Beispiel zeigt. Vorausgesetzt $\overline{\text{IORQ}}$ ist aktiv – also LOW –, wird der Baustein 1 immer dann ausgewählt, wenn A0=HIGH, unabhängig vom Zustand der anderen Adreßleitungen.

Steht kein spezielles E/A-Ansteuersignal zur Verfügung, muß es aus einer bestimmten Adreßkombination gebildet werden, siehe Bild 2.2. Man spricht in diesem Falle von einer «memory mapped» E/A-Ansteuerung, siehe auch Abschnitt 4.2.8.

Auswahl mit Decodern
Sind viele Bausteine auszuwählen, müssen die vorhandenen Adreßleitungen besser genutzt werden, z. B. mit einem *1-aus-8-Decoder*, der als IC (z. B. 74LS138) erhältlich

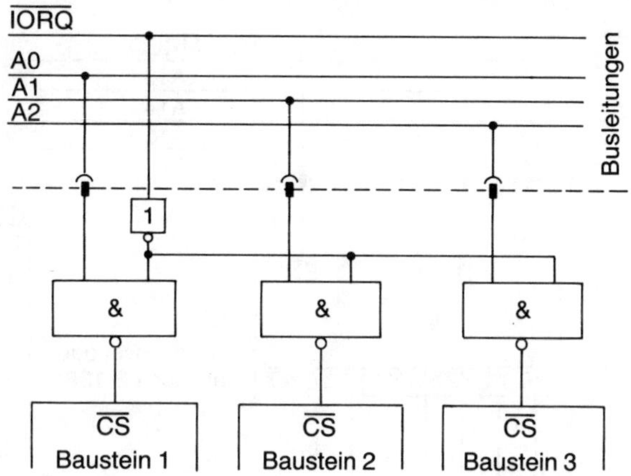

Bild 2.1
Bausteinauswahl ohne Decodierung

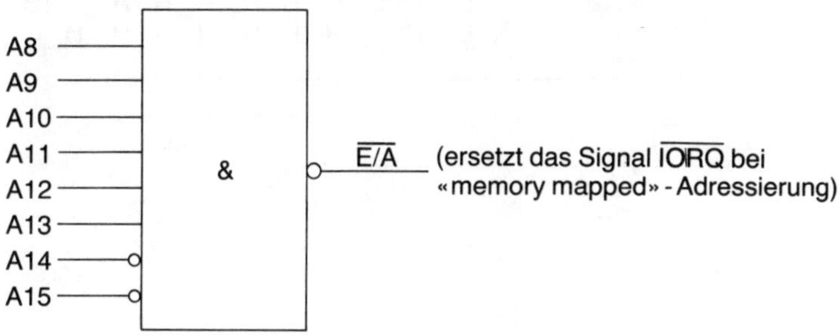

	A15	A14	A13	A12	A11	A10	A9	A8	A7	A6	A5	A4	A3	A2	A1	A0	
Anfangsadresse des E/A-Bereiches:	0	0	1	1	1	1	1	1	0	0	0	0	0	0	0	0	= 3F00H
Endadresse des E/A-Bereiches:	0	0	1	1	1	1	1	1	1	1	1	1	1	1	1	1	= 3FFFH

Bild 2.2 Bausteinauswahl Memory Mapped

ist (Bild 2.3). Hier wird bei jeder Kombination der Adreßsignale ein anderer Baustein ausgewählt. Das Speicher-Ansteuersignal $\overline{MREQ}$ ist immer dann aktiv, wenn die CPU den Speicher anspricht.

Auswahl mit Vergleichern

Auch mit Exclusiv-ODER-Gattern kann, zusammen mit Schaltern, eine Auswahl getroffen werden (Bild 2.4), wobei die EXOR-Schaltungen als Vergleicher verwendet werden, die nur dann LOW am Ausgang liefern, wenn beide Eingänge gleich sind. Über die Schalter S13...S15 kann damit eingestellt werden, bei welcher Kombination von A13...A15 der Baustein angesprochen wird.

Das ist vor allem wichtig, wenn bei einem nachträglichen Ausbau des Zentralspeichers immer gleich aufgebaute Module verwendet werden sollen. Jedes dieser Module kann dann durch die dort vorhandenen Schalter auf den vorgesehenen Adreßbereich eingestellt werden.

Eine andere Möglichkeit mit Lötbrücken, sog. *jumpern*, zeigt Bild 2.5.

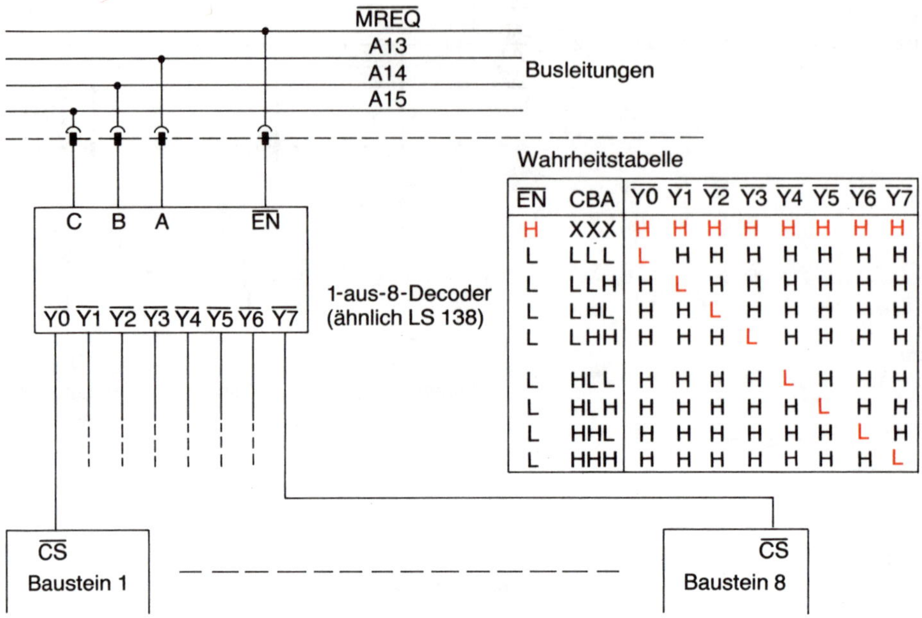

$\overline{EN}$	CBA	$\overline{Y0}$	$\overline{Y1}$	$\overline{Y2}$	$\overline{Y3}$	$\overline{Y4}$	$\overline{Y5}$	$\overline{Y6}$	$\overline{Y7}$
H	XXX	H	H	H	H	H	H	H	H
L	LLL	L	H	H	H	H	H	H	H
L	LLH	H	L	H	H	H	H	H	H
L	LHL	H	H	L	H	H	H	H	H
L	LHH	H	H	H	L	H	H	H	H
L	HLL	H	H	H	H	L	H	H	H
L	HLH	H	H	H	H	H	L	H	H
L	HHL	H	H	H	H	H	H	L	H
L	HHH	H	H	H	H	H	H	H	L

Bild 2.3 Bausteinauswahl mit Decodern

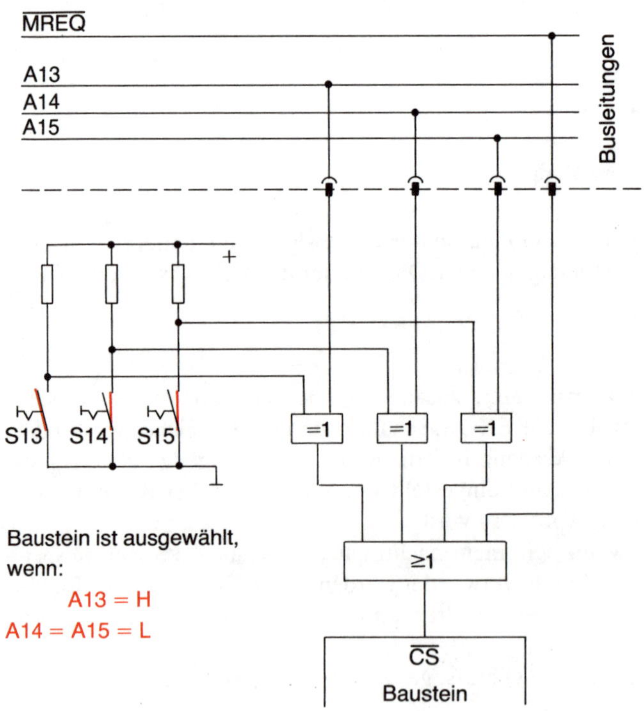

Bild 2.4
Bausteinauswahl mit
Vergleichern

Bild 2.5
Bausteinauswahl mit Lötbrücken

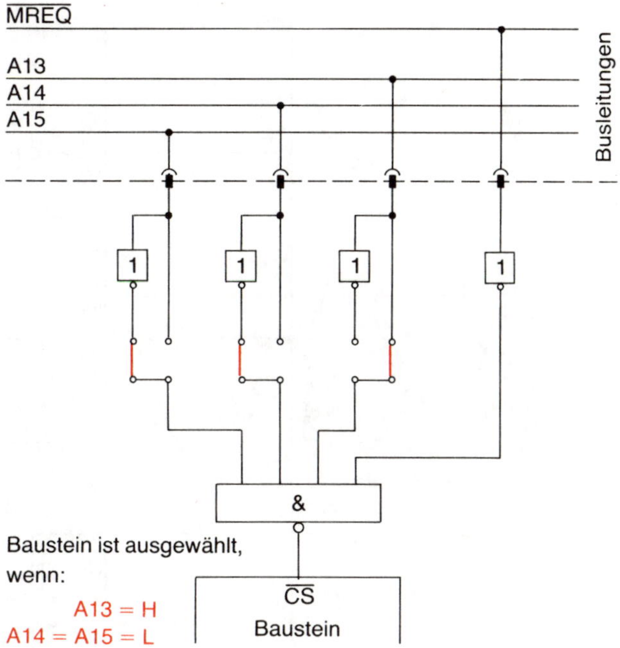

2.1.2 Steuerung der Übertragungsrichtung

Hierbei muß gesteuert werden, ob der Datenbus in Richtung CPU (Baustein sendet, CPU empfängt) oder umgekehrt (CPU sendet, Baustein empfängt) benutzt werden soll. Dazu hat die Z80-CPU die Steuerausgänge $\overline{RD}$ (read) und $\overline{WR}$ (write), siehe Bild 2.6.

Ist $\overline{RD}$ aktiv, also LOW, werden die Datenbussender des ausgewählten Bausteins und automatisch die Datenbusempfänger der CPU aktiviert.

> *Lesen (read)* bedeutet also immer, daß Daten von der CPU empfangen werden.

Ist $\overline{WR}$ aktiv, werden die Datenbussender der CPU und die Datenbusempfänger des ausgewählten Bausteins aktiviert.

> *Schreiben (write)* bedeutet, daß Daten von der CPU ausgesendet werden.

Die Unterscheidung zwischen Lesen und Schreiben kann bei anderen Prozessoren auch durch ein einziges Steuersignal angezeigt werden, z. B. R/$\overline{W}$, wobei dann HIGH für Lesen und LOW für Schreiben steht.

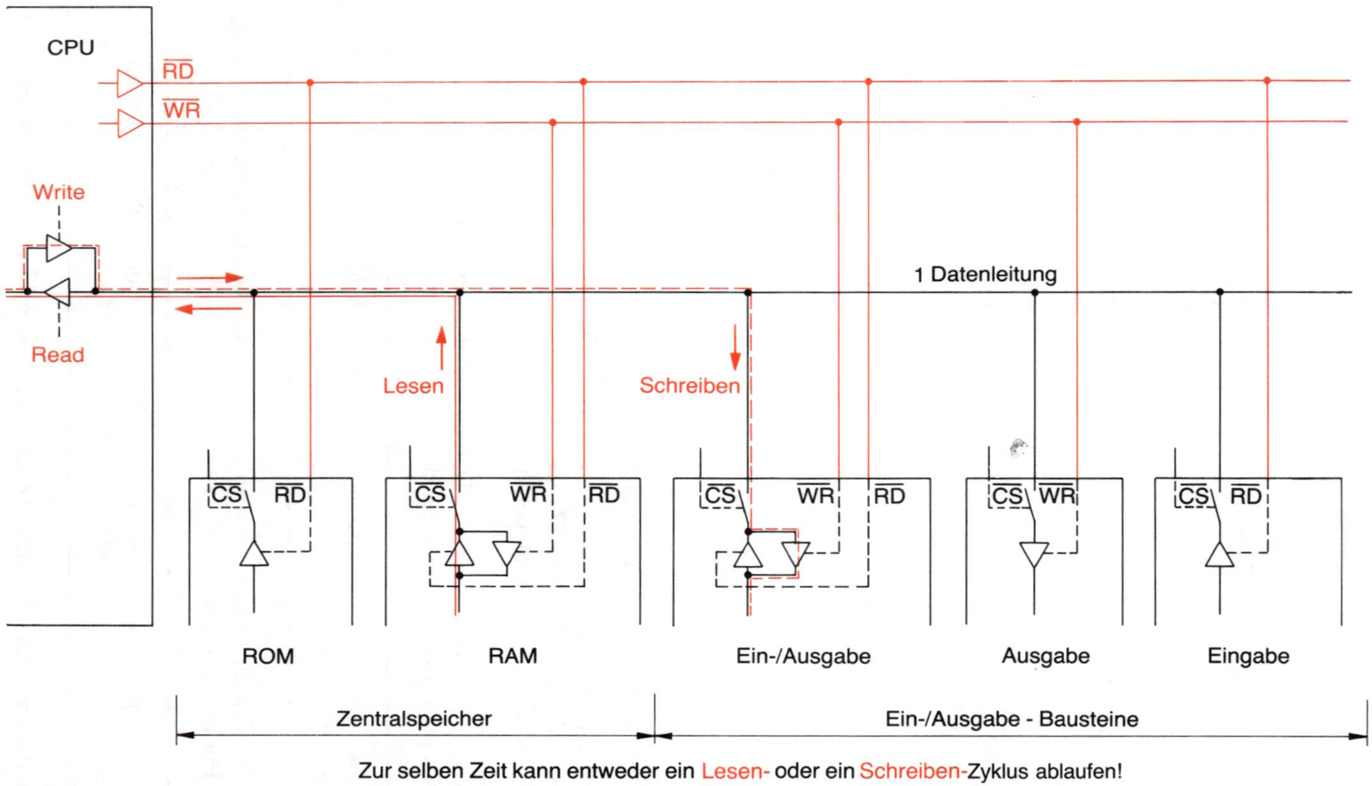

Bild 2.6 Lesen-/Schreiben-Steuerung

2.1.3 Bustreiber und Empfänger

Bei bidirektionalen Bussystemen dürfen alle nicht ausgewählten Bussender das Potential auf der Leitung nicht beeinflussen, sie müssen abgeschaltet sein.

> Bussender besitzen sog. *Tristate*-Ausgänge, die die Zustände HIGH, LOW und HOCHOHMIG (abgeschaltet, highZ) annehmen können (Bild 2.7).

Die Bussender werden durch die Kapazität der angeschlossenen Leitung und durch Empfängereingänge belastet. Deshalb müssen bei längeren Leitungen bzw. mehreren Empfängereingängen den Senderausgängen sog. *Bustreiber* (Buffer) nachgeschaltet werden, deren Ausgänge niederohmiger aufgebaut sind als die normalen Senderausgänge.

Ein Beispiel für einen bidirektionalen 8fach-Leitungstreiber zeigt Bild 2.8.

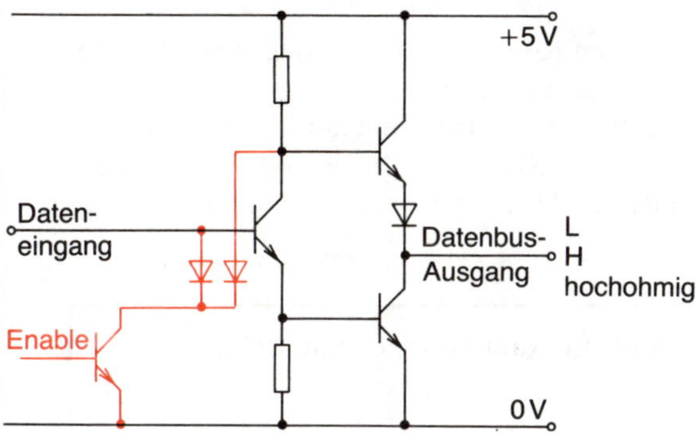

Bild 2.7
Tristate-Ausgänge

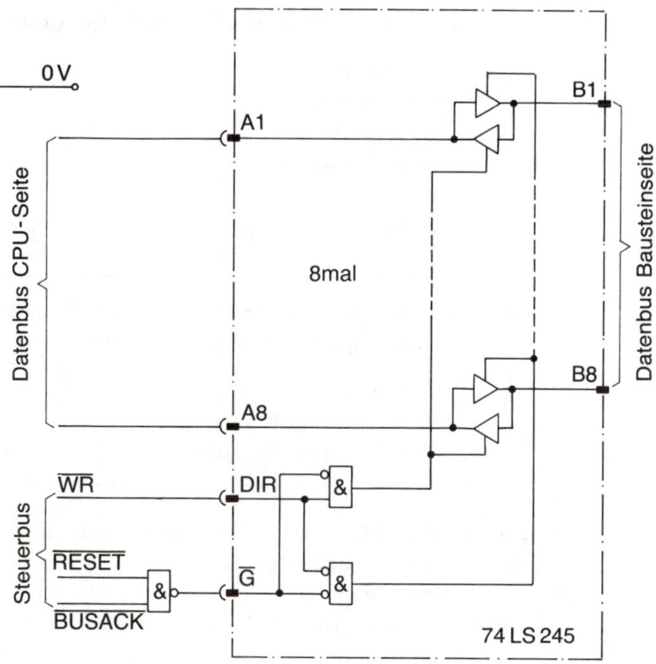

Bild 2.8
Bidirektionaler Leitungstreiber

2.2 Die Zentraleinheit (CPU, Central Processing Unit)

2.2.1 Einführung

Anhand einer in der Industrie häufig verwendeten Zentraleinheit, des Mikroprozessors Z80 der Firma Zilog, sollen nun Aufbau und Wirkungsweise einer CPU genauer beschrieben werden. Auch andere Typen von Mikroprozessoren arbeiten im Prinzip nach dem gleichen Schema. Wenn auch in der Zwischenzeit leistungsfähigere Mikroprozessoren am Markt sind, wird der Z80 immer noch sehr häufig für Steuerungen eingesetzt. Auf einer Fläche von ca. 5×8 mm sind ca. 30000 Transistorfunktionen integriert. Er ist von der Anschlußtechnik her sehr einfach aufgebaut und besitzt einen umfangreichen und gut strukturierten Befehlssatz.

Alle Ein- und Ausgänge sind TTL-kompatibel, d. h., Eingänge müssen mit den bei TTL-Schaltkreisen vorgeschriebenen logischen Potentialen angesteuert werden, Ausgänge führen ebenfalls TTL-Potential.

2.2.2 Anschlußtechnik

Bild 2.9 zeigt die Zuordnung der Signale zu den Kontakten des 40poligen Dual-inline-Gehäuses, Bild 2.10 zeigt die nach ihrer Funktion geordneten Signale.

Aus dem Z80 sind alle Leitungen, die für den Betrieb mit Speichern und E/A-Bausteinen notwendig sind, direkt herausgeführt. Kein Anschluß ist mit zwei verschiedenen Signalen belegt, auch sind zur Steuerung des Ablaufs keine weiteren Bausteine notwendig.

> Die Anschlüsse einer CPU werden in drei Gruppen unterteilt:
>
> - Datenleitungen
> - Adreßleitungen
> - Steuerleitungen

Datenleitungen (8 Anschlüsse, bidirektional, Tristate)

> Über den Datenbus empfängt die CPU alle Informationen, die sie zur Ausführung von Programmen braucht:
>
> - Befehle
> - zu verarbeitende Daten
> - Adreßinformation für das Laden und Speichern von Daten

Ergebnisse werden über diese Anschlüsse zum Speicher oder zu E/A-Bausteinen gesendet. *Bidirektional* bedeutet, daß über diese Anschlüsse sowohl gesendet als auch empfangen werden kann. Dazu besitzt die CPU für jede Leitung einen Sender und einen Empfänger, siehe Bild 2.11. Der dritte Zustand «hochohmig» wird dann eingeschaltet, wenn ein anderer Prozessor die Busleitungen benötigt, siehe Abschnitt 5.1.

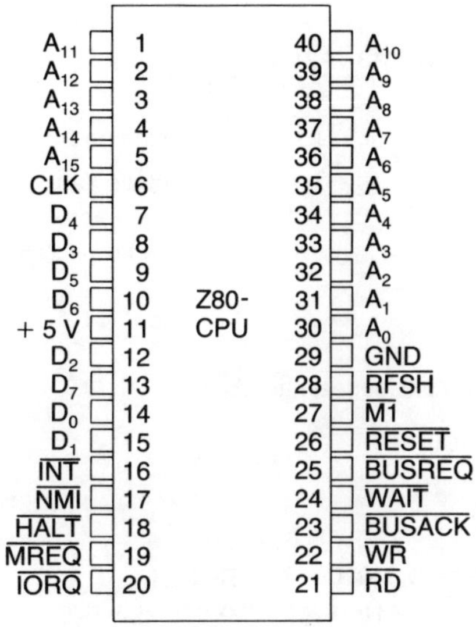

Bild 2.9
Anschlußbelegung einer Z80-CPU

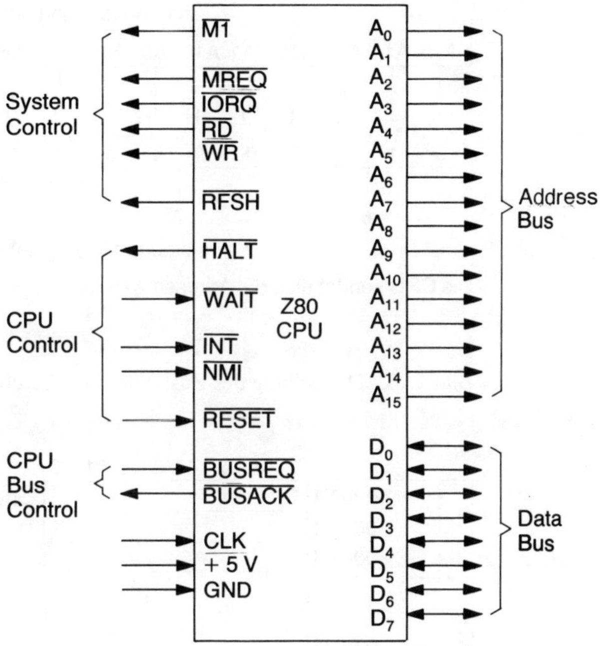

Bild 2.10
Anschlußbelegung einer Z80-CPU, nach Funktion geordnet

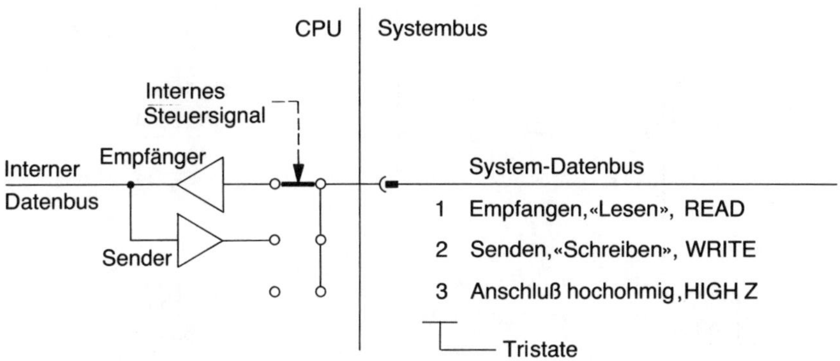

Bild 2.11 Datenbusanschluß der CPU

Adreßleitungen (16 Anschlüsse, Ausgänge, Tristate)

> Mit Hilfe der Adreßleitungen kann die CPU verschiedene Speicherzellen bzw. Register von E/A-Bausteinen auswählen, um deren Inhalt zu lesen oder zu verändern.

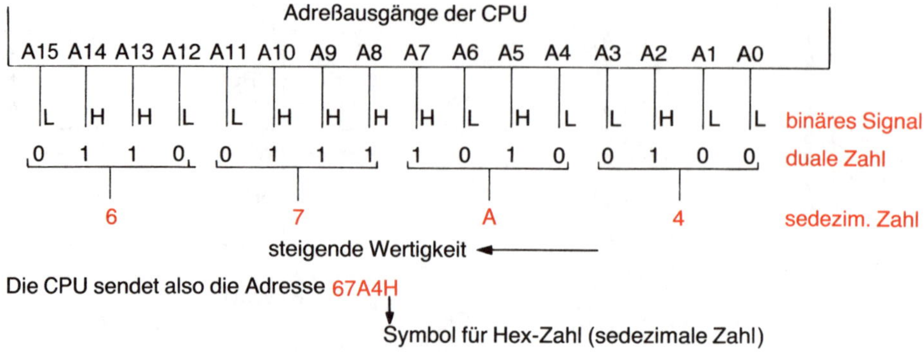

Bild 2.12 Darstellung des Zustandes der Adreßleitungen

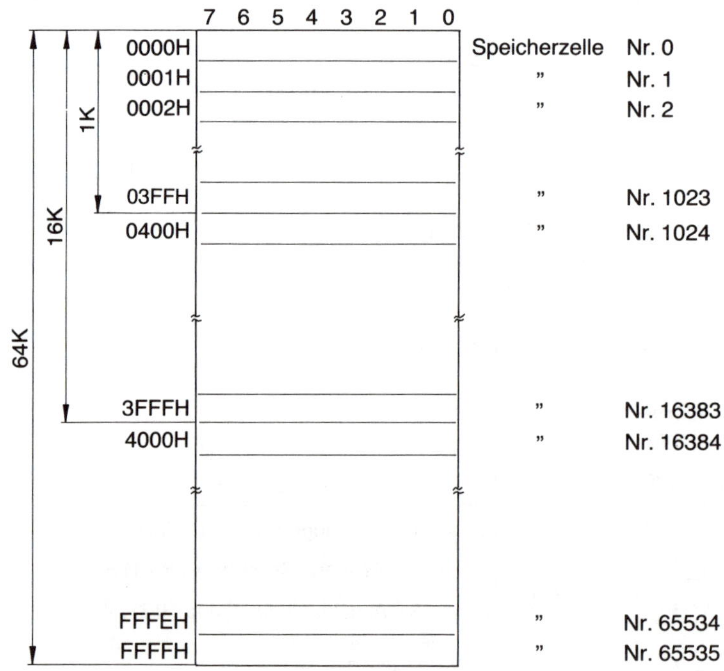

Bild 2.13 Adreßraum der Z80-CPU

Viele CPU besitzen 16 Adreßausgänge, damit können dann insgesamt 65 536 verschiedene Speicherzellen ausgewählt werden, entsprechend der Formel

$$Z = 2^n$$

Z: Anzahl der Kombinationen
n: Anzahl der Adreßleitungen

Die binären Zustände auf den Adreßleitungen können als 16stellige Dualzahlen verstanden werden. Zur Vereinfachung der Darstellung ist es jedoch üblich, immer vier

Dualstellen zu einer Sedezimalziffer zusammenzufassen, siehe Bild 2.12 und Tabelle in Abschnitt 3.1.5.

> Bitte unterscheiden Sie genau:
> *Adreßleitung:* von der CPU ausgehende Signalleitung
> *Adresse:* bestimmte Kombination aus 0 und 1 auf diesen Adreßleitungen, meist als Sedezimalzahl dargestellt

Das Wort «Adresse» bezeichnet im üblichen Sprachgebrauch häufig direkt die Speicherzelle, die mit dieser Kombination ausgewählt wird. Anstatt «Der Inhalt der Speicherzelle, die mit der Adresse 04A2H ausgewählt wird, ist 76H» sagt man einfacher: «Der Inhalt der Adresse 04A2H ist 76H».

Bei vollem Speicherausbau ist für jede mögliche Adresse auch eine Speicherzelle vorhanden (Bild 2.13).

Steuerbus (13 Anschlüsse, entweder Ein- oder Ausgang, teilweise Tristate)
Die einzelnen Steuersignale werden in den weiteren Kapiteln an geeigneter Stelle genauer erläutert.

In Bild 2.10 sind die Steuersignale in drei Gruppen gegliedert:

- □ Steuerung des Verkehrs auf dem Systemdatenbus (System Control)
- □ Steuerung der CPU (CPU Control)
  - Anhalten der CPU ($\overline{\text{WAIT}}$)
  - Unterbrechung des laufenden Programmes (Interrupt, Abschnitt 5.2)
  - Programmneustart ($\overline{\text{RESET}}$)
- □ Steuerung zur Trennung der CPU vom Systembus (CPU Bus Control) (Abschnitt 5.1)

Taktsignal (1 Anschluß, Eingang)

> Der zeitliche Ablauf sämtlicher Signale, sowohl innhalb der CPU als auch auf dem Systembus, wird von diesem Taktsignal abgeleitet.

Bild 2.14 Taktgenerator

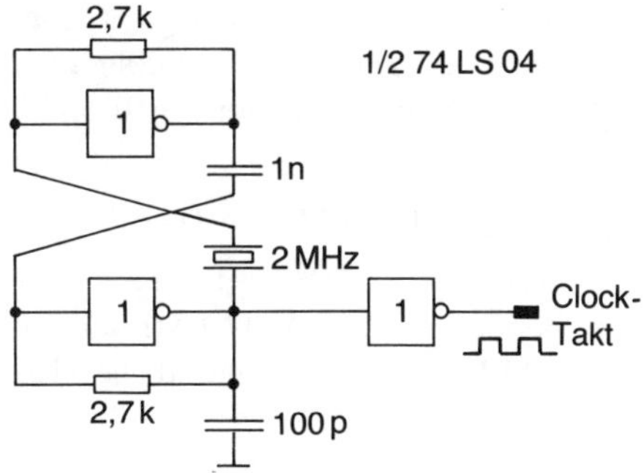

Die Taktfrequenz ist eines der Leistungsmerkmale für die Verarbeitungsgeschwindigkeit eines Mikrocomputers. Bei verschiedenen Versionen des Z80 sind Taktfrequenzen von 1 MHz bis 6 MHz möglich.

Viele Mikroprozessoren, so auch der Z80, besitzen dynamische Register, ähnlich wie dynamische RAM, siehe Abschnitt 2.3. Das Taktsignal darf dann eine bestimmte Mindestfrequenz (ca. 150 kHz) nicht unterschreiten. Bild 2.14 zeigt eine häufig verwendete Schaltung zur Erzeugung eines quarzgenauen Taktes.

2.2.3 Blockschaltbild der CPU

Da die interne Schaltung sehr kompliziert ist, begnügen wir uns mit der stark vereinfachten Darstellung eines Blockschaltbildes (Bild 2.15). Auf der rechten Seite sind summarisch die Anschlüsse zum Systembus gezeichnet, nämlich Daten-, Adreß- und Steuerleitungen.

> Die Innenschaltung der CPU kann wiederum in drei große Baugruppen unterteilt werden:
>
> - *Steuerwerk* oder *Befehlswerk* (Bild 2.15 links)
> - *Rechenwerk* (im Bild 2.15 rechts)
> - *Hilfsregister* und *Adressenregister*

Die einzelnen Baugruppen sind über einen *internen Datenbus* und eine Sender-Empfänger-Schaltung an den Systemdatenbus des Mikrocomputers angeschlossen. Die vielen vom Befehlswerk ausgehenden Steuerleitungen sind der Übersichtlichkeit halber nicht eingezeichnet.

2.2.3.1 Das Befehlswerk (BW)

> Das BW steuert, im Zeitraster des Taktsignals, alle Abläufe innerhalb der CPU sowie auch den gesamten Verkehr auf dem Systemdatenbus zwischen CPU und Speicher- bzw. E/A-Bausteinen.

Direkt an den internen Datenbus angeschlossen ist das *Befehlsregister*. Hier werden, in der Reihenfolge, wie sie im Speicher abgelegt sind, die einzelnen Maschinenbefehle zwischengespeichert. Im anschließenden *Befehlsdecoder* werden diese Befehle untersucht, worauf dann in der nachfolgenden *Ablaufsteuerung* die zur Ausführung notwendigen Steuersignale, immer synchronisiert durch den Takt, erzeugt werden.

2.2.3.2 Das Rechenwerk (RW)

Das ist die Baugruppe, in der die Daten bearbeitet werden können. Innerhalb des RW kann jedoch nur die ALU (Arithmetic Logic Unit) Rechenoperationen durchführen. Diese ALU ist also der eigentliche «Rechner».

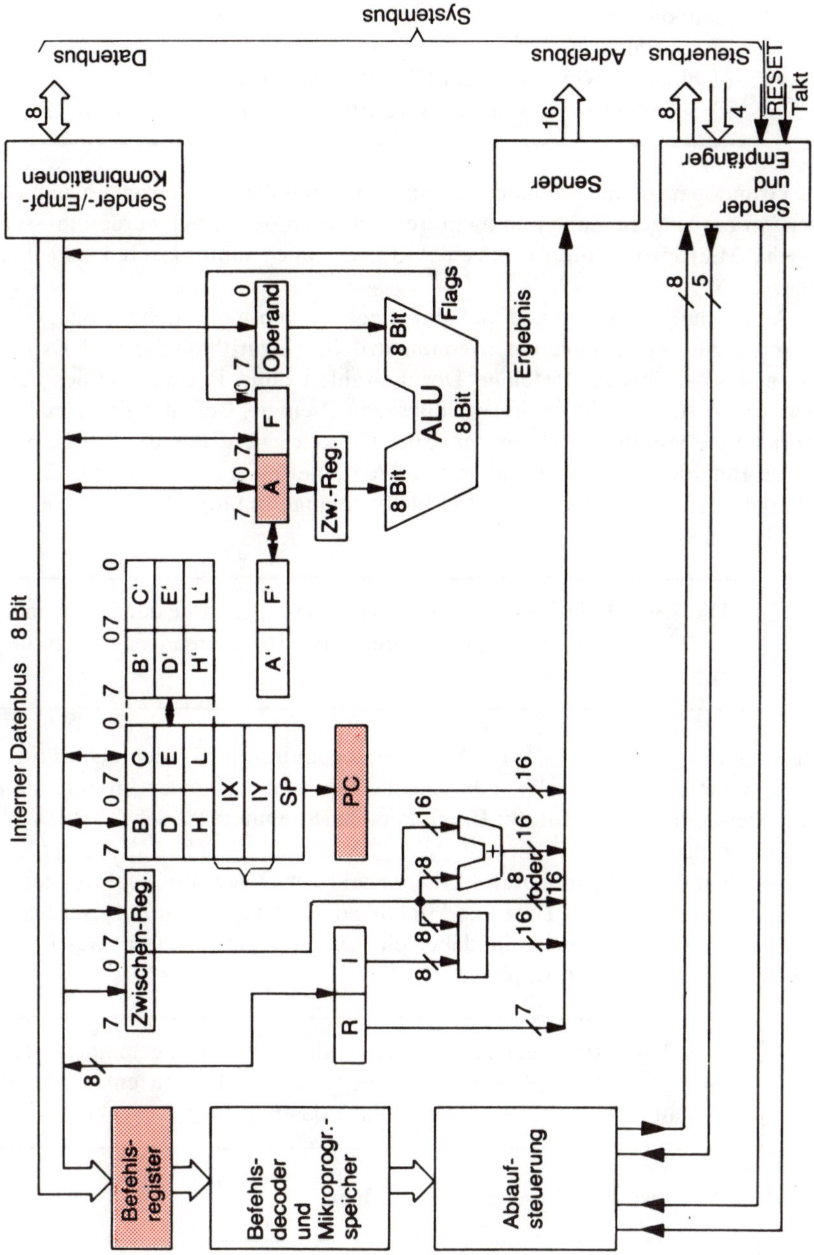

Bild 2.15 Blockschaltbild der Z80-CPU

Die ALU kann die folgenden Operationen ausführen:

- □ addieren
- □ subtrahieren
- □ binäre AND-, OR- und EXOR-Verknüpfung
- □ Schieben um 1 Stelle nach rechts oder links

Diese Grundoperationen können auch nur mit 8stelligen Dualzahlen durchgeführt werden, wobei längere Zahlen in mehreren Schritten berechnet werden müssen.

Manche Mikroprozessoren besitzen ALU, die auch multiplizieren und dividieren können.

Für Anwendungen, bei denen viel gerechnet werden muß, stehen sog. *Arithmetik-Prozessoren* zur Verfügung, die trigonometrische, logarithmische und Exponential-Funktionen sowie bis zu 18stellige Dezimalzahlen ohne Rundungsfehler berechnen können. Diese Arithmetik-Prozessoren besitzen ebenfalls Befehlsregister und empfangen parallel die von der CPU aus dem Speicher gelesenen Befehle. Wird einer dieser speziellen Befehle erkannt, übernimmt der Arithmetik-Prozessor die Ausführung und Speicherung der Ergebnisse. Die CPU bleibt solange untätig. Anschließend wird der nächste Befehl gelesen.

Die Z80-CPU gehört wegen der Verarbeitungsbreite der CPU von 8 Bit zur Gruppe der Mikroprozessoren mit 8 Bit *Wortlänge*, kurz zu den 8-Bit-Mikroprozessoren.

In der Steuerungstechnik, z. B. bei Kraftfahrzeugmotoren, werden auch Prozessoren mit 4 Bit Wortlänge verwendet. Für schnelle Bearbeitung langer Programme gibt es Mikroprozessoren mit 16 Bit (z. B. in Personalcomputern) oder 32 Bit Wortlänge (z. B. in mehrplatzfähigen PC).

Bei manchen dieser Prozessoren ist die Anzahl der Datenbusanschlüsse geringer als die Verarbeitungsbreite. Da Daten und Befehle dann in mehreren Zyklen geladen bzw. gespeichert werden müssen, geht dabei ein Teil der erreichbaren Geschwindigkeit wieder verloren, siehe auch Kapitel 11.

Das *A-Register*, auch *Akkumulator* oder kurz *Akku* genannt, spielt bei allen Berechnungen eine wichtige Rolle. Zu Beginn einer Operation enthält es einen Operanden, danach das Ergebnis.

Neben dem Akku ist das *Flagregister* angeordnet.

Das Flagregister besteht aus einer Anzahl von Flipflops, die bestimmte Eigenschaften des Ergebnisses anzeigen, z. B. daß ein Überlauf aufgetreten oder das Ergebnis gleich 0 ist, siehe Abschnitt 4.3.3.

Der Zustand dieser Flags kann von einer Befehlsgruppe, den «bedingten Verzweigungsbefehlen», siehe Abschnitt 4.4.2, abgefragt werden.

2.2.3.3 Hilfs- und Adreßregister

Die sog. «8er-Familie» von Mikroprozessoren, zu der ja auch die Mikroprozessoren 8080 und 8085 der Firma Intel gehören, besitzt innerhalb der CPU eine relativ große Anzahl von Hilfsregistern zur Zwischenspeicherung von häufig verwendeten Operanden und Adressen. Die Mikroprozessoren der «6er-Familien» der Firma Motorola verwenden weniger Hilfsregister, haben aber dafür mehr Möglichkeiten, um Daten auf effektive Weise im Speicher zu verwalten. Daß es schwer ist zu sagen, welche Architektur nun die besseren Ergebnisse aufweist, erkennt man daran, daß sich bis heute beide Systeme am Markt behaupten konnten, siehe auch Kapitel 10.

> Ein *Register* besteht aus einer Gruppe von Flipflops mit einer gemeinsamen Steuerung.

Bild 2.16 zeigt eine prinzipielle Möglichkeit für eine solche Registersteuerung. Die rot gezeichneten Steuersignale gehen vom Befehlswerk aus.

Von ihrer Aufgabe her werden drei Registerblöcke unterschieden (Bild 2.15):

Universalregister (B,C,D,E,H,L)
Sie können wahlweise als Einzelregister (8 Bit) oder als Doppelregister (BC, DE, HL)

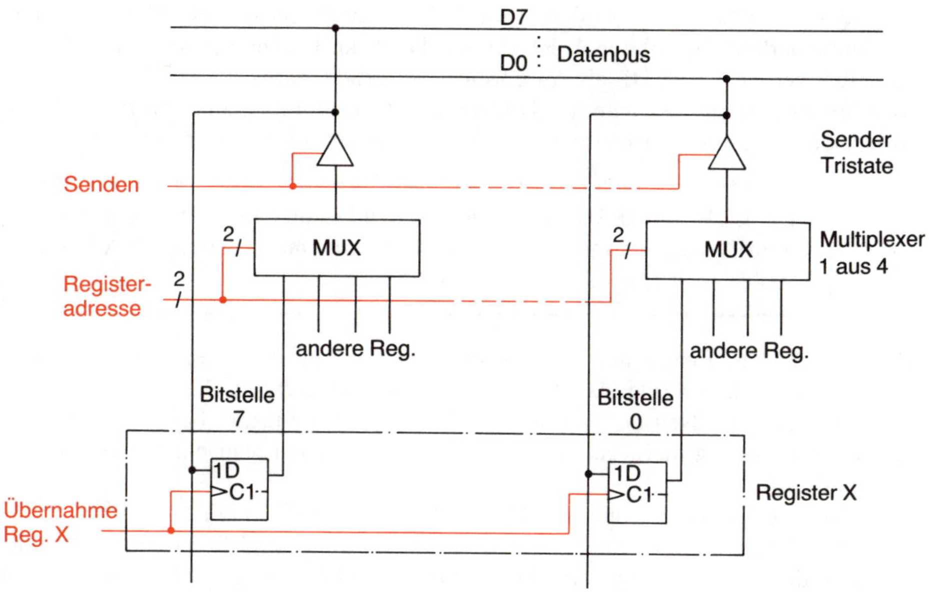

Bild 2.16 Steuerung eines Registers

verwendet werden und dienen als Daten- oder Adreßregister. Sie können durch entsprechende Befehle an den Daten- oder an den Adreßbus geschaltet werden.

Wechselregister (A', F', B', C', D', E', H', L')
Mit «Exchange»-Befehlen können ihre Inhalte mit den gleichnamigen Universalregistern bzw. mit A oder F ausgetauscht werden. Sonst gibt es keine Zugriffsmöglichkeiten auf diese Register.

Adreßregister (IX, IY, SP, PC, I, R)
Diese Register werden vorzugsweise als Adreßzeiger (Pointer) verwendet. Sie enthalten dann die Adressen von Speicherzellen, deren Inhalte während des Programmlaufes öfter benötigt werden. Vor dem ersten Gebrauch müssen sie durch Transportbefehle aus dem Speicher geladen werden. Dann kann das BW bei bestimmten Befehlen diese Register auf den Adreßbus schalten.

Ein für das Verständnis der Arbeitsweise von Mikrocomputern sehr wichtiges Register ist der *Programmzähler (Program Counter, PC, Befehlszähler)*. Das BW muß das im Speicher stehende Programm Befehl nach Befehl abarbeiten. Dabei dient der PC als Adreßzeiger.

> Der Programmzähler (PC) enthält stets die Adresse desjenigen Befehls, der im Befehlswerk gerade bearbeitet wird.
> Als Abschluß einer Befehlsbearbeitung erhöht das Steuerwerk automatisch den PC, der damit auf den nächsten Befehl zeigt.

Das BW schaltet dann den PC auf den Adreßbus, dadurch wird der nächste Befehl über den Datenbus in das BW geladen. Bild 2.17 veranschaulicht diese Vorgänge. Die Programmabarbeitung ist beim 4. Befehl angelangt, im Datenblock kann der 3. Wert bearbeitet werden (wenn HL als Adreßzeiger verwendet wird).

Mit Sprungbefehlen (Abschnitt 4.4) kann der PC auch mit anderen Werten geladen werden, die Programmbearbeitung wird dann ab dieser Adresse fortgesetzt.

> Ein LOW am RESET-Eingang setzt den PC auf den Wert 0000H. Wird RESET dann inaktiv, so beginnt die Programmabarbeitung ab Adresse 0000H.

Das ist nach dem Einschalten der Spannungsversorgung oder wenn der PC durch Fehler falsch geladen wurde, das Programm also «abgestürzt» ist, die einzige Möglichkeit eines definierten Neustarts. Deshalb wird der RESET-Eingang bei Einschalten der Spannungsversorgung meist automatisch über ein RC-Glied oder ein Monoflop aktiviert (Bild 2.18).

Arbeitsweise und Verwendungszweck der Indexregister IX und IY (Abschnitt 4.2.5), des Stackpointers PC (Abschnitt 4.2.6 und 4.4.4), des Refresh-Registers (Abschnitt 3.2) sowie des Interrupt-Registers (Abschnitt 5.2) und der Interrupt-Flipflops werden später erläutert.

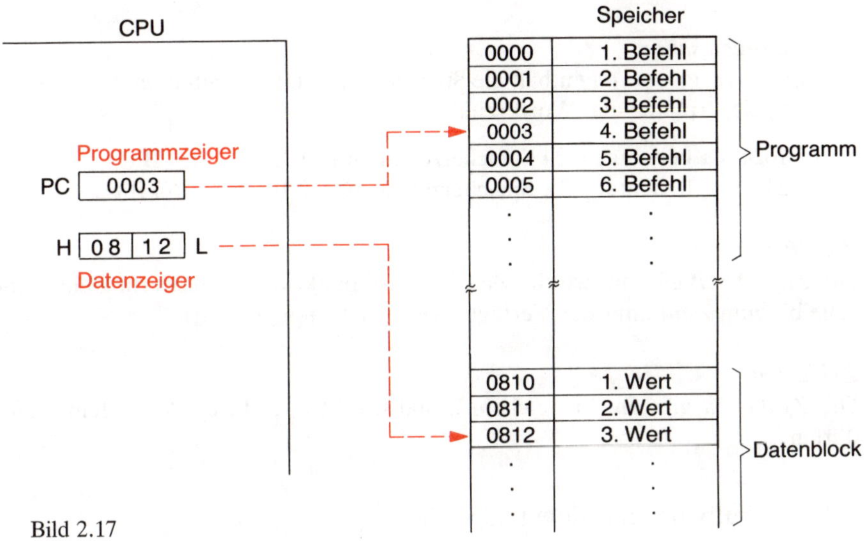

Bild 2.17
Register als Programm- und Datenzeiger

Bild 2.18
Erzeugung des Reset-Impulses

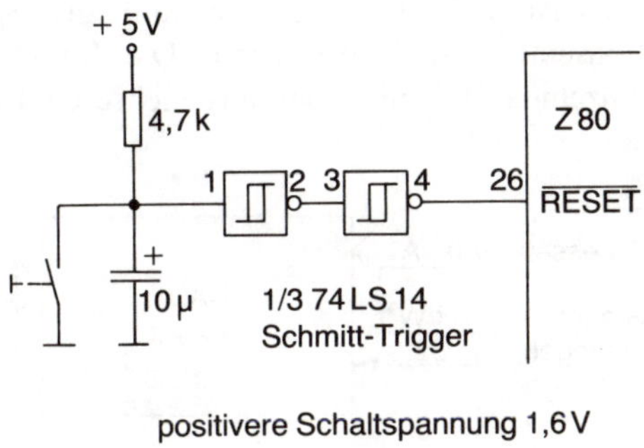

2.3 Zentralspeicher

Der *Zentralspeicher* eines Mikrocomputers ist bis auf wenige Ausnahmen (siehe Kapitel 5) ständig mit dem Systembus verbunden. Er besteht in den meisten Fällen aus handelsüblichen Halbleiterbausteinen, die so zusammengeschaltet werden müssen, daß sie die vom System erforderliche Datenbusbreite und Speicherkapazität aufweisen. Da die Anzahl der möglichen Speicherzellen technologisch begrenzt ist und die Anforderungen ständig steigen, wird man auch in Zukunft den Speicher aus mehreren Bausteinen zusammensetzen müssen.

Ob ein Baustein für ein gegebenes System verwendbar ist, hängt von einigen wichtigen Speicherkenngrößen ab:

Speicherkapazität
Die *Speicherkapazität* gibt die Anzahl der adressierbaren Speicherzellen in Bit oder Byte an.

Speicherorganisation

Die *Speicherorganisation* enthält die Speicherkapazität, aufgeteilt in Zahl der adressierbaren Speicherplätze mal Wortbreite.

z. B.: 1024 × 1 bedeutet 1024 Speicherzellen zu je 1 Bit = 1024 Bit
2 k × 8 bedeutet 2 k Speicherzellen zu je 8 Bit = 16 kBit

Zugriffszeit

Die *Zugriffszeit* gibt an, welche Zeit vom Zeitpunkt der Adressierung einer Speicherzelle bis zum Zeitpunkt der Verfügbarkeit der Daten vergeht.

Zykluszeit

Die *Zykluszeit* gibt an, in welchem Zeitabschnitt zwei Leszyklen aufeinander folgen dürfen.

2.3.1 Aufbau von Halbleiterspeichern

Bild 2.19 zeigt die typische Anschlußbelegung eines Halbleiterspeichers. Man findet hier prinzipiell dieselben Leitungen wie bei einem Systembus. Die Adreßleitungen (hier A0–A7) dienen zur Auswahl einer Speicherzelle (Schublade), die eine Informationseinheit speichern kann. Die Informationseinheit besteht entweder aus einer einzelnen Bitstelle oder aus mehreren Bitstellen, die zusammen ein binäres Wort

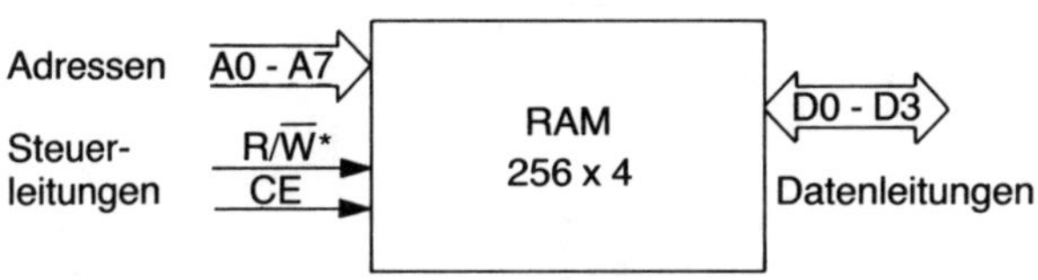

Bild 2.19
Typische Anschlußbelegung eines Halbleiterspeichers

* Leitung auf HIGH-Potential bedeutet Read ist wirksam

bilden. Im ersten Fall spricht man von einem *bitorganisierten* Speicher, im zweiten Fall von einem *wortorganisierten* Speicher. Die Datenleitungen (D0–D3) sind zur Ein- und Ausgabe der gespeicherten Informationen zuständig. Bei den heute üblichen Halbleiterspeichern sind sie meist bidirektional, d. h., dieselben Leitungen dienen zum Schreiben und Lesen von Speicherdaten. Die Steuerleitungen übernehmen die Bausteinauswahl ($\overline{CE}$ = Chip Enable oder $\overline{CS}$ = Chip Select) und die Schreib-/Lesesteuerung (R = Read bzw. Lesen und W = Write bzw. Schreiben). Bei dem gezeigten Speicher handelt es sich um einen wortorganisierten 4-Bit-Schreib-/Lesespeicher mit einer Speicherkapazität von 256 Worten (oder kurz gesagt, um ein RAM 256 × 4).

Wie kann man 256 verschiedene Speicherzellen mit nur 8 Leitungen auswählen? Nach den Regeln der Kombinatorik kann man mit *n* binären Signalen

$$Z = 2^n$$

Bild 2.20
Prinzipieller Aufbau einer Speichermatrix

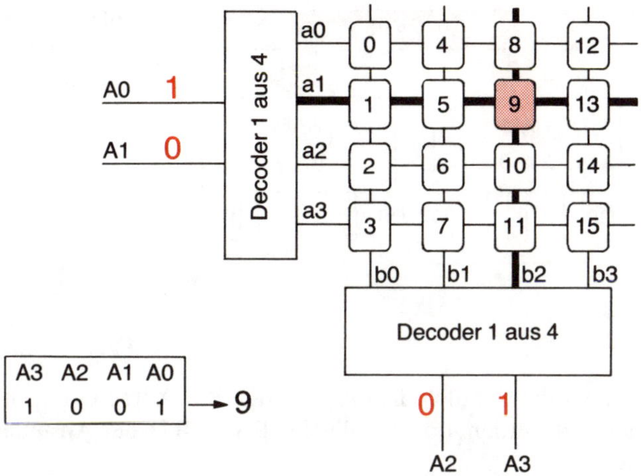

verschiedene Kombinationen bilden. Demnach sind mit 8 Leitungen 256 verschiedene binäre Kombinationen möglich. Es wäre jedoch sehr schwierig, aus diesen 8 Leitungen 256 verschiedene Steuersinale zu bilden und diese an die jeweiligen Speicherzellen zu führen. Man ordnet die Speicherzellen daher in einer Matrix an. Bild 2.20 zeigt schematisch eine Matrix aus 16 Speicherzellen, die von vier Adreßleitungen ausgewählt werden können. Der Reihendecoder ist ein 1-aus-4-Codewandler und bildet aus 2 Adreßleitungen 4 Ansteuersignale zur Auswahl der Reihe. Der Spaltendecoder bildet ebenfalls aus zwei Adreßleitungen 4 Ansteuersignale zur Auswahl der Spalte. Am Schnittpunkt von Reihen- und Spaltenauswahlleitung liegt die angesteuerte Speicherzelle. Dort werden Reihen- und Spaltensignal mit einer UND-Schaltung verknüpft. In ähnlicher Weise sind auch Speicherbausteine mit weit größerer Speicherkapazität aufgebaut.

2.3.2 Erweiterung der Wortbreite von gegebenen Speicherschaltungen

Die derzeit größte Wortbreite von Speicherbausteinen liegt bei 8 Bit. Wenn ein 16-Bit-Datenbus erforderlich wird, müssen 2 Speicherzellen zur Bildung eines Worts herangezogen werden. Bild 2.21 zeigt eine mögliche Schaltung hierfür. Beide Bausteine sind mit ihren Adreßleitungen parallel geschaltet. Die Datenleitungen bilden zusammen ein 16 Bit breites Wort. Soll z. B. der Inhalt der Speicherzelle 0500H gelesen werden, dann wird in jedem Baustein die Speicherzelle mit der Adresse 0500H angesteuert und schaltet bei aktivem Lesesignal ihren Inhalt auf den Datenbus. Die Datenleitungen des zweiten Bausteins bilden dabei den höherwertigen Teil des 16-Bit-Wortes. Dynamische Speicher sind bitorganisiert. Ein 8-Bit-Mikrocomputer benötigt also mindestens 8 solcher Bausteine.

> Die Wortbreite eines Speicherbausteins wird vergrößert, indem man die Adreßleitungen parallelschaltet und die Datenleitungen in der erforderlichen Breite zusammenfügt.

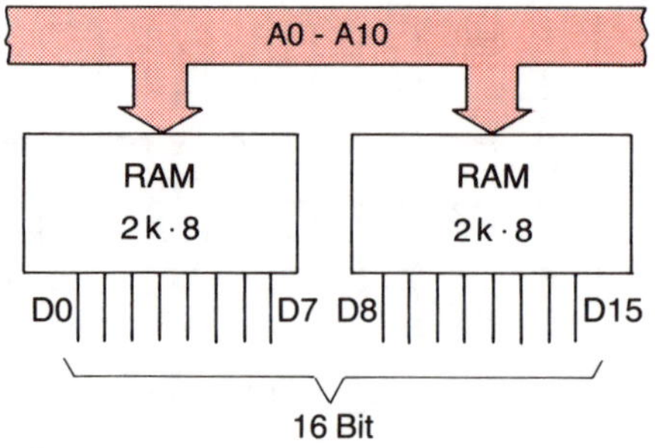

Bild 2.21
Vergrößerung der Wortbreite

Durch die Parallelschaltung werden die Adreßleitungen stärker belastet. Daher muß geprüft werden, ob das zulässige FAN-OUT der Ansteuerschaltung nicht überschritten wird.

2.3.3 Vergrößerung der Speicherzellenzahl

Wenn die Speicherzellenzahl für einen Anwendungszweck nicht ausreicht, müssen mehrere Bausteine *kaskadiert* werden. Dieses Verfahren veranschaulicht Bild 2.22 an einem Beispiel. Hier werden 4 RAM-Bausteine mit einer Organisation von 256 × 8 zu einem Speicher von 1 k × 8 kaskadiert. Jeder Baustein besitzt 8 Adreßleitungen. Sie werden ebenso wie die Datenleitungen untereinander parallelgeschaltet. Ohne weitere Vorkehrung würden bei jeder Bitkombination auf den Adreßleitungen A0–A7 vier Speicherzellen zugleich angesprochen («Datenkurzschluß»). Dies vermeidet man, indem man die Bausteinauswahlleitungen in die Adressierung einbezieht. Mit zwei weiteren Adreßleitungen (A8 und A9) können mit Hilfe einer 1-aus-4-Codierschaltung 4 Bausteinauswahlsignale gewonnen werden. Diese Signale aktivieren den zuständigen Baustein. Das Bausteinauswahlsignal nennt man in diesem Fall auch *Moduladresse*. Durch weitere Kaskadierung ist es möglich, jede beliebige Speichergröße zu erreichen, indem man mit weiteren Adreßleitungen höherwertige Moduladressen bildet und die kleineren Module damit aktiviert. Dieses Verfahren verwendet man auch bei der Adressierung von komplexen Ein-/Ausgabebausteinen, von denen viele mehrere Adressen benötigen (siehe Kapitel 6).

> Die Anzahl der adressierbaren Speicherzellen vergrößert man, indem man mit den höherwertigen Adreßleitungen Moduladressen bildet und die niederwertigen Adreßleitungen parallelschaltet.

In der Praxis werden beide Verfahren zur Vergrößerung der Speicherkapazität verwendet. Die Vergrößerung der Wortbreite und die Erweiterung des adressierbaren Speicherbereichs kommen oft gemeinsam vor und erhöhen dadurch den Schaltungsaufwand für den Zentralspeicher.

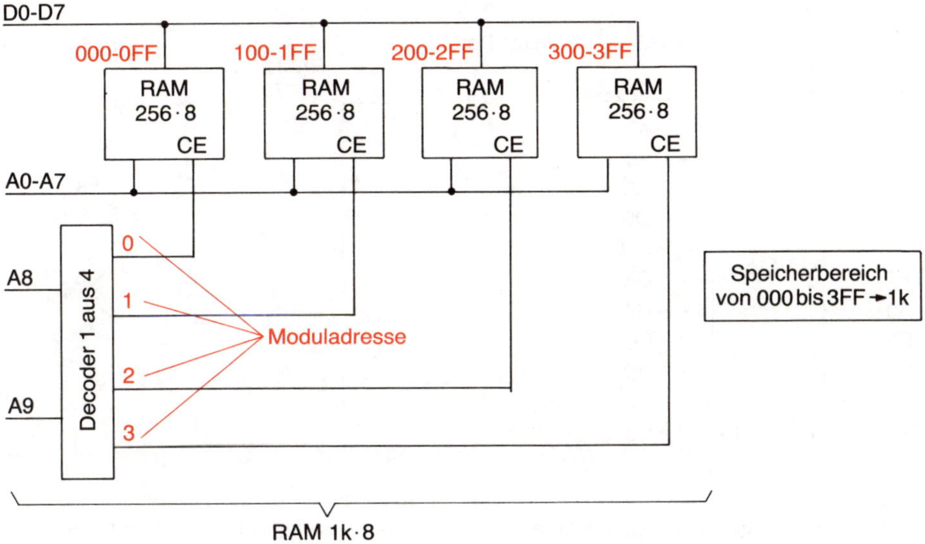

Bild 2.22 Vergrößerung der adressierbaren Speicherzellen durch Bildung von Moduladressen

2.3.4 Arten von Halbleiterspeichern

2.3.4.1 Schreib-/Lesespeicher (RAM)

Bei Speicherschaltungen mit größerer Kapazität verwendet man heute fast ausschließlich dynamische RAM. Sie erreichen bei noch erschwinglichen Preisen eine Speicherkapazität von 256 kBit. Sie sind meistens bitorganisiert und müssen zum Erreichen der geforderten Wortbreite in entsprechender Anzahl zusammengeschaltet sein (siehe Abschnitt 2.3.2). Durch den großen zusammenhängenden Adreßbereich kann die Kaskadierung mehrerer Bausteine über Moduladressen in vielen Fällen entfallen. Für kleinere Systeme bevorzugt man statische RAM, da sie kein REFRESH benötigen und bei einem Ausfall der Versorgungsspannung mit Akkus kleiner Kapazität gepuffert werden können. Bei gemischtem Betrieb mit Festwertspeichern muß der Zentralspeicher funktionsbedingt aus Modulen bestehen. Der große, zusammenhängende Adreßbereich von dynamischem RAM kann nicht unterteilt werden und erfordert dann zusätzliche Decodierlogik zum Ein- und Ausblenden von RAM und Festwertspeicher.

Statische RAM

Wie in [1] bereits ausführlich beschrieben, verwendet man hier bistabile Kippschaltungen zur Speicherung einer Bitstelle. Wegen des großen Leistungsbedarfs werden TTL-Schaltungen nur noch für Sonderzwecke eingesetzt (hohe Verarbeitungsgeschwindigkeit). Am weitesten verbreitet sind statische Speicher in NMOS- und CMOS-Technologie. Sie können mit einer Versorgungsspannung von 5 V betrieben werden und erreichen Zugriffszeiten unter 400 ns. Die CMOS-Ausführungen haben einen äußerst geringen Leistungsbedarf im Standby-Betrieb. Man verwendet sie für batteriebetriebene Systeme oder – versehen mit einer Pufferbatterie – zur Speicherung von Betriebsdaten nach dem Abschalten der Versorgungsspannung.

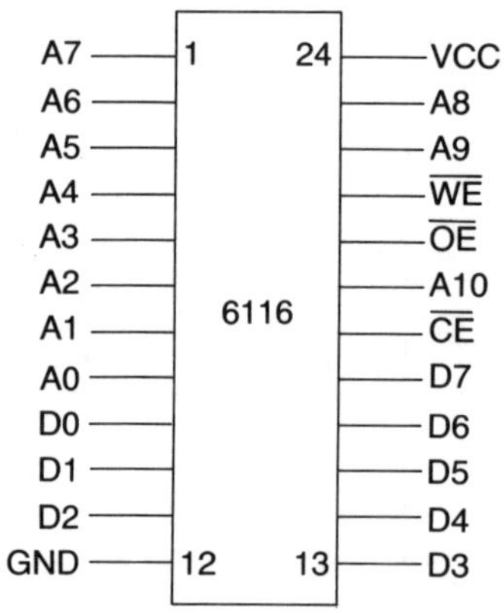

Bild 2.23
Anschlußbelegung eines statischen CMOS-RAM mit einer Kapazität von 2 k × 8

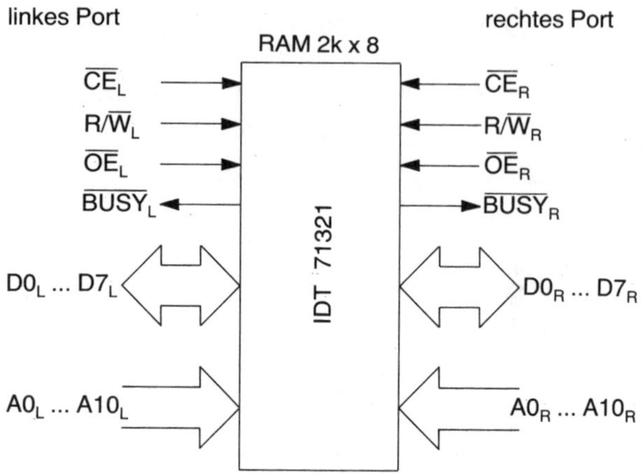

Bild 2.24
Anschlüsse eines DUAL PORT RAM

Ein viel verwendeter Baustein ist das statische CMOS-RAM 6116 (Bild 2.23). Die Schreib-/Lesesteuerung belegt 2 Anschlüsse. Der Anschluß $\overline{\text{OE}}$ (Output Enable) muß aktiv sein, wenn Speicherdaten gelesen werden sollen. In einem Z80-System steuert die CPU diesen Eingang mit ihrer Leseleitung an ($\overline{\text{READ}}$-Signal). Der Eingang $\overline{\text{WE}}$ (Write Enable) muß aktiviert werden, wenn die CPU einen Speicher-Schreib-Zyklus durchführt. Er wird an die Schreibleitung ($\overline{\text{WRITE}}$-Signal) der CPU angeschlossen. Zur Bausteinauswahl dient der Anschluß $\overline{\text{CE}}$. Man benötigt ihn zur Bildung von Moduladressen, wenn mehrere Bausteine kaskadiert werden müssen (siehe Abschnitt 2.3.3). Statische RAM erhält man zur Zeit mit einer Speicherkapazität bis zu 32 kByte.

Statische RAM mit Parallelzugriff (MULTIPLE PORT RAM)
In Multiprozessorsystemen kann es vorkommen, daß ein Speicherbaustein Informationen enthält, die von mehreren Prozessoren benötigt werden. Bei den obengenannten Bausteinen ist dies nur möglich, wenn die Anforderungen nacheinander über DMA (siehe Kapitel 5) bearbeitet werden. MULTIPLE PORT RAMs ermöglichen voneinander unabhängige, zeitgleiche Zugriffe auf die Speicherzellen desselben Bausteins. Bild 2.24 zeigt die Anschlußbelegung eines DUAL PORT RAM mit einer Speicherkapazität von 2 k × 8 Bit. Man erkennt zwei Ansteuerblöcke (PORTs), von denen jeder über einen eigenen Steuer- und Adreßbus verfügt. Jedes PORT kann mit dem Systembus eines anderen Mikroprozessors verbunden sein. Die $\overline{\text{BUSY}}$-Leitung wird von einer Verriegelungslogik angesteuert. Wenn ein zeitgleicher Zugriff auf dieselbe Speicherzelle erfolgt, entscheidet die Logik, welche Seite den Vorrang erhält und setzt die $\overline{\text{BUSY}}$-Leitung der anderen Seite. Jetzt muß diejenige CPU, welche das $\overline{\text{BUSY}}$-Signal empfängt, so lange warten, bis die bevorrechtigte Seite ihre Speicheroperation in der gleichen Speicherzelle beendet hat. Da dieser Zustand aber nur selten auftritt, bewirkt dies keine merkliche Verlängerung der Zugriffszeit.

Mit Hilfe der MULTIPLE PORT RAMs kann man Systeme aufbauen, in denen mehrere Mikroprozessoren auf dieselben Daten parallel zugreifen können (*Parallel Prozessing*). So ist es z. B. möglich, daß in einem System 8-, 16- und 32-Bit-Mikroprozessoren mit demselben RAM arbeiten. Die Parallelbearbeitung vergrößert den Datendurchsatz beträchtlich und wird besonders in der Signalbearbeitung (siehe Kapitel 12) benötigt. Durch die Mehrfachauslegung der Ansteuerung sind Gehäuse mit einer großen Anzahl von Anschlüssen notwendig. Das FOUR PORT RAM IDT 7050 mit einer Speicherkapazität von 1 k × 8 ist in einem Gehäuse mit 108 (!) Anschlüssen untergebracht.

Bild 2.25
Speicherzelle eines dynamischen RAM

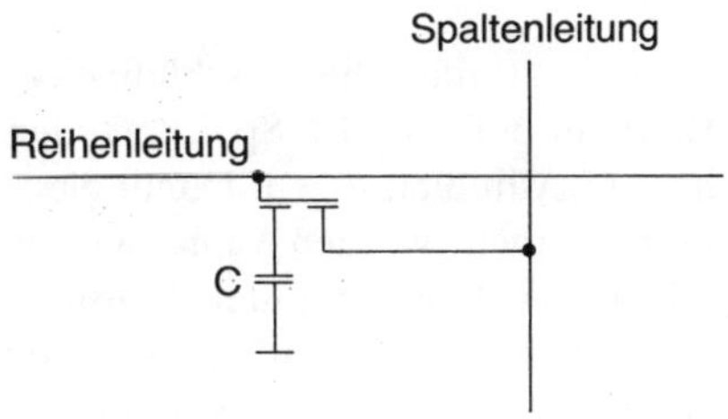

Dynamische RAM

Das Speicherelement eines dynamischen RAM wird durch einen MOS-Transistor und eine Kapazität gebildet (Bild 2.25). Da diese Kapazitäten sehr klein sind und durch Leckströme in der Kristallschicht entladen werden, muß die gespeicherte Information ständig aufgefrischt werden (REFRESH). Die heutigen Bausteine enthalten z. T. eine Refresh-Logik mit einem eigenen Adreßzähler. Wenn sie ein Refresh-Signal empfangen, beginnt die Logik mit dem Auffrischen der Speicherzellen. Während des Auffrischens ist kein Speicherzugriff möglich. Andere dynamische RAM müssen von externen Schaltungen mit Refresh-Adressen versorgt werden. Spezielle Bausteine (REFRESH CONTROLLER) steuern diesen Vorgang, während die CPU z. B. mit der Befehlsdecodierung beschäftigt ist und keinen Speicherzugriff durchführen kann. Mit einem Z 80 lassen sich dynamische RAM besonders einfach aufbauen, da der Mikroprozessor Refresh-Adressen erzeugt, wenn er einen $\overline{\text{M1}}$-Zyklus bearbeitet.

Trotz des komplizierten Auffrischvorgangs arbeiten dynamische RAM sehr zuverlässig und sind wegen der hohen Integrationsdichte und des damit verbundenen geringen Platzbedarfs zum Standard geworden. Trotzdem kann es vorkommen, daß einige Speicherzellen ihre Information verlieren. Dies ist auf die Einwirkung von Alpha-Teilchen zurückzuführen. Diese Teilchen entstehen bei radioaktiven Zerfallserscheinungen und sind auch in der Höhenstrahlung enthalten. Die dadurch entstehenden Fehler bezeichnet man als *SOFT-Errors*. Zum Schutz vor Soft-Errors werden die Kristalloberflächen mit einer Schutzschicht versehen. Hochwertige Speicher enthalten ein zusätzliches Paritätsbit, um solche Fehler erkennen zu können. Glücklicherweise treten Soft-Errors relativ selten auf. Die Fehlerrate liegt zwischen 100 und 1000 bezogen auf 1 Milliarde Betriebsstunden.

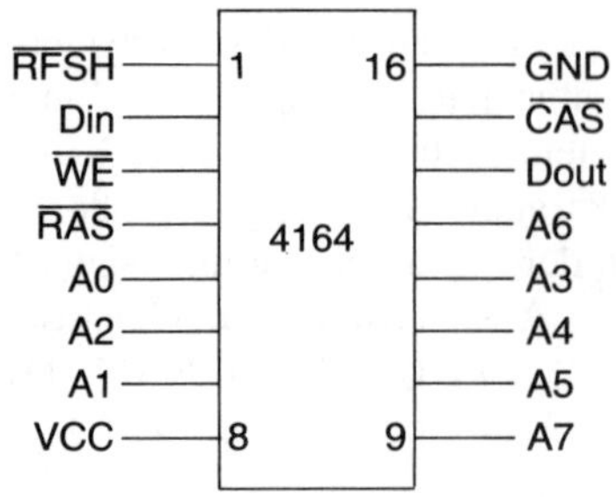

Bild 2.26
Anschlußbelegung des dynamischen RAM 4164

Bild 2.26 zeigt die Anschlußbelegung eines dynamischen RAM vom Typ 4164. Der Baustein enthält 64 k Speicherzellen zu je 1 Bit. Zur Adressierung von 64 k benötigt man 16 Adreßleitungen. Damit die Schaltung in einem platzsparenden 16-Pin-Gehäuse untergebracht werden kann, sind nur 8 Adreßleitungen verfügbar. Wie alle dynamischen RAM arbeitet der Baustein mit einem gemultiplexten Adreßbus. Mit den Eingängen $\overline{\text{RAS}}$ (Row Adress Strobe) und $\overline{\text{CAS}}$ (Colum Adress Strobe) werden die beiden Hälften der vollständigen Adresse nacheinander in interne Adreßregister geschrieben. Der Anschluß $\overline{\text{WE}}$ (Write Enable) muß aktiv sein, wenn ein Speicherschreibvorgang stattfindet. Anschluß 1 ist nicht bei allen Herstellern beschaltet. Mit diesem Eingang kann ein interner Refresh-Zähler aktiviert werden, so daß der Baustein eigene Refresh-Adressen erzeugt. Die Datenleitungen des 4164 sind nicht bidirektional. Anschluß 2 (Din) ist der Dateneingang, Anschluß 14 (Dout) der Datenausgang. Der Datenausgang wird erst durch das Lesesignal $\overline{\text{OE}}$ niederohmig und kann deshalb mit dem Dateneingang verbunden werden. Die meisten Applikationen verwenden jedoch Datenbustreiber, so daß eine direkte Verbindung mit dem Systemdatenbus sowieso nicht in Betracht kommt.
Der Aufbau von dynamischen Speichern erfordert sehr viel Detailkenntnisse über die z. T. herstellerspezifische Refresh-Betriebsart und Speicherorganisation. Deshalb wird hier nur ein häufig verwendeter Baustein exemplarisch beschrieben. Der hier behandelte 4164 wird z. B. von den Firmen NEC, INTEL, ITT hergestellt. Es gibt jedoch viele Hersteller, die einen Baustein mit der gleichen Bezeichnung anbieten, z. B. SIEMENS und TI, der jedoch die doppelte Anzahl von Refresh-Zyklen benötigt und in Z80-Systemen nicht einsetzbar ist (s. u.).

Die Speicherzellen von dynamischen RAM sind in einer Matrix angeordnet und mit den Reihen- und Spaltenleitungen verbunden (Bild 2.27). Bei jeder Speicheroperation wird jeweils eine der Zeilen bzw. Reihen (Row) durch die Reihenadresse aktiviert (in der Regel die obere Hälfte der physikalischen Adresse). Dadurch steuern alle Transistoren einer Zeile durch, wobei die Kondensatoren ihre Ladung an die Spaltenleitungen abgeben. Damit ist die Information einer ganzen Reihe gelöscht (zerstörendes Lesen). Ein Zwischenspeicher übernimmt die Daten von den Spaltenleitungen, so daß sie nicht verlorengehen. Dabei werden die Signalpegel regeneriert. Die Spaltenadresse (untere Hälfte der physikalischen Adresse) selektiert die gewünschte Zwischenspeicherzelle. Beim Lesen wird der Inhalt der Zwischenspeicherzelle auf den Datenausgang des RAM (Dout) geschaltet. Beim Schreiben wird die Information auf der Dateneingangsleitung (Din) in die selektierte Zwischenspeicherzelle übernommen.

Danach erhalten die Kondensatoren der aktivierten Reihe aus dem Inhalt des Zwischenspeichers ihre ursprüngliche, aufgefrischte Information. Beim Schreiben wird der entsprechende Kondensator mit dem neuen Inhalt der Zwischenspeicherzelle geladen.

Bild 2.27
Speichermatrix eines dynamischen RAM

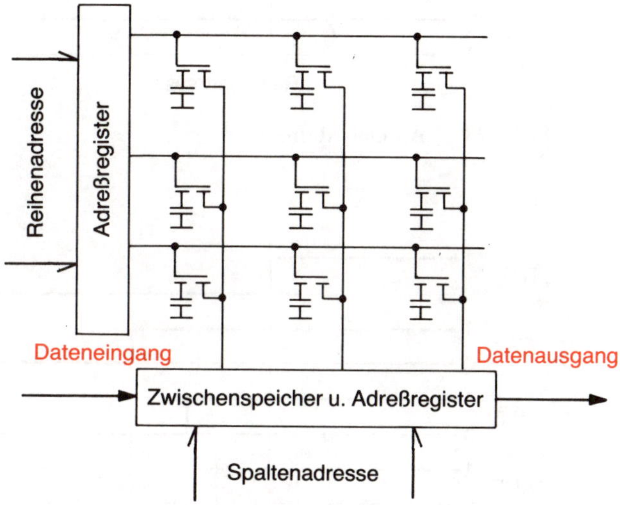

Ein Speicherzugriff besteht also immer aus den folgenden Phasen:

1. Lesen einer ganzen Reihe
2. Regenerieren und Zwischenspeichern
3. Datenein-/-ausgabe
4. Restaurierung der Kondensatorladungen

> Jeder Lese- und Schreibvorgang in einem dynamischen RAM bewirkt zugleich das Auffrischen einer ganzen Reihe (Row Refresh).

Da bei jedem Zugriff auf ein dynamisches RAM die Information einer Reihe zerstört wird, muß das $\overline{\text{RAS}}$-Signal eine Mindestzeit aktiv gehalten werden, damit die Steuerlogik Zeit findet, um die zerstörte Information zu regenerieren. Andernfalls wird die Information einer ganzen Reihe gelöscht!

> Die Zugriffszeiten auf dynamische RAM dürfen einen bausteinabhängigen Mindestwert nicht unterschreiten.

Bei einem reinen Refresh-Zyklus genügt es, eine Reihenadresse mit dem Signal $\overline{\text{RAS}}$ so lange zu aktivieren, bis die interne Steuerlogik das Lesen und Auffrischen der Reiheninformation beendet hat. Diese Art des Refresh ist bei allen dynamischen RAM möglich ($\overline{\text{RAS}}$ Only Refresh).

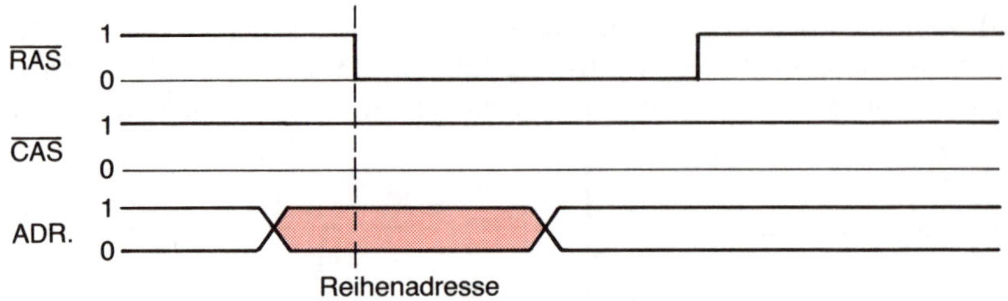

Bild 2.28 RAS Only Refresh

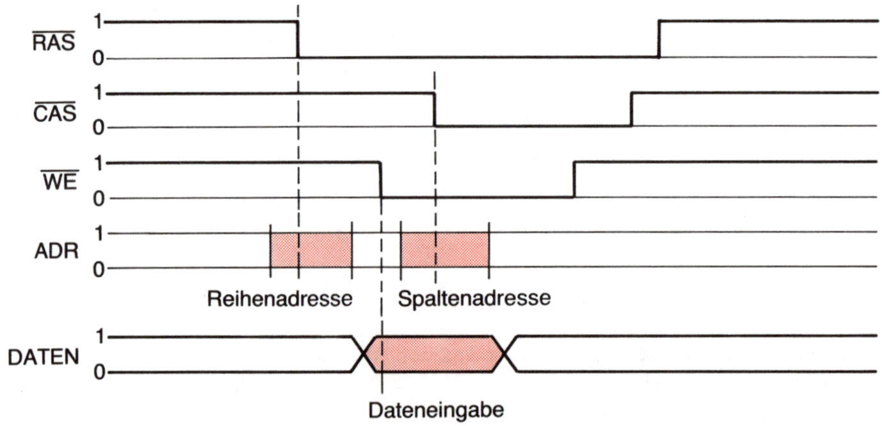

Bild 2.29 Speicher-Schreib-Zyklus bei einem dynamischen RAM

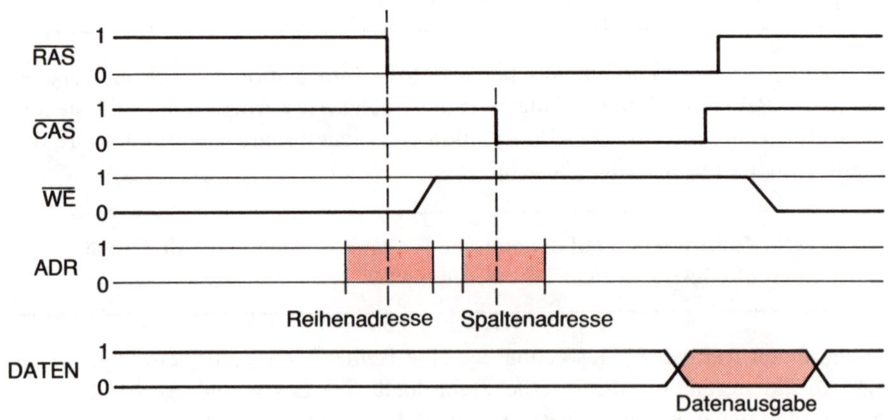

Bild 2.30 Speicher-Lese-Zyklus bei einem dynamischen RAM

Der Z80 liefert nach jedem $\overline{\text{M1}}$-Zyklus eine gültige Refresh-Adresse auf den unteren 7 Bit seines Adreßbusses. Sie kann zum Auffrischen einer Reihe verwendet werden. Der hier besprochene 4164 hat eine Speichermatrix von 128 Reihen mit 512 Spalten. Damit keine Speicherinformation verlorengeht, muß alle 2 ms eine Row Refresh erfolgen. Andere dynamische RAM haben eine Matrix von 256 × 256 Speicherzellen. Sie können nicht für ein Z80-System verwendet werden, da die CPU nur eine 7-Bit-Refresh-Adresse liefert und damit nur 128 Reihen versorgen kann. Bild 2.28 zeigt den Zeitablauf für ein $\overline{\text{RAS}}$ Only Refresh.

Beim Zugriff auf eine bestimmte Speicherzelle müssen beide Adreßhälften eingelesen werden. Zunächst wird eine Adreßhälfte mit der negativen Flanke von $\overline{\text{RAS}}$ übernommen und die gewünschte Reihe der Matrix angewählt. Danach selektiert die andere Adreßhälfte zusammen mit der negativen Flanke von $\overline{\text{CAS}}$ die gewünschte Spalte. Mit dem Signal $\overline{\text{WE}}$ wird während der negativen Flanke von $\overline{\text{CAS}}$ entschieden, ob es sich um einen Schreib- oder um einen Lesezyklus handelt. Bild 2.29 und Bild 2.30 zeigen den Zeitablauf dieser Vorgänge.

Eine Ansteuerschaltung für Z80-Systeme zeigt Bild 2.31. Zur besseren Übersicht ist nur einer der acht Speicherbausteine gezeichnet. Das $\overline{\text{RAS}}$-Signal wird direkt aus $\overline{\text{MREQ}}$ gewonnen, da zu dieser Zeit die Adressen stabil anliegen. Mit zwei 2×4-Bit-zu-4-Bit-Datenselektoren 74LS157 werden die beiden Adreßhälften nacheinander auf die Adreßleitungen des 4164 geschaltet. Das $\overline{\text{CAS}}$-Signal wird verzögert aus dem $\overline{\text{RAS}}$-Signal gewonnen. Zur Verzögerung dienen hintereinandergeschaltete Treiber, die durch ihre Signallaufzeiten wie eine Verzögerungsleitung wirken. Etwas früher werden die Datenselektoren umgeschaltet, so daß die andere Adreßhälfte vor der negativen Flanke von $\overline{\text{CAS}}$ auf die Adresseneingänge des 4164 gelangt. Da der Z80 seine Refresh-

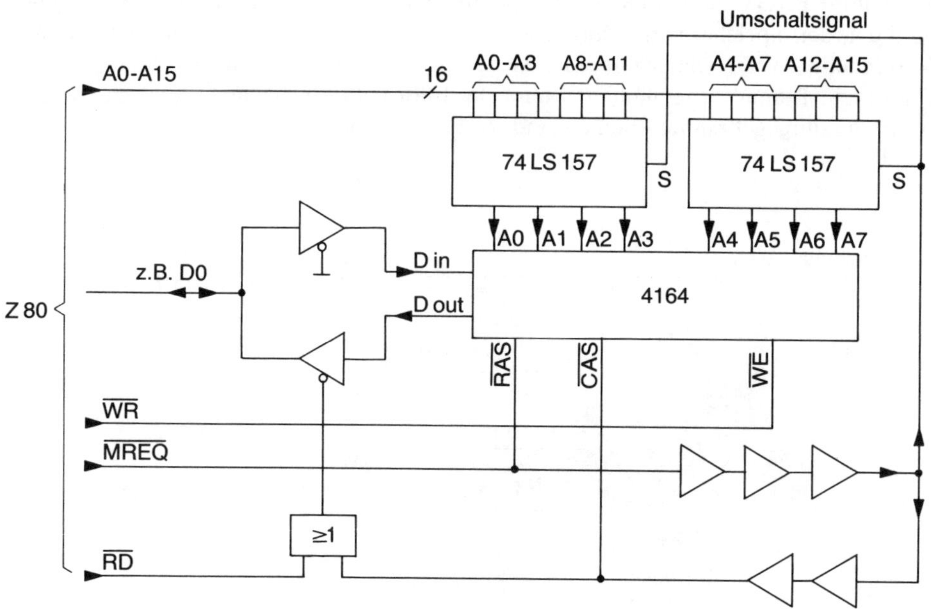

Bild 2.31 Ansteuerung eines 4164 in einem Z80-System

Adresse auf den unteren 7 Bit des Adreßbusses ausgibt, wird hier das niederwertige Byte als Reihenadresse verwendet. Beim Auffrischen wird auch $\overline{CAS}$ aktiviert, bleibt aber bedeutungslos, da die CPU kein Schreib- oder Lesesignal während der Refresh-Zeit liefert.

2.3.4.2 Festwertspeicher

Der Begriff Festwertspeicher hat seine ursprüngliche Bedeutung verloren; denn unter diesem Begriff verstand man Speicher, deren Information nicht mehr verändert werden konnte. Die heute eingesetzten Festwertspeicher können z. T. im regulären Betrieb mit neuen Daten versehen werden (EEPROMS). Als Festwertspeicher gelten alle Speicherschaltungen, die ohne Versorgungsspannung ihre Information behalten.

ROM-Speicher

Ein ROM ist eine Speicher, bei dem die Daten durch eine Maske fest «verdrahtet» werden. ROM-Speicher verwendet man bei großen Stückzahlen, wenn keine nachträglichen Änderungen mehr zu erwarten sind. Sie werden vorwiegend als Programmspeicher eingesetzt. Speicheraufbau und Organisation sind vergleichbar mit statischen RAM. ROM werden meist in NMOS-Technologie hergestellt.

Programmierbare Festwertspeicher (PROM)

In vielen Fällen ist es wünschenswert, Festwertspeicher selbst zu programmieren. So können z. B. komplexe Codierschaltungen mit Festwertspeichern leicht realisiert werden. Die Information wird vom Anwender mittels spezieller Programmiergeräte «eingebrannt». PROM enthalten meist bipolare Speicherzellen, die an den Kreuzungspunkten der Speichermatrix angebracht sind. Ein Stromstoß brennt die leitende Verbindung – vergleichbar mit einer Sicherung – zwischen Zeilen- und Spaltenleitungen durch. Einmal programmiert, kann die Information nicht mehr gelöscht werden (d. h. die durchgebrannten Stellen sind irreversibel zerstört).

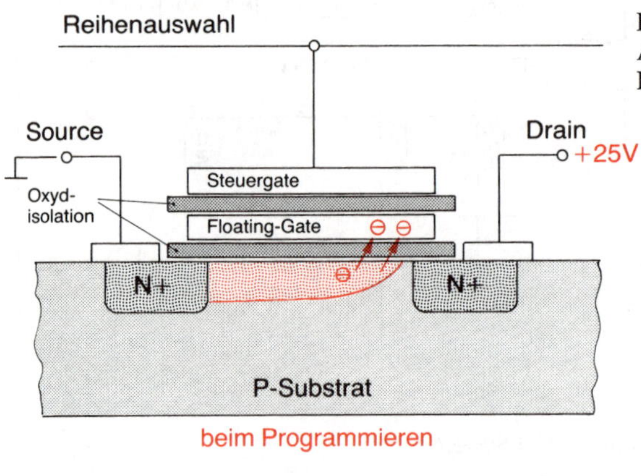

Bild 2.32
Aufbau eines NMOS-Transistors mit Floating Gate

Löschbare programmierbare Festwertspeicher (EPROM)

In der Entwicklungsphase eines Computersystems müssen auch Programmteile in Festwertspeichern überarbeitet werden. Man benötigt daher löschbare Festwertspeicher, die immer wieder verwendbar sind. Das erste EPROM wurde 1975 auf den Markt gebracht, es war der 2708 der Firma INTEL mit einer Organisation von 1 k × 8. Dieser Baustein benötigte 3 Versorgungsspannungen und wird heute kaum noch eingesetzt. Mittlerweile gibt es EPROM mit 512 kBit, d. h. mit 64 k × 8 Speicherkapazität. Die neueren Bausteine arbeiten durchweg mit einer Versorgungsspannung von 5 V und benötigen zum Programmieren eine Spannung 25 V, neuerdings sogar nur noch 12 V. Sie dienen immer mehr als ROM-Ersatz, da auch Bausteine mit großer Speicherkapazität preiswert zu erhalten sind.

Die Speicherzelle eines EPROM ist ein N-Kanal-MOS-Transistor mit zwei Gates. Ein Gate ist mit den Reihenleitungen der Speichermatrix verbunden, das andere Gate hat keinen Anschluß und liegt isoliert unter dem ersten (Bild 2.32). Das nicht angeschlossene Gate (Floating Gate) ist der eigentliche Informationsspeicher. Im unprogrammierten Zustand ist das Floating Gate nicht geladen. Wird eine unprogrammierte Speicherzelle ausgelesen, dann erhält sie am Steuergate ein H-Signal, der Transistor steuert durch und liefert über den Leseverstärker einen H-Pegel ab.

> Unprogrammierte oder gelöschte EPROM enthalten in allen Speicherzellen eine logische «1».

Beim Programmieren wird der Drain-Anschluß auf eine hohe Spannung gelegt (25 V). Das Steuergate wird durch den Reihendecoder auf den zu programmierenden Pegel geschaltet, Substrat und Source liegen an Masse. Die hohe Drainspannung beschleunigt die Elektronen im leitenden Kanal so, daß sie beim Zusammenstoß mit Kristallatomen weitere freie Elektronen erzeugen. Wenn das Steuergate H-Pegel führt, durchdringen einige besonders energiereiche Elektronen die Isolierschicht und werden vom Floating Gate eingefangen. Diese Ladungen können nicht mehr abfließen und bilden die gespeicherte Information (siehe auch [1], [2]). Durch die negative Ladung des isolierten Gates erhält der Transistor eine hohe Schwellenspannung, so daß er beim Ansteuern mit H-Signal nicht mehr durchschalten kann. Liegt am Steuergate L-Pegel, dann kommt es zu keiner Aufladung des Floating Gate. Der Zustand des Transistors bleibt unverändert.

Für die Programmierung einer Speicherzelle ist eine Mindestzeit notwendig. Die Hersteller geben eine Programmierzeit an, die sicher ausreicht (ca. 50 ms für 1 Byte). In der Praxis verwendet man EPROM-Programmiergeräte, die von einem Computer angesteuert werden. Das EPROM wird byteweise programmiert, indem ein Speicherschreibzyklus bei angelegter Programmierspannung durchgeführt wird. Mit einem intelligenten Algorithmus (Quick-Pulse Programming Algorithm) kann man die Programmierzeit für das EPROM erheblich reduzieren. Dazu wird ein wesentlich kürzeres Zeitintervall verwendet. In einer Programmschleife wird fortwährend überprüft, ob der Vorgang erfolgreich war. Erst dann steuert das Programm die nächste Speicherzelle an.

Verursacht durch die hohe Programmierspannung, fließt in der Speicherzelle ein hoher Strom, der die Zelle stark erwärmt. Deshalb müssen beim Programmieren angemessene Pausen eingelegt werden (Datenblatt).

Beim Auslesen erhalten alle Transistoren einer Reihe H-Pegel auf dem Steuergate. Die mit einem negativen Floating Gate versehenen Transistoren schalten dabei nicht durch und liefern über den Leseverstärker L-Pegel ab. Zum Löschen verwendet man UV-Licht mit einer Wellenlänge von ca. 250 nm. Das UV-Licht gelangt durch ein Quarzglasfenster auf die Chip-Oberfläche. Durch die energiereichen Photonen des UV-Lichts werden die Ladungen aus dem Floating Gate entfernt. Das EPROM ist gelöscht. Die Dauer der Bestrahlung ist abhängig vom Bausteintyp, vom Bausteinalter und von der Strahlungsintensität. Richtwerte liegen zwischen 20 und 60 min.

> Bei einem EPROM können nur alle Speicherzellen gemeinsam gelöscht werden.

Neuere Technologien bedienen sich der HMOS-Technik, die eine Platzersparnis um den Faktor 10 ermöglicht. Die untenstehende Tabelle zeigt einige Merkmale häufig verwendeter EPROM.

Typ	Bit	Programmierspannung	Zugriffszeit	Verlustleistung
2716	2 k × 8	25 V	450 ns	500 mW
2732A	4 k × 8	25 V	200 ns	750/150* mW
2764A	8 k × 8	25 V	250 ns	300/100* mW
27128	16 k × 8	25 V	250 ns	500/200* mW
27256	32 k × 8	25 V	250 ns	500/200* mW
27512	64 k × 8	12,5 V	250 ns	625/200* mW

* für Standby-Betrieb mit $\overline{\text{CE}}$ nicht aktiv

Die Anschlußbelegungen der Bausteine zeigt Bild 2.33. Moderne Programmiergeräte können alle hier aufgeführten Typen programmieren. Da die Programmierzeiten und Programmieralgorythmen z. T. herstellerspezifisch voneinander abweichen, liefern die neueren Bausteine (ab 2764) ein Identifikationsbyte, wenn man die Adreßleitung A9 auf +12 V legt. Damit kann das Programmiergerät erkennen, um welchen Baustein es sich handelt und wer der Hersteller ist (Datenblatt).

Alle Bausteine verwenden den Anschluß $\overline{\text{OE}}$ zur Lesesteuerung. Beim 2732 wird an diesem Anschluß auch die Programmierspannung U_{pp} eingespeist. Die Doppelbelegung ist erforderlich, da dieser Baustein noch in einem 24poligen Gehäuse geliefert wird. $\overline{\text{CE}}$

2716	2732A	2764
		Upp
		A12
A7	A7	A7
A6	A6	A6
A5	A5	A5
A4	A4	A4
A3	A3	A3
A2	A2	A2
A1	A1	A1
A0	A0	A0
D0	D0	D0
D1	D1	D1
D2	D2	D2
GND	GND	GND

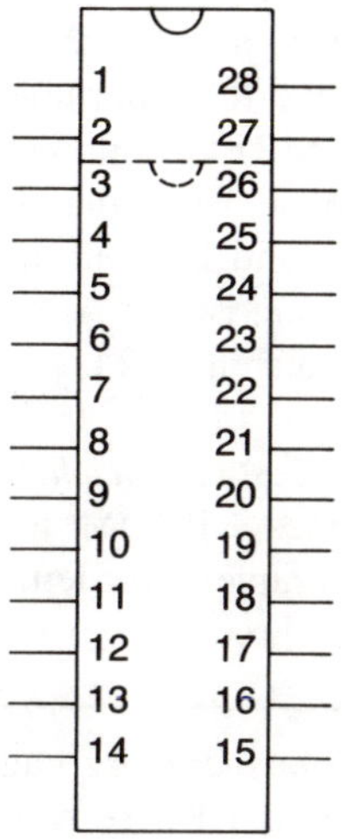

2716	2732A	2764
		Ucc
		$\overline{PGM}$
Ucc	Ucc	—
A8	A8	A8
A9	A9	A9
Upp	A11	A11
$\overline{OE}$	$\overline{OE}$/Upp	$\overline{OE}$
A10	A10	A10
$\overline{CE}$	$\overline{CE}$	$\overline{CE}$
D7	D7	D7
D6	D6	D6
D5	D5	D5
D4	D4	D4
D3	D3	D3

Bild 2.33 Anschlußschema der EPROM 2716, 2732, 2764

dient zur Bausteinauswahl und zur Umschaltung auf Standby-Betrieb (ab 2732). Versuche des Verfassers haben gezeigt, daß die Umschaltung vom Standby-Betrieb in den aktiven Zustand eine Verdoppelung der Zugriffszeit zur Folge hat. Deshalb wird in vielen Applikationen dieser Eingang dauernd aktiviert, und die Bausteinauswahl wird mit dem Signal $\overline{OE}$ direkt beim Lesen durchgeführt. Der Anschluß $\overline{PGM}$ benötigt ein Steuersignal, das beim Programmieren aktiv sein muß.

Bild 2.34 zeigt exemplarisch einen Zentralspeicher für ein Z80-System mit EPROM 2716 und CMOS-RAM 6116. Das EPROM kann gelesen werden, wenn $\overline{RD}$ und $\overline{MREQ}$ aktiv sind und wenn die Adreßleitung A11 L-Pegel führt. Es belegt also den

Bild 2.34
Zentralspeicher eines Z80-Rechners
mit 4 kByte Speicherkapazität

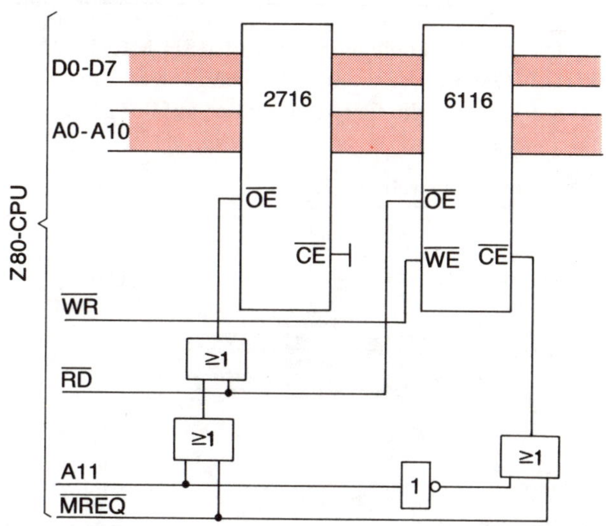

Adreßbereich von 0000 bis 07FF. Um eine kurze Zugriffszeit zu erhalten, ist $\overline{\text{CE}}$ dauernd aktiviert. Die Bausteinauswahl erfolgt hier über $\overline{\text{OE}}$. Das RAM 6116 wird zum Lesen und Schreiben aktiviert, wenn $\overline{\text{MREQ}}$ und $\overline{\text{A11 aktiv}}$ ist. Es belegt daher den Adreßbereich von 0800 bis 0FFF. Weil das Signal $\overline{\text{MREQ}}$ in die Bausteinauswahl einbezogen ist, brauchen die Schreib- und Leseleitungen der CPU nicht mit $\overline{\text{MREQ}}$ verknüpft zu werden. In dieser Schaltung ist die Adressendecodierung nicht vollständig, denn die höherwertigen Adreßleitungen A12 bis A15 werden nicht berücksichtigt.

Elektrisch löschbare programmierbare Festwertspeicher (EEPROM)
Bei fehlerhafter Programmierung eines EPROM muß immer der ganze Speicher gelöscht und anschließend neu programmiert werden. Bei *EEPROMs* ist es möglich, eine einzelne Speicherzelle neu zu beschreiben.

> Bei angelegter Programmierspannung kann jedes Bit einer Speicherzelle des EEPROM auf 0 oder 1 gesetzt werden.

EEPROMs gibt es z. Z. anschlußkompatibel zu den EPROMs 2716 und 2732. Wegen der komplexen Struktur einer Speicherzelle sind sie aber relativ teuer und ihr Einsatz beschränkt sich daher auf Spezialgebiete.

Die Lücke zwischen EPROMs und EEPROMs schließen die von der Firma Intel entwickelten ETOX FLASH MEMORY (ETOX = EPROM mit Tunnel Oxide). Die Speicherzellenstruktur entspricht der eines EPROM mit Ausnahme einer dünneren GATE-Isolation unter dem Floating Gate. Diese dünne Isolation ermöglicht einen Tunnel-Effekt, so daß alle Speicherzellen innerhalb 200 ms gelöscht werden können.

> Bei einem FLASH MEMORY können alle Speicherzellen auf einmal elektrisch gelöscht werden.

Die Anschlußbelegung eines FLASH MEMORY ist kompatibel zum entsprechenden EPROM-Baustein. Zum Löschen müssen die Source-Anschlüsse der Speichermatrix auf 12 V und die Gate-Anschlüsse auf 0 V gelegt werden. Bild 2.35 zeigt den Löschvor-

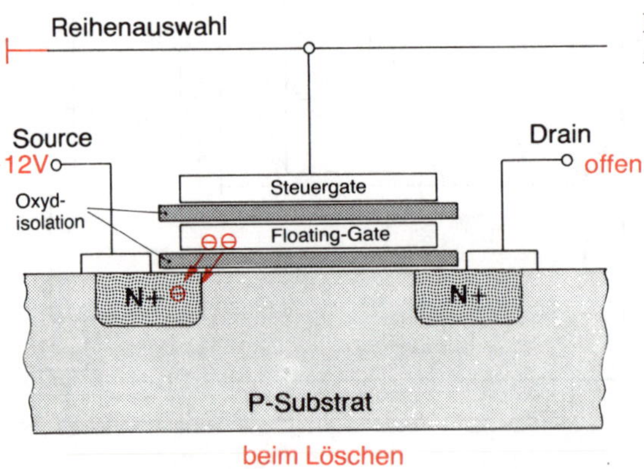

Bild 2.35
Aufbau einer ETOX-Speicherzelle

gang. Bedingt durch die hohe Feldstärke zwischen Steuergate und Source, werden die Ladungen des Floating Gate abgezogen. Sie «tunneln» durch die dünne Oxydschicht.

Die Programmierspannung wird zum Programmieren und zum Löschen benötigt. Eine im Chip integrierte Steuerlogik besorgt die Umschaltung. Mit dem Anlegen der Programmierspannung von 12 V am Anschluß V_{pp} wird die Steuerlogik in Bereitschaft gesetzt. Ein internes Steuerregister, welches mit dem Datenbus verbunden ist, bestimmt die Art der Operation. Dieses Steuerregister muß in einem Schreibzyklus mit dem entsprechenden Steuercode geladen werden.

Gegenüber einem EPROM kann ein ETOX in kurzer Zeit gelöscht werden, ohne den Baustein aus der Schaltung zu entfernen. Nachteilig ist es lediglich, daß alle Speicherzellen gelöscht werden. Dennoch sind Festwertspeicher mit ETOX-Technologie in vielen Fällen einem EEPROM vorzuziehen, denn Preis und Integrationsdichte sind wesentlich günstiger. Zur Zeit gibt es ETOX-Bausteine mit 32 k × 8 (z.B.: 27F256).

2.4 Ein-/Ausgabe-Bausteine

E/A-Bausteine bilden den Übergang vom Mikrocomputer zu seiner Umgebung, den sog. «Peripheriegeräten». Ihr Aufbau ist teilweise fast ebenso kompliziert wie bei der CPU. Deshalb soll an dieser Stelle nur die Beschaltung des relativ einfachen 8-Bit-Parallel-Ein-/Ausgabe-Bausteins 8212 gezeigt werden. Komplexere E/A-Bausteine werden dann im Kapitel 6 behandelt.

2.4.1 Ein-/Ausgabe-Baustein 8212

Bild 2.36 zeigt die Anschlußbelegung und den inneren Aufbau. Er enthält ein 8stelliges Register, das von 8 parallelen Dateneingängen angesteuert wird. Die einzelnen Registerausgänge sind über Verstärker mit Tristate-Ausgängen an die Anschlüsse geführt. Der Baustein kann sowohl für Eingabe (Peripherie – CPU), als auch für Ausgabe (CPU – Peripherie) verwendet werden.

2.4.2 Bausteinauswahl für E/A-Baustein 8212 (Bild 2.37)

Der Baustein ist ausgewählt, wenn $\overline{\text{DS1}}$=LOW und DS2=HIGH.

Die $\overline{\text{DS1}}$-Eingänge der für *Eingabe* verwendeten Bausteine werden aktiviert durch $\overline{\text{IORQ}}$ und $\overline{\text{RD}}$, also bei Ein-/Ausgabe-Zyklus Lesen. Die $\overline{\text{DS1}}$-Eingänge der für *Ausgabe* verwendeten Bausteine werden aktiviert durch $\overline{\text{IORQ}}$ und $\overline{\text{WR}}$, also bei E/A-Zyklus Schreiben.

An jeweils einen Ein- und einen Ausgabe-Baustein wird eine der Adreßleitungen A7...A0 gelegt. Auf diese Art können bis zu 8 Eingabe- und 8 Ausgabe-Bausteine ausgewählt werden, ohne daß weitere Decodierschaltungen notwendig sind.

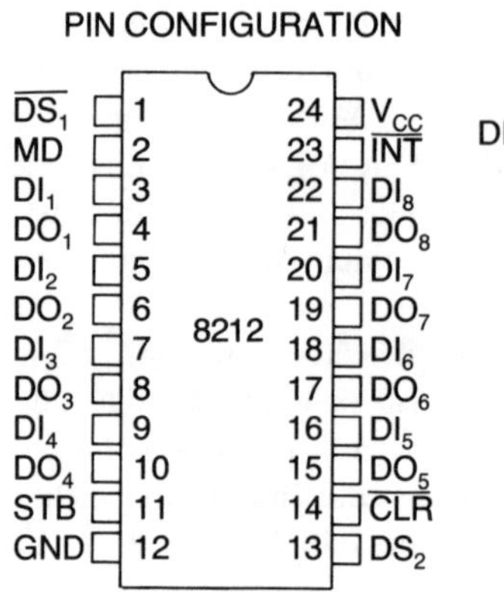

Bezeichnungen:
DI : Data Input
DO : Data Output
$\overline{\text{DS1}}$: Device Select
DS2 (Baustein-Auswahl)
MD : Mode (Betriebsart)
STB : Strobe (Übernahme)
$\overline{\text{INT}}$: Interrupt (Unterbrechung)
$\overline{\text{CLR}}$: Clear (Löschen)

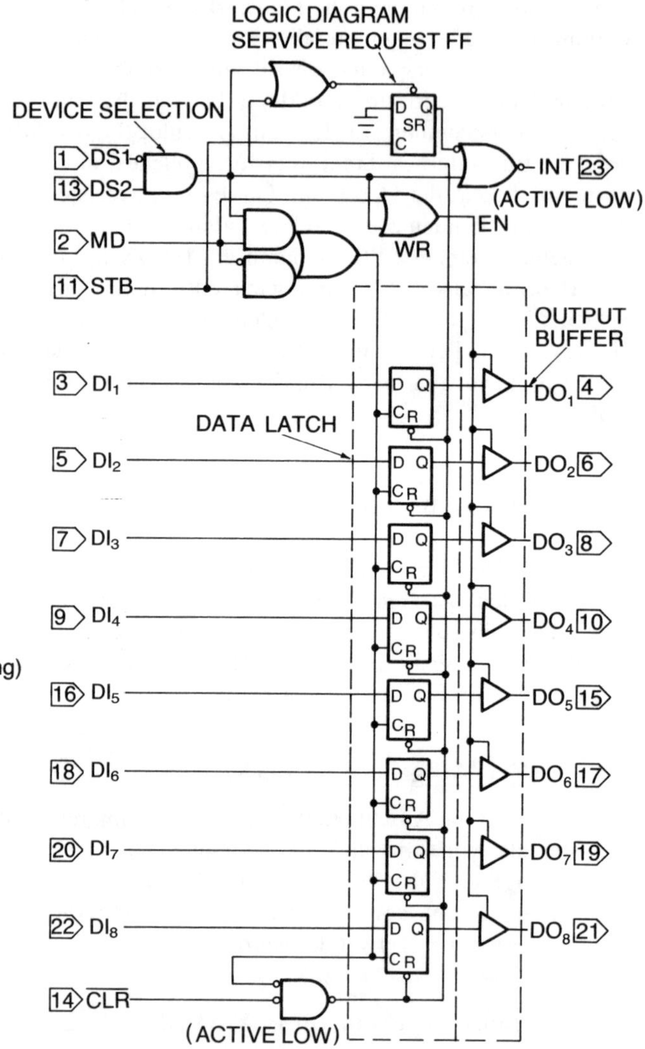

Bild 2.36 Anschlußbelegung und Blockschaltbild des E/A-Bausteins 8212

2.4.3 Schaltung als Ausgabe-Baustein (Bild 2.38)

Die Dateneingänge werden mit dem System-Datenbus und die Datenausgänge mit Peripheriegeräten verbunden.

In diesem Fall wird MD statisch mit HIGH beschaltet ($\overline{\text{CLR}}$ und $\overline{\text{STB}}$ sollten, da sie nicht verwendet werden, ebenfalls auf HIGH gelegt werden). MD=HIGH aktiviert die Ausgangstreiber, damit sind die Registerausgänge dauernd durchgeschaltet. Die Treiber liefern im HIGH-Zustand 1 mA und im LOW-Zustand 15 mA Strom in der

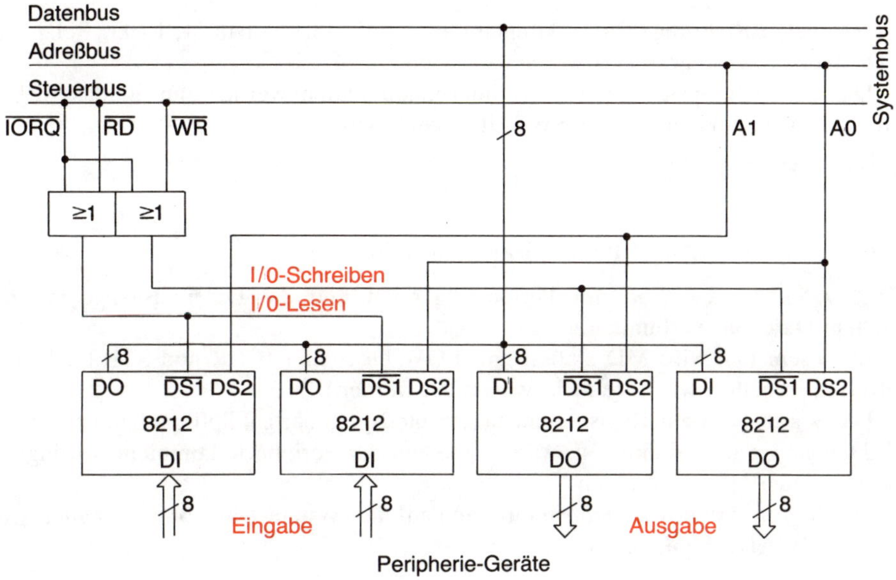

Bild 2.37 Decodierung von E/A-Bausteinen 8212

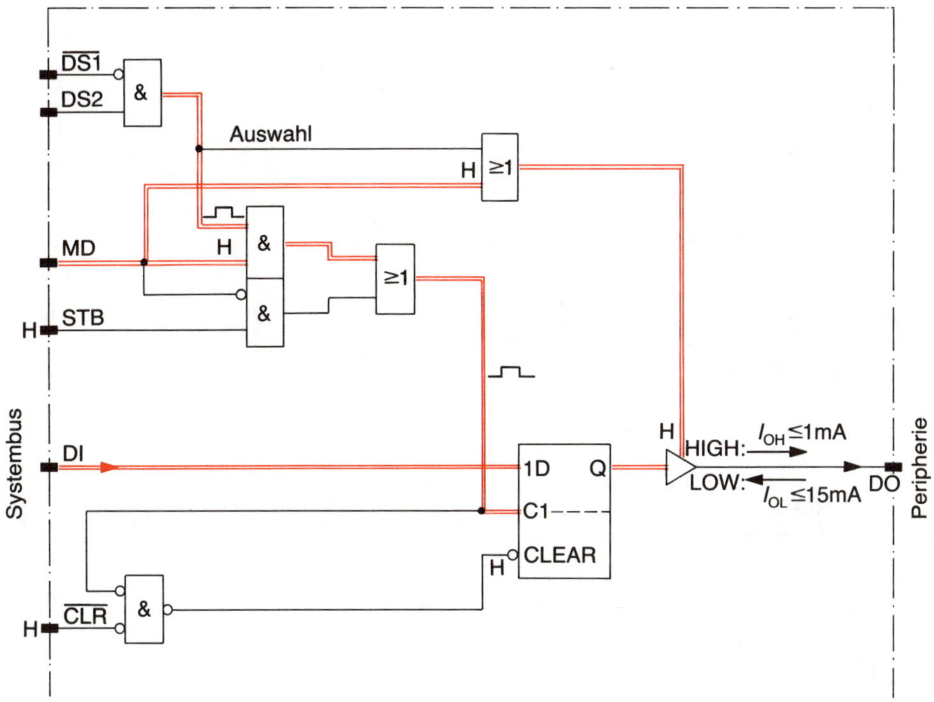

Bild 2.38 E/A-Baustein 8212 für Ausgabe beschaltet

gezeichneten Richtung. Damit können dann, evtl. noch verstärkt, LED, Relais oder Schaltverstärker angesteuert werden.

Die auf dem System-Datenbus anliegenden Daten werden nur in das Register übernommen, solange das AUSWAHL-Signal aktiv ist:

$$\text{AUSWAHL} = \overline{\text{IORQ}} \wedge \overline{\text{WR}} \wedge \text{adr}$$

2.4.4 Schaltung als Eingabe-Baustein (Bild 2.39)

Die Dateneingänge sind mit Peripheriegeräten und die Datenausgänge mit dem System-Datenbus verbunden.

In diesem Fall wird MD statisch mit LOW beschaltet ($\overline{\text{CLR}}$ und $\overline{\text{STB}}$ bleiben mit HIGH beschaltet, wenn sie nicht verwendet werden).

Da es sich bei dem Register um taktzustandsgesteuerte Flipflops handelt und der Takteingang dauernd aktiv ist, werden die von der Peripherie kommenden Eingangssignale dauernd übernommen.

Der Registerinhalt wird jedoch nur dann auf den System-Datenbus geschaltet, wenn das AUSWAHL-Signal aktiv ist.

$$\text{AUSWAHL} = \overline{\text{IORQ}} \wedge \overline{\text{RD}} \wedge \text{adr}$$

Es können alle Geräte angeschlossen werden, die binäre Signale mit TTL-Potentialen liefern.

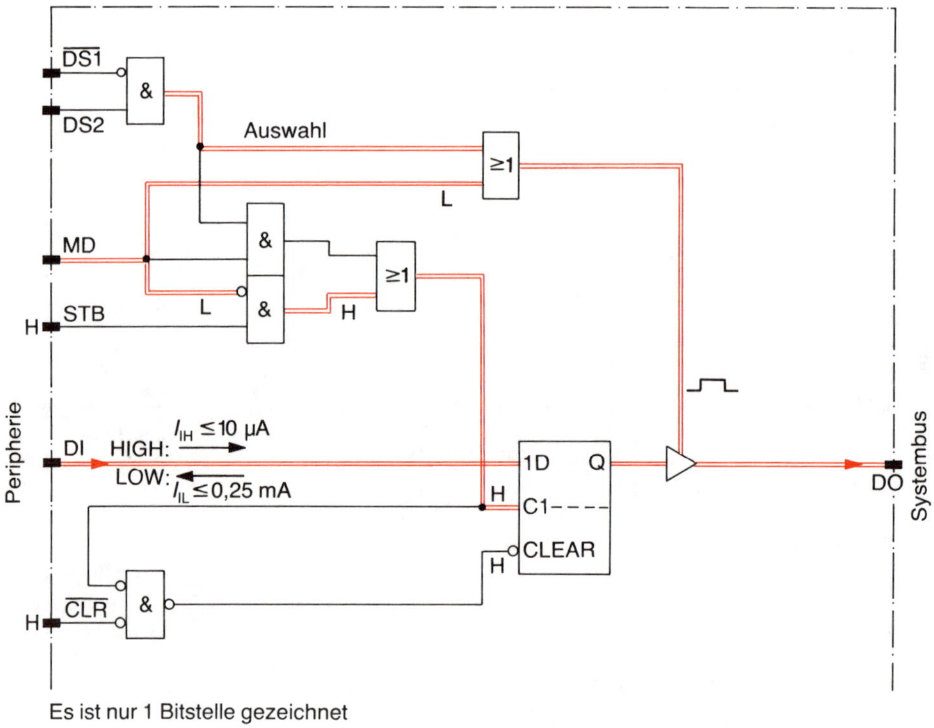

Bild 2.39 E/A-Baustein 8212 für Eingabe beschaltet

3 Programmierung von Mikrocomputern

3.1 Maschinenbefehle

3.1.1 Begriffe

Die Begriffe «Befehl» und «Kommando» werden in der Technik und im täglichen Leben oft verwendet. Damit sollen Menschen, Tiere oder aber auch Maschinen veranlaßt werden, eine bestimmte Handlung (Operation) auszuführen. Ein Techniker muß z. B. einer Bedienungsanleitung der Reihe nach Anweisungen entnehmen, um ein kompliziertes Meßgerät einzustellen. Die CPU eines Computers – um wieder zu unserem Thema zurückzukehren – kann aus einem Speicher der Reihe nach Befehle lesen und über E/A-Bausteine ebenfalls eine Maschine steuern. Sie kann das sogar wesentlich schneller und zuverlässiger als ein Mensch, vorausgesetzt, der Programmierer hat die richtigen Befehle in der richtigen Reihenfolge in den Speicher eingesetzt.

Der Mensch kann seine Anweisungen aus der Bedienungsanleitung entnehmen, wenn sie in einer ihm verständlichen Sprache geschrieben sind. Eine CPU muß ihre Anweisungen aus dem Zentralspeicher lesen.

> Eine CPU kann allerdings nur eine begrenzte Anzahl von verschiedenen Anweisungen erkennen (decodieren) und ausführen. Eine solche ausführbare Anweisung (Steuercode) nennt man einen *Maschinenbefehl.*
> Jeder Maschinenbefehl besteht aus einer Kombination aus 0 und 1. Nur solche Maschinenbefehle kann die CPU ohne weitere Umwandlung ausführen.

Anweisungen und *Kommandos*, wie sie bei höheren Programmiersprachen wie BASIC oder FORTRAN verwendet werden, müssen vor ihrer Ausführung immer erst in die Maschinensprache der verwendeten CPU übersetzt werden. Dafür werden spezielle Übersetzungsprogramme (Assemblierer, Interpreter oder Compiler) verwendet.

Diese binären Codes für die Maschinenbefehle sind für jeden Prozessortyp anders codiert, wenngleich Struktur und Befehlsvorrat zum Teil ziemlich ähnlich sind. Alle von einem bestimmten Prozessortyp ausführbaren Maschinenbefehle können aus den zugehörigen Befehlslisten entnommen werden. Im Anhang finden Sie verschiedene Arten von Befehlslisten für den in diesem Buch verwendeten Mikroprozessor Z80.

Aus diesen Listen wählt der Programmierer nun diejenigen Befehle aus, die er zur Lösung seiner Aufgabe braucht, und schreibt sie in der Reihenfolge, wie sie dann von der CPU ausgeführt werden sollen, z. B. in ein EPROM, das in den dafür vorgesehenen Sockel im Zentralspeicher des Mikrocomputers eingesetzt wird. Je nach Können und Erfahrung ergeben sich dabei für das gleiche Problem durchaus unterschiedliche Programme.

Wirkung und Ablauf der einzelnen Maschinenbefehle können jedoch vom Programmierer nicht mehr beflußt werden, denn diese Steuerung erfolgt durch das im Befehlswerk der CPU gespeicherte *Mikroprogramm*.

3.1.2 Prinzip der Steuerung durch binäre Befehle

Bild 3.1 zeigt, wie man prinzipiell mit binären Kombinationen eine Rechenschaltung steuern könnte. Der gezeichnete Volladdierer kann lediglich zwei 4 Bit lange Dualzahlen A und B und einen Übertrag C0 addieren, sonst nichts!

Über die Zusatzschaltungen lassen sich durch verschiedene Kombinationen der Steuersignale S0 bis S4 jedoch auch andere Funktionen realisieren. Die Steuersignale S3 und S4 bilden mit den UND-Gliedern eine Torschaltung. Nur wenn die Steuersignale aktiv sind, werden die Dualzahlen A bzw. B weitergeschaltet. Die EXOR-Glieder ergeben zusammen mit den Steuersignalen S1 bzw. S2 steuerbare Inverter.

Eine sinnvolle Kombination der Steuersignale S0 bis S4 könnte man als «Mikro-Befehl» bezeichnen. Zusammen mit anderen Mikro-Befehlen – die die Ausgänge der Operandenregister zum Rechenwerk durchschalten, das Ergebnis vom Rechenwerksausgang in ein Register schalten und schließlich den Programmzähler erhöhen – ergäbe das dann einen Maschinenbefehl zur Addition von zwei Dualzahlen.

In einer CPU lösen über den Datenbus geladene Maschinenbefehle jeweils eine ganze Reihe von Mikro-Befehlen aus. Die Gesamtheit dieser Mikro-Befehle wird als Mikroprogramm bezeichnet.

Es ist bei den heute verwendeten Mikroprozessoren fest eingebaut und kann vom Programmierer nicht verändert werden.

3.1.3 Struktur eines Maschinenbefehls (Bild 3.2)

Die meisten Maschinenbefehle enthalten zwei verschiedene Angaben, nämlich über

- ☐ die durchzuführende Operation: *Operationscode, OP-Code*
- ☐ dabei verwendete Konstante oder Adressen: *Operandenteil*

Die im OP-Code genannten Operationen, wie z. B. Addieren, UND-Verknüpfung, Bitstelle löschen usw., erklären sich oft von selbst. Mehr Schwierigkeiten bereitet erfahrungsgemäß die richtige Verwendung des Operandenteils.

Ein *Operand* ist ein – natürlich binär verschlüsselter – Wert, mit dem die im OP-Code genannte Operation durchgeführt wird.

Bild 3.1
Steuerung eines Addierwerks

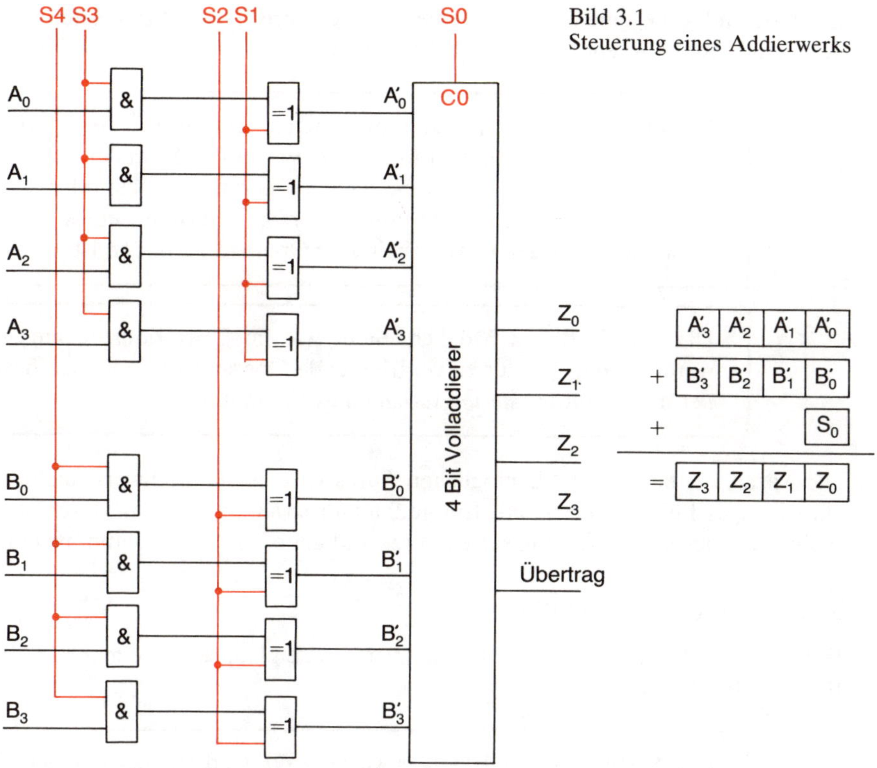

Steuer-bit	Datenbit Eingang	Datenbit Ausgang
0	0	0
0	1	1
1	0	1
1	1	0

S4	S3	S2	S1	S0	Z
1	1	0	0	0	A+B
1	0	0	0	1	B+1
0	1	0	1	0	$\bar{A}$
1	1	1	0	1	A+$\bar{B}$+1 = A-B

Bild 3.2
Struktur eines Maschinenbefehls

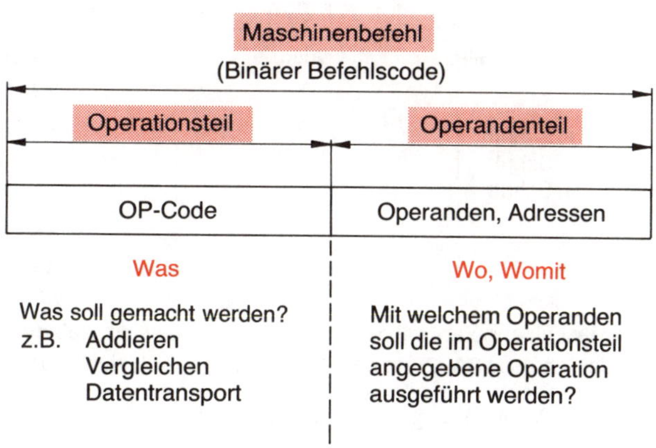

Ein Operand kann eine Dualzahl, eine binär codierte Dezimalzahl oder Buchstaben oder den Zustand irgendwelcher Schalter darstellen.

> Der Operandenteil eines Maschinenbefehls enthält Angaben, wo der zu verarbeitende Operand zu finden ist. Er enthält entweder:
> - ☐ unmittelbar den zu verarbeitenden Operanden selbst oder
> - ☐ die Adresse (eines Registers, einer Speicherzelle, eines E/A-Bausteines), wo der zu verarbeitende Operand zu finden ist.

> Die verschiedenen Möglichkeiten, wie im Operationsteil angegeben werden kann, wo der zu verarbeitende Operand zu finden ist, bezeichnet man als *Adressierungsarten* eines Computers.

Die Anzahl der bei einer CPU möglichen Adressierungsarten (teilweise mehr als 20) ist ein wichtiges Leistungsmerkmal. Ein geübter Programmierer kann durch geschicktes Ausnutzen dieser Adressierungsarten kurze und übersichtliche Programme entwickeln.

3.1.4 Erkennen von OP-Codes

Die einzelnen Maschinenbefehle können verschieden lang sein, beim Z80 z. B. 1 bis 4 Bytes, siehe Bild 3.3.

> Bei Ausführung des Befehles wird der OP-Code immer in das Befehlsregister der CPU geladen, während der Operandenteil meist in eines der Hilfs- oder Adressenregister geladen wird.

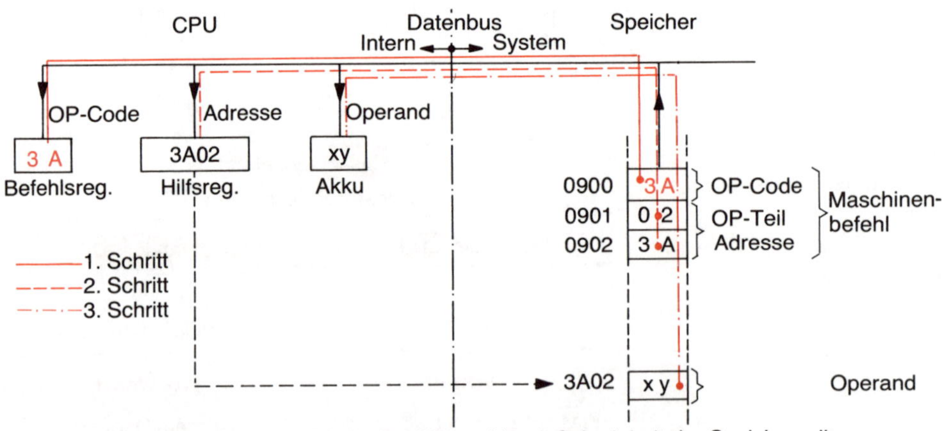

Der Maschinenbefehl mit dem OP-Code 3AH bewirkt, daß der Inhalt der Speicherzelle mit der Adresse 3A02H in den Akku geladen wird (siehe auch Abschnitt 4.2.4)

Bild 3.3 Verarbeitung eines Maschinenbefehls

OP-Codes und Operandenteile haben *keine besondere Kennzeichnung*, wenn sie im Speicher abgelegt sind. Die Bitkombination 3AH in Bild 3.3 ist ein vom Z80 ausführbarer OP-Code, könnte aber auch als Teil einer Adresse oder eines Operanden vorkommen. Beim Z80 sind alle 256 möglichen Kombinationen eines Byte als OP-Codes benutzt. Deshalb kann die CPU den Programmanfang nicht auf Grund eines bestimmten Codes im Speicher erkennen. So gibt es nur eine einzige Möglichkeit, die CPU definiert zu starten, und zwar mit Hilfe des bereits bekannten Reset-Signals, das den Program Counter (PC) mit einer definierten Adresse (beim Z80 ist es die Adresse 0) lädt. In dieser Adresse muß der OP-Code des ersten Befehles eines Programms stehen.

Anhand des OP-Codes erkennt das Steuerwerk, wieviele Bytes der Maschinenbefehl umfaßt. In der darauf folgenden Speicherzelle wird dann der nächste OP-Code erwartet. Ist in Bild 3.3 der in Adresse 0900H beginnende Befehl abgearbeitet, ist der PC auf 0903H erhöht, und das Steuerwerk lädt automatisch den Inhalt der Adresse 0903H als OP-Code in das Befehlsregister.

> Maschinenbefehle müssen im Zentralspeicher lückenlos aufeinanderfolgen.

Es ist denkbar, daß der PC durch Störeinkopplungen verändert wird, was zur Folge haben könnte, daß als Adressen oder Operanden gedachte Speicherinhalte in das Befehlsregister geladen würden. Die weitere Programmabarbeitung käme dann «außer Tritt», was schlimme Folgen haben könnte. In solchen Fällen wird ein *Watchdog* (Wachhund) eingebaut, z. B. ein Monoflop, das durch Befehle des laufenden Programms in regelmäßigen Abständen gestartet wird. Fällt das Programm außer Tritt, unterbleibt auch das Setzen des Monoflops, und es fällt in seine stabile Lage zurück. Damit kann dann ein Reset-Signal oder ein Alarm ausgelöst werden.

3.1.5 Darstellung von Befehlen und Zahlen

Ein Maschinenbefehl besteht aus einer Kombination aus 0 und 1. Die Eingabe solcher Binärkombinationen wäre sehr umständlich. Deshalb wurden Methoden entwickelt, die Eingabe und Lesbarkeit von Maschinenprogrammen zu erleichtern (Bild 3.4).

> Bei der Darstellung durch *Sedezimalziffern (Hexziffern)* werden, bei längeren Bitkombinationen immer von rechts beginnend, jeweils 4 Binärstellen zu einer Sedezimalziffer zusammengezogen. Dabei ergibt sich folgende Tabelle:

binär	hex	binär	hex	binär	hex	binär	hex
0000	0	0100	4	1000	8	1100	C
0001	1	0101	5	1001	9	1101	D
0010	2	0110	6	1010	A	1110	E
0011	3	0111	7	1011	B	1111	F

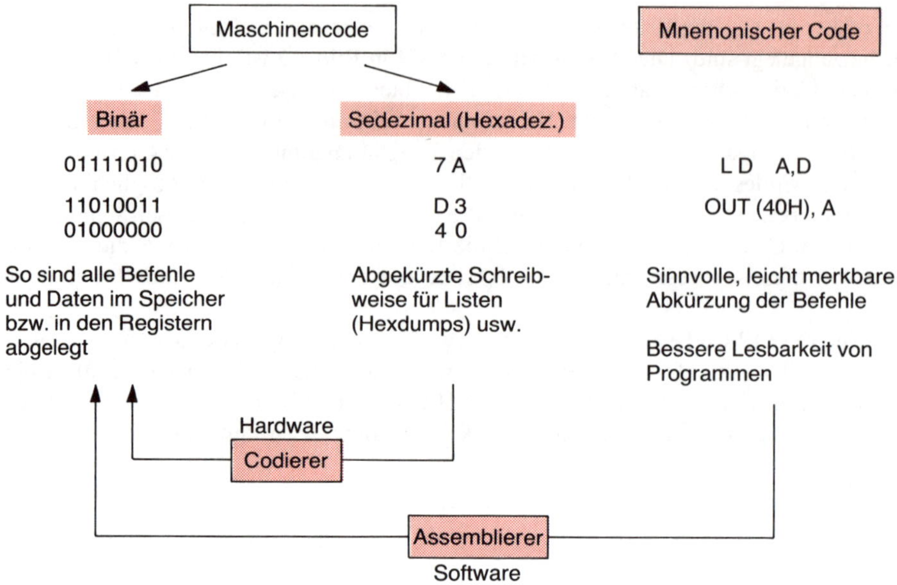

Bild 3.4 Schreibweise von Maschinenbefehlen

Z. B. wird die Bitkombination 10011101B abgekürzt mit 9DH.

> 4 zusammenhängende Bitstellen werden *Tetrade* oder *Nibble* genannt. 2 Tetraden, also 8 zusammenhängende Bitstellen, werden *Byte* genannt.

Zum Codieren von Zeichen (Buchstaben, Ziffern, Sonderzeichen) wird häufig der sog. ISO-7-Bit-Code verwendet, siehe Anhang E. Damit wird für jedes zu speichernde Zeichen 1 Byte gebraucht.

Aber auch in sedezimaler Abkürzung geschriebene Programme sind schwer lesbar. Deshalb hat sich die *mnemonische Schreibweise* von Maschinenbefehlen durchgesetzt. Dabei wird für jede Operation eine leicht zu merkende Abkürzung verwendet, z. B. LD für load (laden), OUT für output, SUB für subtract. Durch einen Zwischenraum getrennt werden dann 1 oder 2 Operanden angegeben, wobei zwei Operanden immer durch ein Komma getrennt sein müssen.

> Ein Maschinenbefehl in mnemonischer Schreibweise hat die Form:
>
> <operation>[_<operand>[,<operand>]]
>
> < > Inhalt der Klammer wird durch den entsprechenden OP-Code bzw. Operand ersetzt
> [ ] diese Teile des Maschinenbefehls sind nicht immer vorhanden
> _ Zwischenraum

Beispiele

EI ;enable interrupt
INC B ;erhöhe das B-Register um 1
LD A,D ;lade Akku aus dem D-Register

Eine Übersetzung in den binären Maschinenbefehl mit Hilfe von integrierten Schaltkreisen ist bei ca. 700 verschiedenen Befehlen nicht mehr möglich.

> In mnemonischer Darstellung geschriebene Befehle werden durch spezielle Dienstprogramme, sog. *Assemblierer,* in binären Maschinencode umgewandelt.

Da solche Assemblierer nur sehr schematisch übersetzen können, sollte man sich von Anfang an eine korrekte Schreibweise angewöhnen, das erspart später viel Zeit bei der Fehlersuche.

Auch für die Beschreibung der Befehlswirkung hat sich ein gewisser Formalismus eingebürgert. Da er nur zur Erklärung dient und nicht übersetzt werden muß, ist er nicht so genau festgelegt. Wir verwenden die in Bild 3.5 dargestellte Schreibweise. Die linke Seite zeigt also immer an, wo das Ergebnis bzw. das Ziel der Operation zu finden ist.

> Zahlen werden, wo Verwechslungen auftreten können, durch ein nachgestelltes D (dezimal), H (hex), B (binär) gekennzeichnet.
> Beispiel: 9AH = 10011010B = 154D
> (9AH: hex; 10011010B: binär; 154D: dezimal)

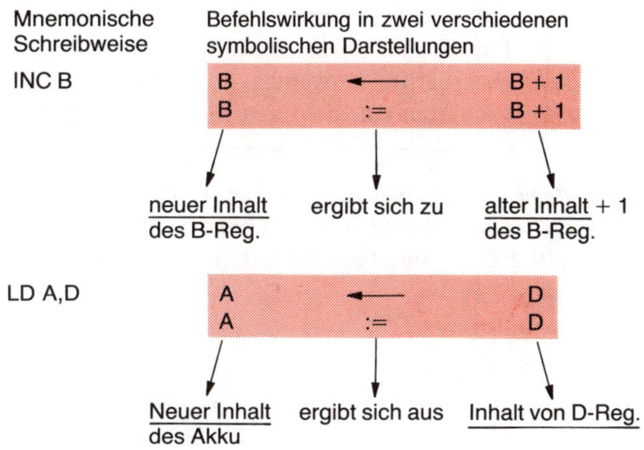

Bild 3.5
Darstellung der Befehlswirkung

3.2 Zeitlicher Ablauf von Befehlen

3.2.1 Zyklusarten

Der zeitliche Ablauf wird in *Zyklen (Cycles, States)* unterteilt.

> Die kleinste Zeiteinheit innerhalb eines Mikrocomputers ist der *Taktzyklus*.

Sie kann beim Z80 am Takteingang, Anschluß 6, gemessen werden (Bild 3.6).

Für die Zykluszeit gilt:

$$T = \frac{1}{f} \qquad \begin{array}{ll} T\text{:} & \text{Taktzykluszeit in } \mu\text{s} \\ f\text{:} & \text{Taktfrequenz in MHz} \end{array}$$

> Jeder Maschinenbefehl dauert eine genau definierte Anzahl von Taktzyklen.

Diese Anzahl kann den ausführlicheren Befehlslisten entnommen werden. Bei bekannter Taktfrequenz läßt sich damit die Zeitdauer eines Maschinenbefehls genau berechen, siehe Anhang A.

Zum Laden von OP-Codes und zum Lesen bzw. Speichern von Daten muß das Steuerwerk über den Datenbus auf Speicher oder E/A-Bausteine zugreifen.

> Für den Zugriff der CPU auf Speicher- oder E/A-Bausteine muß ein *Maschinenzyklus* (Machine Cycle) ablaufen, der meist 3 oder 4 Taktzyklen lang ist (Bild 3.7).

Die bei einer Z80-CPU möglichen Maschinenzyklen werden im nächsten Abschnitt ausführlich erklärt.

> Für die Ausführung eines Maschinenbefehls sind häufig mehrere Speicherzugriffe notwendig, so daß ein *Befehlszyklus* (Instruction Cycle) wiederum aus mehreren Maschinenzyklen bestehen kann (Bild 3.7).

Der zeitliche Ablauf eines Programmes besteht nun aus einer lückenlosen Aneinanderreihung solcher Befehlszyklen. Ausnahmen gibt es nur, wenn das Reset-Signal aktiv ist (Abschnitt 2.2.2.4) und bei DMA (Direct Memory Access, Abschnitt 5.1).

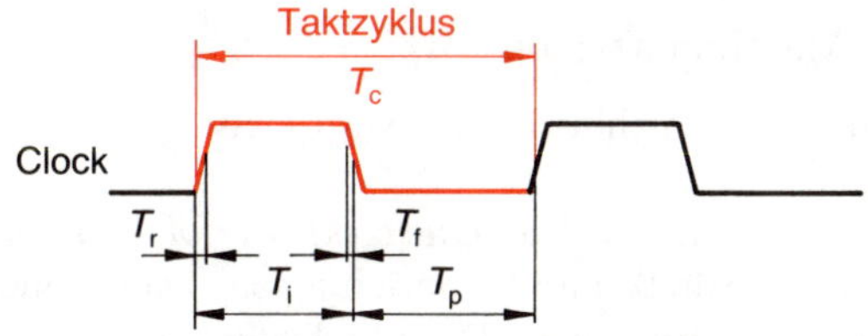

Bild 3.6 Taktzyklus

meist $T_i \approx T_p$
$T_r = T_f \leq 30$ ns

Typ	T_{cmin}	F_{max}
Z80	400 ns	2,5 MHz
Z80 A	250 ns	4,0 MHz
Z80 B	165 ns	6,0 MHz

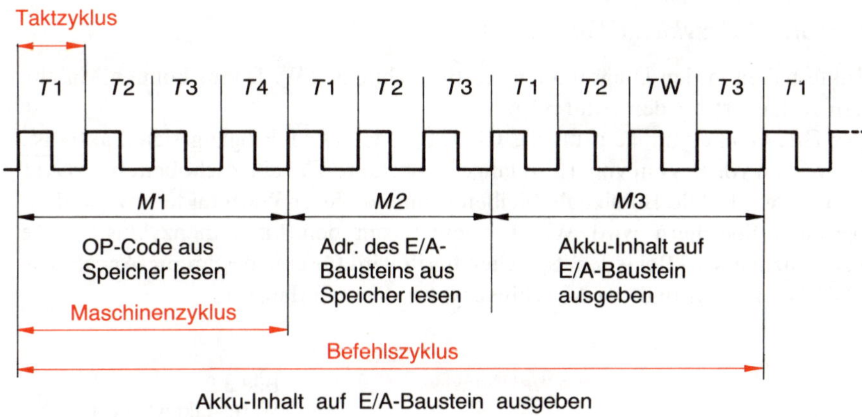

Bild 3.7 Befehlszyklus

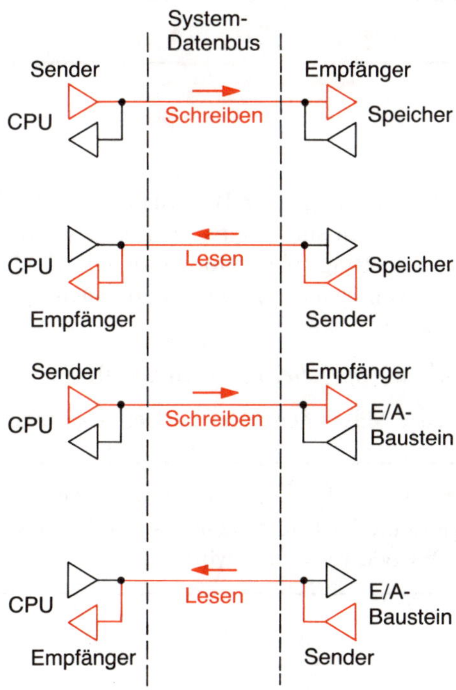

Bild 3.8
Lesen und Schreiben
auf System-Datenbus

3.2.2 Maschinenzyklen

Während eines Maschinenzyklus wird meist ein Informationsbyte auf dem Datenbus übertragen.

Die Steuerung dieser Maschinenzyklen erfolgt ausschließlich durch das Befehlswerk mit Hilfe der Adreß- und Steuerleitungen. Dabei sind nur die in Bild 3.8 gezeigten Möglichkeiten vorgesehen. Direkte Datentransporte zwischen Speichern und E/A-Bausteinen sind nicht möglich, stets ist ein Register der CPU entweder Ziel oder Quelle des Transportes. Zum Beispiel gelangen über Tastatur eingegebene Werte über den entsprechenden E/A-Baustein und den Datenbus zuerst in ein Register der CPU und von dort dann (mit einem anderen Befehl) zum Speicher.

3.2.2.1 Warte-Taktzyklen (Wait States)

Diese Takte haben in den Diagrammen die Bezeichnung TW. Damit können Maschinenzyklen verlängert werden (Bild 3.9).

Mit der H/L-Flanke von T2 prüft die CPU, ob das $\overline{\text{WAIT}}$-Eingangssignal aktiv ist. Wenn ja, werden vor Beginn von T3 so lange Wartetakte TW eingeschoben, bis $\overline{\text{WAIT}}$ wieder inaktiv wird. Alle Bussignale bleiben während dieser Wartetakte unverändert. Bei langsamen Speichern wird $\overline{\text{WAIT}}$ benutzt, um den Maschinenzyklus an die Zugriffszeit anzupassen. Bei jedem Speicherzugriff wird für eine bestimmte Anzahl von Takten $\overline{\text{WAIT}}$ aktiviert und der Maschinenzyklus damit verlängert.

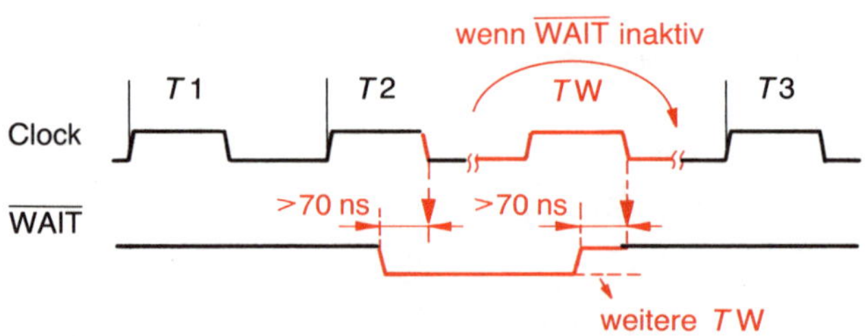

Bild 3.9
Warte-Taktzyklen

Wartetakte sind bei den folgenden Bildern der Übersichtlichkeit halber weggelassen. Daten und Adreßleitungen sind summarisch dargestellt. Da die einzelnen Leitungen abhängig von der zu übertragenden Information HIGH oder LOW sein können, sind in den Bildern nur die Umschaltzeitpunkte zu erkennen.

3.2.2.2 OP-Code aus Speicher lesen (Bild 3.10)

Das ist stets der erste Maschinenzyklus bei der Abarbeitung eines Befehls.

> Zuerst wird $\overline{\text{M1}}$ aktiv (Machine Cycle 1), was bedeutet, daß die ausgewählte Speicherzelle in das Befehlsregister der CPU geladen, also als OP-Code verwendet wird.

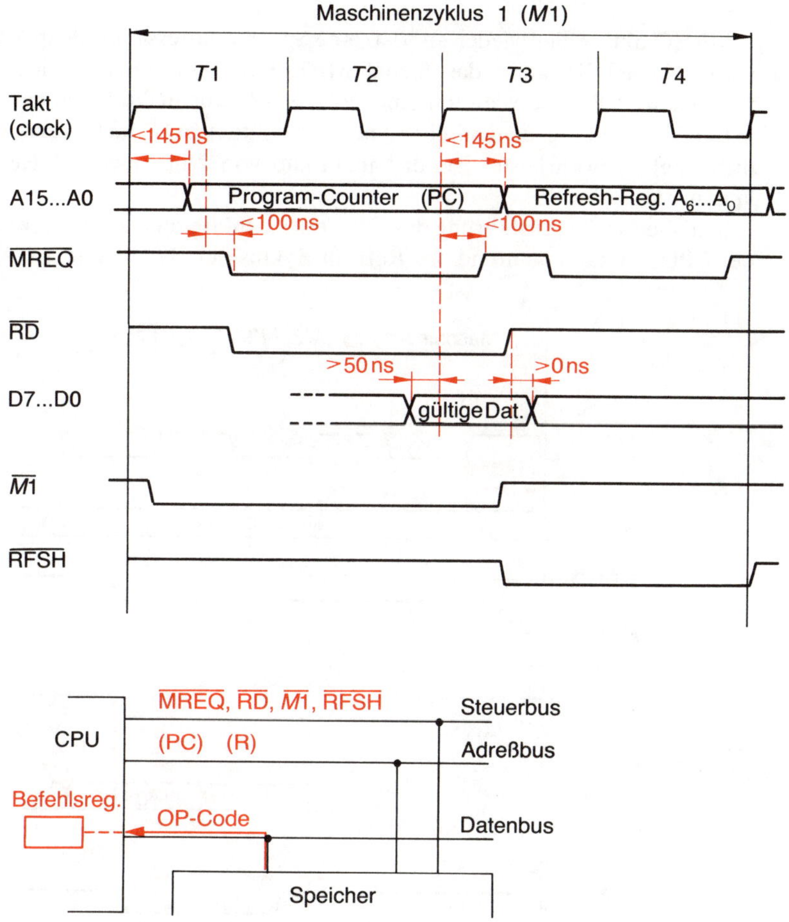

Bild 3.10 OP-Code lesen (M1-Zyklus)

Gleich danach wird der Inhalt des PC, also die 16stellige Speicheradresse, aus der der OP-Code gelesen wird, auf den Adreßbus geschaltet. Zum Zeichen, daß die Adresse gültig ist und der Speicher angesteuert werden soll, aktiviert die CPU nun das Speicheransteuersignal $\overline{MREQ}$.

Das aktive $\overline{RD}$-Signal zeigt, daß die Datenbusanschlüsse der CPU auf Eingang geschaltet sind.

Mindestens 50 ns vor Beginn von T3 muß die Information der Speicherzelle auf den Datenbus geschaltet sein, damit sie von der CPU noch richtig übernommen werden kann. Da die CPU nicht erkennen kann, ob die Information gültig war, müssen Zugriffszeit des Speichers und Taktfrequenz aufeinander abgestimmt sein.

Nun folgt noch eine Spezialität des Z80: der *Refresh-Zyklus*, der bei dynamischen Speichern (Abschnitt 2.3) benötigt wird. Vom Refresh-Register der CPU (R in Bild 2.15) wird auf die Adreßleitungen A6 bis A0 eine Refresh-Adresse geschaltet. Das R-Register wird nach jedem Refresh-Zyklus automatisch erhöht.

$\overline{\text{MREQ}}$ aktiv zeigt wieder an, daß eine Speicheradresse auf dem Adreßbus gesendet wird. Mit $\overline{\text{RFSH}}$ kann das Signal $\overline{\text{MREQ}}$ bei statischen Speichern ausgeblendet werden, so daß diese während eines Refresh-Zyklus inaktiv bleiben.

Bei Verwendung dynamischer Speicher sollte $\overline{\text{WAIT}}$ nicht verwendet werden, da nicht mehr gewährleistet ist, daß innerhalb von 2 ms auch 128 Refresh-Zyklen ablaufen.

Sind die für die Ausführung des OP-Codes benötigten Daten bereits in den Registern der CPU, so kann während des Refresh-Zyklus der Befehl sofort ausgeführt werden.

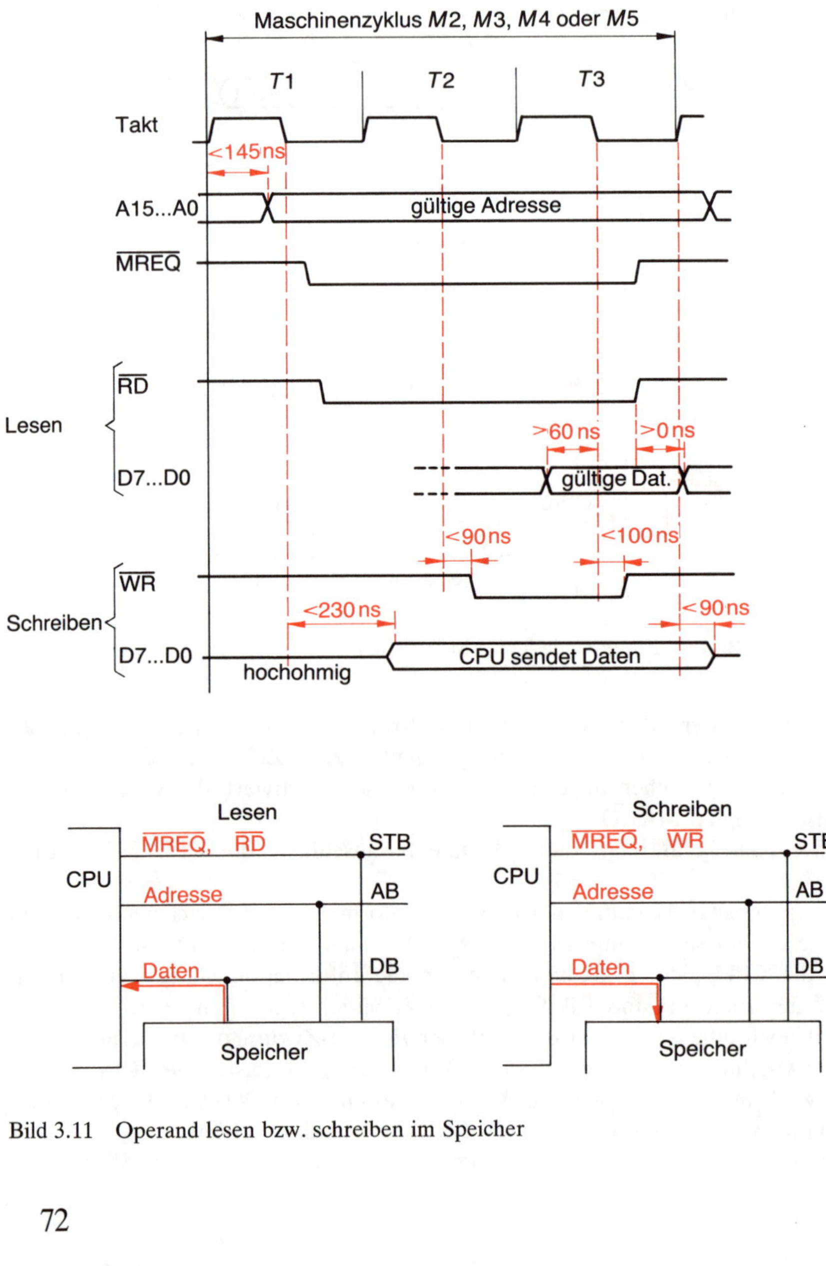

Bild 3.11 Operand lesen bzw. schreiben im Speicher

3.2.2.3 Operand lesen bzw. schreiben im Speicher (Bild 3.11)

Diese Maschinenzyklen werden benutzt, um für die Ausführung eines Befehls benötigte Daten oder Adressen aus dem Speicher zu lesen oder Daten in den Speicher zu schreiben.

In beiden Fällen sendet die CPU wieder eine 16stellige Adresse auf dem Adreßbus.

> Das Steuersignal $\overline{\text{MREQ}}$ ist immer aktiv, solange eine gültige Speicheradresse gesendet wird.

Der Maschinenzyklus «Speicher lesen» verläuft sonst ähnlich wie «OP-Code lesen», es fehlt aber $\overline{\text{M1}}$, außerdem folgt kein Refresh-Zyklus. Das gelesene Byte wird in eines der CPU-Register (nicht in das Befehlsregister!) übernommen.

Beim Maschinenzyklus «Speicher schreiben» sendet die CPU Daten auf den Datenbus.

> Das Steuersignal für Schreiben $\overline{\text{WR}}$ ist aktiv, solange die CPU Daten sendet.

Da die Daten immer länger auf dem Bus gesendet werden als $\overline{\text{WR}}$ aktiv ist, kann $\overline{\text{WR}}$ vom Speicher direkt als Ausblendsignal verwendet werden.

3.2.2.4 Ein-/Ausgabe-Zyklen lesen und schreiben (Bild 3.12)

Diese Maschinenzyklen werden für den Datenbusverkehr zwischen Register der CPU und Registern von E/A-Bausteinen verwendet.

Nach Zyklusbeginn sendet die CPU eine 8stellige Adresse auf den Adreßleitungen A7 bis A0. Damit können maximal 256 Register in E/A-Bausteinen angesprochen werden. Auf den Adreßleitungen A15 bis A8 erscheint, je nach Befehl, entweder der Inhalt des Akku oder des B-Registers, siehe Abschnitt 4.2.8.

> Zum Zeichen, daß eine gültige E/A-Adresse gesendet wird, aktiviert die CPU das E/A-Ansteuersignal $\overline{\text{IORQ}}$.

Vor dem Abprüfen von $\overline{\text{WAIT}}$ wird ein zusätzlicher Wartetakt eingeschoben. Damit dauert ein E/A-Maschinenzyklus mindestens 4 Takte.

3.2.2.5 Halt-Zyklus (Bild 3.13)

Mit diesem Maschinenzyklus bestätigt die CPU die Ausführung eines HALT-Befehles, es werden keine weiteren Befehle geladen, siehe Abschnitt 4.6.2.

Am Ende des Maschinenzyklus wird das $\overline{\text{HALT}}$-Ausgangssignal aktiviert. Der PC wird um 1 erhöht, und die CPU führt dann auf dieser Adresse dauernd M1-Zyklen aus,

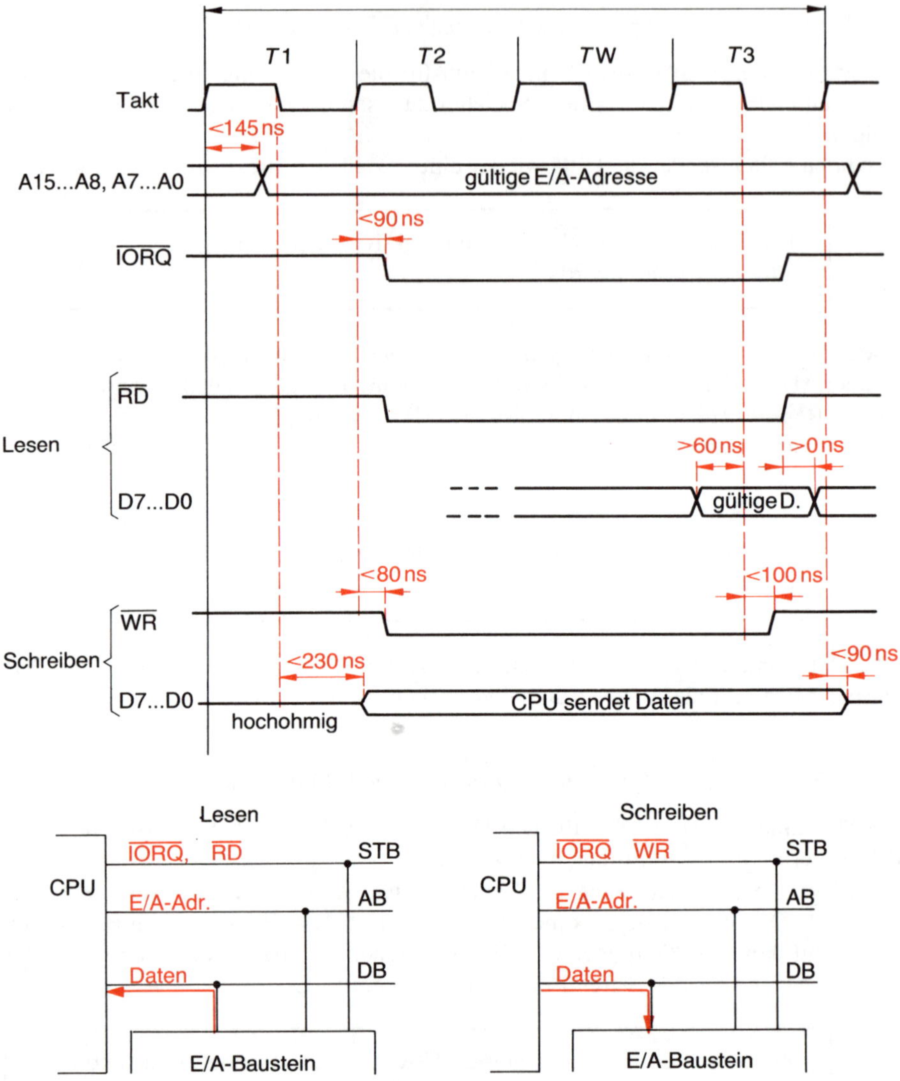

Bild 3.12 Ein-/Ausgabe-Zyklen lesen und schreiben

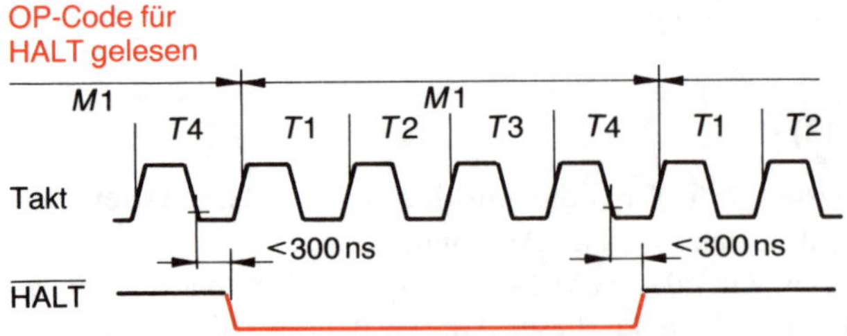

Bild 3.13
Halt-Maschinenzyklus

so daß der Refresh von dynamischen Speichern gewährleistet bleibt. Der dabei aus dieser Speicherzelle gelesene Code wird nicht in das Befehlsregister übernommen, statt dessen werden sog. NOP-Operationen durchgeführt, siehe Abschnitt 4.6.1.

Die Ausführung von Halt-Zyklen kann nur durch die Steuersignale für Reset oder Interrupt beendet werden.

3.2.2.6 *Reset-Zyklen* (Bild 3.14)

Dieser Maschinenzyklus bewirkt ein Anhalten der Programmabarbeitung und einen Neustart bei Adresse 0000H.

$\overline{\text{RESET}}$ muß mindestens während 3 L/H-Flanken des Taktes aktiv sein.

Adreß- und Datenbustreiber der CPU werden in den hochohmigen Zustand geschaltet, sämtliche Ausgangssteuersignale werden inaktiv. *Es erfolgen auch keine Refresh-Zyklen!*

Erst wenn das $\overline{\text{RESET}}$-Signal während mindestens 3 L/H-Flanken des Taktes inaktiv ist, werden wieder Maschinenzyklen ausgeführt, zuerst ein M1-Zyklus mit der Adresse 0000H.

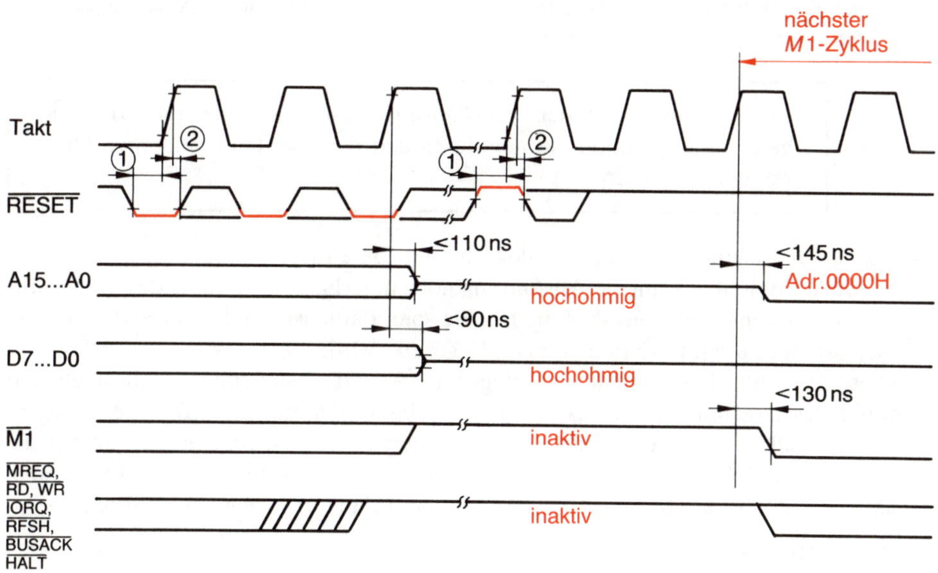

Bild 3.14 Reset-Maschinenzyklus

3.2.3 Ablauf eines Maschinenbefehls

Wie aus dem vorigen Kapitel bekannt ist, werden zur Ausführung eines Maschinenbefehls ein oder mehrere Maschinenzyklen benötigt, die jeweils wiederum in mehrere Taktzyklen unterteilt sind.

Der funktionelle Ablauf einer Befehlsausführung kann in zwei Phasen unterteilt werden, die Holphase und die Ausführungsphase (Bild 3.15). Der Übergang von der

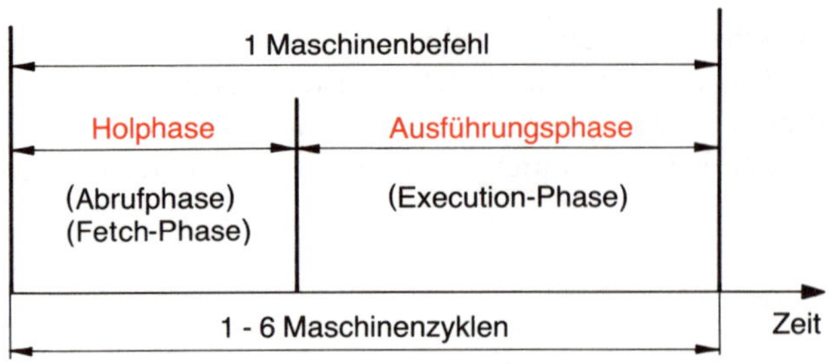

Bild 3.15
Holphase, Ausführungsphase

Hol- zur Ausführungsphase ist bei vielen Befehlen nicht genau definiert, da er durch kein von außen zugängliches Signal angezeigt wird.

> Während der *Holphase* holt die CPU alle Informationen, die sie zur Ausführung des Befehls benötigt, aus dem Speicher.

Es wird der OP-Code in das BR geladen und oft auch noch Adressen von zu bearbeitenden Operanden.

> In der anschließenden *Ausführungsphase* wird die im OP-Code genannte Operation mit den durch den Adressenteil bestimmten Operanden ausgeführt.

Anschließend beginnt die Holphase des nächsten Befehls.

Bei vielen Befehlen kann die Ausführung noch innerhalb der 4 Takte des M1-Zyklus erfolgen, während der Refresh-Zeit. Ein Beispiel dafür ist der Befehl «ADD A,C», dessen Ablauf in den Bildern 3.16 bis 3.19 gezeigt wird.

Dieser Befehl addiert die in den Registern A und C stehenden Dualzahlen und schreibt das Ergebnis in den Akku. Der Befehlscode lautet 81H. Der Befehl ist in Adresse 0900H gespeichert. Damit eine Addition überhaupt sinnvoll ist, müssen die Register A und C bereits durch andere Befehle mit den gewünschten Operanden geladen worden sein. Die Befehlsausführung läuft dann in folgenden Schritten ab:

1. Schritt (Bild 3.16):

- ☐ PC auf Adreßbus schalten,
- ☐ Steuersignale $\overline{\mathrm{M1}}$, $\overline{\mathrm{MREQ}}$, $\overline{\mathrm{RD}}$ aktivieren,
- ☐ Dateneingänge und *Befehlsregister* auf Empfang schalten,
- ☐ Mit der L/H-Flanke von $\overline{\mathrm{RD}}$ werden die Datenbuseingänge der CPU wieder abgeschaltet.

Entsprechend dem Inhalt des BR werden nun aus dem Mikroprogrammspeicher des Befehlswerks der Reihe nach die zur Befehlsausführung notwendigen Steuerimpulse ausgelesen, wodurch dann die folgenden Schritte ausgelöst werden.

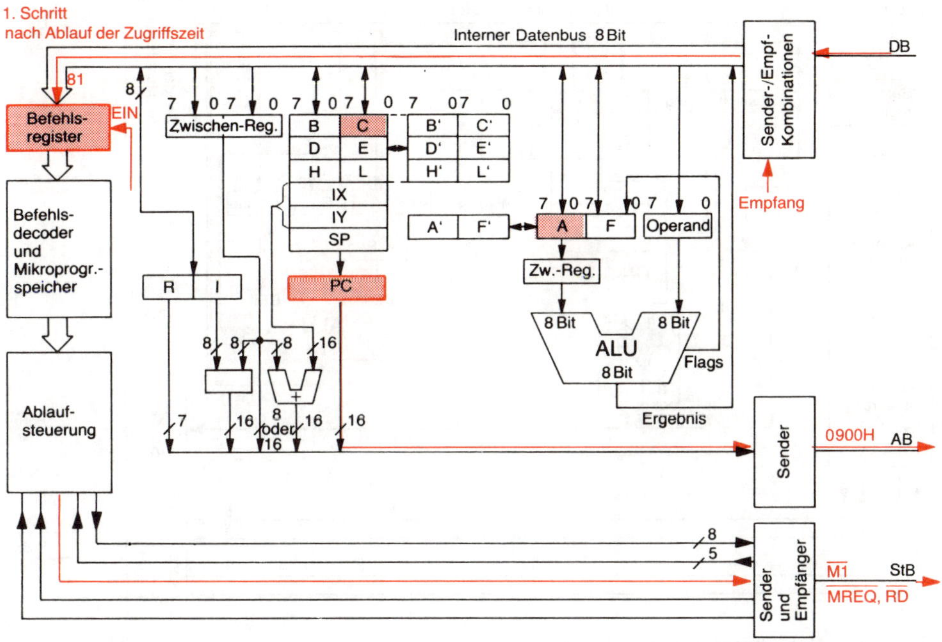

Bild 3.16 Befehlsausführung 1. Schritt

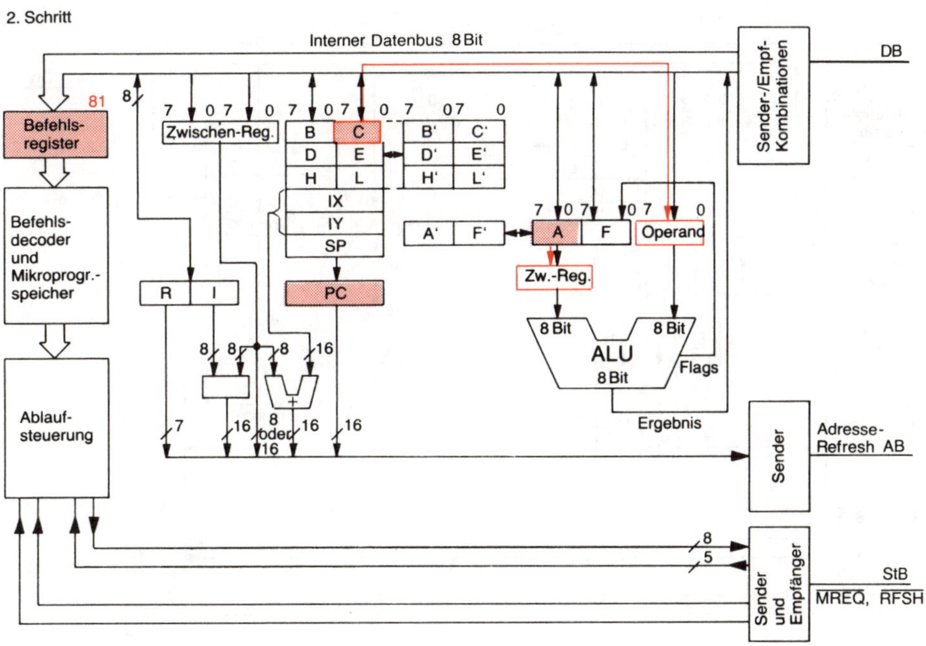

Bild 3.17 Befehlsausführung 2. Schritt

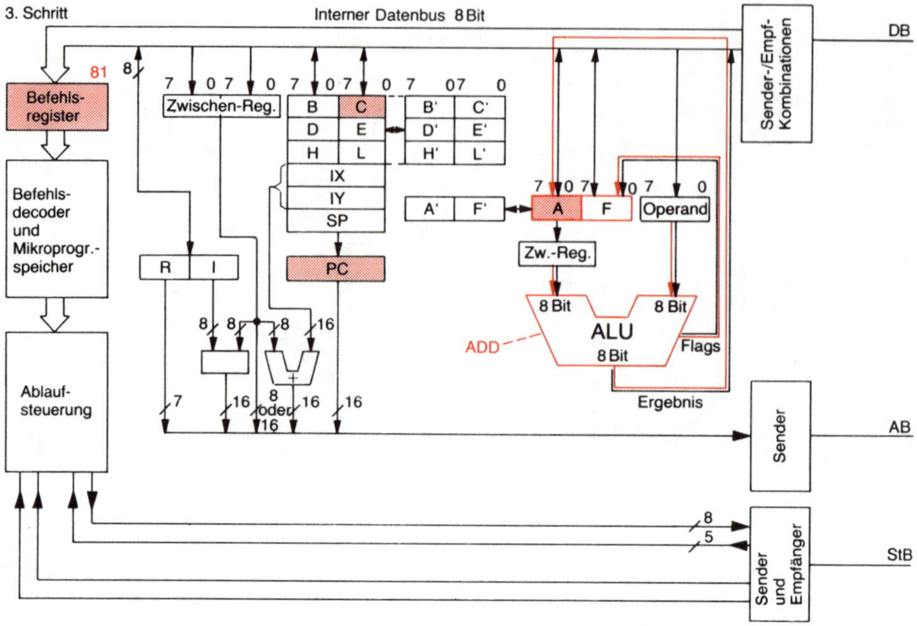

Bild 3.18 Befehlsausführung 3. Schritt

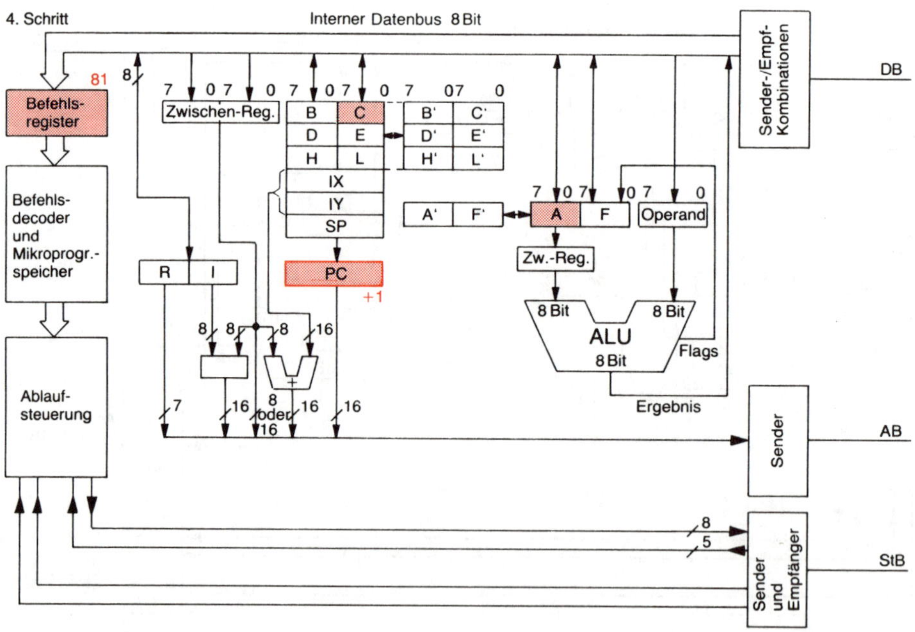

Bild 3.19 Befehlsausführung 4. Schritt

2. Schritt (Bild 3.17):
□ Der Ausgang von Register C wird auf den internen Datenbus geschaltet,
□ Eingang des Operandenregisters freischalten,
□ Eingang des Zwischenregisters freischalten.

3. Schritt (Bild 3.18):
□ ALU auf Addition einstellen,
□ Ausgang Zwischen- und Operandenregister freischalten,
□ Ausgang ALU freischalten,
□ Eingang Akku freischalten.

4. Schritt (Bild 3.19):
□ Programmzähler PC um 1 erhöhen.

Damit ist dieser Befehl abgearbeitet, und es wird mit der Holphase des nächsten Befehls begonnen. Die Ablaufsteuerung des Befehlswerks muß dafür sorgen, daß auf dem internen Datenbus keine Kollisionen entstehen, d. h., auch hier darf zu einem Zeitpunkt nur ein Sender aktiv sein.

Bei manchen Befehlen, etwa den Addierbefehlen für 16 Bit (z. B. ADD HL,DE), reicht die restliche Zeit innerhalb des Maschinenzyklus M1, während der der Refresh abläuft, nicht aus, um den Befehl auszuführen, da die ALU ja nur 8 Bit breit ist, die gesamte Addition also in mehreren Teilschritten erfolgen muß. Der M1-Zyklus wird dann durch weitere Maschinenzyklen verlängert, ohne daß jedoch $\overline{MREQ}$ wieder aktiv wird, da ja auf dem Adreßbus keine weiteren Adressen ausgegeben werden müssen.

3.2.4 Busprotokoll eines Programmes

Es soll nun der funktionelle Ablauf eines Programms gezeigt werden, soweit das aus den Signalen auf dem Daten-, Adreß- und Steuerbus abzulesen ist.

> Die Gesamtheit dieser funktionellen Abläufe, also bei welchem Zyklus welche Signale auf dem Daten-, Adreß- und Steuerbus erscheinen, bezeichnet man häufig als *Busprotokoll*.

Mit diesem Begriff werden auch die Vereinbarungen bezeichnet, durch die der Verkehr zwischen zwei oder mehreren Geräten festgelegt ist, siehe Kapitel 9.

Mit Hilfe eines kleinen Maschinenprogramms soll nun das Busprotokoll, innerhalb des Mikrocomputers auf dem Systembus, gezeigt werden.

Beispiel
In der Speicherzelle mit der Adresse 0906H sei ein Zählerstand als 8stellige Dualzahl gespeichert. Dieser Zählerstand soll um 1 erhöht und über einen Ausgabebaustein mit der Adresse 04H ausgegeben werden. Das Programm soll ab Adresse 0800H im Speicher abgelegt sein.

Es gibt verschiedene Möglichkeiten, diese Aufgabe zu lösen, wir verwenden drei relativ einfache Maschinenbefehle aus dem Z80-Befehlsvorrat (Bild 3.20). Genaue Schreibweise und Wirkung dieser Befehle werden ausführlich in Kapitel 4 erklärt, hier soll es nur um den Ablauf dieses Programms gehen.

Speicher-adresse	Speicherzellen-Inhalt 7	6	5	4	3	2	1	0	Inhalt sedez. abgek.	Programm in mnemon. Schreibweise		
0800	0	0	1	1	1	0	1	0	3A	LD A,(0906H)	OP-Code	1. Befehl
0801	0	0	0	0	0	1	1	0	06		Speicher-adresse	
0802	0	0	0	0	1	0	0	1	09			
0803	0	0	1	1	1	1	0	0	3C	INC A	OP-Code + Adresse	2. Befehl
0804	1	1	0	1	0	0	1	1	D3	OUT (04H),A	OP-Code	3. Befehl
0805	0	0	0	0	0	1	0	0	04		E/A-Adresse	

Speicherzelle

Bild 3.20 Ablage eines Programms im Speicher

- □ Der 1. Befehl kann den Inhalt einer beliebigen Speicherzelle über den Datenbus in den Akku laden, die Adresse dieser Speicherzelle muß im Operandenteil angegeben werden. Der Befehl lautet also in unserem speziellen Fall (siehe Abschnitt 4.2.3): *Lade den Akku mit dem Inhalt der Speicherzelle 0906 H.*
- □ Der 2. Befehl kann Registerinhalte um 1 erhöhen (inkrementieren), wobei die Registeradresse bereits im Maschinencode enthalten ist. Dieser Befehl lautet also (siehe Abschnitt 4.3.4): *Erhöhe den Inhalt des Akkumulators um 1.*
- □ Der 3. Befehl transportiert den Inhalt des Akku über den Datenbus zu einem E/A-Baustein, wobei die Adresse dieses Bausteins im Operandenteil angegeben werden muß. Damit lautet der Befehl (siehe Abschnitt 4.2.8): *Lade das Register des E/A-Bausteins mit der Adresse 04 H mit dem Inhalt des Akku.*

Bild 3.20 zeigt das Programm in verschiedenen Darstellungen. Die Speicheradressen werden der Einfachheit halber in sedezimaler Abkürzung angegeben, obwohl sie natürlich auf den 16 Adreßleitungen in binärer Form auftauchen. Die binäre Schreibweise der Maschinenbefehle gibt genau den Inhalt der Speicherzellen wieder. Bei der Adreßangabe des 1. Befehls ist in Adresse 0801H zuerst die rechte Hälfte und dann in Adresse 0802H die linke Hälfte geladen. Diese Regel gilt grundsätzlich, wenn 16-Bit-Konstanten im Speicher abgelegt werden. Die mnemonische Schreibweise zeigt die Wirkung des Befehls in abgekürzter Form. Eine runde Klammer dabei bedeutet, daß der Inhalt dieser Klammer als Adresse verwendet wird.

Für die Abarbeitung unseres Programmes spielen die folgenden Register der CPU eine Rolle (siehe auch Abschnitt 2.2.3).

- □ Das *Befehlsregister (BR)* enthält den aktuellen *OP-Code*. Es wird zu Beginn einer jeden Befehlsausführung aus dem Speicher geladen. Der Inhalt des BR wird dann anschließend im Befehlsdecoder des Steuerwerks entschlüsselt.
- □ Der *Program Counter (PC)* enthält die *Adresse* des gerade aktiven Befehls. Das Steuerwerk erhöht bei Ausführung eines Befehles den PC automatisch, so daß er dann auf die Adresse des nächsten Befehls zeigt, wenn der aktuelle Befehl abgearbeitet ist.
- □ Der *Akkumulator* wird in unserem Programm als *Datenregister* verwendet.

Mit Hilfe des Monitorprogramms kann der PC mit der Anfangsadresse unseres Anwenderprogramms, also mit 0800H, geladen werden. Die Programmabarbeitung wird dann ab dieser Adresse fortgesetzt.

Die Bilder 3.21 bis 3.23 zeigen den funktionellen Ablauf.

1. Befehl (Bild 3.21), Holphase, 1. Zyklus
M1-Zyklus, also Beginn einer Befehlsabarbeitung. Der PC wird auf den Adreßbus geschaltet und der Inhalt der ausgewählten Speicherzelle in das BR geladen. Das Befehlswerk entschlüsselt:

- □ Transportbefehl,
- □ Ziel ist der Akku,
- □ Quelle ist der Inhalt der auf den OP-Code folgenden Adresse.

Der PC wird um 1 erhöht.

1. Befehl, Holphase, 2. Zyklus
Der um 1 erhöhte PC wird auf den Adreßbus geschaltet und die rechte Hälfte der Quelladresse in ein internes Zwischenregister ZR der CPU geladen.

Der PC wird um 1 erhöht.

1. Befehl, Holphase, 3. Zyklus
Der um 1 erhöhte PC wird auf den Adreßbus geschaltet und die linke Hälfte der Quelladresse in ein internes Zwischenregister der CPU geladen.

Der PC wird um 1 erhöht.

Damit ist die Holphase abgeschlossen, denn das Steuerwerk hat nun alle Informationen, die es zur Ausführung des Befehles braucht, geladen. Jetzt muß dieser *Befehl aber noch ausgeführt werden.*

1. Befehl, Ausführungsphase, 4. Zyklus
Die in der vorhergehenden Holphase gelesene Adresse der Datenquelle wird auf dem Adreßbus gesendet und der Inhalt der so ausgewählten Speicherzelle vom Datenbus in den Akku übernommen.

Der PC wird *nicht* erhöht.

Der während der Holphase gelesene Befehl ist damit ausgeführt. Aus der Adresse, auf die der PC gerade zeigt, wird nun der nächste OP-Code ausgelesen werden.

2. Befehl (Bild 3.22), Hol- und Ausführungsphase, 1. Zyklus
Der PC wird auf den Adreßbus geschaltet, und der Inhalt der Adresse 0803H wird in das BR geladen.
Das Befehlswerk entschlüsselt:

- □ Akku um 1 erhöhen.

Der PC wird um 1 erhöht.

Die weitere Ausführung dieses Befehls, die intern in der CPU abläuft, kann noch während des Refresh-Zyklus erledigt werden.

Bild 3.21
Ablauf eines
Ladebefehls

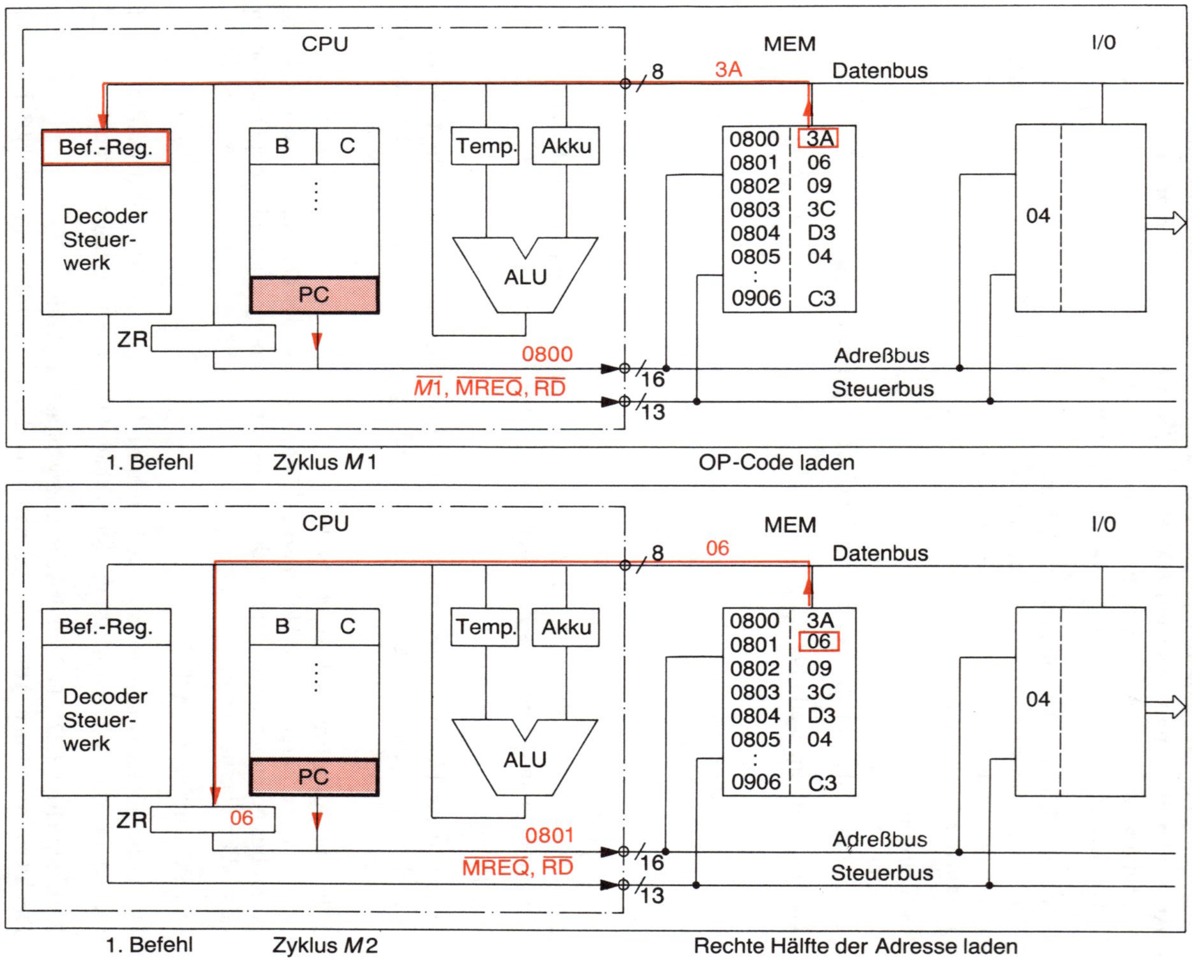

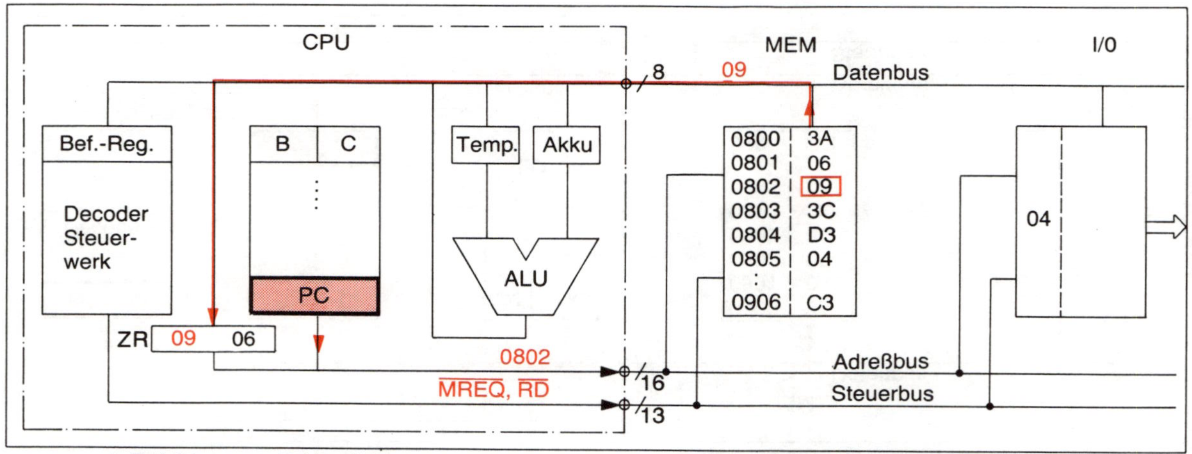

1. Befehl Zyklus *M*3 Linke Hälfte der Adresse laden

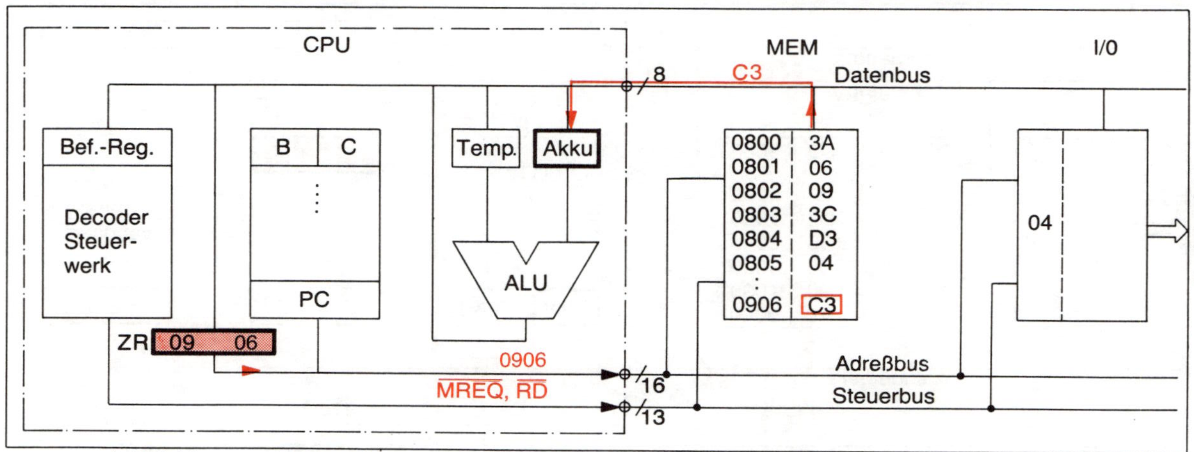

1. Befehl Zyklus *M*4 Befehl ausführen

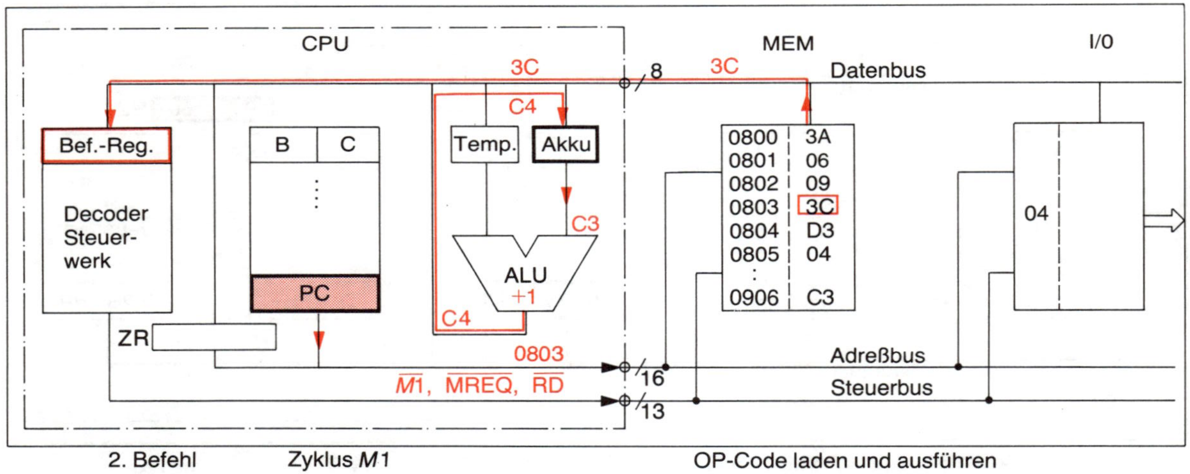

Bild 3.22
Ablauf eines
Inkrement-Befehls

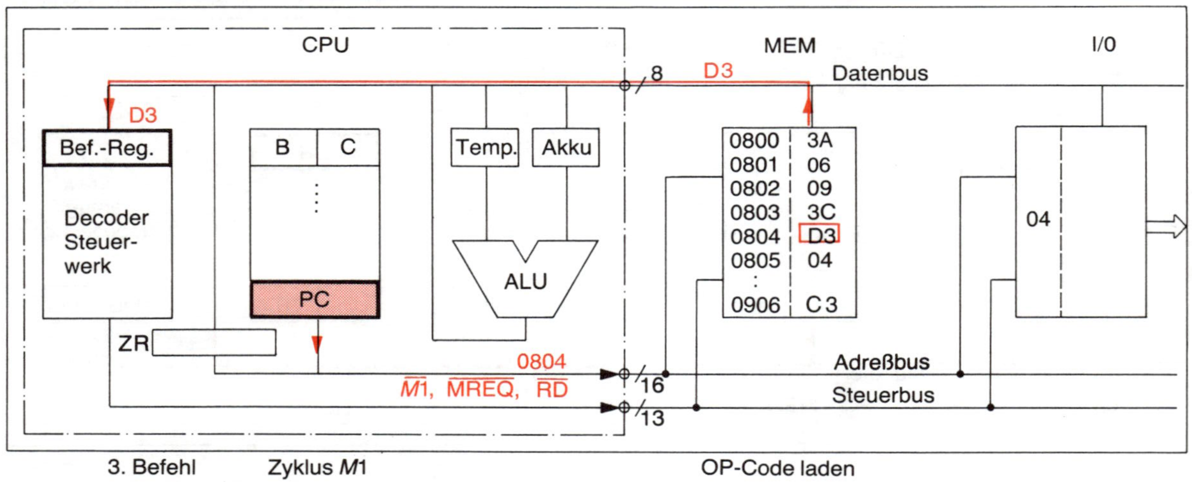

Bild 3.23a

Bild 3.23 b

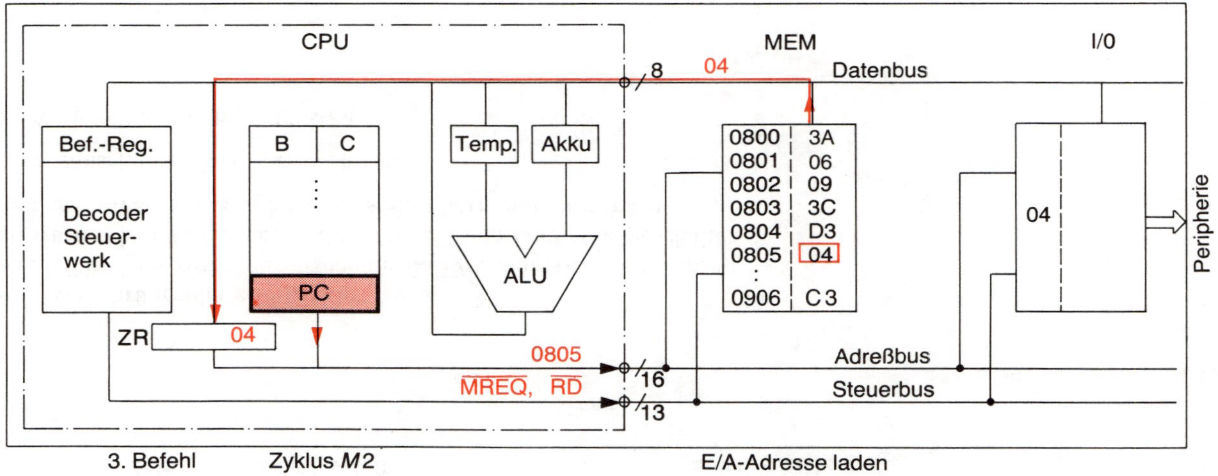

Bild 3.23 Ablauf eines Ausgabe-Befehls

3. Befehl (Bild 3.23 a), Holphase, 1. Zyklus
Der PC wird auf den Adreßbus geschaltet und der Inhalt der Adresse 0804H in das Befehlsregister der CPU geschaltet. Das Befehlswerk entschlüsselt:

□ Ausgabe-Befehl,
□ Quelle ist der Akku,
□ Ziel ist die auf den OP-Code folgende E/A-Adresse.

Der PC wird um 1 erhöht.

3. Befehl (Bild 3.23 b), Holphase, 2. Zyklus
Der PC wird auf den Adreßbus geschaltet und der Inhalt der Adresse 0805H in ein internes Register der CPU geschaltet.

Der PC wird um 1 erhöht.

Das Befehlswerk hat nun wiederum alle Informationen, um auch diesen Befehl ausführen zu können.

Bild 3.23c

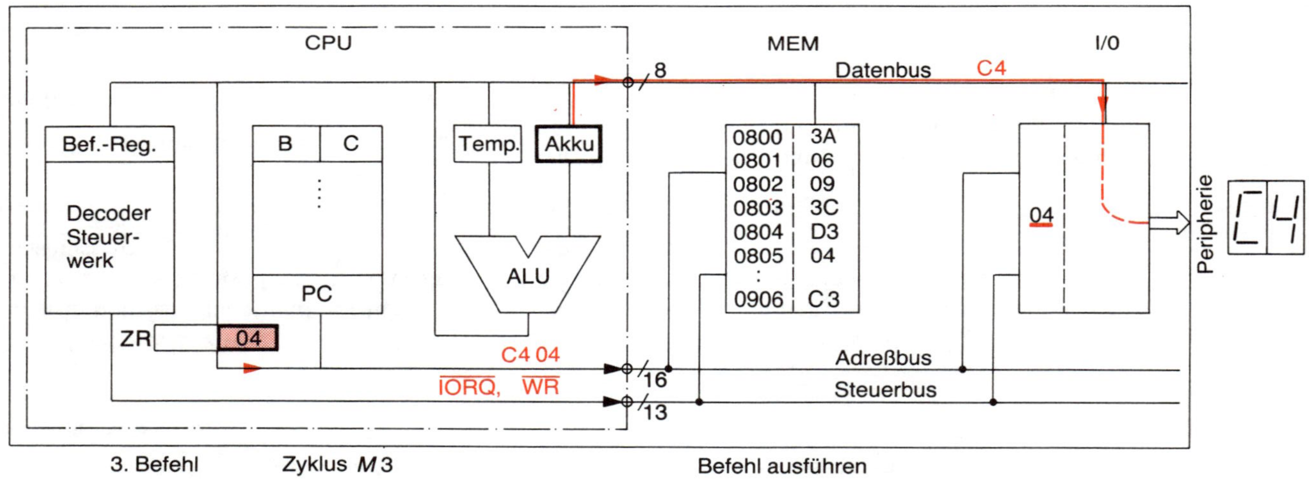

3. Befehl (Bild 3.23c), Ausführungsphase, 3. Zyklus
Auf der niederwertigen Hälfte des Adreßbus erscheint die E/A-Adresse, die während der Holphase gelesen wurde. Der Inhalt des Akku wird auf den Datenbus geschaltet und kann mit Hilfe der Steuerzeichen vom E/A-Baustein übernommen werden.

Der PC wird bei diesem Maschinenzyklus *nicht* erhöht.

Damit ist auch dieser Ausgabebefehl abgeschlossen.

Das Busprotokoll zeigt diesen Ablauf nun noch einmal in stark schematisierter Form. Wir werden diese Art der Darstellung des Programmablaufs im Folgenden noch öfter verwenden, wobei ein * bei den Steuersignalen bedeutet, daß das Signal aktiv, also LOW ist.

$\overline{M1}$	$\overline{MREQ}$	$\overline{IORQ}$	$\overline{RD}$	$\overline{WR}$	ADRESS-BUS	DATEN-BUS	KOMMENTAR
*	*		*		0800	3A	Maschinenzyklus 1: OP-Code in das BR laden
	*		*		0801	06	Speicher-Lesen: Rechte Hälfte der Quelladresse in das Zwischenregister
	*		*		0802	09	Speicher-Lesen: Linke Hälfte der Adresse
	*		*		0906	C3	Speicher-Lesen: *Ausführungsphase*
*	*		*		0803	3C	Maschinenzyklus 1: OP-Code laden und ausführen
*	*		*		0804	D3	Maschinenzyklus 1: OP-Code in das BR laden
	*		*		0805	04	Speicher-Lesen: Adresse des Ausgabe-Bausteins laden
		*		*	1304	C4	I/O-Schreiben-Zyklus: Ausgabe des Akku zum E/A-Baustein mit der Adresse 04H

Bild 3.20 und das Busprotokoll machen verschiedene Aussagen. Bild 3.20 zeigt den statischen Inhalt des Speichers, während das Busprotokoll einen, wenn auch stark schematisierten, zeitlichen Ablauf zeigt. Bild 3.24 zeigt nun den wirklichen zeitlichen Verlauf, wie er auf den Busleitungen mit einem Oszilloskop aufgenommen werden kann. In diesem Falle wurde ein Digital-Speicheroszilloskop mit angeschlossenem X-Y-Schreiber verwendet. 1 Taktperiode (oberste Zeile in Bild 3.24) dauert genau 0,5 µs bei einer Taktfrequenz von 2 MHz. Aktiviert die CPU das Steuersignal $\overline{RD}$ (Lesen-Maschinenzyklus), so werden die 8 Datenbussender des durch die Adresse ausgewählten Speicherbausteins auf den Datenbus geschaltet. Ist das Steuersignal $\overline{WR}$ aktiv, sind die Datenbussender der CPU auf den Datenbus geschaltet. Während der übrigen Zeit liegt das Potential der Datenbusleitungen irgendwo zwischen LOW und HIGH, da alle Ausgänge der Datenbussender hochohmig sind.

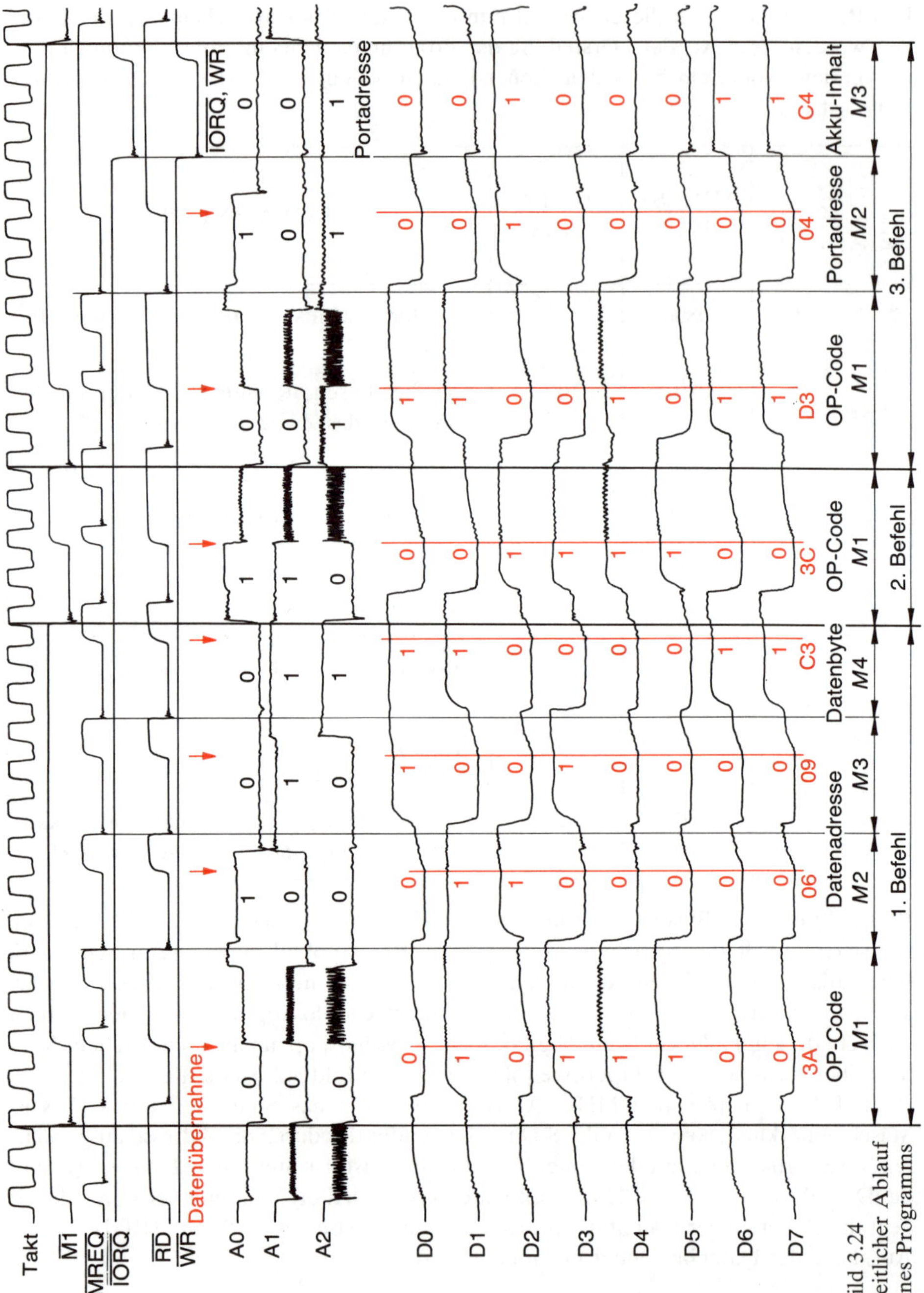

Bild 3.24
Zeitlicher Ablauf
eines Programms

4 Befehlssatz eines Z80-Mikroprozessors

In den vorigen Kapiteln wurde am Beispiel des Z80 gezeigt, wie Mikrocomputer aufgebaut sind und wie Programme prinzipiell abgearbeitet werden. Nun müssen wir uns noch genauer mit Struktur, Wirkung und Anwendung der einzelnen Maschinenbefehle beschäftigen, wobei dieses Buch im wesentlichen die Maschinensprache des Z80 behandelt. Er hat gegenüber anderen 8-Bit-Mikroprozessoren eine große Anzahl von zum Teil sehr mächtigen Befehlen, außerdem sind die mnemonischen Abkürzungen dieser Befehle konsequent durchdacht, was das Erlernen und Anwenden dieser Befehle sehr erleichtert. Aber auch andere Mikroprozessoren arbeiten nach ähnlichen Strukturen und mit ähnlichen Befehlssätzen, so daß ein Übergang relativ einfach ist, wenn man einmal die Wirkung der verschiedenen Befehlsgruppen und deren Adressierungsarten verstanden hat.

Für die Beschreibung der Befehle wird die mnemonische Schreibweise, wie sie im Assemblerhandbuch der Firma ZILOG angegeben ist, verwendet [4].

4.1 Einteilung der Befehlsgruppen

Mit der «offiziellen» Befehlsliste stehen ca. 700 Befehle zur Verfügung, und findige Anwender [7] haben noch einmal über 400 Maschinenbefehle entdeckt. Wir müssen sie jedoch nicht alle einzeln lernen, denn viele haben ähnliche Wirkungen; sie unterscheiden sich z. T. nur durch die Verwendung verschiedener Operandenregister. Solche Befehle können dann zu einer Befehlsgruppe zusammengefaßt und allgemein besprochen werden. Eine mögliche Einteilung zeigt Bild 4.1. Senkrecht sind dabei die verschiedenen Gruppen von Operationen aufgetragen, wie sie in ähnlicher Form bei den meisten 8-Bit-Mikroprozessoren zu finden sind.

Eine sehr große und wichtige Gruppe von Befehlen ermöglicht den *Transport von Daten*. Das scheint zunächst nebensächlich zu sein, aber da Daten ja nur im Rechenwerk der CPU bearbeitet werden und auch bei Ein- und Ausgaben über Tastaturen, Drucker, Bildschirm laufend große Datenmengen übertragen werden, sind effektive Transportbefehle ein wichtiges Leistungsmerkmal eines Mikroprozessors. Der Z80 hat hier sehr mächtige Befehle, die ganze Blöcke von Daten transportieren können.

Die nächste Befehlsgruppe enthält alle Befehle zur *Bearbeitung von Daten*. Zuerst denkt man dabei natürlich an das Rechnen, denn davon hat unser Mikrocomputer ja schließlich seinen Namen. Aber außer der *Addition und Subtraktion* von 8 und 16 Bit langen Dualzahlen und der Addition von zweistelligen Dezimalzahlen müssen alle anderen Rechenoperationen durch wiederholte Anwendungen dieser Grundoperationen erst mühsam programmiert werden. Auch andere Mikroprozessoren bieten hier nicht viel mehr Komfort, zum Teil sind noch duale Multiplikation und Division eingerichtet. *Logische Befehle* (AND, OR, EXOR) können jeweils zwei 8 Bit lange Konstanten verknüpfen. *Vergleichsbefehle* (COMPARE) prüfen zwei 8 Bit lange

Befehle \ Adressierungsart		Immediate-Adr.	Direkt absolut	Register-Register	Register-indirekt	Relative Adr.	Index-Adr.	Stack-Adr.
TRANSPORT von Daten	Transport 8 Bit	●	nur Akku	●	●		●	
	Transport 16 Bit	●	●	SP				●
	Blocktransfer				●			
	Ein-/Ausgabe		●		●			
	Block-E/A				●			
BEARBEITUNG von Daten	Arithm. 8 Bit	●		●	●		●	
	Arithm. 16 Bit			●				
	Logische Bef.	●		●	●		●	
	Suchbef.				●			
	Einzelbit-Bef.			●	●		●	
	Rotier-Bef.			●	●		●	
Programm-Steuerbefehle	Sprungbef.		●		●	●		
	Unterprogr.		●					
	Return							●
	Restart-Bef.		feste Adressen					
CPU-Steuerbefehle	Flag-Bef.							
	Interrupt-Bef.							

Bild 4.1 Gruppen von Befehlen

Konstanten auf Gleichheit. Hier gibt es beim Z80 auch Suchbefehle, die einen ganzen Speicherbereich nach dem ersten Auftreten einer beliebigen achtstelligen Bitkombination überprüfen. Mit den *Einzelbitbefehlen* (SET, RES, BIT) können ganz gezielt in 8 Bit langen Operanden einzelne Bitstellen gesetzt oder gelöscht oder auf ihren Inhalt (0 oder 1) überprüft werden. Mit den *Rotier- und Schiebebefehlen* können Inhalte von Registern oder Speicherzellen um 1 oder 4 Stellen nach links oder rechts verschoben werden.

Operationen direkt in Speicherzellen sind natürlich nicht möglich. Der Inhalt der Speicherzelle muß immer zuerst in das Rechenwerk transportiert und nach erfolgter Bearbeitung wieder in derselben Speicherzelle gespeichert werden. Diese Transporte werden von den entsprechenden Datenbearbeitungsbefehlen automatisch gesteuert, so daß sich der Programmierer nicht darum kümmern muß.

Eine weitere Gruppe von Maschinenbefehlen bewirkt die *Steuerung des Programmablaufs*. Den Ablauf eines Befehls steuert das Befehlswerk ja automatisch, der Programmierer hat hierauf keinen Einfluß, aber den Programmablauf, also die Reihenfolge der abzuarbeitenden Programmteile bzw. deren Wiederholung, kann der Programmierer mit Hilfe von *Sprung- und Unterprogrammbefehlen* steuern. Sie sind ein wichtiges Hilfsmittel, um Programme zu strukturieren, d. h. übersichtlicher zu machen, und erst sie ermöglichen, daß ein Programm auf verschiedene Eingabewerte reagieren kann.

Die letze Gruppe enhält die sog. CPU-Steuerbefehle, im wesentlichen die Steuerung der Interruptverarbeitung (siehe Abschnitt 5.2), den Leerbefehl (NOP) und den einzigen Befehl, der die Programmabarbeitung anhalten kann (HALT).

Auf der waagrechten Achse in Bild 4.1 sind die bei den einzelnen Befehlsgruppen möglichen *Adressierungsarten* angegeben. Anzahl und Art der verschiedenen Adressierungsarten sind wichtige Leistungsmerkmale einer CPU.

> Die Adressierungsarten zeigen die verschiedenen Möglichkeiten, bei einer Operation den Ort des Operanden anzugeben, der verarbeitet werden soll. Dieser Ort kann ein Register der CPU, eine Speicherzelle oder ein Register eines E/A-Bausteines sein.

Die wichtigsten Adressierungsarten werden zunächst im Zusammenhang mit den Transportbefehlen erklärt, außerdem wird in Abschnitt 4.8 noch eine allgemeine prozessorunabhängige Einteilung der Adressierungsarten gegeben.

4.2 Transportbefehle

4.2.1 Struktur von Transportbefehlen

Transportbefehle, auch Transferbefehle genannt, bewirken einen Transport von Daten von einer Quelle (engl. Source) zu einem Ziel (engl. Destination).

Transportbefehle haben, mit wenigen Ausnahmen (Abschnitt 4.2.6 und 4.2.7), die folgende mnemonische Form:

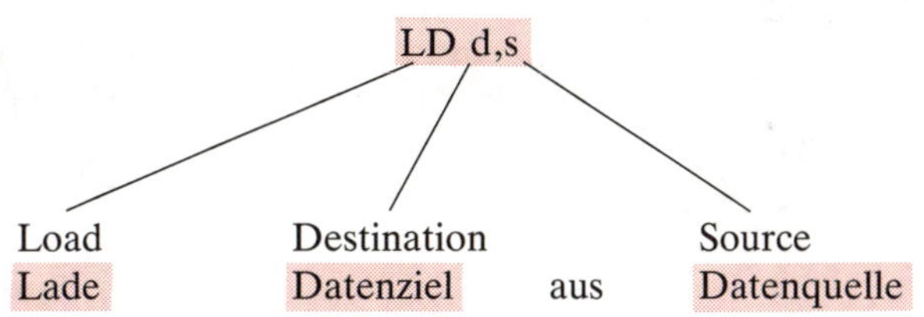

> Es muß also immer zuerst das Ziel und dann die Quelle der Daten angegeben werden!

Für die Wirkung dieser Befehle gilt immer:

> Datenfluß
>
> *Ziel* ⟵ *Quelle*
>
> alte Inhalte werden überschrieben — Inhalt der Quelle bleibt unverändert

Das Ziel muß also vorher nicht gelöscht werden. Nach Abschluß der Operation haben Ziel und Quelle den gleichen Inhalt.

> Für Datentransporte sind nur die folgenden Möglichkeiten zulässig
>
> CPU-Register <——> CPU-Register
> CPU-Register <——> Speicherzelle
> CPU-Register <——> E/A-Register

4.2.2 Transportbefehle mit Immediate-Adressierung

Diese Befehle bieten die einfachste Möglichkeit zum Laden von 8- oder 16-Bit-Registern der CPU mit einer Konstanten. Bei dieser Adressierungsart ist der Platz des zu ladenden Operanden wie folgt festgelegt.

> Die zu ladende Konstante liegt unmittelbar (engl. immediately) nach der Adresse des gerade bearbeiteten OP-Codes.

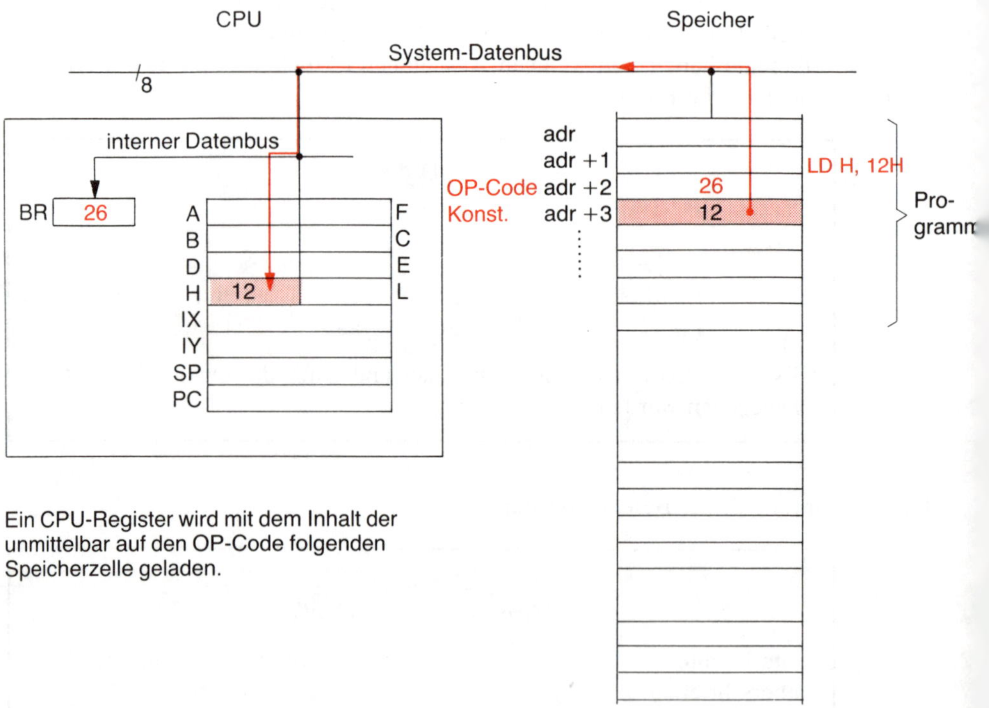

Bild 4.2 Transportbefehle mit Immediate-Adressierung

Da die Konstante damit innerhalb des Programms, also meist in einem ROM-Speicher liegt, kann sie nicht mehr verändert werden, bleibt aber auch nach dem Abschalten des Computers erhalten. Mit diesen Befehlen können z. B. die Register der CPU nach dem Einschalten der Spannungsversorgung mit definierten Werten geladen werden.

Das Prinzip dieser Befehle zeigt Bild 4.2.

Da die Befehlsstruktur für 8- und 16-Bit-Ladebefehle gleich ist, sollen sie im weiteren parallel behandelt werden.

	8 Bit	16 Bit
Mnemonik	LD d,n	LD dd,nn
	d: Zielregister (8 Bit) A, B, C, D, E, H, L	dd: Zielregister (16 Bit) BC, DE, HL, IX, IY, SP
	n: 8-Bit-Konstante	nn: 16-Bit-Konstante
Wirkung	d ⟵ n	dd ⟵ nn

Das Zielregister d bzw. dd wird mit der unmittelbar auf den OP-Code folgenden Konstante n bzw. nn geladen.

Format Das Format zeigt, wie der Befehlscode im Speicher abgelegt ist. Weitere Einzelheiten zum Format eines Befehls sind in den ausführlichen Befehlslisten im Anhang zu finden.

	8 Bit
adr	0 0 d d d 1 1 0
adr+1	Konstante

ddd: Adresse eines 8-Bit-Registers

	16 Bit
adr	0 0 d d 0 0 0 1
adr+1	Konst. rechte H.
adr+2	Konst. linke H.

dd: Adresse eines 16-Bit-Registers

Flags keine Beeinflussung

Im Maschinencode müssen statt der allgemeinen Bezeichnungen der Operanden die gewünschten Registernamen eingesetzt werden. Dafür eignet sich die Befehlsliste im Anhang B. Dort finden Sie für die Transportbefehle alle möglichen Operationen untereinander aufgelistet. Die Fragezeichen müssen durch einen der in den Spaltenüberschriften angegebenen Operanden (rot unterlegt) ersetzt werden. Der Maschinencode steht im Schnittpunkt von ausgewählten Zeilen und Spalten. Bei manchen Befehlen muß xx bzw. xxxx durch die gewünschte 8- oder 16-Bit-Konstante ersetzt werden. Zum Beispiel ist für LD D,76H (lade D mit der Konstante 76H) der richtige Maschinencode 16H 76H.

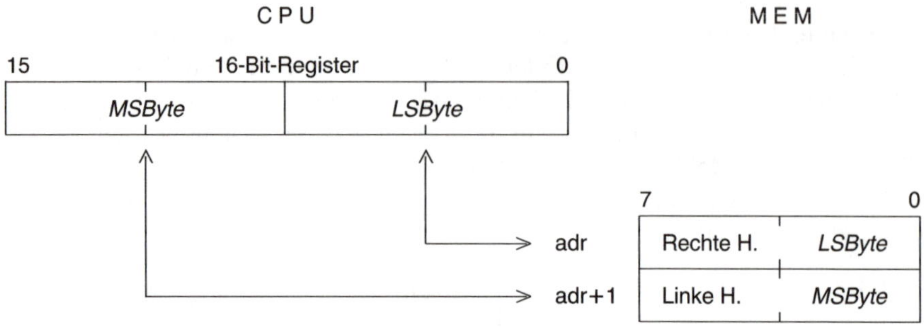

LSByte: least significant Byte, niederwertigstes Byte
MSByte: most significant Byte, höchstwertiges Byte

Bild 4.3 Speichern von 16-Bit-Operanden

> 16 Bit lange Konstante werden beim Z80 grundsätzlich in der in Bild 4.3 gezeigten Form im Speicher abgelegt: zuerst die rechte Hälfte der Konstante und in der nächsthöheren Speicheradresse dann die linke Hälfte der Konstante.

Wie aus der Form des Maschinenbefehls ersichtlich, werden auch für die Auswahl der CPU-Register binäre Adressen verwendet, allerdings nur 3- bzw. 2stellig. Das genügt, da ja nur 7 8-Bit-Register und 4 16-Bit-Register (BC, DE, HL, SP) angesprochen werden müssen.

Daß die Register IX und IY nicht auf die gleiche Art adressiert werden, hat historische Gründe. Der neuentwickelte Z80 sollte Programme, die für die auf dem Markt schon gut eingeführten Mikroprozessoren 8080 und 8085 geschrieben waren, verarbeiten können. Dennoch sollte die Leistung des Z80 gegenüber diesen Vorgängern entsprechend den neuesten Erkenntnissen erhöht werden, und dazu gehörte auch der zusätzliche Einbau der Register IX und IY. Die sauberste Lösung wäre es wohl gewesen, die Adressen für die Doppelregister um 1 auf 3 Stellen zu erweitern. Dadurch wären aber vermutlich tiefgreifende Änderungen in den Befehlscodes notwendig gewesen, so daß die «Kompatibilität», also die «Vertäglichkeit», des Z80 für 8080- bzw. 8085-Befehlscodes verloren gewesen wäre. So hat man sich folgendermaßen beholfen: Man verwendet den entsprechenden Befehlscode für das Register HL und setzt davor noch den Zusatz DDH (für das IX-Register) bzw. FDH (für das IY-Register), also

adr	DDH bzw. FDH	OP-Code Vorsatz für IX bzw. IY
adr+1	0 0 1 0 0 0 0 1	OP-Code für Befehl LD HL,nn
adr+2	Konst. Rechte H.	Operand
adr+3	Konst. Linke H.	

Es ist sogar möglich, die linke oder die rechte Hälfte der Indexregister getrennt zu laden, mit Hilfe der Ladebefehle für die Einzelregister H bzw. L. Diese Befehle sind nicht in der Befehlsliste enthalten, werden aber korrekt ausgeführt [7].

adr	DDH bzw. FDH	
adr+1	0 0 1 0 0 1 1 0	OP-Code für LD H,n
adr+2	Konstante	

Bei diesem Befehl wird also die linke Hälfte des ausgewählten Indexregisters mit der unmittelbar auf den OP-Code folgenden Konstante geladen.

Diese Ansteuerung der Indexregister IX und IY durch den Vorsatz DDH bzw. FDH gilt nicht nur für diese Befehlsgruppe, sondern für alle Befehle, die ein Indexregister verwenden.

Beispiele

a) Das Register E soll mit der Konstanten 12H geladen werden.

Der Befehl lautet: LD E,12H Maschinencode:

1EH	OP-Code
12H	Konstante

b) Das Doppelregister HL soll mit der Konstante 1234H geladen werden.

Der Befehl lautet: LD HL,1234H Maschinencode:

21H	OP-Code
34H	Konstante Re H.
12H	Konstante Li H.

Zu beachten ist die Reihenfolge *rechts vor links*, in der die 16-Bit-Konstante im Speicher abgelegt sein muß.

Das Busprotokoll zeigt den zeitlichen Ablauf dieses Befehls, d. h. die Reihenfolge der Maschinenzyklen auf dem Systembus, die zur Ausführung dieses Maschinenbefehls notwendig sind.

$\overline{M1}$	$\overline{MREQ}$	$\overline{IORQ}$	$\overline{RD}$	$\overline{WR}$	ADRESS-BUS	DATEN-BUS	KOMMENTAR
*	*		*		0900	21	M1-Zyklus, d. h., die vom Speicher auf den Datenbus geschaltete Bitkombination 21H wird in das Befehlsregister geladen Das Befehlswerk erkennt bei der Decodierung □ Der Befehlscode ist 3 Byte lang □ Es ist ein Transportbefehl □ Zielregister ist HL □ Quelle sind die beiden, unmittelbar auf den OP-Code folgenden Adressen
	*		*		0901	34	Speicher sendet rechte Hälfte der Konstante, sie wird in das Register L übernommen
	*		*		0902	12	Register H wird mit der linken Hälfte der Konstanten geladen
*	*		*		0903	xy	Laden des nächsten OP-Codes

c) Das IY-Register soll mit der Konstante 1234H geladen werden.

Der Befehl lautet: LD IY,1234H Maschinencode:	FDH	Ansteuerung von IY
	21H	OP-Code für LD HL,nn
	34H	Konstante Re H.
	12H	Konstante Li H.

Zu beachten ist, daß die Reihenfolge der beiden OP-Codes FDH und 21H im Speicher *nicht* vertauscht wird.

Bei den ersten beiden Maschinenzyklen ist immer $\overline{M1}$ aktiv, da ja nach dem Lesen von FDH noch ein weiterer OP-Code erwartet wird.

Übung 4.1 (Lösungen im Kapitel 13)
Schreiben Sie ein Programm, beginnend bei Adresse 0A00H, das den Akku mit 5BH, B mit 34H und DE mit A5B7H lädt. Verwenden Sie Immediate-Adressierung.

Bei der Lösung von Programmieraufgaben ist es sinnvoll, zuerst den mnemonischen Code zu entwerfen. Erst wenn dieser Code auf logische Fehler hin überprüft ist, sollte man mit Hilfe der Befehlslisten an die Übersetzung in Maschinensprache gehen, eine Arbeit, die in der Praxis meist ein Assembliererprogramm übernimmt. Um aber Aufbau und Wirkungsweise der Maschinenbefehle genauer kennenzulernen, ist es durchaus lehrreich, einmal selbst Assemblierer zu spielen.

Übung 4.2
Analysieren Sie den folgenden «Hex-Dump». Die Adresse 0800H enthält einen OP-Code.

Hex-Dumps sind Auszüge aus einem Speicher- oder Registerbereich in hexadezimaler (sedezimaler) Schreibweise. Jede Hex-Ziffer steht für eine Abkürzung von 4 binären Stellen (Tetrade, Nibble). 2 zusammengeschriebene Hexziffern stellen also 1 Byte dar, z. B. den Inhalt einer Speicherzelle oder eines 8-Bit-Registers. Um Platz zu sparen, wird dabei häufig das H für Hexadezimal weggelassen.

0800 06 06 11 21 09 DD 21 0A 96

4.2.3 Transportbefehle mit direkter Adressierung

> Bei direkter Adressierung sind die Adressen von Ziel und Quelle direkt im Maschinencode enthalten. Es können Registeradressen und Speicheradressen verwendet werden.

Transportbefehle mit direkter Adressierung können wieder in 2 Untergruppen unterteilt werden:

- □ *Register-Register-Adressierung (R-R)*, also Datentransporte zwischen 2 CPU-Registern.
- □ *Register-Speicher-Adressierung (R-S)*, die in der Literatur meist ausschließlich als direkte Adressierung bezeichnet wird. Mit dieser Befehlsgruppe können Transporte zwischen CPU-Registern und Speicherzellen ausgeführt werden.

4.2.3.1 Register-Register-Adressierung

> Diese Befehle bewirken einen Datentransport von einem CPU-Register (Quelle) zu einem anderen CPU-Register (Ziel).

Transporte sind, mit Ausnahme des Stack-Pointers, nur zwischen 8-Bit-Registern möglich, siehe Bild 4.4.

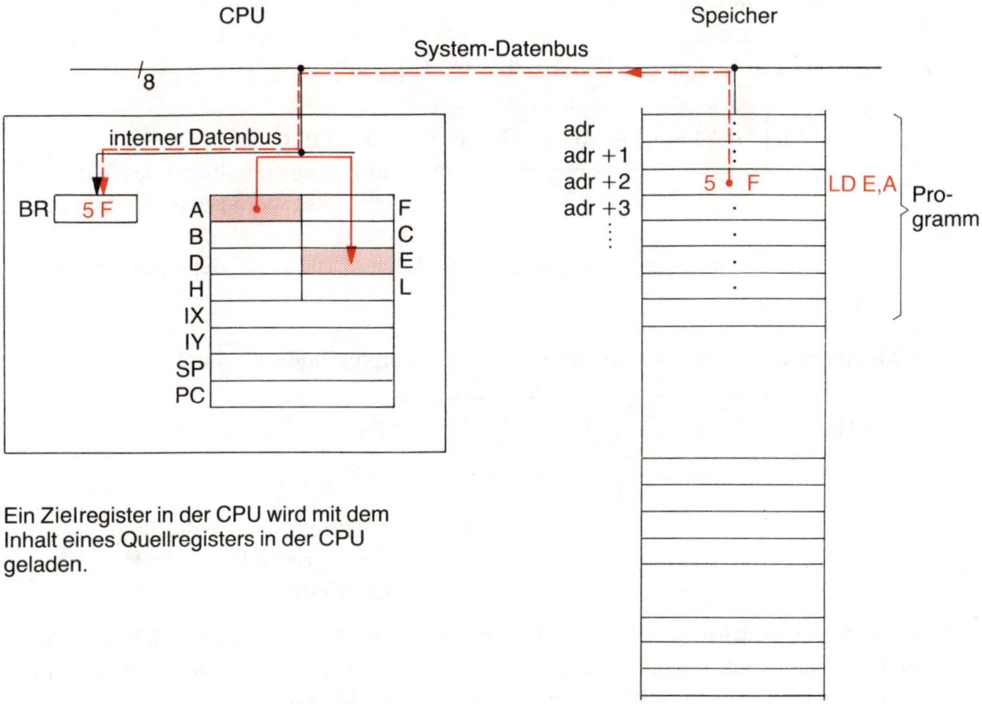

Bild 4.4 Transportbefehle mit R-R-Adressierung

Das Interruptvektor-Register I (siehe Abschnitt 5.2) und das Refresh-Register R (siehe Abschnitt 2.3) können nur mit dieser Adressierungsart angesprochen werden, wobei als 2. Register (Ziel oder Quelle) nur der Akku verwendet werden kann.

> Bei der Register-Register-Adressierung sind die Adressen von Ziel- und Quellenregister zusammen mit dem OP-Code in einem Byte enthalten.

Ausnahmen bilden nur wieder die Befehle, die Register ansprechen, die beim 8080/85 noch nicht vorhanden waren, also IX, IY, I, R.

Mnemonik

LD d,s

d: Zielregister (Destination)	s: Quellregister (Source)
8 Bit: A, B, C, D, E, H, L	A, B, C, D, E, H, L
16 Bit: SP	HL, IX, IY

Wirkung d ⟵ s

Das Zielregister d wird aus dem Quellregister s geladen. Das Quellregister s bleibt unverändert.

Format (mit Ausnahme der Ladebefehle für I, R, SP)

adr	0	1	d	d	d	s	s	s

01: OP-Code
ddd: Registeradresse des Zieles
sss: Registeradresse der Quelle

Flags keine Beeinflussung (Ausnahme LD A,I und LD A,R, siehe Anhang A2)

Beispiele

a) Mnemonisch Befehlscode binär Befehlscode sedezimal

LD H,A	0	1	1	0	0	1	1	1	67H

- 111: Quellregisteradresse für A
- 100: Zielregisteradresse für H
- 01: OP-Code

Das H-Register wird aus dem A-Register geladen. Es ist sinnvoll, sich auch eine Sprechweise anzugewöhnen, die zuerst das Ziel und dann die Quelle nennt, man vermeidet dadurch Fehler beim Niederschreiben der Mnemonik.

b) LD I,A	Befehlscode:	EDH 47H	Das Interruptregister I wird aus dem Akku geladen
c) LD SP,HL	Befehlscode:	F9H	Lade das SP-Register aus dem HL-Register

Übung 4.3

Ergänzen Sie in der nachstehenden Tabelle die freien Felder. Die binäre Form des Befehles sollten Sie sowohl aus der Befehlsliste ablesen als auch mit Hilfe der Registeradressen zusammensetzen.

binär	sedezimal	mnemonisch	Wirkung
0100 1101			
	6 F		
		LD D,E	
			L ⟵ C

4.2.3.2 Register-Speicher-Adressierung

Diese Adressierungsart erlaubt den Transport zwischen CPU-Registern und fest im Maschinencode vorgegebenen Speicherzellen, siehe Bild 4.5.

> Bei Register-Speicher-Adressierung (direkter Adressierung) folgt im Maschinencode direkt nach dem OP-Code die Adresse der angesprochenen Speicherzelle. Die Adresse des beteiligten CPU-Registers ist im OP-Code enthalten.

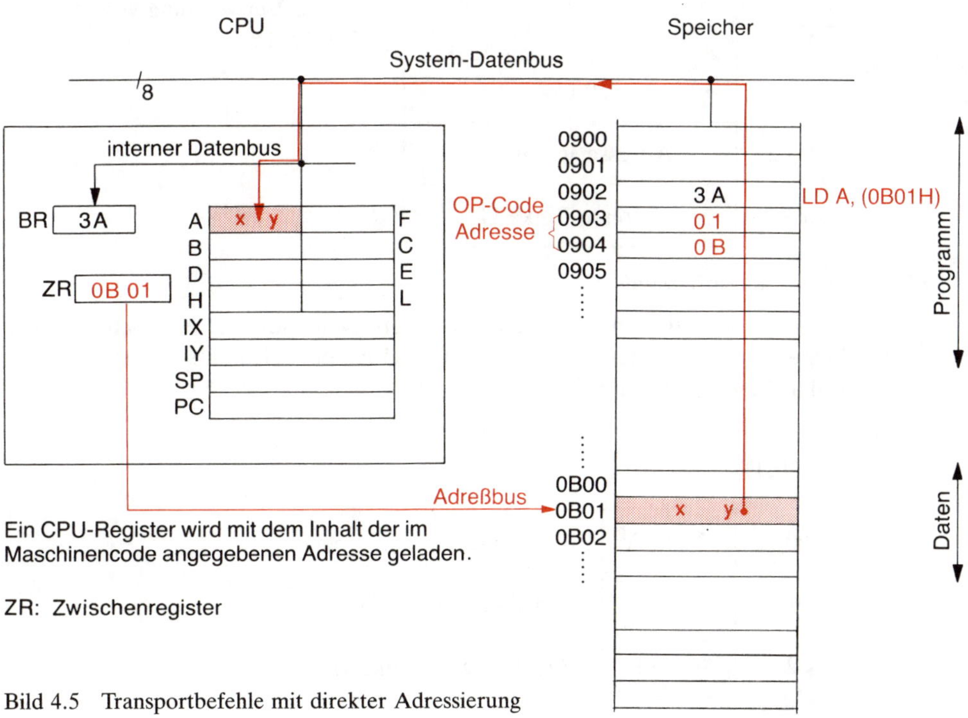

Ein CPU-Register wird mit dem Inhalt der im Maschinencode angegebenen Adresse geladen.

ZR: Zwischenregister

Bild 4.5 Transportbefehle mit direkter Adressierung

Mnemonik	
CPU ⟵ Speicher	Speicher ⟵ CPU
LD d,(nn)	LD (nn),s

d bzw. s: CPU-Register, 8 oder 16 Bit
A, BC, DE, HL, SP, IX, IY

nn: 16-Bit-Konstante

Hier erscheint ein neues Symbol der mnemonischen Sprache, die runde Klammer.

> Der Inhalt einer runden Klammer wird immer als Adresse verwendet.

Wo Verwechslungen bei der mnemonischen Schreibweise möglich sind, wird damit unterschieden, ob ein Operand unmittelbar verwendet wird (Immediate-Adressierung) oder ob er eine Adresse darstellt, die auf das zu verarbeitende Datenwort zeigt.

Wirkung CPU ⟵ Speicher	Speicher ⟵ CPU
Das Register wird mit dem Inhalt der in Klammern angegebenen Adresse geladen.	Die in Klammern angegebene Speicherzelle wird mit dem Inhalt des Registers geladen.

Format

adr	DD bzw. FD	nur bei Verwendung von IX bzw. IY
adr+1	OP-Code	
adr+2	Adresse Rechte H.	
adr+3	Adresse Linke H.	

Flags keine Beeinflussung

Der Maschinencode enthält nur die niederwertigere Datenadresse, die nächst höhere Datenadresse erzeugt das Befehlswerk automatisch, wenn 2 Datenbytes transportiert werden sollen, siehe Beispiel b.

Beispiele

a) LD A,(0B01H)

0800	3	A	OP-Code
0801	0	1	Quelladresse Rechte H.
0802	0	B	Quelladresse Linke H.

0B01 | 1 2 | Datenwort (Quelle)

Der Akku wird mit dem Inhalt der Speicherzelle 0B01H geladen.

b) LD (0B02H),DE

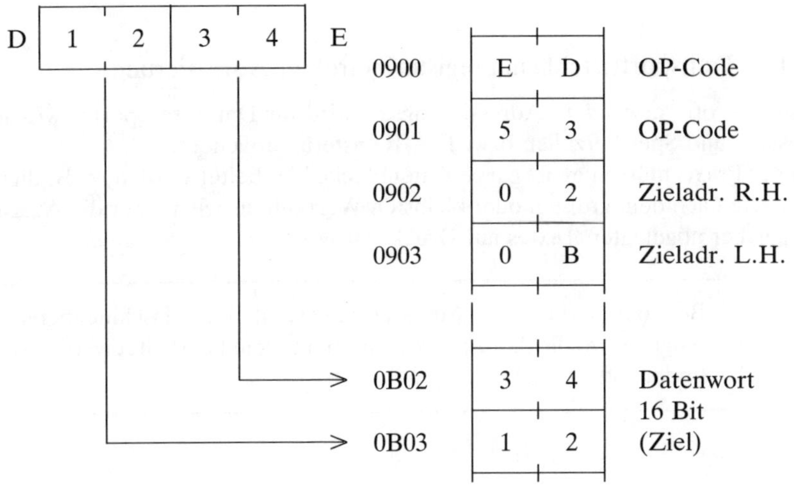

Das Busprotokoll zeigt, daß bei Befehlsausführung die höherwertige Datenadresse automatisch erzeugt wird.

$\overline{M1}$	$\overline{MREQ}$	$\overline{IORQ}$	$\overline{RD}$	$\overline{WR}$	ADRESS-BUS	DATEN-BUS	KOMMENTAR	
*	*		*		0900	ED	OP-Code lesen	Holphase
*	*		*		0901	53	OP-Code lesen	Holphase
	*		*		0902	02	Zieladr. R.H. lesen	Holphase
	*		*		0903	0B	Zieladr. L.H. lesen	Holphase
	*			*	0B02	34	R.H. Datenwort schreiben	Ausführungs-phase
	*			*	0B03	12	L.H. Datenwort schreiben	Ausführungs-phase

Dieser Befehl benötigt also insgesamt 6 Maschinenzyklen.

Übung 4.4
Laden Sie das DE-Register aus der Speicherzelle 0B12H. *Tauschen* Sie die Inhalte der Register D und E. Speichern Sie den Inhalt von DE in die Adresse 0B14H.

a) Schreiben Sie das Programm in mnemonischer Form und übersetzen Sie es mit Hilfe der Befehlslisten in Maschinensprache.
b) Schreiben Sie für die ersten beiden Befehle das Busprotokoll.

4.2.4 Transportbefehle mit registerindirekter Adressierung

Diese sehr oft verwendete Adressierungsart wird für Datentransporte zwischen CPU-Registern und Speicherzellen bzw. E/A-Registern verwendet.

In der Praxis müssen meist ganze Datenblöcke bearbeitet werden, z. B. digitalisierte Meßwerte nach dem größten oder kleinsten Wert durchsuchen oder die Ausgabe eines im Speicher abgelegten Textes auf Drucker usw.

> Bei der indirekten Adressierung steht im Maschinenbefehl eine Angabe, wo die Adresse – deren Inhalt dann bearbeitet werden soll – zu finden ist.

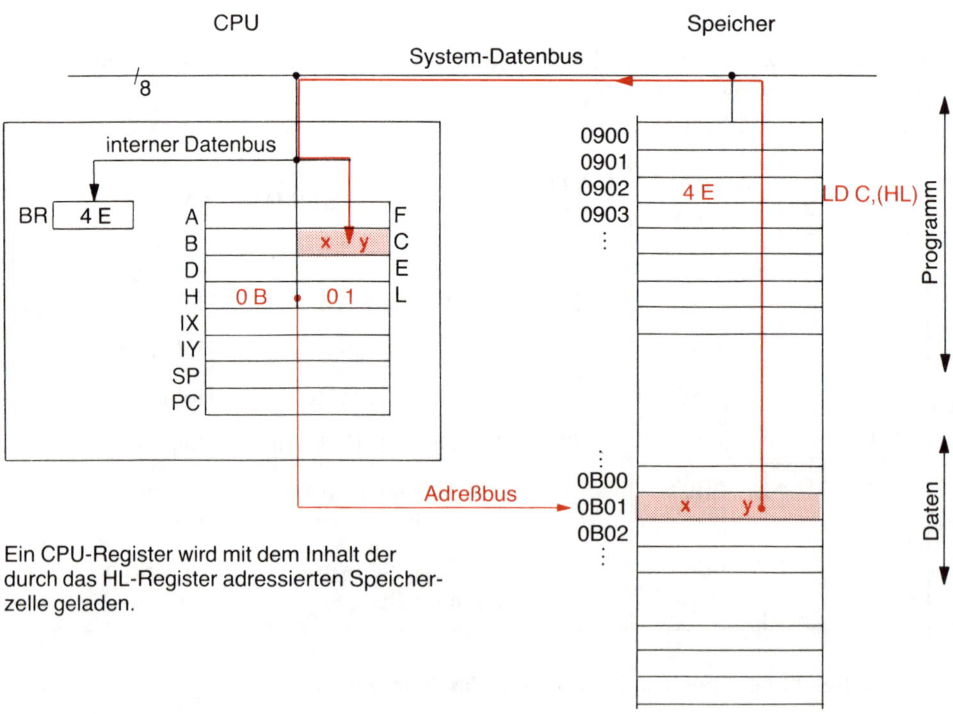

Bild 4.6 Transportbefehle mit registerindirekter Adressierung

Grundsätzlich ist ein Hinweis auf ein CPU-Register oder auf eine Speicherzelle möglich; dort ist dann die Adresse abgelegt, deren Inhalt bearbeitet wird. Im ersten Fall spricht man von einer *registerindirekten Adressierung*, im zweiten Fall ganz allgemein von indirekter Adressierung, der Ausdruck *speicherindirekte Adressierung* ist nicht üblich. Da beim Z80 diese speicherindirekte Adressierung nur bei der Interrupt-Verarbeitung benutzt wird (Abschnitt 5.2), soll an dieser Stelle nur die registerindirekte Adressierung besprochen werden, siehe Bild 4.6.

> Ein Befehl, der registerindirekte Adressierung verwendet, enthält im Maschinencode die Adresse eines CPU-Registers. Bei der Befehlsausführung wird dann dieser Registerinhalt als Adresse verwendet, und erst der Inhalt dieser Adresse ist das Datenwort, das dann weiterverarbeitet wird.

Diese Adressierungsart wird für Transporte zwischen CPU und Speicher und zwischen CPU und E/A-Bausteinen mit großen Vorteilen angewendet:

a) Der Maschinencode ist kürzer als bei direkter Adressierung, daher weniger Speicherbedarf und schnellere Ausführung.
b) Die Datenadresse kann leicht manipuliert werden, da sie in einem CPU-Register steht und nicht, wie bei direkter Adressierung, im EPROM-Speicher.

Das Prinzip der registerindirekten Adressierung zeigt Bild 4.6.

Mnemonik

CPU ⟵ Speicher	Speicher ⟵ CPU
LD d,(rr)	LD (rr),s

d/s: Ziel/Quellregister 8 Bit A, B, C, D, E, H, L
rr: verwendetes Adreßregister 16 Bit
HL ist verwendbar für alle Register
BC, DE verwendbar nur für Akkumulator

Wirkung

Das Zielregister d wird mit dem Inhalt der durch das Doppelregister rr adressierten Speicherzelle geladen.	Die durch das Doppelregister rr adressierte Speicherzelle wird aus dem Quellregister der CPU geladen.
d ⟵ (rr)	(rr) ⟵ s

Zu beachten ist wieder: Das in Klammern stehende Doppelregister wird stets als Adreßregister verwendet. Vor Gebrauch muß es natürlich durch einen anderen Befehl mit der gewünschten Adresse geladen werden (z.B. LD HL,0A00H).

Format

Interessant ist das Format der Befehle:

LD d,(HL)	LD (HL),d
0 1 d d d 1 1 0	0 1 1 1 0 s s s

01: OP-Code (siehe R-R-Adressierung)
ddd: Adresse des Zielregisters (siehe R-R-Adressierung)
sss: Adresse des Quellregisters (siehe R-R-Adressierung)
110: Speicherzelle, durch HL adressiert (110 ist die einzige bisher noch nicht verwendete Kombination bei den Adressen für 8-Bit-Register)

Flags nicht beeinflußt

Der folgende Befehl verwendet sowohl Immediate- als auch registerindirekte Adressierung.

Mnemonik

LD (HL),n
n: 8-Bit-Konstante unmittelbar nach dem OP-Code

Wirkung

Der Inhalt der durch HL adressierten Speicherzelle ergibt sich aus dem Inhalt der unmittelbar auf den OP-Code folgenden Speicherzelle.
(HL) $\longleftarrow$ n

Beispiel

MARKE	ADR HEX	OP-CODE HEX	OP-CODE MNEMONISCH	KOMMENTAR
	0900	21	LD HL,0A00H	HL mit der Konstante 0A00H laden
	0901	00	–	
	0902	0A	–	
	0903	71	LD (HL),C	Die durch HL adressierte Speicherzelle aus dem Register C laden
	0904	76	HALT	Programmende

Der Ablauf des Befehles LD (HL),C besteht aus 2 Maschinenzyklen, wie das Busprotokoll zeigt:

$\overline{M1}$	$\overline{MREQ}$	$\overline{IORQ}$	$\overline{RD}$	$\overline{WR}$	ADRESS-BUS	DATEN-BUS	KOMMENTAR
*	*		*		0903	71	OP-Code lesen
	*			*	0A00	xy	Speicher-Schreiben-Zyklus, der Inhalt von C wird in die auf dem Adreßbus ausgegebene Speicherzelle geladen

Auch Befehle wie LD (HL),H oder LD L,(HL) laufen korrekt ab, eine eventuelle Änderung des HL-Registers wirkt sich erst bei den nachfolgenden Befehlen aus.

Der Sinn dieser registerindirekten Adressierung wird sich erst nach der Behandlung von Sprungbefehlen und Schleifenprogrammen voll erschließen, mit wenigen Befehlen können dann auf elegante Weise ganze Datenblöcke bearbeitet werden.

Übung 4.5
Der Inhalt der Speicherzelle 0A00H soll in die Speicherzelle 0B00H kopiert werden. Verwenden Sie dazu DE und HL als Adreßregister und A als Zwischenregister für Daten.

4.2.5 Transportbefehle mit der Adressierungsart registerindirekt + Offset

Verwendbar zum Datentransport zwischen 8 Bit langen CPU-Registern und einer Speicherzelle. Sie wird häufig auch als «Indexadressierung» bezeichnet, aber genaugenommen stellt sie nur eine mögliche Unterart von Indexadressierung dar. Eine genauere Bezeichnung ist eigentlich «registerindirekt + Offset». Als Adreßregister wird hier immer eines der sog. Indexregister IX oder IY verwendet. Das Prinzip ist schon aus dem vorigen Abschnitt bekannt.

> Der Maschinencode enthält einen Hinweis auf das zu verwendende Adreßregister, entweder IX oder IY (registerindirekte Adressierung). Zusätzlich ist im Maschinencode eine 8stellige Dualzahl – Distanz oder Offset genannt – enthalten, die zum Inhalt des im Befehl genannten Indexregisters addiert wird. Die daraus berechnete Adresse wird effektive Adresse, auch absolute Adresse, aktuelle Adresse oder Datenadresse genannt.

Das Prinzip zeigt Bild 4.7.

Das verwendete Indexregister wird bei dieser Operation nicht verändert, es muß vorher durch entsprechende Transportbefehle, z. B. LD IX,0B00H, geladen werden.

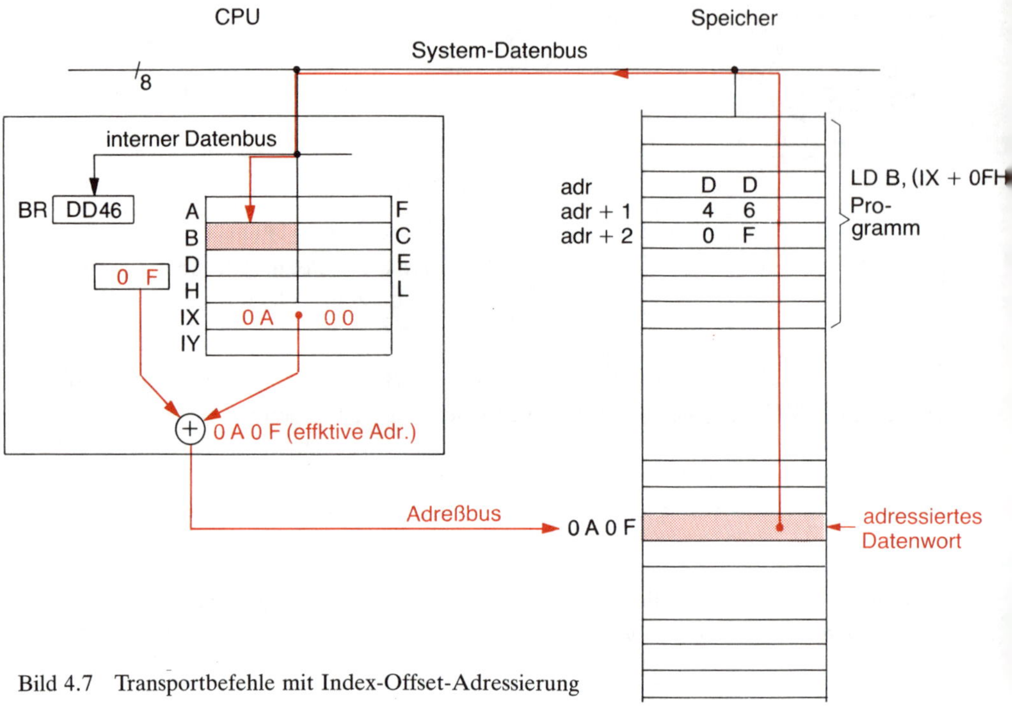

Bild 4.7 Transportbefehle mit Index-Offset-Adressierung

Mnemonik

CPU ⟵ Speicher	Speicher ⟵ CPU
LD d, (IR+e)	LD (IR+e),s

r/s: 8-Bit-Register der CPU A, B, C, D, E, H, L
e: Distanz, Offset, 8-Bit-Konstante
(muß immer angegeben werden, auch wenn die Distanz 0 sein soll)
IR: Indexregister IX oder IY

Wirkung

Das Zielregister d wird mit dem Inhalt der aus Indexregister + Offset gebildeten Adresse geladen.	Die durch Indexregister + Offset gebildete Adresse wird mit dem Inhalt des Quellregisters s geladen.

Format

adr	DD bzw. FD	adr	DD bzw. FD
adr+1	0 1 r r r 1 1 0	adr+1	0 1 1 1 0 r r r
adr+2	⟵ e ⟶	adr+2	⟵ e ⟶

rrr: Adresse für 8-Bit-CPU-Register

Der Vorsatz DDH kennzeichnet das IX- und FDH das IY-Register.

Flags nicht beeinflußt

Auch hier können, ähnlich wie mit dem Befehl LD (HL),n, Speicherzellen mit einer Konstanten geladen werden:

Mnemonik

LD (IR+e),n
n: 8-Bit-Konstante
IR: Register IX oder IY

Wirkung

Die durch Indexregister + Offset gebildete Adresse wird mit dem Inhalt der unmittelbar auf den OP-Code (und Offset) folgenden Konstante geladen.

Format siehe Anhang 2

Berechnung der effektiven Adresse
Die Distanz e hat das folgende Format:

V	x	x	x	x	x	x	x

7stellige Dualzahl mit Vorzeichen

Vorzeichen 0: pos. Zahl 0...127D
Vorzeichen 1: neg. Zahl im Zweierkomplement −1...−128D

Die Darstellung negativer Zahlen im Zweierkomplement wird im Abschnitt 4.3.2 erklärt. Mit Hilfe der Distanz e kann – ausgehend von der Basisadresse in IR – ein Bereich von IR−128 bis IR+127 überstrichen werden:
Grundsätzlich gilt:

Inhalt des Indexregisters + Distanz = effektive Adresse.

Berechnungsbeispiel
Das Indexregister IY ist mit 0327H geladen. Der Inhalt von Adresse 0322H soll in Register C geladen werden (Bild 4.8).

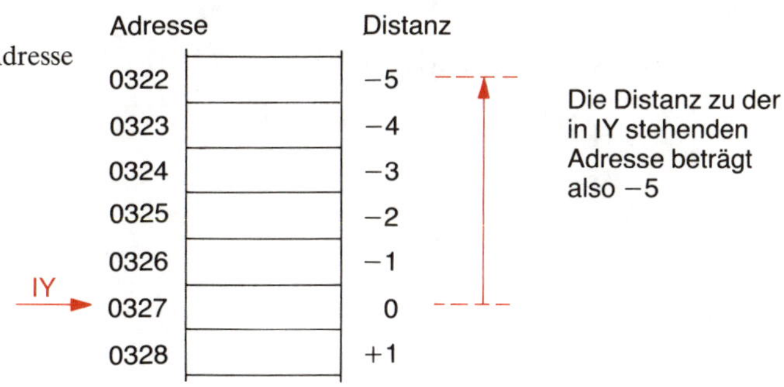

Bild 4.8
Berechnung der effektiven Adresse

Die Distanz zu der in IY stehenden Adresse beträgt also −5.

Der Befehl lautet mnemonisch : LD C,(IY-5H).

Die Umwandlung in Maschinencode durch ein Assemblerprogramm ergibt FD 4E FB, wobei FD 4E der OP-Code und FB die negative Distanz in Zweierkomplement-Darstellung ist. Die Umwandlung geschieht folgendermaßen:

Betrag der Zahl	−5:	0	0	0	0	0	1	0	1
Einerkomplement	:	1	1	1	1	1	0	1	0
	+1:	0	0	0	0	0	0	0	1
Zweierkomplement	:	1	1	1	1	1	0	1	1
sedezimal abgekürzt	:		F				B		

Zur Berechnung der effektiven Adresse wird in der CPU die folgende Rechnung ausgeführt:

Indexregister IY	:	0000 0011 0010 0111	⟵	0327H
+ Distanz	:	1111 1111 1111 1011	⟵	−5H
effektive Adresse:	1 |	0000 0011 0010 0010	⟵	0322H

Bei den folgenden Beispielen wird angenommen, daß IX bzw. IY mit 0B48H geladen ist.

Damit solche Berechnungen nicht zu einem falschen Ergebnis führen, müssen beide Operanden die gleiche Länge haben. Der kürzere Operand, im Beispiel also die Distanz e, wird nach links auf die gleiche Länge wie das Indexregister, also auf 16 Bit, ergänzt. Ist die kürzere Zahl negativ (Vorzeichenbit V := 1), so wird mit 1 aufgefüllt, ist die Zahl positiv (Vorzeichenbit V := 0), wird mit 0 aufgefüllt.

In jedem Fall erfolgt dann eine Addition von Indexregister und Distanz.

Der in diesem Beispiel erscheinende Überlauf von 1 entsteht immer dann, wenn das Ergebnis größer oder gleich 0 ist. Eine genauere Erklärung, in dieser Art mit Dualzahlen zu rechnen, folgt in Abschnitt 4.3.2.

Die Bezeichnung für diese Adressierungsart ist in der Literatur nicht einheitlich. Sie gehört jedenfalls zur Gruppe der Indexadressierung, siehe auch Abschnitt 4.8 in diesem Kapitel. Das bedeutet, daß die effektive Adresse aus mehreren Teilen gebildet wird, in diesem Fall durch Addition des Indexregisters mit einer im Maschinencode enthaltenen Konstante. Diese Konstante wird als Offset oder auch – z. B. beim 8086 – als Displacement bezeichnet.

Beispiele

a)	DDH	LD D,(IX+12H)	Lade D mit dem Inhalt der durch
	5 6 H	–	IX+12H adressierten Speicherzelle.
	1 2 H	–	

Die Quellenadresse wird berechnet aus:

IX:	0B48H
+e:	12H
effektive Adresse:	0B5AH

$\overline{M1}$	$\overline{MREQ}$	$\overline{IORQ}$	$\overline{RD}$	$\overline{WR}$	ADRESS-BUS	DATEN-BUS	KOMMENTAR
*	*		*		0900	DD	IX-Register verwenden OP-Code Teil 1
*	*		*		0901	56	Lade D aus der Adr. IX+e OP-Code Teil 2
	*		*		0902	12	Lesen der Distanz und Berechnen der Datenadresse
	*		*		0B5A	xy	Laden von Register D mit dem Inhalt der effektiven Adresse (Ausführungsphase)

b)

FDH	LD (IY+FDH),A
77H	–
FDH	–

Da bei der Distanzangabe die höchstwertige Bitstelle (MSB) gleich 1 ist, handelt es sich um eine negative Zahl in Zweierkomplement-Darstellung. Dieser Befehl erzeugt bei Umwandlung durch einen Assemblierer den gleichen Maschinencode wie der Befehl LD (IY–3H),A. Das heißt also, daß nur das Assembliererprogramm addieren und subtrahieren kann. Bei der Befehlsausführung in der Z80-CPU wird *immer der Inhalt des 3. Byte* des Maschinencodes – die Distanz – *zum Indexregister addiert.*

Die effektive Adresse wird also berechnet zu:

IY:	0B48H
+e:	FFFDH
effektive Adresse:	0B45H

c)

DDH	LD (IX+0H),12H	Da die Distanz gleich 0 ist, wird die effektive Adresse gleich dem Inhalt des IX-Registers, also lautet die Befehlswirkung: Lade die durch IX+0 adressierte Speicherzelle mit der unmittelbar auf den Befehlscode folgenden Konstante, im Beispiel also mit 12H.
36H	–	
00H	–	
12H	–	

$\overline{M1}$	$\overline{MREQ}$	$\overline{IORQ}$	$\overline{RD}$	$\overline{WR}$	ADRESS-BUS	DATEN-BUS	KOMMENTAR
*	*		*		0900	DD	OP-Code: IX verwenden
*	*		*		0901	36	OP-Code: Die Speicherzelle mit der Adresse IX+0 mit der unmittelbar im Befehl folgenden Konstante laden
	*		*		0902	00	Distanz in Zwischenregister der CPU laden
	*		*		0903	12	8-Bit-Konstante in Zwischenregister der CPU laden
	*			*	0B48	12	Befehlsausführung: Konstante in Zieladresse schreiben

Wie zu sehen ist, führen auch hier alle Datenwege über die CPU.

Auch wenn die Distanz 0 ist, muß sie im 3. Byte des Maschinencodes angegeben werden, denn das Befehlsformat ist starr vorgegeben und kann nicht vom Anwender verändert werden.

Übung 4.6
Annahme: IX: = 3A05H

a) Welche effektive Adresse wird durch den Befehl LD D,(IX-7H) angesprochen?
b) Geben Sie die höchste und die niedrigste effektive Adresse an, die bei diesem Inhalt von IX erreicht werden kann.

4.2.6 Transportbefehle mit Stack-Adressierung

Diese Adressierungsart bietet dem geübten Programmierer elegante Möglichkeiten zum Zwischenspeichern von Registerinhalten und zum einfachen Bearbeiten von ganzen Datenblöcken. Auch bei der im Abschnitt 4.4.4 behandelten Unterprogrammtechnik wird wieder auf diese Adressierungsart zurückgegriffen.

> Stack-Adressierung ist vom Prinzip her registerindirekt, jedoch wird ein spezielles 16-Bit-Adreßregister verwendet, der sog. *Stack Pointer* (SP, Stapelzeiger). Der SP wird automatisch um 2 erhöht oder erniedrigt, je nachdem, ob aus dem Speicher gelesen oder abgespeichert wurde.

Das Prinzip zeigt Bild 4.9.

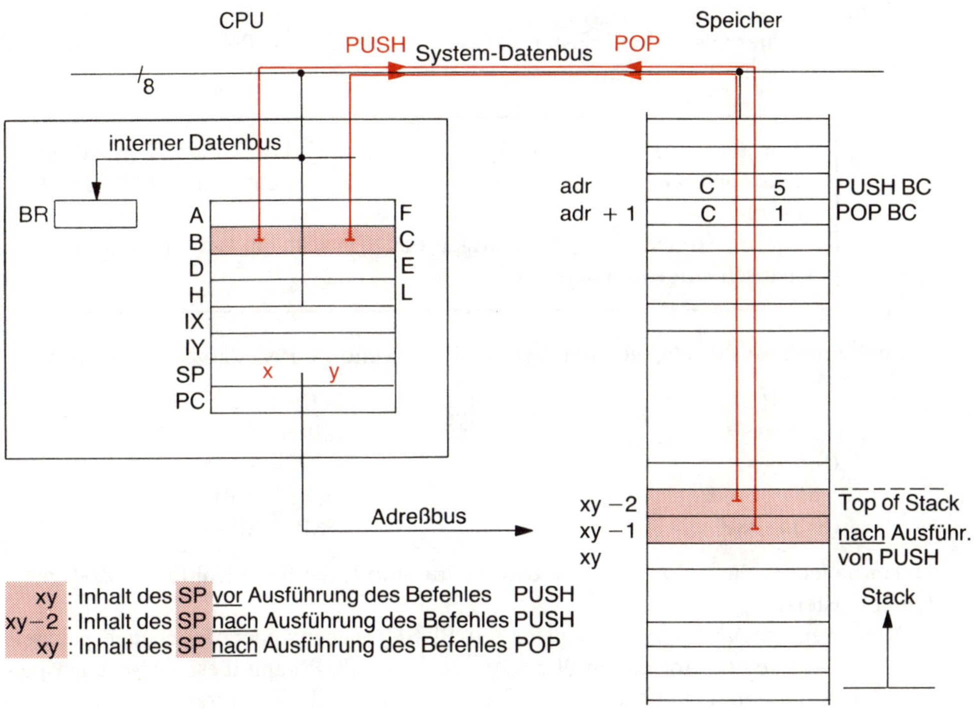

Bild 4.9 Stack-Adressierung

Mnemonik

CPU ⟶ Speicher	Speicher ⟶ CPU
PUSH ss	POP dd

dd/ss: Ziel/Quellregister (16 Bit) AF, BC, DE, HL, IX, IY

Es werden immer Inhalte von Doppelregistern transportiert. F bedeutet «Flagregister» und wird in Abschnitt 4.3.3 genauer erklärt. «Push» (engl.) bedeutet soviel wie «stoßen» – der Information in den Speicher – und «pop» (engl.) kann mit «hüpfen» – der Information aus dem Speicher – übersetzt werden.

Format

adr	1 1 s s 0 1 0 1	adr	1 1 d d 0 0 0 1

ss bzw. dd: Doppelregister-Adresse AF, BC, DE, HL

Werden die Indexregister verwendet, so ist in bekannter Weise vor den OP-Code für das HL-Register noch DDH (für IX) bzw. FDH (für IY) zu setzen.

Wirkung

Der hier als Adreßregister verwendete SP (Stack Pointer) hat eine sehr praktische Eigenschaft:

> Vor jedem Speichern eines Byte mit PUSH wird der SP um 1 erniedrigt und nach jedem Lesen eines Byte aus dem Speicher mit POP um 1 erhöht.
> Dieses Erhöhen bzw. Erniedrigen des SP wird vom Befehlswerk automatisch vorgenommen.

Formal kann also die Wirkung der Befehle PUSH und POP so dargestellt werden:

PUSH	POP
SP:= SP-1	ddR:= (SP)
(SP):= ssL	SP:= SP+1
SP:= SP-1	ddL:= (SP)
(SP):= ssR	SP:= SP+1

Dabei bedeuten die Indizes R die rechte Hälfte und L die linke Hälfte des Ziel- bzw. Quellregisters.

Auch wenn mehrere Doppelregister mit PUSH nacheinander zwischengespeichert werden, wird keine Information überschrieben. Mit POP kann diese zwischengespeicherte Information dann wieder in die Register zurückgeholt werden.

> Der Stack Pointer SP enhält dabei immer die Adresse des letzten Eintrags in diesen Speicherbereich.

Die damit angesprochene Speicherzelle wird häufig als «*Top of Stack*», als oberes Ende des Stack-Bereichs bezeichnet.

> Dieser Speicherbereich, der mit Hilfe der Befehle PUSH und POP zum Zwischenspeichern von Registerinhalten verwendet wird, wird in der Literatur als Stack Memory (*Stack*), *Stapelspeicher* oder Kellerspeicher bezeichnet. Der Beginn des Stack wird beim erstmaligen Laden des SP festgelegt, z. B. mit dem Befehl LD SP,nn. Die Größe des Stack verändert sich während des Programmlaufs, wobei der SP immer auf die letzte gültige Eintragung zeigt.

Bei den folgenden Beispielen wird angenommen, daß der SP bereits mit der Konstante 0FFFH geladen wurde, z. B. durch den Befehl LD SP,0FFFH.

Beispiele

a) (Register BC sei bereits mit der Konstante bbccH geladen.)

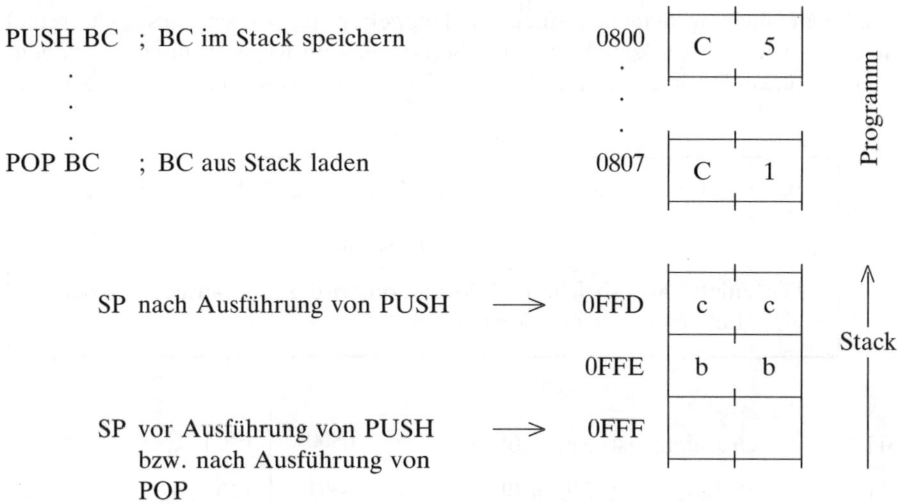

Das Busprotokoll zeigt den Ablauf:

$\overline{M1}$	$\overline{MREQ}$	$\overline{IORQ}$	$\overline{RD}$	$\overline{WR}$	ADRESS-BUS	DATEN-BUS	KOMMENTAR	
*	*		*		0800	C5	OP-Code lesen	Holphase
	*			*	0FFE	bb	SP−1, speichern Linke Hälfte	Ausführungs-phase
	*			*	0FFD	cc	SP−1, speichern Rechte Hälfte	Ausführungs-phase
*	*		*		0801		nächster OP-Code	
*	*		*		0807	C1	OP-Code lesen	Holphase
	*		*		0FFD	cc	Rechte H. aus Stack holen, SP+1	Ausführungs-phase
	*		*		0FFE	bb	Linke H. aus Stack holen, SP+1	Ausführungs-phase
*	*		*		0808		nächster OP-Code	

Nach Ausführung des Befehls POP zeigt der Stack Pointer wieder auf die gleiche Adresse wie vor Ausführung des Befehls PUSH. Der Inhalt der Adressen 0FFDH und 0FFEH ist zwar noch vorhanden, wird aber bei der nächsten Benutzung des Stack durch einen PUSH-Befehl überschrieben.

Es können auch nacheinander mehrere Doppelregister zwischengespeichert und anschließend wieder zurückgeholt werden. Soll dabei kein Registertausch stattfinden, muß das Zurückholen in genau umgekehrter Reihenfolge geschehen wie das Abspeichern.

> Beim Z80 ist der Stack-Bereich nach dem sog. LIFO-Prinzip organisiert:
>
> Last-in-First-out
>
> Die zuletzt abgespeicherte Information wird zuerst ausgelesen oder: «Die Letzten werden die Ersten sein».

b)

```
PUSH HL  ; nach Befehlausf. SP: = 0FFDH
PUSH AF  ; nach Befehlausf. SP: = 0FFBH



POP AF   ; nach Befehlausf. SP: = 0FFDH
POP HL   ; nach Befehlausf. SP: = 0FFFH
```

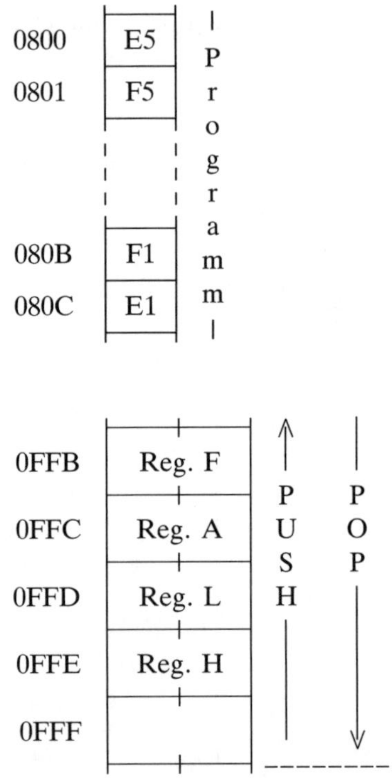

Da bei einem erneuten Speichern von Registerinhalten der Stack wieder von unten gefüllt wird, benötigt er wenig Speicherplatz, so daß auch bei häufigem Zwischenspeichern kaum die Gefahr besteht, Daten oder Programme zu überschreiben, wenn am Programmanfang der SP mit der höchsten im RAM-Speicher vorhandenen Adresse geladen wird.

Übung 4.7

Die Doppelregister BC,DE,HL sollen nach folgendem Schema vertauscht werden:

BC ⟶ HL HL ⟶ DE DE ⟶ BC

a) Schreiben Sie das Programm, und verwenden Sie dabei Stack-Adressierung.
b) Der Stack Pointer wurde mit dem Befehl LD SP,0F10H geladen. Welchen niedrigsten Wert enhält der SP während der Ausführung dieses Programmabschnittes?
c) Wieviele Maschinenzyklen benötigt das Programm?
d) Wie lange dauert dieses Programm, wenn die CPU mit 2 MHz getaktet wird?

4.2.7 Transportbefehle mit Datentausch

Mit dieser Befehlsgruppe wird nicht wie bisher ein Zielregister aus einer Quelle geladen, wobei die Quelle unverändert bleibt, sondern es findet ein Austausch zwischen beiden Plätzen statt.

Mnemonik

EX DE,HL

Format EBH

Wirkung Die Inhalte der Registerpaare DE und HL werden vertauscht.

D ⟷ H
E ⟷ L

Flags keine Beeinflussung

Mnemonik	EX AF,AF'	EXX
Format	08H	D9H
Wirkung	AF ⟷ AF'	BC ⟷ BC' DE ⟷ DE' HL ⟷ HL'

Dies sind die einzigen Befehle, die die sog. Wechsel- oder Schattenregister ansprechen, die im Bild 2.15 mit einem Apostroph gekennzeichnet sind. Sie dienen ausschließlich zum Zwischenspeichern der Inhalte der gleichnamigen Hilfsregister. Diese Schattenregister können nicht durch andere Befehle angesprochen werden. Anders als bei PUSH und POP werden bei diesem Tausch die Register verändert. Bei dem Befehl EX AF,AF' ist Vorsicht geboten, denn hier wird auch die Stellung der Flags ausgetauscht.

Flags EX AF,AF' tauscht die Inhalte von F und F'!

Mnemonik

EX (SP),HL
EX (SP),IX
EX (SP),IY

Format E3H
DDE3H
FDE3H

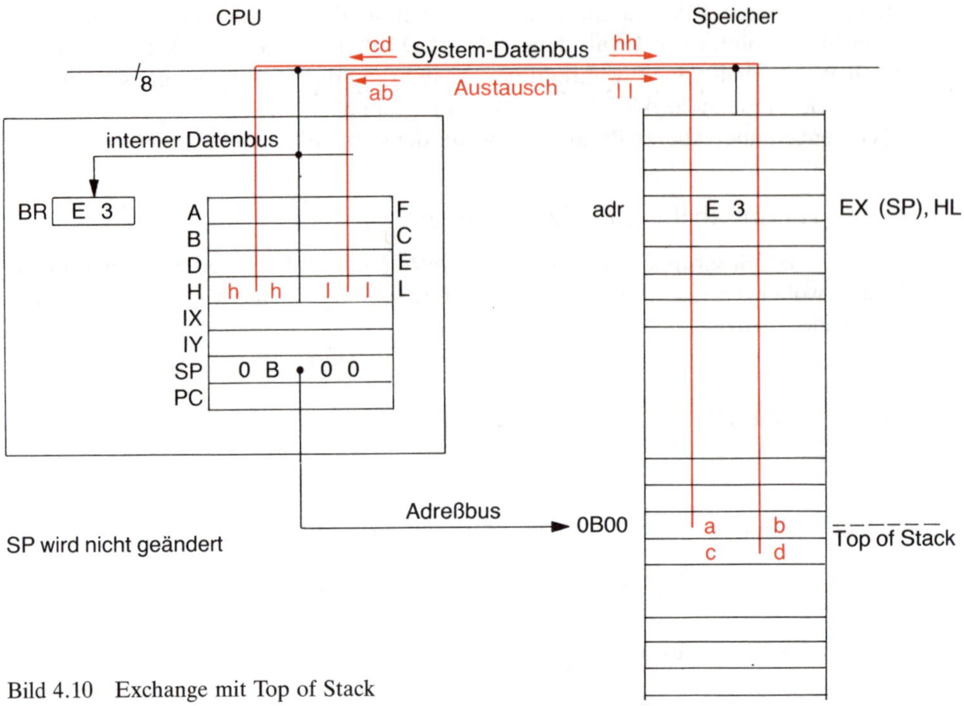

Bild 4.10 Exchange mit Top of Stack

Wirkung

Hier erfolgt ein Tausch zwischen einem Doppelregister der CPU (HL, IX, IY) und dem Inhalt der letzten Eintragung in den Stack, dem sog. «Top of Stack», dessen Adresse ja immer im Stack Pointer zu finden ist. *Der SP selbst wird durch diese drei Befehle nicht verändert.*

Flags keine Beeinflussung

Bild 4.10 zeigt die Zusammenhänge.

Übung 4.8
Suchen Sie aus den Befehlslisten für den Befehl EX (SP),IY den Maschinencode, die Anzahl der belegten Speicherplätze, die Anzahl der Maschinen- und Taktzyklen sowie die Zeitdauer bei einer Taktfrqeuenz von 4 MHz.

4.2.8 Befehle für Ein- und Ausgabe

Sie steuern den Datenbusverkehr zwischen CPU und E/A-Bausteinen (Bild 4.11).

Bei größeren Mikrocomputersystemen sind oft mehrere E/A-Bausteine vorhanden mit – je nach Komplexität – einem oder mehreren Registern, die entweder als Puffer zum Zwischenspeichern von Daten dienen oder Steuerinformationen enthalten, durch die die Funktion des Bausteins festgelegt wird. Die verschiedenen Register werden,

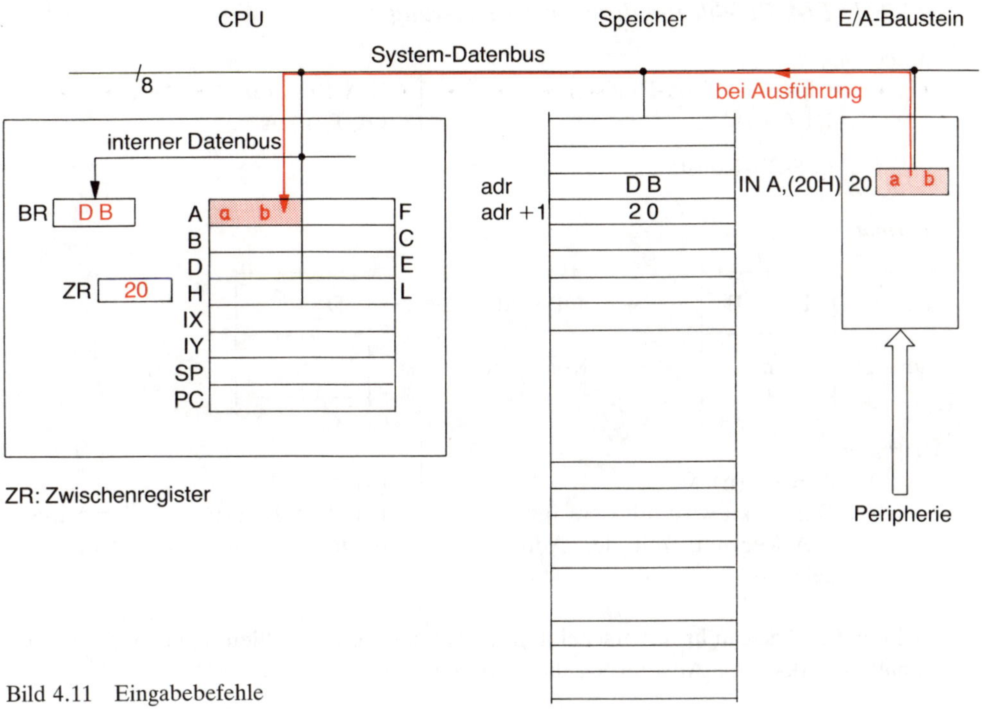

Bild 4.11 Eingabebefehle

genauso wie bei Speicherzellen, durch Adressen unterschieden. Da diese Register ja zum Teil Zugang zur «Außenwelt» der Peripheriegeräte haben, bezeichnet man sie häufig als *«Ports»* (Tore) und die zugehörigen Adressen als *Portadressen*.

Es gibt Mikroprozessoren, die haben keine speziellen Befehle für Ein- und Ausgabe. In diesem Falle werden die E/A-Register wie Speicherzellen behandelt, so daß die ganze Vielfalt der für den Speicher vorgesehenen Adressierungsarten verwendet werden kann. Diese Architektur, das sog. *Memory Mapped I/O*, hat allerdings den Nachteil, daß nicht mehr der ganze, von der CPU her ansprechbare Adreßraum als Speicher verwendet werden kann, da ja ein Teil für E/A-Adressen vergeben ist.

Der Z80 verwendet sog. *extended I/O-* oder *isolated I/O*-Architektur. Es gibt spezielle Befehle (IN und OUT) und ein spezielles Signal für die Bussteuerung ($\overline{IORQ}$) im Zusammenhang mit E/A-Bausteinen.

> Die bei den E/A-Befehlen verwendete Adresse ist nur 8 Bit lang und wird in der Ausführungsphase auf den niederwertigen Adreßleitungen A7...A0 ausgegeben.
> Damit können maximal 256 verschiedene Portadressen gebildet werden.

Es ist direkte und registerindirekte Adressierung möglich.

4.2.8.1 E/A-Befehle mit direkter Adressierung

Mnemonik

CPU ⟵ E/A-Register	E/A-Register ⟵ CPU
IN A,(n)	OUT (n),A

n: 8-Bit-Konstante

Format

	IN		OUT
adr	D B	⟵ OP-Code ⟶	D 3
adr+1	n	⟵ Konstante ⟶	n

Wirkung

A ⟵ (n) Der Akku wird mit dem Inhalt des E/A-Registers mit der Adresse n geladen.	(n) ⟵ A Das E/A-Register mit der Adresse n wird aus dem Akku geladen.

Bei der Befehlsausführung erscheint zusätzlich auf den Adreßleitungen A15...A8 der Inhalt des Akku *vor* Ausführung dieses Befehles.

Flags keine Beeinflussung

Beispiel IN A,(20H)

Bild 4.11 zeigt die beteiligten Bausteine.

$\overline{M1}$	$\overline{MREQ}$	$\overline{IORQ}$	$\overline{RD}$	$\overline{WR}$	ADRESS-BUS	DATEN-BUS	KOMMENTAR
*	*		*		0900	DB	OP-Code: Eingabe in Akku aus E/A-Register
	*		*		0901	20	Lesen der Adresse des E/A-Registers
		*	*		xy20	ab	Befehlsausführung: I/O-Zyklus, Laden des Akku aus dem E/A-Register mit der Adresse 20H

ab: Inhalt des E/A-Registers
20: Im Maschinencode angegebene E/A-Adresse
xy: Akku-Inhalt *vor* der Ausführungsphase

4.2.8.2 *E/A-Befehle mit registerindirekter Adressierung*

Bei den E/A-Befehlen ist nur das 8 Bit lange C-Register als Adreßregister vorgesehen.

Mnemonik

CPU ⟵ E/A-Baustein
IN d,(C)

E/A-Baustein ⟵ CPU
OUT (C),s

d/s: 8-Bit-Register der CPU, A, B, C, D, E, H, L
C: Register C, dessen Inhalt als Portadresse auf den Adreßleitungen A7…A0 ausgegeben wird.

Format

adr	E				D			
adr+1	0	1	d	d	d	0	0	0

adr	E				D			
adr+1	0	1	s	s	s	0	0	1

ddd/sss: Registeradresse eines 8-Bit-CPU-Registers

Wirkung

Das Zielregister d wird mit dem Inhalt des durch Register C adressierten I/O-Ports geladen.

Das durch Register C adressierte I/O-Port wird mit dem Inhalt des Quellregisters s geladen.

Bei dieser Adressierungsart erscheint in der Ausführungsphase auf den Adreßleitungen A15…A8 der Inhalt des B-Registers, wie er vor Ausführung des Befehles war.

Damit steht auch für E/A-Operationen eine 16 bit lange Adresse und damit ein Adreßraum von 64 K zur Verfügung.

Diese Befehle müßten korrekt eigentlich mit IN d,(BC) bzw. OUT (BC),s angegeben werden, jedoch ist diese Schreibweise nicht üblich. Bei entsprechender Verwendung des Steuersignales $\overline{IORQ}$ könnte damit auch ein weiterer 64 K langer Speicherbereich angesteuert werden.

Flags Die Ausgabebefehle beeinflussen die Flags nicht.
Die Eingabebefehle beeinflussen die Flags wie folgt:

S-Flag := 1 wenn das höchstwertige Bit gleich 1 ist
Z-Flag := 1 wenn das gelesene Datenwort gleich 0 ist
P-Flag := 1 bei gerader Parity, d. h. bei gerader Anzahl von Einsen im gelesenen Datenwort

Es gibt sogar einen Eingabebefehl, der nur die o.g. Flags beeinflußt, während die auf dem Datenbus übertragene Information nicht übernommen wird. Eine mnemonische Abkürzung ist nicht bekannt, der Befehl lautet in Maschinensprache: ED 70.

Beispiel

0 1H	LD BC,1520H	Adresse in das Adreßregister laden
2 0H	–	
1 5H	–	
EDH	IN L,(C)	L wird aus der durch C (eigentlich BC)
6 8H	–	adressierten Speicherzelle geladen

Während der Ausführungsphase des Eingabebefehles erscheint auf dem Adreßbus die Adresse 1520H. Meist wird aber nur das niederwertige Byte zum Decodieren benutzt, da der schaltungstechnische Aufwand geringer ist und die Anzahl von 256 Portadressen auch für größere Anwendungen voll ausreicht.

Übung 4.9

Auch der folgende Programmabschnitt wird korrekt ausgeführt. Es wird angenommen, daß der E/A-Baustein mit der Adresse 20H auf der Peripherieseite an 8 Schalter angeschlossen ist, die auf 0001 0010B, also auf 12H, eingestellt sind. Adresse 0953H enthält einen OP-Code.

a) Suchen Sie aus den Befehlslisten den mnemonischen Code heraus und ergänzen Sie die Liste einschl. Kommentar.
b) Schreiben Sie das Busprotokoll ab Adresse 0956H.
c) Was wird mit diesem Programmteil bezweckt?

MARKE	ADR HEX	OP-CODE HEX	OP-CODE MNEMONISCH	KOMMENTAR
	0953	01		
	0954	20		
	0955	20		
	0956	ED		
	0957	48		
	0958	ED		
	0959	79		
	095A	48		

4.3 Befehle für die Bearbeitung von Daten

4.3.1 Überblick

So gut Mikroprozessoren geeignet sind, um auch noch so komplizierte Steuerungsabläufe zu verwalten, so wenig verstehen sie sich von ihrem Aufbau her auf das eigentliche «Rechnen». Das liegt zum einen an der geringen Verarbeitungsbreite der ALU, zum anderen an den fehlenden Befehlen für Multiplikation, Division oder gar Wurzelziehen und Winkelfunktionen. Selbstverständlich lassen sich auch längere Zahlen und komplizierte Funktionen berechnen, aber nur mit Hilfe von recht aufwendigen und damit auch langsamen Programmen.

Zur Bearbeitung von Daten stehen beim Z80 folgende Befehlsgruppen zur Verfügung:

□ Zählen	INC, DEC (für 8- und 16-Bit-Operanden)
□ Arithmetik	ADD, ADC, SUB, SBC (für 8- und 16-Bit-Operanden)
□ Logik	AND, OR, XOR, CP (compare), (nur für 8-Bit-Operanden)
□ Rotier- und Schiebebefehle	RR, RL, RRC, RLC; RRD, RLD; SRA, SLA, SRL (nur für 8-Bit-Operanden)
□ Einzelbit-befehle	SET, RES, BIT (Testen einer Bitstelle auf 0) (nur für 8-Bit-Operanden)
□ Spezialbefehle	DAA, CPL, NEG, CCF, SCF (nur für 8-Bit-Operanden)

Die bei diesen Befehlen möglichen Adressierungsarten sind Ihnen aus dem Kapitel über Transportbefehle bekannt.

□ Immediate	Nur mit 8-Bit-Konstanten möglich, bei arithmetischen und logischen Befehlen
□ Reg.-Reg.	möglich bei 8- und 16-Bit-Operanden
□ Reg.-indirekt	Beschränkt auf HL als Adreßregister, nur für 8-Bit-Operanden möglich
□ Index-adressierung	mit IX oder IY als Adressierungsregister nur für 8-Bit-Operanden

4.3.2 Rechnen mit dualen Zahlen

4.3.2.1 Zahlengerade, Zahlenkreis

Normalerweise verwendet man eine Zahlengerade, um das Rechnen mit positiven und negativen Zahlen anschaulich darzustellen, wobei der Abstand vom Nullpunkt den Zahlenwert und die Richtung der Pfeilspitze das Vorzeichen der Zahl darstellt (Bild 4.12).

Beim Addieren wird der Zahlenpfeil des 2. Operanden an den des 1. Operanden angesetzt (Bild 4.13). Ergebnis ist dann die vom Nullpunkt aus gemessene Länge bis zur letzten Pfeilspitze.

Bei der Subtraktion wird gleich vorgegangen, nur muß vorher die Pfeilrichtung des abzuziehenden Operanden umgedreht werden (Bild 4.14). Auch hier entspricht das Ergebnis der Entfernung der letzten Pfeilspitze vom Nullpunkt.

Dabei gibt es keine Probleme, auch wenn der Nullpunkt überschritten wird, z. B. 3–5 oder $-3 + 5$, der Zahlenstrahl ist ja in beiden Richtungen unendlich lang.

Anders im Rechenwerk eines Computers. Im Ergebnisregister kann nur eine begrenzte Anzahl von Zahlen dargestellt werden, in einem 8-Bit-Register z. B. $2^8 = 256$ verschiedene Zahlen.

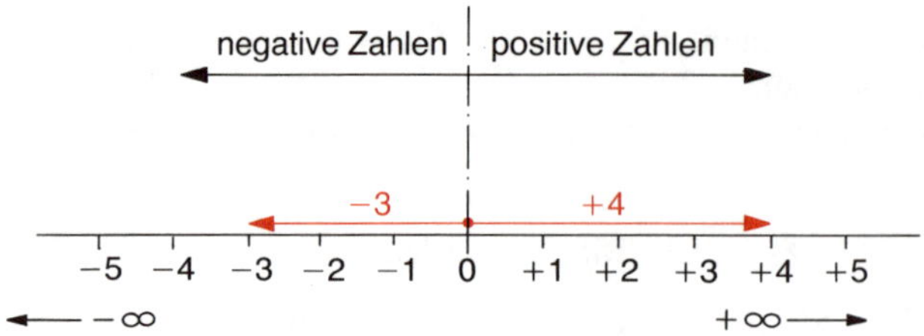

Bild 4.12
Zahlengerade

Beispiele:

$$3 + 2 = 5$$
$$3 + (-2) = 1$$
$$-3 + 2 = -1$$
$$-3 + (-2) = -5$$

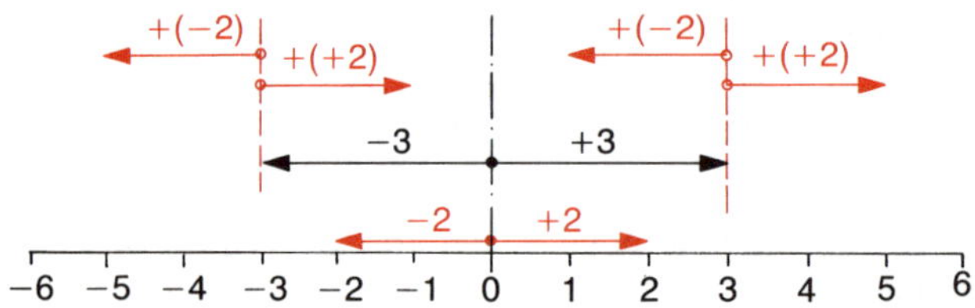

Bild 4.13
Addition von Zahlen auf der Zahlengerade

Beispiele:

$$3 - (+2) = 1$$
$$3 - (-2) = 5$$
$$-3 - (+2) = -5$$
$$-3 - (-2) = -1$$

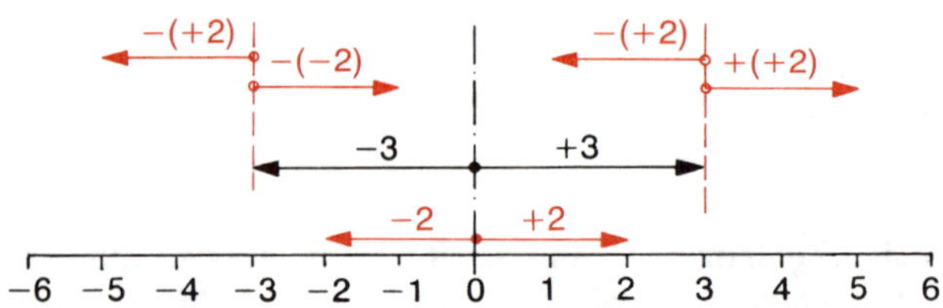

Bild 4.14
Subtraktion von Zahlen auf der Zahlengerade

Für die weiteren Betrachtungen sollen ALU und Ergebnisregister 4 Bit lang sein, die dabei gewonnenen Erkenntnisse sind natürlich auch auf längere Register übertragbar.

Addieren bzw. Subtrahieren von 1 auf der Zahlengerade bedeutet jeweils einen Schritt nach rechts (Richtung $+\infty$) bzw. nach links (Richtung $-\infty$).

In einem 4-Bit-Rechenwerk läuft diese Operation so ab:

0000+1=0001 | 0001+1=0010 | ... | 1111+1=0000 | 0000+1=0001 | ..

Das Ergebnis der beiden letzten Operationen ist eigentlich 10000 und 10001, aber die linke 1 hat in dem 4stelligen Ergebnisregister keinen Platz, das Register ist «übergelaufen». Anstatt auf einer Zahlengerade immer weiterzugehen, hat man sich im «Kreis» bewegt, und die beiden letzten Ergebnisse sind falsch, genauso wie beim Kilometerzähler eines Autos auf der Walze nach Kilometerstand 99999 wieder 00000 erscheint.

4.3.2.2 Addieren und Subtrahieren im Rechenwerk

Die Arbeitsweise eines Rechenwerks kann also besser mit einem geschlossenen Zahlenkreis veranschaulicht werden.

Man kann auch hier mit der Pfeilmethode addieren und erhält beim Überschreiten der «Nullgrenze» wieder ein falsches Ergebnis (Bild 4.15). Das Rechenwerk kann zwar diesen Fehler nicht korrigieren, aber es hinterlegt wenigstens eine Warnung:

> Wenn bei einer Addition das Ergebnisregister überläuft, wird im sog. *Flag-Register* im Rechenwerk der CPU eine bestimmte Bitstelle, das *«Carry Flag»*, gesetzt.

Wie der Inhalt dieses und der anderen, noch zu besprechenden Flags weiterverarbeitet werden kann, wird im Abschnitt 4.4.2 bei der Behandlung der Sprungbefehle besprochen.

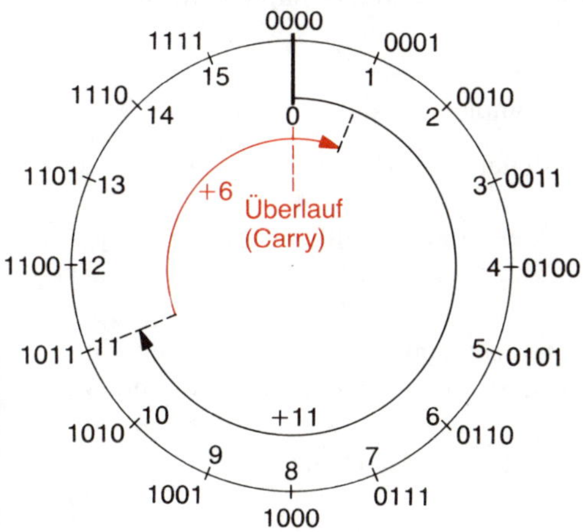

Bild 4.15 Addition im Zahlenkreis

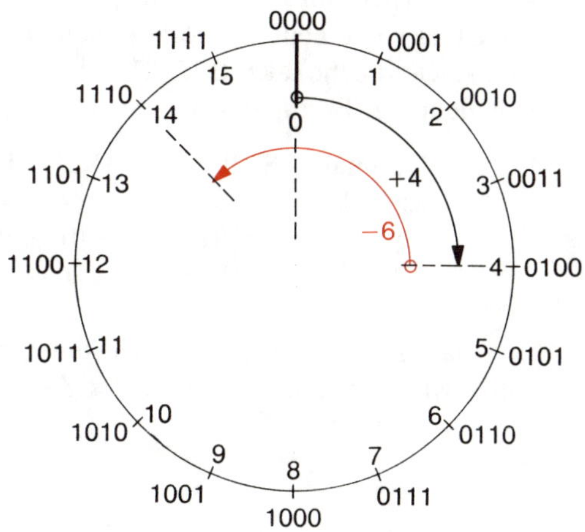

Bild 4.16 Subtraktion im Zahlenkreis

Auch Subtrahieren ist im Zahlenkreis mit Hilfe der Zahlenpfeile möglich, siehe Beispiel im Bild 4.16. Bei Unterschreitung der Nullgrenze wird auch in diesem Fall das Carry Flag gesetzt.

> Nach einer Subtraktion ist das Carry Flag gesetzt, wenn der Wertebereich unterschritten wurde, das Ergebnis also negativ ist.

4.3.2.3 Komplementdarstellung von Zahlen

Im Bild 4.16 erscheint das Ergebnis in der sog. «Komplementdarstellung», also nicht als −2 (dual −0010), sondern als 14 (dual 1110).

> Ist das Ergebnis einer Subtraktion kleiner als 0, so erscheint es immer in der sog. «Komplementdarstellung».

Bild 4.17 zeigt die Beziehung zwischen dem Betrag einer Zahl und ihrem Komplement: die beiden Zahlen ergänzen sich stets zu einem Vollkreis, d.h.:

> Betrag einer Zahl + Komplement dieser Zahl = 0 (mit Übertrag = 1)

Eine Komplementbildung ist nur bei einem begrenzten Zahlenvorrat – der sich dann in einem Zahlenkreis darstellen läßt – sinnvoll. Komplementbildung ist in jedem Zahlensystem möglich, im Dualsystem spricht man von einem Zweierkomplement, im Dezimalsystem von einem Zehnerkomplement.

Beispiele: (siehe auch Bild 4.17 und Bild 4.19)
Es bedeutet z: Betrag der negativen Zahl, k: Komplement dieser Zahl

Dezimal (1 Stelle)		Dezimal (2 Stellen)		Dual (4 Stellen)	
z + k		z + k		z + k	
1 + 9	= 1|0	01 + 99	= 1|00	0010 + 1110	= 1|0000
3 + 7	= 1|0	26 + 74	= 1|00	0101 + 1011	= 1|0000

Im Dualsystem kann das Zweierkomplement recht einfach gebildet werden: im 1. Schritt wird jede einzelne Stelle der Zahl invertiert, in einem 2. Schritt dann noch die Zahl 1 addiert, z.B.

	1011	Betrag der Dualzahl
1. Schritt: invertieren	0100	
2. Schritt: 1 addieren	+ 1	
Ergebnis:	0101	Zweierkomplement

Bild 4.18 zeigt, daß die Schaltung zur Bildung des Zweierkomplements ziemlich einfach ist. Andererseits erkennt man aus den Zahlenkreisen in den Bildern 4.16 und 4.19, daß in jedem Zahlensystem bei einer Subtraktion zwei Wege möglich sind:

- „normale“ Subtraktion der Zahl
- Addition des Komplements dieser Zahl.

Aus diesen Gründen enthalten Computer nur Addierschaltungen, da eine Subtraktion immer durch eine Addition des Zweierkomplements ersetzt werden kann.

Auch im Dezimalsystem erscheinen bei Teilsubtraktionen innerhalb von längeren Zahlen negative Ergebnisse im Komplement:

835	3 − 7 = −4	die 6 im Ergebnis ist das Komplement zu 4.
− 273	35 − 73 = −38	62 ist das Komplement zu 38.
562		

Bild 4.17
Betrag und Zweierkomplement einer negativen Zahl

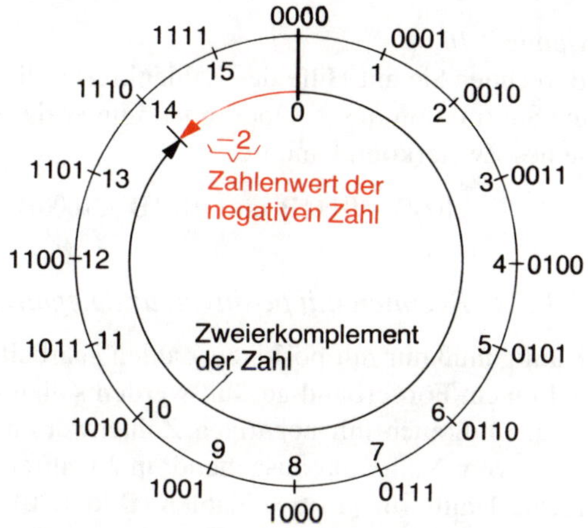

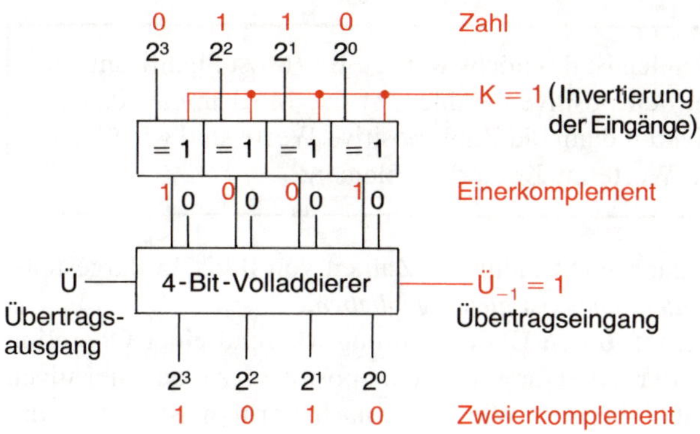

Bild 4.18
Bildung von Einer- und Zweierkomplementen

Bild 4.19
Zweierkomplement im Dezimalsystem

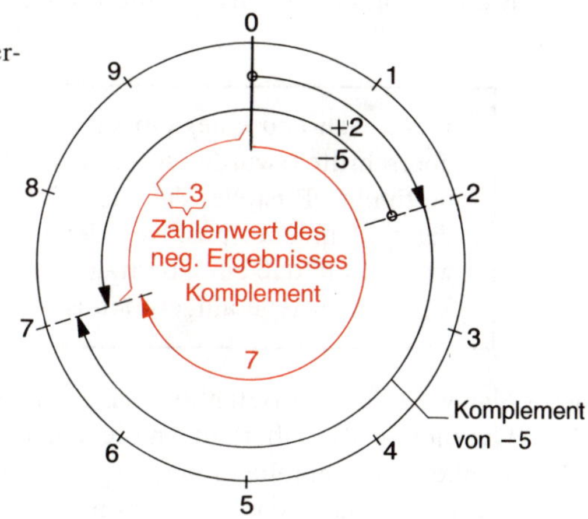

Übung 4.10
Berechnen Sie mit Hilfe des Zahlenkreises die folgenden Aufgaben und zeigen Sie, daß die Subtraktion des 2. Operanden immer das gleiche Ergebnis liefert wie die Addition seines Zweierkomplementes:

1100B - 0111B und 0101B - 1000B

4.3.2.4 Rechnen mit positiven und negativen Dualzahlen

Häufig muß nur mit positiven Zahlen gearbeitet werden, zum Beispiel, wenn nur Teile auf einem Förderband gezählt werden sollen, oder nur positive Meßwerte zu erfassen sind. Muß auch mit negativen Zahlenwerten gerechnet werden, so wird der Zahlenkreis, vom Nullpunkt ausgehend, in 2 Hälften geteilt, die linke Hälfte für negative, die rechte Hälfte für positive Zahlen (Bild 4.20).

> Bei den negativen Zahlen ist das höchstwertige Bit (Most Significant Bit MSB) immer 1, bei den positiven Zahlen ist das MSB immer 0. Die übrigen Stellen enthalten dann die Zahl, positive Werte sind wie üblich dargestellt, negative Werte im Zweierkomplement.

Im gegebenen Beispiel werden dann nicht mehr die Zahlen von 0 bis 15 dargestellt, sondern von −8 bis +7. *Die Zahlenmenge ist gleich geblieben.*

Jetzt taucht noch eine Grenze auf, deren Überschreitung während einer Operation zu falschen Ergebnissen führt: der Übergang von den positiven zu den negativen Zahlen im unteren Teil des Zahlenkreises. Wie leicht nachzuprüfen ist, würde das Ergebnis der Addition 4+5 als −7 interpretiert werden und nicht als 9, was natürlich falsch ist.

> Wenn während einer Operation die untere Grenze des Zahlenkreises überschritten wurde, so setzt das Rechenwerk im Flag-Register eine bestimmte Bitstelle, das sog. *«P/V-Flag»*. P/V-Flag:= 1 bedeutet, daß der vorhandene, positive oder negative, Zahlenbereich überschritten wurde, d.h. daß ein Übertrag zwischen höchstwertiger Zahlenstelle und Vorzeichenstelle aufgetreten ist.

Dieses Flag wird, je nach Befehl, verschieden verwendet, im vorliegenden Fall bedeutet es «Overflow», also Überlauf (in die Vorzeichenstelle).

Als Abhilfe wird empfohlen, den vom Programm zu verarbeitenden Zahlenbereich abzuschätzen und dann das Datenformat entsprechend groß zu wählen, daß kein Überlauf auftreten kann. Tritt dieser Fall dennoch ein, wird eine Fehlermeldung ausgegeben.

Bild 4.20
Aufteilung in positive und negative Zahlen

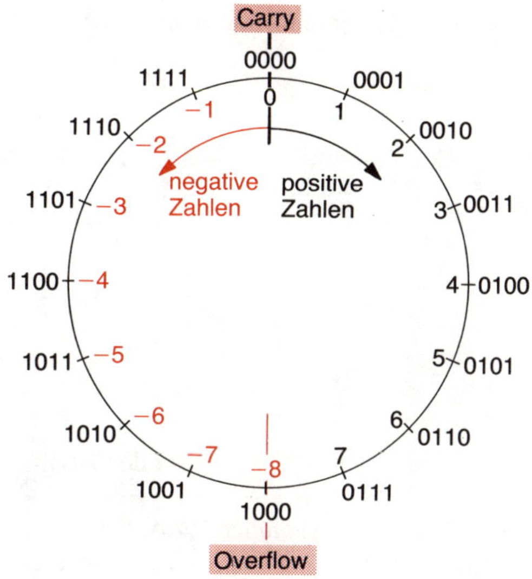

4.3.3 Flags

4.3.3.1 Überblick

Flags sind einzelne Flipflops im Rechenwerk der CPU. Sie sind zu einem Flag-Register zusammengefaßt.

> Der Zustand dieser Flags signalisiert, nach Ausführung eines Befehls der die Flags auch beeinflußt, bestimmte Eigenschaften des Ergebnisses dieser Operation.

Die Funktion des Carry Flags und des P/V-Flags ist schon bekannt. Nur bestimmte Befehle – meist Befehle zur Bearbeitung von Daten – beeinflussen die Flags. Die Flags werden abgefragt von der Gruppe der sog. «bedingten Sprungbefehle», die nur dann ausgeführt werden, wenn die in der Sprungbedingung genannte Stellung eines Flags tatsächlich erfüllt ist, siehe Abschnitt 4.4.3.

Andere Befehle, z. B. die meisten Transportbefehle, beeinflussen die Flags nicht. Da die Behandlung der Flags bei den einzelnen Befehlsgruppen unterschiedlich ist, wird sie in den meisten Befehlslisten angegeben.

Beim Z80 können die Flags mit dem Akku zum sog. «Programmstatuswort PSW» zusammengefaßt werden. Nur mit den Befehlen PUSH AF und POP AF kann der momentane Zustand des Flag-Registers aus dem Rechenwerk «gerettet» und wieder aus dem Speicher zurückgeholt werden.

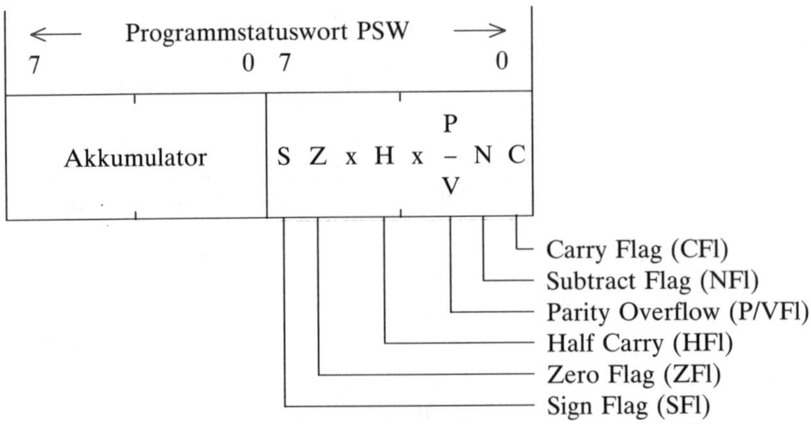

x : 0 oder 1 (Bitstelle wird nicht als Flag verwendet)

Vier dieser Flags (nämlich Zero, Sign, Carry und Parity Overflow Flag) können vom Programm bei *bedingten Sprüngen* abgefragt werden. Das Half Carry und das Subtract Flag werden nur im Rechenwerk für Korrekturzwecke bei *BCD-Arithmetik* benutzt. Ihre Aufgabe wird bei Besprechung des Befehls DAA (Decimal Adjust Akku) im Abschnitt 4.6.3 erklärt werden.

4.3.3.2 Zero Flag (ZFl) «Null-Flag«

Es zeigt an, ob bei der zuletzt ausgeführten Operation alle Bitstellen im Ergebnisregister auf Null gesetzt sind. Dabei ist es gleichgültig, ob bei dieser Operation ein Überlauf aufgetreten ist oder nicht. So wird in einem 8 Bit breiten Rechenwerk bei der Addition

```
    1001 0000 B
  + 0111 0000 B
  -------------
  1|0000 0000 B
```
das Zero Flag gesetzt (das Carry-Flag natürlich auch).

Nach einer Operation, die das Zero Flag beeinflußt, gilt also:

ZFl:= 1, wenn im Ergebnisregister alle Bitstellen 0 sind ZFl:= 0, wenn im Ergebnisregister nicht alle Bitstellen 0 sind

4.3.3.3 Carry Flag (CFl) «Übertrags-Flag«

Es zeigt an, ob bei der vorangegangenen Operation ein Übertrag über die höchstwertige Stelle (MSB) des Ergebnisregisters hinaus entstanden ist. Das kann geschehen bei

- ☐ Addition, wenn das *Ergebnis länger* als 8 bzw. 16 Bit ist.
- ☐ Subtraktion a – b, wenn b > a, das *Ergebnis* also *negativ* ist.
- ☐ Schiebebefehlen, wenn eine «1» aus der höchstwertigen oder niederwertigsten Bitstelle geschoben wird.

Nach einer Operation, die das Carry Flag beeinflußt, gilt:

> CFl:= 1, wenn ein Übertrag entstanden ist
> CFl:= 0, wenn kein Übertrag entstanden ist

Das Carry Flag kann auch durch den Befehl SCF (setze Carry Flag) gesetzt und durch CCF (Complement Carry Flag) invertiert werden.

4.3.3.4 Sign Flag (SFl) «Vorzeichen-Flag«

> Bei Operationen, die die Flags beeinflussen, speichert das Sign Flag den Zustand der höchstwertigen Bitstelle des Ergebnisregisters, also:
>
> SFl:= 1, wenn im Ergebnisregister das MSB = 1
> SFl:= 0, wenn im Ergebnisregister das MSB = 0

Wenn mit positiven und negativen Zahlen gerechnet wird, aber nur dann, wird mit diesem Flag das Vorzeichen der gerade bearbeiteten Zahl festgestellt, in allen anderen Fällen zeigt es ganz einfach den Zustand der höchstwertigen Bitstelle an.

4.3.3.5 Parity/Overflow Flag (P/VFl) «Paritäts-/Überlauf-Flag«

Die Bitstelle Nr. 2 des Flag-Registers hat insgesamt 4 verschiedene Bedeutungen, abhängig von der zuletzt ausgeführten Operation. Es müßte eigentlich «P/V/Z/IFF2-Flag» heißen, es ist also sehr vielseitig.

a) Overflow Flag (VFl) «Überlauf-Flag«
Diese Bedeutung gilt nach Ausführung der folgenden arithmetischen Befehle:

ADD, ADC, SUB, SBC,
INC, DEC nur bei 8 Bit langen Operanden

Das *V-Flag* wird gesetzt bei einem Überlauf von der zweithöchsten in die höchstwertige Stelle, die beim Rechnen mit positiven und negativen Zahlen das *Vorzeichen* enthält. Ein Überlauf in diese Stelle bedeutet ja eine Umkehrung des Vorzeichens, also einen Fehler. Das kann nur geschehen bei der Addition von Zahlen mit gleichem Vorzeichen oder bei der Subtraktion von Zahlen mit ungleichen Vorzeichen, wie man sich am Zahlenkreis leicht überzeugen kann.

b) Parity Flag (PFl)
Diese Bedeutung gilt nach Ausführung der folgenden Befehle:

□ Logische Befehle	AND, OR, XOR
□ Schiebebefehle	RL, RR, RLC, RRC
	SLA, SRA, SRL
	RLD, RRD

□ BCD-Arithmetik DAA
□ Eingabebefehle mit registerindirekter Adr. IN r,(C)

Nach einem der o.g. Befehle wird im Ergebnisregister die Anzahl der «1» festgestellt.

PFl:= 1, wenn die Anzahl der «1» gerade ist (even parity) PFl:= 0, wenn die Anzahl der «1» ungerade ist (odd parity)

c) Nullanzeige bei Blockbefehlen
Bei den folgenden Befehlen für «Block transportieren» und «Block durchsuchen» zeigt das P/VFl den Zustand des BC-Registers an, das bei diesen Operationen als Zählregister verwendet wird.

□ Block transportieren LDI, LDIR, LDD, LDDR
□ Block durchsuchen CPI, CPIR, CPD, CPDR

Es gilt: P/VFl:= 0, wenn Zählregister BC = 0000H
P/VFl:= 1, wenn Zählregister BC ≠ 0000H

d) Anzeige des Interrupt-Enable-Flipflops (IFF2)
Dies ist die einzige Möglichkeit, das IFF2, das den gerade gültigen Zustand der Interruptverarbeitung zeigt, zu lesen, siehe Abschnitt 5.2.

Diese Verwendung des P/V-Flags gilt nur für die Befehle:

LD A,I und LD A,R

4.3.4 Zählbefehle (INC, DEC)

Sie werden bei der Programmierung von Zählvorgängen, z. B. bei der Abarbeitung von Tabellen, verwendet.

Der Inkrement-Befehl (INC) erhöht den angegebenen Operanden um 1, der Dekrement-Befehl erniedrigt den Operanden um 1.

Mnemonik

INC d	DEC d
INC dd	DEC dd

d: Ziel, 8 Bit lang dd: Ziel, 16 Bit lang

Wirkung

Der Operand d bzw. dd wird um 1 erhöht	Der Operand d bzw. dd wird um 1 erniedrigt
d:= d + 1	d:= d − 1
Anmerkung: FF + 1 = 00	Anmerkung: 00 - 1 = FF

Adressierungsarten

Die folgenden Ziele können als Operanden d bzw. dd bei INC bzw. DEC verwendet werden:

□ Register-Adressierung 8-Bit-Register: A, B, C, D, E, H, L
16-Bit-Register: BC, DE, HL, SP, IX, IY

z. B.	0 4 H	INC B	B:= B + 1
	2 B H	DEC HL	HL:= HL − 1
	F D H	DEC IY	IY:= IY − 1
	2 B H	–	

□ Registerindirekte Adressierung Nur für 8-Bit-Operanden,
Nur mit HL als Adreßregister

z. B.	34H	INC (HL)	Der Inhalt der durch HL adressierten Speicherzelle wird um 1 erhöht

Natürlich kann die Speicherzelle nicht direkt inkrementiert werden, wie das Busprotokoll zeigt, für diese Operation wird ja ein Rechenwerk benötigt (Annahme: HL wurde mit 0B00H geladen).

$\overline{M1}$	$\overline{MREQ}$	$\overline{IORQ}$	$\overline{RD}$	$\overline{WR}$	ADRESS-BUS	DATEN-BUS	KOMMENTAR
*	*		*		0900	34	OP-Code laden
	*		*		0B00	xy	Der Inhalt der durch HL adressierten Speicherzelle wird in ein Zwischenregister im Rechenwerk geladen
	*			*	0B00	xy+1	Zurückschreiben des inkrementierten Wertes

□ Index-Offset-Adressierung nur für 8-Bit-Operanden IX oder IY als Adreßregister

z. B.	D D H	INC (IX+20H)	Der Inhalt der effektiven Adresse IX+20H wird um 1 erhöht.
	3 4 H	–	
	2 0 H	–	

Flags S := 1 wenn das MSB = 1
Z := 1 wenn das Ergebnis = 0
H := 1 bei Übertrag von Bitstelle 3 auf Bitstelle 4
P/V := 1 bei Überlauf von Bitstelle 6 auf Bitstelle 7
(Veränderung des Vorzeichens in Bitstelle 7)
N := 1 bei DEC-Befehlen N:= 0 bei INC-Befehlen
C := nicht beeinflußt

Achtung: INC- und DEC-Befehle für 16-Bit-Operanden beeinflussen die Flags nicht!

4.3.5 Arithmetische Befehle (ADD, ADC, SUB, SBC)

4.3.5.1 Arithmetische Grundlagen

Diese Operationen haben die folgende Form:

ADD : Ergebnis := 1. Operand + 2. Operand
SUB : Ergebnis := 1. Operand − 2. Operand

ADC : Ergebnis := 1. Operand + 2. Operand + Carry Flag
SBC : Ergebnis := 1. Operand − 2. Operand − Carry Flag

Bei den Befehlen ADC und SBC wird immer der Zustand des Carry Flags, wie er *vor* der Operation bestanden hat, mitgerechnet.

> Die zwei Operanden werden dabei als Dualzahlen aufgefaßt und in der ALU des Rechenwerks verarbeitet.
> Pro Befehl können nur zwei Operanden verarbeitet werden.

Zahlenreihen, etwa die Addition mehrerer Positionen auf einer Rechnung, müssen in mehreren Schritten unter Bildung von Zwischensummen errechnet werden, z. B.

1. Schritt		*2. Schritt*		*3. Schritt*
1. Operand				
+ 2. Operand				
Zwischensumme 1	⟶	Zwischensumme 1		
		+ 3. Operand		
		Zwischensumme 2	⟶	Zwischensumme 2
				+ 4. Operand
				Endergebnis

Ein anderes Problem ist die begrenzte Verarbeitungsbreite der ALU und die dadurch begrenzte Genauigkeit, denn je genauer eine Zahl dargestellt werden muß, desto mehr Stellen werden benötigt. Der Wert 3,1 für die Zahl Pi ist ungenauer als der Wert 3,141593. Es gibt inzwischen Mikroprozessoren mit Verarbeitungsbreiten von 16 und 32 Bit, aber das grundsätzliche Problem, daß Dualzahlen mit größerer Länge, bis zu 96 Bit, verarbeitet werden müssen, bleibt.

Die Berechnung solch langer Zahlen geschieht in mehreren Teilschritten, wie an dem folgenden Beispiel mit Dezimalzahlen gezeigt wird. Die Erkenntnisse lassen sich dann leicht auf Dualzahlen übertragen. Aus Bild 4.21 ergeben sich die folgenden Regeln für die Addition in Teilschritten.

> □ Ab dem 2. Schritt muß stets der Übertrag vom vorherigen Schritt hinzuaddiert werden.
> □ Bei der Addition von zwei Operanden kann der Übertrag nur 0 oder 1 betragen.

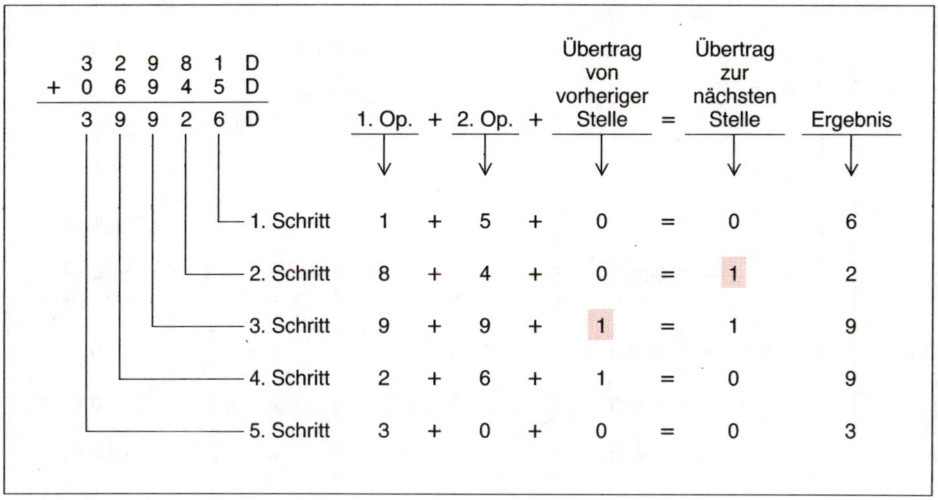

Bild 4.21 Addition von zwei 5stelligen Dezimalzahlen

Im Beispiel im Bild 4.21 ist der Übertrag aus der höchstwertigen Stelle gleich 0, d. h., das Ergebnis ist ebenfalls nur 5 Stellen lang.

Bei entsprechender Übung kann man in einem Rechenschritt auch 2 Stellen addieren, im Bild 4.21 wäre z. B. 81+45 = 126. Natürlich ist auch bei dieser Rechenweise der Übertrag von der 2. auf die 3. Stelle gleich 1.

Das Rechenwerk der Z80-CPU kann pro Rechenschritt 8 Dualstellen verarbeiten, der Übertrag auf die nächste Stelle ist jeweils im Carry Flag gespeichert. Man erkennt nun den Nutzen des Befehls ADC (add with carry), denn hier wird zu den beiden Operanden noch der Inhalt des Carry Flags, also der Übertrag von der vorherigen Stelle, addiert.

Auch beim Subtrahieren längerer Zahlen müssen Überträge berücksichtigt werden. Ein Beispiel mit Dezimalzahlen soll wieder Klarheit über die richtige Vorgehensweise schaffen, siehe Bild 4.22. Daraus ergeben sich die folgenden Regeln für die Subtraktion von Zahlen in Teilschritten:

- ☐ Ab dem 2. Schritt muß immer der Übertrag vom vorherigen Schritt (0 oder 1) subtrahiert werden.
- ☐ Ein eigentlich negatives Ergebnis erscheint in Zweierkomplement-Darstellung.
- ☐ Es tritt ein Übertrag aus der höchstwertigen Stelle auf.

Das ist am Beispiel (18959−32583 = −13624) gut zu erkennen, es gilt ja:

13624	Ergebnis
+ 86376	Zweierkomplement des Ergebnisses
100000	Null und Übertrag 1

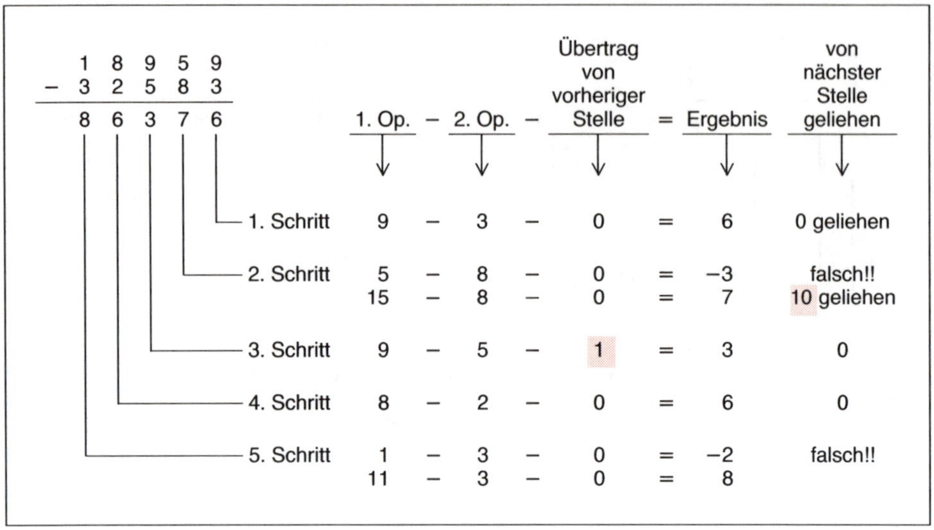

Bild 4.22 Subtraktion von zwei 5stelligen Dezimalzahlen

Hier zeigt sich auch der Nutzen der Befehle SBC (subtract with carry), die nicht nur den 2. Operanden, sondern auch noch den Inhalt des Carry Flags subtrahieren können, wie es in Bild 4.22 gezeigt wurde. Da dieser abzuziehende Übertrag eigentlich an die nächstniederwertige Stelle «ausgeliehen» (engl. borrow) wurde, heißen diese Befehle bei anderen Mikroprozessoren häufig SBB (subtract with borrow).

4.3.5.2 Arithmetische Operationen mit 8-Bit-Operanden

Mnemonik

ADD A,s	SUB s	ADC A,s	SBC A,s

s: Quelle, 8-Bit-CPU-Register oder Speicherzelle

Wirkung

Die Inhalte von Akku und Quelle werden als 8stellige Dualzahlen aufgefaßt und addiert. Das Ergebnis steht anschließend im Akku.

A:=A+s	A:=A-s	A:=A+s+CFl	A:=A-s-CFl

Der neue Inhalt des Akku ergibt sich aus dem alten Inhalt plus bzw. minus dem Inhalt der Quelle.

Bei diesen Befehlen wird zusätzlich noch der Inhalt des Carry Flag mitgerechnet;

z. B.:

1. Operand	80H
+ 2. Operand	+ 20H
+ CFl von vorheriger Operation	+ 1
Ergebnis	0 A1H

CFl: =0 bei dieser Operation

Die Schreibweise SUB s ist leider nicht ganz konsequent, der Befehl müßte eigentlich lauten: SUB A,s. Da jedoch beim SUB-Befehl nur der Akku als Ziel verwendet werden kann, ist der Befehl auch in der abgekürzten Schreibweise eindeutig, und man erspart sich so die Eingabe eines Buchstabens und des Kommas. Auch bei anderen Befehlen wird auf diese Weise «rationalisiert». Bei SBC A,s darf hingegen die Zielangabe nicht wegfallen, da ja auch noch der Befehl SBC HL,ss möglich ist.

Format Im Folgenden werden nur noch die für das Verständnis interessanten Einzelheiten erwähnt. Die Befehlsformate sind noch im Anhang A detailliert gezeigt.

OP-Code | x x p p p a a a | a a a : Adressierung des Operanden

p p p:
0 0 0 ⟶ ADD
0 1 0 ⟶ SUB
0 0 1 ⟶ ADC
0 1 1 ⟶ SBC

Adressierungsarten
Für die Quelle, also den 2. Operanden, können die folgenden Adressierungsarten verwendet werden:

□ *Register* mit den CPU-Registern A,B,C,D,E,H,L

z. B.	1000 0001B	81H	ADD A,C	A := A + C
	1001 0101B	95H	SUB L	A := A − L
	1000 1000B	88H	ADC A,B	A := A + B + CFl
	1001 1011B	9BH	SBC A,E	A := A − E − CFl

□ *Immediate*
Als 2. Operand wird die unmittelbar auf den OP-Code folgende Konstante verwendet.

z. B.	1100 0110B	C 6 H	ADD A,56H	A := A + 56H
	0101 0110B	5 6 H		
	1101 1110B	D E H	SBC A,72H	A := A − 72H − CFl
	0111 0010B	7 2 H		

□ *Registerindirekt*
Als 2. Operand wird der Inhalt der durch HL adressierten Speicherzelle verwendet.

z. B.	1000 1110B	8EH	ADC A,(HL)	A := A + (HL) + CFl

(HL): Inhalt der durch HL adressierten Speicherzelle

□ *Index Offset*

Als 2. Operand wird der durch IR + d adressierte Inhalt einer Speicherzelle verwendet.

z. B.				
	1101 1101B	DDH	SBC A,(IX+12H)	A := A − (IX+12H) − CFl
	1001 1110B	9 E H		
	0001 0010B	1 2 H		

Flags Alle Flags werden entsprechend dem Ergebnis der Operation beeinflußt. Zu beachten ist, daß der Zustand der Flags so lange erhalten bleibt, bis wieder ein Befehl ausgeführt wird, der die Flags beeinflußt.

S := 1 wenn Bitstelle 7 (MSB) gleich 1
Z := 1 wenn alle Bitstellen im Akku gleich 0
V := 1 wenn Überlauf von Bitstelle 6 nach 7 (Vorzeichenänderung)
H := 1 wenn Übertrag zwischen Bitstelle 3 und 4
N := 1 wenn Subtraktion N := 0 wenn Addition
C := 1 wenn Übertrag aus Bitstelle 7

4.3.5.3 Arithmetische Operationen mit 16-Bit-Operanden

Mnemonik

ADD HL,ss	ADD IX,ss	ADD IY,ss
ss : BC,DE,HL,SP	ss : BC,DE,SP,IX	ss : BC,DE,SP,IY

Wirkung

HL := HL + ss	IX := IX + ss	IY := IY + ss

Der neue Inhalt des Zielregisters (HL oder IX oder IY) ergibt sich aus dem alten Inhalt plus dem Inhalt des Quellregisters ss.
Bei 16-Bit-Operanden ist nur Register-Adressierung möglich.

z. B.			
	29H	ADD HL,HL	Verdoppelung von HL, Inhalt wird um 1 Stelle nach links verschoben

Flags
S : keine Beeinflussung
Z : keine Beeinflussung
V : keine Beeinflussung
H := 1 wenn Übertrag aus Bitstelle 11 gleich 1
N := 0
C := 1 wenn Übertrag aus Bitstelle 15 gleich 1

Auch bei 16-Bit-Operationen muß die Berechnung in der nur 8 Bit breiten ALU des Rechenwerks ausgeführt werden, wie die Zahl der benötigten Taktzyklen zeigt. Eine Addition von zwei 8 Bit langen Operanden (z. B. ADD A,B) benötigt 4 Takte, während eine 16-Bit-Operation (z. B. ADD HL,BC) insgesamt 11 Takte lang ist. In letzterem Falle müssen in der ALU zuerst die niederwertigen Hälften der beiden Operanden und dann, unter Berücksichtigung des Übertrags, die höherwertigen Hälften addiert werden. Die Ausführung wird auch hier durch das im Befehlswerk der CPU eingebaute Mikroprogramm gesteuert.

z. B.			
1101 1101B	DDH	ADD IX,BC	IX := IX + BC
0000 1001B	0 9 H		

1. Operand in IX	:	1000 1100	1100 0000
+ 2. Operand in BC	:	1000 0100	1000 0000
Ergebnis in IX	:	0001 0001	0100 0000

→ HFl=1, weil Übertrag aus Bit 11 gleich 1

→ CFl=1, weil Übertrag aus Bit 15 gleich 1

Auch bei Arithmetik mit 16-Bit-Operanden gibt es Befehle, bei denen das Carry Flag von der vorherigen Operation mitgerechnet wird.

Mnemonik

ADC HL,ss	SBC HL,ss

ss: 16-Bit-CPU-Register BC, DE, HL, SP

Wirkung

HL := HL + ss + CFl	HL := HL – ss – CFl

Der neue Inhalt des HL-Registers ergibt sich aus dem alten Inhalt von HL plus/minus dem Inhalt des Quellregisters plus/minus dem Inhalt des Carry Flags von der vorangegangenen Operation. Diese Befehle werden verwendet bei Operationen mit Zahlen, die länger als 16 Bit sind.

Flags
S := 1 wenn Bitstelle 15 gleich 1
Z := 1 wenn alle Bitstellen in HL gleich 0 sind
H := 1 wenn Übertrag zwischen Bit 11 und Bit 12 gleich 1
V := 1 wenn Übertrag von Bit 14 auf Bit 15 gleich 1
N := 1 wenn Subtraktion, bei Addition N := 0
C := 1 wenn Überlauf aus Bit 15

z. B.		
EDH	ADC HL,DE	HL := HL + DE + CFl
5AH		

Übung 4.11
Annahme: A:=0FH BC:=01B0H DE:=8010H

Es sollen die folgenden Additionen mit den 8stelligen Dualzahlen durchführt werden:

0FH + 01H + B0H + 80H + 10H + B0H

a) Schreiben Sie ein Programm, das diese Additionen durchführt. Führen Sie die Berechnungen im Akku durch, ohne Rücksicht darauf, daß das Ergebnis größer als 8 Bit wird.
b) Berechnen Sie das Ergebnis nach jeder Teiladddition.
c) Notieren Sie nach jeder Teiladdition den Zustand von CFl, SFl und ZFl.

Übung 4.12

In den Speicherzellen 0A00H...0A02H ist die Konstante K1 und in 0A03H...0A05H die Konstante K2 gespeichert.

Es soll berechnet werden: K1 + K2.

Das Ergebnis soll in den Speicherzellen 0A03H...0A05H stehen. Die niedersten Adressen enthalten immer das höchstwertige Byte. Verwenden Sie den Akku als Rechenregister.

a) Schreiben Sie das Programm in mnemonischer Form, ohne Berücksichtigung der Speicheradressen.
b) An welcher Stelle wäre bei vorzeichenbehafteten Zahlen das Vorzeichen zu finden?
c) Woran könnte man bei Zahlen ohne und mit Vorzeichen ein falsches Ergebnis feststellen?

4.3.6 Binäre Befehle (AND, OR, XOR, CP)

4.3.6.1 Aufbau und Arbeitsweise

Die meisten Mikroprozessoren können die gezeigten drei binären Operationen ausführen, die schon aus der Digitaltechnik bekannt sind. Die ebenfalls mögliche Vergleichsfunktion (Compare) wird in diesem Kapitel noch getrennt erläutert.

UND-Verknüpfung

$Z = A \wedge B$

A	B	Z
0	0	0
0	1	0
1	0	0
1	1	1

ODER-Verknüpfung

$Z = A \vee B$

A	B	Z
0	0	0
0	1	1
1	0	1
1	1	1

Antivalenz (EXOR)

$Z = A \not\leftrightarrow B$

A	B	Z
0	0	0
0	1	1
1	0	1
1	1	0

Im Mikroprozessor werden diese Grundverknüpfungen in der ALU mit 2 Operanden, *parallel an allen 8 Bitstellen*, durchgeführt. Das Ergebnis ist dann ebenfalls wieder eine 8 Bit lange Konstante, siehe Bild 4.23. Längere Konstanten müssen in mehreren Teilschritten verarbeitet werden.

Beim Vergleichsbefehl erfolgt eine Subtraktion von zwei 8 Bit langen Operanden, genau wie bei einem SUB-Befehl, mit dem einzigen Unterschied, daß das am Ausgang der ALU entstehende Ergebnis *nicht* in den Akku übernommen wird.

Bild 4.23
Logische Verknüpfungen

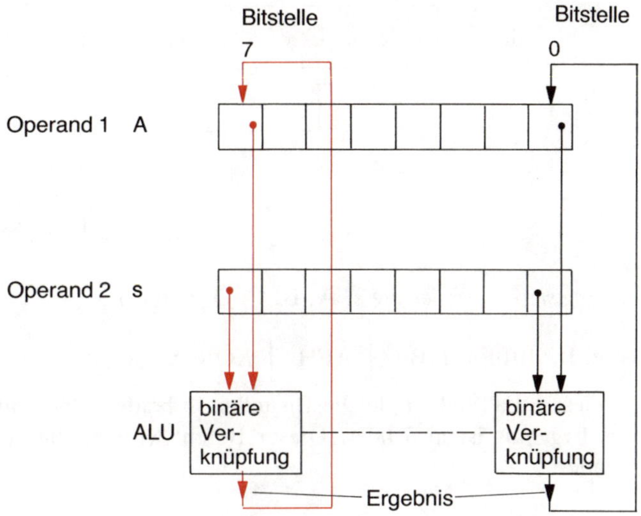

Beim Compare-Befehl werden lediglich alle Flags, genau wie beim Subtrahierbefehl, beeinflußt, die beiden Operanden jedoch bleiben unverändert.

Wie bei der Arithmetik mit 8-Bit-Operanden gilt, daß zu Beginn der Operation ein Operand im Akku stehen muß und das Ergebnis der Operation ebenfalls im Akku abgelegt ist (Ausnahme: Compare-Befehl). Damit ergibt sich auch wieder die verkürzte mnemonische Schreibweise.

Mnemonik

AND s	OR s	XOR s	CP s
UND-Verkn.	ODER-Verkn.	Exclusiv-Oder-V. Antivalenz	Compare Vergleich

s: 8-Bit-Quelle, als Angabe für den 2.Operanden

Wirkung			
$A := A \wedge s$	$A := A \vee s$	$A := A \longleftarrow\!\!|\!\!\longrightarrow s$	$A - s$

Der neue Inhalt des Akku ergibt sich aus dem alten Inhalt des Akku UND/ODER/EXOR-verknüpft mit dem Inhalt der Quelle s.
Beim Compare-Befehl erfolgt eine Subtraktion, wobei das Ergebnis nicht in den Akku zurückgeschaltet wird.

Format

Die Bitstellen 5,4,3 bestimmen, wie bei den arithmetischen Befehlen, die auszuführende Operation.

adr | x x c c c a a a | a a a : Adressierung des Operanden

c c c:

1 0 0 : AND
1 0 1 : XOR
1 1 0 : OR
1 1 1 : CP

□ *Register-Adressierung* s: A, B, C, D, E, H, L

z. B. 1010 1111B	AFH	XOR A

In diesem Fall haben gleiche Bitstellen in beiden Operanden immer denselben Wert, das Ergebnis ist also 00H. Dieser Befehl wird häufig zum Löschen des Akku verwendet.

□ *Immediate-Adressierung*

z. B. 1110 0110B 0101 1001B	E6H 59H	AND 59H	Der Akku wird UND-verknüpft mit der Konstante 59H

□ *Registerindirekte Adressierung* (nur mit HL als Adreßregister)

z. B. 1011 0110B	B6H	OR (HL)	Der Akku wird ODER-verknüpft mit dem Inhalt der durch HL adressierten Speicherzelle.

□ *Index-Offset-Adressierung* (mit IX oder IY als Adreßregister)

z. B. 1101 1101B 1011 1110B 0100 0111B	DDH BEH 47H	CP (IX+47H)	Vom Akku wird der Inhalt der Speicherzelle IX+47h subtrahiert, die Flags entsprechend gesetzt, jedoch das Ergebnis nicht in den Akku übernommen.

Flags für AND, OR, XOR

S := 1 wenn Bitstelle 7 (MSB) gleich 1 ist
Z := 1 wenn Ergebnis gleich 0 war
C := 0
P := 1 wenn die Anzahl der 1 im Ergebnis geradzahlig ist (Even Parity, gerade Parität)
H := 1
N := 0

Flags für CP (Vergleich)

Da der Vergleichsbefehl intern eine Subtraktion auslöst, werden die Flags auch entsprechend behandelt.

S := 1 wenn Bitstelle 7 (MSB) gleich 1 ist
Z := 1 wenn Ergebnis gleich 0 war
C := 1 wenn Ergebnis negativ war
V := 1 bei Übertrag von Bitstelle 6 nach 7, also bei Veränderung des Vorzeichenbit
H := 1 bei Übertrag von Bitstelle 4 auf 3
N := 1 da Subtraktion ausgeführt wurde

4.3.6.2 Anwendungen der binären Befehle

> Der UND-Befehl wird zum Löschen (Nullsetzen) beliebiger Bitstellen innerhalb eines 8-Bit-Datenwortes verwendet.

Beispiel

		7	6	5	4	3	2	1	0	
										—> Bitstelle
LD B,C1H	B:=	1	1	0	0	0	0	0	1	—> C1H
IN A,(20H)	A:=	x	x	x	x	x	x	x	x	—> x: 0 oder 1
AND B	-------	-	-	-	-	-	-	-	-	
	A:=	x	x	0	0	0	0	0	x	—> Ergebnis

Die Bitstellen 5…1 werden gelöscht, die anderen Bitstellen bleiben unverändert.

> Der ODER-Befehl wird zum Setzen beliebiger Bit-Stellen innerhalb eines 8-Bit-Datenwortes verwendet.

Beispiel

		7	6	5	4	3	2	1	0	
										—> Bitstelle
IN A,(20H)	A:=	x	x	x	x	x	x	x	x	—> x: 0 oder 1
OR 3CH	Konst.:=	0	0	1	1	1	1	0	0	—> Immed.-Adr.
	-------	-	-	-	-	-	-	-	-	
	A:=	x	x	1	1	1	1	x	x	—> Ergebnis

Die Bitstellen 5…2 werden gesetzt, die anderen bleiben unverändert.

Der Exclusiv-OR- oder Antivalenz-Befehl kann zum Invertieren beliebiger Bitstellen innerhalb eines 8-Bit-Datenwortes verwendet werden. Mit diesem Befehl könnte auch ein Vergleich von 2 Bytes durchgeführt werden. Die ungleichen Bitstellen sind dann im Akku mit 1 gekennzeichnet.

Beispiel

		7	6	5	4	3	2	1	0		
										⟶	Bitstelle
IN A,(20H)	A:=	1	0	0	0	1	1	1	1	⟶	angenommenes Beispiel
XOR C3H	Konst.:=	1	1	0	0	0	0	1	1		
	A:=	0	1	0	0	1	1	0	0	⟶	Ergebnis

Dieses Ergebnis kann nun je nach Bedarf verschieden interpretiert werden:

a) Im Akku sind – im Vergleich zum ursprünglichen Inhalt – die Bitstellen, wo die Konstante C3H gleich 1 ist, invertiert worden, also die Bitstellen 7, 6, 1, 0.

b) Im Akku sind diejenigen Bitstellen, wo Akku und Konstante ungleiche Werte aufweisen, auf 1 gesetzt, alle anderen Bitstellen sind 0.

In den vorangegangenen Beispielen wurde immer eine Konstante mit einem im Akku stehenden Operanden verknüpft. Man sagt auch häufig, man legt eine «Maske» oder eine «Schablone» über den Operanden.

Den Vorgang, Operanden mit einer bestimmten Bitkombination «Maske» zu verknüpfen, um damit gezielt Bitstellen zu löschen, setzen oder zu invertieren, nennt man «maskieren».

Der Vergleichsbefehl ist zwar von der Ausführung her ein arithmetischer Befehl, jedoch von seiner Wirkung – Prüfung, ob größer, kleiner oder gleich – paßt er besser zu den logischen Befehlen. Dabei können folgende drei Fälle unterschieden werden:

	$A - s > 0$	$A - s = 0$	$A - s < 0$
bzw.	$A > s$	$A = s$	$A < s$
Zero Flag	0	1	0
Carry Flag	0	0	1

Erfolgt innerhalb eines Programms eine

Abfrage auf:	muß geprüft werden, ob:		
A > s	ZFl = 0	UND	CFl = 0
A ≥ s	–		CFl = 0
A = s	ZFl = 1		–
A ≤ s	ZFl = 1	ODER	CFl = 1
A < s	–		CFl = 1

Übung 4.13
Schreiben Sie ein Programm mit folgenden Eigenschaften:

- □ Einlesen eines Byte von einem E/A-Baustein mit der Portadresse 20H.
- □ Die Bitstellen 7, 6, 5 sollen gelöscht werden.
- □ Die Bitstellen 4, 3 sollen gesetzt werden.
- □ Die Bitstellen 2, 1, 0 sollen invertiert werden.
- □ Ausgabe des Ergebnisses über Portadresse 40H.

4.3.7 Rotier- und Shiftbefehle (RR, RL, RRC, RLC, RRD, RLD, SRA, SLA, SRL, RRA, RLA, RRCA, RLCA)

Mit diesen Befehlen können 8-Bit-Register und Speicherzellen wie ein Schieberegister verwendet werden. Die Operation selbst wird natürlich in der ALU der CPU ausgeführt, eventuell notwendige Datentransporte zur ALU werden vom Steuerwerk automatisch ausgeführt.

Bei Schieberegistern kann der Inhalt einer jeden Bitstelle entweder in das benachbarte linke oder in das benachbarte rechte Flipflop geschaltet werden, ähnlich wie bei einem getakteten Fließband, siehe Bild 4.24.

> Bei Rotierbefehlen (rotate) werden vorderes und hinteres Ende des Schieberegisters zusammengeschaltet, so daß ein geschlossener Ring entsteht.

Bild 4.24
Rotier- und Schiebebefehle

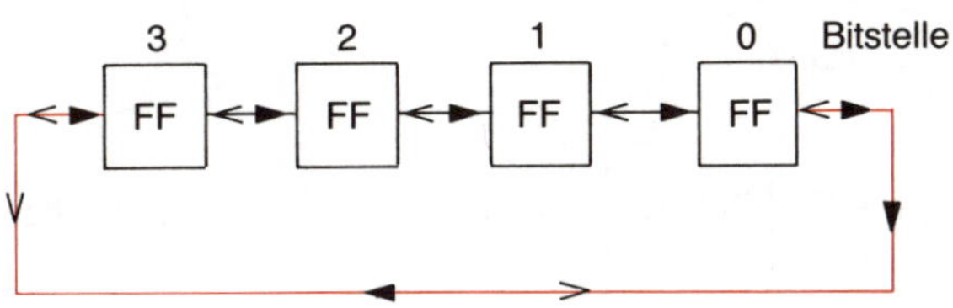

< Linksschieben
► Rechtsschieben

FF: Flipflop

——— nur bei Rotierbef. durchgeschaltet

Nach n Verschiebungen, wobei n die Länge des Schieberegisters darstellt, steht die Information wieder in der ursprünglichen Anordnung im Schieberegister, es geht also keine Information verloren, siehe Bild 4.24.

> Bei den Shift-Befehlen ist der Ring nicht geschlossen, so daß bei jedem Schieben die Information einer Bitstelle verlorengeht. In die frei werdenden unteren Stellen werden, je nach Befehl, 0 oder 1 nachgeschoben.

Schiebebefehle sind nur mit 8-Bit-Operanden ausführbar. Zunächst werden Mnemonik und Wirkung der einzelnen Befehle besprochen, die Adressierungsarten und das Befehlsformat werden dann zusammenhängend erklärt, da sie für fast alle Befehle gleich sind.

4.3.7.1 Rotierbefehle (RR, RL, RRC, RLC, RRD, RLD)

Mnemonik

RL s
rotate left in s

RR s
rotate right in s

s: Quelle 8-Bit-CPU-Register oder Speicherzelle, enthält nach Befehlsausführung das Ergebnis.

Wirkung

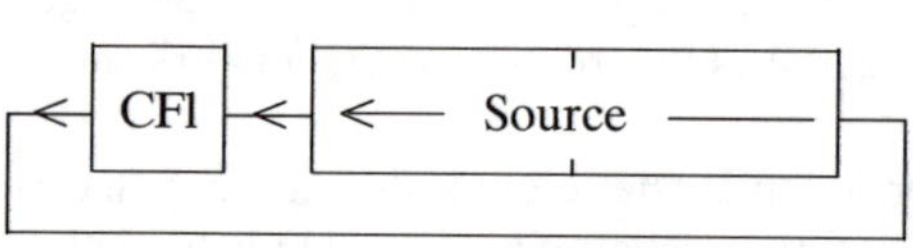

Der Inhalt von Bit 7 wandert ins CFl, der Inhalt des CFl wandert in Bitstelle 0, alle anderen Inhalte werden um 1 Stelle nach links verschoben.

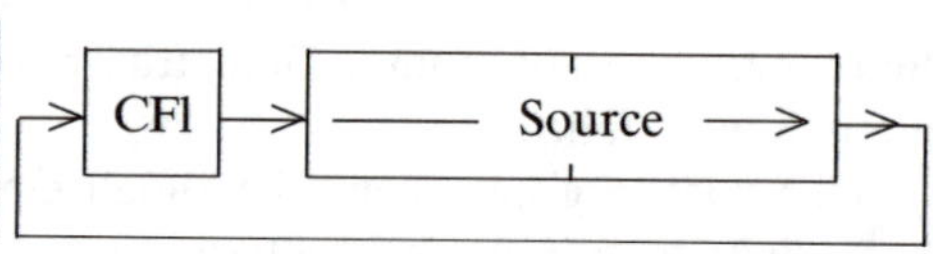

Der Inhalt von Bit 0 wandert ins CFl, der Inhalt des CFl wandert in Bitstelle 7, alle anderen Inhalte werden um 1 Stelle nach rechts verschoben.

Bei diesen Befehlen ist das Carry Flag in den Ring einbezogen, so daß eigentlich ein 9 Bit langes Schieberegister entsteht. Es wird um 1 Stelle geschoben.

Beispiel

				CFl	Reg. B
CBH 10H	RL B –	rotate left B	B-Reg. vorher	1	0 1 1 0 1 0 0 0
			B-Reg. nachher	0	1 1 0 1 0 0 0 1

Mnemonik

RLC s rotate left into carry	RRC s rotate right into carry

s: 8-Bit-CPU-Register oder Speicherzelle

Wirkung

Es wird um 1 Stelle geschoben, wobei das Carry Flag nicht in den Ring einbezogen ist, es wird jedoch immer mit dem «überlaufenden» Bit aus Bitstelle 7 (bei RLC) oder aus Bitstelle 0 (bei RRC) geladen.

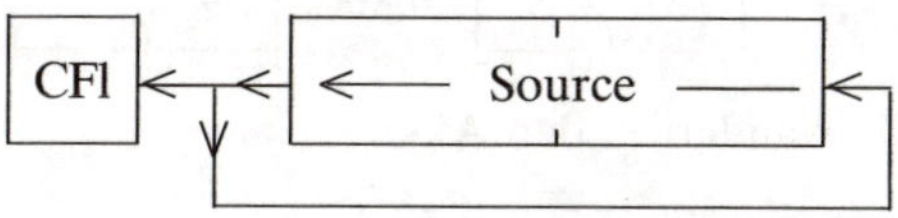

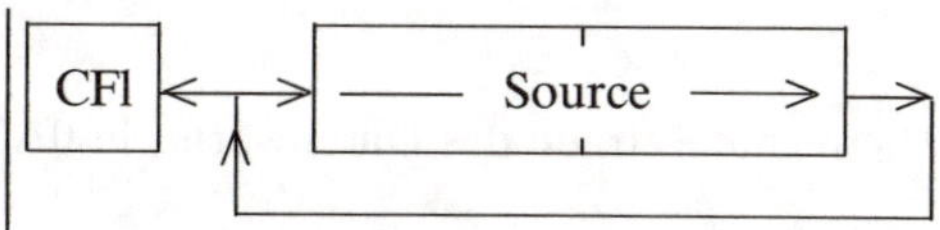

Beispiel

CBH 0 8H	RRC B –	B-Reg. vorher	1	0 1 1 0 1 0 0 0
		B-Reg. nachher	0	0 0 1 1 0 1 0 0

Mnemonik

RLD (HL) rotate left digit	RRD (HL) rotate right digit

Wirkung

Dies sind Rotierbefehle über 12 Stellen, wo bei jeder Befehlsausführung über 4 Stellen, also eine Tetrade, geschoben wird. Ein solcher Befehl ist nützlich bei der Verarbeitung von BCD-Zahlen.

Es ist immer die rechte Hälfte des Akku und eine durch HL adresssierte Speicherzelle beteiligt, andere Adressierungsmöglichkeiten bestehen bei diesem Befehl nicht. Die linke Hälfte des Akku bleibt unverändert.

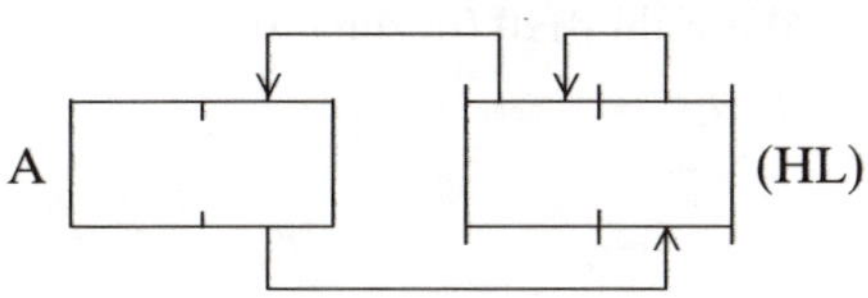

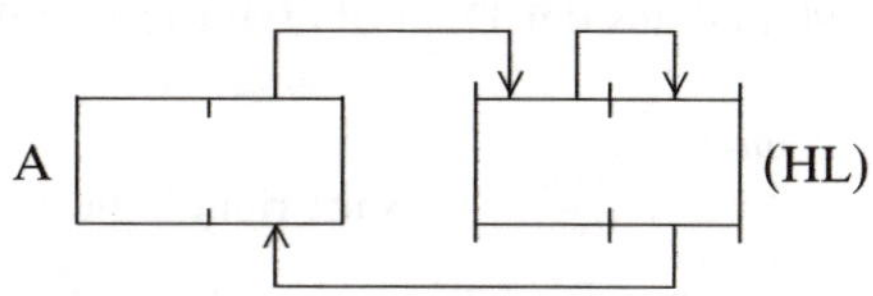

Beispiel

Es wird angenommen, daß HL mit 0A00H, der Akku mit 39H und die durch HL adressierte Speicherzelle mit 5BH geladen sind. Bei dreimaliger Anwendung von RLD (HL) ergeben sich folgende Verschiebungen:

ursprünglicher Zustand

A	3	9	0A00	5	B

nach Ausf. von RLD (HL)

A	3	5	0A00	B	9

Die linke Tetrade des Datenwortes in 0A00H wandert in den Akku.

nach Ausf. von RLD (HL)

A	3	B	0A00	9	5

Die rechte Tetrade des Datenwortes in 0A00H wandert in den Akku.

nach Ausf. von RLD (HL)

A	3	9	0A00	5	B

Der ursprüngliche Zustand in Akku und Speicherzelle 0A00H ist wiederhergestellt.

4.3.7.2 Schiebebefehle (SRA, SLA, SRL)

Mnemonik

SLA s Shift left arithmetical

s: 8-Bit-CPU-Register oder Speicherzelle

Wirkung

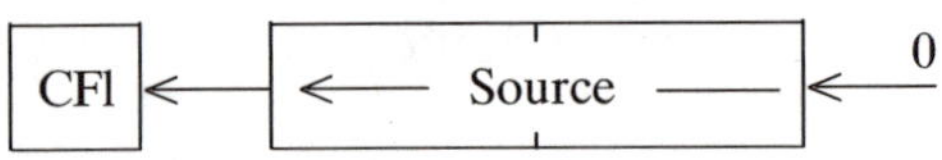

Die Information der Quelle wird jeweils um 1 Stelle nach links geschoben, der Inhalt von Bitstelle 7 wandert in das Carry Flag, in Bitstelle 0 wird bei jeder Befehlsausführung eine 0 nachgeschoben.

Ist der Inhalt der Quelle eine Dualzahl, so kann jeder Linksshift als eine Multiplikation mit 2 aufgefaßt werden, genauso wie im Dezimalsystem ein «Linksshift» einer Multiplikation mit 10 entspricht, z. B. wird aus der Zahl 129 nach Linksshift die Zahl 1290 und aus der Dualzahl 0011 (dezimal 3) wird die Zahl 0110 (dezimal 6).

Mnemonik

SRL s Shift right logical

s: 8-Bit-CPU-Register oder Speicherzelle

Wirkung

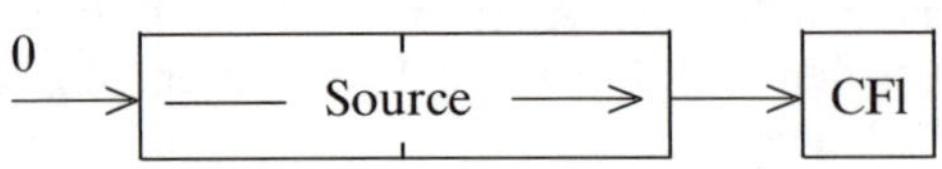

Jede Bitstelle der Quelle wird um 1 Stelle nach rechts geschoben, der Inhalt der Bitstelle 0 wandert in das Carry Flag, in Bitstelle 7 wird dann jeweils eine 0 nachgeschoben.

Mnemonik

SRA s Shift right arithmetical

s: 8-Bit-CPU-Register oder Speicherzelle

Wirkung

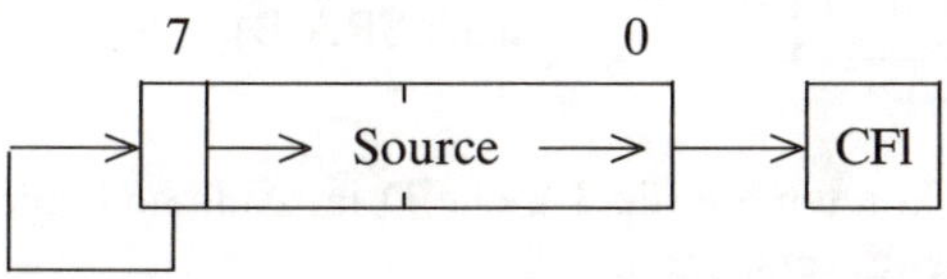

Die Information der Quelle wird um 1 Stelle nach rechts geschoben, der Inhalt der Bitstelle 0 wandert in das Carry Flag. Die Besonderheit dieses Befehles ist, daß der Inhalt der Bitstelle 7, wie bei allen anderen Rechts-Schiebebefehlen, um 1 Stelle nach rechts wandert, der Inhalt der Bitstelle 7 jedoch unverändert bleibt.

Dieser Befehl wird benötigt, wenn mit positiven und negativen Zahlen gearbeitet wird. In diesem Falle enthält die Bitstelle 7 das Vorzeichen.

Der Rechtsshift kann als Division durch 2 aufgefaßt werden, und bei Verwendung von SRA s funktioniert das sowohl bei positiven als auch bei negativen Zahlen.

Beispiel: Schieben einer positiven Zahl im B-Register

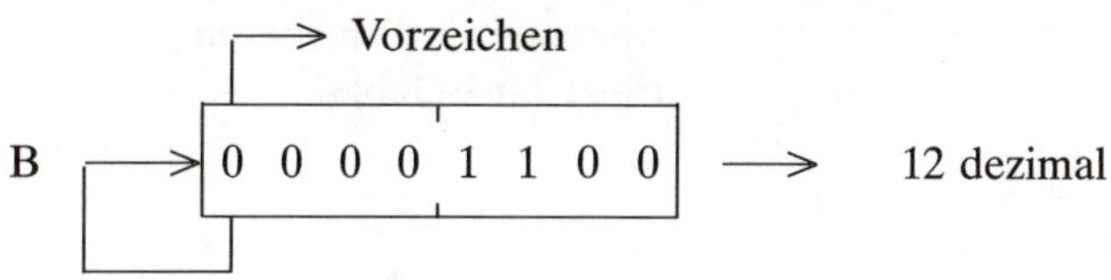

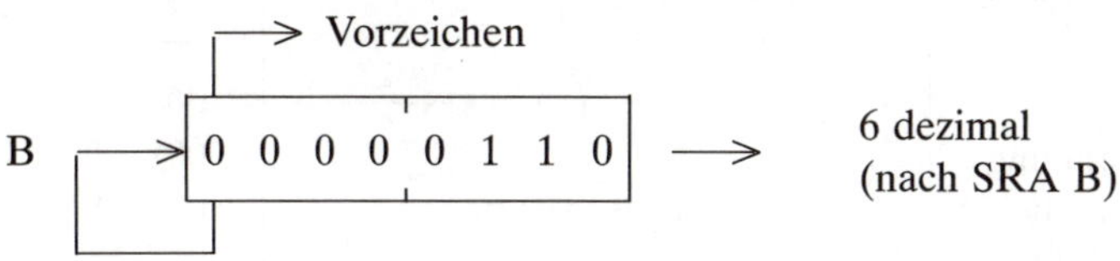

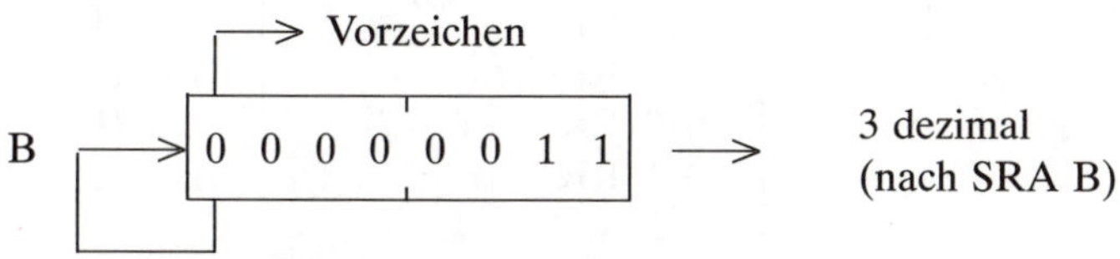

Beispiel: Schieben einer negativen Zahl im B-Register

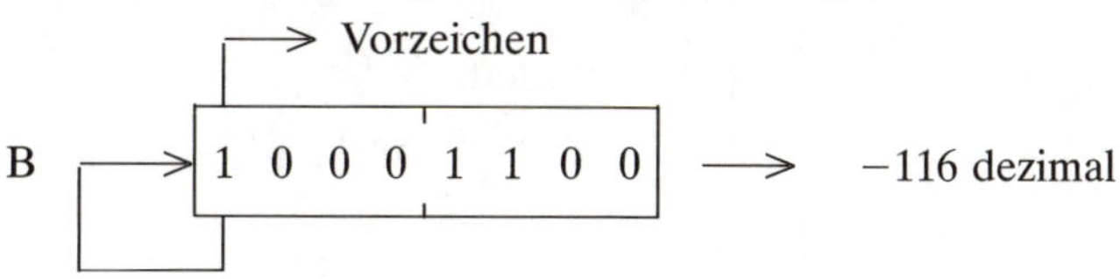

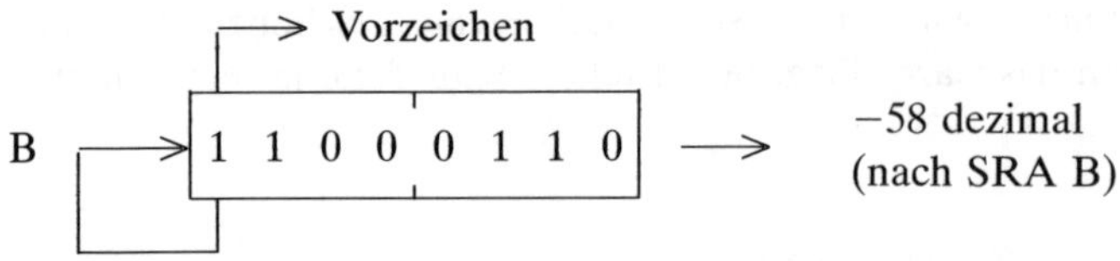

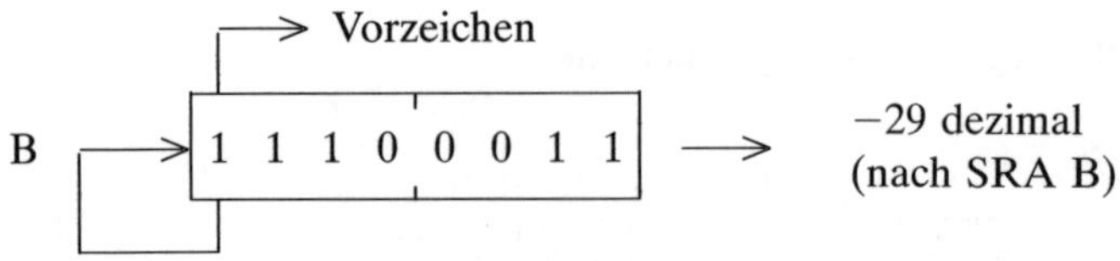

Um das Ergebnis zu überprüfen, können Sie die Tabelle D im Anhang benutzen oder es mit Hilfe des Zweierkomplements versuchen.

4.3.7.3 Format für RR, RL, RRC, RLC, SRA, SLA, SRL

Möglich sind

- ☐ Register-Adressierung
- ☐ Registerindirekte Adressierung (HL als Adreßregister)
- ☐ Index-Offset-Adressierung (mit IX oder IY)

Das Format für Register-Adressierung und registerindirekte Adressierung setzt sich wie folgt zusammen:

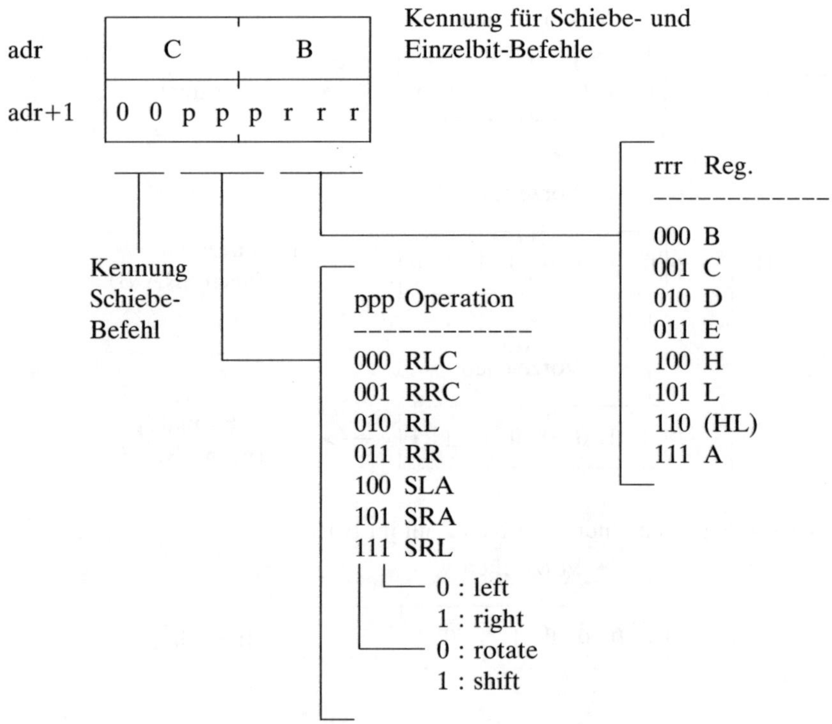

Beispiele

1100 1011B 0010 0010B	CBH 22H	SLA D –	schiebe um 1 Stelle nach links, arithmetisch, den Inhalt von Register D
1100 1011B 0000 1100B	CBH 0CH	RRC H –	rotiere 1 Stelle nach rechts in das Carry Flag den Inhalt von Register H
1100 1011B 0001 0110B	CBH 16H	RL (HL) –	rotiere nach links (unter Einbeziehung des Carry Flags) den Inhalt der durch HL adressierten Speicherzelle

Das Busprotokoll zeigt, daß der Befehl RL (HL) im Rechenwerk der CPU ausgeführt wird. Er benötigt also 4 Maschinenzyklen, siehe auch Befehlsliste im Anhang. (Annahmen: HL:= 0A72H, (0A72H):= 56H, CFl:= 0)

$\overline{M1}$	$\overline{MREQ}$	$\overline{IORQ}$	$\overline{RD}$	$\overline{WR}$	ADRESS-BUS	DATEN-BUS	KOMMENTAR
*	*		*		0900	CB	OP-Code lesen 1. Teil
*	*		*		0901	16	OP-Code lesen 2. Teil
	*		*		0A72	56	Der Inhalt der durch HL adressierten Speicherzelle wird in das Rechenwerk geladen
	*			*	0A72	AC	Rückspeichern des geschobenen Inhalts

Das Format bei *Index-Offset-Adressierung* ist wieder etwas komplizierter:

adr	DD bzw. FD	Kennung für IX bzw. IY
adr+1	C B	Kennung Schiebe- bzw. Einzelbit-Befehl
adr+2	⟵ Distanz ⟶	Versatz zu der in IX bzw. IY angegebenen Adresse
adr+3	OP-Code	gleich dem bei registerindirekter Adressierung verwendeten OP-Code

Der Operand und anschließend das Ergebnis befinden sich in der durch IX+e bzw. IY+e adressierten Speicherzelle.

Beispiel

FDH	RL (IY-20H)	Der Inhalt der durch IY+E0H adressierten
CBH	–	Speicherzelle wird logisch rechts geschoben
E0H	–	E0H ist die Zweierkomplementdarstellung von –20H
16H	–	OP-Code für RL (HL), (siehe voriges Beispiel)

Flags *für RR, RL, RRC, RLC, SRA, SLA, SRL*

S:= 1 wenn höchstwertige Bitstelle (MSB) gleich 1
Z:= 1 wenn alle 8 Bitstellen der Ergebnisses gleich 0
H:= 0
P:= 1 wenn Parität gerade ist, Even Parity
N:= 0
C enthält nach Linksschieben den Inhalt von Bitstelle 7 und nach Rechtsschieben den Inhalt von Bitstelle 0

4.3.7.4 Format für RLD, RRD

adr	E	D	RRD (HL)
adr+1	6	7	

adr	E	D	RLD (HL)
adr+1	6	F	

Es ist nur registerindirekte Adressierung mit HL als Adreßregister möglich.

Flags Das Carry Flag wird nicht beeinflußt. Die übrigen Flags werden beeinflußt entsprechend dem Zustand des *Akku*.

4.3.7.5 Format für RRA, RLA, RRCA, RLCA

Diese Befehle stammen noch aus der 8080/85-Programmierung, wo Schiebebefehle nur mit im Akku stehenden Operanden ausgeführt werden konnten. Der Befehlscode ist nur 1 Byte lang:

1FH	RRA	entspricht dem Befehl	CBH 1FH	RR A –
17H	RLA	entspricht dem Befehl	CBH 17H	RL A –
0FH	RRCA	entspricht dem Befehl	CBH 0FH	RRC A –
07H	RLCA	entspricht dem Befehl	CBH 07H	RLC A –

Flags Es ist zu beachten, daß bei diesen 4 Befehlen *nur das Carry Flag* beeinflußt wird.

4.3.7.6 Schieben von längeren Operanden

In diesem Falle muß das Carry Flag sozusagen die Rolle eines Zwischenträgers bei den einzelnen Bytes übernehmen, Bild 4.25 zeigt einen Linksshift über 2 Bytes im BC-Register.

Bild 4.25
Schieben über 2 Byte

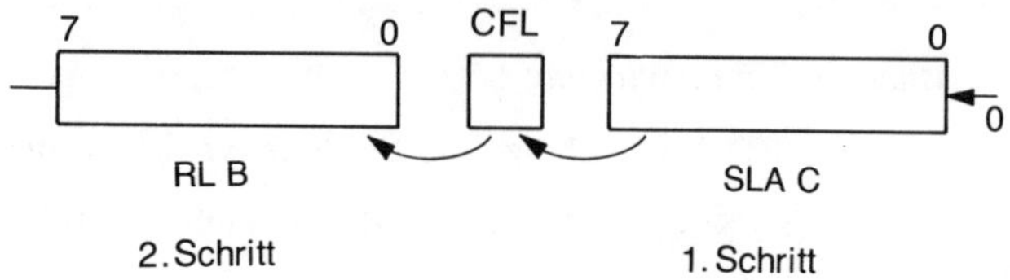

Beispiel
Ein in BC enthaltener 16-Bit-Operand soll mit 4 multipliziert werden.

MARKE	ADR-HEX	OP-CODE HEX	OP-CODE MNEMONISCH	KOMMENTAR
	0900	CB	SLA C	Linksshift mit Nachziehen einer 0
	0901	21	–	in Bitstelle 0
	0902	CB	RL B	Der Rotierbefehl übernimmt den
	0903	10	–	Inhalt des Carry Flag in die Bitstelle 0
	0904	CB	SLA C	Nochmalige Multiplikation mit 2
	0905	21	–	
	0906	CB	RL B	
	0907	10	–	

Die 2 höchstwertigen Stellen des 16-Bit-Operanden gehen dabei verloren, es muß also durch entsprechende Länge des Operanden dafür gesorgt werden, daß der Zahlenbereich nicht überschritten wird.

Übung 4.14
In den Speicherzellen 0B00H bis 0B03H steht eine 32 Bit lange Dualzahl, die durch 2 dividiert werden soll. 0B00H enthält das höchstwertige und 0B03H das niederwertigste Byte. Das Ergebnis soll in gleicher Anordnung in den gleichen Speicherzellen stehen.

4.3.7.7 Nicht in der Befehlsliste enthaltene Schiebebefehle

Wenn man sich die Systematik der OP-Codes für Schiebebefehle anschaut, wird man feststellen, daß alle OP-Codes von CB 00 bis CB 2F und von CB 38 bis CB 3F in der Befehlsliste verwendet werden. Es bleibt eine Lücke von CB 30 bis CB 37. Auch bei den OP-Codes taucht die Kombination ppp:= 110 nicht auf. Diese OP-Codes werden jedoch von der Z80-CPU ebenfalls ausgeführt, und zwar bewirken sie einen Linksshift, genau wie der Befehl SLA s, es wird aber keine 0, sondern eine 1 in die Bitstelle 0 nachgeschoben.

4.3.8 Einzelbit-Befehle (SET, RES, BIT)

Bei dieser für Steuerungsaufgaben sehr nützlichen Befehlsgruppe sind 3 verschiedene Operationen möglich:

Mnemonik und Wirkung

SET b,s	Setze die Bitstelle Nr. b der ausgwählten Quelle s auf 1
RES b,s	Rücksetze die Bitstelle Nr. b der ausgewählten Quelle s auf 0
BIT b,s	Teste die Bitstelle Nr. b der ausgewählten Quelle s, dabei gilt: getestete Bitstelle = 0 ⟶ ZFl: = 1 getestete Bitstelle = 1 ⟶ ZFl: = 0 Die getestete Bitstelle selbst wird dabei nicht verändert.

Die Bitstellen b im Operanden sind wie folgt festgelegt:

7	6	5	4	3	2	1	0
MSB							LSB

Format Möglich sind

- □ Register-Adressierung
- □ Registerindirekte Adressierung (HL als Adreßregister)
- □ Index-Offset-Adressierung (mit IX oder IY)

Das Format für Register-Adressierung und registerindirekte Adressierung setzt sich wie folgt zusammen:

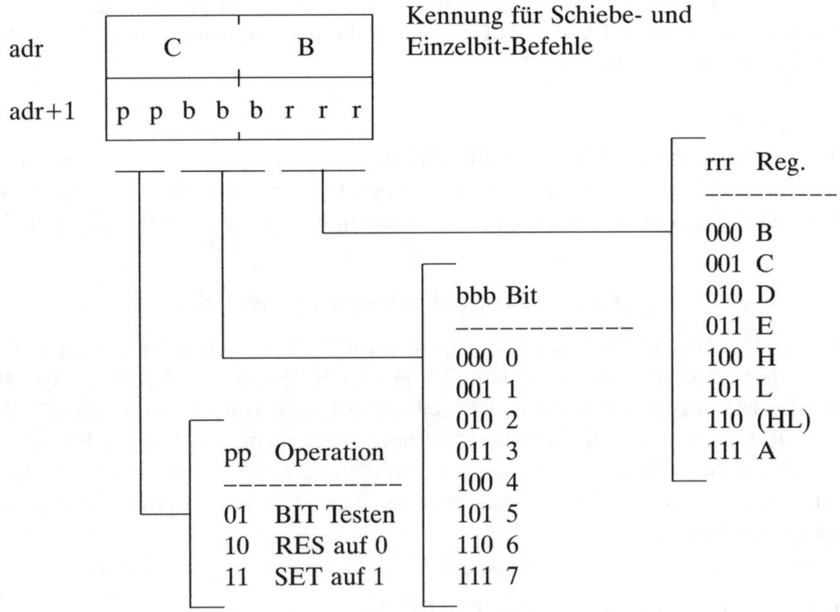

Das Format bei *Index-Offset-Adressierung* ist wieder etwas komplizierter:

adr	DD bzw. FD	Kennung für IX bzw. IY
adr+1	C B	Kennung Schiebe- bzw. Einzelbitbefehl
adr+2	⟵ Distanz ⟶	Versatz zu der in IX bzw. IY angegebenen Adresse
adr+3	OP-Code	gleich dem bei registerindirekter Adressierung verwendeten OP-Code

Flags

RES-Operation:	keine Beeinflussung der Flags		
SET-Operation:	keine Beeinflussung der Flags		
BIT-Operation:	S		unbestimmt
	Z	:= 1	wenn angegebene Bitstelle gleich 0 ist
	H	:= 1	
	P/V:		unbestimmt
	N	:= 0	
	C		unverändert

Beispiele

CBH	SET 0,D	*Setze* Bitstelle 0 im Register D *auf 1*
C2H	–	

Es ist zu beachten, daß die 0 im mnemonischen Code «Bitstelle 0» bedeutet und nicht «setze auf 0»!

CBH	RES 1,(HL)	*Rücksetze* Bitstelle 1 in der durch HL
8EH		adressierten Speicherzelle *auf 0*
DDH	Bit 5,(IX+30H)	Mit der Annahme, daß IX die Konstante
CBH	–	0A20H enthält, bewirkt der Befehl, daß die
30H	–	Bitstelle 5 in der Speicherzelle 0A50H getestet
6EH	–	wird.
	–	Enthält Bitstelle 5 eine 0, dann ZFl:= 1
	–	Enthält Bitstelle 5 eine 1, dann ZFl:= 0

Auch diese Operationen müssen in der ALU der CPU durchgeführt werden, so daß außer dem Lesen des Befehlscodes noch weitere Maschinenzyklen gebraucht werden:

Bei SET und RES:	zum Laden und zum Rückspeichern des Operanden
Bei BIT:	zum Laden des Operanden

Die Verwendung der Einzelbit-Befehle ergibt übersichtliche Programme, sollen jedoch innerhalb eines Operanden mehrere Bitstellen bearbeitet werden, so empfiehlt sich trotzdem die Verwendung der logischen Befehle OR (Setzen von Bitstellen), AND (Löschen von Bitstellen) und CP (Testen von Bitstellen).

Übung 4.15
Schreiben Sie ein Programm mit folgender Funktion:

Bitstelle 4 im D-Register auf 1 setzen
Bitstelle 2 in der durch HL adressierten Speicherzelle löschen
Bitstelle 7 im Akku testen

Notieren Sie für jeden Befehl, wie viele Maschinen- und Taktzyklen benötigt werden, und berechnen Sie die Laufzeit des Programmes bei einer Taktfrequenz von 2 MHz.

4.4 Programmverzweigungen

4.4.1 Verwendung von Verzweigungsbefehlen

Es gibt ganz sicher kein in der Praxis verwendetes Programm, das ohne Programmverzweigungen, d. h. ohne Sprungbefehle, auskommen könnte. Diese Verzweigungsbefehle ermöglichen:

- □ die Wiederholung einzelner Programmteile (*Schleifen*),
- □ die wahlweise Abarbeitung verschiedener Programmteile (*Entscheidungen*),
- □ die Untergliederung längerer Aufgaben in Teilprogramme (*Unterprogramme*), was die Übersichtlichkeit und damit die später notwendige Programmpflege entscheidend verbessern kann.

Zur Gruppe der Verzweigungsbefehle zählen:

- □ die *Sprungbefehle* im engeren Sinne (JUMP)
- □ *Unterprogrammaufrufe* (CALL);
  Rücksprünge aus dem Unterprogramm (RETURN) *Restart-Befehle* (RST)

Das gemeinsame Prinzip all dieser Verzweigungsbefehle ist zwar recht einfach, aber ihre sinnvolle Anwendung innerhalb von größeren Programmen muß gut durchdacht sein, da sonst während des Programmablaufs Fehler auftreten, die nur sehr schwer zu beheben sind.

> Jeder Verzweigungsbefehl enthält im Operandenteil, auf irgendeine Art verschlüsselt, eine Adresse, die sogenannte *«Sprungzieladresse»*, oder kurz das «Sprungziel».

Die verschiedenen Möglichkeiten, wie dieses Sprungziel angegeben werden kann (die Adressierungsart), sind vom verwendeten Prozessortyp abhängig, die Wirkung ist letztendlich aber immer gleich:

> Bei der Ausführung eines Verzweigungsbefehls wird die in dem Befehl irgendwie enthaltene Sprungzieladresse in den Programmzähler (PC) der CPU geladen. Das Steuerwerk setzt dann die Programmabarbeitung ab dieser Adresse fort.

Bild 4.26
Programm mit Sprungbefehlen

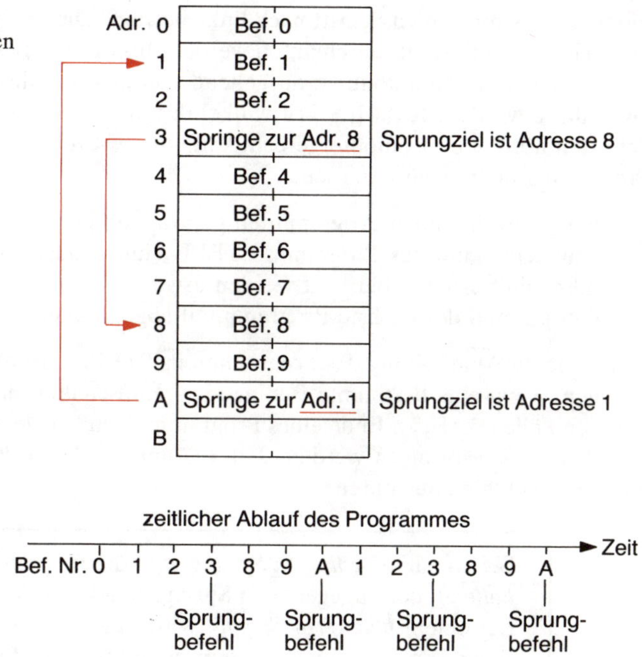

Bei falscher Angabe eines Sprungzieles kann die Abarbeitung völlig durcheinander geraten, das Programm «stürzt ab». Falls es in einem RAM abgespeichert war, kann es verändert bzw. teilweise überschrieben werden.

Der prinzipielle Ablauf eines Programms, das Verzweigungsbefehle enthält, ist in Bild 4.26 dargestellt. Der Einfachheit halber ist angenommen, daß jeder Befehl nur 1 Speicherzelle belegt. Nach Programmstart ergibt sich dann die gezeigte Reihenfolge bei der Programmabarbeitung.

> Die Sprungzieladresse kann größer (Vorwärtssprung) oder kleiner (Rückwärtssprung) sein als die Adresse, in der der Verzweigungsbefehl steht.

4.4.2 Bedingte und unbedingte Verzweigungsbefehle

Der Ablauf des Programms in Bild 4.26 wäre starr vorgegeben, er könnte nur durch Auswechseln von Befehlen, also durch Programmänderung, variiert werden. Ein Computer, d. h. natürlich das ablaufende Programm, muß aber auf verschiedene Bedingungen durch Abarbeitung verschiedener Programmteile reagieren können, z. B. bei Tastatureingaben, bei der Überprüfung von Endschaltern in einer Steuerung, beim Auftreten eines Überlaufes nach arithmetischen Operationen usw.

Soll z. B. bei einem mit Schrittmotoren ausgerüsteten Plotter der linke Rand der X-Achse angefahren werden, so muß ein Programm ablaufen, das den an die X-Achse montierten Motor einen Schritt nach links bewegt. Dieser Programmteil – wir nennen ihn STEPL – muß so oft durchlaufen werden, bis der Laufwagen den linken Endschalter betätigt. Erst dann können, ausgehend von dieser Nullstellung, andere Positionen angefahren werden. Je nach Schrittwinkel des Motors können dazu Zehntausende von Schritten nötig sein. Computergerecht kann dieses Problem nur mit einer sogenannten Programmschleife gelöst werden:

- □ Zuerst wird in einem Programmteil geprüft, ob der Endschalter betätigt ist:
- □ wenn nein, muß das Programm STEPL einmal ausgeführt und anschließend der Endschalter erneut überprüft werden usw.;
- □ wenn ja, muß der nächste Programmteil abgearbeitet werden.

Eine erneute Abarbeitung des Programmteils STEPL darf also offensichtlich nur dann erfolgen, wenn eine bestimmte Bedingung – Endschalter nicht betätigt – erfüllt ist. In anderen Fällen, z. B. an Ende eines Programms, muß vielleicht immer zum Programmanfang zurückgesprungen werden. Jeder Computer kann daher zwei Arten von Verzweigungsbefehlen ausführen:

> Bei einem *unbedingten Sprung* wird die Programmabarbeitung *in jedem Falle* an der angegebenen Sprungzieladresse fortgesetzt.
> Bei einem *bedingten Sprung* wird nur dann zur angegebenen Sprungzieladresse gesprungen, wenn die im Spungbefehl angegebene Sprungbedingung erfüllt ist.
> Ist die angegebene Spungbedingung *nicht* erfüllt, so wird die Programmabarbeitung mit dem nächsten, auf den Verzweigungsbefehl folgenden Befehl fortgesetzt.

Diesen Ablauf zeigt Bild 4.27. Welche Größen können nun aber konkret als Sprungbedingung verwendet werden? Es gibt keinen Maschinenbefehl, der lautet «Springe, wenn Endschalter betätigt» oder «Springe, wenn Bit 5 im Akku gleich 0».

> Bei bedingten Verzweigungsbefehlen kann als Sprungbedingung nur der Zustand eines einzelnen Flags verwendet werden.

Beim Z80 sind das vorzugsweise das Carry Flag und das Zero Flag, bei manchen Befehlen kann auch der Zustand des P/V- oder des S-Flags abgefragt werden, d. h., jede Bedingung, und sei sie auch noch so kompliziert, muß durch ein Programm so bearbeitet werden, daß sie letztlich auf die Prüfung eines oder mehrerer Flags reduziert wird.

> Die bedingten Verzweigungsbefehle selbst verändern die Flags jedoch nicht.

Im Beispiel mit dem Plotter könnte das aussehen wie in Bild 4.28.

Bild 4.27
Ablauf bei erfüllter und nicht erfüllter Sprungbedingung

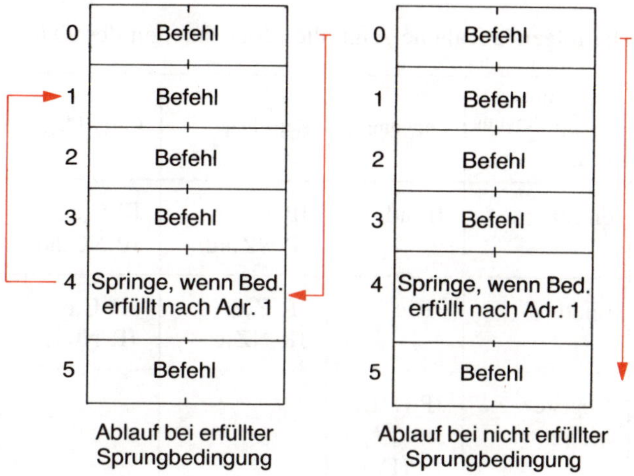

Bild 4.28
Hardware zur Abfrage von Schaltern

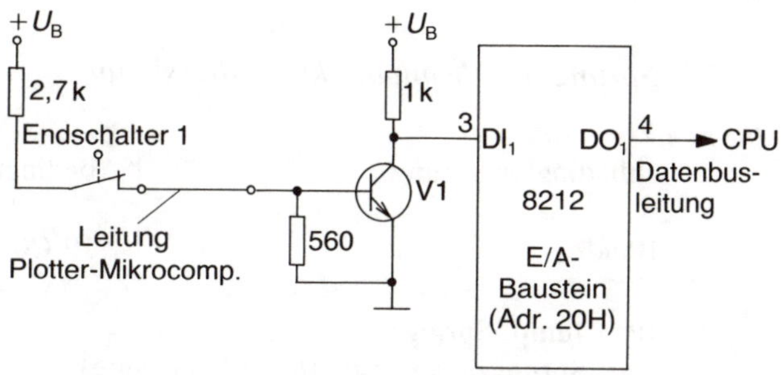

Bei nicht betätigtem Endschalter ist V1 leitend, also LOW am Dateneingang DI_1. Bei betätigtem Endschalter oder unterbrochener Leitung oder Masseschluß der Zuleitung erscheint HIGH an diesem Eingang. Der folgende Programmteil prüft nun diese Leitung:

IN A,(20H):	Status der Endschalter lesen
BIT 0,A:	Endschalter 1 testen
	Bitstelle 0 := 0: Endschalter nicht betätigt
	Bitstelle 0 := 1: Endschalter ist betätigt
JP Z,STEPL:	Springe, wenn 0 zum Programmteil STEPL (jump if zero)

Die Mnemonik dieser Verzweigungsbefehle, also der Sprung- und Unterprogrammbefehle, soll nun noch genauer erklärt werden.

4.4.3 Sprungbefehle im engeren Sinne (JP, JR, DJNZ)

Im wesentlichen sind zwei Punkte zu klären:

- ☐ Wie kann bei bedingten Sprüngen die Sprungbedingung angegeben werden?
- ☐ Welche Möglichkeiten gibt es, die Sprungzieladresse anzugeben? (Adressierung)

Die folgende Tabelle zeigt alle Möglichkeiten des Z80.

Sprungbedingung / Adressierung	unbedingt	Zero Flag	Carry Flag	P/V-Flag	S-Flag
direkt	JP adr	JP Z,adr JP NZ,adr	JP C,adr JP NC,adr	JP PE,adr JP PO,adr	JP M,adr JP P,adr
rclativ	JR e	JR Z,e JR NZ,e	JR C,c JR NC,e		
Register-indirekt	JP (HL) JP (IX) JP (IY)				

4.4.3.1 Sprungbefehle mit direkter Adressierung

Mnemonik

unbedingter Sprung	bedingter Sprung
JP adr	JP CC,adr

JP: Jump, Springe
adr: Sprungzieladresse (16-Bit-Konstante)
CC: Condition (Sprungbedingung)

Format

	unbedingt			bedingt
adr	C 3	OP-Code	adr	1 1 c c c 0 1 0
adr+1	SPRAD Rechte H.	Sprungziel-adresse	adr+1	SPRAD Rechte H.
adr+2	SPRAD Linke H.		adr+2	SPRAD Linke H.

ccc: Condition Code (Sprungbedingung)
SPRAD: Sprungzieladresse

Wirkung

Die direkt nach dem OP-Code folgende 16-Bit-Konstante (Sprungzieladresse) wird in den PC der CPU geladen.

Wenn die in CC genannte Bedingung erfüllt ist, wird die Sprungzieladresse in den PC geladen, sonst wird der PC um 1 erhöht und mit dem auf den Sprungbefehl folgenden Befehl fortgefahren.

Als Sprungbedingung kann nur der Zustand bestimmter Flags abgefragt werden, wie die folgende Tabelle zeigt.

Flag	ccc	mnemonisch	Bedeutung
Zero	000	JP NZ,adr	Springe, wenn Ergebnis <> 0 nach adr (ZFl := 0)
Zero	001	JP Z,adr	Springe, wenn Ergebnis = 0 nach adr (ZFl := 1)
Carry	010	JP NC,adr	Springe, wenn Übertrag = 0 nach adr (CFl := 0)
Carry	011	JP C,adr	Springe, wenn Übertrag = 1 nach adr (CFl := 1)
P/V	100	JP PO,adr	Springe, wenn ungerade Parität nach adr (P/V := 0)
P/V	101	JP PE,adr	Springe, wenn gerade Parität nach adr (P/V := 1)
Sign	110	JP P,adr	Springe, wenn Ergebnis plus nach adr (SFl := 0)
Sign	111	JP M,adr	Springe, wenn Ergebnis minus nach adr (SFl := 1)

Jeder Befehl kann immer nur ein Flag auf einen bestimmten Zustand hin überprüfen, wobei es gleichgültig ist, durch welche Operation vorher das Flag beeinflußt wurde.

Das Half Carry Flag und das N-Flag können nicht als Sprungbedingung verwendet werden.

Flags keine Beeinflussung

4.4.3.2 Sprungbefehle mit relativer Adressierung

Diese Adressierungsart wird beim Z80 nur für Sprungbefehle verwendet.

Mnemonik

unbedingt	bedingt
JR e	JR CC,e

JR: Jump relative
CC: Condition (Sprungbedingung), nur CFl und ZFl
e: Offset, Displacement, Entfernung, Abstand

Format

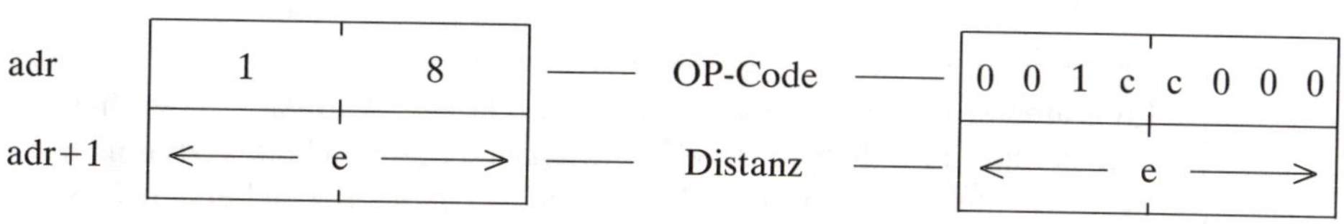

Die Distanz e ist dabei eine 7stellige Dualzahl plus Vorzeichenbit.

7 6 5 4 3 2 1 0

VZ	7stellige Dualzahl

0: Sprung vorwärts	0000 0000 →	0
	0111 1111 →	+127 dezimal
1: Sprung rückwärts	1111 1111 →	– 1
	1000 0000 →	–128 dezimal

Negative Zahlen, also Rückwärtssprünge werden wie üblich im Zweierkomplement dargestellt.

Wirkung

Springe unbedingt um e Speicherzellen weiter.	Springe, wenn die in CC angegebene Bedingung erfüllt ist, um e Speicherzellen weiter, sonst weiter beim nächstem Befehl.

Die Distanz e wird immer relativ zur Adresse des ersten OP-Codes nach dem Sprungbefehl gerechnet, siehe Bild 4.29. Grundsätzlich gilt bei Ausführung eines relativen Sprungbefehls:

PC := PC + e

- e: Distanz, 8-Bit-Konstante einschl. VZ
- PC (rechts): Adresse des 1. OP-Codes nach dem relativen Sprungbefehl
- PC (links): absolute Sprungzieladresse, ab dort Fortsetzung der Programmabarbeitung

Beispiel

30H	JR NC,–4H	Springe relativ zum nächsten OP-Code um
FCH	–	4 Adressen zurück, wenn Carry Flag gleich 0

Bild 4.30 zeigt die Verhältnisse.

Vorteile der relativen Adressierung

> Programme, die nur Sprungbefehle mit relativer Adressierung enthalten, können innerhalb des vorhandenen Zentralspeichers verschoben werden, sofern alle Sprungziele innerhalb des zu verschiebenden Programms liegen.
> Man sagt, solche Programme sind *verschiebbar* (engl. *relocatable*).

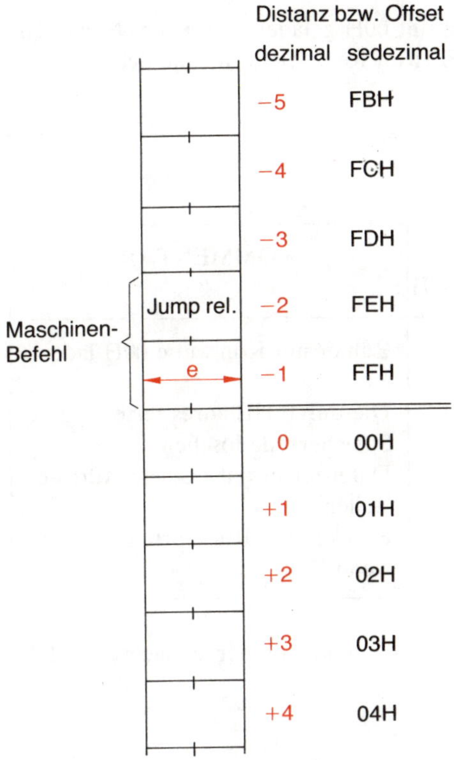

Bild 4.29
Berechnung der Distanz bei relativen Sprüngen

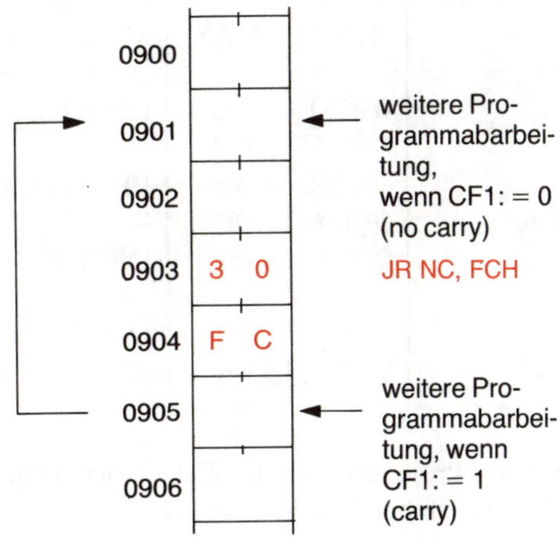

Bild 4.30
Bedingte Sprünge mit relativer Adressierung

Bei Verwendung von absoluter Adressierung müßten bei einer Verschiebung des Programms alle Sprungziele neu berechnet werden.

Da in der Praxis Programme meist nicht von Grund auf neu geschrieben, sondern möglichst aus bereits vorhandenen Programmteilen zusammengesetzt werden, ist diese relative Adressierung eine große Hilfe.

Ein weiterer Vorteil ist der geringere Speicherbedarf von nur 2 Byte, allerdings ist die Ausführungszeit um 2 Takte länger, da die absolute Sprungzieladresse erst berechnet werden muß, siehe Befehlsliste im Anhang.

Sehr praktisch und schnell ist der folgende Sprungbefehl:

Mnemonik

DJNZ e
Decrement and Jump relative if not Zero

Er besteht aus den Maschinenbefehlen:

DEC B
JR NZ,e

Wirkung

Bei jeder Befehlsausführung wird *zuerst* das Zählregister B dekrementiert, dann wird der Sprung ausgeführt, wenn B < > 0 ist.

Vorsicht ist am Platze, wenn B auch mit 00H geladen sein kann. Nach dem ersten DEC B steht nämlich dann FFH im Register, d. h., die Schleife wird 256mal durchlaufen.

Flags keine Beeinflussung

Beispiel

MARKE	ADR-HEX	OP-CODE HEX	MNEMONISCH	KOMMENTAR
	0900	06	LD B,00H	Zähler mit Konstante 00H laden
	0901	00	–	
	0902	36	LD (HL),00H	Die durch HL adressierte
	0903	00	–	Speicherzelle löschen
	0904	23	INC HL	Datenzeiger auf nächste Adresse stellen
	0905	10	DJNZ –5H	B dekr. und Rücksprung,
	0906	FB	–	wenn B < > 0

Dieses Programm löscht 256 Speicherzellen, beginnend bei der zunächst im HL-Register stehenden Adresse.

4.4.3.3 Sprungbefehle mit registerindirekter Adressierung

Hier wird der Inhalt eines 16-Bit-Registers als Sprungzieladresse verwendet.

Mnemonik

JP (HL)
JP (IX)
JP (IY)

Wirkung Springe zu der in dem bezeichneten Doppelregister enthaltenen Adresse, d. h., lade den Inhalt des bezeichneten Registers in den PC. Das Register selbst bleibt unverändert.

Flags keine Beeinflussung

Diese Befehlsgruppe bietet den Vorteil, daß Sprungziele berechnet werden können.

Beispiel
Im Betriebssystem eines Computers gibt es verschiedene sog. «Treiberprogramme», die die Ausgabe für unterschiedliche auf dem Markt angebotene Drucker steuern. Das für den in der Anlage vorhandenen Drucker benötigte Treiberprogramm kann nun ausgewählt werden, ohne daß das im ROM stehende Betriebssystem geändert werden muß, wie Bild 4.31 zeigt. Im Beispiel wird bei einem Druckvorgang immer Treiber B ausgeführt.

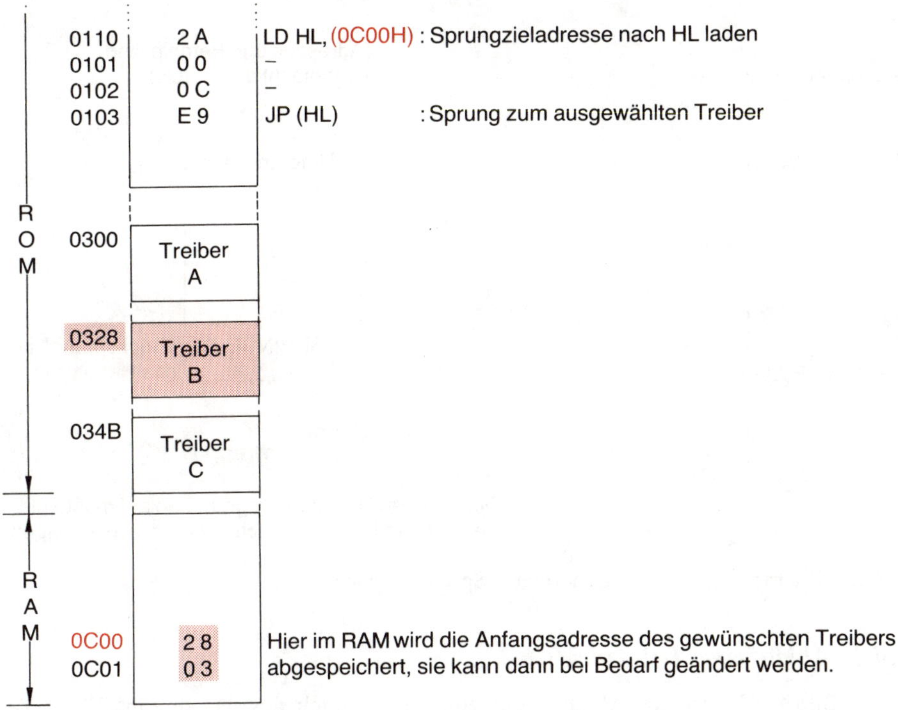

Bild 4.31 Sprung mit registerindirekter Adressierung

4.4.4 Unterprogramme, UP (Subroutines)

Im Programmablauf häufig verwendete Programmteile, wie z. B. Multiplikation, Steuerung einer Anzeige, Abspeichern auf Diskette usw., werden nur einmal gespeichert und können bei Bedarf durch spezielle Sprungbefehle immer wieder «aufgerufen», d. h. ausgeführt werden.

Das Gesamtprogramm benötigt dadurch weniger Speicher und wird übersichtlicher.

Mit den schon bekannten Sprungbefehlen läßt sich diese Technik nicht verwirklichen, wie Bild 4.32 zeigt, und zwar liegt das Problem darin, daß der «Rücksprungbefehl» im Unterprogramm als Sprungziel jeweils die Adresse des nächsten – auf den Sprung in das UP folgenden – Befehls kennen müßte. Hier helfen spezielle Unterprogramm-Sprungbefehle, sog. *Unterprogramm-Aufrufe*.

> Unterprogramm-Aufrufe mit den Maschinenbefehlen CALL oder RST speichern immer die Adresse des auf sie folgenden Befehls, die sog. Rücksprungadresse, ab.
> Der letzte Befehl eines UP ist immer ein Return- Befehl (RET). Dieser Return-Befehl verwendet die beim UP-Aufruf abgespeicherte Rücksprung-Adresse als Sprungziel.
> Zum Zwischenspeichern der Rücksprungadressen wird der Stack-Bereich verwendet.

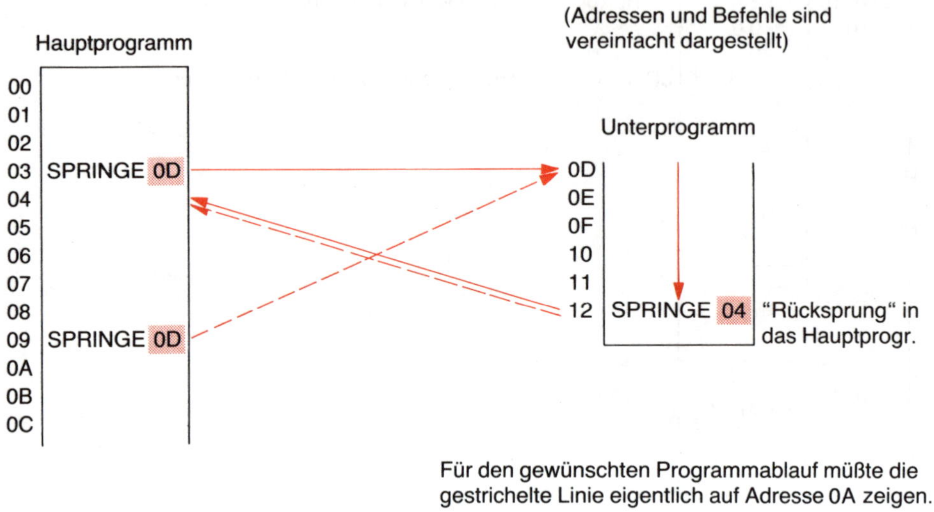

Bild 4.32 Rücksprung aus UP mit normalen Sprungbefehlen

4.4.4.1 Ablauf eines UP-Aufrufs

Der im Bild 4.33 gezeigte Ablauf sieht zunächst ähnlich aus wie der in Bild 4.32, lediglich die Befehle SPRINGE 0D sind ersetzt durch CALL 0DH, und der letze Befehl des UP lautet RET. Damit ergibt sich der folgende Ablauf:

□ Bei jedem UP-Aufruf mit CALL wird *zuerst die Rücksprungadresse*, das ist die Adresse des direkt auf den CALL- Befehl folgenden OP-Codes, im RAM *abgespeichert*.

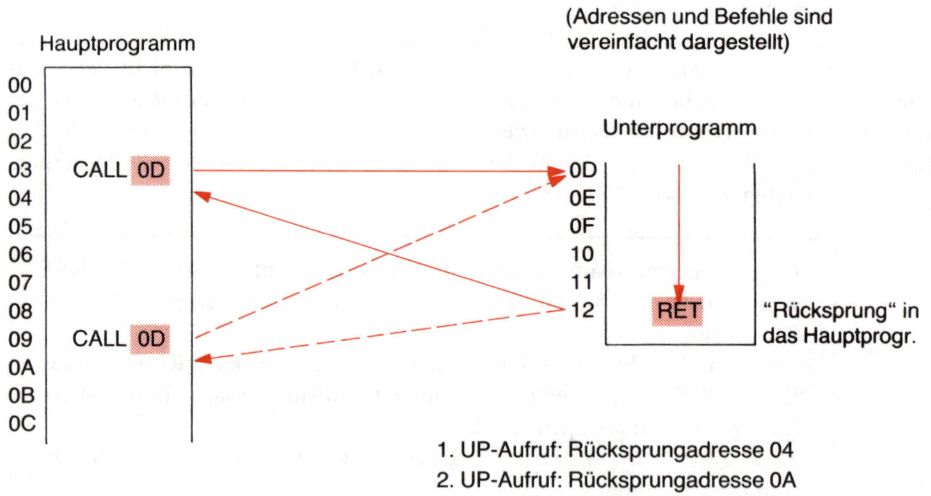

Bild 4.33 Rücksprung aus UP mit RET

□ Dann erfolgt, genau wie beim normalen Sprungbefehl JP, ein Sprung zur ersten Adresse des UP.
□ Die einzelnen Befehle des UP werden der Reihe nach abgearbeitet.
□ Der RET-Befehl verwendet die von dem *letzten CALL-Befehl* abgespeicherte Rücksprungadresse als Sprungziel.
□ Das Programm wird dann ab dieser Sprungzieladresse fortgesetzt.

Programme sind also meist in der in Bild 4.34 gezeigten Form im Speicher abgelegt. Die Reihenfolge der UP ist dabei beliebig, sie müssen auch nicht lückenlos aufeinanderfolgen. Der Anfang eines UP ist nicht besonders gekennzeichnet, nur der letzte Befehl ist immer ein Return-Befehl (RET).

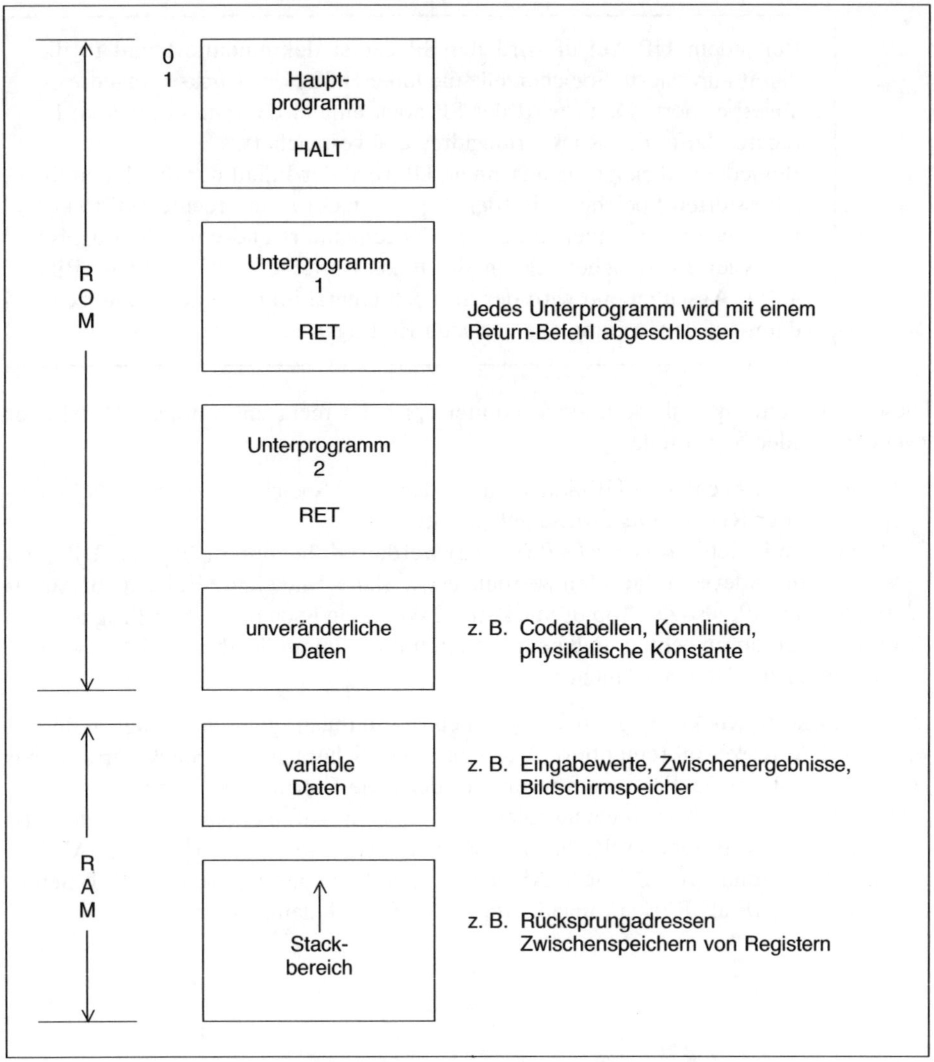

Bild 4.34 Programmstruktur mit Hauptprogramm, Unterprogramm und Stack

4.4.4.2 *Speichern der Rücksprungadresse im Stack*

Rücksprungadressen können grundsätzlich entweder in CPU-Registern oder im RAM abgelegt werden. Die Speicherung in CPU-Registern ist schneller, jedoch ist die Speicherkapazität hier sehr beschränkt. Die Speicherung im RAM ist langsamer, bei einer 16-Bit-Adresse sind immer zwei Speicherzugriffe notwendig, aber es steht wesentlich mehr Platz zur Verfügung.

Bei der «8er-Familie» wurde die Speicherlösung gewählt, und zwar wird der schon von den PUSH- und POP-Befehlen her bekannte *Stack-Bereich* dazu verwendet, siehe Abschnitt 4.2.6. Außerdem wird auch der *Stack Pointer* (SP) wieder in gleicher Weise zur Verwaltung des Stack-Bereichs benutzt.

> Bei jedem UP-Aufruf wird der SP zuerst dekrementiert und in die damit adressierte Speicherzelle die linke Hälfte der Rücksprungadresse abgespeichert. Dann wird der SP noch einmal dekrementiert und die rechte Hälfte der Rücksprungadresse abgespeichert.
> Bei jedem Rücksprung aus einem UP wird der Inhalt der durch den SP adressierten Speicherzelle (der Top of Stack) in die rechte Hälfte des PC geladen, anschließend der SP inkrementiert und der Inhalt der so adressierten Speicherzelle in die linke Hälfte des PC geladen (Bild 4.35). Anschließend wird der SP noch einmal inkrementiert, und zeigt dann auf den Anfang des nächsten Eintrags.

Diese «Buchführung» mit dem Stack Pointer erscheint recht umständlich, bietet aber zwei entscheidende Vorteile:

- ☐ Bei nicht verschachtelten UP-Aufrufen werden nur 2 Speicherzellen zum Zwischenspeichern der Rücksprungadresse gebraucht.
- ☐ UP können beliebig *verschachtelt* (*nested*) werden, d. h., innerhalb eines UP kann wieder ein anderes aufgerufen werden usw., siehe Bild 4.36. Bei jedem Aufruf wandert der SP, also der Top of Stack, um 2 Adressen nach oben. Der Programmierer muß nur darauf achten, daß keine anderen Programmteile überschrieben werden und daß er die Übersicht nicht verliert.

Die gespeicherte Rücksprungadresse wird beim Lesen nicht gelöscht, lediglich der SP wird um 2 Adressen inkrementiert. Vor dem Abspeichern in den Stack wird der SP grundsätzlich dekrementiert, auch wenn dies der erste Eintrag sein sollte.

Der Abbau des Stack muß genau spiegelbildlich zum Aufbau ablaufen. Würde z. B. im Bild 4.36 der Befehl POP BC in UP2 vergessen, so würde mit POP AF der abgespeicherte Inhalt von BC nach AF geladen und beim anschließenden RET-Befehl der Inhalt von AF als Rücksprungadresse in den PC geladen werden.

Bild 4.36 Verschachtelte Unterprogramme ▶

Bild 4.35
Verwendung des Stack Pointer

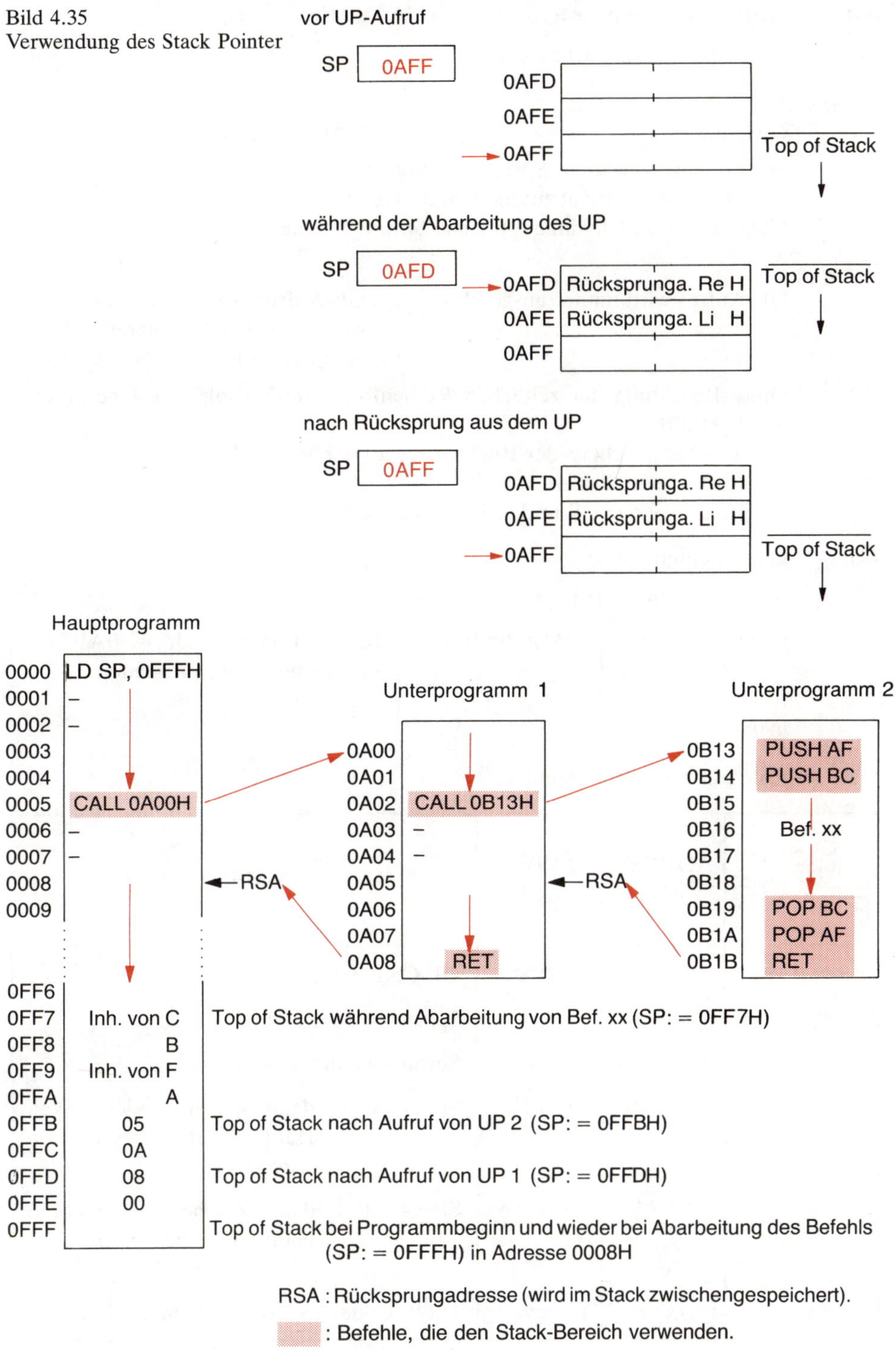

4.4.4.3 Aufruf von Unterprogrammen (CALL, RST)

a) UP-Aufrufe mit direkter Adressierung

Mnemonik

CALL adr | CALL CC,adr

adr: 16-Bit-Konstante, Sprungzieladresse
1. Adresse des abzuarbeitenden UP

CC: Condition (Bedingung), siehe Sprungbefehle

Wirkung

UP-Aufruf wird immer ausgeführt. | UP-Aufruf wird nur ausgeführt, wenn die in CC genannte Bedingung erfüllt ist.

Ohne Beachtung der zeitlichen Reihenfolge werden folgende Operationen durchgeführt:

- ☐ Zwischenspeichern der Rücksprungadresse im Stack.
- ☐ SP um 2 erniedrigen.
- ☐ 1. Adresse des UP in den PC laden.

Flags keine Beeinflussung

Beispiel Annahme: SP := 1FF3H

0900	CDH	CALL 0A10H	Rufe auf das bei Adresse 0A10H beginnende Unterprogramm
0901	1 0 H	–	
0902	0 AH	–	
0903			

Das Busprotokoll zeigt den Ablauf.

$\overline{M1}$	$\overline{MREQ}$	$\overline{IORQ}$	$\overline{RD}$	$\overline{WR}$	ADRESS-BUS	DATEN-BUS	KOMMENTAR
*	*		*		0900	CD	OP-Code lesen
	*		*		0901	10	Sprungzieladresse lesen
	*		*		0902	0A	Sprungzieladresse lesen
	*			*	1FF2	09	SP := SP–1, dann speichern der linken Hälfte der Rücksprungadresse
	*			*	1FF1	03	SP := SP–1, dann speichern der rechten Hälfte der Rücksprungadresse
*	*		*		0A10	xy	1. OP-Code des aufgerufenen UP lesen

Nach Ausführung dieses Befehls gilt: SP := 1FF1H

Top of Stack ⟶	1FF1	0	3	Rücksprungadresse rechte Hälfte
	1FF2	0	9	Rücksprungadresse linke Hälfte
	1FF3			

b) UP-Aufrufe mit Restart-Befehlen

Mnemonik

RST a

RST: Restart (Neustart) bei der durch a festgelegten Adresse
a: entweder 0 1 2 3 4 5 6 7
oder 00 08 10 18 20 28 30 38

Format

adr	1	1	a	a	a	1	1	1

aaa: Anfangsadresse des UP in gekürzter Form

Wirkung

Restart-Befehle sind unbedingte UP-Aufrufe, sie werden also immer ausgeführt. Dabei laufen, ähnlich wie bei CALL, folgende Operationen ab:

- ☐ Abspeichern der Rücksprungadresse im Stack.
- ☐ SP := SP – 2.
- ☐ 1. Adresse des UP in den PC laden.

Die 8 möglichen Sprungziele können der folgenden Tabelle entnommen werden, andere Ziele sind nicht möglich. Die Sprungzieladressen werden nach folgendem Schema gebildet:

Adresse dual: 0000 0000 00aa a000

⟶ aus OP-Code entnommen

Befehls-Code mnemon.	OP-Code	aaa	Anfangsadresse UP
RST 0 bzw. RST 00	C7	000	0000H
RST 1 bzw. RST 08	CF	001	0008H
RST 2 bzw. RST 10	D7	010	0010H
RST 3 bzw. RST 18	DF	011	0018H
RST 4 bzw. RST 20	E7	100	0020H
RST 5 bzw. RST 28	EF	101	0028H
RST 6 bzw. RST 30	F7	110	0030H
RST 7 bzw. RST 38	FF	111	0038H

Die RST-Befehle werden meist bei der Bearbeitung von Interrupt-Anforderungen verwendet (Kapitel 5). Auch innerhalb des normalen Progamms können sie mit Vorteil wegen ihres kurzen Formats verwendet werden (*Software Interrupt*), allerdings ist man dann, im Gegensatz zu den CALL-Befehlen, an die o.g. Speicherplätze gebunden.

Flags keine Beeinflussung

Beispiel Annahme: SP := 1FF3H

0900 | DFH | RST 3 | UP-Aufruf nach Adresse 0018H

$\overline{M1}$	$\overline{MREQ}$	$\overline{IORQ}$	$\overline{RD}$	$\overline{WR}$	ADRESS-BUS	DATEN-BUS	KOMMENTAR
*	*		*		0900	DF	OP-Code lesen
	*			*	1FF2	09	SP := SP–1, speichern Rücksprungadresse linke Hälfte
	*			*	1FF1	01	SP := SP–1, speichern Rücksprungadresse rechte Hälfte
*	*		*		0018	xy	Holen des 1. Befehles im Unterprogramm

Man erkennt den Vorteil des geringeren Speicherbedarfs und der schnelleren Ausführungszeit gegenüber dem CALL-Befehl.

4.4.4.4 Rücksprung aus einem Unterprogramm (RET, RETI, RETN)

Mnemonik

RET	RET CC

RET: Return, Rücksprung aus Unterprogramm
CC: Condition, Bedingung gleich wie bei Sprungbefehlen

Wirkung

unbedingter Rücksprung	Ausführung nur, wenn die in CC angegebene Sprungbedingung erfüllt ist.

Bei Befehlsausführung bewirkt das Steuerwerk die folgenden Aktivitäten:

- ☐ Die Inhalte der 2 «obersten Speicherzellen» des Stack (Top of Stack) werden in den PC geladen.
- ☐ Der SP wird um 2 erhöht.
- ☐ Weitere Programmabarbeitung ab der in den PC geladenen Adresse.

adr		⟵ Top of Stack vor Ausf. von RET
adr+1		
adr+2		⟵ Top of Stack nach Ausf. von RET

Flags keine Beeinflussung

Beispiel Annahme SP := 1FF1H

0900			
0901			
0902	C	9	RET

0FF1	1	B	⟵ Top of Stack *vor* Ausführung des RET-Befehls (SP := 0FF1H)
0FF2	0	3	
0FF3			⟵ Top of Stack nach Ausführung des RET-Befehls (SP := 0FF3H); die Rücksprungadresse 031BH wurde in den PC geladen, die Programmabarbeitung wird ab 031BH fortgesetzt

Das Busprotokoll zeigt den Ablauf.

$\overline{M1}$	$\overline{MREQ}$	$\overline{IORQ}$	$\overline{RD}$	$\overline{WR}$	ADRESS-BUS	DATEN-BUS	KOMMENTAR
*	*		*		0902	C9	OP-Code lesen
	*		*		0FF1	1B	Rücksprungadresse laden in den PC rechte Hälfte
	*		*		0FF2	03	Rücksprungadresse laden in den PC linke Hälfte
*	*		*		031B	xy	Laden des nächsten OP-Code

Rücksprung aus «Unterbrechungsbedienungs-Programmen«
Diese Befehle werden verwendet für Rücksprünge aus UP, die bei Interrupt-Anforderungen angesprungen werden, sog. *«Interrupt Service Routines»*, siehe Kapitel 5.

Mnemonik

RETI	RETN
Return from (maskable) Interrupt	Return from nonmaskable Interrupt

Wirkung

Gleicher logischer Ablauf wie beim RET-Befehl, lediglich die zur Z80-Familie gehörenden E/A-Bausteine können diesen OP-Code, wenn er auf dem Datenbus erscheint, identifizieren und damit ihre Prioritätsverteilung steuern.

4.4.4.5 Parameterübergabe bei Unterprogrammen

Als *Parameter* werden in diesem Zusammenhang Werte bezeichnet, die das UP während seiner Ausführung verwendet, also Adressen, Eingabewerte, Ergebnisse usw. Der Programmierer muß sich gut überlegen, wo diese Werte zwischengespeichert werden. Unterprogramme sollen ja möglichst universell geschrieben sein, damit sie nicht bei jedem neuen Anwendungsfall angepaßt werden müssen. Ein UP zum Durchsuchen eines Datenblocks nach einem bestimmten Zeichen kann nur dann an verschiedenen Stellen eingesetzt werden, wenn seine Parameter, wie Anfangsadresse des zu durchsuchenden Blocks, Blocklänge und zu suchendes Zeichen, frei gewählt werden können. Auch vom UP erzeugte Ergebnisse müssen so abgelegt sein, daß das Hauptprogramm sie weiterverwerten kann.

Allgemein gesagt, muß ein UP die während seiner Ausführung benötigten Parameter adressieren können. Dafür gibt es verschiedene Möglichkeiten.

a) Übergabe in Registern
Die im UP benötigten Parameter sind bereits vor dem Aufruf in Registern abgelegt worden.

Das ist die einfachste und schnellste Methode, jedoch nur anwendbar, wenn wenige Parameter zu übergeben sind und die Register im Hauptprogramm nicht für andere Zwecke benötigt werden. Auch Ergebnisse können auf diese Art in das Hauptprogramm übernommen werden.

Beispiel
Hier wird im Akku ein Parameter an das UP übergeben.

```
0800 IN A,(20H)      ; Einlesen eines Byte  }
.    .                                      } Hauptprogramm
081F CALL 0A00H      ; UP-Aufruf            }
.    .
0A00 BIT 2,A         ; UP zur Bearbeitung eines im Akku
.    .                 abgelegten Datenwortes
0A5F RET             ; Rücksprung aus diesem UP
```

b) Übergabe in festgelegte Speicherplätze

Bei dieser Methode sind bestimmte Speicherplätze für die Parameter reserviert. Sie haben dann gewissermaßen die Funktion eines «Briefkastens» (engl. *Mailbox*). Das Hauptprogramm legt in die vereinbarten Speicherzellen (Mailbox) Daten ab, das UP kann sie dann von dort abholen. Bei Ergebnissen, die das UP berechnet, wird umgekehrt verfahren. Auch Register in E/A-Bausteinen können für diesen Zweck verwendet werden.

Beispiel

Für das folgende UP zur Zeitverzögerung ist die Adresse 0B00H als Mailbox für den Verzögerungsparameter vereinbart worden.

```
0900 PUSH AF       ; Zwischenspeichern von Akku und Flags im Stack
0901 LD A,(0B00H)  ; Laden des Zeitverzögerungsparameters aus der
                     Mailbox
0904 AND A         ; Flags beeinflussen, Akku bleibt unverändert
0905 JP Z,090CH    ; Aussprung, falls der Akku bereits 00H enthält
0908 DEC A         ; Zeitparameter dekrementieren
0909 JP 0905H      ; Unbedingter Rücksprung
090C POP AF        ; Alten Zustand von Akku und Flags wiederher-
                     stellen
090D RET           ; Rücksprung in das aufrufende Programm
```

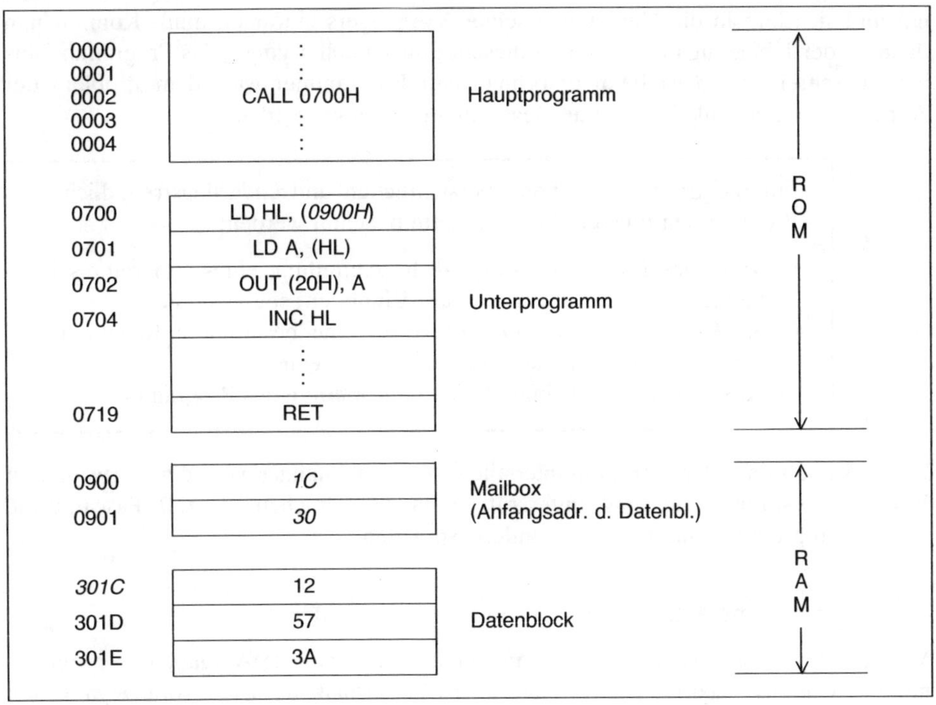

Bild 4.37 Parameterübergabe mit Mailbox

c) Übergabe von Zeigern

Bei Verwendung einer Mailbox muß von vornherein ein fester Speicherplatz vereinbart werden. Außerdem ist es umständlich, auf diese Art größere Datenblöcke zu verarbeiten. Diese Nachteile werden vermieden, wenn an das UP nur *Zeigeradressen* (engl. Pointer), z. B. die Anfangsadresse eines vom UP zu bearbeitenden Datenblocks, übergeben werden.

Diese Zeiger können dem UP entweder über einen fest vereinbarten Speicherplatz (Mailbox) oder bereits in einem CPU-Register übergeben werden. Auf diese Art kann ein UP Datenblöcke, die an verschiedenen Stellen abgelegt sind, bearbeiten, das aufrufende Programm muß nur vorher die Anfangsadresse dieses Datenblockes in die Mailbox ablegen, wie in Bild 4.37 gezeigt ist.

4.5 Programmieren mit Sprungbefehlen

Wie in Abschnitt 4.4 dargestellt, eröffnen die Verzweigungsbefehle vielfältige Möglichkeiten der Programmgestaltung. Darin liegt allerdings auch eine Gefahr, denn wenn diese Befehlsgruppe zu unsystematisch benutzt wird, ergeben sich sehr unübersichtliche und schwer lesbare Programme. Das muß nicht heißen, daß sie ihren Zweck nicht erfüllen, sie funktionieren, erstaunlicherweise. Aber wehe, wenn nach einem halben Jahr auch nur die kleinste Änderung oder Erweiterung hinzugefügt werden muß – vielleicht gar noch von einem Mitarbeiter, der dieses Programm nicht selbst entworfen hat und sich nun in die Genieblitze seines Vorgängers einfühlen muß. Kommt man dann zu der Überzeugung, daß es in diesem Fall schneller ginge, das Programm ganz neu zu schreiben, so ist beim ursprünglichen Programmentwurf dem Problem der Änderungsfreundlichkeit zu wenig Beachtung geschenkt worden.

Für die Entwicklung von übersichtlichen und änderungsfreundlichen Programmen müssen drei Elemente beachtet werden:

- □ *Modulare Programmierung*, d. h. Aufteilung eines Programms in kleinere, leichter überschaubare Einheiten, sog. Module.
- □ *Strukturierte Programmierung*, d. h. eine bestimmten Regeln folgende Verwendung der Verzweigungsbefehle.
- □ Ausreichende und sinnvolle *Kommentierung* des Programms.

Diese Verfahren oder «Programmierstile» sind unabhängig von der verwendeten Programmiersprache, allerdings unterstützen manche Sprachen, wie z. B. Pascal, diese Art der Programmierung besser als andere Sprachen.

4.5.1 Programmablaufplan

Mit den Verzweigungsbefehlen ist es möglich, sehr komplexe Aufgaben zu programmieren. Um sich Klarheit zu verschaffen, ist es deshalb nach der vorangegangenen Problemanalyse unumgänglich, sich eine mehr oder weniger detaillierte «Skizze» vom geplanten Programmablauf zu machen. Zunächst glaubt man, sich diese Mühe sparen zu können, wird aber dann bei der zeitaufwendigen Suche nach logischen Fehlern oft eines Besseren belehrt.

> Ein Programmablaufplan (PA) stellt die Verarbeitungsfolgen, also den funktionellen Ablauf eines Programms dar. Der PA zeigt, in welcher Reihenfolge und unter welchen Bedingungen die vorgesehenen Operationen ausgeführt bzw. wiederholt werden.

Die im PA zu verwendenden Sinnbilder sind in DIN 66001 genormt, siehe Anhang. Die Darstellung eines Problems im PA ist unabhängig von der verwendeten Programmiersprache, es lassen sich damit sogar Vorgänge außerhalb der Computertechnik darstellen, sofern diese nach bestimmten Regeln (Algorithmen) ablaufen, siehe Bild 4.38.

Die Beschriftung der Symbole bleibt dem Anwender überlassen, sie sollte möglichst kurz und präzise die dargestellte Operation angeben.

4.5.2 Symbolische Adressen (Marken, Labels)

Die Übersichtlichkeit von Programmen in mnemonischem Code wird wesentlich erhöht, wenn wichtige Adressen (z. B. Sprungziele, der Beginn von Unterprogrammen, Anfangsadressen von Datenblöcken oder Tabellen usw.) nicht als absolute Adresse (z. B. 0912H) angegeben, sondern durch eine «symbolische» Adresse (z. B. SINTAB) ersetzt werden.

Diese Marken werden dann bei Sprung- oder Ladebefehlen anstelle der 4stelligen sedezimalen Adresse eingesetzt. Selbstverständlich musssen bei der Umwandlung in Maschinencode diese Marken wieder durch absolute Adressen ersetzt werden. Diese Übersetzung wird in der Praxis meist mit Hilfe von Assembliererprogrammen durchgeführt, siehe Abschnitt 7.2.2.

Das Zeitverzögerungsprogramm aus Abschnitt 4.4.4.5 läßt sich mit symbolischen Adressen viel übersichtlicher schreiben:

```
ORG 0900H          ; Bei der Übersetzung in Maschinensprache durch den
                     Assemblierer wird als Anfangsadresse 0900H ver-
                     wendet (das Programm wird relativ zur Adresse 0 um
                     0900H Adressen verschoben)
MBOX: EQU 0B00H    ; die symbolische Adresse MBOX soll überall durch
                     0B00H ersetzt werden
0900  F5             DELAY:   PUSH AF
0901  3A 00 0B                LD A,(MBOX)
0904  A7                      AND A
0905  CA 0B 09       LOOP:    JP Z,ENDE
0908  3D                      DEC A
0909  18 FA                   JR LOOP
090B  F1             ENDE:    POP AF
090C  C9                      RET
```

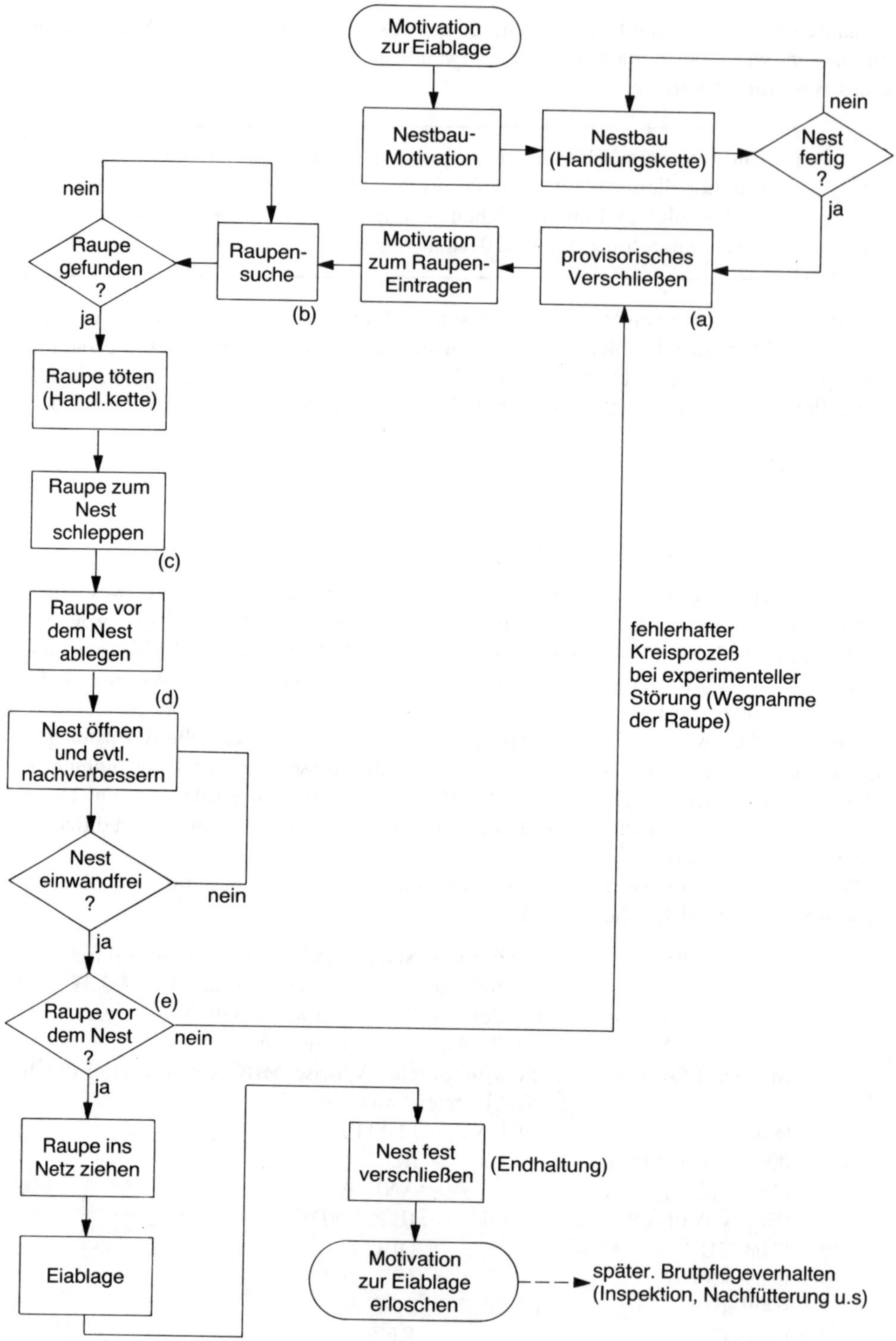

Bild 4.38 Darstellung einer Verhaltensstruktur mit Programmablaufplan

Die Speicheradressen und der Maschinencode werden vom Assemblierer erzeugt, nur der mnemonische Teil stammt vom Programmierer. Dieses Hilfsprogramm nimmt dem Programmierer sehr viel Kleinarbeit ab. Aber auch dann, wenn kein Assemblierer verwendet wird, machen Marken die Programme übersichtlicher.

4.5.3 Strukturierte Programmierung

Bei der strukturierten Programmierung in ihrer konsequentesten Form dürfen nur 3 verschiedene Konstrukte als Programmbausteine verwendet werden, siehe Bild 4.39 :

- ☐ *Folge* (lineare Struktur, *Sequenz*)
- ☐ *Wiederholung* (Loop, *Schleife*)
- ☐ *Entscheidung* (Verzweigung, *Alternative*)

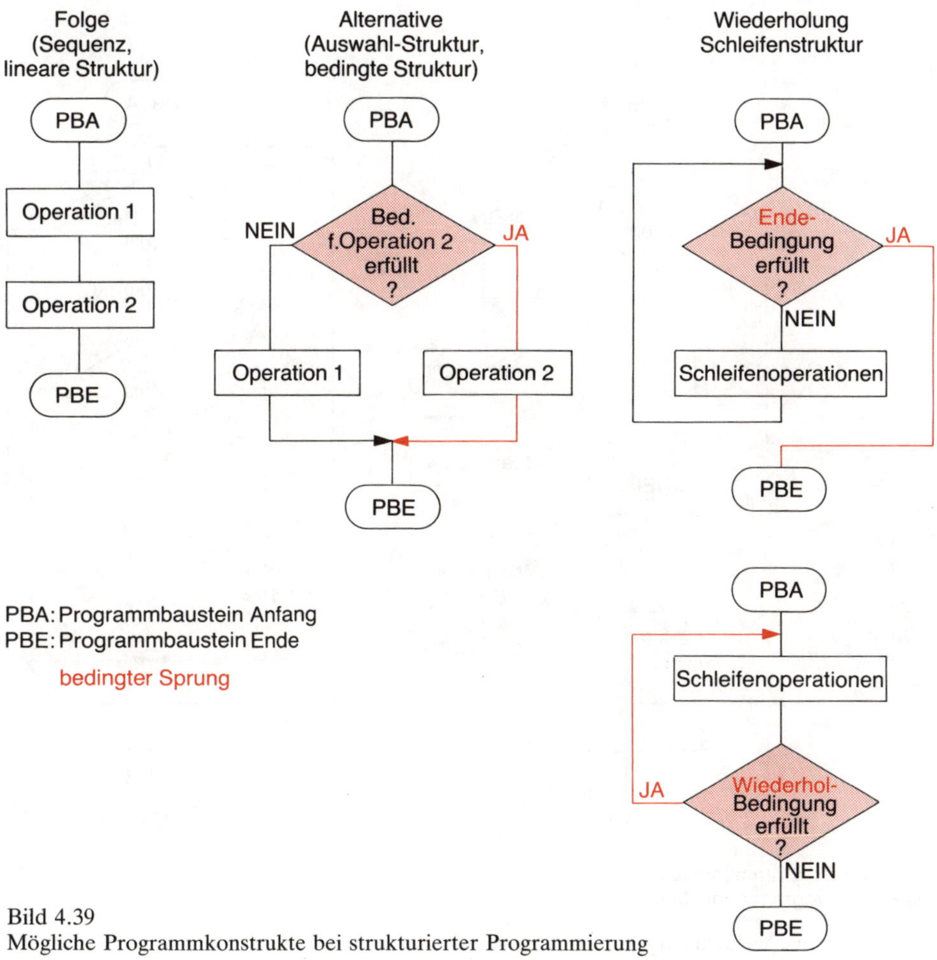

Bild 4.39
Mögliche Programmkonstrukte bei strukturierter Programmierung

Diese Begriffe und ihre Darstellung im PA sind nun auch im Entwurf zu DIN 66 262 festgelegt.

Jede der im Bild 4.39 angedeuteten Operationen kann entweder nur aus einem Befehl oder wiederum aus einem der 3 möglichen Strukturblöcke bestehen, so daß durchaus beliebig verschachtelte Programme möglich sind.

> Entscheidend ist lediglich, daß jeder Strukturblock nur einen Eingang und einen Ausgang aufweist, so daß Kreuzungen von Flußlinien und das «Anzapfen» von Strukturblöcken vermieden wird.

Die Beispiele in Bild 4.40 zeigen einige Verschachtelungen, die natürlich noch weitergetrieben werden können.

Im Beispiel a enthält der JA-Zweig der Alternative eine Folge und noch eine Alternative, der NEIN-Zweig enthält eine Schleife.

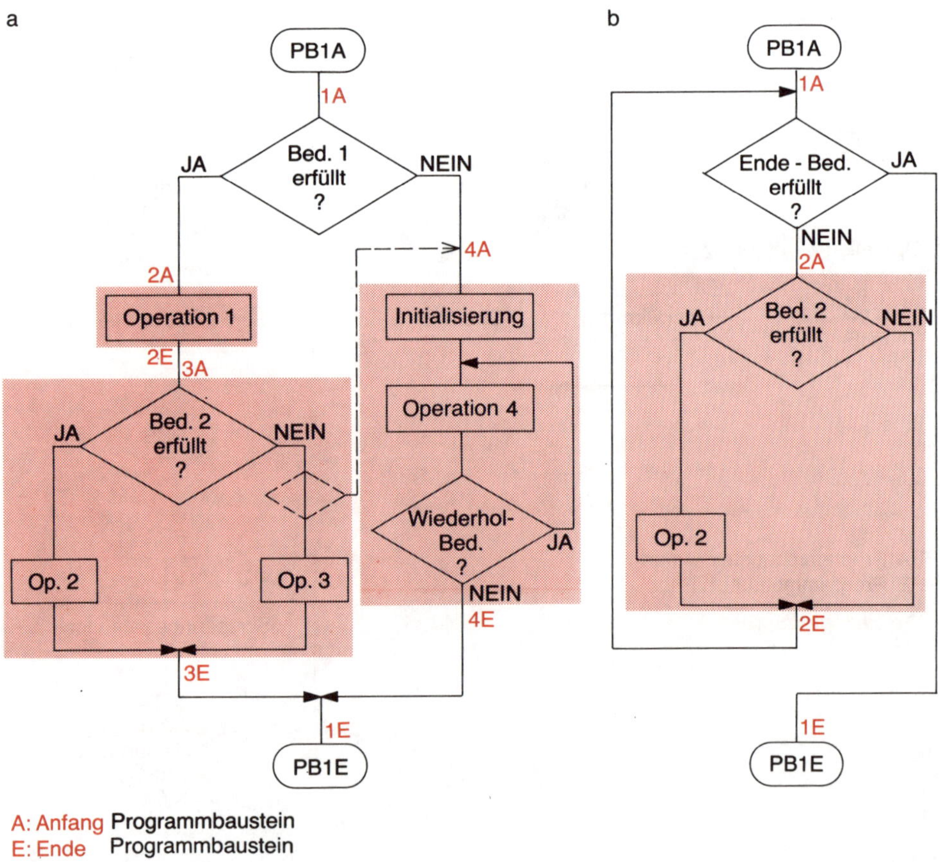

Bild 4.40 Verschachtelung mehrerer Programmbausteine

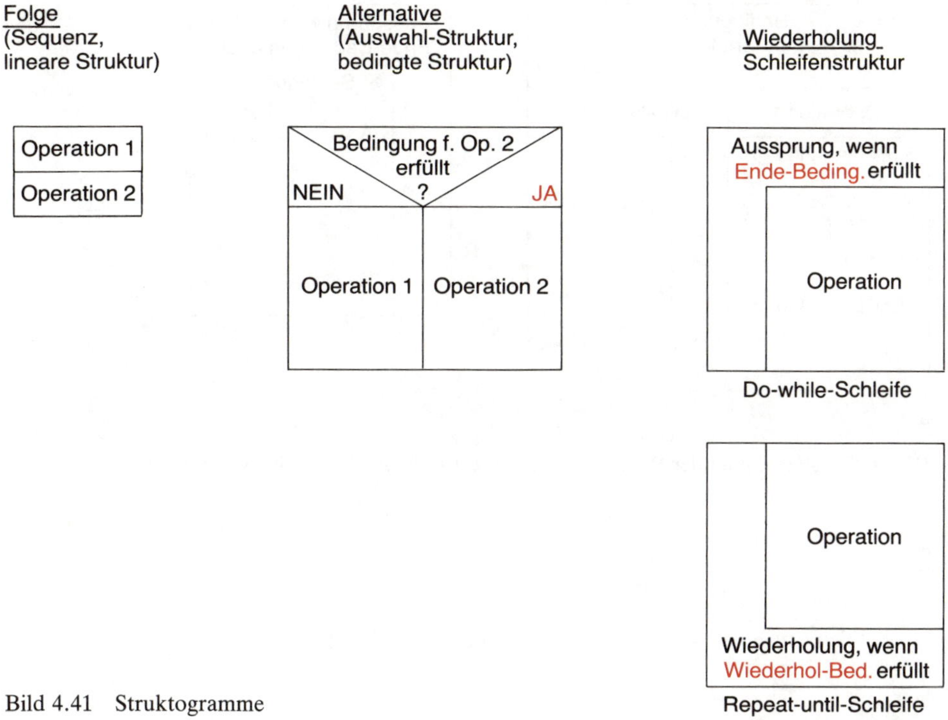

Bild 4.41 Struktogramme

Im Beispiel b ist in der Schleife noch eine Alternative enthalten, bei der der NEIN-Zweig überhaupt keine Operation enthält.

Wichtig bei einer späteren Fehlersuche ist nur, daß jeder Block genau einen Eingang und einen Ausgang erhält. Querverbindungen, d. h. Sprungbefehle zwischen Konstrukten, wie in Beispiel a, Bild 4.40 gestrichelt angedeutet, sind nicht erlaubt.

Damit man nicht in Versuchung kommt, solche strukturübergreifenden Verbindungen zu ziehen, ist von Nassi-Shneiderman eine spezielle Form des PA entwickelt worden, das sog. «Struktogramm», das in DIN 66261 festgelegt wurde. Darin haben die 3 erlaubten Strukturblöcke die in Bild 4.41 gezeigte Form.

Es dürfen nur Strukturblöcke mit gleicher Grundlinienlänge, d. h. gleicher Verschachtelungstiefe, aneinandergereiht werden. Die Beispiele aus Bild 4.40 haben als Struktogramm die in Bild 4.42 gezeigte Form.

Auch Nachteile der strukturierten Programmierung sollen nicht verschwiegen werden:

- ☐ «Programmiertricks» können oft nicht angewendet werden, was zwar, wie schon gesagt, Programmpflege und Änderungsdienst erleichtert, aber auch häufig zu Programmen mit größerem Speicherbedarf und längerer Laufzeit führt.
- ☐ Mit den 3 vorgestellten Strukturen können zwar prinzipiell alle Probleme gelöst werden, aber für manche Aufgaben wird die Lösung doch etwas umständlich. Es sind deshalb auch leicht abgewandelte Strukturen erlaubt, z. B. Schleifen mit mehreren Aussprungbedingungen, siehe Bild 4.43.

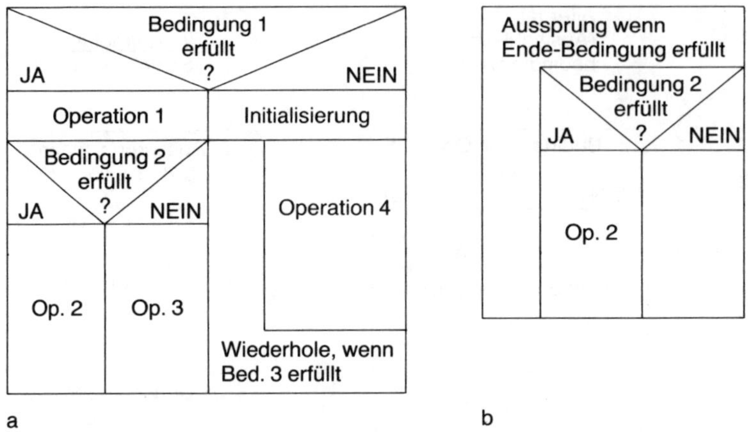

Bild 4.42 Darstellung der Programmbausteine aus Bild 4.40 mit Struktogrammen

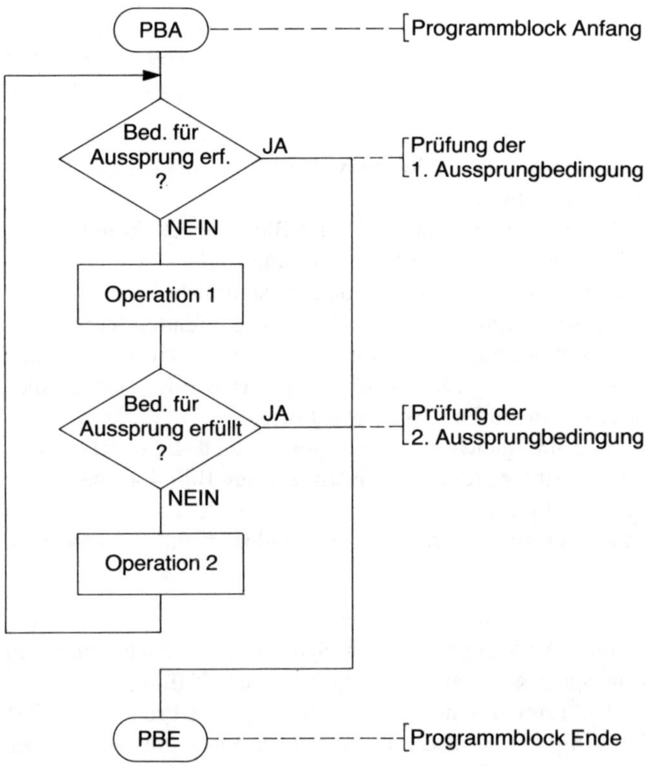

Bild 4.43 Programmbaustein mit mehreren Ende-Bedingungen

Dennoch hat sich die strukturierte Programmierung längst in der Praxis bewährt. Sie leitet den Programmierer zu mehr Disziplin an. Das Ergebnis sind besser organisierte Programme und damit kürzere Testzeiten und größere Änderungsfreundlichkeit.

4.5.3.1 Folge (lineare Struktur, Sequenz)

Dies ist die Programmstruktur, die vor Einführung der Verzweigungsbefehle ausschließlich angewendet wurde.

Die Befehle stehen in der Reihenfolge ihrer Ausführung im Speicher, der PC wird Adresse für Adresse erhöht.

4.5.3.2 Wiederholung (Loop, Schleife)

Schleifen enthalten Programmteile, die mehrmals durchlaufen werden, den sog. Schleifenkörper.

> In jeder Schleife gibt es mindestens eine Aussprungbedingung, die bei jedem Schleifendurchlauf geprüft werden muß. Abhängig vom Ergebnis der Prüfung wird der Schleifenkörper erneut abgearbeitet oder mit dem nächsten Programmteil fortgefahren.

Eine Schleife besteht im allgemeinen aus den folgenden Teilen:

- □ *Initialisierung*
  Laden von in der Schleife benutzten Registern oder Speicherplätzen, z. B. Anfangsadressen von Datenzeigern, Anfangswerte von Zählern, löschen von Registern oder Flags. Dieser Teil der Schleife wird nur einmal abgearbeitet.
- □ *Schleifenkern*
  Er enthält das Programm, das wiederholt ausgeführt werden muß, z. B. Berechnungen, Abfrage von E/A-Leitungen. Der Schleifenkern kann wiederum Schleifen oder Alternativen enthalten.
- □ *Aktualisierung der Schleifenparameter*
  Bei der Verarbeitung von Datenblöcken müssen z. B. die Adreßzeiger (Pointer) bei jedem Schleifendurchlauf inkrementiert oder dekrementiert werden.
- □ *Aktualisierung der Schleifen-Ende-Bedingung*
  Häufig wird ein *Zähler* verwendet, d. h., ein Register- oder Speicherzelleninhalt wird mit jedem Schleifendurchlauf erhöht oder erniedrigt. Bei Erreichen eines bestimmten Wertes wird die Schleife beendet. *Auch die Abfrage eines berechneten Ergebnisses* ist möglich: wird ein bestimmter Wert erreicht, über- oder unterschritten, wird die Schleife beendet. Eine andere Möglichkeit ist die *Abfrage von Steuerbits* in Registern oder Speicherzellen. Sie können entweder durch Ergebnisse im Programmablauf oder durch das Lesen von E/A-Bausteinen, die z. B. an Endschalter oder Tastaturen angeschlossen sind, beeinflußt werden.
- □ *Entscheidung über Schleifenende*
  Entscheidungskriterium ist bei Maschinensprache immer die Stellung eines Flags.

Als Zeitpunkt für die Entscheidung sind nach den Regeln der strukturierten Programmierung zwei Möglichkeiten vorgesehen:

a) Prüfung auf Wiederholung am Schleifenende (repeat until), siehe Bild 4.44

> Nachteilig bei dieser Konstruktion ist, daß der Schleifenkörper in jedem Fall einmal durchlaufen wird. Vorteilhaft ist der übersichtliche Aufbau dieses Schleifentyps.

Wird ein Schleifenzähler mit der Zahl n geladen, werden auch genau n Durchläufe ausgeführt. Vorsicht ist geboten, wenn die Möglichkeit besteht, daß der Schleifenzähler während der Initialisierungsphase auch mit 0 geladen werden kann. Dann wird die Schleife nämlich nicht 0mal, sondern n+1mal durchlaufen, wobei n die größte im Schleifenzähler darstellbare Zahl bedeutet.

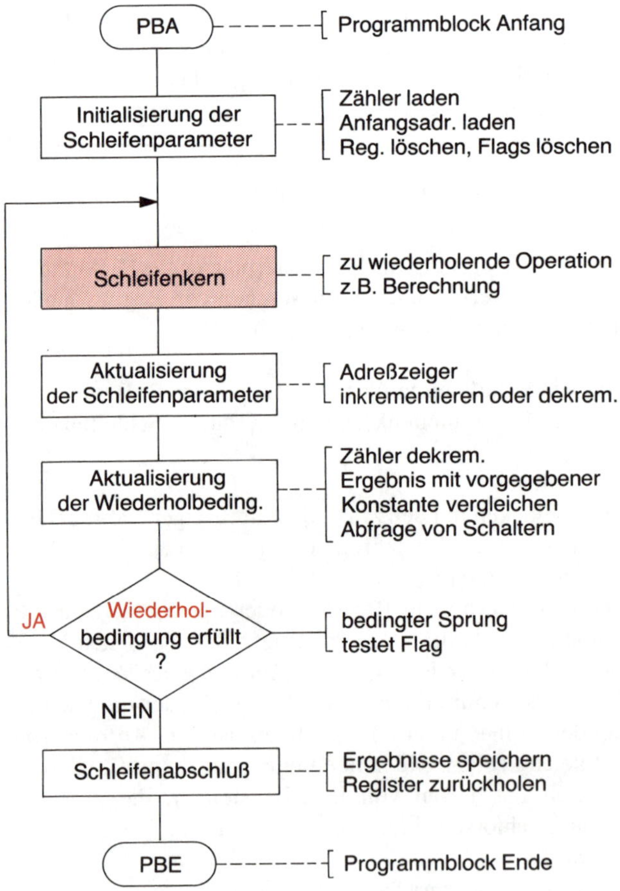

Bild 4.44
Schleife mit Prüfung der Wiederhol-Bedingung

b) Prüfung auf Aussprung am Schleifenanfang (do until), siehe Bild 4.45

Der Schleifenkern wird von vornherein nur dann ausgeführt, wenn eine oder auch mehrere Bedingungen erfüllt sind.

Der Aufbau ist etwas komplizierter, jedoch kann der Schleifenkern auch keinmal durchlaufen werden.

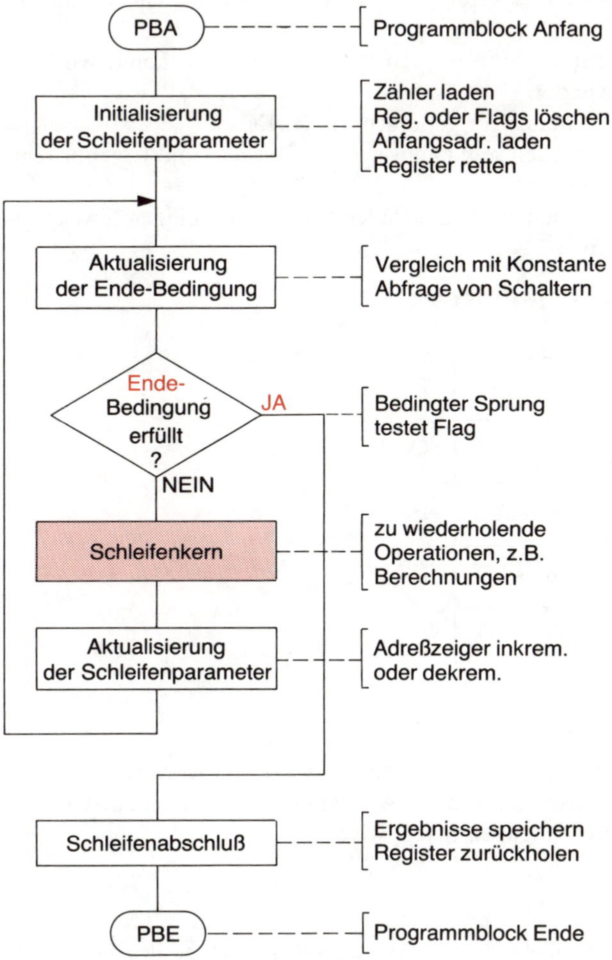

Bild 4.45
Schleife mit Prüfung der Ende-Bedingung

□ *Schleifenabschluß*
Hier werden in der Schleife berechnete Erbebnisse abgespeichert oder ursprüngliche Inhalte während der Schleife veränderter Register wieder geladen. Dieser Programmteil kann auch entfallen.

Einige Beispiele sollen das eben Gesagte veranschaulichen.

Beispiel
Ein UP soll einen Datenblock von 12 Dualzahlen, jede 8 Bit lang, addieren. Die AA des Datenblocks steht in der symbolischen Adresse MABOX. Das Ergebnis soll in HL stehen. Das Programm soll mit der Marke ADD12 beginnen.
Anfangsadresse des UP: 0900H; Adresse von MABOX: 0A00H.

Lösung
- □ Die Addition soll in einer Schleife erfolgen. Die Anzahl der Durchläufe soll in Register B gezählt werden.
- □ Da der Zähler zu Beginn der Schleife nie mit 0 geladen werden kann, wird die Struktur «repeat until» verwendet.
- □ Für den Datenblock wird 1 Datenzeiger gebraucht, z. B. IX.
- □ Da das Ergebnis größer als 8 Stellen sein kann, wird als Rechen- und Ergebnisregister HL verwendet.
- □ Die einzelnen Operanden können nach E geladen und zur jeweiligen Zwischensumme in HL addiert werden.

Damit ergibt sich die folgende Registerbelegung:

A			F
B	Zähler		C
D	0 0	Operand	E
H	(Zwischen)ergebnis		L
IX	Datenzeiger		
IY			

Auf die Notierung der Registerbelegung sollte keinesfalls verzichtet werden. Sie ergibt sich häufig erst während der Entwicklung des PA. Damit wird vermieden, daß ein Register gleichzeitig für mehrere Aufgaben belegt wird.

Eingangsparameter: MABOX: Mailbox für die Anfangsadresse des zu bearbeitenden Datenblocks

Ausgangsparameter: HL: enthält das Ergebnis des Programms

Veränderte Register: B,DE,HL,IX

Programmablaufplan: siehe Bild 4.46

Programm

MARKE	ADR HEX	OP-CODE HEX	MNEMONISCH	KOMMENTAR
ADD12	0900	06	LD B,0CH	Datenblocklänge nach B
	0901	0C	–	(Schleifenzähler)
	0902	DD	LD IX,(MABOX)	AA des Datenblocks aus
	0903	2A	–	MABOX und MABOX+1
	0904	00	–	nach IX laden
	0905	0A	–	
	0906	16	LD D,00H	Operandenregister löschen
	0907	00	–	
	0908	62	LD H,D	Operandenregister löschen
	0909	6A	LD L,D	Operandenregister löschen
LOOP	090A	DD	LD E,(IX+0)	Operand aus Datenblock
	090B	5E	–	laden
	090C	00	–	
	090D	19	ADD HL,DE	Zwischensumme bilden
	090E	DD	INC IX	nächstes Datenwort
	090F	23	–	
	0910	05	DEC B	Ende-Bedingung aktualisieren
	0911	20	JR NZ,LOOP	Wiederholbedingung
	0912	F7		prüfen
	0913	C9	RET	Rücksprung aus Unterprogramm

Selbstverständlich sind auch andere Lösungen denkbar, die Befehle DEC B und JR NZ,LOOP etwa könnten elegant durch DJNZ LOOP ersetzt werden.Beim Verlassen des UP zeigt IX bereits auf die erste, nicht mehr zum Datenblock gehörende Adresse.

Durch die Verwendung von relativer Adressierung kann dieses Programm im Speicher verschoben werden, es ist «relocatable».

Beispiel
UP zur Ausgabe einer Zeichenkette.
Anfangsadresse der Zeichenkette: symbolische Adresse AAZK
Adresse des Ausgabeports: symbolische Adresse PORTZK

Die Konstante FFH markiert das Ende der Zeichenkette; dieses Zeichen soll nicht mehr ausgegeben werden. Die Zeichenkette kann auch 0 Stellen lang sein! Nach Abschluß des UP müssen die Register denselben Zustand haben wie vor Beginn des UP.

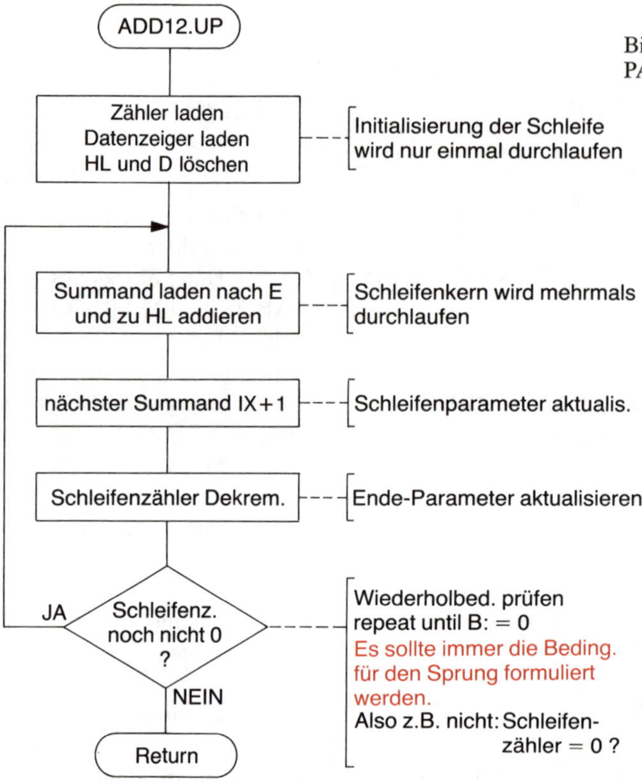

Bild 4.46
PA zum Programm ADD12.UP

Lösung

Name: ZK.UP

Eingabeparameter: AAZK (AA der Zeichenkette)
FFH (Endezeichen)

Ausgabeparameter: PORTZK (Adresse des Ausgabeports)

Veränderte Register: ---

Registerbelegung:

A	Zeichen		F
B		Endezeichen	C
D			E
H	Datenzeiger		L
IX			
IY			

Bild 4.47
PA zum Programm ZK.UP

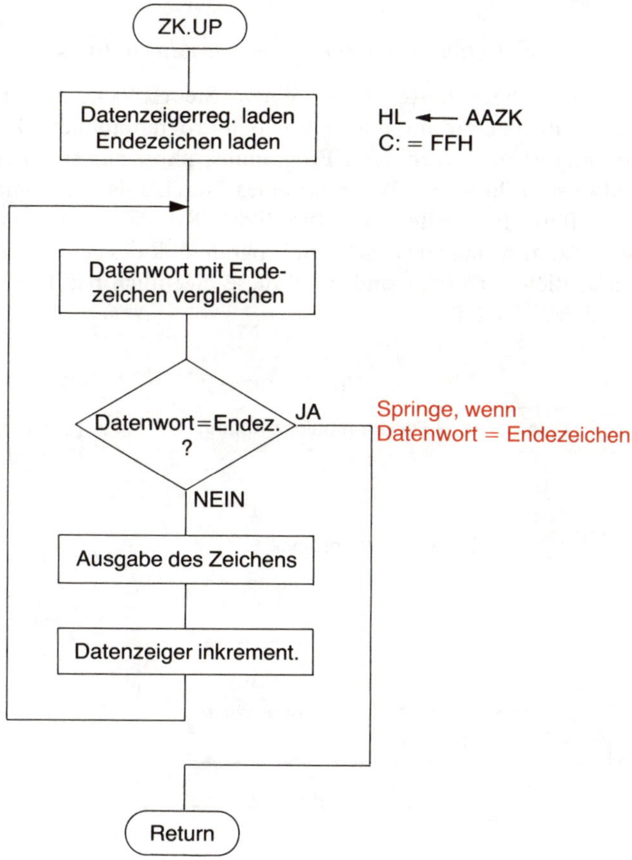

Programm

```
ZK:     PUSH AF          ; Register retten
        PUSH BC
        PUSH HL
        LD HL,AAZK       ; AA des Datenblockes laden
        LD C,FFH         ; Endezeichen laden
LOOP:   LD A,(HL)        ; Zeichen aus Datenblock laden
        CP C             ; Vergleich mit Endezeichen
        JR Z,ENDE        ; Aussprung, wenn Endezeichen erkannt
        OUT (PORTZK),A   ; Ausgabe des Zeichens
        INC HL           ; Datenzeiger auf nächstes Zeichen stellen
        JR LOOP          ; unbedingter Rücksprung
ENDE:   POP HL           ; Register zurückholen
        POP BC
        POP AF
        RET              ; Ende Unterprogramm
```

4.5.3.3 Entscheidung (Verzweigung, Alternative)

Entscheidungen bestehen aus einem Steuerblock, in dem festgestellt wird, welche Alternative auszuführen ist, sowie den Programmteilen für die einzelnen Alternativen. Wichtig ist, daß auch diese Programmstruktur nur einen Eingang und einen Ausgang aufweist (Bild 4.48). Während eines Durchlaufs wird immer genau eine Alternative ausgeführt. Eine Alternative (im Bild 4.48 der Zweig D) kann auch darin bestehen, daß sofort zum Anfang des nächsten Programmblocks gesprungen wird. Da Speicher immer sequentiell aufgebaut sind, muß diese eigentlich parallele Struktur seriell angeordnet werden (Bild 4.49).

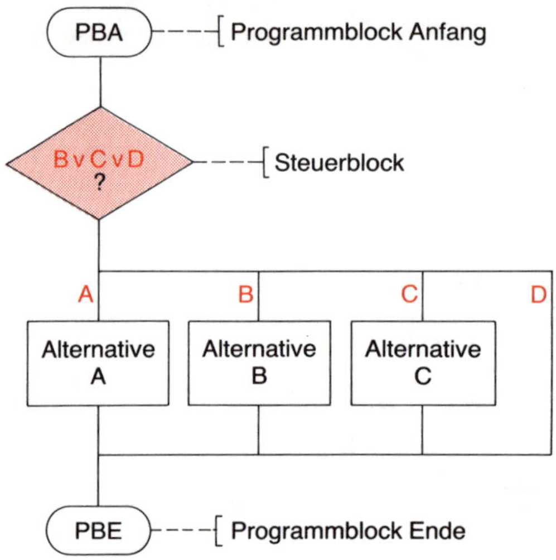

Bild 4.48
Darstellung von Alternativen im PA

Jede Alternative wird mit einem unbedingten Sprung zum Beginn des nächsten Programmblocks abgeschlossen. Dieser Sprungbefehl kann bei der letzten Alternative natürlich entfallen.

Beispiel

Die Steuerung eines Transportbandes erfolgt über 3 Steuertasten (siehe Bild 4.50) und eine Zehner-Tastatur zur Eingabe des Transportweges, die der Einfachheit halber nicht gezeichnet wurde. Als Reaktion auf Betätigungen der Steuertasten sind die folgenden Programmteile vorgesehen:

A:	keine Taste gedrückt	: Aussprung aus dem Programmblock
B:	mehrere Tasten gedrückt	: Ausführung eines FEHLER-Programmes
C:	Start-Taste gedrückt	: Ausführung eines START-Programmes
D:	Stop-Taste gedrückt	: Ausführung eines STOP-Programmes
E:	Eingabe-Taste gedrückt	: Ausführung eines Eingabe-Programmes

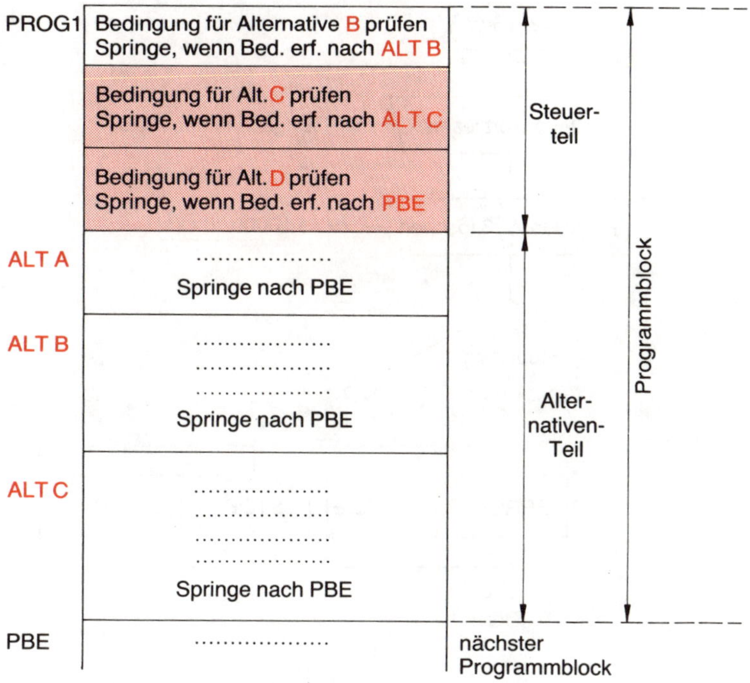

Bild 4.49
Ablage eines Programms mit Alternativen im Speicher

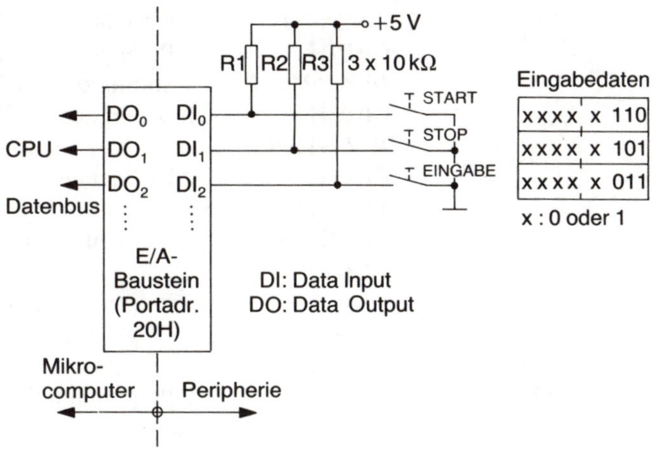

Bild 4.50
Anordnung der Hardware im Beispiel Transportband-steuerung

Von den 8 möglichen Kombinationen, die bei 3 Steuertasten theoretisch auftreten können, sind nur 4 sinnvoll, nämlich A, C, D und E. Alle anderen Kombinationen müssen zu einer Fehlermeldung führen. Es ist also nach dem Einlesen des Steuerwortes sinnvoll, zuerst diese 4 Kombinationen abzuprüfen. Den Programmablaufplan zeigt Bild 4.51. Der Programmblock könnte dann im Prinzip so aufgebaut werden:

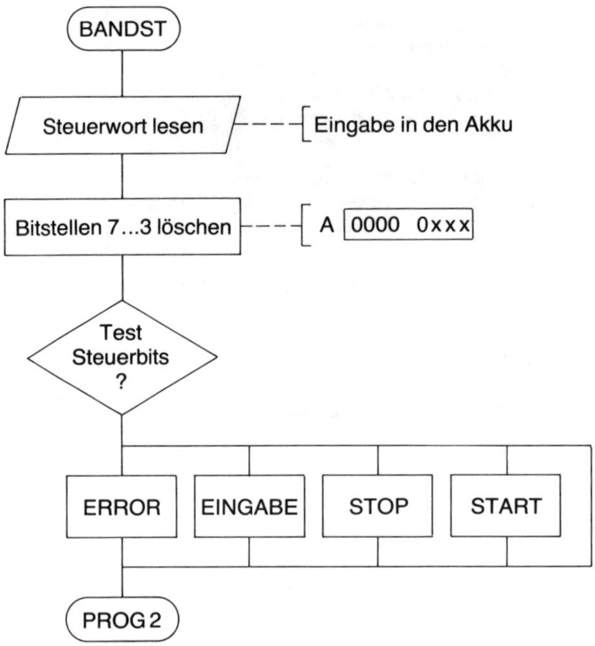

Bild 4.51
PA zum Beispiel Transportbandsteuerung

```
BANDST :  IN A,(20H)    ; Status Steuerwort lesen
          AND 07H       ; Bitstellen 7 ... 3 löschen
          CP 07H        ; Bedingung für «keine Taste gedr.» testen
          JP Z,PROG2    ; Sprung zum nächsten Programmblock
          CP 06H        ; Bedingung für «Start» testen
          JP Z,START
          CP 05H        ; Bedingung für «Stop» testen
          JP Z,STOP
          CP 03H        ; Bedingung für «Eingabe» testen
          JP Z,EIN
ERROR:    ...           ; Programmteil für «Fehler»
          ...
          JP PROG2
START:    ...           ; Programmteil für «Start»
          ...
          JP PROG2
STOP:     ...           ; Programmteil für «Stop»
          ...
          JP PROG2
EIN:      ...           ; Programmteil für «Eingabe»
          ...
          JP PROG2
PROG2:                  ; Nächster Programmblock
```

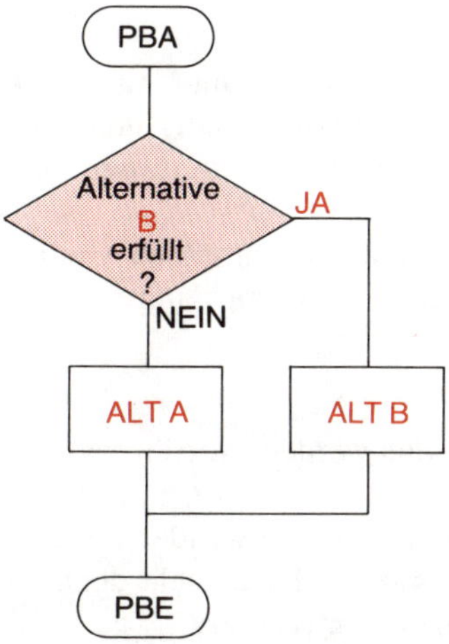

Bild 4.52
PA zur einfachen Alternative

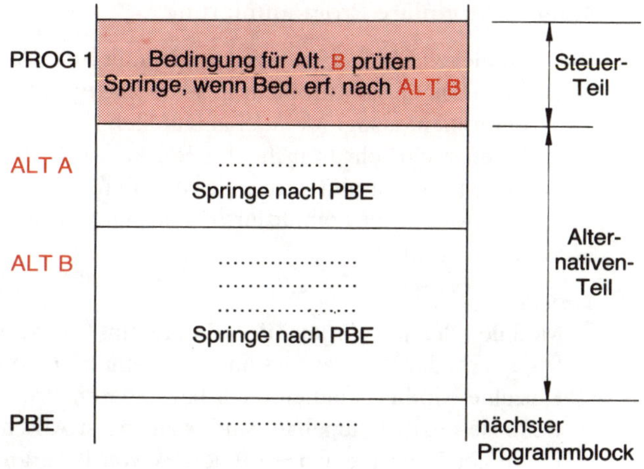

Bild 4.53
Ablage eines Programms mit einfacher Alternative im Speicher

Spezialfall «einfache Alternative»
Ein sehr häufig vorkommender Fall, der auch in DIN 66 262 erfaßt ist.

Bild 4.52 zeigt den prinzipiellen PA und Bild 4.53 die Anordnung dieses Programmbausteins im Speicher.

Spezialfall «bedingte Verarbeitung»
Bild 4.54 zeigt den PA und Bild 4.55 die prinzipielle Anordnung im Speicher.

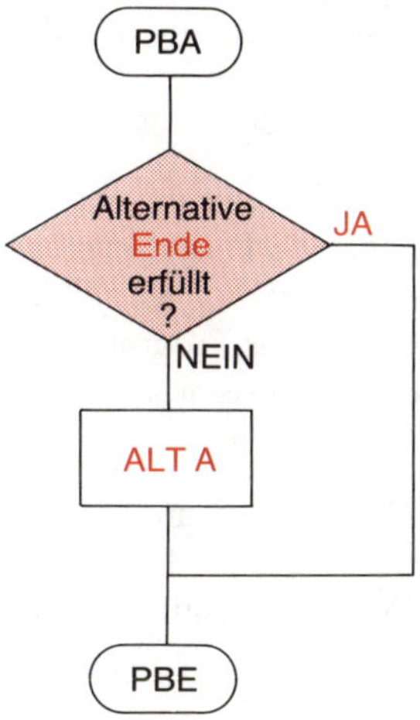

Bild 4.54
PA zur bedingten Verarbeitung

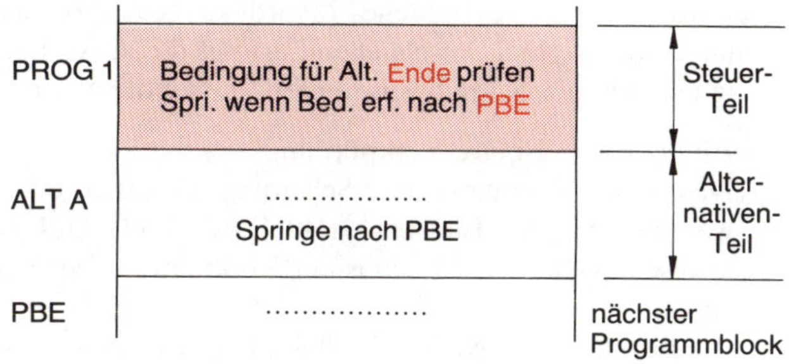

Bild 4.55
Ablage eines Programms mit bedingter Verarbeitung im Speicher

4.5.4 Modulare Programmierung

Bei komplexen Aufgaben werden detaillierte PA unübersichtlich, und man wird versuchen, das Gesamtproblem in kleinere, nach Möglichkeit voneinander unabhängige Teilprobleme, sog. *Module*, aufzuteilen. Die schon besprochene Unterprogrammtechnik liefert ein sehr brauchbares Werkzeug dafür.

Die Kunst besteht nun darin, die Modulgröße nicht zu groß – die einzelnen Module sind dann wieder zu kompliziert – und auch nicht zu klein – es gibt dann zu viele Module – zu wählen.

Vorteile

- ☐ Module, die im Verlauf des Programms oft verwendet werden, verringern den Speicherbedarf für das Gesamtprogramm beträchtlich.
- ☐ Einzelne Module können auch bei anderen Problemen wiederverwendet werden, wenn sie flexibel aufgebaut sind, siehe auch Abschnitt 4.4.4.5. Es entsteht dann im Laufe der Zeit eine ganze Bibliothek von Programmmodulen (Library).
- ☐ Größere Aufgaben können leichter auf mehrere Programmierer verteilt werden.
- ☐ Einzelne Module können u.U. leichter getestet und geändert werden.
- ☐ Der Programmablaufplan für das Gesamtprogramm wird kompakter und übersichtlicher.

Nachteile

- ☐ Eine sinnvolle Aufteilung in Module ist oft sehr schwierig und kostet viel Zeit.
- ☐ Schnittstellen zu anderen Programmteilen oder zu gemeinsam genutzten Datenblökken müssen zusätzlich genau festgelegt und dokumentiert werden.
- ☐ Sehr kleine Module brauchen mehr Speicher und längere Ausführungszeit, da bei jedem Aufruf eines UP noch die Zeit für das Abspeichern und Zurückholen der Rücksprungadresse hinzukommt. Bei zeitkritischen Programmen wird deshalb, wenn sie nicht zu lang sind, manchmal auf eine Modularisierung verzichtet.

Bei kluger Anwendung der Modularisierung überwiegen die Vorteile bei weitem, so daß vor allem bei größeren Programmen dieses Verfahren fast immer angewendet wird.

Übung 4.16 Generieren eines Parity-Bit
Der Akku soll bereits ein Zeichen enthalten, das im ISO-7-Bit-Code verschlüsselt ist. Die Bitstelle 7 soll als Parity-Bit verwendet werden. Es muß ungerade Parität erzeugt werden, d. h.,die Bitstelle 7 wird so geändert, daß die Anzahl der 1 im Akku ungeradzahlig ist. Anschließend erfolgt die Ausgabe. Schreiben Sie das Programm in mnemonischer Schreibweise unter Verwendung von symbolischen Adressen.

Übung 4.17 Binäre Verknüpfung
Die in Bild 4.56 umrahmte Schaltung soll durch ein Z80-Maschinenprogramm ersetzt werden. An die Eingänge DI0, DI2, DI3, DI7 (Portadresse 20H) sind Schalter angeschlossen. Das Ergebnis der Verknüpfung wird auf D01 (Portadresse 40H) ausgegeben.

Es ist also eine NAND-Verknüpfung zu realisieren.

Bei Daten und Adressen gilt: HIGH <—> «1» und LOW <—> «0» (positive Logik).

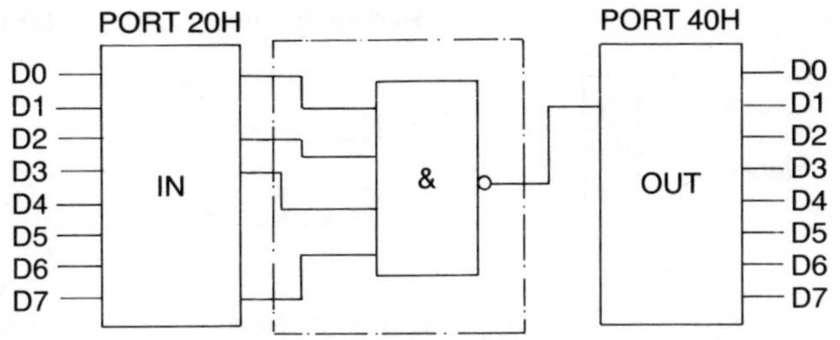

Bild 4.56
Hardware zur Übung 4.17

Übung 4.18 Suchen einer Konstanten im Speicher

Es soll ein UP entwickelt werden, das einen gegebenen Adressenbereich nach dem ersten Auftreten einer bestimmten Konstanten durchsucht.

Wird die Konstante innerhalb des festgelegten Speicherbereichs gefunden, so soll die Adresse dieser Konstante im Parameterblock gespeichert und das UP beendet werden.

Wird die Konstante nicht gefunden, soll im Steuerwort CONTROL die Bitstelle 5 auf 1 gesetzt werden, anschließend Beendigung des UP.

Die Anfangsadresse des Parameterblocks wird dem UP im IX-Register übergeben.

Parameterblock:

PARBLOCK	+0	ADSUCH	Re.H.	Anfangsadresse des zu durchsuchenden
	+1	ADSUCH	Li.H.	Speicherbereichs
	+2	LEN		Länge des zu durchsuchenden Bereichs (immer > 1)
	+3	KONST		zu suchende Konstante 8 Bit
	+4	CONTROL		Steuerwort
	+5	ADBERG	Re.H.	Adresse des Speicherplatzes, wo die
	+6	ADBERG	Li.H.	Konstante zum erstenmal gefunden wurde

Übung 4.19 Suchen der größten Dualzahl im Speicher

Der Datenblock besteht aus 8stelligen Dualzahlen ohne Vorzeichen. Die benötigten Parameter können dem folgenden Parameterblock entnommen werden (Mailbox):

Speicheradresse	Inhalt der Adresse
0A00	Anfangsadresse Datenblock, rechte Hälfte
0A01	Anfangsadresse Datenblock, linke Hälfte
0A02	Länge Datenblock, rechte Hälfte
0A03	Länge Datenblock, linke Hälfte
0A04	größte gefundene Zahl
0A05	Adresse der größten Zahl, rechte Hälfte
0A06	Adresse der größten Zahl, linke Hälfte

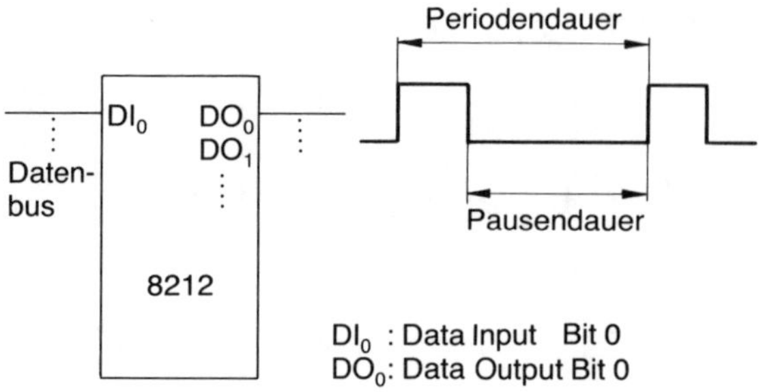

Bild 4.57
Hardware zur Übung 4.20

Übung 4.20 Impulse mit programmierbarem Tastverhältnis

Programmname: PULSVAR

Zweck: Erzeugung von TTL-kompatiblen Impulsen konstanter Periodendauer und variabler Pausendauer, z. B. zur Steuerung der Helligkeit einer Lampe oder der Drehfrequenz eines Gleichstrommotors, siehe Bild 4.57.

Lösungsprinzip: Ein Zähler wird mit 7FH geladen und in einer Schleife auf =00H dekrementiert (konstante Periodendauer). Bei jedem Schleifendurchlauf wird der Zählerstand mit einem am Schleifenbeginn eingelesenen Datenbyte verglichen. Ist der Zählerstand größer, wird eine 1 auf D0 ausgegeben, sonst eine 0 (variables Tastverhältnis).

Programmende: Wenn Bit 7 von PORTIN gleich 1

Eingangsparameter: Impulsdauer von PORTIN, Bitstellen 6 ... 0

Ausgangsparameter: Signal auf PORTOUT, Bitstelle 0

Veränderte Register: keine

Übung 4.21 Speichertest «walking ones»
In die zu prüfende Adresse wird der Reihe nach, mit Bit 0 beginnend und dann nach links fortschreitend, in jede der 8 Bitstellen eine 1 eingeschrieben und anschließend getestet. Dieser Vorgang wird bei den folgenden Adressen wiederholt. Bei Fehler wird ein Unterprogramm mit Namen ERROR ausgeführt, dann weitergetestet. Die Anfangsadresse des zu testenden Bereichs ist zu Programmbeginn bereits in DE und die Endadresse in HL gespeichert. Die CPU-Register können beliebig verwendet werden.

4.6 CPU-Steuerbefehle

NOP, HALT
NEG,CPL,DAA,CCF,SCF
EI,DI,IM 0,IM 1,IM 2

4.6.1 Leerbefehl

Mnemonik

NOP No Operation

Wirkung Keine Änderung von Registern oder Speicherinhalten. Kann als «Platzhalter» für nachträgliche Programmänderungen verwendet werden.

Flags keine Beeinflussung.

4.6.2 Programmhalt

Mnemonik

HALT

Wirkung Es werden keine weiteren Befehle ausgeführt.
Nach dem Lesen des HALT-Befehls erzeugt die CPU laufend M1-Zyklen, um den Refresh von dynamischen Speichern sicherzustellen. Dabei erscheint die Adresse der auf den HALT-Befehl folgenden Speicherzelle auf dem Adreßbus. Der Inhalt dieser Speicherzelle wird jedoch nicht in die CPU übernommen.Das $\overline{\text{HALT}}$-Signal der CPU wird statisch auf LOW gesetzt.
Ein Verlassen der Halt-Zyklen ist nur durch das Signal $\overline{\text{RESET}}$ und durch Interrupt möglich.

Flags keine Beeinflussung

4.6.3 Komplement-Befehle

Mnemonik

CPL Komplementiere Akku

Wirkung $A := \overline{A}$
Jede einzelne Bitstelle im Akku wird invertiert. Dieselbe Wirkung kann durch den Befehl XOR FFH erreicht werden, allerdings werden dann die Flags anders beeinflußt.

Flags H := 1
N := 1

andere Flags werden nicht beeinflußt

Mnemonik

NEG Negiere Akku (Zweierkomplement)

Wirkung A := 0 – A

Jede einzelne Bitstelle im Akku wird invertiert und anschließend 1 hinzuaddiert. Das Ergebnis ist dann das Zweierkomplement der ursprünglichen Zahl. Die Zahl 80H ist nach der Befehlsausführung unverändert, wie Sie leicht überprüfen können.

Flags Die Flags werden behandelt wie bei einer Subtraktion (NFl:=1), da jedoch der 1. Operand immer 0 ist, ergeben sich nur folgende Möglichkeiten:

S	:= 1	wenn MSB = 1
Z	:= 1	wenn Inhalt von A:=00H war (nur dann ist das Ergebnis gleich 00H)
H	:= 1	wenn Übertrag von Bit 4 auf Bit 3 erfolgt, d. h. die niederwertige Ziffer ungleich 0 war
P/V	:= 1	wenn Inhalt von A:=80H war
N	:= 1	
C	:= 1	wenn Inhalt von A ungleich 00H war

4.6.4 Dezimalangleichung im Akku

Mnemonik

DAA Decimal Adjust Accumulator

Wirkung

Die ALU eines Rechenwerks ist nur für die Verarbeitung von Dualzahlen ausgelegt. Wenn als Operanden trotzdem Dezimalzahlen, natürlich binär verschlüsselt, verwendet werden, muß das Ergebnis, wie in Bild 4.59 gezeigt, nach relativ komplizierten Regeln korrigiert werden.

Damit diese Korrektur ein sinnvolles Ergebnis liefert, müssen folgende Voraussetzungen erfüllt sein:

- Als letzter, die Flags beeinflussender Befehl muß vor Ausführung von DAA eine der folgenden 8-Bit-Operationen ausgeführt worden sein:
  ADD, ADC, INC
  SUB, SBC, DEC, NEG.
- Die Operanden der vorhergehenden Operation müssen bereits als Dezimalzahlen, codiert im BCD-8421-Code, in der in Bild 4.58 gezeigten Form vorgelegen haben. Das Ergebnis erscheint auch wieder in dieser Form.

Wie aus Bild 4.59 hervorgeht, muß eine Korrektur immer dann erfolgen, wenn *vor Ausführung* des Befehls DAA

- das Ergebnis einer Tetradenaddition die Zahl 9 überschreitet (A ... F),
- das Carry Flag oder das Half Carry Flag gleich 1 ist.

Flags S := 1 wenn MSB:= 1
Z := 1 wenn Ergebnis von DAA gleich 0
H := 1 wenn *während der Ausführung von DAA* der Übertrag zwischen Bit 3 und Bit 4 gleich 1 ist
P := 1 wenn Ergebnis gerade Anzahl von 1 hat (Even Parity)
N nicht beeinflußt
C siehe Bild 4.59

7 … 4	3 … 0
Dez.-Ziff.	Dez.-Ziff.
10^{n+1} z. B. Zehner	10^{n} Einer

Wertigkeit

Dez.-Ziff.	BCD 8421-Code
0	0000
1	0001
2	0010
3	0011
4	0100
5	0101
6	0110
7	0111
8	1000
9	1001

Bitte beachten Sie den Unterschied:

Dezimalzahl	: 93
dieselbe Zahl BCD 8421 codiert	:1001 0011
dieselbe Zahl in eine Dualzahl umgewandelt	: 1011101

Bild 4.58 Codierung der Dezimalziffern im BCD-8421-Code

Befehl vor DAA	CFI vor DAA	höherwertige Tetrade vor DAA	HFI vor DAA	niederwertige Tetrade vor DAA	zum Erg. addierte Korrektur	CFI nach DAA
	0	0 – 9	0	0 – 9	00	0
	0	0 – 8	0	A – F	06	0
ADD	0	0 – 9	1	0 – 3	06	0
	0	A – F	0	0 – 9	60	1
ADC	0	9 – F	0	A – F	66	1
	0	A – F	1	0 – 3	66	1
INC	1	0 – 2	0	0 – 9	60	1
	1	0 – 2	0	A – F	66	1
	1	0 – 3	1	0 – 3	66	1
SUB	0	0 – 9	0	0 – 9	00	0
SBC	0	0 – 8	1	6 – F	FA	0
DEC	1	7 – F	0	0 – 9	A0	1
NEG	1	6 – F	1	6 – F	9A	1

Bild 4.59 Korrekturtabelle für den Befehl DAA

Beispiel

ADD B	15 dezimal	Akku	:=	0001 0101	8421-codiert
	+27 dezimal	B-Reg.	:=	+0010 0111	8421-codiert
	42 Ergebnis	Akku	:=	0011 1100	also 3CH falsch!
DAA	CFl:=HFl:=0		also	+0000 0110	Korrektur durch DAA
				0100 0010	42 dez. also korrekt

Ist das Ergebnis einer Subtraktion < 0, so erscheint es nach DAA ebenfalls in Komplement-Darstellung, wobei das CFl:=1 ist.

Dezimales Beispiel: 24 – 43 = –19.

```
SUBDEZ:LD A,24H      ; A := 0010 0100
       LD B,43H      ; B := 0100 0011
       SUB B         ; A := 1110 0001 und CFl:=1 entsprechend den
                                    Regeln für duale Subtraktion
       DAA           ; A := 1000 0001 und CFl:=1
       OUT (ANZ),A   ; Ausgabe des Ergebnisses
```

In den 7-Segment-Anzeige erscheinen also die Ziffern 81. Das bedeutet, daß auch nach dem Befehl DAA negative Ergebnisse im Komplement dargestellt werden.

Probe:

Absoluter Wert des Ergebnisses	19	
Zweierkomplement	+81	
	1 | 00	Null plus Übertrag

Um den absoluten Wert des Ergebnisses zu erhalten, muß immer dann, wenn nach DAA das CFl:=1 war, noch folgender Programmteil ausgeführt werden:

```
UMKEHR: NEG   ; A := 0111 1111
        DAA   ; A := 0001 1001 ——> 19 dezimal
```

Bei Verwendung von DAA entfällt die Umwandlung der Zahlen in das Dualsystem und damit auch eventuelle Rundungsfehler. Nachteilig ist, daß nach jeder arithmetischen Operation ein DAA ausgeführt werden muß.

Übung 4.22

Das folgende Programm zum dezimalen Zählen arbeitet nicht mehr korrekt, wenn der Grenzwert 99 überschritten wird. Es arbeitet jedoch einwandfrei, wenn der Zählbefehl INC A durch ADD 01H ersetzt wird. Überlegen Sie sich, weshalb. (Hinweis: vergleichen Sie die Flag-Behandlung beider Befehle.)

```
ZÄHL:XOR A       ; Akku löschen
LOOP:INC A
     DAA
     OUT (ANZ),A
     JR LOOP
```

Übung 4.23
Zwei gleich lange in BCD-8421 codierte Zahlen mit variabler Länge sollen voneinander subtrahiert werden, und zwar nach folgendem Algorithmus:

(ZAHL2):=(ZAHL2)–(ZAHL1)

Die Zahlen sind im sog. «BCD packed format» abgelegt, d. h. jedes Byte enthält 2 Ziffern. Bei Zahlen im «unpacked format» enthält jedes Byte nur 1 Ziffer, dann z. B. im ISO-7-Bit-Code codiert.

LEN	Zahlenlänge in Bytes
ZAHL1	niederwertige Tetraden
	:
+n	höchstwertige Tetraden
ZAHL2	niederwertige Tetraden
	:
+n	höchstwertige Tetraden

4.6.5 Carry-Flag-Befehle

	SCF	CCF
Mnemonik	SCF Setze Carry Flag	CCF Complementiere Carry Flag
Wirkung	CFl := 1	CFl := $\overline{\text{CFl}}$
Flags	H := 0 N := 0 C := 1 andere Flags werden nicht beeinflußt	H : Zustand des CFl vor Ausführung von CCF N := 0 andere Flags werden nicht beeinflußt

4.6.6 Befehle für Interruptverarbeitung

Die Wirkung dieser Befehle wird ausführlich in Abschnitt 5.2 besprochen, so daß hier nur eine Auflistung der wichtigsten Eigenschaften erfolgt.

	EI	DI
Mnemonik	EI Enable Interrupt	DI Disable Interrupt
Wirkung	Interrupt ist nach Befehlsausführung erlaubt	Maskierbarer Interrupt ist nach Befehlsausführung nicht erlaubt

Flags werden nicht beeinflußt

Mnemonik

IM 0	IM 1	IM 2
setze Interrupt-Modus 0	setze Interrupt-Modus 1	setze Interrupt-Modus 2

Wirkung

Diese Befehle bestimmen im wesentlichen, wie bei einer Unterbrechungs-Anforderung die Adresse der Interrupt-Service-Routine gebildet wird.

Flags werden nicht beeinflußt

4.7 Blockbefehle

4.7.1 Allgemeiner Aufbau

Diese Befehle bewirken:

- ☐ Durchsuchen eines Speicherbereichs nach dem ersten Auftreten einer bestimmten 8-Bit-Konstante.
- ☐ Verschieben von Speicherbereichen innerhalb des Speichers.
- ☐ Ein- und Ausgabe ganzer Speicherbereiche.

Diese Befehle können als Makrobefehle bezeichnet werden, da sie sich aus einer Anzahl von Z80-Maschinenbefehlen zusammensetzen. Sie sind eine Spezialität des Z80 und erlauben die Lösung vieler Aufgaben mit relativ kurzen und schnellen Programmen.

4.7.2 Blocksuch-Befehle

Mit Hilfe dieser Befehle kann ein Speicherbereich nach einer bestimmten Konstante durchsucht werden. Die Suchbefehle verwenden folgende Register:

A: muß die zu suchende Konstante enthalten
HL: Datenzeiger, enthält Adresse, deren Inhalt mit dem Akku verglichen wird
BC: enhält die Anzahl der noch zu durchsuchenden Speicherzellen

Mnemonik

CPI	CPIR	CPD	CPDR

CP: compare
I : increment
D : decrement
R : repeat

Wirkung

A – (HL)	A – (HL)	A – (HL)	A – (HL)
HL:=HL+1 BC:=BC−1	HL:=HL+1 BC:=BC−1 wiederholen wenn A < > (HL) und BC<>0	HL:=HL−1 BC:=BC−1	HL:=HL−1 BC:=BC−1 wiederholen wenn A < > (HL) und BC<>0

Der Ablauf geschieht in folgenden Schritten:

- □ Der Akku-Inhalt wird verglichen mit dem Inhalt der durch HL adressierten Speicherzelle. Bei Gleichheit wird ZFl:=1.
- □ Der Datenzeiger HL wird inkrementiert (CPI, CPIR) oder dekrementiert (CPD, CPDR).
- □ Das Zählregister BC wird erst dekrementiert und anschließend geprüft. Wenn BC:=0 dann P/V:=0 (Parity Odd).
- □ Bei den Befehlen CPIR und CPDR werden dann Z-Flag und P/V-Flag geprüft. Die Wiederholung des Befehls wird beendet, wenn ZFl:=1 (Zeichen gefunden) oder P/V:=0 (Block durchsucht). Sonst wird PC um 2 dekrementiert und der Befehl wiederholt.

  Der Befehlscode wird also jedesmal neu gelesen. Diese umständlich erscheinende Prozedur hat aber auch zur Folge, daß jedesmal Refresh-Zyklen ablaufen, die den Inhalt eines evtl. vorhandenen dynamischen Speichers erhalten, auch wenn die Blocklänge 64 k beträgt.

Bei CPIR und CPDR werden volle 64 K durchlaufen, wenn vor der Ausführung des Befehls BC:=0 war und das Zeichen nicht gefunden wird.

Bei jeder Befehlsausführung wird der Status der Interrupt-Leitungen abgefragt, so daß auch während des Suchens im Block Unterbrechungen möglich sind. Der Programmierer muß aber dafür sorgen, daß nach Ablauf der Interrupt-Service-Routine die verwendeten Register wieder die gleichen Werte haben wie vorher.

Flags	S	:= 1	wenn MSB = 1
	Z	:= 1	wenn A = (HL)
	H	:= 1	wenn Übertrag von Bitstelle 4 nach Bitstelle 3
	P/V	:= 0	wenn BC = 0
	N	:= 1	
	C		nicht beeinflußt

Beispiel

```
0900   LD HL,0B00H  ; AA des zu durchsuchenden Datenblocks
0903   LD BC,0002H  ; Länge des zu durchsuchenden Datenblocks
0906   LD A,0DH     ; zu suchende Konstante
0908   CPIR         ; Blocksuchbefehl
090A   HALT
```

Die Ausführung des Befehls CPIR ergibt folgendes Busprotokoll:

$\overline{M1}$	$\overline{MREQ}$	$\overline{IORQ}$	$\overline{RD}$	$\overline{WR}$	ADRESS-BUS	DATEN-BUS	KOMMENTAR
*	*		*		0908	ED	OP-Code lesen
*	*		*		0909	B1	OP-Code lesen
	*		*		0B00	ab	(HL) in Zw.-Reg. laden HL:=0B01H, BC:=0001H
*	*		*		0908	ED	OP-Code lesen
*	*		*		0908	B1	OP-Code lesen
	*		*		0B01	cd	(HL) in Zw.-Reg. laden HL:=0B02H, BC:=000H!
*	*		*		090A	76	OP-Code lesen (Programmende)

Im Busprotokoll erscheinen, abweichend von den Ausführungszeiten in der Befehlsliste, nur 3 Maschinenzyklen, allerdings dauert der 3. Maschinenzyklus 13 Taktzyklen.

4.7.3 Blocktransport-Befehle

Hier kann mit einem Befehl ein Speicherbereich bis zu 64 K Länge von einem Quellbereich zu einem Zielbereich verlagert werden. Quell- und Zielbereich dürfen sich überlappen.

Register: DE: Datenzeiger (Adresse des Zielbereichs)
HL: Datenzeiger (Adresse des Quellbereichs)
BC: Zähler für Blocklänge

Mnemonik

	LDI	LDIR	LDD	LDDR

LD: load, lade
I: increment
D: decrement
R: repeat

Wirkung	(DE):= (HL) HL := HL+1 DE := DE+1 BC := BC−1	(DE):= (HL) HL := HL+1 DE := DE+1 BC := BC−1 wiederholen wenn BC<>0	(DE):= (HL) HL := HL−1 DE := DE−1 BC := BC−1	(DE):= (HL) HL := HL−1 DE := DE−1 BC := BC−1 wiederholen wenn BC<>0

- □ Der Inhalt der durch HL adressierten Speicherzelle wird in ein Zwischenregister der CPU geladen. Anschließend wird das Zwischenregister in die durch DE adressierte Speicherzelle geladen.
- □ Die beiden Datenzeiger DE und HL werden dann inkrementiert (LDI, LDIR) oder dekrementiert (LDD, LDDR).
- □ Das Zählregister BC wird in jedem Fall dekrementiert. Ist danach BC:=0, wird das P/V-Flag:=0.
- □ Bei LDIR und LDDR wird nun das P/V-Flag getestet. Der Befehl wird wiederholt solange P/V:=1.

Bei jeder Wiederholung des Befehls werden die Interrupt-Leitungen abgefragt.

Flags H := 0
P/V := 0 wenn nach Befehlsausführung BC = 0
N := 0

alle anderen Flags werden nicht beeinflußt

Beispiel
Ein Speicherbereich von Adresse 0A00H bis 0AFFH soll um +9Adressen verschoben werden (Bild 4.60). Damit keine Daten überschrieben werden, muß mit dem Übertragen der höchsten Adresse des Quellbereichs begonnen werden.

```
LD HL,0AFFH ; höchste Adresse des Quellbereichs
LD DE,0B08H ; höchste Adresse des Zielbereichs
LD BC,0100H ; Anzahl der Zellen (0AFFH-0A00H+1)
LDDR        ; Bereich verschieben
```

Bild 4.60
Blocktransport bei überlappenden Speicherbereichen

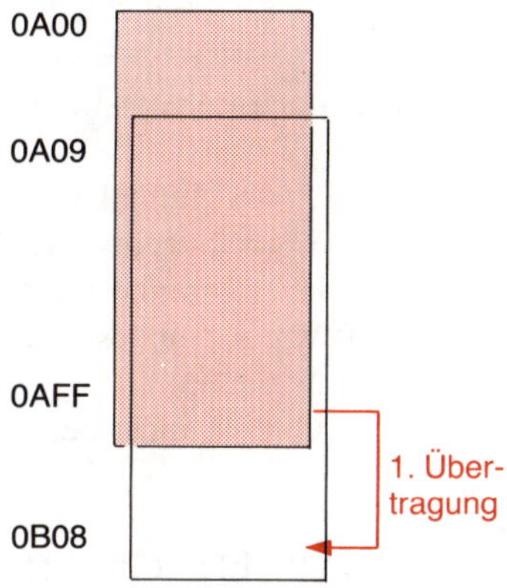

4.7.4 Blockweise Ein- und Ausgabe

Mit einem Maschinenbefehl sind bis zu 256 Ein- oder Ausgabeoperationen ausführbar.

4.7.4.1 Blockweise Eingabe

Register: B: Zählregister
C: Adreßzeiger für E/A-Bausteinadresse
HL: Adreßzeiger für Speicherzelle

Mnemonik

INI	INIR	IND	INDR

IN: input
I: increment
D: decrement
R: repeat

Wirkung

INI	INIR	IND	INDR
Zw.Reg:=(C) (HL):=Zw.Reg HL:=HL+1 B:=B−1	Zw.Reg:=(C) (HL):=Zw.Reg HL:=HL+1 B:=B−1 wiederholen wenn BC< >0	Zw.Reg:=(C) (HL):=Zw.Reg HL:=HL−1 B:=B−1	Zw.Reg:=(C) (HL):=Zw.Reg HL:=HL−1 B:=B−1 wiederholen wenn BC< >0

- □ Register C wird auf die Adreßleitungen A7…A0 und Register B auf A15…A8 geschaltet.
  Der Inhalt des dadurch adressierten E/A-Registers wird in ein Zwischenregister der CPU geladen.
- □ Der Inhalt des Zwischenregisters wird in die durch HL adressierte Speicherzelle geladen.
- □ Der Datenzeiger HL wird inkrementiert (INI,INIR) oder dekrementiert (IN-D,INDR).
- □ Das Zählregister B wird dekrementiert, ist danach B:=0, wird ZFl:=1.
- □ Bei INIR und INDR wird das Zero Flag geprüft und der Befehl wiederholt, solange B<>0.

Der Status der Interrupt-Leitungen wird bei jeder Befehlsausführung abgefragt.

Flags

S	:	unbekannt
Z	:= 1	wenn *nach* Dekrementierung B:=0
H	:	unbestimmt
P/V	:	unbestimmt
N	:= 1	
C	:	nicht beeinflußt

Beispiel

```
0900  LD BC,0601H  ; Es sollen 6 Bytes aus Portadresse 01H geladen werden
0903  LD HL,0AFFH; Datenzeiger mit erster Adresse laden
0906  INDR         ; nach 6 Durchläufen weiter mit Adresse 0908H
0908  HALT         ; Programmende
```

Bei den Befehlen INIR und INDR kann im Abstand von 21 Takten (also alle 10,5 μs bei 2 MHz) ein Byte gelesen werden.

In diesem Programmbeispiel könnten mit einem Decoder 1 aus 8 (z. B. 74 138) der Reihe nach 6 verschiedene I/O-Ports gelesen werden (Bild 4.61).

Bild 4.61
Abfragen von Eingabe-Bausteinen (Polling) mit INDR oder INIR

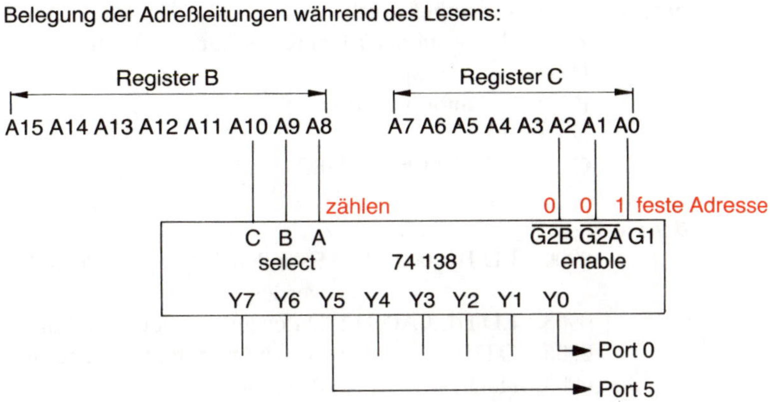

4.7.4.2 *Blockweise Ausgabe*

Mnemonik

OUTI	OTIR	OUTD	OTDR

OUT, OT: output
I: increment
D: decrement
R: repeat

Wirkung

OUTI	OTIR	OUTD	OTDR
Zw.Reg:=(HL) B:=B−1 (C):=Zw.Reg HL:=HL+1	Zw.Reg:=(HL) B:=B−1 (C):=Zw.Reg HL:=HL+1 wiederholen wenn BC<>0	Zw.Reg:=(HL) B:=B−1 (C):=Zw.Reg HL:=HL−1	Zw.Reg:=(HL) B:=B−1 (C):=Zw.Reg HL:=HL−1 wiederholen wenn BC<>0

- □ Ein Zwischenregister der CPU wird mit dem Inhalt der durch HL adressierten Speicherzelle geladen.
- □ Anschließend wird das Zählregister B dekrementiert, also schon *vor* der Ausgabe.
- □ Dann wird der Inhalt von C auf die Adreßleitungen A7...A0 und der Inhalt von B auf A15...A8 geschaltet und das so adressierte E/A-Register mit dem Inhalt des Zwischenregisters geladen.
- □ HL wird inkrementiert (OUTI;OTIR) oder dekrementiert (OUTD,OTDR).
- □ Bei OTIR und OTDR wird das Zero Flag geprüft, der Befehl wird wiederholt, solange B<>0 ist.

Bei jeder Befehlsausführung wird der Status der Interrupt-Leitungen abgefragt.

Flags S	:	unbekannt
Z	:= 1	wenn *nach* Dekrementierung B:=0
H	:	unbestimmt
P/V	:	unbestimmt
N	:= 1	
C	:	nicht beeinflußt

Beispiel

```
0900  LD BC,0601H  ; Es sollen 6 Bytes auf Portadresse 01H ausgegeben
                     werden
0903  LD HL,0A00H  ; Datenzeiger mit erster Adresse laden
0906  OTIR         ; nach 6 Durchläufen weiter mit Adresse 0908
0908  HALT         ; Programmende
```

4.8 Adressierungsarten

4.8.1 Überblick

Hier soll nun versucht werden, einen zusammenfassenden und systematischen Überblick über mögliche Adressierungsarten zu geben. Eine solche Übersicht kann auch bei der Einarbeitung in neue Prozessortypen sehr nützlich sein, denn ohne ein sicheres Anwenden der Adressierungsarten ist keine effektive Programmierung denkbar. Leider sind die Bezeichnungen nicht genormt, so daß sowohl gleiche Adressierungarten unter verschiedenen Namen als auch verschiedene Adressierungsarten unter gleichem Namen beschrieben werden.

Grundsätzlich können 4 verschiedene Adressierungsweisen unterschieden werden, von denen es allerdings jeweils wieder verschiedene Spielarten gibt. Je nach der Länge des Befehlscodes können in einem Maschinenbefehl auch mehrere Adressierungsarten kombiniert werden.

- ☐ *Immediate.* Der Maschinencode enthält unmittelbar die zu verarbeitende Konstante.
- ☐ *Direkt.* Der Maschinencode enthält direkt die Register-, Speicher- oder E/A-Adresse des zu verarbeitenden Operanden.
- ☐ *Indirekt.* Der Maschinencode enthält nur einen Hinweis darauf, wo die Adresse des zu verarbeitenden Operanden zu finden ist.
- ☐ *Indiziert.* Die Adresse des zu verarbeitenden Operanden wird aus mehreren Teilen zusammengesetzt (Bild 4.62).

4.8.2 Immediate-Adressierung

> Hier ist der zu verarbeitende Operand unmittelbar im Maschinencode enthalten.

Bild 4.62
Indizierte Adreßbildung

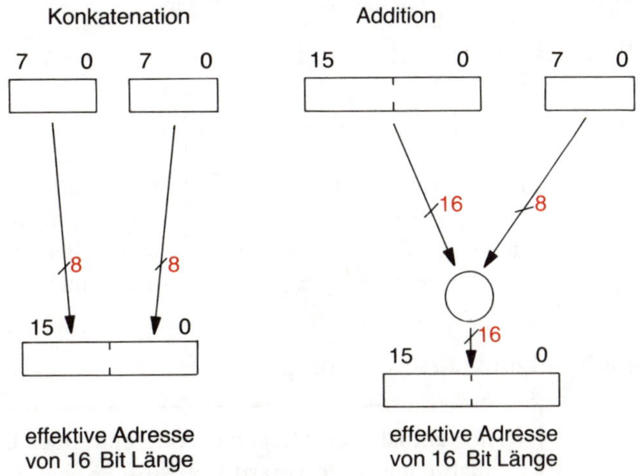

Das ist die einfachste Art, um Register oder Speicherzellen mit einem festen Wert zu laden. Der Operand kann allerdings nachträglich nicht mehr geändert werden, da Maschinencodes ja meist in einem ROM gespeichert sind.

Der OP-Code kann einen Hinweis auf die Länge des nachfolgenden Operanden enthalten, außerdem muß der Adreßteil des Befehles noch eine Angabe über das Ziel enthalten, mit dem die Konstante verknüpft werden soll (durch Transport, Addition usw.).

Beispiele

LD HL,1234H

adr	0 0 1 0 0 0 0 1	Ziel ist HL
adr+1	0 0 1 1 0 1 0 0	Konstante rechte Hälfte
adr+2	0 0 0 1 0 0 1 0	Konstante linke Hälfte

ADD A,12H

adr	1 1 0 0 0 1 1 0	Bei Arithmetik mit 8-Bit-Operanden ist das Ziel immer der Akku
adr+1	0 0 0 1 0 0 1 0	Konstante

LD (HL),12H

adr	0 0 1 1 0 1 1 0	Ziel ist ein durch HL adressierter Speicherplatz
adr+1	0 0 0 1 0 0 1 0	Konstante

JP 0916H

adr	1 1 0 0 0 0 1 1	
adr+1	0 0 0 1 0 1 1 0	Die unmittelbar auf den OP-Code folgende 16-Bit-Konstante wird in den PC geladen und dann als Adresse verwendet
adr+2	0 0 0 0 1 0 0 1	

4.8.3 Direkte Adressierung

> Hier enthält der Maschinencode eine oder mehrere Adressen, deren Inhalt dann weiterverarbeitet wird.

Die Länge dieser Adressen kann unterschiedlich sein, je nachdem, ob es sich um eine Register-, Speicher- oder E/A-Adresse handelt. Der Befehl kann einen Hinweis enthalten, ob zuerst die Ziel- oder die Quelladresse angegeben ist (nicht bei Z80).

Beispiele

LD A,(1234H)

adr	0 0 1 1 1 0 1 0	
adr+1	0 0 1 1 0 1 0 0	16-Bit-Speicheradresse der Quelle
adr+2	0 0 0 1 0 0 1 0	

INC L

adr	0 0 1 0 1 1 0 0	OP-Code enthält Registeradresse

LD E,C

adr	0 1 0 1 1 0 0 1	In diesem Befehl sind zwei Registeradressen enthalten, sog. R-R-Adressierung

OUT (20H),A

adr	1 1 0 1 0 0 1 1	
adr+1	0 0 1 0 0 0 0 0	Adresse des E/A-Ports

JP (IX)

adr	D				D				
adr+1	1	1	1	0	1	0	0	1	

Springe zu der in IX angegebenen Adresse

4.8.4 Indirekte Adressierung

> Der Maschinencode enthält nur einen Hinweis, wo die Adresse des zu verarbeitenden Operanden zu finden ist, sie ist also nur indirekt im Maschinencode vorhanden.

Der Hinweis kann entweder auf ein Register (registerindirekte Adressierung) oder auf einen Speicherplatz (speicherindirekte Adressierung) erfolgen, wo dann die effektive Adresse zu finden ist. Leider hat sich der Ausdruck «speicherindirekte Adressierung» als Gegensatz zu «registerindirekt» nicht eingebürgert, man spricht dann nur von «indirekter Adressierung». Vor allem die registerindirekte Adressierung ergibt kurze Maschinencodes, da statt einer 16-Bit-Speicheradresse nur eine 3-Bit-Registeradresse angegeben wird.

Manche Befehle – beim Z80 z. B. PUSH und POP – erhöhen (autoincrement) oder erniedrigen (autodecrement) die verwendeten Adreßregister automatisch, und zwar entweder vor (pre) der Ausführung des Befehles oder nachher (post).

Man könnte für die indirekte Adressierung also folgenden Baum aufstellen:

- indirekt
  - registerindirekt
    - autoincrement
      - pre
      - post z. B. POP
    - autodecrement
      - pre z. B. PUSH
      - post
  - speicherindirekt
    - autoincrement
      - pre
      - post
    - autodecrement
      - pre
      - post

Insgeamt sind 14 Möglichkeiten der indirekten Adressierung denkbar, beim Z80 sind jedoch nur 3 davon implementiert.

Beispiele

RRC (HL)

adr	1	1	0	0	1	0	1	1
adr+1	0	0	0	0	1	1	1	0

Hinweis auf HL als Adreßregister

PUSH DE

adr 1 1 0 1 0 1 0 1	Direkte Adressierung des DE-Registers, Inhalt von SP wird als Adresse verwendet (registerindirekte Adressierung)

Da der Stack Pointer vor der Befehlsausführung dekrementiert wird, wäre das der Typ «Pre-Autodecrement».

4.8.5 Indizierte Adressierung

4.8.5.1 Adressenbildung durch Konkatenation (Zusammensetzung)

Hier wird die effektive Adresse aus mehreren Teilen zusammengesetzt. Diese Teile können aus CPU-Registern, E/A-Registern oder aus Speicherzellen stammen.

Beispiele
Der Z80 verwendet diese Adressierungsart bei der Interruptverarbeitung im Mode 2 (Bild 4.63):

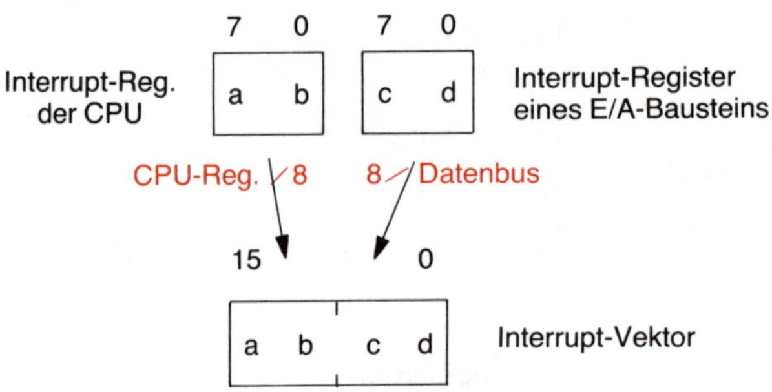

Bild 4.63
Bildung des Interrupt-Vektors durch Konkatenation

RST 5

	7	6	5	4	3	2	1	0
adr	1	1	1	0	1	1	1	1

A15 ... A0

0 0 0 0 0 0 0 0 0 0 1 0 1 0 0 0 ⟶ 0028H Sprungzieladresse

4.8.5.2 *Adressenbildung durch Addition*

Hier wird die effektive Adresse durch Addition mehrerer Operanden gebildet. Die Operanden müssen nicht die gleiche Länge haben, und sie können in ihrer Wertigkeit auch gegeneinander verschoben sein, wie z. B. beim INTEL 8086, siehe Kapitel 11. Es können auch negative Zahlen addiert werden, die dann aber in Zweierkomplement-Darstellung vorliegen müssen.

Beispiele

LD E,(IX+12H)

adr	D				D			
adr+1	0	1	0	1	1	1	1	0
adr+2	0	0	0	1	0	0	1	0

die Konstante 12H wird zum Inhalt von IX addiert

JR 12H

adr	1				8			
adr+1	0	0	0	1	0	0	1	0

Die Konstante 12H wird zur Dualzahl adr+2 addiert und in den PC geladen
PC := adr + 2 + 12H

4.8.6 Zeiger (Pointer)

Registerinhalte werden häufig als Adressen bei der Bearbeitung von Datenblöcken verwendet. Das Register bzw. der Inhalt des Registers «zeigt» dabei auf das gerade bearbeitete Datenwort oder den gerade ablaufenden Befehl. Beim Z80 werden für diese Zwecke verwendet:

- ☐ PC Program Counter, Befehlszähler
- ☐ SP Stack Pointer, Stapelzeiger
- ☐ HL, BC, DE, IX, IY als Zeiger für Datenblöcke (Data Pointer)

Programmzähler (PC)
Er zeigt an, welche Stelle des Programms gerade durch das Befehlswerk ausgeführt wird. Die Steuerung des Befehlswerks erhöht den PC automatisch, entsprechend dem Fortschritt in der Abarbeitung des Befehls.

Der Inhalt des PC kann auch durch die folgenden Eingriffe geändert werden:

- ☐ hardware-seitig durch die Reset- und Interrupt-Leitungen
- ☐ software-seitig durch Sprungbefehle

Stack Pointer (SP)
Er gibt die Adresse des letzten Eintrags in den Stack-Bereich an. Der Inhalt des SP kann durch Transportbefehle geändert werden.

Nach Ausführung eines CALL-, RST- oder PUSH-Befehles ist der SP automatisch um 2 Adressen dekrementiert.

Nach Ausführung eines RET-, RETI-, RETN oder POP-Befehls ist der SP automatisch um 2 Adressen inkrementiert.

Datenzeiger (HL, IX, IY, BC, DE)
Diese Zeiger zur Bearbeitung von Datenblöcken sind vom Programmierer frei wählbar. Bei manchen Mikroprozessoren werden diese Zeiger bei entsprechenden Befehlen automatisch in- oder dekrementiert. Beim Z80 ist das nur bei den Makros für die Blockbefehle (Transfer, Suchen, Ein-/Ausgabe) vorgesehen, im übrigen muß der Programmierer diese Zeiger durch entsprechende Befehle (INC,DEC) selbst verwalten.

5 Besondere Betriebsarten

Bisher wurde die Tätigkeit eines Mikrocomputers durch ein Programm festgelegt, welches – einmal gestartet – ohne Unterbrechung abläuft. Das Programm allein bestimmt die Reihenfolge und damit die Priorität der durchzuführenden Operationen. Man spricht von einem softwaregesteuerten System. Alle Eingaben von der Peripherie können nur durch Abfragen *(Polling)* erfaßt werden. Betreibt man auf diese Weise eine Maschinensteuerung, dann müssen die Sensoren und Bedienelemente im Interesse der Betriebssicherheit ständig nacheinander abgefragt werden, auch wenn sie im Moment keine wichtigen Daten liefern. Bei einer komplexen Anlage mit vielen Meldern wird somit viel Zeit verbraucht, um aktuell unwichtige Einheiten zu prüfen, während Aufgaben mit höchster Dringlichkeit anstehen können. Softwaregesteuerte Systeme sind daher ungeeignet zur Bearbeitung zeitkritischer Prozesse. Sie können nicht unmittelbar auf veränderte Situationen reagieren, da ihr Ablauf durch das Programm starr fixiert ist. Die Abfragetechnik ist die einfachste Art des Datenaustauschs mit der Peripherie. Sie benötigt keinen zusätzlichen Aufwand an Hardware. Man verwendet sie überwiegend in der Meßwerterfassung und Meßwertbearbeitung mit niedriger Datenübertragungsrate.

Soll ein System schnell und prioritätsgerecht auf äußere Gegebenheiten ansprechen, dann muß die Abfragetechnik des softwaregesteuerten Systems durch eine hardwaregesteuerte Unterbrechung *(Interrupt)* ersetzt werden. Ein von der Peripherie ausgelöstes Signal unterbricht die momentane Programmausführung der CPU und veranlaßt sie, in ein ganz spezielles Unterprogramm – das Interrupt-Serviceprogramm – zu springen. Dort führt sie die augenblicklich notwendigen Operationen durch und bearbeitet anschließend wieder das zuvor unterbrochene Programm. Das Unterbrechungssignal muß die Peripherie erzeugen, wenn z. B. ein Grenzwert überschritten wird.

Die Verwendung der Interrupttechnik erlaubt eine schnelle und dringlichkeitsgerechte Reaktion auf äußere Situationen. Allerdings vergrößert sich der Schaltungsaufwand, denn die jeweiligen Eingabeeinheiten müssen die Notwendigkeit einer Programmunterbrechung erkennen und entsprechend darauf eingehen.

Bei der Steuerung umfangreicher Prozesse in der Fertigungstechnik werden die einzelnen Aufgaben auf mehrere Computersysteme verteilt. Ein Zentralrechner überwacht den ganzen Ablauf. Dabei müssen oft große Datenblöcke zwischen den dezentralen Einheiten und dem Leitrechner übertragen werden. Am schnellsten geschieht das durch einen direkten Speicherzugriff *(DMA = Direct Memory Access)*. Der Leitrechner unterbricht die Programmausführung der dezentralen Einheit und vollzieht den Datenaustausch unmittelbar über deren Systembus, indem er die gewünschten Speicherplätze direkt anspricht. Im Gegensatz zur herkömmlichen Datenübertragung per Schnittstelle hängt die Übertragungsrate nicht mehr von der Verarbeitungsgeschwindigkeit des angesprochenen Systems ab, sondern wird nur durch den meist sehr schnellen Leitrechner bestimmt. Massenspeicher, wie z. B. Plattenlaufwerke, liefern die Daten in einer so großen Geschwindigkeit, daß übliche Mikrocomputer überfordert sind. Auch hier muß der Datenaustausch über DMA stattfinden. Der direkte Speicherzugriff erlaubt einen sehr großen Datendurchsatz in kurzer Zeit, beansprucht jedoch einen erheblichen Aufwand an Hardware.

Zusammenfassend kann man drei verschiedene Betriebsarten eines Mikrocomputersystems beim Datenaustausch mit externen Einheiten unterscheiden:

1. Datenaustausch durch Abfragen (Polling)
2. Datenaustausch durch Unterbrechung (Interrupt)
3. Datenaustausch durch direkten Speicherzugriff (DMA)

Interrupttechnik und DMA sollen nun am Beispiel des Z80 ausführlich erläutert werden. Bei beiden Betriebsarten wird der Programmablauf durch ein Hardwaresignal unterbrochen. Das RESET-Signal kann auch ein Programm unterbrechen, führt jedoch nicht mehr in das unterbrochene Programm zurück. Die möglichen, hardwaregesteuerten Programmunterbrechungen des Z80 unterliegen folgender Rangfolge:

1. RESET
2. DMA
3. NMI
4. INT

RESET hat die größte Priorität und beendet alle anderen Betriebszustände der CPU. Ein direkter Speicherzugriff kann auch während eines Interrupts stattfinden. Das nichtmaskierbare Interrupt $\overline{NMI}$ hat eine größere Priorität als das maskierbare Interrupt $\overline{INT}$. Es kann jederzeit ein Programm unterbrechen, das von einem maskierbaren Interrupt eingeleitet wurde.

5.1 Direkter Speicherzugriff (DMA)

5.1.1 Prinzip

Ein direkter Speicherzugriff einer externen Einheit auf den Zentralspeicher eines Mikrocomputers kann nur über dessen Systembus geschehen. Damit der Zugriff störungsfrei abläuft, muß die CPU auf ein Signal hin ihre Tätigkeit unterbrechen und die notwendigen Busleitungen freigeben. Nach der Freigabe nehmen die Ausgänge des Prozessors einen hochohmigen Zustand ein (Tristate). Mit einem Quittungssignal bestätigt die CPU die DMA-Anforderung. Jetzt kann die externe Einheit alle zum Speicherzugriff erforderlichen Steuersignale (z. B. $\overline{\text{MREQ}}$, $\overline{\text{RD}}$ bzw. $\overline{\text{WR}}$) und Adressen durchschalten. Bei einer Leseoperation erscheinen die Daten der angesprochenen Speicherzelle auf dem Datenbus des Mikrocomputers und können dort von der externen Einheit abgeholt werden. Der Zugriff auf weitere Speicherzellen ist allein Sache der anfordernden Einheit. Die CPU des Mikrocomputers trägt nichts dazu bei, sie hat ihre Arbeit so lange unterbrochen, bis das DMA-Anforderungssignal zurückgenommen wird.

Die maximal mögliche Übertragungsgeschwindigkeit bei DMA hängt von der externen Einheit und der Zugriffszeit der verwendeten Speicherbausteine ab.

5.1.2 Z80-DMA

Mit den Signalen $\overline{BUSREQ}$ (Busanforderung) und $\overline{BUSACK}$ (Busanforderungsbestätigung) läßt sich der direkte Speicherzugriff in einem Z80-System durchführen. Die externe Einheit leitet den Zugriff ein, indem sie den Eingang $\overline{\text{BUSREQ}}$ auf LOW-Pegel legt (Bild 5.1). Zu Beginn der letzten Taktperiode in einem Maschinenzyklus erkennt die CPU das Anforderungssignal, unterbricht ihre Tätigkeit und schaltet die Adreßleitungen, die Datenleitungen sowie die Steuerleitungen ($\overline{\text{RD}}$, $\overline{\text{MREQ}}$, $\overline{\text{WR}}$, $\overline{\text{IOREQ}}$ und $\overline{\text{RFSH}}$) in den hochohmigen Zustand (Tristate).

Ein Z80-System spricht nach jedem Maschinenzyklus auf eine DMA-Anforderung an.
Ein direkter Zugriff ist auch auf E/A-Einheiten möglich.

Die CPU bestätigt die Annahme der Busanforderung durch ein LOW-Signal auf der $\overline{\text{BUSACK}}$-Leitung. Danach kann die externe Einheit über den Systembus frei verfügen. Wenn das Z80-System dynamische Speicher enthält und der Zugriff lange dauert, muß sie auch die Auffrischung der Speicher übernehmen. Mit der Freigabe der

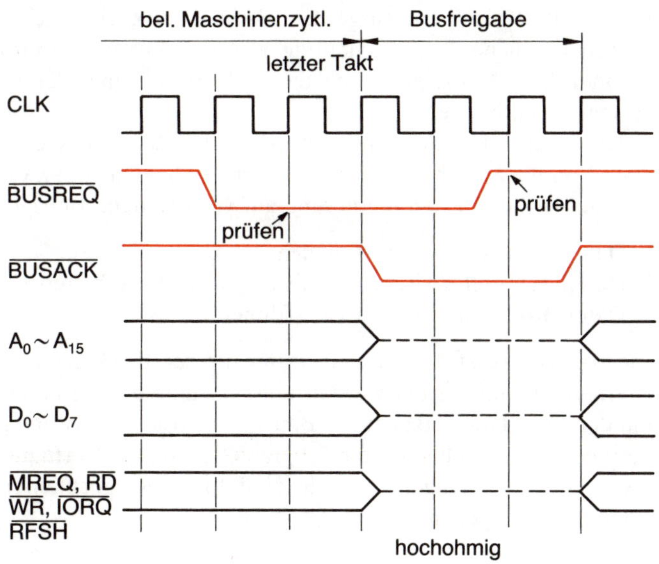

Bild 5.1
Bussignale bei einem direkten Speicherzugriff in einem Z80-System

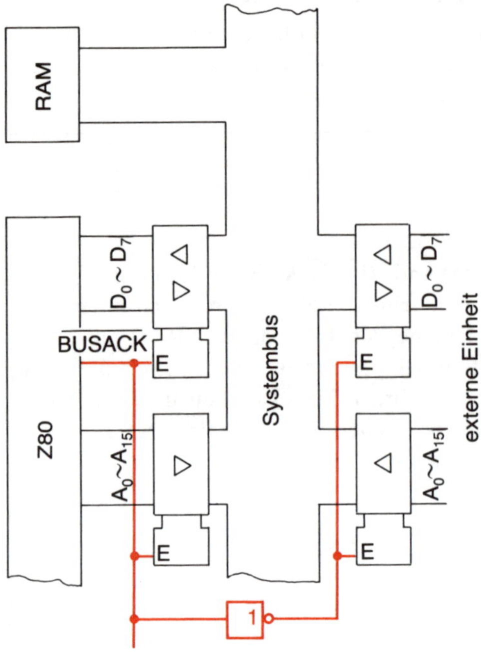

Bild 5.2
Bustreibersteuerung bei DMA

Anforderungsleitung erkennt die CPU das Ende des Zugriffs und nimmt, nach einer Taktperiode Verzögerung, den normalen Betrieb wieder auf.

Der grundsätzliche Ablauf eines direkten Speicherzugriffs ist leicht überschaubar. Die Schwierigkeiten liegen aber im Detail, wenn es darum geht, eine funktionierende Schaltung zu entwerfen. Erschwerend kommt hinzu, daß übliche Mikrocomputer fast immer mit Bustreibern ausgerüstet sind. Damit ein solches System DMA-fähig ist, müssen sämtliche Treiberschaltungen in den Prozeß einbezogen werden; sie müssen, wie in Bild 5.2 gezeigt, durch das $\overline{\text{BUSACK}}$-Signal der CPU in den hochohmigen Zustand schaltbar sein.

Der zur Z80-Familie gehörende Baustein Z80 DMA erleichtert die Durchführung eines direkten Speicherzugriffs erheblich. Er liegt als Ein-/Ausgabe-Einheit am Systembus und ist durch Programmierung auf verschiedene Betriebsfälle einstellbar:

- □ Datenaustausch zwischen Speichern
- □ Datenaustausch zwischen Speicher und E/A-Einheiten
- □ Datenaustausch zwischen E/A-Einheiten

Bemerkenswert ist, daß die Adressen für den direkten Speicherzugriff nicht von der externen Einheit gestellt werden müssen. Durch Programmieren der Anfangsadresse und der Blocklänge erzeugt der Baustein selbst die notwendigen Signale. Insgesamt 21 interne Register stehen für die Programmierung zur Verfügung. Es würde den Rahmen dieses Buches sprengen, auf die vielfältigen Möglichkeiten dieser hochintegrierten Schaltung einzugehen.

5.2 Interrupt

5.2.1 Interruptarten

Bei einer Interruptanforderung durch eine Peripherieeinheit unterbricht die CPU ihr Programm und arbeitet ein spezielles Unterprogramm ab. Im Gegensatz zum herkömmlichen Unterprogrammaufruf durch einen CALL-Befehl ist es hier ein Hardwaresignal, welches den Unterprogrammaufruf vollzieht. Bild 5.3 veranschaulicht den Unterschied. Dabei sind folgende Fragen zu stellen:

1. Wie wird ein Interrupt ausgelöst?
2. Wann wird eine Interruptanforderung erkannt und angenommen?
3. Wie wird die Anfangsadresse des Unterprogramms ermittelt?
4. Was geschieht bei gleichzeitiger Interruptanforderung mehrerer Peripheriebausteine?

Das Peripheriegerät erzeugt das Auslösesignal auf einer der Interruptleitungen der CPU. Dieses Signal zeigt lediglich das Vorhandensein einer Unterbrechungsanforderung an. Die Frage der Selektion, d. h. die Frage «Wer ist der Verursacher und was ist darauf zu tun?», ist damit noch nicht geklärt. Zur Lösung dieses Problems gibt es verschiedene Möglichkeiten und damit auch verschiedene Interruptarten.

Wenn das Mikrocomputersystem nur eine Leitung für das Interrupt besitzt *(Einleiter-Interrupt)*, dann müssen alle externen Einheiten auf dieser Leitung Interrupt anmelden. Dies geschieht meistens durch ein LOW-Signal an dem mit einem Pull-up-Widerstand versehenen Interrupteingang der CPU (Wired-OR-Verknüpfung). Die CPU führt daraufhin einen Unterprogrammaufruf zu einer intern festgelegten Adresse durch. Dort muß ein Programm beginnen, das den Verursacher durch Abfragen der einzelnen Einheiten bestimmt. Damit ist auch die Frage der Priorität gelöst, wenn mehrere Geräte gleichzeitig versorgt werden wollen. Das Abfrageprogramm bestimmt

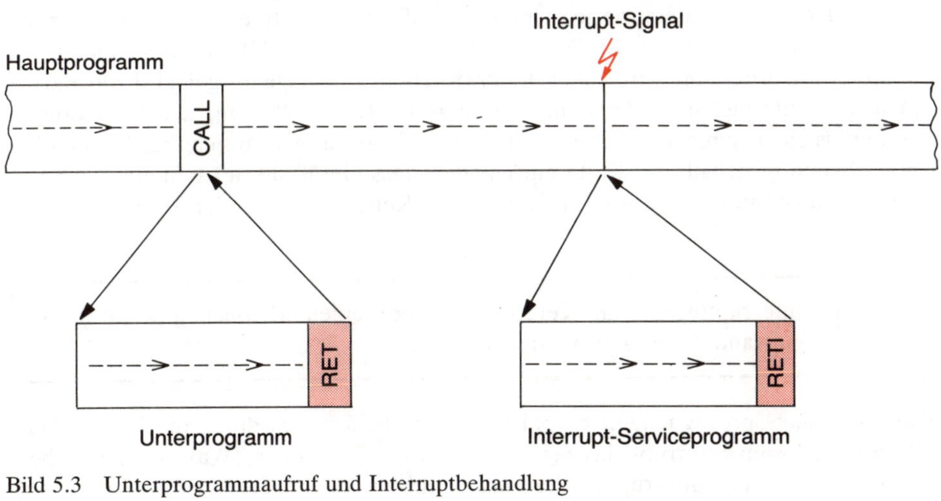

Bild 5.3 Unterprogrammaufruf und Interruptbehandlung

die Reihenfolge und die Art der Bedienung. Diese Interruptbehandlung ist die einfachste, weil sie nur ein einziges Signal benötigt. Es handelt sich dabei immer um eine *einstufige Unterbrechung*, denn die CPU bearbeitet alle Anforderungen nacheinander in einem Programm, ohne weitere Unterbrechung. Ebenso wie beim Abrufverfahren wird bei komplexen Systemen viel Zeit zum Auffinden des Verursachers vertan. Der einzige Vorteil liegt darin, daß diese Zeit erst aufgewendet werden muß, wenn ein Gerät Bedienung verlangt.

Einige Mikroprozessoren, wie z. B. der 8085, haben mehrere Interruptleitungen *(Mehrleiter-Interrupt)*. Solange die Anzahl der externen Einheiten die der Interruptleitungen nicht übersteigt, steht für jede externe Einheit eine Leitung mit festgelegter Priorität zur Verfügung. Wird eine Leitung aktiviert, dann führt die CPU einen jeweils festverdrahteten Unterprogrammaufruf durch. Hier sind *mehrstufige Unterbrechungen* möglich; denn Peripheriegeräte mit höherer Priorität können ein bereits begonnenes Serviceprogramm unterbrechen. Ein Mehrleitersystem bietet somit ein Minimum an Hardware seitens der Peripherie, beschränkt jedoch die Anzahl der schnell bedienbaren Peripheriegeräte auf die Anzahl der vorhandenen Interruptleitungen.

Durch einen größeren Schaltungsaufwand ist es möglich, viele externe Einheiten mit nur einer Interruptleitung zu erfassen. Die Peripheriegeräte müssen eine zusätzliche Information liefern, welche die zu bedienende Einheit anzeigt. Dieser Zeiger, auch *Interruptvektor* genannt, führt direkt zum jeweiligen Serviceprogramm. Er wird von der externen Einheit auf dem Datenbus des Mikroprozessors übergeben. Man nennt diese Interruptart deshalb auch *gerichtetes bzw. angezeigtes Interrupt (Vectored Interrupt)*. Bei einem 8-Bit-System sind theoretisch 256 verschiedene Vektoren und damit ebensoviele gerichtete Unterbrechungen möglich. Damit der Vektor korrekt übernommen werden kann, muß die CPU ein zusätzliches Signal erzeugen, welches die Peripherie zur Abgabe ihres Vektors auffordert. Mit diesem Signal quittiert die CPU die Annahme des Interrupts. Es wird deshalb *Interruptbestätigungssignal (INTACK)* genannt.

Die Prioritätsfrage muß hier durch eine Hardwareverknüpfung zwischen den externen Einheiten gelöst werden. Dazu gibt es spezielle Bausteine, sogenannte Prioritätsdecoder. Das sind hochintegrierte Schaltungen, die mehrere Interrupteingänge für die Peripherie und einen gemeinsamen Interruptausgang für die CPU besitzen. Durch ein Initialisierungsprogramm wird zuvor die Priorität der Eingänge festgelegt. Eine andere Möglichkeit, die auch beim Z80 benutzt wird, ist die Kettenschaltung der Peripheriegeräte mittels einer durchgeschleiften Leitung. Die Priorität wird durch die Reihenfolge der Einheiten innerhalb der Kette entschieden. Das Gerät mit der höheren Nummer kann bei einer Interruptanforderung alle in der Kette nachfolgenden Einheiten blokkieren.

> Interrupttechnik mit Vektoren erfordert einen erheblichen Schaltungsaufwand in den Peripheriebausteinen.

Die bisher angesprochenen Interruptarten unterscheiden sich durch die Möglichkeit, einem ausgelösten Interrupt das Serviceprogramm zuzuordnen. Was geschieht aber, wenn während einer Interruptbearbeitung Aufgaben mit höherer Priorität anstehen?

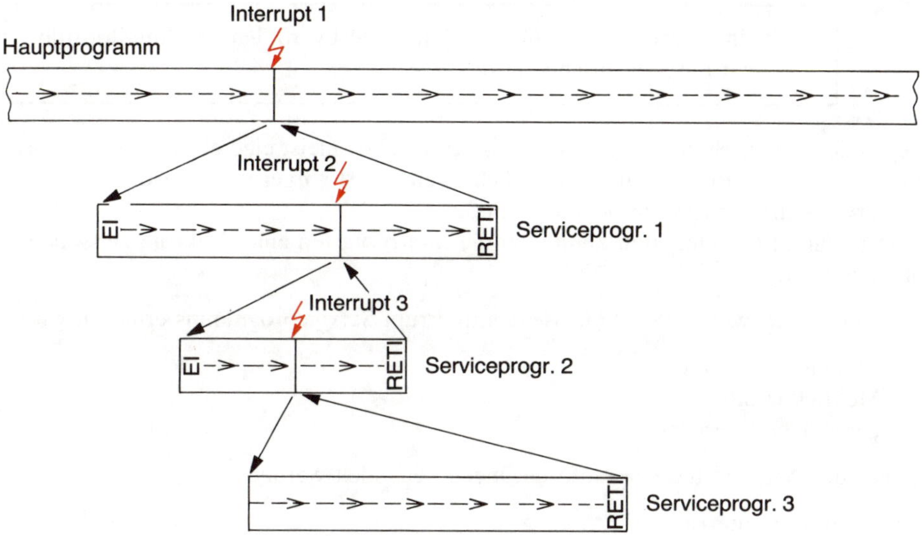

Bild 5.4 Mehrstufiges Interrupt

Ist die gerade durchgeführte Arbeit zeitkritisch, dann muß die Anforderung höherer Priorität zunächst übergangen werden. Im anderen Fall kann das Gerät mit der höheren Rangfolge sofort bedient werden. Die Entscheidung darüber trifft der Programmierer. Beim *maskierbaren Interrupt* wird Interrupt nur zugelassen, wenn es zuvor durch einen speziellen Maschinenbefehl (EI = Enable Interrupt) erlaubt wurde. Die meisten Mikroprozessoren mit maskierbarem Interrupt ignorieren weitere Unterbrechungsanforderungen unmittelbar nach Annahme eines Interrupts. Sie vollziehen dabei automatisch den Befehl «verbiete Interrupt» (DI = Disable Interrupt). Der Programmierer kann nun in Kenntnis der zu erfüllenden Aufgaben das Interruptverhalten seines Systems per Programm steuern. Bei einem zeitkritischen Ablauf wird er das Interrupt erst freigeben, wenn es die Aufgabe zuläßt. Geschieht dies innerhalb eines Serviceprogramms, dann sind mehrstufige Unterbrechungen mit komplexen Programmabläufen möglich (Bild 5.4). Tritt dabei ein Fehler auf, dann ist er schwierig zu lokalisieren, da der gesamte Ablauf von außen gesteuert wird und nur unter bestimmten Bedingungen erscheint. So kann z. B. ein System monatelang zufriedenstellend arbeiten und plötzlich den Dienst versagen, weil ein bisher noch nicht aufgetretener Programmablauf stattfindet. Hier wird die Ursache oft in der Hardware gesucht, während in Wirklichkeit ein gravierender Softwarefehler (z. B. ein Überlauf des Stack) zugrunde liegt.

In der Regel sind die Interruptanforderungen eines Mikroprozessors maskierbar. Es gibt jedoch Fälle, in denen ein Interrupt auf keinen Fall ignoriert werden darf, z. B. bei Netzspannungsausfall einer Maschinensteuerung. Hier muß das System unverzüglich und unbedingt reagieren, indem es wichtige Daten in einen batteriegepufferten Speicher rettet oder die Peripherie in einen definierten Zustand bringt. In solchen Fällen muß Interrupt immer erlaubt sein. Einige Mikroprozessoren haben deshalb eine spezielle Interruptleitung für das *nichtmaskierbare Interrupt* ($\overline{NMI}$).

> Ein Unterbrechung, die über $\overline{\text{NMI}}$ ausgelöst wird, hat absolute Priorität und wird immer durchgeführt.

Wegen der gewünschten kurzen Reaktionszeit ist $\overline{\text{NMI}}$ meist eine einstufige Unterbrechung, d. h., die CPU springt unverzüglich zu einer fest vorgegebenen Adresse, an der das Service-Unterprogramm beginnen muß.

Nach dem bisher Gesagten kann man die Interruptarten eines Mikroprozessors wie folgt einteilen:

1. nach der Art, wie die Startadresse des Interrupt-Serviceprogramms ermittelt wird
   - Einleiter-Interrupt
   - Mehrleiter-Interrupt
   - gerichtetes Interrupt
2. nach der Art, wie Interruptanforderungen behandelt werden
   - einstufiges Interrupt
   - mehrstufiges Interrupt
3. nach der Beeinflussung durch die Software
   - nichtmaskierbares Interrupt
   - maskierbares Interrupt

5.2.2 Z80-Interrupt

Alle Peripheriebausteine der Z80-Familie sind auf das Interruptverhalten der CPU abgestimmt. Ein Mikrocomputersystem mit dem Mikroprozessor Z80 und den zugehörigen Peripheriebausteinen (Z80 PIO, Z80 CTC, Z80 SIO, Z80 DART, Z80 STI) bietet somit den Vorteil einer komfortablen und vielseitigen Interruptbehandlung, die nach Ansicht des Verfassers eine Sonderstellung unter den 8-Bit-Systemen einnimmt. Zur Interruptbearbeitung hat die CPU die Eingänge $\overline{\text{NMI}}$ und $\overline{\text{INT}}$. Mit $\overline{\text{NMI}}$ kann ein einstufiges, nichtmaskierbares Interrupt eingeleitet werden, während $\overline{\text{INT}}$ drei verschiedene maskierbare Unterbrechungen ermöglicht. Das maskierbare Interrupt im Z80 erlaubt einstufige, ungerichtete und mehrstufige, gerichtete Interrupts. Die Einstellung der Betriebsart geschieht durch spezielle Maschinenbefehle der CPU.

5.2.2.1 Interrupterkennung und -bestätigung

Der Mikroprozessor Z80 prüft seine Interruptleitungen erst in der letzten Taktperiode eines Befehls, d. h., eine bereits bestehende Anforderung wird erst hier erkannt. Zwischen dem Auftreten und dem Erkennen einer Interruptanforderung entsteht also ein Zeitverzug, der maximal 23 Taktzyklen betragen kann (z. B. beim Befehl EX (SP),IX).

> Ein Z80-System spricht nach jedem Befehlszyklus auf eine Interruptanforderung an.
> Ein bereits begonnener Befehl wird stets beendet.

Jeder Befehlszyklus wird mit einem Maschinenzyklus abgeschlossen. Hier muß der Z80 auch eine DMA-Anforderung erfassen (Abschnitt 5.1.2). Dabei läuft ein komplizierter Vorgang ab, bei dem die CPU nacheinander die Leitungen $\overline{\text{BUSREQ}}$, $\overline{\text{NMI}}$ und $\overline{\text{INT}}$ abfragt. Ist eine Leitung aktiv, wird ihr Zustand in einem Flipflop gespeichert. Nun sind alle Unterbrechungsanforderungen erkannt, und die CPU kann im nächsten Maschinenzyklus – in der Rangfolge DMA, NMI und INT – darauf reagieren.

Zur Abgabe ihres Vektors im gerichteten Interrupt benötigen die Peripheriebausteine das Interrupt-Bestätigungssignal INTACK. Aus Platzmangel hat der Mikroprozessor Z80 keinen direkten Ausgang dafür. Statt dessen erzeugt die CPU einen speziellen M1-Zyklus (Abschnitt 5.2.2.2, Bild 5.11), in dem anstatt des normalen $\overline{\text{MREQ}}$-Signals ein $\overline{\text{IOREQ}}$-Signal gebildet wird. Durch eine UND-Verknüpfung von $\overline{\text{M1}}$ und $\overline{\text{IOREQ}}$ können die Peripheriebausteine das Interruptbestätigungssignal formen und ihren Vektor übergeben.

> Mit der Signalkombination aus $\overline{\text{IOREQ}}$ und $\overline{\text{M1}}$ bestätigt der Mikroprozessor Z80, daß er ein maskierbares Interrupt angenommen hat.

5.2.2.2 *Das maskierbare Interrupt $\overline{INT}$*

Durch ein LOW-Signal auf der $\overline{\text{INT}}$-Leitung wird ein maskierbares Interrupt in Gang gebracht, wenn

1. keine DMA- oder $\overline{\text{NMI}}$-Anforderung ansteht und
2. das Interrupt durch den Befehl EI freigegeben ist.

Die CPU verwaltet zwei sogenannte Interrupt-Aktivierungs-Flipflops IFF1 und IFF2. IFF1 sperrt oder erlaubt das maskierbare Interrupt $\overline{\text{INT}}$. Bild 5.5 zeigt, wie die Flipflops durch verschiedene CPU-Aktionen beeinflußt werden können.

Aktion	IFF1	IFF2	Auswirkung
Reset	0	0	Interrupt verboten
DI	0	0	Interrupt verboten
EI	1	1	Interrupt erlaubt
LD A, I	•	•	IFF2 ⟶ P/V-Flag
LD A, R	•	•	IFF2 ⟶ P/V-Flag
NMI annehmen	0	IFF1	IFF1 ⟶ IFF2
RETN	IFF2	•	IFF2 ⟶ IFF1

• ≙ keine Änderung

Bild 5.5 Beeinflussung der Interrupt-Enable-Flipflops im Z80 durch Aktivitäten der CPU

Nach RESET und nach dem Befehl DI (= verbiete $\overline{\text{INT}}$) sind beide Flipflops zurückgesetzt, d. h., $\overline{\text{INT}}$ ist unwirksam. Der Befehl EI (= erlaube $\overline{\text{INT}}$) setzt beide Flipflops und gibt $\overline{\text{INT}}$ frei. Bei den Befehlen LD A,I bzw. LD A,R wird der Zustand von IFF2 in das P/V-Flag des Statusregisters kopiert. Dadurch kann die Interruptmaske per Programm gelesen werden. Bei einem nichtmaskierbaren Interrupt $\overline{\text{NMI}}$ wird IFF1 nach IFF2 kopiert und danach zurückgesetzt (siehe 5.2.2.3). Damit ist das maskierbare Interrupt während $\overline{\text{NMI}}$ verboten. IFF2 dient als Zwischenspeicher für die Interruptmaske. Das Interrupt-Serviceprogramm für $\overline{\text{NMI}}$ muß mit RETN (Return from $\overline{\text{NMI}}$) enden. Dieser Befehl stellt den ursprünglichen Zustand des maskierbaren Interrupts wieder her, indem er IFF2 nach IFF1 kopiert.

> Nach RESET ist das maskierbare Interrupt im Z80 verboten.

Es gibt drei verschiedene Betriebsarten für das maskierbare Interrupt im Z80. Sie unterscheiden sich in der Art, wie die Startadresse des Serviceprogramms ermittelt wird. Die Auswahl geschieht durch die speziellen CPU-Befehle

IM 0 (ED 46) Einstellen von Interruptmodus 0
IM 1 (ED 56) Einstellen von Interruptmodus 1
IM 2 (ED 5E) Einstellen von Interruptmodus 2

Die einmal gewählte Betriebsart bleibt so lange erhalten, bis eine andere Betriebsart programmiert oder ein RESET ausgeführt wird.

> Nach RESET befindet sich die CPU im Interruptmodus 0 (IM 0).

IM 0:
Modus 0 ist kompatibel mit dem Interrupt im Mikroprozessor 8080. Da der Z80 auch Software des 8080 verarbeiten sollte, mußte auch das Interruptverhalten kompatibel sein. Aus diesem Grund hat der Hersteller diese Betriebsart vom 8080 übernommen. Sie wird jedoch im allgemeinen wenig verwendet, da im Modus 2 eine wesentlich flexiblere Betriebsart zur Verfügung steht. Im Modus 0 muß die anfordernde Einheit den OP-Code eines normalen CPU-Befehls erzeugen und ihn während der Bestätigungsphase ($\overline{\text{M1}}$ und $\overline{\text{IOREQ}}$ aktiv) auf dem Datenbus übergeben.

> Im Interruptmodus 0 erhält die CPU einen Befehl von der Peripherie.

Gewöhnlich ist das einer der acht Restart-Befehle der CPU, da diese nur ein Byte lang sind (Bild 5.6). Ein RST-Befehl hat dieselbe Wirkung wie ein CALL-Befehl; er leitet jedoch einen Unterprogrammaufruf zu einer fest vorgegebenen Adresse ein. Dort muß das Interrupt-Serviceprogramm im Speicher stehen. Mit den RST-Befehlen können insgesamt 8 verschiedene Peripheriegeräte versorgt werden. In diesem Fall handelt es sich um ein gerichtetes Interrupt, das auch mehrstufig ausgeführt werden kann.

Zu den Besonderheiten im Modus 0 gehört es, daß die CPU einen regulären Befehl

Bild 5.6
RESTART-Befehle des Z80

Mnemonic	OP-Code (hex)	Startadresse (hex)
RST 0	C7	0000
RST 8	CF	0008
RST 10H	D7	0010
RST 18H	DF	0018
RST 20H	E7	0020
RST 28H	EF	0028
RST 30H	F7	0030
RST 38H	FF	0038

ausführt, dessen OP-Code die Peripherie liefert. Nach der Ausführung kehrt sie in das zuvor unterbrochene Programm zurück. Der Befehl kann auch aus mehreren Bytes bestehen. Zum Lesen der noch fehlenden Bytes aktiviert die CPU das Signal $\overline{MREQ}$. Um einen Datenkurzschluß zwischen Speicher- und Peripheriedaten zu verhindern, muß das Peripheriegerät die mit $\overline{MREQ}$ verbundene Aktivierung des Speichers unterbinden. Wegen des großen Aufwands wird von dieser Möglichkeit selten Gebrauch gemacht. Bild 5.7 zeigt den Ablauf eines gerichteten Interrupts im Modus 0.

IM 1:
Im Modus 1 übergeht die CPU die Information auf dem Datenbus und führt einen festverdrahteten Restart-Befehl zur Adresse 0038H durch. Es handelt sich dabei immer um eine einstufige Unterbrechung.

Bild 5.7
Interruptbehandlung im Modus 0 (IM0)

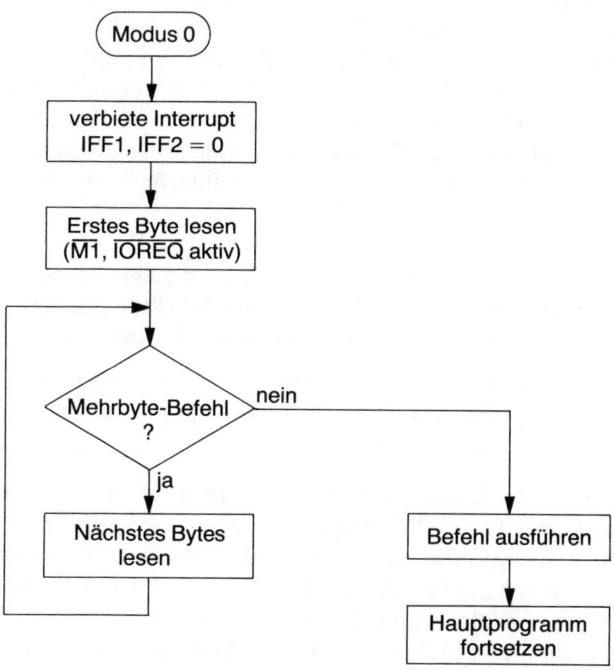

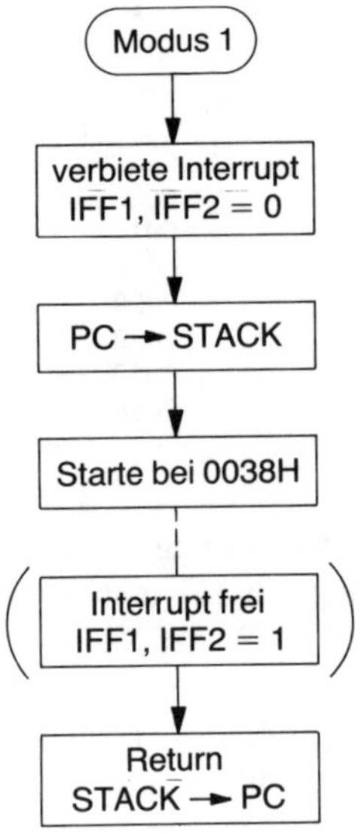

Bild 5.8
Interruptbehandlung im Modus 1 (IM1)

Im Interruptmodus 1 startet die CPU ein Unterprogramm bei Adresse 0038H.

Der Vorteil liegt im geringen Schaltungsaufwand für die Peripheriegeräte. Sie müssen lediglich ein LOW-Signal an die Interruptleitung abgeben und es so lange anstehen lassen, bis sie von der CPU angesprochen werden. Sind mehrere Geräte vorhanden, dann kann der Verursacher nur durch Abfragen geortet werden. Diese Betriebsart ist daher besonders geeignet für einfache Systeme, in denen auch Peripheriebausteine anderer Mikroprozessorfamilien eingesetzt werden können. Sie müssen weder einen Interruptvektor liefern noch das spezielle Bestätigungssignal des Z80 erkennen können. Bild 5.8 zeigt den Ablauf eines Interrupts im Modus 1.

IM 2:
In vielen Steuerungen hat der Z80 nicht zuletzt wegen dieser mächtigen Interruptbetriebsart Eingang gefunden. IM 2 ermöglicht das gezielte Anspringen von Bedienungsprogrammen an einer beliebigen Stelle im Arbeitsspeicher.

Im Interruptmodus 2 sind insgesamt 128 gerichtete Interrupts möglich.

Die Startadressen der Service-Unterprogramme müssen als Tabelle (Vektortabelle) nacheinander im Arbeitsspeicher verzeichnet sein (in der Reihenfolge niederwertiges Byte, höherwertiges Byte). Das I-Register der CPU (Interruptvektorregister) und der Vektor von der Peripherie bilden einen 16-Bit-Zeiger, der auf die aktuelle Startadresse in der Tabelle deutet. Bevor Interrupt erlaubt wird, muß das I-Register in einem Initialisierungsprogramm mit dem höherwertigen Byte der Tabellenadresse geladen

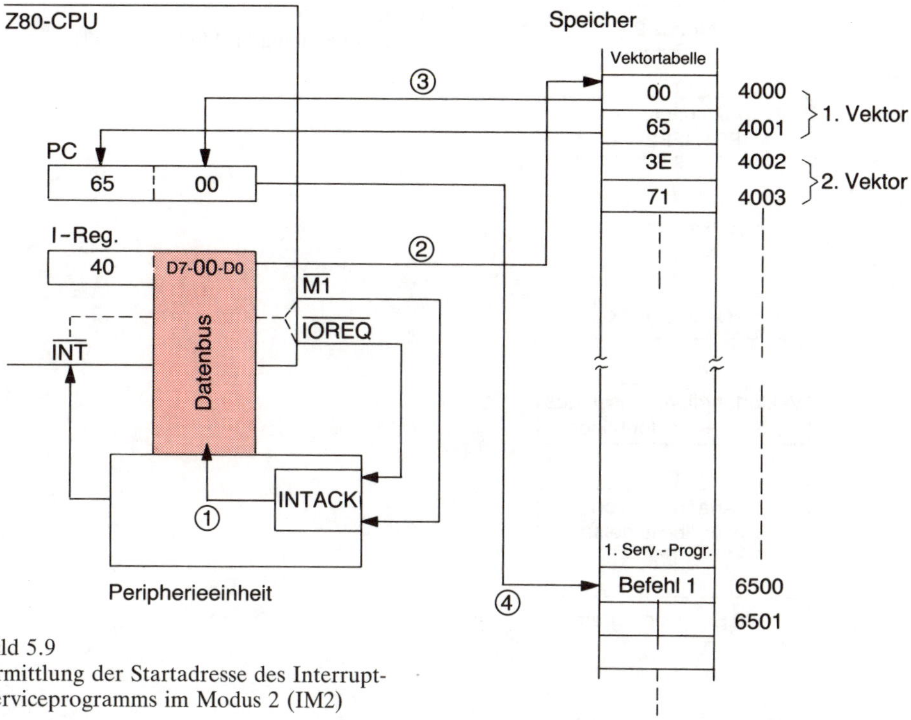

Bild 5.9
Ermittlung der Startadresse des Interrupt-Serviceprogramms im Modus 2 (IM2)

werden. Bild 5.9 verdeutlicht, wie die Startadresse des Serviceprogramms ermittelt wird. Das Peripheriegerät beginnt, indem es das niederwertige Byte «seiner» Tabellenadresse auf den Datenbus legt (1). Die CPU formt aus dem I-Register und dem Vektor die Adresse für den Speicherplatz, an dem die Startadresse für das aktuelle Serviceprogramm steht (2). Die so ermittelte Startadresse wird in den Programmzähler übernommen (3) und veranlaßt die CPU, in das Serviceprogramm der anfordernden Einheit zu springen (4).

Da die Startadresse für das Serviceprogramm zwei Bytes beansprucht, muß der nächste Vektor um zwei Zähler größer sein. Alle Peripheriebausteine aus der Z80-Familie liefern einen programmierbaren Interruptvektor, bei dem das niederwertigste Bit immer null ist. Damit können nur Vektoren programmiert werden, die 2 Zähler auseinanderliegen. Allerdings darf die Vektortabelle nur mit einem geradzahligen Speicherplatz beginnen (niederwertigstes Bit = 0). Bild 5.10 zeigt das Ablaufdiagramm eines gerichteten Interrupts im Modus 2.

Alle drei maskierbaren Interruptarten arbeiten mit demselben Interrupt-Erkennungs- und -Bestätigungszyklus der CPU (Bild 5.11). Während der letzten positiven Taktflanke in einem Befehl tastet die CPU die $\overline{\text{INT}}$-Leitung ab. In einem speziellen $\overline{\text{M1}}$-Zyklus, bei dem anstelle von $\overline{\text{MREQ}}$ das Signal $\overline{\text{IOREQ}}$ erzeugt wird, bestätigt die CPU das Interrupt. Während $\overline{\text{M1}}$ und $\overline{\text{IOREQ}}$ aktiv sind (INTACK), hat die Peripherie Zeit, begünstigt durch zwei zusätzliche Wartezyklen, die Prioritätsfrage zu lösen und den Vektor zu bringen.

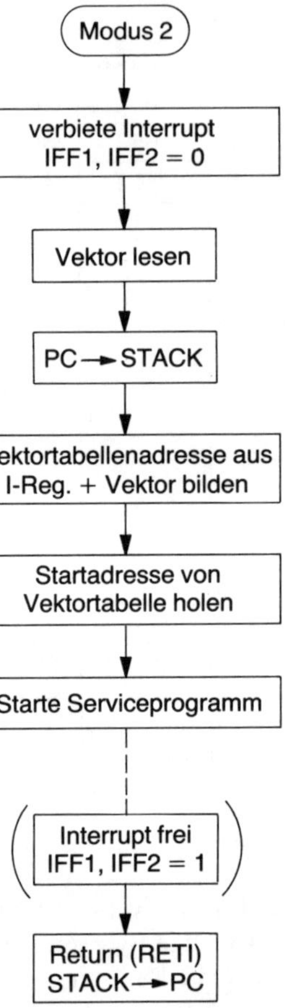

Bild 5.10
Interruptbehandlung im Modus 2 (IM2)

In den meisten Systemen ist der Datenbus durch richtungsgesteuerte Treiberschaltungen gepuffert. Verwendet man nur das $\overline{RD}$-Signal zur Umschaltung der Datenrichtung, dann kann die CPU den Interruptvektor nicht lesen; denn $\overline{RD}$ wird im Bestätigungszyklus nicht aktiviert. Bild 5.12 zeigt, wie die Richtungssteuerung des Datenbustreibers erweitert werden muß, damit die CPU einen Vektor lesen kann. Der Treiber sendet die Daten zur CPU, wenn $\overline{RD}$ *oder* $\overline{IOREQ}$ *und* $\overline{M1}$ aktiv sind.

Ein kleines Programmbeispiel soll die Bearbeitung eines maskierbaren Interrupts durch den Z80 verdeutlichen. Das Programm besteht aus einem Initialisierungsprogramm, einem Hauptprogramm und dem Interrupt-Serviceprogramm. Die Initialisierung dient zum Festlegen des Stack-Bereichs, der Interruptbetriebsart und zur Freigabe des Interrupts. Das Hauptprogramm enthält lediglich eine Endlosschleife. Im Serviceprogramm wird der Inhalt des C-Registers inkrementiert. Zur Vereinfachung wird das einstufige Interrupt IM 1 gewählt. Der Befehl RETI am Ende des Serviceprogramms hat diesselbe Wirkung wie der normale RET-Befehl. Er muß jedoch angewendet werden, wenn $\overline{INT}$ durch einen Peripheriebaustein aus der Z80-Familie in Gang gesetzt wird (siehe Abschnitt 5.2.2.4 und Kapitel 6 ff.).

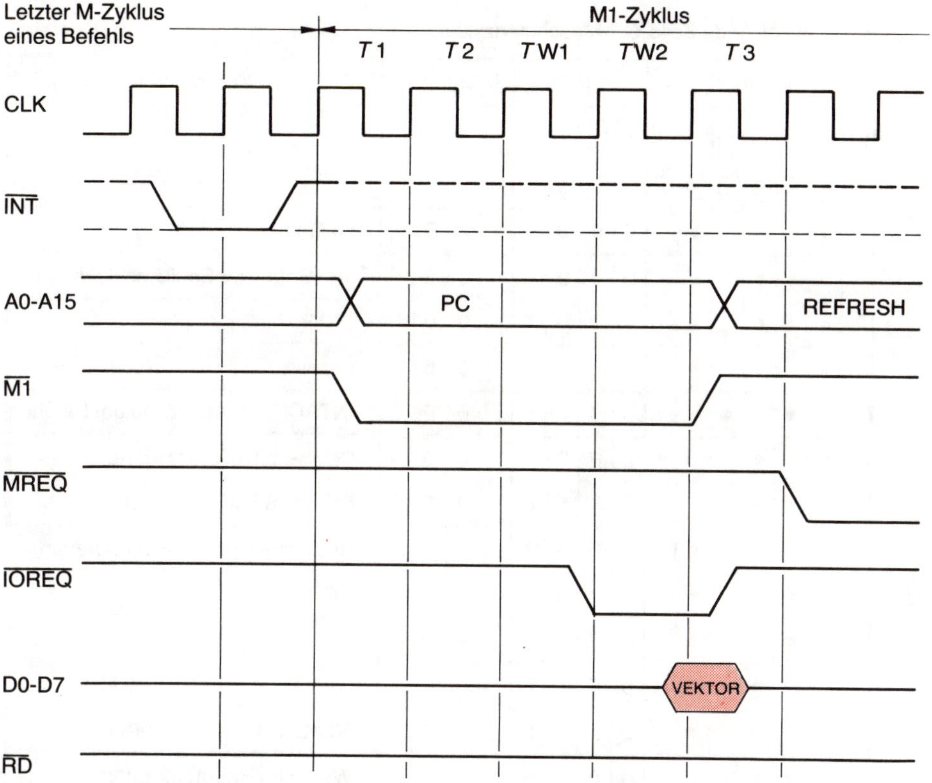

Bild 5.11
Interrupt-Bestätigungszyklus beim maskierbaren Interrupt (INTACK) des Z80

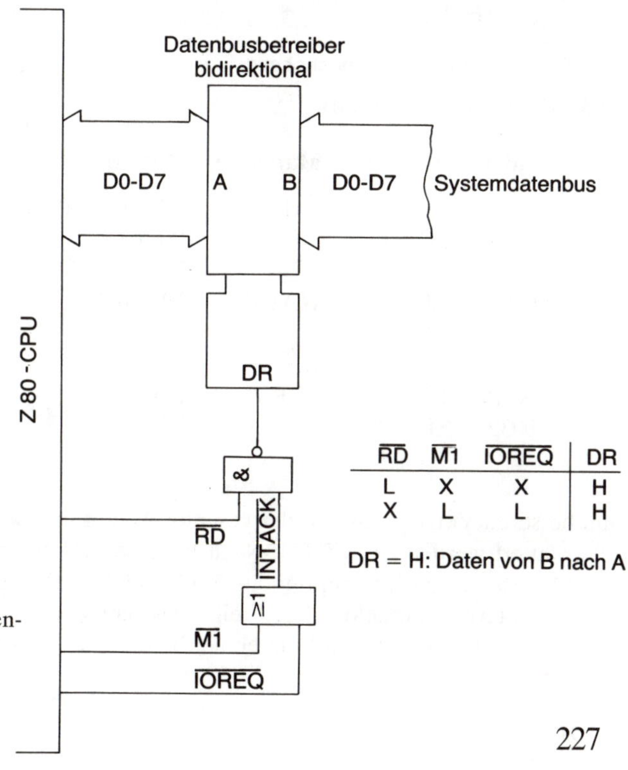

$\overline{RD}$	$\overline{M1}$	$\overline{IOREQ}$	DR
L	X	X	H
X	L	L	H

DR = H: Daten von B nach A

Bild 5.12
Richtungssteuerung eines Datenbustreibers für IM2

Busprotokoll (jede Zeile ≙ 1 Maschinenzyklus)

	Steuerbus						Adr. B				Dat. B			Kommentar
	$\overline{INT}$	$\overline{M1}$	$\overline{MREQ}$	$\overline{IOREQ}$	$\overline{RD}$	$\overline{WR}$	x	x	x	x	x	x		
	●	●	●		●		0	0	0	5	F	B		Int. frei
	●	●	●		●		0	0	0	6	C	3		JP - Befehl für Endlosschleife
	●		●		●		0	0	0	7	0	0		
	●		●		●		0	0	0	8	0	6		
Interruptbearbeitung	●	●		●			0	0	0	6	F	F	*	INTACK, PC auf nächstem Befehl
	●		●			●	0	F	F	F	0	0		PC → STACK 1; H-Byte
	●		●			●	0	F	F	E	0	6		PC → STACK 2; L-Byte
		●	●		●		0	0	3	8	0	C		Start Interrupt-Serviceprogramm
		●	●		●		0	0	3	9	E	D		RETI
		●	●		●		0	0	3	A	4	D		
			●		●		0	F	F	E	0	6		STACK 2 → PC; L-Byte
			●		●		0	F	F	F	0	0		STACK 1 → PC; H-Byte
		●	●		●		0	0	0	6	C	3		Weiter im Hauptprogramm

● ≙ aktiv * Datenbus hochohmig

Bild 5.13 Busprotokoll bei IM1

Adr.	OP-Code	Marke	Mnemonic	Kommentar
0000	31 00 10	INIT:	LD SP,1000H	;Stack Pointer festlegen
0003	ED 56		IM 1	;Interruptmodus 1 wählen
0005	FB		EI	;Interruptfreigabe
0006	C3 06 00	HAUPT:	JP 0006H	;Endlosschleife
				;warten auf Interrupt
...	.. .. ..	.....	....	
0038	0C	SERV:	INC C	;C-Register inkrementieren
0039	ED 4D		RETI	;Rücksprung ins Haupt-
				programm

Zum besseren Verständnis soll der gesamte Ablauf in einem schematischen Busprotokoll erläutert werden (Bild 5.13). Nach Reset ist das maskierbare Interrupt verboten, die CPU arbeitet im Interruptmodus 0. Obwohl die $\overline{INT}$-Leitung bereits aktiviert ist, wird kein Interrupt ausgelöst. Die Freigabe geschieht erst nach dem Befehl EI. Danach müßte die CPU das Interrupt annehmen und in das Serviceprogramm springen. Das

Busprotokoll zeigt jedoch, daß dies erst nach der Ausführung des nächsten Befehls, also nach dem Sprungbefehl, geschieht. Dieses Verhalten enthält keinen Widerspruch zu dem bisher Gesagten. Es ist eine Eigentümlichkeit, die nur in Verbindung mit dem Befehl EI auftritt. Zu Beginn eines Interrupt-Serviceprogramms verbietet die CPU jedes weitere Interrupt automatisch. Danach kann Interrupt durch EI wieder erlaubt werden. Die Interruptbearbeitung ist jedoch erst abgeschlossen, wenn die CPU wieder in das Hauptprogramm zurückgekehrt ist. Deshalb muß der nächste Befehl – in der Regel ein Return-Befehl – noch ausgeführt werden, bevor Interrupt freigegeben wird.

> Nach EI wird Interrupt erst am Ende des nächsten Befehls wirksam.

Mit der Annahme von $\overline{INT}$ beginnt die CPU den Bestätigungszyklus. $\overline{IOREQ}$ und $\overline{M1}$ sind aktiv, während das Lesesignal $\overline{RD}$ passiv bleibt. Der Datenbus führt hier kein definiertes Signal. Die Datenbustreiber in der CPU sind auf Lesen geschaltet, weil zu dieser Zeit ein Interruptvektor von der Peripherie erwartet wird. Im Interruptmodus 1 wird diese Information jedoch nicht ausgewertet. Anschließend speichert die CPU in zwei Speicher-Schreibzyklen die Rücksprungadressen im Stack ab. Der nächste $\overline{M1}$-Zyklus findet schon im Serviceprogramm bei 0038H statt. Am Ende des Serviceprogramms holt sich die CPU durch zwei Speicher-Lesezyklen die Rücksprungadresse vom Stack und kehrt in das Hauptprogramm zurück.

5.2.2.3 Das nichtmaskierbare Interrupt $\overline{NMI}$

Nachdem ein nichtmaskierbares Interrupt erkannt ist und keine DMA-Anforderung vorliegt, führt die CPU einen Unterprogrammsprung zur Adresse 0066H durch. Dort muß das für diesen Fall vorgesehene Unterprogramm beginnen. Dieses Unterprogramm endet mit dem speziellen Return-Befehl RETN (Return from Nonmaskable Interrupt).

> Bei $\overline{NMI}$ startet die CPU ein Unterprogramm bei Adresse 0066H.

Wie bereits erwähnt, bewirkt der Befehl RETN einen Rücksprung in das zuvor unterbrochene Programm, wobei der alte Zustand des maskierbaren Interrupts wiederhergestellt wird. Verwendet man dagegen einen gewöhnlichen RET-Befehl, dann ist anschließend kein maskierbares Interrupt mehr möglich, weil IFF1 zurückgesetzt bleibt.

Bei $\overline{NMI}$ führt die CPU keinen Bestätigungszyklus durch, es handelt sich um eine einstufige Unterbrechung, bei der die Reaktionszeit möglichst kurz sein soll. Was geschieht aber, wenn das $\overline{NMI}$-Signal noch während der Bearbeitung seines Serviceprogramms ansteht? Ohne besondere Vorkehrung würde das Serviceprogramm sofort wieder unterbrochen. Bei lange andauerndem Signal könnte das zu einem Überlauf des Stacks führen. Aus diesem Grund ist der $\overline{NMI}$-Eingang des Z80 flankengesteuert. Er reagiert nur auf die negative Flanke des Eingangssignals. Der Auslöseimpuls muß eine Mindestdauer von 80 ns besitzen, damit $\overline{NMI}$ erkannt wird. In Publikationen des

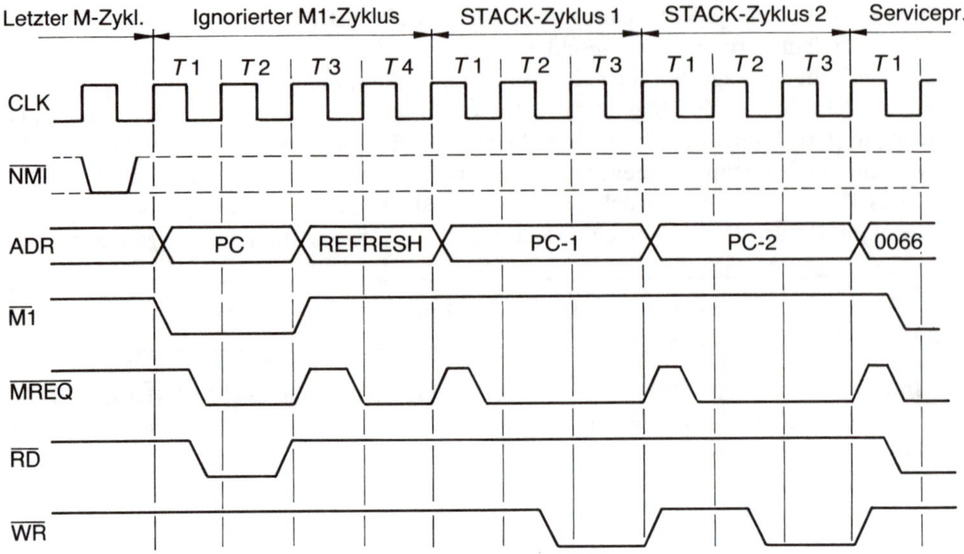

Bild 5.14 Interruptannahme der CPU bei NMI

Busprotokoll (jede Zeile ≙ 1 Maschinenzyklus)

	Steuerbus						Adr. B				Dat. B		Kommentar
	$\overline{NMI}$	$\overline{M1}$	$\overline{MREQ}$	$\overline{IOREQ}$	$\overline{RD}$	$\overline{WR}$	x	x	x	x	x	x	
	●	●	●		●		0	0	0	4	0	E	LD C,00
			●		●		0	0	0	5	0	0	⊥
NMI-Bearbeitung		●	●		●		0	0	0	6	A	F	ignorierter M1-Zyklus*
NMI-Bearbeitung			●			●	0	F	F	F	0	0	PC → STACK 1; H-Byte
NMI-Bearbeitung			●			●	0	F	F	E	0	6	PC → STACK 2; L-Byte
NMI-Bearbeitung		●	●		●		0	0	6	6	0	C	Start NMI-Serviceprogramm
NMI-Bearbeitung		●	●		●		0	0	6	7	E	D	RETN; Ende des Serviceprogramms
NMI-Bearbeitung		●	●		●		0	0	6	8	4	5	⊥
NMI-Bearbeitung			●		●		0	F	F	E	0	6	STACK 2 → PC; L-Byte
NMI-Bearbeitung			●		●		0	F	F	F	0	0	STACK 1 → PC; H-Byte
		●	●		●		0	0	0	6	A	F	Weiter im Hauptprogramm

● ≙ aktiv * Befehl wird nicht ausgeführt.

Bild 5.16 Busprotokoll bei NMI

Bild 5.15
Interruptbehandlung bei NMI

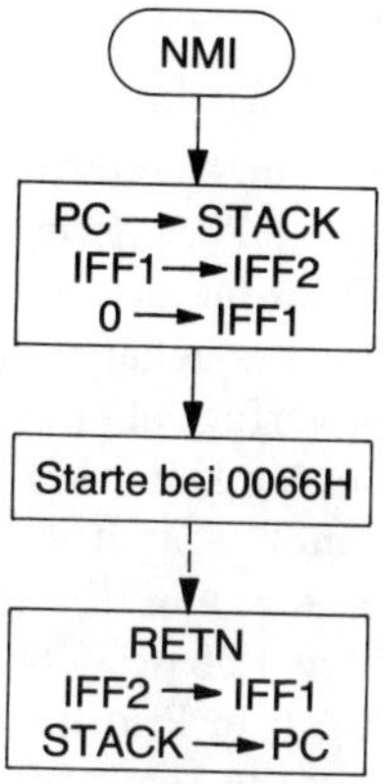

Herstellers ist dieses Verhalten nur unzureichend beschrieben. Experimente des Verfassers haben gezeigt, daß die negative Flanke des $\overline{\text{NMI}}$-Signals ein internes Flipflop setzen muß, dessen Zustand im letzten Taktzyklus eines Befehls abgefragt wird. Auf diese Weise erkennt die CPU die $\overline{\text{NMI}}$-Anforderung immer, auch wenn sie im Moment der Abfrage nicht mehr vorhanden ist.

NMI wird durch eine negative Flanke am NMI-Eingang ausgelöst.

Im Gegensatz zum maskierbaren Interrupt führt die CPU keinen Bestätigungszyklus durch, sondern vollzieht einen normalen $\overline{\text{M1}}$-Zyklus (Bild 5.14). Der Befehlscode auf dem Datenbus wird dabei übergangen, das Interrupt-Aktivierungs-Flipflop IFF1 wird nach IFF2 kopiert und zurückgesetzt (siehe Abschnitt 5.2.2.2). Nachdem der Programmzähler im Stack abgelegt ist (M2 und M3), startet die CPU bei Adresse 0066H mit dem Serviceprogramm (Bild 5.15). Wie man sieht, ist die Ansprechzeit kürzer als beim maskierbaren Interrupt. Die Wartezyklen zur Prioritätsbestimmung entfallen. Bei der Rückkehr ins Hauptprogramm erhält IFF1 wieder den ursprünglichen Zustand durch den Befehl RETN.

Ein kleines Programmbeispiel mit einem Busprotokoll (Bild 5.16) soll auch hier den grundsätzlichen Ablauf nochmals verdeutlichen. Im Hauptprogramm ist das maskierbare Interrupt verboten. Das Serviceprogramm beginnt jetzt bei Adresse 0066H:

Adr.	OP-Code	Marke	Mnemonic	Kommentar
0000	F3	START:	DI	;INT verbieten
0001	31 00 10		LD SP,1000H	;Stack Pointer festlegen
0004	0E 00		LD C,0	;C=00
0006	AF		XOR A	;A=00
...	...	...	...	..
0066	0C	SERV:	INC C	;C-Register inkrementieren
0067	ED 45		RETN	;Return from NMI

5.2.2.4 Priorität

Wenn mehrere Peripheriebausteine zugleich Interrupt anfordern, muß geklärt sein, mit welcher Dringlichkeit die einzelnen Anforderungen behandelt werden sollen. Ohne zusätzliche Logik können die Peripherieschaltungen aus der Z80-Familie den Baustein mit der aktuell größten Priorität auswählen (Bild 5.17). Die Rangfolge wird durch die Lage des Bausteins in einer sogenannten Gänseblümchenkette (Daisy Chain) festgelegt. Jeder E/A-Baustein verfügt über zwei Anschlüsse IEI und IEO, mit denen er in die Kette eingeschleift werden kann. IEI ist ein Eingang (Interrupt Enable In), der auf HIGH-Potential liegen muß, damit Interrupt anfgefordert werden kann. Ist dies geschehen, dann geht der Ausgang IEO (Interrupt Enable Out) auf LOW-Potential. In Bild 5.17 ist der Anschluß IEI des Z80-CTC direkt an +5V angeschlossen. Dieser Baustein hat daher die höchste Priorität. Sobald er Bedienung fordert, geht IEO auf LOW-Potential und sperrt die Interruptlogik des nachfolgenden Bausteins Z80-PIO. Von ihm gelangt das Prioritätssignal an die serielle Schnittstelle Z80-DART und blockiert sie ebenfalls. Erst wenn das Serviceprogramm des CTC beendet ist und dessen IEO-Leitung wieder HIGH-Signal führt, können die anderen Peripheriebausteine in der vorgegebenen Reihenfolge bedient werden.

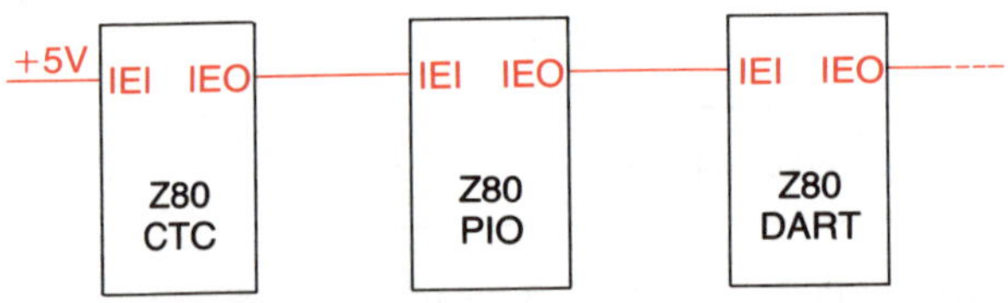

Bild 5.17
Anordnung von Peripheriebausteinen aus der Z80-Familie in einer Prioritätskette

Wie erkennt nun ein Baustein das Ende seines Serviceprogramms? Dazu gibt es den besonderen Befehl RETI (Return from Interrupt) der CPU. Jeder Peripheriebaustein der Z80-Familie identifiziert diesen Befehl auf dem Datenbus und gibt danach, falls er das Interrupt verursacht hat, seine IEO-Leitung wieder frei. Bild 5.18 veranschaulicht den Vorgang. Sobald die Interruptleitung aktiv wird, gibt der Baustein ein LOW-Signal an IEO ab. Während der Bestätigungsphase erzeugt die CPU zwei zusätzliche Wartezyklen. Diese Zeit reicht aus, um eine Prioritätskette mit vier eingeschleiften Peripheriebausteinen zu durchlaufen. Erst dann übergibt der aktive Baustein seinen Vektor. Damit ist sichergestellt, daß nur der derzeit gültige Vektor auf den Datenbus gelangt. Nachdem die aktuelle Rücksprungadresse im Stack abgelegt ist, startet die CPU das Service-Unterprogramm an der angezeigten Stelle. Am Ende des Programms trifft sie auf den Befehl RETI und kehrt in das Hauptprogramm zurück. Die soeben bediente Einheit erkennt die Bytefolge von RETI auf dem Datenbus und setzt ihren Ausgang IEO wieder auf HIGH-Potential. Jetzt können andere Einheiten mit geringerer Priorität ihr Interruptsignal abgeben. Verwendet man anstatt von RETI einen normalen Return-Befehl, dann bleibt das IEO-Signal auf LOW-Potential, und alle nachfolgenden Peripherieeinheiten des Systems sind blockiert!

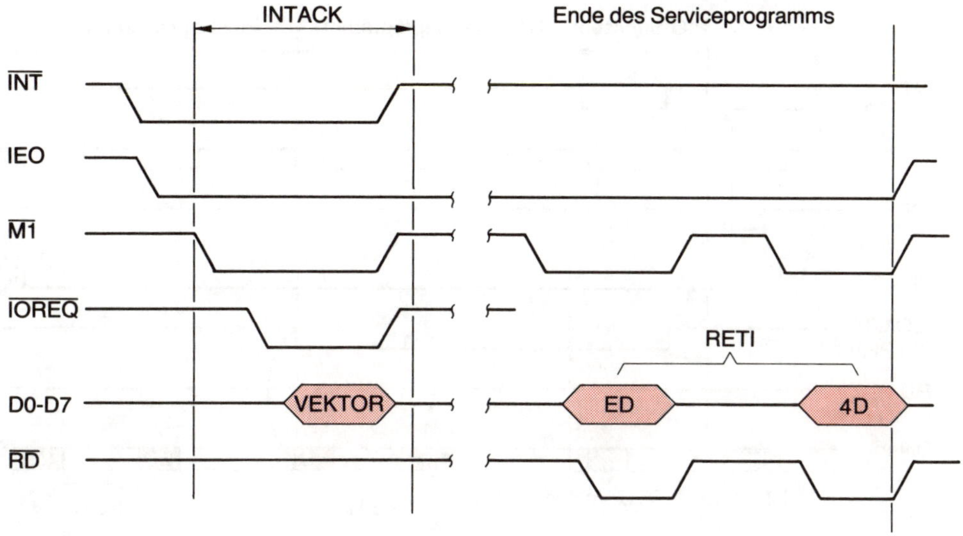

Bild 5.18 Bussignale bei einem maskierbaren Interrupt während der Bedienung eines Peripheriegeräts

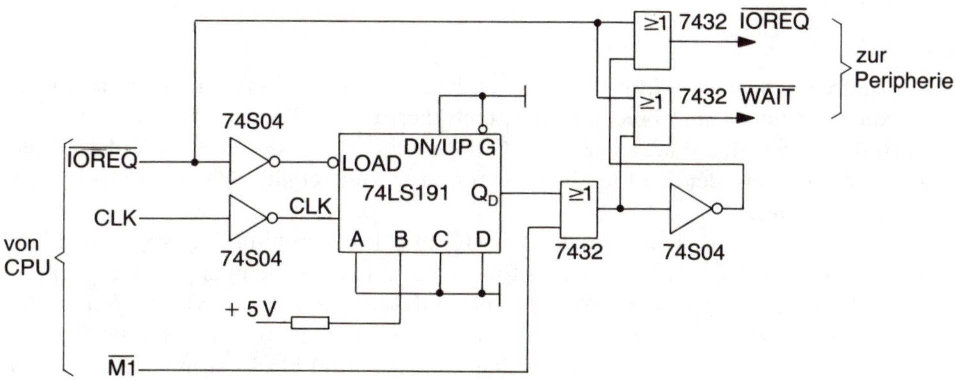

Bild 5.19 Erzeugung von Wartezyklen durch eine Zusatzschaltung während der Bestätigungsphase

> In einem Z80-System muß das Serviceprogramm eines maskierbaren Interrupts mit dem Befehl RETI enden.

Bei mehr als vier Periperiebausteinen ist der Bestätigungszyklus kürzer als die Laufzeit durch die Prioritätskette. In diesem Fall muß die Peripherie ein $\overline{\text{WAIT}}$-Signal erzeugen, um den Bestätigungszyklus zu verlängern. Die in Bild 5.19 gezeigte Schaltung wird vom Hersteller empfohlen. Die gezeigte Schaltung kann maximal 5 zusätzliche Wartezyklen erzeugen. Sobald $\overline{\text{M1}}$ ein LOW-Signal führt, wird die $\overline{\text{WAIT}}$-Leitung aktiviert, und das $\overline{\text{IOREQ}}$-Signal zur Peripherie bleibt so lange gesperrt, bis der Synchronzähler abgelaufen ist. Die Beschaltung der Vorsetzeingänge A-D ist hier so gewählt, daß nur ein zusätzlicher Wartezyklus erzeugt wird.

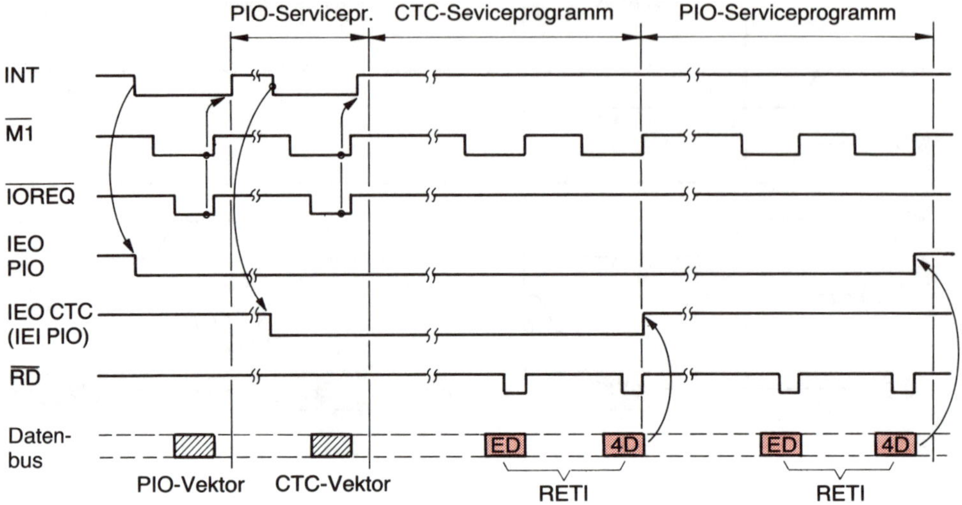

Bild 5.20 Mehrstufige Unterbrechung durch Freigabe des Interrupts während eines Serviceprogramms

Damit ein vorrangiges Interrupt das bereits laufende Serviceprogramm einer untergeordneten Einheit unterbrechen kann, muß dies durch EI ausdrücklich erlaubt sein. In Bild 5.17 hat der Baustein Z80-CTC die größte Priorität. Wenn er während des Serviceprogramms der PIO Bedienung fordert, dann ergibt sich der in Bild 5.20 gezeigte Verlauf.

Nachdem die Parallelschnittstelle Z80-PIO ihre Interruptforderung abgegeben hat, blockiert sie mit IEO = LOW die nachfolgenden Einheiten und übergibt ihren Vektor. Die CPU unterbricht das Hauptprogramm und bearbeitet das Serviceprogramm der PIO. Nun gibt der Baustein Z80-CTC sein Interruptsignal ab. Während der Bestätigungsphase legt er seinen Vektor auf den Datenbus und blockiert mit IEO = LOW seinerseits die Interruptlogik der Parallelschnittstelle. Die CPU unterbricht das Serviceprogramm der PIO und bedient den CTC. Mit RETI ist das Serviceprogramm des CTC beendet. Da die PIO an IEI ein LOW-Signal erhält, kann sie diesen Befehl nicht decodieren und sperrt daher weiterhin die in der Prioritätskette hinter ihr liegenden Bausteine. Der CTC indessen erkennt RETI und setzt danach IEO auf HIGH-Potential. Jetzt ist die Interruptlogik der PIO wieder aktiv und kann nach Beendigung ihres Serviceprogramms die nachfolgenden Einheiten freigeben.

Wenn das Interrupt während der PIO-Bedienung nicht erlaubt wird, verläuft der Vorgang so, wie in Bild 5.21 beschrieben. Die CPU bearbeitet das untergeordnete Serviceprogramm der PIO bis zum Schluß, obwohl eine Anforderung des CTC vorliegt. Wenn das erste Byte des Befehls RETI auf dem Datenbus erscheint (ED), setzt der CTC seinen IEO-Ausgang während des M1-Zyklus auf HIGH und erlaubt somit der PIO, das Ende ihres Serviceprogramms zu erkennen. Damit der CTC anschließend bedient werden kann, muß Interrupt erlaubt werden. Dies geschieht am besten vor dem RETI-Befehl im Bedienungsprogramm der PIO.

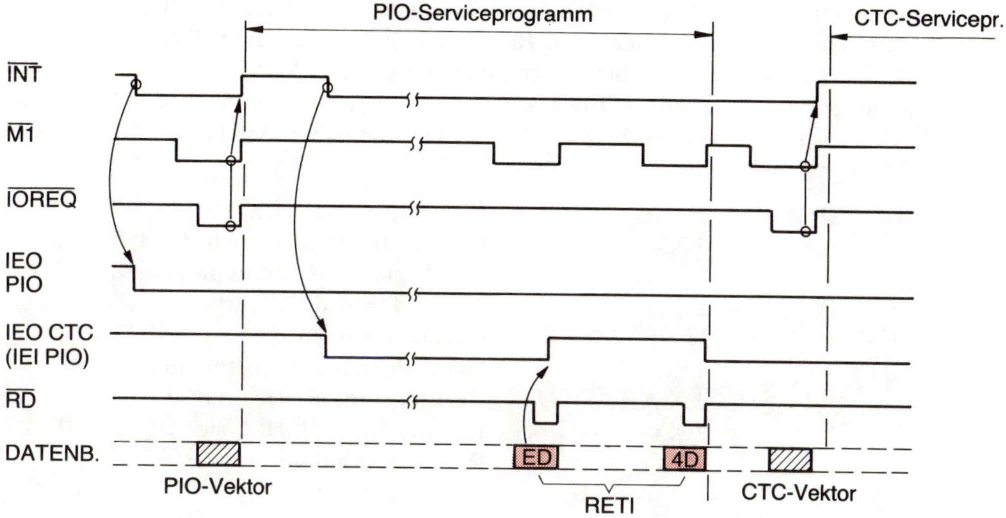

Bild 5.21 Erzwungene, einstufige Unterbrechung. Das Interrupt wird während des Service-Programms nicht freigegeben

5.2.2.5 Das Interrupt-Serviceprogramm

Wenn die CPU ihr Programm unterbrechen muß, enthalten ihre Register die Daten des gerade bearbeiteten Programms. Nach der Rückkehr vom Serviceprogramm dürfen die Registerinhalte nicht verändert sein. Sie müssen deshalb gerettet und am Ende des Bedienungsprogramms wieder zurückgeholt werden.

> Ein Interrupt-Serviceprogramm darf die Registerinhalte nicht verändern.

Mit den PUSH- und POP-Befehlen der CPU können die benötigten Registerpaare konserviert werden.

z. B.

```
INTSER:  PUSH AF     ; Registerpaar AF im Stack ablegen
         PUSH HL     ; Registerpaar HL im Stack ablegen
         .......     ; hier beginnt das Serviceprogramm

         .......     ; Register AF und HL werden verändert

         .......     ; hier endet das Serviceprogramm

         POP HL      ; Registerpaar HL vom Stack holen
         POP AF      ; Registerpaar AF vom Stack holen
         RETI        ; Rücksprung mit unveränderten
                     ; Registerinhalten
```

Stackoperationen benötigen relativ viel Zeit (10 Taktzyklen bei PUSH AF). In zeitkritischen Prozessen können die Registerinhalte auch in die Schattenregister der CPU gerettet werden. Die hierfür benötigten Befehle EX AF,AF‘ und EXX sind wesentlich kürzer (jeweils 4 Taktzyklen). Das Serviceprogramm darf jedoch nicht durch ein anderes unterbrochen werden, welches dieselben Befehle zur Rettung der CPU-Register verwendet!

```
z.B.    INTSER:  EX AF,AF‘     ; Registerpaar AF nach AF‘
                 EXX           ; Register BC,HL,DE nach BC‘,DE‘,HL‘
                 .......       ; Hier beginnt das Serviceprogramm
                 .......       ; AF,BC,DE und HL dürfen
                               ; verändert werden
                 .......       ; hier endet das Serviceprogramm
                 EX AF,AF‘     ; Registerpaar AF‘ nach AF
                 EXX           ; Register BC‘,DE‘,HL‘ nach BC,DE,HL
                 RETI          ; Rücksprung mit unveränderten
                               ; Registerinhalten
```

Verwendet man die Registeraustauschbefehle, dann dürfen die Schattenregister keine wichtigen Daten enthalten.

Durch die Zwischenspeicherung der CPU-Register verzögert sich die eigentliche Bedienung der Peripherie u. U. erheblich. Deshalb sollte der Programmierer in zeitkritischen Abläufen wenige CPU-Register verwenden, damit Zeit gespart wird. In vielen Publikationen wird das nichtmaskierbare Interrupt $\overline{NMI}$ als besonders schnell gepriesen. Die Zeitersparnis zum maskierbaren Interrupt im Modus 2 beträgt jedoch nur wenige Taktzyklen (zwei zusätzliche Wartetakte im Bestätigungszyklus für jeweils vier Peripheriegeräte). Zum Vergleich werden die tatsächlich auftretenden Verzögerungszeiten von der Anforderung bis zur Bedienung gegenübergestellt:

	$\overline{NMI}$	$\overline{INT}$
Erkennung (max.)	23 T	23 T
Bestätigung	4 T	8 T (8 Peripheriegeräte)
Stack	6 T	6 T
PUSH AF (z.B.)	11 T	11 T
PUSH HL (z.B.)	11 T	11 T
insgesamt	55 T	59 T

5.3 Lernzieltest

1. Erläutern Sie die prinzipiellen Unterschiede zwischen
   a) Polling
   b) Interrupt
   c) DMA
2. a) Welche Signale steuern beim Z80 den direkten Speicherzugriff ?
   b) Welche Systembussignale reagieren darauf?

3. Wodurch unterscheiden sich die verschiedenen Interruptarten?
4. Welche Interruptbetriebsarten hat der Mikroprozessor Z80?
5. Wie erzeugt der Z80 das Interruptbestätigungssignal?
6. Beschreiben Sie die maskierbaren Interruptbetriebsarten des Z80!
7. Beschreiben Sie das nichtmaskierbare Interrupt $\overline{\text{NMI}}$!
8. Welche Hardware-Eigenschaften muß ein Z80-System besitzen, damit es ein Interrupt im Modus 2 verarbeiten kann?
9. Nach welchen Prinzipien kann die Priorität bei gleichzeitig vorliegenden Interrupts gelöst werden?
10. Wie ist die Prioritätsfrage in der Z80-Familie gelöst?

6 Komplexe Peripheriebausteine

Die vielfältigen Anforderungen, die heute an Mikrocomputer gestellt werden, erfordern Schnittstellen, die anpassungsfähig und vielseitig sind. Moderne Schnittstellenbausteine können durch Programmierung dem jeweiligen Anwendungsfall angepaßt werden und vermindern dadurch den Aufwand an Bauteilen erheblich.

Ein universell einsetzbarer Baustein wäre technologisch machbar, aber nicht sehr sinnvoll, da in den meisten Fällen nur Teilfunktionen genutzt werden. Man stellt daher Bausteine her, die einen speziellen Aufgabenbereich umfassend abdecken und die CPU durch ihre Eigenständigkeit weitgehend entlasten. Dabei ist von folgender Einteilung auszugehen:

- ☐ Bitparallele Ein-/Ausgabe (Parallel In/Out = PIO)
- ☐ Bitserielle Ein-/Ausgabe (Seriell In/Out = SIO)
- ☐ Zeitgeber und Zähler (TIMER, COUNTER)
- ☐ Direkter Speicherzugriff (DMA)
- ☐ Analog-Digital- und Digital-Analog-Wandler (A/D, D/A)
- ☐ Steuerung für Diskettenlaufwerke (Floppy Disk Controller)

Der Anwender sieht sich einem großen Angebot intelligenter Schnittstellenschaltungen gegenüber, mit denen er sein Problem lösen kann. Die Qual der Wahl wird erleichtert, wenn er auf solche Bausteine zurückgreift, die zur Familie seines Mikroprozessors gehören. Damit sind die zur Ansteuerung notwendigen Signalleitungen vorhanden und brauchen nicht durch zusätzliche Verknüpfungsschaltungen gewonnen werden. Außer dem Vorteil eines geringen Aufwands an Hardware kann er die Möglichkeiten, die sein Mikroprozessor bietet, voll ausschöpfen.

Besonders deutlich wird dies bei der Z80-Familie. Die sehr komfortable Interruptbehandlung der CPU kommt erst durch den Einsatz von Schnittstellenschaltungen aus der Familie zum Tragen. Priorität der Unterbrechungsanforderung und Startadresse für das jeweilige Serviceprogramm liefert der Schnittstellenbaustein. Die folgenden Abschnitte befassen sich mit den Möglichkeiten der Datenübertragung zwischen Mikrocomputersystemen und der Periperie unter Verwendung moderner Schnittstellenbausteine.

6.1 Bitparallele Ein-/Ausgabe am Beispiel Z80-PIO

> Bei einer Parallelschnittstelle werden alle Bits eines Datenworts gleichzeitig eingelesen oder ausgegeben.

Eine Parallelschnittstelle empfängt z.B. ein Zeichen von der CPU, speichert es und gibt es parallel an die angeschlossene Peripherieschaltung weiter.

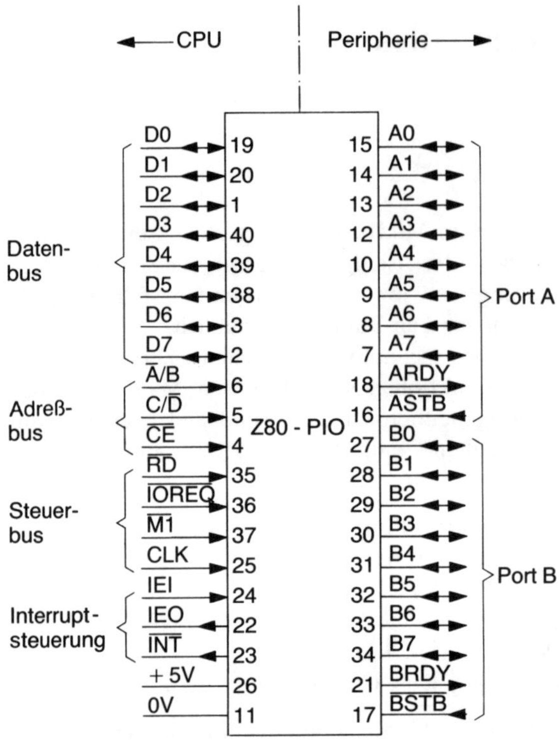

Bild 6.1
Anschlußbelegung Z80-PIO

Nach diesem Prinzip arbeitet auch der Baustein Z80-PIO. Er enthält im wesentlichen zwei getrennt auswählbare 8-Bit-Datenregister, wovon jedes als Ein- oder Ausgaberegister verwendet werden kann. Die Auswahl der Datenrichtung geschieht zuvor durch ein Programm. Dieses Initialisierungsprogramm schreibt sogenannte Steuerworte in die jeweiligen Steuerregister der PIO und legt dadurch die Betriebsart (Modus) fest. Die einmal gewählte Betriebsart bleibt erhalten, solange die Betriebsspannung anliegt oder bis eine Umprogrammierung einen neuen Modus bestimmt.

Bild 6.1 zeigt die Anschlußbelegung der PIO mit ihrer funktionellen Zuordnung. Dabei haben die einzelnen Anschlüsse die folgende Bedeutung:

D0-D7	Ein- und Ausgänge (bidirektional): Datenbusanschluß zur CPU; hier erhält die PIO Daten zur Ansteuerung der Peripherie und Steuerworte zur Programmierung von der CPU; hier sendet die PIO Daten von der Peripherie zur CPU
$\overline{A}$/B	Eingang: Adreßleitung zur Unterscheidung zwischen Port A und Port B
C/$\overline{D}$	Eingang: Adreßleitung zur Unterscheidung von Daten- und Steuerregistern
$\overline{CE}$	Eingang: Chip Enable, Adreßleitung zur Aktivierung des Bausteins (Moduladresse)
$\overline{M1}$	Eingang für $\overline{M1}$-Signal der CPU

$\overline{\text{IOREQ}}$	Eingang für $\overline{\text{IOREQ}}$-Signal der CPU
$\overline{\text{RD}}$	Eingang: Schreib- Lesesteuerung; wenn dieses Signal aktiv ist und der Baustein über $\overline{\text{CE}}$ angesteuert wird, schalten die Datenbustreiber der PIO auf Senden
$\overline{\text{INT}}$	Interruptausgang der PIO, ohne Anforderung hochohmig (Tristate)
IEI	Eingang: Interrupt-Aktivierung; nur wenn dieses Signal aktiv ist, kann die PIO ein Interrupt anfordern
IEO	Ausgang: Hat die PIO ein Interrupt ausgelöst, dann geht dieser Ausgang auf LOW-Potential
CLK	Eingang für Systemtakt
A0-A7	Ein-/Ausgangsleitungen zur Peripherie von Port A; max. Ausgangsstrom bei H-Pegel 0,25 mA, bei L-Pegel 2 mA
ARDY	Ausgang für Quittungssignal Port A
$\overline{\text{ASTB}}$	Eingang für Quittungssignal Port A
B0-B7	Ein-/Ausgangsleitungen zur Peripherie von Port B; max. Ausgangsstrom bei H-Pegel 1,5 mA, bei L-Pegel 2 mA
BRDY	Ausgang für Quittungssignal Port B
$\overline{\text{BSTB}}$	Eingang für Quittungssignal Port B

6.1.1 Ansteuerung der PIO

Der PIO-Baustein enthält zwei unabhängige Ein-/Ausgabe-Kanäle (Port A und Port B), von denen jeder aus einem Daten- und einem Steuerregister besteht (Bild 6.2). Aus- und Eingänge von jedem Datenregister sind gemeinsam nach außen geführt und können an die Peripherie angeschlossen werden. Die Auswahl der Register geschieht durch die Moduladresse am Anschluß $\overline{\text{CE}}$ und der Registeradresse an den Anschlüssen C/$\overline{\text{D}}$ bzw. $\overline{\text{A}}$/B. Liegt am Anschluß C/$\overline{\text{D}}$ ein LOW-Signal (Data Active), dann sind die Datenregister angesprochen. Das Signal an $\overline{\text{A}}$/B entscheidet, ob es sich um Daten für Port A oder Port B handelt. Bei HIGH-Signal an C/$\overline{\text{D}}$ (Controll Active) sind die Steuerregister aktiviert, wobei der Pegel an $\overline{\text{A}}$/B wieder zwischen Port A und Port B unterscheidet. Verbindet man die Leitungen für die Registerauswahl mit den Adreßleitungen A0 und A1 des Mikroprozessors, dann ergeben sich bei einer angenommenen Moduladresse die in Bild 6.3 gezeigten physikalischen Adressen der PIO.

Das Schreiben und Lesen von Steuer- und Datenwörtern der PIO geschieht über E/A-Befehle der CPU:

z. B.	OUT (0CH),A	gibt den Inhalt des Akkus auf den Datenleitungen von Port A aus
	IN A,(0DH)	liest den Inhalt des Datenregisters von Port B in den Akku der CPU
	OUT (0EH),A	gibt den Akku an das Steuerregister von Port A aus

Das $\overline{\text{IOREQ}}$-Signal ist intern mit dem $\overline{\text{CE}}$-Signal verknüpft, so daß ein Zugriff auf ein PIO-Register nur in der aktiven Phase von $\overline{\text{IOREQ}}$ während eines extenden Lese- oder Schreibbefehls erfolgen kann. Bilder 6.4 und 6.5 zeigen das Zeitdiagramm einer Schreib- bzw. Leseaktion.

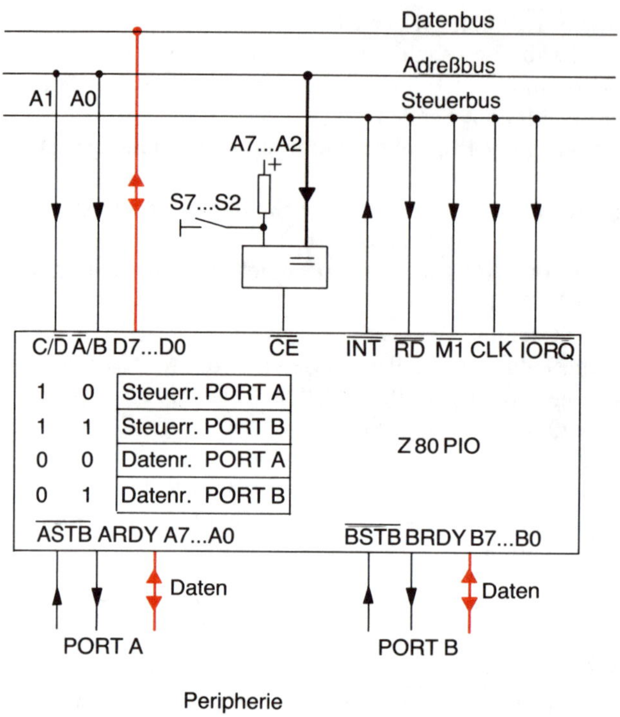

Bild 6.2
Ansteuerungsschema für Z80-PIO

Bild 6.3
Adressierung der PIO-Register

A7	A6	A5	A4	A3	A2	A1	A0	Hex.	Bedeutung
Moduladresse						C/D	A/B		
0	0	0	0	1	1	0	0	0C	PORT A Daten
0	0	0	0	1	1	0	1	0D	PORT B Daten
0	0	0	0	1	1	1	0	0E	PORT A Steuerzeichen
0	0	0	0	1	1	1	1	0F	PORT B Steuerzeichen

> Die Register der PIO können nur durch Ein- und Ausgabebefehle der CPU beschrieben oder gelesen werden.

6.1.2 Betriebsarten

Insgesamt vier Betriebsarten stehen dem Anwender zur Verfügung:

- ☐ MODE 0 byteweise Ausgabe der Daten von Port A bzw. Port B
- ☐ MODE 1 byteweise Eingabe der Daten in Port A bzw. Port B
- ☐ MODE 2 byteweise Ein- und Ausgabe der Daten von Port A (in dieser Betriebsart ist Port B nur im MODE 3 ohne Interrupt verwendbar)

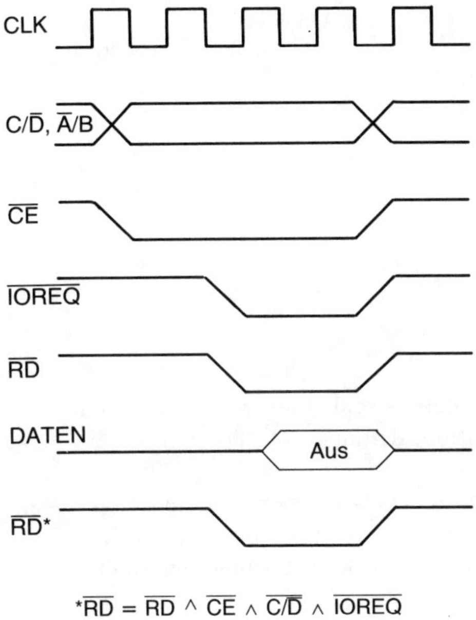

Bild 6.4
Lesen von PIO-Daten durch die CPU

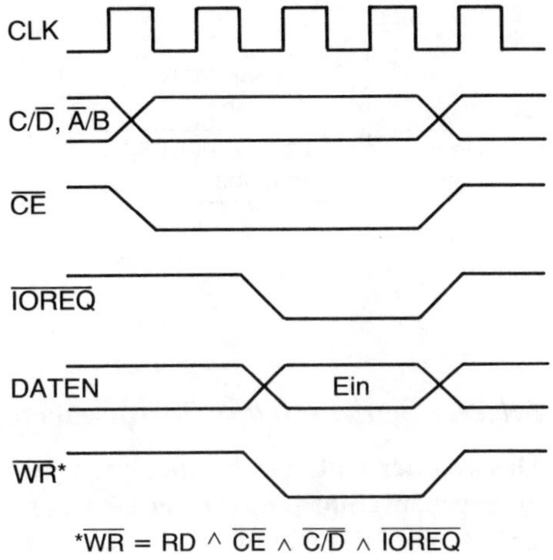

Bild 6.5
Schreiben von Daten in die Register des PIO-Bausteins

□ MODE 3 Einzelbit-Ein-/Ausgabe; jede Datenleitung von Port A bzw. Port B kann wahlweise zur Ein- oder Ausgabe verwendet werden.

> Port A und B können unabhängig voneinander in allen Betriebsarten arbeiten (mit Ausnahme von Modus 2).

Ein RESET-Anschluß ist aus Platzgründen nicht vorhanden. Die PIO erzeugt ein RESET, wenn ein $\overline{\text{M1}}$-Signal aktiv ist, ohne daß $\overline{\text{RD}}$ oder $\overline{\text{IOREQ}}$ aktiviert sind. Diese besondere Signalkombination kann durch eine logische Schaltung erzeugt werden, falls eine RESET-Funktion erwünscht ist. Beim Einschalten der Versorgungsspannung sorgt eine interne Schaltung für ein automatisches RESET-Signal.

> Nach einem RESET arbeiten beide Ports im Modus 1. Die Leitungen zur Peripherie sind hochohmig. Die PIO kann kein Interrupt auslösen.

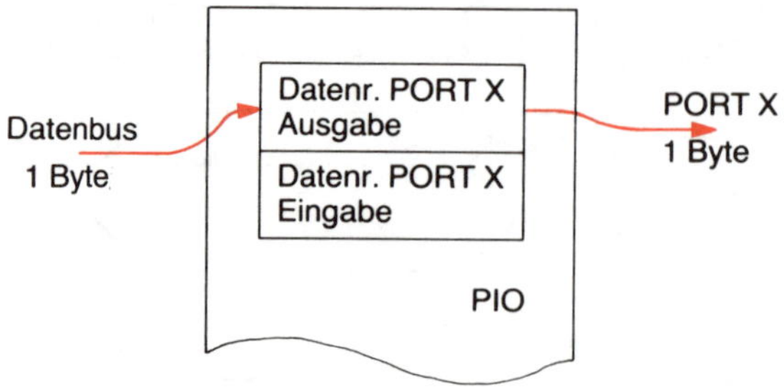

Bild 6.6
Byte-parallele Datenausgabe im Modus 0

6.1.2.1 Betriebsart 0, 8-Bit-Ausgabe

Das von der CPU geschickte Byte wird auf den Datenleitungen des gewählten Ports ausgegeben (Bild 6.6). Dabei sind die Quittungsleitungen $\overline{\text{ASTB}}$ und ARDY bzw. $\overline{\text{BSTB}}$ und BRDY aktiv.

Die Quittungs- oder Handshake-Leitungen dienen zur interruptgesteuerten Datenübertragung zwischen PIO und Peripherie. Sie quittieren die Datenübernahme bzw. Datenübergabe. Sie können durch keinen Lese- oder Schreibbefehl unmittelbar abgefragt oder gesetzt werden.

Die READY-Leitung (RDY) ist ein Ausgang der PIO zur Peripherie und wird erst aktiv, wenn ein neues Zeichen in ein Datenregister geschrieben wird.
Die $\overline{\text{STROBE}}$-Leitung ($\overline{\text{STB}}$) ist ein Eingang der PIO und wird von der Peripherie aktiviert, wenn neue Daten anfallen. Sie kann in der PIO eine Interruptanforderung auslösen.

Im Modus 0 erhält die PIO das auszugebende Zeichen von der CPU. Am Ende des Schreibzyklus wird READY auf HIGH-Pegel gesetzt (Bild 6.7). Das READY-Signal bleibt so lange aktiv, bis

- ☐ eine positive Flanke an $\overline{\text{STROBE}}$ die Übernahme der Daten durch die Peripherie quittert (dabei löst die PIO ein Interrupt aus, wenn sie dazu programmiert wurde) oder, wenn noch gesetzt,
- ☐ ein neuer Schreibzyklus am betreffenden Port durchgeführt wird (eineinhalb Taktzyklen vor der aktiven Flanke von $\overline{\text{IOREQ}}$).

Ein typischer Anwendungsfall für diese Betriebsart ist die Ansteuerung eines Matrixdruckers mit paralleler Schnittstelle (CENTRONIX o.ä.). Wenn die PIO ein neues Zeichen für den Drucker erhält, meldet sie dies über ihre READY-Leitung an. Der Drucker quittiert die Übernahme des neuen Zeichens, sobald er bereit ist, mit einem $\overline{\text{STROBE}}$-Signal. Die positive Flanke des $\overline{\text{STROBE}}$ löst ein Interrupt aus, um der CPU anzuzeigen, daß sie ein neues Zeichen liefern kann. Auf diese Weise kann der langsame Drucker immer dann bedient werden, wenn es nötig ist, während die CPU in der dazwischenliegenden Zeit andere Aufgaben erfüllen kann.

Bild 6.7
Quittungsbetrieb im Modus 0 mit Interruptauslösung durch die PIO

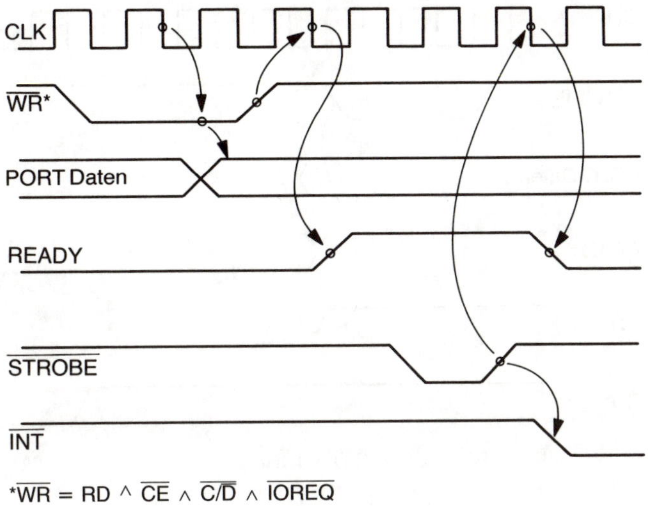

6.1.2.2 Betriebsart 1, 8-Bit-Eingabe

Die auf den Datenleitungen des Ports liegende Information wird in das Datenregister geladen und kann von der CPU gelesen werden (Bild 6.8). Den Ablauf eines Lesevorgangs zeigt Bild 6.9.

Die Peripherie beginnt, indem sie ein LOW-Signal auf die STROBE-Leitung legt und damit das Datenregister der PIO lädt. Die ansteigende Flanke des STROBE-Signals kann dabei ein Interrupt auslösen, sofern dies erlaubt und die IEI-Leitung aktiv ist.

> Im Modus 1 werden Peripheriedaten von der PIO nur übernommen, wenn die STROBE-Leitung auf LOW-Potential liegt.

Die nächste negative Flanke des Systemtakts setzt die READY-Leitung zurück, damit anzeigend, daß ein neues Wort im Datenregister steht und daß keine neuen Daten geliefert werden dürfen, bis die CPU das Datenregister gelesen hat. Unmittelbar nach

Bild 6.8
Byte-parallele Dateneingabe im Modus 1

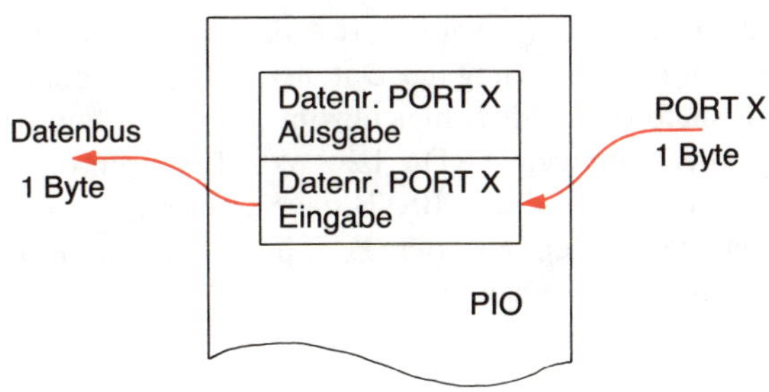

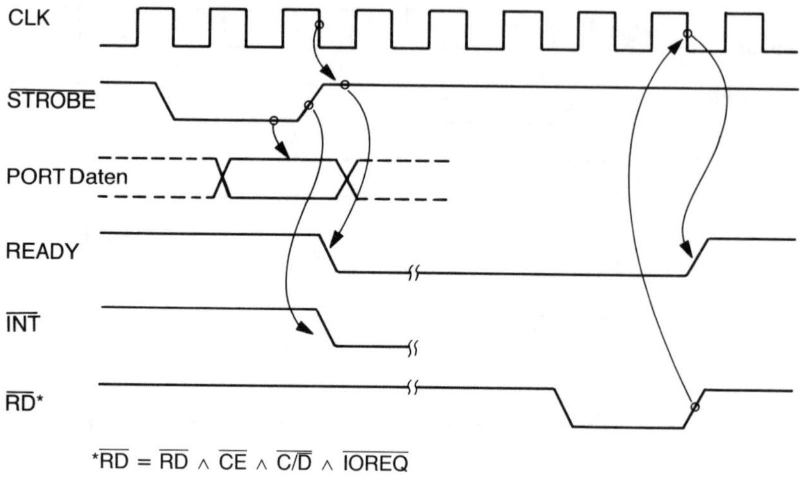

Bild 6.9 Quittungsbetrieb im Modus 1 mit Interruptauslösung durch die PIO

dem Lesezyklus geht die READY-Leitung auf HIGH-Potential. Jetzt kann die Peripherie ein neues Datenwort in das Datenregister schreiben.

> Im Modus 1 fordert die PIO neue Daten durch ein HIGH-Signal auf der READY-Leitung an.

Soll der Lesevorgang ohne Interruptsteuerung durchgeführt werden, muß die $\overline{\text{STROBE}}$-Leitung statisch auf LOW-Potential liegen, damit das Datenregister geladen wird.

Ein wichtiger Anwendungsfall dieser Betriebsart ist die Eingabe von Daten über ein Tastenfeld. Wird eine Taste gedrückt, erzeugt die Logik der Tastatur ein $\overline{\text{STROBE}}$-Signal und meldet damit neue Daten an. Die von der PIO ausgehende Interruptanforderung unterbricht den Programmablauf der CPU und erzwingt dadurch eine unmittelbare Reaktion auf den Tastendruck.

6.1.2.3 Betriebsart 2, 8-Bit-bidirektionale Ein-/Ausgabe

Die Datenleitungen von Port A dienen zugleich als bitparallele Ein- und Ausgabe (Bild 6.10). Die Steuerung der Datenrichtung übernehmen alle Quittungsleitungen der PIO. Deshalb darf Port B hier nur im Modus 3 ohne Interrupt betrieben werden.

Die Leitungen ARDY bzw. $\overline{\text{ASTB}}$ führen die Steuersignale für die Datenausgabe, während BRDY und BSTB die Steuerung der Dateneingabe übernehmen. Damit der Datenaustausch mit der Peripherie funktioniert, muß diese auf die Steuersignale entsprechend reagieren können.

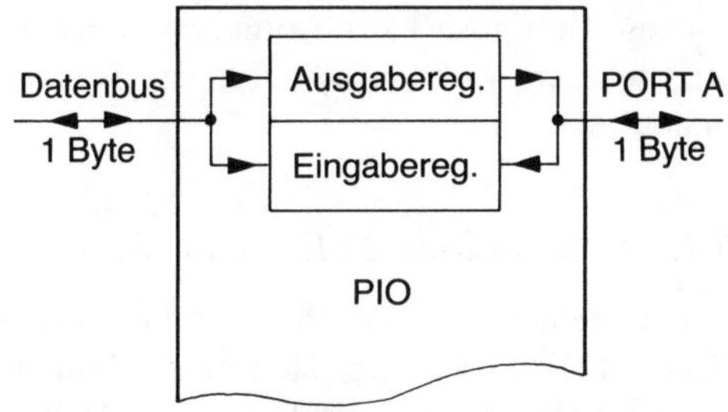

Bild 6.10
Bidirektionaler Datenaustausch über Port A im Modus 2

> Im Modus 2 zeigt die PIO mit dem Signal ARDY, daß ein neues Zeichen zur Ausgabe bereitsteht.
> Die Ausgabe erfolgt nur, wenn die Peripherie das Signal $\overline{\text{ASTB}}$ aktiviert, d.h. auf LOW-Potential setzt.
>
> Im Modus 2 meldet die Peripherie eine Eingabe durch das Signal $\overline{\text{BSTB}}$ an. Die PIO übernimmt die Daten nur, wenn $\overline{\text{BSTB}}$ auf LOW-Potential liegt.
> Über die Leitung BRDY meldet die PIO, daß die Daten gelesen wurden und ein neues Zeichen eingeschrieben werden kann.

Bild 6.11 zeigt den Zeitablauf bei der bidirektionalen Datenübergabe im Modus 2. Die positive Flanke der $\overline{\text{STROBE}}$-Signale löst ein Interrupt aus, falls die PIO dafür programmiert wurde und die IEI-Leitung aktiv ist.

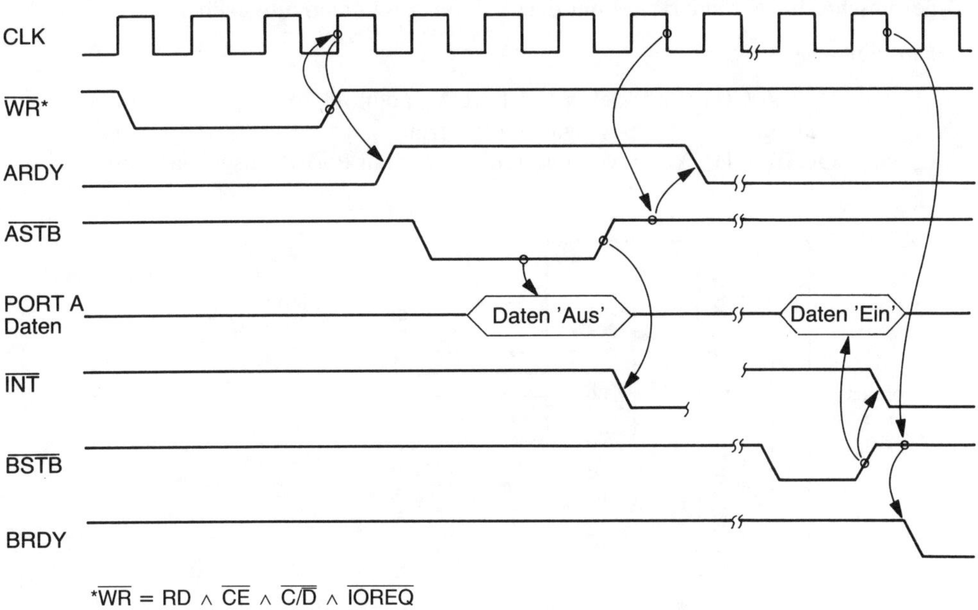

Bild 6.11 Quittungsbetrieb im Modus 2. Ein- und Ausgabe durch Interrupt

Diese Betriebsart kann zum Datenaustausch über eine IEC-BUS Schnittstelle eingesetzt werden, wobei das invertierte Signal ARDY z. B. als $\overline{\text{ATN}}$-Signal Verwendung findet.

6.1.2.4 Betriebsart 3, Einzelbit-Ein-/-Ausgabe

Jede Datenleitung eines Port kann wahlweise als Eingang oder Ausgang geschaltet sein (Bild 6.12). Die Quittungsleitungen bleiben hier wirkungslos. Das Schreiben und Lesen von PIO-Daten geschieht byteweise. Der Anwender muß durch Einzelbitbefehle oder Maskieren die einzelnen Bits lesen oder setzen.

Einzelbiteingabe

```
IN A,(0CH)      ; Daten von Port A in Akku
BIT 2,A         ; Testen von Bit 2 im Akku
                ; dieses ist z.B. als Eingang geschaltet
JR Z,...        ; Auswertung
```

Die CPU liest von den Ausgängen die Werte im Ausgangsregister und von den Eingängen die Werte im Eingangsregister des Port. Dadurch kann ein auf die PIO zugreifendes Programm den Zustand der Ausgänge abfragen. Dies ist besonders bei Interruptbetrieb wichtig, da das Interrupt-Serviceprogramm nicht weiß, wie die Ausgänge von anderen Programmen gesetzt wurden.

Beim Setzen eines Ausgangs dürfen die anderen Ausgänge meistens nicht verändert werden. Deshalb muß dem Schreibvorgang ein Lesezyklus vorhergehen, der die Zustände der anderen Ausgabeleitungen liefert. Durch einen Einzelbitbefehl wird das gewünschte Bit verändert und mit den anderen zusammen ausgegeben.

Einzelbitausgabe

```
IN A,(0CH)      ; lesen von Port A in den Akku
SET 0,A         ; Ausgabebit 0 setzen
OUT (0CH),A     ; veränderten Zustand an Port A ausgeben
```

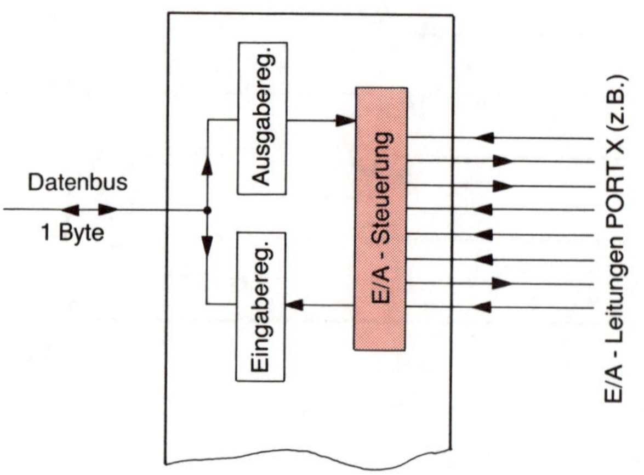

Bild 6.12
Einzelbit-Ein-/-Ausgabe im Modus 3

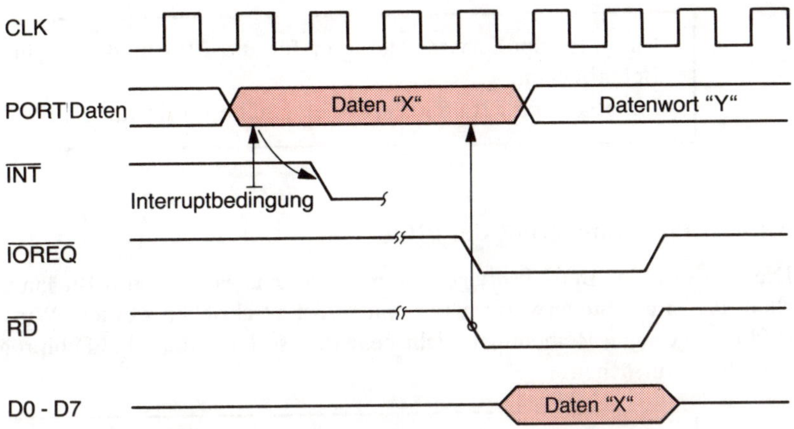

Bild 6.13 Interruptgesteuerte Datenübergabe im Modus 3. Nur das Zeichen 'X' wird in das Datenregister übernommen, da bei ihm die Interruptbedingung erfüllt ist.

Jedes Bit, das als Eingang geschaltet ist, kann ein Interrupt auslösen. Die Bedingungen hierfür sind vielfältig programmierbar.

- ☐ Auswahl der auslösenden Bits
- ☐ Auswahl zwischen ODER- und UND-Verknüpfung der auslösenden Bits
- ☐ Bestimmung des auslösenden Signalpegels (HIGH, LOW)

Die Betriebsart 3 eignet sich daher besonders für Steuerungen, da hier in der Regel nur Einzelbit-Operationen durchgeführt werden. Bild 6.13 zeigt den Zeitablauf im Modus 3.

6.1.3 PIO-Interrupt

Wie alle Peripheriebausteine der Z80-Familie, unterstützt die PIO besonders die gerichtete Interruptanforderung im Interruptmodus 2 (IM 2) der CPU. Jedes Port besitzt ein Interrupt-Vektorregister. Das Vektorregister bildet zusammen mit dem I-Register der CPU eine 16-Bit-Adresse für die Speicherstelle, in der die Startadresse des anzuspringenden Interrupt-Serviceprogramms abgelegt ist (vgl. Abschnitt 5.2).

Wenn die PIO ein Interrupt anfordert, geht ihr IEO-Ausgang auf LOW-Potential. Damit können die anderen Peripheriebausteine mit niederer Priorität keine Unterbrechungsanforderung mehr abgeben. Sie liegen in der Interrupt-Prioritätskette hinter der PIO und sind durch das LOW-Signal an ihren IEI-Leitungen blockiert. Bei Bestätigung der Unterbrechungsanforderung durch die CPU ($\overline{IOREQ}$ und $\overline{M1}$ sind aktiv) legt die PIO den Interruptvektor des auslösenden Port auf den Datenbus. Das abgearbeitete Serviceprogramm muß mit dem Befehl RETI (Return from Interrupt) enden. Erst wenn dieser Befehl auf dem Datenbus erkannt wird, setzt die PIO ihren IEO-Ausgang wieder auf HIGH-Potential und gibt den Bausteinen mit geringerer Priorität Gelegenheit zur Interruptanforderung. Andernfalls bleibt die Interruptlogik der PIO blockiert, sie kann kein neues Interrupt anfordern, und alle anderen Bausteine mit geringerer Priorität ebenso.

> Ein Interrupt-Serviceprogramm für die PIO muß mit einem RETI-Befehl enden.
> Innerhalb der PIO hat Port A eine höhere Priorität als Port B.

6.1.4 Programmierung der PIO

Die Auswahl der Betriebsart geschieht durch eine Folge von 8 Bit langen Steuerzeichen, die in das Steuerwortregister eines Port geschrieben werden. Wird dabei die in Bild 6.14 gezeigte Reihenfolge nicht beachtet, so kann dies eine Fehlprogrammierung der PIO verursachen.

> Die Programmierung eines Port muß zusammenhängend und in der richtigen Reihenfolge geschehen.

6.1.4.1 Interrupt-Vektorwort

Dieser Schritt kann entfallen, falls kein gerichtetes Interrupt benötigt wird. Der gewünschte Vektor wird in Form eines Steuerzeichens in das Steuerwortregister des ausgewählten Port geschrieben. Dabei muß das niederwertigste Bit null sein. Daran erkennt die PIO, daß es sich hier um ein Interrupt-Vektorwort handelt:

Bit	D7	D6	D5	D4	D3	D2	D1	D0
	V7	V6	V5	V4	V3	V2	V1	0 (immer 0)

Der Wert im Vektorregister liefert das niederwertige Byte, der Wert im I-Register der CPU das höherwertige Byte des Zeigers, der auf die Startadresse des Serviceprogramms deutet. Wegen der Null in D0 (gerade Zahl) muß die Startadresse für das Serviceprogramm immer an einem geradzahligen Speicherplatz beginnen (Abschnitt 5.2). An dieser Speicherstelle steht dann das niederwertige Byte, in der nachfolgenden das höherwertige Byte der Startadresse.

> Im Modus 2 liefert Port A den Interruptvektor bei einer Datenausgabe, Port B bei einer Dateneingabe.

6.1.4.2 Modussteuerwort

Das Steuerzeichen für die Auswahl der Betriebsart hat das in Bild 6.15 gezeigte Format. Bit D0–D3 müssen immer log. 1 sein. Daran erkennt die PIO das Modussteuerwort. D4 und D5 haben keinen Einfluß, sie können 0 oder 1 sein. Bit D6 und D7 zeigen der PIO die gewünschte Betriebsart an. Die Dualzahl, die sich aus den möglichen Bitkombinationen ergibt, ist die Nummer der Betriebsart (Bild 6.16).

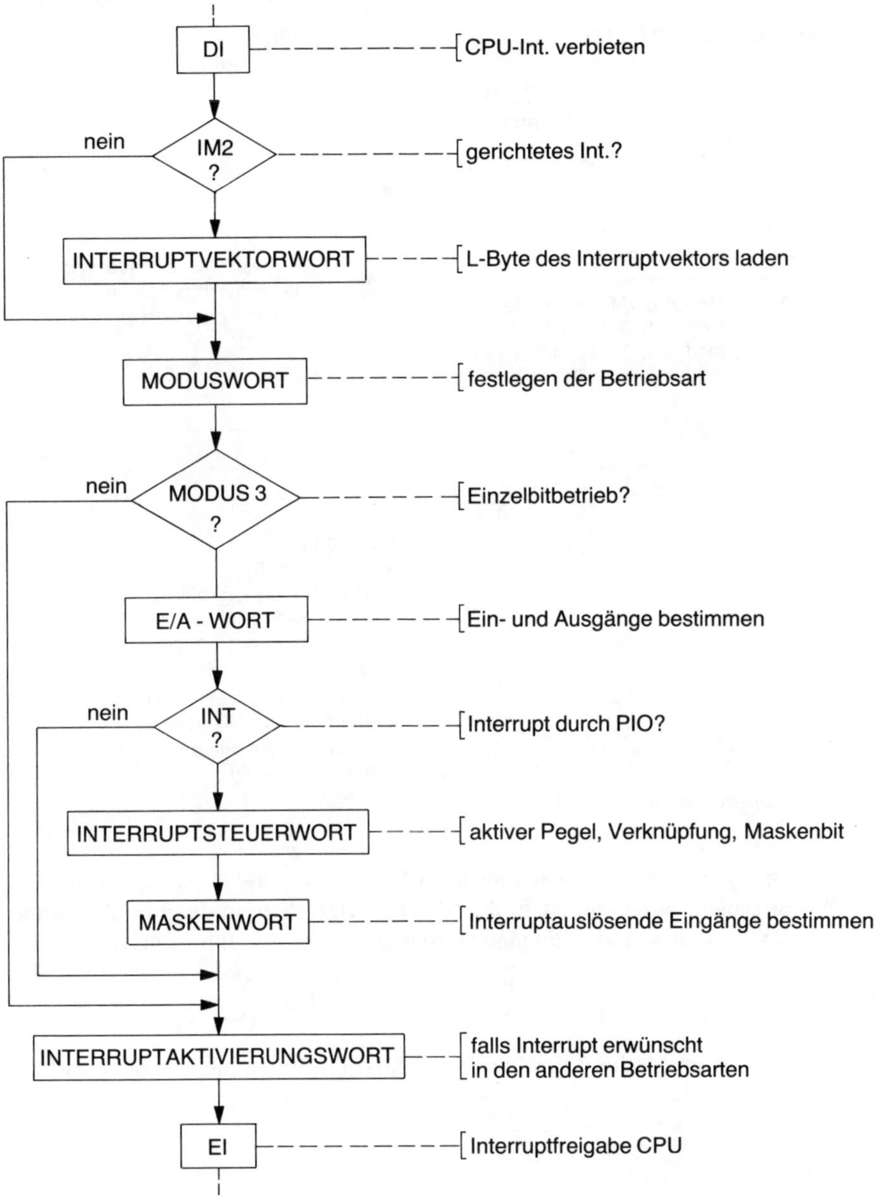

Bild 6.14 Ablaufdiagramm für die Initialisierung eines Port

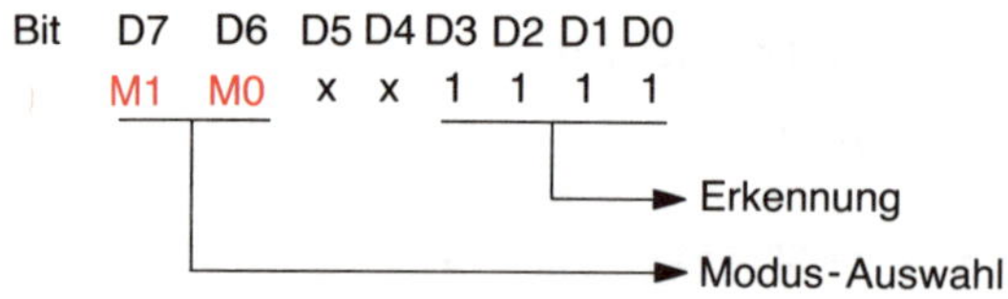

Bild 6.15
Modussteuerwort

M1	M0	Betriebsart
0	0	Modus 0, 8-Bit-Ausgabe
0	1	Modus 1, 8-Bit-Eingabe
1	0	Modus 2, 8-Bit bidirektional
1	1	Modus 3, Einzelbit E/A

Bild 6.16
Auswahl der Betriebsart durch die Steuerbits M1 und M0 im Modussteuerwort

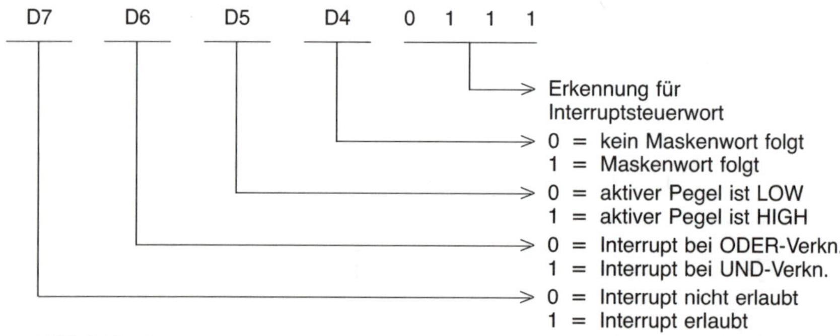

Bild 6.17 Interruptsteuerwort

Im Einzelbitbetrieb Modus 3 müssen als nächstes die Ein- und Ausgänge festgelegt werden. Dies geschieht durch ein nachfolgendes Steuerzeichen, in dem die Ausgänge durch eine Null (0 = Output), die Eingänge durch eine Eins (1 = Input) markiert sind:

D7	D6	D5	D4	D3	D2	D1	D0
I/O	I/O	I/O	I/O	I/O	I/O	I/O	I/O

Wenn kein Interrupt im Modus 3 gewünscht wird, ist die Programmierung eines Port damit abgeschlossen.

6.1.4.3 Interruptsteuerwort

Im Interruptsteuerwort werden die vielfältigen Betriebsfälle festgelegt, unter denen eine Unterbrechungsanforderung im Modus 3 ausgelöst werden kann. Ein Interrupt wird hier nicht durch die Quittungsleitungen angefordert, sondern durch eine logische Funktion der Eingangssignale. Das Steuerzeichen bestimmt die logische Verknüpfung und die Signalpegel, die zur Interrupterzeugung notwendig sind (Bild 6.17).

Bit D0–D3 bilden das Erkennungszeichen für das Interruptsteuerwort. Wenn D4 gesetzt ist, muß noch ein Steuerwort – das Maskenwort – folgen, welches die auslösenden Eingänge durch eine Null im betreffenden Bit selektiert. Bit D5 bestimmt den logischen Pegel der Eingangssignale, Bit D6 die logische Verknüpfung, unter denen ein Interrupt erfolgen kann. Treffen die mit D5 und D6 festgelegten Bedingungen zu, dann wird Interrupt aktiviert, falls D7 gesetzt ist.

6.1.4.4 Interruptaktiverungswort

Dieses Steuerwort (Bild 6.18) verbietet oder erlaubt den Interrupt eines Port durch Beeinflussung von Bit D7 im Interruptsteuerwort. Die übrige Programmierung der PIO bleibt unverändert. Man verwendet es auch zur Aktivierung des Interrupts in den Betriebsarten 0–2, da hier die zusätzlichen Optionen des Interruptsteuerworts nicht benötigt werden.

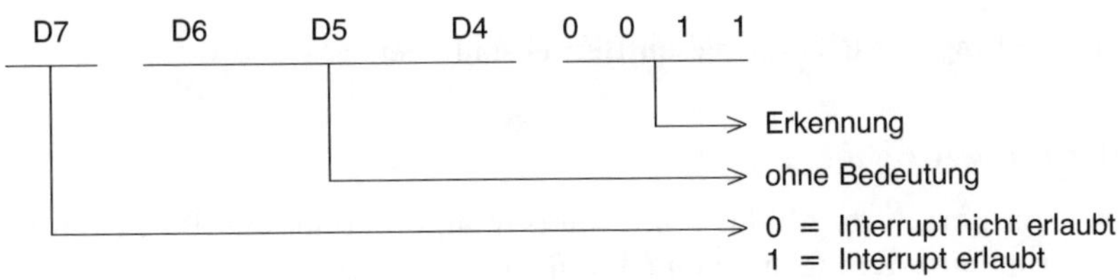

Bild 6.18
Interruptaktivierungswort

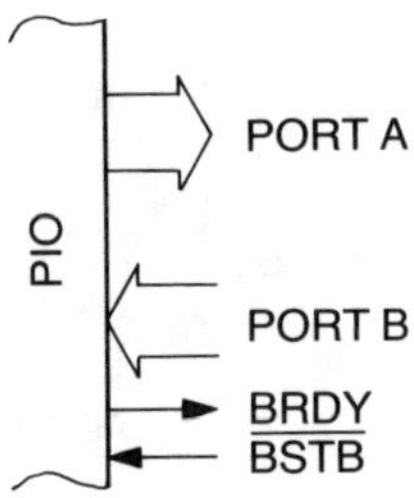

Bild 6.19
Beispiel zu 6.1.5.1

6.1.5 Programmierbeispiele zur Initialisierung

Der folgende Abschnitt zeigt Initialisierungsbeispiele für typische Anwendungen der PIO. Diese Initialisierungsprogramme werden zum Teil in nachfolgenden Abschnitten wieder benötigt.

6.1.5.1 Bitparallele Ein-/Ausgabe

In diesem Beispiel wird Port A zur bitparallelen Ausgabe im Modus 0 ohne Quittungsbetrieb benutzt. Port B arbeitet als bitparallele Eingabe unter Verwendung der Quittungssignale (Bild 6.19).

Initialisierung Port A

Da die Quittungsleitungen nicht verwendet werden, ist kein Interruptvektorwort notwendig:

```
LD A,0FH         ; Modussteuerwort 00001111 für Modus 0 laden
OUT (STWA),A     ; an Steuerwortadresse von Port A ausgeben
```

Initialisierung Port B

Bei gerichtetem Interrupt (IM 2) muß ein Interruptvektor geladen werden:

```
LD A,VEKTOR    ; Interruptvektor laden
OUT (STWB),A   ; an Steuerwortadresse von Port B ausgeben
LD A,4FH       ; Modussteuerwort 01001111 für Modus 1 laden
OUT (STWB),A   ; an Steuerwortadresse von Port B ausgeben
```

Falls gewünscht, kann das Interrupt der PIO nach Schreiben des Interruptaktivierungsworts freigegeben werden:

```
LD A,83H       ; Aktivierungswort 10000011, Interrupt frei
OUT (STWB),A   ; an Steuerwortadresse von Port B ausgeben
```

Damit ist die Initialisierung der PIO für diesen Betriebsfall beendet.

6.1.5.2 Einzelbit-Ein-/-Ausgabe

In diesem Beispiel soll Port A im Modus 3 mit Interruptanforderung und Port B im Modus 3 ohne Interruptanforderung arbeiten (Bild 6.20).

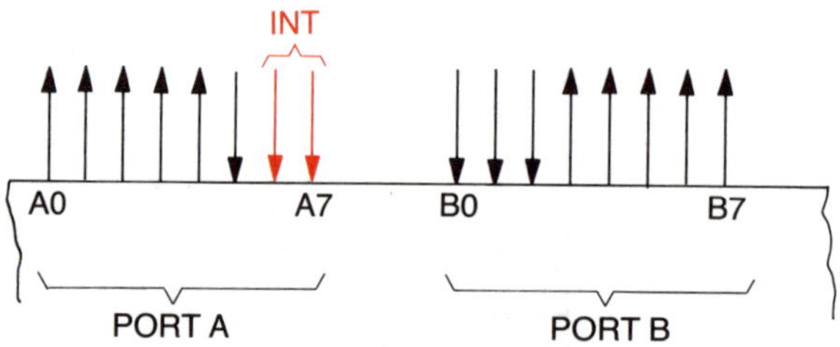

Bild 6.20
Beispiel zu 6.1.5.2

Initialisierung von Port A

```
LD A,VEKTOR    ; falls erforderlich, Vektor laden
OUT (STWA),A   ; und an Steuerwortadresse von Port A ausgeben

LD A,CFH       ; Modussteuerwort 11001111 für Modus 3
OUT (STWA),A   ; ausgeben
LD A,E0H       ; 11100000 Ein- und Ausgänge festlegen
OUT (STWA),A   ; und ausgeben
LD A,D7H       ; Interruptsteuerwort 11010111
               ; Interrupt frei, UND-Verknüpfung, LOW-aktiv
OUT (STWA),A   ; ausgeben
```

Da Bit 4 im Interruptsteuerwort gesetzt ist, muß nun ein Maskenwort folgen, welches die interruptauslösenden Eingänge bestimmt:

```
LD A,3FH       ; Maskenwort 00111111, Bit 6 und 7 aktiv
OUT (STWA),A   ; ausgeben
```

Damit ist Port A initialisiert. Sobald Bit 6 und Bit 7 ein LOW-Signal führen, kann ein Interrupt ausgelöst werden.

Initialisierung von Port B

Da hier kein Interrupt verlangt wird, entfallen Interruptvektor und Interruptsteuerwort:

```
LD A,CFH       ; Modussteuerwort 11001111 für Modus 3
OUT (STWB),A   ; an Steuerwortadresse von Port B ausgeben
LD A,07H       ; 00000111 Ein- und Ausgänge festlegen
OUT (STWB),A   ; und ausgeben
```

6.1.6 Schaltungsbeispiel

Den praktischen Aufbau einer Parallelschnittstelle mit Z80-PIO zeigt Bild 6.21. Beim Entwurf der Schaltung wurden folgende Gesichtspunkte berücksichtigt:

- ☐ vollständige Decodierung der Moduladresse
- ☐ Moduladresse im ganzen Adreßbereich verschiebbar
- ☐ Belastung der Systembussignale mit max. 1 TTL-Lasteinheit
- ☐ Richtungssteuerung des Datenbustreibers für IM2-Betrieb

Durch diese Vorgaben wird die Schaltung relativ aufwendig. Bei modularem Aufbau und längerem Systembus ist jedoch eine Pufferung der Bussignale unumgänglich, wenn das System störungsfrei arbeiten soll.

6.1.6.1 Pufferung

Die Pufferung des Datenbus übernimmt der Baustein 74LS245. Er enthält acht bidirektionale Treiber, deren Richtungssteuerung (siehe Abschnitt 6.1.6.3) durch den Eingang DR erfolgt. Der Aktivierungseingang ist dauerhaft mit Masse verbunden, so daß die Teiber immer eingeschaltet sind.

Die Steuerbussignale IEI, IEO, $\overline{\text{RD}}$ und $\overline{\text{INT}}$ werden über den Bustreiber 74LS125 geführt. Dieser Baustein verfügt über Tristate-Ausgänge. Bis auf den Treiber für das $\overline{\text{INT}}$-Signal sind alle Treiber dauernd aktiviert. Der Treiber für das $\overline{\text{INT}}$-Signal wird erst aktiv, wenn die PIO durch ein LOW-Signal Interrupt fordert. Wegen des Tristate-Ausgangs muß die Interruptleitung der CPU an einem Pull-up-Widerstand liegen.

Die Signale $\overline{\text{IOREQ}}$ und $\overline{\text{M1}}$ werden über die noch freien Gatter des 74LS86 verstärkt. Alle anderen Systembussignale sind nur mit einem TTL-Eingang belastet und brauchen daher nicht gepuffert zu werden.

6.1.6.2 Adreßdecodierung

Der Schnittstellenbaustein selbst benötigt 4 Adressen (2 Datenregister und 2 Steuerregister der PIO). Sie werden mit den Adreßleitungen A1 und A0 direkt über die Anschlüsse C/$\overline{\text{D}}$ bzw. $\overline{\text{A}}$/B der PIO ausgewählt. Die übrigen sechs Leitungen A2–A7 dienen zur Bestimmung der Moduladresse. Sie kann mit den Schaltern S1–S6 über die Exclusiv-Oder-Gatter der beiden IC 74LS86 eingestellt werden. Sind z. B. alle Schalter geschlossen, so müssen die Signale A2–A7 HIGH-Potential führen, damit an den Ausgängen der Exclusiv-Oder-Gatter ein HIGH-Signal entsteht. Nur diese Kombina-

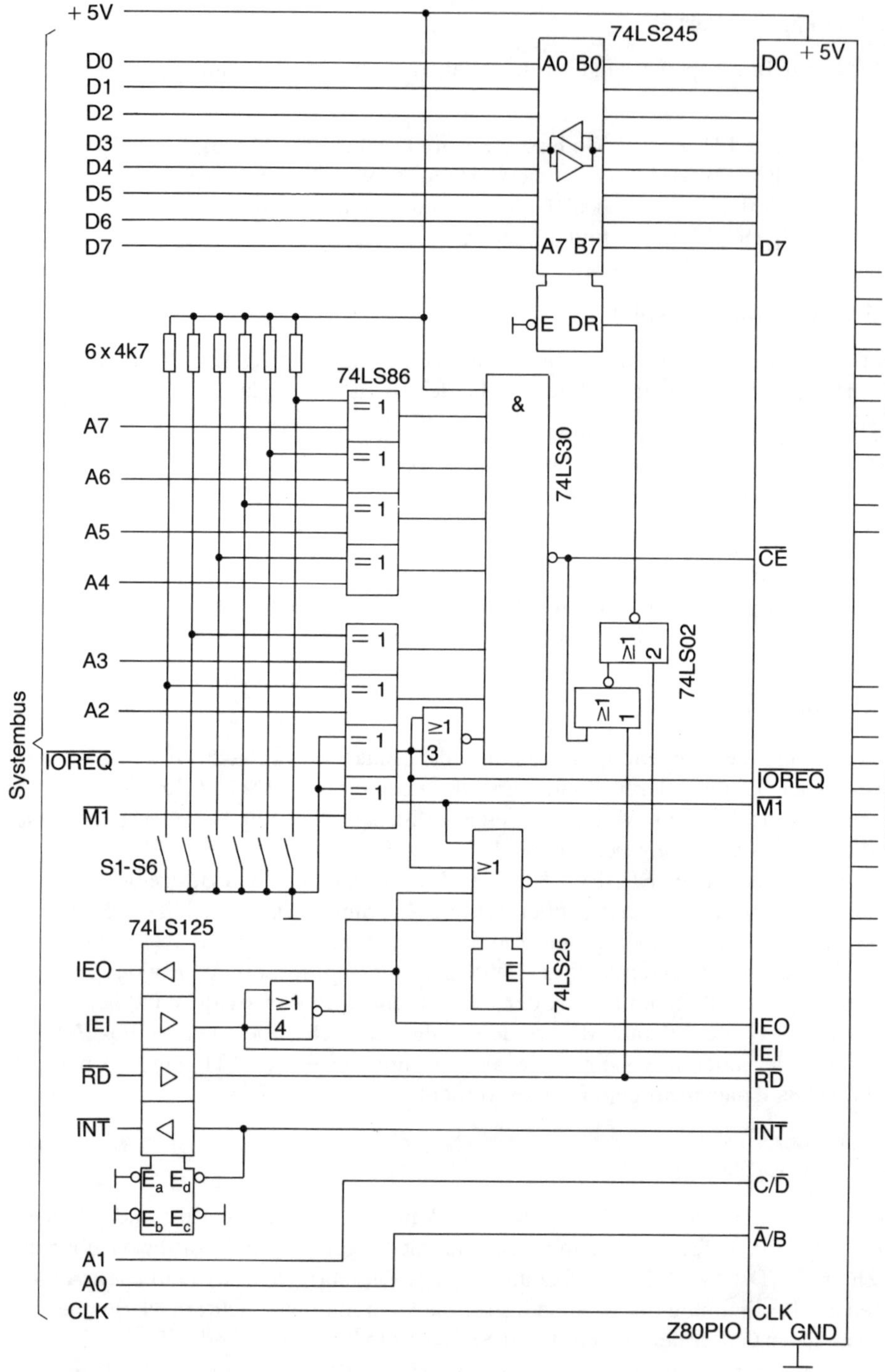

Bild 6.21 Schaltungsvorschlag für eine Parallelschnittstelle mit Z80 PIO

0 = Schalter offen	S1	S2	S3	S4	S5	S6	Adr. der PIO-Reg.
	0	0	0	0	0	0	00–03
	0	0	0	0	0	1	04–07
	0	0	0	0	1	0	08–0B
	.	.	.	.	.	.	.. ..
	1	1	1	1	1	1	FC–FF

Bild 6.22 Adreßbereich und Schalterstellung der Parallelschnittstelle

tion der Adreßleitungen A2–A7 aktiviert zusammen mit dem $\overline{\text{IOREQ}}$-Signal den Anschluß $\overline{\text{CE}}$ der PIO, sobald eine extende Schreib- oder Leseaktion unter dieser Adresse durchgeführt wird. Entsprechend geschieht das auch bei einer anderen Stellung der Adreßwahlschalter (siehe Abschnitt 6.1.1 Ansteuerung der PIO). Durch Einstellen der gewünschten Schalterkombination kann die Schnittstellenadresse um jeweils vier Plätze verschoben werden (Bild 6.22).

6.1.6.3 Richtungssteuerung des Datenbustreibers

Wenn die CPU Daten an die PIO schreibt (Datenausgabe bzw. Steuerworte), müssen die Treiber des Bausteins 74LS245 von den Anschlüssen A nach B arbeiten. Dies geschieht durch ein HIGH-Signal am Anschluß DR. Liest die CPU Daten von der PIO (Dateneingabe bzw. Interruptvektor der PIO), muß die Richtung der Treiber durch ein LOW-Signal an DR umgeschaltet werden. Die Umschaltung während einer normalen Schreib-Lese-Operation kann durch eine Verknüpfung des $\overline{\text{CE}}$- mit dem $\overline{\text{RD}}$-Signal geschehen. Beim Lesen des Interruptvektors sind diese Signale jedoch nicht aktiv. Sobald die PIO eine Interruptforderung ausgibt, legt sie den programmierten Interruptvektor auf den Datenbus. Dies geschieht aber nur, wenn ihre IEI-Leitung HIGH-Potential führt. In diesem Fall geht ihre IEO-Leitung auf LOW-Potential (siehe Kapitel 5) und blockiert damit andere Schnittstellen mit niedriger Priorität. IEI = HIGH und IEO = LOW sind somit Erkennungssignale für die Interruptanforderung dieser PIO. Der Vektor darf aber erst dann auf den Datenbus der CPU geschaltet werden, wenn die CPU das Interrupt bestätigt, d. h. wenn zusätzlich $\overline{\text{IOREQ}}$ und $\overline{\text{M1}}$ aktiv sind. Zusammenfassend ergibt sich die in Bild 6.23 gezeigte Schaltfunktion für die Richtungsumschaltung des Datenbustreibers.

Die Logik für die Richtungssteuerung liefert also ein LOW-Signal an DR, wenn $\overline{\text{CE}}$ *und* $\overline{\text{RD}}$ aktiv, *oder* wenn $\overline{\text{IOREQ}}$ *und* $\overline{\text{M1}}$ *und* IEI aktiv *und* IEO inaktiv ist.
Diese Schaltung mag aufwendig erscheinen, muß aber unbedingt angewendet werden, wenn mit gerichtetem Interrupt gearbeitet wird. Die logische Verknüpfung zur Richtungssteuerung geschieht mit den Bausteinen 74LS02 und 74LS25.

$$\text{DR} = \underbrace{\overline{\text{CE}} \wedge \overline{\text{RD}}}_{\text{Lesen von PIO-Daten}} \vee \underbrace{\overline{\text{IOREQ}} \wedge \overline{\text{M1}} \wedge \text{IEI} \wedge \overline{\text{IEO}}}_{\text{Lesen des Interruptvektors}}$$

Bild 6.23 Schaltfunktion für die Richtungssteuerung des Datenbustreibers

6.2 Programmierbare Zeitgeber am Beispiel Z80-CTC

Zeitgeberbausteine benötigt man vor allem als Zeitnormal für eine Uhr, als Taktgenerator zur seriellen Datenübertragung, als Tongenerator oder als Ereigniszähler. Sie können unabhängig vom Systemtakt arbeiten und werden von der CPU bei Bedarf angesprochen bzw. lösen ein Interrupt aus, wenn ein vorgegebener Zählerstand erreicht ist. Sie enthalten daher vorwiegend Zählregister, die über entsprechende Steuerworte beeinflußbar sind.

Der Baustein Z80-CTC (Counter Timer Circuit) verfügt über insgesamt 4 programmierbare 8-Bit-Rückwärtszähler (Kanäle), die als Ereigniszähler oder als Zeittaktgenerator arbeiten können. Im *Zählbetrieb* erhält der jeweilige Zähler die Signale von einer externen Quelle; im *Zeitgeberbetrieb* wird in erster Linie der Systemtakt ausgewertet. Nach einer vorprogrammierten Impulszahl kann jeder Kanal ein gerichtetes Interrupt verursachen. Die Zählvorgänge können auf der negativen oder positiven Impulsflanke getriggert werden. Drei Kanäle haben einen Zählerausgang zur Peripherie. Bild 6.24 zeigt die Anschlußbelegung des Bausteins. Dabei haben die einzelnen Anschlüsse die folgende Bedeutung:

D0-D7	Datenbusanschluß, bidirektional; hier werden die Daten der Zählregister bzw. die Steuerzeichen übermittelt
CS0,CS1	Eingänge, Adreßleitungen zur Auswahl der Kanäle 0–3; Daten- und Steuerworte für den jeweiligen Kanal werden durch diese Adresse übermittelt
$\overline{\text{CE}}$	Eingang, zur Aktivierung des Bausteins (Moduladresse)
$\overline{\text{M1}}$	Eingang, wird vom $\overline{\text{M1}}$-Signal der CPU angesteuert
$\overline{\text{IOREQ}}$	Eingang für $\overline{\text{IOREQ}}$-Signal der CPU
$\overline{\text{RD}}$	Eingang zur Schreib-Lese-Steuerung; mit der $\overline{\text{RD}}$-Leitung der CPU zu verbinden
$\overline{\text{RESET}}$	Eingang, wenn aktiv, werden alle Zähler gestoppt und die Interruptlogik zurückgesetzt; kann mit dem System-RESET verbunden werden
CLK	Eingang für Systemtakt
$\overline{\text{INT}}$	Ausgang, wird bei der Interruptanforderung eines Kanals aktiv, sonst hochohmig (Tristate)
IEI	Eingang für Prioritätssignal; nur wenn dieses Signal aktiv ist, kann der Baustein Interrupt fordern
IEO	Ausgang für Prioritätssignal; wird bei einer Interruptanforderung des CTC passiv
CLK/TRG	Eingang für externes Zeitgeber-Triggersignal eines Kanals (Clock/Trigger)
ZC/TO	Zählerausgang (Zero Count/Time-out); wenn der Rückwärtszähler Null erreicht hat, wird ein positiver Impuls erzeugt – dieser Ausgang ist nur für die Kanäle 0–2 vorhanden

Bild 6.24
Anschlußbelegung Z80-CTC

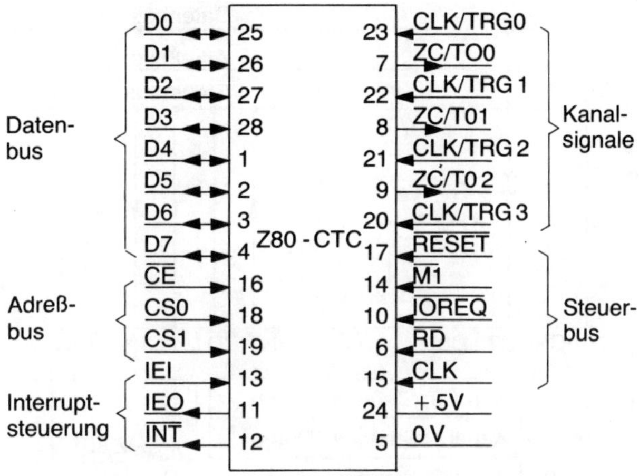

6.2.1 Ansteuerung des CTC

Wie die besprochene Parallelschnittstelle Z80-PIO ist der Zeitgeberbaustein an das Interruptverhalten der Z80-CPU angepaßt. Deshalb sollte nur die extende Adressierung verwendet werden, d. h., der Baustein wird über E/A-Befehle der CPU angesprochen. Jeder Kanal ist durch seine Kanaladresse an den Anschlüssen CS0, CS1 anwählbar (Bild 6.25).

Bild 6.25
Kanaladressen des CTC

CS1	CS0	Kanal
0	0	Kanal 0
0	1	Kanal 1
1	0	Kanal 2
1	1	Kanal 3

Die Moduladresse wird – wie schon bei der PIO – mit dem Anschluß $\overline{CE}$ durchgeschaltet. Bild 6.26 zeigt den prinzipiellen Anschluß an das Bussystem eines Mikrocomputers mit Z80-CPU. Dabei findet die gleiche Schaltung Verwendung, wie sie bereits in Abschnitt 6.1.2 behandelt wurde.

6.2.2 Innerer Aufbau

Die innere Organisation eines Kanals zeigt Bild 6.27. Der Hauptbestandteil ist der 8-Bit-Rückwärtszähler, der über das 8-Bit-*Zeitkonstantenregister* geladen werden kann. Wenn er auf Null gezählt hat, geht der Ausgang ZC/TO auf HIGH-Potential. Dieser Ausgang ist intern mit der Interruptlogik des Bausteins verknüpft und kann dann ein Interrupt in Gang bringen. Das Zählregister von Kanal 3 hat keinen Ausgang, ist jedoch in die Interruptlogik miteinbezogen. Je nach Betriebsart wird der Zähler durch den Eingang CLK/TRG (Zählbetrieb) oder über einen Vorteiler vom Systemtakt (Zeitgeberbetrieb) angesteuert. Der Vorteiler kann per Programm auf ein Teilerver-

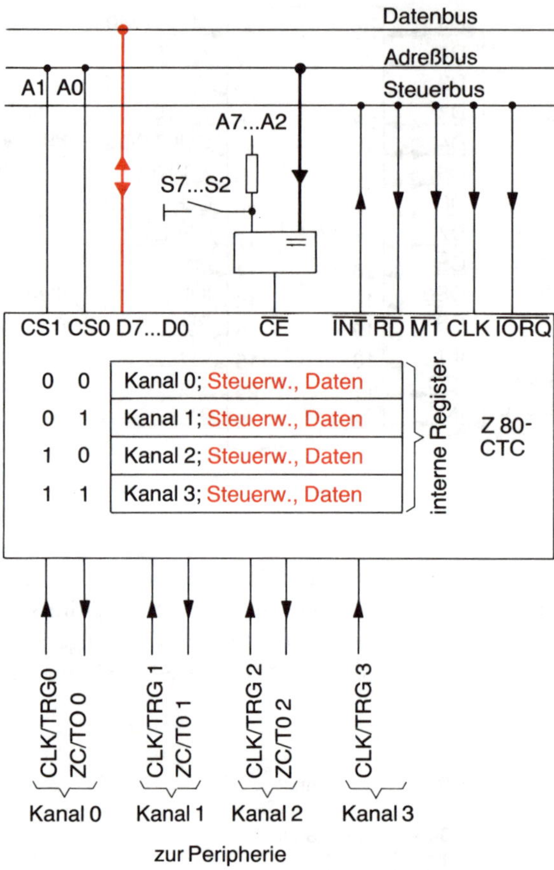

Bild 6.26
Anschluß des CTC an ein Z80-Bussystem

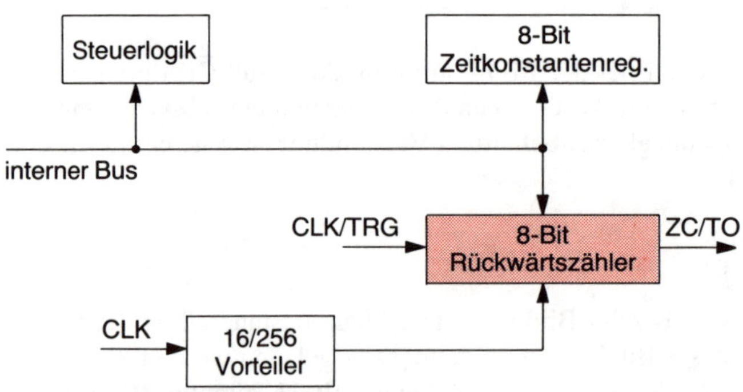

Bild 6.27
Prinzipschaltung eines CTC-Kanals

hältnis von 16 oder 256 eingestellt werden. Das Steuerregister bestimmt die Arbeitsweise eines Kanals. Über die Kanaladresse lädt die CPU das Steuerzeichen in dieses Register. Damit werden die Betriebsart und das Interruptverhalten festgelegt. Ein Bit im Steuerregister bestimmt, ob als nächstes die Zeitkonstante in das Zeitkonstantenregister geladen wird. Im Gegensatz zur PIO geschieht das Schreiben von Daten- und Steuerzeichen nacheinander über dieselbe Kanaladresse.

> Das Zählregister kann nur nach einem Steuerzeichen beeinflußt werden. Ohne gesetzte Zeitkonstante arbeitet der Zähler nicht.

Wenn das Zeitkonstantenregister zum erstenmal geladen wird, übernimmt das Zählregister diesen Wert automatisch. Danach wird ein neuer Wert nur dann übernommen, wenn der augenblicklich vorhandene Zählvorgang beendet ist, d. h. wenn das Zählregister auf Null gezählt hat. Während des Zählens kann der Zählerstand jederzeit gelesen werden. Dabei wird der Inhalt des Zählregisters nicht verändert, und es tritt keine Verzögerung ein. Das Lesen geschieht durch einen Eingabebefehl der CPU über die Kanaladresse des jeweiligen Zählregisters:

```
z. B.    IN A,(KANAL1) ; Inhalt des Zählregisters von Kanal 1
                       ; wird in den Akku gelesen
```

Das Schreiben und Lesen von Daten für die einzelnen Kanäle sind normale E/A-Schreib-Lese-Zyklen der CPU (Bild 6.28 und 6.29).

Bild 6.28
CTC-Schreibzyklus (Schreiben von Steuerzeichen und Zeitkonstanten)

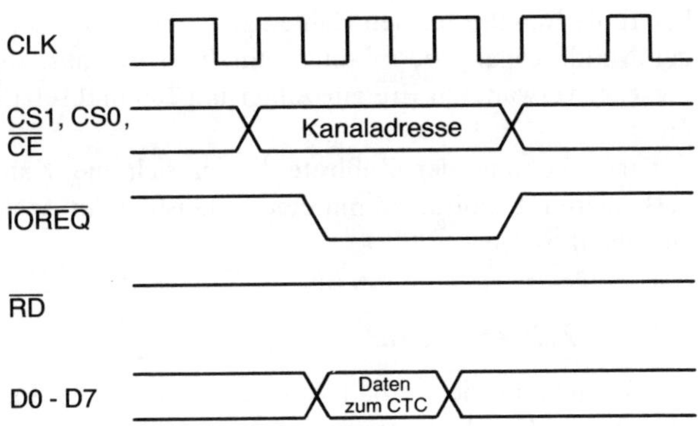

Bild 6.29
CTC-Lesezyklus (Lesen eines Zählregisters)

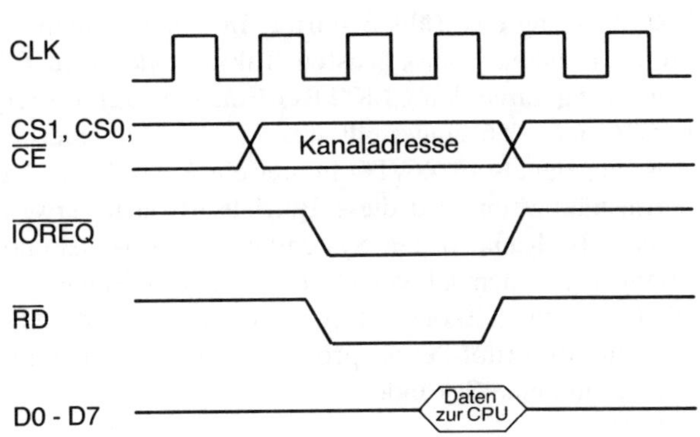

6.2.3 Betriebsarten

6.2.3.1 Ereigniszähler

Im Zählbetrieb dekrementieren die Impulse am CLK/TRG-Eingang das Zählregister. Je nach Programmierung ist die positive oder die negative Flanke des Eingangsimpulses wirksam. Der Zählvorgang wird asynchron durch das Signal an CLK/TRG eingeleitet, beginnt aber synchron bei der nächsten positiven Flanke des Systemtakts (Bild 6.30). Damit der Zählerstand mit dem nächsten Systemtakt dekrementiert werden kann, muß das Zählsignal mindestens 300 ns vor dem Taktsignal anliegen. Andernfalls führt erst die nächste Taktperiode zur Veränderung des Zählerstands.

> Im Zählbetrieb kann eine Verzögerung von max. einer Taktperiode des Systemtakts auftreten.

Wenn der Nulldurchgang erreicht ist, geht der Ausgang für die Dauer einer Taktperiode auf HIGH-Potential, die Zeitkonstante wird automatisch aus dem Zeitkonstantenregister nachgeladen, und der Zählvorgang kann ohne Unterbrechung fortgesetzt werden. Die Eingangsimpulse müssen eine Mindestlänge von 200 ns aufweisen und dürfen höchstens mit der halben Frequenz des Systemtakts aufeinander folgen.

In dieser Betriebsart können z. B. Stückzahlen erfaßt werden. Eine Lichtschranke liefert die Impulse für den Zähleingang. Wenn z. B. 100 Einheiten abgezählt sind, löst der Nulldurchgang des Zählers ein Interrupt aus, die CPU erhöht den von ihr im Speicher verwalteten Ereigniszähler um 100 und setzt ihre Arbeit im Hauptprogramm fort.

Zur Erhöhung der Zählrate lassen sich die Kanäle, wie in Bild 6.31 gezeigt, kaskadieren. Damit kann mit einem Baustein ein Zähler von max. 32 Bit (4 mal 8 Bit) aufgebaut werden.

6.2.3.2 Zeitgeberbetrieb

Im Zeitgeberbetrieb erhält das Zählregister die Impulse über den Vorteiler vom Systemtakt. Durch Programmierung kann bestimmt werden, ob das Zählen unmittelbar nach dem Laden der Zeitkonstante beginnt oder ob eine Impulsflanke am CLK/TRG-Eingang das Zählen startet. In beiden Fällen beginnt der Vorgang erst bei der positiven Flanke der nächsten Taktperiode. Bild 6.32 zeigt den Ablauf mit einer Triggerung durch den CLK/TRG-Eingang. Der Vorteiler kann auf ein Teilerverhältnis von 16 oder 256 eingestellt werden. Im Zeitgeberbetrieb ist die Periodendauer des Ausgangssignals an ZC/TO immer ein ganzzahliges Vielfaches der Systemperiode.

Am häufigsten wird diese Betriebsart dazu verwendet, eine Uhr zu bedienen. So kann z. B. Kanal 0 den Systemtakt auf 1/64 Sekunde teilen. Die Ausgangsimpulse gelangen auf den CLK/TRG-Eingang von Kanal 1, der als Ereigniszähler arbeitet. Wenn dessen Zeitkonstante 64 beträgt, kann er nach jeder Sekunde Interrupt erzeugen. Im Interrupt-Serviceprogramm erhöht die CPU dann die von ihr verwaltete Uhrzeit um eine Sekunde.

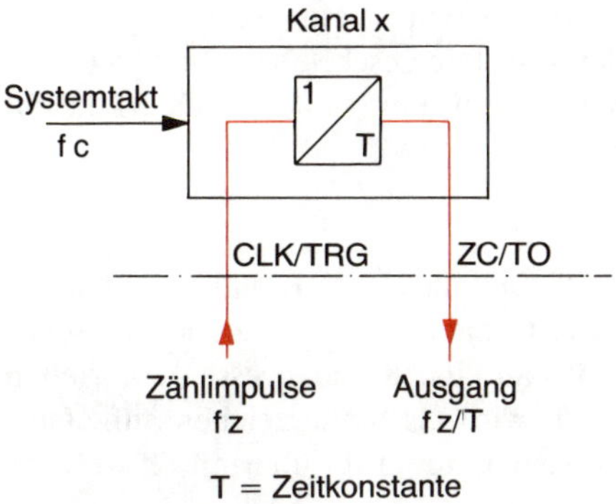

Bild 6.30
CTC als Ereigniszähler

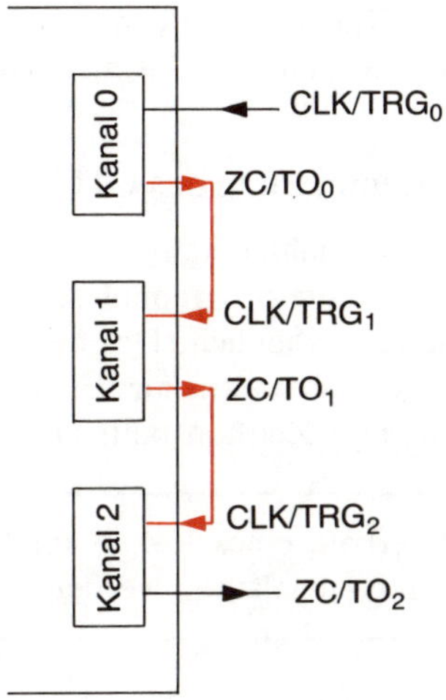

Bild 6.31
Kaskadieren von mehreren Kanälen
für größere Teilerverhältnisse

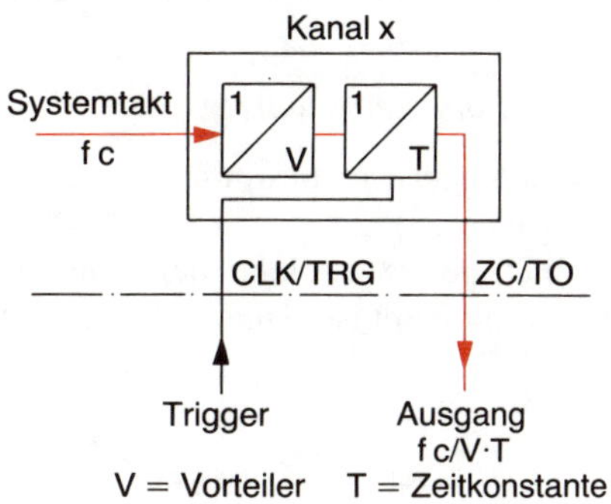

Bild 6.32
CTC als Zeitgeber

6.2.4 Interruptverhalten des CTC

Wie bereits erwähnt, ist der Baustein auf das Interruptverhalten des Z80 abgestimmt und kann in die Prioritätskette des Systems eingeschleift werden. Da der Baustein jedoch vier Kanäle enthält, von denen jeder Interrupt anfordern kann, ist die Prioritätsleitung durch alle Kanäle durchgeschleift. Die Anordnung wurde entsprechend der Kanalnummer gewählt, so daß Kanal 0 die höchste und Kanal 3 die niedrigste Priorität hat. Wie bei allen Bausteinen aus der Z80-Familie kann nur derjenige Kanal Bedienung verlangen, dessen Prioritätseingang (IEI) aktiv ist (siehe Abschnitt 5.2.2.4). Im Interrupt-Bestätigungszyklus der CPU ($\overline{IOREQ}$- und $\overline{M1}$-aktiv) legt der anfordernde Kanal seinen zuvor programmierten Vektor auf den Datenbus. Das Ende seines Serviceprogramms erkennt ein Kanal durch den speziellen Befehl RETI (ED 4D).

Das Interrupt-Serviceprogramm für einen Kanal des CTC muß mit RETI enden.

Der Interruptvektor wird für alle Kanäle vom selben Interrupt-Vektorregister geliefert. Er wird über die Kanaladresse von Kanal 0 an den Baustein geschrieben. Im Gegensatz zu einem Steuerzeichen muß das niederwertigste Bit null sein (siehe Abschnitt 6.2.5).

6.2.5 Programmierung des CTC

Vor der Betriebsaufnahme kann jeder Kanal individuell durch ein Kanalsteuerzeichen und eine Zeitkonstante programmiert werden. Die Reihenfolge der Kanäle ist bei der Programmierung unerheblich. Das erste Byte, das an eine Kanaladresse geschrieben wird und dessen niederwertigstes Bit logisch 1 ist, wird als Steuerzeichen aufgefaßt. Erst danach kann die Zeitkonstante an das Zeitkonstantenregister übermittelt werden.

> Innerhalb eines Kanals muß die Reihenfolge Steuerzeichen–Zeitkonstante eingehalten werden.

Nach einem Hardware-RESET ist Interrupt verboten, die Zähler arbeiten nicht, und die Ausgänge liegen auf LOW-Potential. Jeder Kanal muß neu programmiert werden.

6.2.5.1 Kanalsteuerwort

Das *Kanalsteuerwort* bestimmt die Betriebsart und die Betriebsparameter für jeden Kanal (Bild 6.33).

Wenn D7 gesetzt ist, kann der Kanal beim Nulldurchgang des Zählregisters Interrupt auslösen. Interrupt ist in jeder Betriebsart möglich und kann zu jeder Zeit erlaubt bzw.

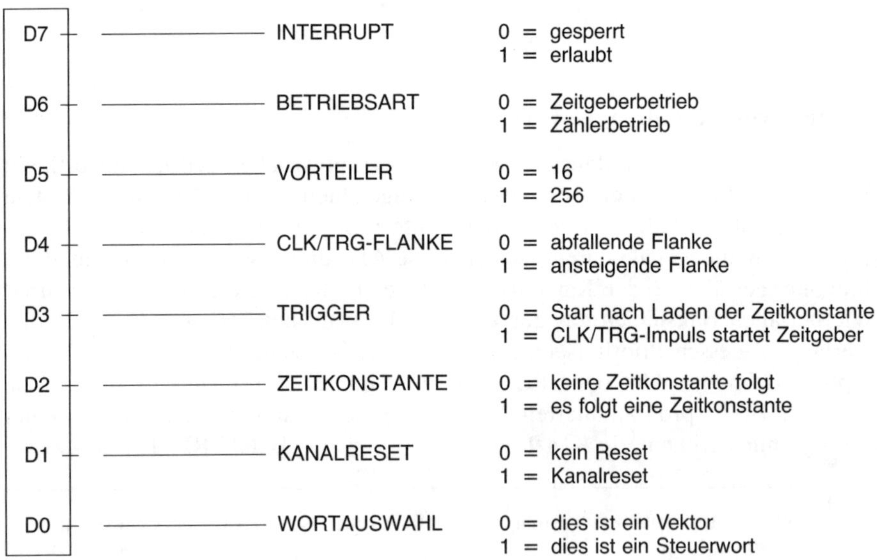

Bild 6.33 Kanalsteuerwort

verboten werden. Bit D6 dient zur Auswahl der Betriebsart. Mit D5 kann der Vorteiler auf ein Teilerverhältnis von 16 oder 256 eingestellt werden. Im Zählbetrieb ist der Zustand dieses Bits ohne Bedeutung. Die Wahl der aktiven Triggerflanke am CLK/TRG-Eingang bestimmt Bit D4. Wenn dieses Bit während eines Zählvorgangs verändert wird, hat das die gleiche Wirkung wie ein aktiver Impuls an diesem Eingang, d. h., der Zeitgeber startet bzw. der Ereigniszähler wird um eins dekrementiert.

Im Zeitgeberbetrieb legt Bit D3 die Art der Triggerung fest. Wenn D3 zurückgesetzt ist, wird der Zeitgeber automatisch und mit einer Taktperiode Verzögerung nach dem Laden der Zeitkonstante gestartet. Einmal gestartet, läuft der Zeitgeber kontinuierlich bis zu einem RESET. Nach dem Nulldurchgang wird die Zeitkonstante unverzüglich aus dem Zeitkonstantenregister erneuert. Bei gesetztem D3 startet der Zähler erst nach einem externen Triggerimpuls vom Eingang CLK/TRG. Auch hier setzt das Zählen erst nach einer Taktperiode Verzögerung ein. Dabei muß der Triggerimpuls ca. 300 ns vor der beginnenden Taktflanke anliegen, sonst startet der Zähler erst mit der nächsten Taktperiode, also nach nochmaliger Verzögerung. Im Betrieb als Ereigniszähler hat D3 keine Bedeutung.

Bit D2 zeigt an, daß das nächste Byte für den gewählten Kanal eine Zeitkonstante ist. Nur wenn dieses Bit gesetzt ist, kann das Zeitkonstantenregister geladen bzw. verändert werden. Der höchste Wert der Zeitkonstante ist 256; in diesem Fall beträgt der Wert im Zeitkonstantenregister 00H.

Bei gesetztem D1 wird der betreffende Kanal per Programm zurückgesetzt (Software-RESET). Danach stoppt der Zähler, und sein Ausgang nimmt LOW-Potential ein. Zur Wiederaufnahme des Betriebs muß eine neue Zeitkonstante übermittelt werden. Das niederwertigste Bit D0 ist die Kennung für das Kanalsteuerwort. Es muß gesetzt sein, damit der Baustein das Byte als Steuerzeichen erkennt.

6.2.5.2 Programmierung der Zeitkonstante

Bevor ein Kanal mit dem Zählen beginnen kann, muß sein Zeitkonstantenregister von der CPU geladen werden. Das ist nur möglich, wenn zuvor ein Steuerzeichen mit gesetztem Bit D2 an die Kanaladresse geschrieben wurde. Der Wert der Zeitkonstante kann zwischen 1 und 256 (00H) liegen. Im Zeitgeberbetrieb wird das Zeitintervall zwischen zwei Ausgangsimpulsen durch drei Faktoren bestimmt:

- □ die Periodendauer (CLK) des Systemtakts
- □ den Faktor (V) des Vorteilers (16 oder 256)
- □ die Zeitkonstante (T) des Zählregisters

Damit ergibt sich die Periodendauer der Ausgangsimpulse an ZC/TO als Produkt dieser drei Faktoren:

$$t = CLK \cdot V \cdot T$$

Die minimal und maximal erreichbaren Zeitabschnitte betragen demnach 0,008 ms und 32,8 ms bei einer Systemtaktfrequenz von 2 MHz. Größere Zeitabschnitte erreicht man durch *Kaskadieren* mehrerer Zähler (Bild 6.31).

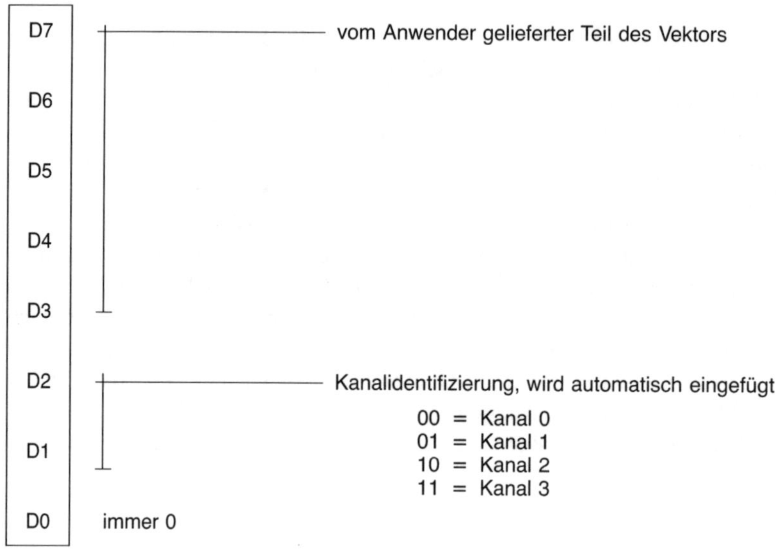

Bild 6.34 Interruptvektorwort

6.2.5.3 Programmierung des Interruptvektors

Vor der Freigabe des Interrupts muß der Interruptvektor programmiert sein. Das Interruptvektorwort hat das in Bild 6.34 gezeigte Format. Bit D0 ist immer null, um den Vektor von einem Steuerwort zu unterscheiden. Die nächsten zwei Bits D1 und D2 stellen die Kanaladresse dar. Diese Adresse wird vom interruptauslösenden Kanal automatisch in das Vektorwort eingesetzt, wenn ein Interrupt ansteht. Die restlichen Bits D3–D7 setzt der Anwender ein. Sie weisen auf den Tabellenplatz innerhalb der Vektortabelle des Systems (siehe Abschnitt 5.2.2.2). Da jeder Kanal einen Vektor liefern kann, belegt der Baustein vier aufeinanderfolgende 16-Bit-Vektoren, also insgesamt 8 Bytes in der Vektortabelle des Anwenders. Jeder dieser Vektoren in der Tabelle zeigt auf die Startadresse des Serviceprogramms für den entsprechenden Kanal.

6.2.6 Programmierbeispiel zur Initialisierung

Für jeden Kanal gilt die Reihenfolge Interruptvektorwort (falls Interrupt erfolgen soll), Kanalsteuerwort und Kanalzeitkonstante. Hierzu ein Beispiel:

Für eine Uhr soll in jeder Sekunde ein Interrupt zur Aktualisierung der Uhrzeit erzeugt werden. Der Systemtakt beträgt 2 MHz. Kanal 1 arbeitet als Zeitgeber. Der Vorteiler wird auf 16 eingestellt und teilt somit den Systemtakt auf eine Frequenz von

$$2.000.000 \text{ Hz} : 16 = 125.000 \text{ Hz}$$

Durch eine Zeitkonstante von 250 ergibt sich am Ausgang ZC/TO von Kanal 1 eine Frequenz von

$$125.000 \text{ Hz} : 250 = 500 \text{ Hz}$$

Um auf die Frequenz 1 Hz zu kommen, was einer Periodendauer von 1 s entspricht, müssen zwei weitere Kanäle verwendet werden (Bild 6.35). Kanal 2 arbeitet als Ereigniszähler und verwendet das Ausgangssignal von Kanal 1. Mit einer Zeitkonstante von 50 liefert er am Eingang von Kanal 3 eine Frequenz von

500 Hz : 50 = 10 Hz

Schließlich liefert Kanal 3, mit der Zeitkonstanten 10 programmiert, in jeder Sekunde ein Interrupt. Dieser Kanal hat keinen Ausgang, was hier auch nicht notwendig ist, da kein Signal an die Peripherie geliefert werden muß.

Hier das Initialisierungsprogramm für den CTC:

```
KANAL 1: LD A,05H       ; 00000101 Steuerzeichen für Kanal 1 (Bild 6.31)
                        ; kein Interrupt, Zeitgeber, Vorteiler durch 16,
                        ; ohne Bedeutung, Start sofort, Zeitkonstante
                        ; folgt, kein RESET, Kennung für Steuerzeichen

         OUT (K1),A     ; Ausgabe an Kanaladresse von Kanal 1
         LD A,250D      ; Zeitkonstante für Kanal 1
         OUT (K1),A     ; Ausgabe an Kanaladresse von Kanal 1

KANAL 2: LD A,55H       ; 01010101 Steuerzeichen für Kanal 2
                        ; kein Interrupt, Ereigniszähler, ohne Bedeutung,
                        ; Trigger auf pos. Flanke, ohne Bedeutung,
                        ; Zeitkonstante folgt, kein RESET, Kennung
         OUT (K2),A     ; Ausgabe an Kanaladresse von Kanal 2
         LD A,50D       ; Zeitkonstante für Kanal 2
         OUT (K2),A     ; Ausgabe an Kanaladresse von Kanal 2

KANAL 3: LD A,VEKTOR    ; Interruptvektor für Kanal 3
                        ; letztes Bit muß null sein!

         OUT (K0),A     ; Ausgabe an Kanaladresse von Kanal 0 !

         LD A,D5H       ; 11010101 Steuerzeichen für Kanal 3
                        ; Interruptfreigabe, sonst wie Kanal 2
```

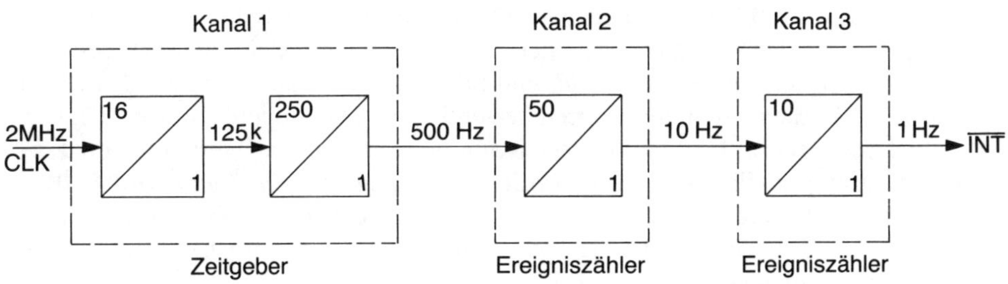

Bild 6.35 Uhrenschaltung mit 3 Kanälen

```
        OUT (K3),A     ; Ausgabe an Kanaladresse von Kanal 3
        LD A,10D       ; Zeitkonstante für Kanal 3
        OUT (K3),A     ; Ausgeben an Kanaladresse von Kanal 3
```

Nach diesem Initialisierungsprogramm startet die Uhr und löst nach 1 s das erste Interrupt aus. Zuvor muß allerdings die Vektortabelle und das I-Register der CPU initialisiert sein, damit das Serviceprogramm für die Bedienung der Uhr ablaufen kann! Zum Stoppen der Uhr genügt es, im Kanal 1 ein Software-RESET durchzuführen. Darauf beendet dieser Kanal das Zählen, so daß keine weiteren Triggerimpulse zu den anderen Kanälen gelangen.

```
STOP:   LD A,03H       ; 00000011 Steuerzeichen für Kanal 1
                       ; RESET-Bit gesetzt
        OUT (K1),A     ; Ausgabe an Kanaladresse von Kanal 1
```

6.3 Serielle Schnittstelle am Beispiel Z80-DART

6.3.1 Serielle Datenübermittlung

Der Datenaustausch zwischen verschiedenen Computern, Terminals und Druckern geschieht oft über genormte *serielle Schnittstellen*. Dadurch werden Leitungen eingespart, und die Übertragung ist systemunabhängig. In der Datenfernübertragung durch das Telefonnetz oder Datexnetz werden die Daten fast ausschließlich seriell übermittelt, da hier in der Regel nur eine Leitung zur Verfügung steht. Die Information gelangt Bit für Bit zum Empfänger und benötigt daher erheblich mehr Zeit, als es bei einer parallelen Übermittlung der Fall wäre.

> Serielle Schnittstellen sind universell einsetzbar und sparen Leitungen, sind aber relativ langsam.

Zur seriellen Übertragung eines Datenworts werden alle Bits in genau festgelegten, gleichen Zeitabschnitten nacheinander auf einer Leitung ausgegeben. Der Empfänger überprüft den Spannungspegel der Leitung und kann die logischen Zustände 0 und 1 in der gesendeten Reihenfolge erkennen, wenn er dieselben Zeitintervalle verwendet. Der Empfänger muß mit dem Sender synchronisiert werden.

Bei der *asynchronen seriellen Datenübertragung* geschieht dies, indem jedes Zeichen mit *Start- und Stoppbits* versehen wird. Das Startbit meldet dem Empfänger den Anfang eines Zeichens. Danach tastet der Empfänger mit der gleichen Schrittgeschwindigkeit wie der Sender die Leitung ab und bildet aus den binären Zuständen auf der Leitung das Zeichen in der zuvor vereinbarten Länge. Die Stoppbits werden benötigt, wenn bei der Übermittlung rein mechanisch arbeitende Geräte (Fernschreiber, Lochstreifenstanzer) beteiligt sind. Die Schrittgeschwindigkeit (*Baudrate*) wird in Baud gemessen. Bild 6.36 zeigt die häufigsten in der Praxis verwendeten Geschwindigkeiten. Der Kehrwert der Baudrate ist die Übertragungsdauer eines Bit bzw. der Abstand zwischen zwei aufeinanderfolgenden Bits.

Bild 6.36
Übliche Schrittgeschwindigkeiten

Geschwindigkeit	Anwendung
50 Bd	Fernschreiben (Telex)
110 Bd	Fernschreiben (USA)
300 Bd	Datenfernübertragung V.21
1200 Bd	Datenfernübertragung V.23
9600 Bd	Datensichtgeräte
19200 Bd	Datensichtgeräte

Bild 6.37
Kennzustände und Binärzeichen nach CCITT V.1

Binärzeichen 0	Binärzeichen 1
'Anlauf' Schritt im Start-Stop-Code 'SPACE'	'Sperr' Schritt im Start-Stop-Code 'MARK'

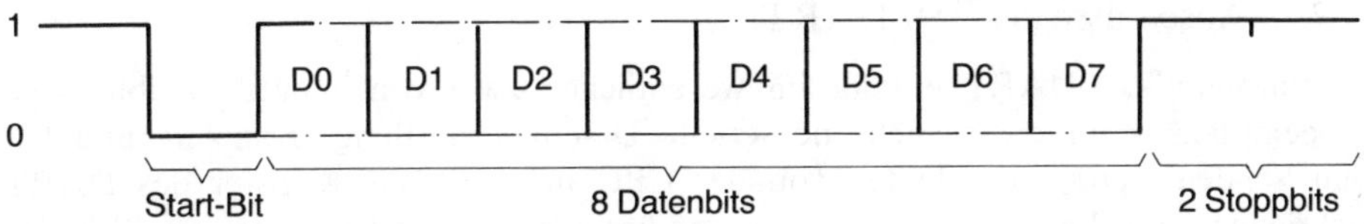

Bild 6.38 Asynchrones Datenformat für 8-Bit-serielle Datenübertragung nach CCITT V.4

Nach den Empfehlungen der *CCITT (Internationales Beratungskomittee für Telephon- und Telegraphieeinrichtungen)* V.1 bestehen die in Bild 6.37 gezeigten Zuordnungen zwischen den Binärzeichen und den Kennzuständen einer seriellen Datenübermittlung. Die Bezeichnungen MARK und SPACE stammen noch aus der Fernschreibtechnik und bezeichnen die Zustände des Schleifenstroms: MARK = Schleife geschlossen (Ruhezustand); SPACE = Schleife unterbrochen. In Übereinstimmung mit dieser Empfehlung zeigt Bild 6.38 das übliche Format eines 8 Bit langen Datenworts (nach CCITT V.4). Wenn nur Zeichencodes übertragen werden, z. B. Text im ASCII-Code, kann Bit 7 als Paritätsbit Verwendung finden. Auf diese Weise kann der Empfänger einfache Übertragungsfehler erkennen. Die zusätzlichen Start-/Stoppbits verlangsamen die Übertragungsgeschwindigkeit um ca. 20 %. Bei der asynchronen Datenübermittlung können Zeichen auch in unregelmäßigen Abständen aufeinander folgen. Das ist z. B. der Fall, wenn Daten von einem Tastenfeld zum Computer übertragen werden. Der Empfänger benutzt das Startbit zur Synchronisation und erkennt das Ende des Zeichens an der vereinbarten Länge und am Stoppbit. Im Zeitintervall zwischen Start- und Stoppbit muß der Empfänger synchron mit dem Sender arbeiten. In der Praxis genügt es, den Empfänger auf die gleiche Schrittgeschwindigkeit wie den Sender einzustellen. Dabei sind Toleranzen bis ca. 5 % noch vertretbar.

Da ein Mikrocomputer einen parallelen Datenbus hat, kann er nicht unmittelbar serielle Daten verarbeiten. Zum Senden müssen die Daten einen *Parallel-Seriell-Wandler* durchlaufen und zum Empfang den umgekehrten Weg gehen. Am einfachsten geschieht dies durch ein Programm, welches die einzelnen Bits nacheinander über eine

Leitung einer Parallelschnittstelle ausgibt bzw. empfängt. Bei diesem Verfahren ist die CPU jedoch dauernd beschäftigt, da sie u. a. die Zeitintervalle zwischen den einzelnen Bits durch Zeitschleifen selbst erzeugen muß. Der Schnittstellenbaustein Z80-DART (Dual Asynchronus Receiver Transmitter = zweifacher Sendeempfänger für asynchrone Daten) führt diese Umwandlung selbständig und ohne Softwareunterstützung der CPU aus. Dadurch kann die CPU während der relativ langsamen seriellen Datenübertragung noch andere Aufgaben wahrnehmen.

Die *synchrone serielle Datenübertragung* verwendet keine speziellen Trennbits zwischen den Datenwörtern. Vielmehr werden hier ganze Datenblöcke zwischen einzelnen Synchronisierungszeichen übertragen. Sie ist deshalb schneller als die asynchrone Datenübertragung, erfordert jedoch einen größeren Aufwand. Mit dem Baustein Z80-SIO lassen sich neben der asynchronen auch synchrone Datenübertragungen durchführen. Im Rahmen dieses Buches wollen wir uns jedoch auf die asynchrone Datenübermittlung beschränken.

6.3.2 Anschlüsse des Z80-DART

Der Baustein Z80-DART enthält im wesentlichen zwei voneinander unabhängige Sendeempfänger für die asynchrone serielle Datenübermittlung (Kanal A und B). Beim Senden werden die Daten von der CPU in ein 8-Bit- Register des DART geschrieben, von dort in ein Schieberegister übernommen und mit dem am Takteingang TxC liegenden Schiebetakt seriell ausgegeben. Beim Empfang übernimmt ein Schieberegister die serielle Information mit dem am Takteingang RxC liegenden Schiebetakt und speichert sie in einem 8-Bit-Register eines *FIFO-Speichers* parallel ab. Dort kann sie von der CPU ausgelesen werden. Jeder Kanal ist voll *duplex*fähig, d. h. er kann simultan Daten empfangen und ausgeben. Außerdem sind Schnittstellenleitungen zur Modemsteuerung vorhanden, wie sie zum Aufbau einer seriellen Schnittstelle nach V.24 der CCITT benötigt werden. Bild 6.39 zeigt das Anschlußbild der Schaltung.

D0-D7	Datenbusanschluß, bidirektional; hier kann die CPU z. B. die vom Baustein umgewandelten Daten in paralleler Form auslesen
$\overline{\text{CE}}$	Eingang, zur Aktivierung des Bausteins (Moduladresse)
B/$\overline{\text{A}}$	Eingang, Adreßleitung zur Auswahl zwischen Kanal A und B; bei LOW-Pegel handelt es sich um Daten- bzw. Steuerzeichen für Kanal A
C/$\overline{\text{D}}$	Eingang, Adreßleitung zur Auswahl zwischen Daten- und Steuerzeichen; bei LOW-Pegel werden Daten an die Kanäle ausgegeben bzw. von diesen empfangen
$\overline{\text{M1}}$	Eingang, Anschluß für $\overline{\text{M1}}$-Signal der CPU
$\overline{\text{RD}}$	Eingang, Schreib- Lesesteuerung; Anschluß für $\overline{\text{RD}}$-Signal der CPU

Bild 6.39
Anschlußbelegung des Z80-DART

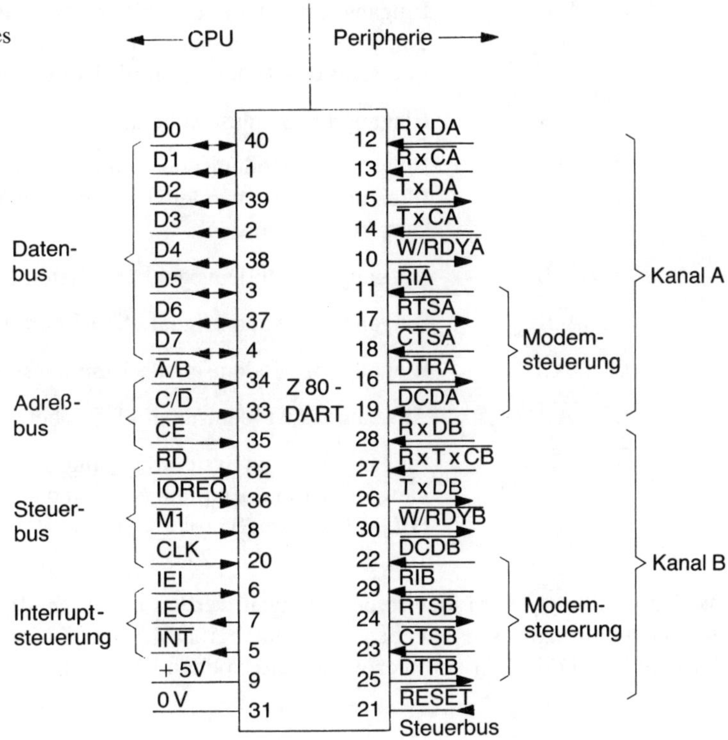

$\overline{\text{IOREQ}}$	Eingang, für $\overline{\text{IOREQ}}$-Signal der CPU; wird in Verbindung mit B/A, C/$\overline{\text{D}}$, $\overline{\text{CE}}$ und $\overline{\text{RD}}$ zum Daten- und Steuerzeichentransfer zwischen CPU und Z80-DART verwendet
CLK	Eingang, Anschluß für Systemtakt
$\overline{\text{INT}}$	Ausgang, hochohmig wenn nicht aktiv; wird bei einer Interruptanforderung des Bausteins aktiv
IEI	Eingang für Prioritätssignal; nur wenn dieses Signal aktiv ist, kann der Baustein Interrupt auslösen
IEO	Ausgang für Prioritätssignal; nimmt bei Interrupt LOW-Pegel an
TxDA,B	Ausgang für serielle Daten eines Kanals (Sendeleitung) HIGH-aktiv
RxDA,B	Eingang für serielle Daten eines Kanals (Empfangsleitung) HIGH-aktiv
$\overline{\text{W/RDYA,B}}$	Ausgang, kann ein $\overline{\text{WAIT}}$-Signal bzw. ein READY Signal bei DMA-Betrieb erzeugen

$\overline{\text{RxCA,B}}$	Eingang für Empfangsschiebetakt, flankengesteuert; die Taktfrequenz kann das 1-, 16-, 32- oder 64fache der Baudrate sein; das Teilerverhältnis ist programmierbar
$\overline{\text{TxCA,B}}$	Eingang für Sendeschiebetakt, flankengesteuert (w. o.)
$\overline{\text{RIA,B}}$	Eingang für Modemsignal «ankommender Ruf»; kann ein Interrupt auslösen oder als universell verwendbarer Eingang benutzt werden
$\overline{\text{RTSA,B}}$	Ausgang für Modemsignal «Sendeteil einschalten» (w. o.)
$\overline{\text{CTSA,B}}$	Eingang für Modemsignal «Sendebereitschaft» (w. o.)
$\overline{\text{DCDA,B}}$	Eingang für Modemsignal «Empfangssignalpegel» (w. o.)
$\overline{\text{DTRA,B}}$	Ausgang für Modemsignal «DEE betriebsbereit» (w. o.)
$\overline{\text{RESET}}$	Eingang, kann an Systemreset angeschlossen werden, blokkiert Sender und Empfänger, setzt die Modemausgänge auf HIGH-Pegel und verbietet Interrupt.

Die Verwendung der Modemsteuerleitungen werden in Abschnitt 9.1 genauer erläutert. Den Ausgang $\overline{\text{W/RDY}}$ benötigt man bei DMA im Zusammenspiel mit dem Baustein Z80-DMA. Er soll hier nicht weiter behandelt werden.

6.3.3 Ansteuerung des Z80-DART

Die Ansteuerung des DART kann auf die gleiche Weise wie bei der PIO (Abschnitt 6.2) geschehen. Zur Programmierung und zum Datenaustausch werden ebenfalls vier extende Adressen benötigt. Jeder Kanal belegt zwei Adressen, um Steuer- von Datenzeichen zu unterscheiden. Wenn die Leitung C/D LOW-Signal führt, können die Daten der Sende- und Empfangsregister geschrieben bzw. gelesen werden. Bei HIGH-Signal werden Steuerzeichen oder Modemsignale geschrieben bzw. Statuszeichen und Modemsignale gelesen. Die Leitung $\overline{\text{A}}$/B wählt den Kanal aus. Die Moduladresse gelangt über $\overline{\text{CE}}$ an den Baustein und aktiviert ihn (Bild 6.40). A0 und A1 sind mit $\overline{\text{A}}$/B bzw. C/$\overline{\text{D}}$ verbunden. Damit erhält man die in Bild 6.41 gezeigten physikalischen Adressen des DART, wenn die Moduladresse beispielsweise 0 ist.

6.3.4 Innerer Aufbau

Das Blockschaltbild eines DART zeigt Bild 6.42. Jeder Kanal enthält ein Sende-/Empfangsteil mit den zugehörigen Schiebetaktleitungen, einen Ein-/Ausgabeblock für die Modemsteuerleitungen und einen Satz von Steuerregistern. Da bei einer seriellen Schnittstelle viele Parameter eingestellt und überprüft werden müssen, sind mehrere Steuerregister notwendig. Mit den Schreibregistern WR0–WR5 stellt man die Betriebsparameter ein und steuert die Modemausgänge an. Die Leseregister RR0–RR2 speichern den aktuellen Betriebszustand (Status) und die Pegel an den Modemeingän-

Bild 6.40
Ansteuerung des Z80-DART

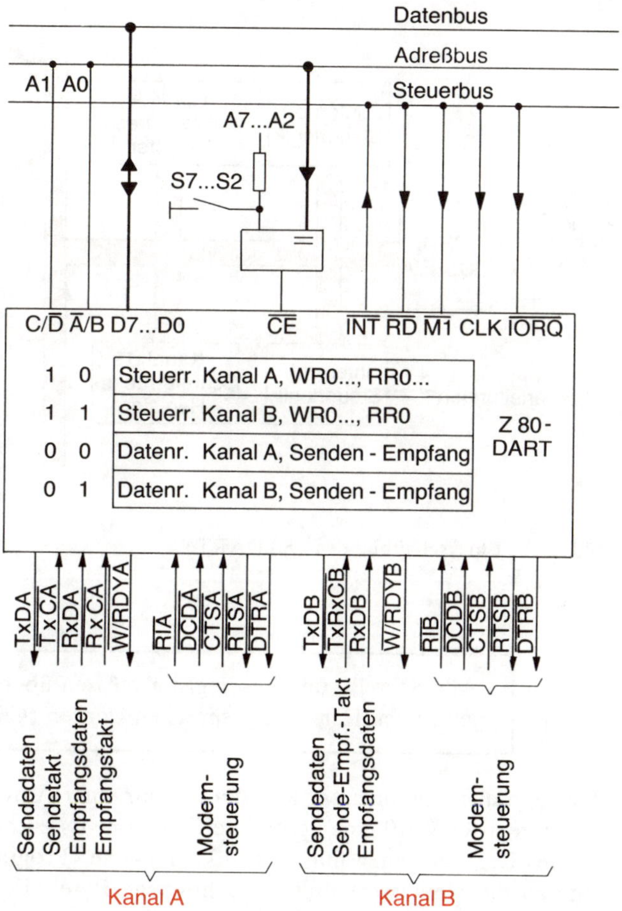

A7	A6	A5	A4	A3	A2	A1	A0	Hex.	Bedeutung
Moduladresse						C/D̄	Ā/B		
0	0	0	0	0	0	0	0	00	Daten für Kanal A, Sender-/Empf.
0	0	0	0	0	0	0	1	01	Daten für Kanal B, Sender-/Empf.
0	0	0	0	0	0	1	0	02	Steuerworte Kanal A, Schreib-Lesereg.
0	0	0	0	0	0	1	1	03	Steuerworte Kanal B, Schreib-Lesereg.

Bild 6.41 I/O-Adressen für Moduladresse 0

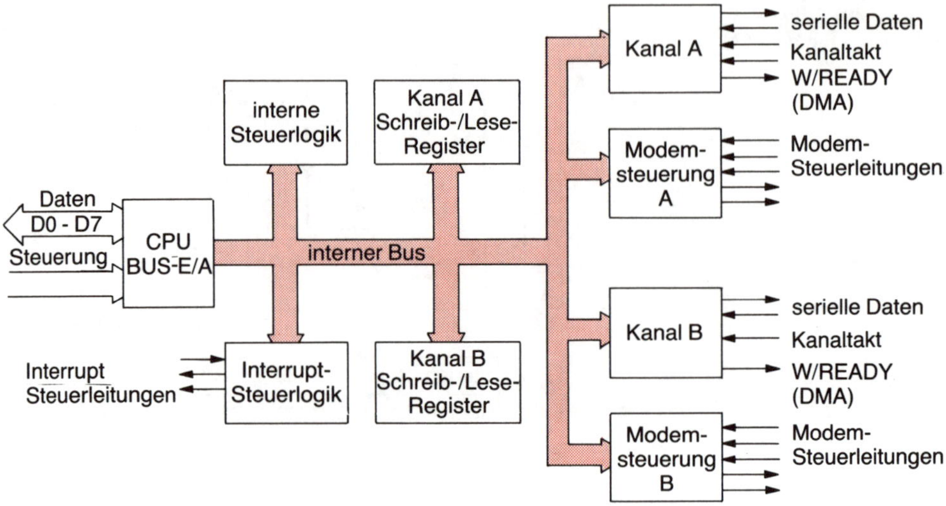

Bild 6.42 Blockschaltbild des Z80-DART

> Alle Schreib- und Leseregister müssen über die Steuerwortadresse des jeweiligen Kanals angesprochen werden ($C/\overline{D}$ = HIGH).

Wie kann man nun mehrere Register mit nur einer Adresse ansprechen? Dazu hat das Schreibregister WR0 eine besondere Funktion. Es enthält u. a. 3 Bits, mit denen ein anderes Register angewählt werden kann (siehe «Programmierung des DART»). Das erste an die Steuerwortadresse geschriebene Byte wird immer in das Register WR0 übernommen und enthält dabei die Adresse des gewünschten Registers. Das folgende Steuerzeichen gelangt dann zum selektierten Register. Das Leseregister RR0 kann unmittelbar über die Steuerwortadresse des Kanals gelesen werden. Zum Lesen der restlichen Register muß man zuvor die gewünschte Adresse in WR0 einstellen und kann anschließend den Registerinhalt von RR1 bzw. RR2 auslesen.

In Bild 6.43 ist der schematische Aufbau des Sendeempfängers zu sehen. Beim Senden gelangen die Daten vom 8-Bit-Senderegister in das Schieberegister zur Parallel-Seriell-Wandlung und von dort auf den Senderausgang. Die Schiebetaktlogik enthält einen programmierbaren Frequenzteiler und bildet aus dem von außen zugeführten Taktsignal (mit beliebigem Tastverhältnis) den Schiebetakt (Baudrate). Beim Empfang gelangen die Daten über den Empfängereingang in das Schieberegister des Empfängers (Seriell-Parallel-Wandlung). Da beim Empfang Fehler auftreten können, müssen diese erkannt und in einem Statuswort gespeichert werden. Dies ist z. B. der Fall, wenn die eingestellte Schrittgeschwindigkeit nicht stimmt oder wenn Störungen auf dem Übertragungsweg auftreten. Die Empfangsfehlerkennungslogik schreibt die von ihr ermittelten Fehler in einen *FIFO-Speicher* (First In First Out), der den Status von 3 empfangenen Zeichen zwischenspeichern kann. Auch die Zeichen selbst werden von

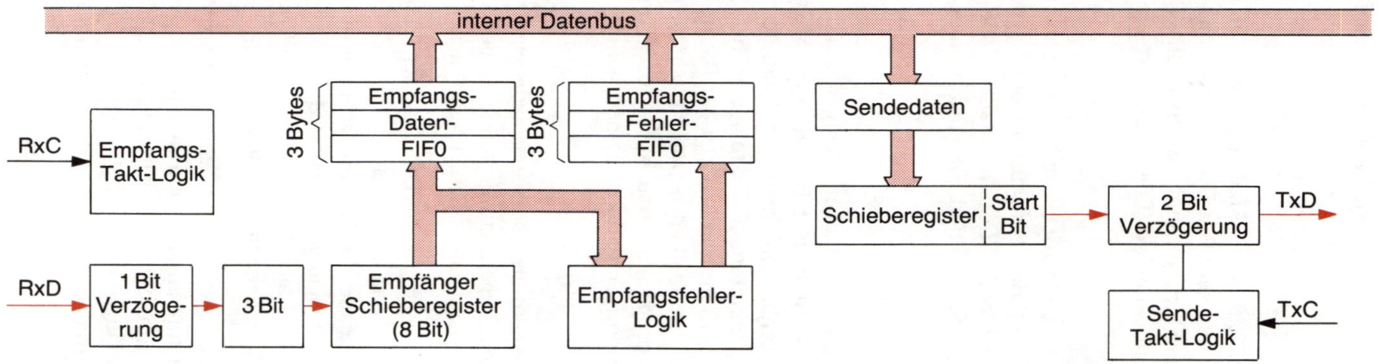

Bild 6.43 Blockschaltbild des Sende-/Empfangsteils

einem 3stufigen FIFO-Speicher aufgefangen. Bei hohen Schrittgeschwindigkeiten gewinnt die CPU dadurch Zeit, auf ein Interrupt bei Dateneingang zu reagieren.

6.3.5 Betriebsmöglichkeiten

Serielle Schnittstellen müssen ein hohes Maß an Flexibilität aufweisen, damit sie den vielfältigen Anforderungen einer seriellen Datenübertragung gewachsen sind. Daraus ergibt sich die relativ komplexe Struktur und die aufwendige Programmierung des Z80-DART. Hier eine Zusammenfassung der Leistungsmerkmale des Bausteins:

Serielles Datenformat
Die Zeichenlänge ist zwischen 5 und 8 Bit einstellbar und kann mit 1, 1½ und 2 Stoppbits versehen werden. Damit ist der Baustein auch in der Lage, den im internationalen Fernschreibnetz verwendeten *ISO-5-Bit-Code* (Baudot-Code) zu verarbeiten, welcher eineinhalb Stoppbits benötigt. Sender und Empfänger eines Kanals können mit verschiedenen Datenformaten arbeiten.

Baudrate
Kanal A verfügt über getrennte Schiebetakteingänge für Sender und Empfänger ($\overline{TxCA}$ und $\overline{TxCB}$). Damit kann man z. B. bei einer V.24-Schnittstelle mit hoher Baudrate im Hauptkanal senden und mit niedriger Baudrate im Hilfskanal empfangen. Kanal B hat nur einen gemeinsamen Takteingang für Sender und Empfänger ($\overline{TxRxCB}$). Zur exakten Synchronisation benötigt der Baustein einen Schiebetakt, der ein Vielfaches der Schrittgeschwindigkeit beträgt. Deshalb ist ein Vorteiler erforderlich, dessen Teilerverhältnis programmierbar ist (1, 16, 32 und 64). Die Takteingänge sind flankengesteuert und benötigen dadurch keinen symmetrischen Takt.

Fehlerbehandlung
Bei der Datenfernübertragung können aus verschiedenen Gründen Fehler entstehen: Leitungsstörungen, zu kleine Pegel, abweichende Baudrate zwischen Sender und Empfänger usw. Die dabei entstehenden Fehler kann man wie folgt einteilen:

- □ Formatfehler — Das Zeichen ist zu lang. Dieser Fehler kann am fehlenden Stoppbit erkannt werden.
- □ Überlauf — Das folgende Zeichen überschreibt das vorhergehende, weil die CPU nicht schnell genug reagiert hat.
- □ Datenfehler — Die übermittelte Information enthält Fehler. Hier kann ein Paritätsbit zur Erkennung führen.

Der DART erkennt Format- und Überlauffehler und speichert sie im Leseregister RR1. Paritätsfehler werden nur erkannt und in RR1 gespeichert, wenn der DART dafür programmiert wurde. In diesem Fall wird das Paritätsbit beim Senden automatisch zur gewählten Zeichenlänge hinzugefügt und beim Empfang ausgewertet. Man kann Übertragungsfehler durch Lesen von RR1 erkennen oder durch ein Interrupt melden lassen.

Break-Erkennung und Erzeugung
Eine Serie von logischen Nullbits wird als Unterbrechungscode *BREAK* erkannt und setzt ein Bit in RR0 bzw. löst Interrupt aus. Dasselbe geschieht, wenn der Unterbrechungscode zurückgenommen wird. Der Sender kann ein BREAK erzeugen, indem er die Sendeleitung auf log. Null setzt.

Modemsteuerung
Die Ausgangsleitungen $\overline{\text{RTS}}$ (Request To Send = «Sendeteil einschalten») und $\overline{\text{DTR}}$ (Data Terminal Ready = «DEE betriebsbereit») können durch das Schreibregister WR5 (D7 und D2) beeinflußt werden. Die Ausgänge sind LOW-aktiv; das gesetzte Bit erscheint daher invertiert. Die Eingangsleitungen $\overline{\text{CTS}}$ (Clear To Send = «Sendebereitschaft»), $\overline{\text{RI}}$ (Ring Indicator = «ankommender Ruf») und $\overline{\text{DCD}}$ (Data Carrier Detect = «Empfangssignalpegel») können aus dem Leseregister RR0 (D5, D4 und D3) ebenfalls invertiert gelesen werden oder bei einer Änderung ihres Zustands ein Interrupt erzeugen. Alle Eingänge und Ausgänge sind auch für andere Zwecke nutzbar.

Datenübertragung
Die Empfangsdaten sind durch Abfragen (Polling) oder interruptgesteuert erfaßbar. Die zum Senden bestimmten Daten können in das Datenregister des Senders geschrieben werden. Wenn der Sendepuffer leer ist, d.h. wenn das Zeichen ausgegeben wurde, wird D2 in RR0 gesetzt. Dies kann ein Interrupt auslösen und das Serviceprogramm veranlassen, das nächste Datenwort zu liefern. Voraussetzung hierfür ist, daß zuvor ein Datenwort im Senderegister war (!).

Interruptstruktur
Als Mitglied der Z80-Familie kann der Baustein Z80-DART in die Prioritätskette eines Z80-Systems eingeschleift werden. Innerhalb der Schaltung besitzt Kanal A die größere Priorität (und damit alle von ihm erzeugten Unterbrechungsanforderungen). Der Baustein vermag ein generelles Interrupt auszulösen, wenn eine der obengenannten Bedingungen auftritt. Das Serviceprogramm muß dann die Ursache durch Abfragen ermitteln, indem es die Leseregister RR0 und RR1 in beiden Kanälen liest. Bei großen Übertragungsgeschwindigkeiten treten dabei Zeitprobleme auf. Deshalb kann jeder Kanal so programmiert werden, daß er jeweils vier spezifische Interruptvektoren erzeugt, die zum Serviceprogramm führen (Interruptmodus IM 2):

1. Interrupt bei Empfangsfehler
   Es wird ausgelöst, wenn ein Paritätsfehler, ein Formatfehler oder ein Überlauffehler auftritt. Durch Lesen von RR1 kann die Fehlerart ermittelt werden.
2. Interrupt bei Zeicheneingang
   Erscheint, wenn ein neues Zeichen fehlerfrei aufgenommen wurde. Durch Lesen des Datenregisters kann das Zeichen verarbeitet werden. Bei Wortlängen von 5, 6 oder 7 Bit wird das Paritätsbit in das Zeichen eingefügt, nichtbenutzte Bits sind auf 1 gesetzt.
3. Interrupt bei leerem Sendepuffer
   Erscheint, wenn ein Zeichen vollständig ausgegeben wurde.

4. Interrupt bei externer Statusänderung
   Wenn sich der logische Zustand der Eingänge $\overline{\mathrm{CTS}}$, $\overline{\mathrm{DCD}}$ und $\overline{\mathrm{RI}}$ ändert oder wenn ein Break-Code empfangen wird bzw. beendet ist, erscheint diese Interruptanforderung und setzt im Leseregister RR0 die entsprechenden Bits.

Die Priorität der Anforderungen entspricht der oben getroffenen Numerierung. Da die ersten beiden Interrupts sich gegenseitig ausschließen, haben beide die gleiche Priorität. Die Programmierung des Interruptvektors kann nur im Schreibregister WR2 von Kanal B vorgenommen werden (Abschnitt 6.3.6).

Die sonstige Interruptbehandlung entspricht ganz dem Schema der Z80-Familie. Der Baustein erkennt das Interruptbestätigungssignal der CPU und bringt darauf seinen Vektor. Das Interrupt-Serviceprogramm muß mit RETI beendet werden, damit ein neues Interrupt erzeugt werden kann.

Im Gegensatz zu den bisher besprochenen Bausteinen Z80-PIO und Z80-CTC kann der Z80-DART auch problemlos in Systemen mit einem anderen Mikroprozessor verwendet werden. Der Interruptvektor kann von der fremden CPU durch Lesen von RR2 entsprechend ausgewertet werden. Am Ende des Serviceprogramms muß die fremde CPU einen speziellen RETI-Code in das Register WR0 schreiben. Daran erkennt der DART das Ende des Serviceprogramms und gibt seine Interruptlogik wieder frei.

6.3.6 Programmierung des DART

6.3.6.1 Die Steuerregister

Mit 6 Schreibregistern pro Kanal läßt sich der Baustein für einen bestimmten Betriebsfall programmieren. Sie werden durch einen Ausgabebefehl (OUT-Befehl) an die Steuerwortadresse des jeweiligen Kanals geladen. Die 3 Leseregister pro Kanal liefern den aktuellen Zustand (Status) des DART. Mit einem Eingabebefehl (IN-Befehl) an die Steuerwortadresse des jeweiligen Kanals kann man die Inhalte lesen und danach auswerten. Zur Programmierung und zum Betrieb des DART ist eine genaue Kenntnis der Registerfunktionen unerläßlich.

Schreibregister WR0

D7			ohne Bedeutung
D6			ohne Bedeutung
D5	D4	D3	Befehl
0	0	0	Null-Code
0	0	1	nicht verwendet
0	1	0	RESET für Interrupt durch externe Statusänderung
0	1	1	Kanal-RESET
1	0	0	Interrupt frei für nächstes empfangenes Zeichen
1	0	1	RESET für vorhandenes Senderinterrupt
1	1	0	Fehler-RESET
1	1	1	RETURN from Interrupt (RETI), nur bei Kanal A

D2	D1	D0	Registeradressen
0	0	0	0
0	0	1	1
0	1	0	2
0	1	1	3
1	0	0	4
1	0	1	5

Mit den Bits D0–D2 werden die Adressen der anzuschreibenden bzw. auszulesenden Register eingestellt. Wenn diese Adresse von Null verschieden ist, erfolgt der nächste Zugriff immer auf ein Register mit der gewählten Nummer. Den Null-Code in D3–D5 verwendet man, wenn mit WR0 lediglich eine Registeradresse eingestellt werden soll. Die anderen Funktionen des Registers werden dadurch nicht beeinflußt. Ein Interrupt durch eine externe Statusänderung beantwortet das Serviceprogramm, indem es den Code 010 in Bit D3–D5 von WR0 schreibt. Damit erlischt diese Interruptanforderung. Ein Senderinterrupt erscheint, wenn das Datenregister des Senders leer ist. Wenn alle Zeichen ausgegeben sind, kann die Interruptanforderung durch den Code 101 zurückgesetzt werden. Empfangsfehler ändern die Statusbits in RR1 erst, wenn zuvor ein RESET durch den Code 110 erzeugt wurde. Schließlich hat der Code 111 dieselbe Wirkung wie der Befehl RETI. Er kann von einer systemfremden CPU verwendet werden, um das Ende des Serviceprogramms anzuzeigen.

Schreibregister WR1

D7	D6	D5	WAIT/READY-Funktion
D4	D3	Nr.	Empfangsmodus
0	0	0	Empfängerinterrupt verboten
0	1	1	Interrupt beim ersten empfangenen Zeichen
1	0	2	Interrupt bei jedem Zeichen, Parität wirkt auf Vektor
1	1	3	Interrupt bei jedem Zeichen, Parität wirkt nicht
D2			Status wirkt auf Vektor (nur Kanal B)
D1			Senderinterrupt frei
D0			Interrupt durch externe Statusänderung frei

Die WAIT/READY-Funktion und ihre Auswirkung auf den gleichnamigen Anschlußpin des Bausteins soll hier nicht weiter erläutert werden. Mehr Informationen hierzu im Handbuch des Herstellers.

Die Bits D4 und D3 beeinflussen das Interruptverhalten beim Empfang. Im Modus 1 wird Interrupt nur beim ersten Zeichen ausgelöst oder wenn der erste Empfangsfehler auftritt. Im Modus 2 und 3 bewirken jedes eingegangene Zeichen und jeder Formatfehler ein Interrupt, wobei Paritätsfehler nur im Modus 2 erkannt werden.

Wenn Bit D2 in Kanal B gesetzt ist, ändert sich der in WR2 stehende Interruptvektor je nach Ursache des Interrupts und ermöglicht dadurch ein gezieltes Anspringen des gerade aktuellen Serviceprogramms. Bei zurückgesetztem D2 wird der Interruptvektor nicht beeinflußt. Das Serviceprogramm muß dann die Ursache des Interrupts durch Abfragen der Statusregister (RR0, RR1) ermitteln.

Schreibregister WR2 (nur im Kanal B)
Dieses ist das Interruptvektorregister. Wenn D2 in WR1 nicht gesetzt ist, übernimmt das Register den vom Anwender gelieferten Wert. Im Interruptmodus IM 2 des Z80 muß D0 jedoch null sein, damit der Vektor zusammen mit dem I-Register der CPU auf einen geradzahligen Speicherplatz deutet (Abschnitt 5.2.2.2). Bei gesetztem D2 ändern sich jedoch die Bits D1, D2 und D3 je nach der Ursache des Interrupts:

D3	D2	D1	Kanal	Ursache
0	0	0	B	Senderegister leer
0	0	1	B	Änderung des externen Status
0	1	0	B	Zeichen empfangen
0	1	1	B	Empfangsfehler
1	0	0	A	Senderegister leer
1	0	1	A	Änderung des externen Status
1	1	0	A	Zeichen empfangen
1	1	1	A	Empfangsfehler

Schreibregister WR3

D7	D6	Zeichenlänge für Empfänger
0	0	5 Bit
0	1	7 Bit
1	0	6 Bit
1	1	8 Bit

D5	automatische Aktivierung
D4–D1	ohne Bedeutung
D0	Empfänger aktivieren

Die gewählte Zeichenlänge wird ohne Paritätsbit gerechnet. D5 aktiviert Sender und Empfänger automatisch, wenn die entsprechenden Modemleitungen $\overline{\text{CTS}}$ und $\overline{\text{DCD}}$ LOW-Pegel einnehmen.

Schreibregister WR4

D7	D6	Schiebetaktvorteiler
0	0	1/1
0	1	1/16
1	0	1/32
1	1	1/64

D5 D4	ohne Bedeutung

D3	D2	Stoppbits
0	0	nicht verwendbar
0	1	1 Stoppbit
1	0	1½ Stoppbits
1	1	2 Stoppbits

D1	ungerade, gerade Parität (0/1)
D0	Parität aktivieren

Wenn D0 gesetzt ist, wird ein Paritätsbit zu den gesendeten Daten hinzugefügt bzw. wird ein solches vom Empfänger erwartet. Die Auswahl der Parität geschieht mit D1. Ist D1 gesetzt, so bedeutet dies gerade Parität.

Schreibregister WR5

D7	Ausgang zum Modemanschluß $\overline{DTR}$

D6	D5	Zeichenlänge für Sender
0	0	5 Bit
0	1	7 Bit
1	0	6 Bit
1	1	8 Bit

D4	BREAK-Code aussenden
D3	Sender aktivieren
D2	ohne Bedeutung
D1	Ausgang zum Modemanschluß $\overline{RTS}$
D0	ohne Bedeutung

D7 und D1 sind mit den Ausgängen $\overline{DTR}$ und $\overline{RTS}$ verbunden. Wenn sie gesetzt sind, nimmt der jeweilige Ausgang LOW-Pegel an (Invertierung!).

Leseregister RR0

D7	BREAK-Code wurde empfangen
D6	ohne Bedeutung
D5	Eingang vom Modemanschluß $\overline{CTS}$
D4	Eingang vom Modemanschluß $\overline{RI}$
D3	Eingang vom Modemanschluß $\overline{DCD}$
D2	Senderegister leer
D1	bestehende Interruptanforderung (nur Kanal A)
D0	Zeicheneingang

Dieses Register enthält den Status von Sende- und Empfangspuffer, den Interruptstatus und den Status der Eingangsleitungen. Bit D7 wird aktiv, wenn der Empfänger eine längere Folge von Nullbits (ohne Stoppbits) erkennt. Die Bits D3–D5 reflektieren den Zustand der entsprechenden Eingangsleitungen. Eine Änderung ihres Zustands kann Interrupt auslösen. D2 wird gesetzt, wenn ein zuvor im Senderegister vorhandenes Zeichen ausgegeben wurde. Jede bestehende Interruptanforderung im Z80-DART setzt D1 im Leseregister RR0 von Kanal A. Dies kann von Systemen, die nicht mit gerichtetem Interrupt arbeiten, zur Abfrage verwendet werden. Schließlich meldet D0, daß mindestens ein Zeichen im Empfängerpuffer (FIFO) zur Verfügung steht. Erst wenn alle Zeichen aus dem Puffer gelesen sind, wird D0 zurückgesetzt.

Leseregister RR1

D7	ohne Bedeutung
D6	Formatfehler
D5	Überlauf (Empfänger)
D4	Paritätsfehler
D3	ohne Bedeutung
D2	ohne Bedeutung
D1	ohne Bedeutung
D0	alles gesendet

Hier werden alle Fehler angezeigt, die beim Empfang auftreten können. Eine Anzeige erfolgt jedoch nur, wenn zuvor ein Rücksetzbefehl über WR0 gegeben wurde (Code 110, s. o.). Bit D0 wird gesetzt, wenn das Zeichen komplett aus dem Sender geschoben wurde.

Leseregister RR2

D7	D6	D5	D4	D3	D2	D1	D0
V7	V6	V5	V4	V3'	V2'	V1'	V0

RR2 enthält den mit WR2 programmierten Interruptvektor. Wenn Bit D2 im Schreibregister WR1 von Kanal B gesetzt ist, wird dieser Vektor je nach Interruptbedingung verändert. Dies geschieht an den Bitstellen D1 bis D3. Durch Lesen dieses Registers kann ein System, das nicht mit gerichtetem Interrupt arbeitet, die Interruptsituation des Bausteins erkennen (s. 6.3.5):

	V3'	V2'	V1'	Bedeutung	Priorität
Kanal A:	1	1	1	Empfangsfehler	(1) (alternativ)
	1	1	0	Zeicheneingang	(2) (alternativ)
	1	0	1	externe Statusänderung	4
	1	0	0	Sendepuffer leer	3

Kanal B:	0	1	1	Empfangsfehler	(5) (alternativ)
	0	1	0	Zeicheneingang	(6) (alternativ)
	0	0	1	externe Statusänderung	8
	0	0	0	Sendepuffer leer	7

Diese Tabelle gibt auch die fest verdrahtete Rangordnung der einzelnen Interruptbedingungen an. In Z80-Systemen mit gerichtetem Interrupt kann der beeinflußte Vektor zum direkten Anspringen des jeweiligen Serviceprogramms verwendet werden. Die Rangordnungen 1 und 2 bzw. 5 und 6 sind alternativ, da sie nie gleichzeitig auftreten.

6.3.6.2 Programmierungsbeispiel

Anhand eines einfachen Beispiels soll nun die Programmierung des DART erläutert werden. Da der Baustein sehr komplex ist und eine große Zahl von Einsatzmöglichkeiten bietet, soll man sich zunächst auf eine einfache serielle Schnittstelle ohne Interruptbetrieb und ohne Auswertung der Modemsignale beschränken. Ein weiteres Programmierungsbeispiel wird bei der Besprechung der V24-Schnittstelle in Abschnitt 9.1 gegeben.

Die serielle Schnittstelle soll Kanal A verwenden, wobei Sender und Empfänger mit gleicher Zeichenlänge und gleicher Schrittgeschwindigkeit arbeiten sollen.

Initialisierung

Die Initialisierung eines Kanals erfolgt durch Schreiben einer Folge von Steuerzeichen an seine Steuerwortadresse. Dazu sind die folgenden Schritte notwendig:

1. WR0 Kanal-RESET
2. WR4 Vorteiler, Anzahl der Stoppbits, Parität
3. WR3 Wortlänge Empfänger, Empfänger aktivieren
4. WR5 Wortlänge Sender, Sender aktivieren

Da kein Interrupt vorgesehen ist, brauchen WR1 und WR2 nicht initialisiert zu werden. Durch den Befehl «Kanal-RESET» ist keine Interrupt möglich. Hier das Initialisierungsprogramm (B bedeutet binär):

```
INITIA: LD A,00001100B      ; Kanal-RESET in A
        OUT (STWA),A        ; über Steuerwortadresse von Kanal A an WR0

        LD A,00000100B      ; Registeradresse 4 in A
        OUT (STWA),A        ; wird als Adresse in WR0 geschrieben

        LD A,01001100B      ; Vorteiler 1/16, 2 Stoppbits, keine Parität
        OUT (STWA),A        ; über Steuerwortadresse an WR4 ausgeben

        LD A,00000011B      ; Registeradresse 3
        OUT (STWA),A        ; wird als Adresse in WR0 geschrieben

        LD A,11000001B      ; 8-Bit-Zeichenlänge im Empfänger, aktivieren
        OUT (STWA),A        ; über Steuerwortadresse an WR3 ausgeben
```

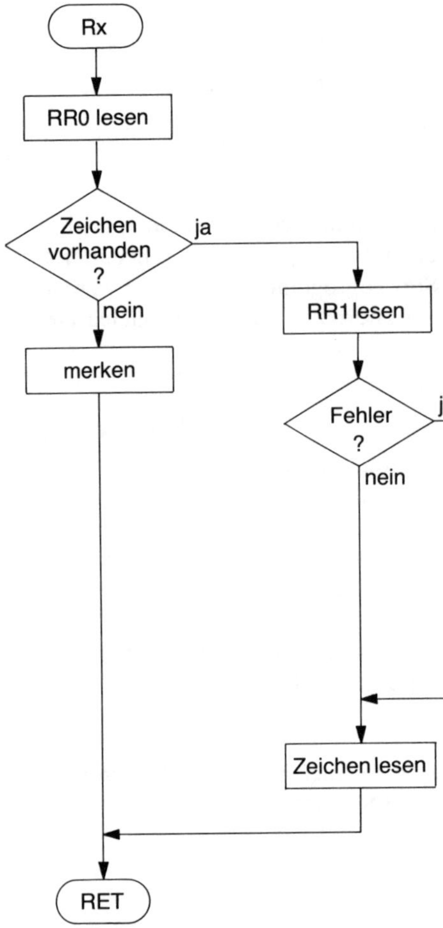

Bild 6.44
Ablaufdiagramm des Empfangsprogramms

```
LD A,00000101B      ; Registeradresse 5
OUT (STWA),A        ; als Adresse nach WR0

LD A,11101010B      ; 8-Bit-Zeichenlänge im Sender, aktivieren
                    ; (DTR und RTS auf LOW gesetzt)
OUT (STWA),A        ; über Steuerwortadresse an WR5 ausgeben
RET
```

Dieses Initialisierungsprogramm kann als Unterprogramm aufgerufen werden. Anschließend sind Sender und Empfänger zum Datenaustausch bereit. Zum Einlesen der Daten von der Schnittstelle benötigt man ein Unterprogramm, welches feststellt, ob gültige Daten vorliegen, und sie dann an das Hauptprogramm übergibt. Bild 6.44 zeigt das Ablaufdiagramm des Programms. In der vorliegenden Form soll das Programm durch das gesetzte Z-Flag anzeigen, daß keine Daten vorliegen. Zur Erkennung von Empfangsfehlern wird der Status der Bits D6 (Formatfehler) und D5 (Überlauf) von RR1 abgespeichert. Das Hauptprogramm kann diesen Status auswerten und gegebenenfalls eine Fehlermeldung abgeben.

Empfangsprogramm

```
        ; Liefert ein Datenwort von der Schnittstelle
        ; falls kein Datenwort vorhanden ist, wird das Z-Flag gesetzt

        ; auf eingegangenes Zeichen prüfen

RX:     IN A,(STWA)         ; RR0 lesen, braucht nicht adressiert zu werden
        BIT 0,A             ; D0 testen auf Dateneingang
        RET Z               ; keine Daten vorhanden, zurück ins Haupt-
                              programm

        ; Zeichen eingegangen, auf Fehler prüfen

        LD A,01             ; Adresse für RR1 in A
        OUT (STWA),A        ; durch WR0 adressieren
        IN A,(STWA)         ; RR1 lesen
        AND 60H             ; Eingabemaske für D6, D5; ohne Fehler A = 00
        LD (STATUS),A       ; Fehlerstatus abspeichern

        ; Rücksetzen von RR1 für neues Zeichen

        LD A,00110000B      ; Fehler-RESET-Code
        OUT (STWA),A        ; an WR0 ausgeben

        OR A                ; Z-Flag zurücksetzen, da Zeicheneingang

        ; Zeichen lesen

        IN A,(DATENA)       ; einlesen des Zeichens vom Datenregister
        RET                   Kanal A
```

Bild 6.45 zeigt den Ablauf beim Senden eines Zeichens. Das auszugebende Zeichen muß im Akku übergeben werden.

```
TX:     LD C,A              ; Zeichen zwischenspeichern

        ; Senderstatus abfragen

WAIT:   IN A,(STWA)         ; RR0 einlesen
        Bit 2,A             ; Senderegister leer?
        JR NZ,WAIT          ; so lange warten, bis leer

        ; Senderegister leer, Daten ausgeben

        LD A,C              ; Zeichen wieder geholt
        OUT (DATENA),A      ; an Datenregister von
        RET                 ; Kanal A ausgeben
```

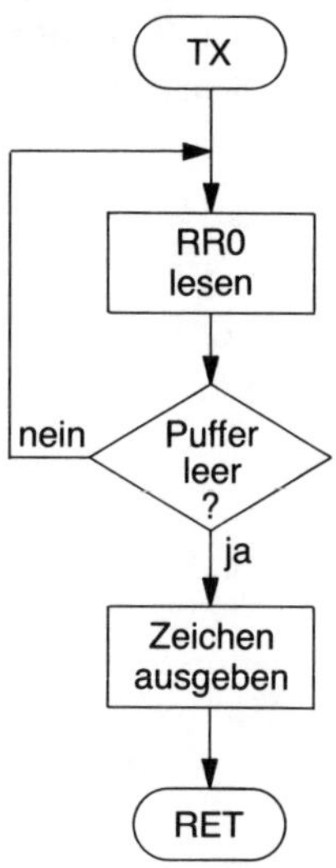

Bild 6.45
Ablaufdiagramm des Sendeprogramms

6.4 Lernzieltest

1. Entwerfen Sie eine einfache Ansteuerschaltung für die PIO, so daß sie die E/A-Adressen von 00 bis 03 belegt.
2. Welche Register hat die PIO, und welche Bedeutung haben sie?
3. Beschreiben Sie die verschiedenen Betriebsarten der PIO!
4. Schreiben Sie ein Initialisierungsprogramm für folgende Vorgaben:
   Port A: Modus 1, IM 2-Betrieb
   Port B: Modus 3, D2 und D3 sind Eingänge, Interrupt bei LOW an beiden Eingängen.
5. Beschreiben Sie das Interruptverhalten der PIO!
6. Beschreiben Sie die Funktion des Bausteins Z80-CTC anhand der vorhandene Register!
7. Worin liegt der Unterschied zwischen Zeitgeberbetrieb und Ereigniszählerbetrieb? Nennen Sie Anwendungsbeispiele!
8. Wie kann der Baustein Z80-CTC Interrupt auslösen?
9. Schreiben Sie ein Initialisierungsprogramm für eines der obengenannten Anwendungsbeispiele!
10. Welche Bedingungen müssen erfüllt sein, damit ein serieller Datenaustausch möglich ist?
11. Worin besteht der Unterschied zwischen synchroner und asynchroner Datenübertragung?
12. Geben Sie ein Blockschaltbild (Funktionsblöcke) vom Innenleben des DART!
13. Welche seriellen Datenformate können mit dem Baustein Z80-DART bearbeitet werden?
14. Nach welchen Ereignissen kann der DART ein Interrupt auslösen?
15. Wieviele Steuerregister hat der Z80-DART, und wie können sie adressiert werden?
16. Wie können die Schnittstellensignale verarbeitet werden?
17. Schreiben Sie ein Initialisierungsprogramm für den Sender von Kanal A, damit er den ISO-7-Bit-Code mit Paritätsbit und zwei Stoppbits ausgeben kann! Der äußere Schiebetakt betrage das 16fache der Baudrate.

7 Hilfsmittel zur Programmentwicklung

Was früher nur einer kleinen Schar von Experten zugänglich war, taucht heute fast in jedem Industriezweig auf und erfaßt Bereiche, an die vor 15 Jahren noch niemand denken konnte. Gemeint ist hier die Computertechnik bzw. ihre Anwendungen. Grund für diese Entwicklung ist die Miniaturisierung der Baugruppen durch hochintegrierte Schaltungen und der damit verbundene Preisverfall. Die Computertechnik selbst kann schon auf eine relativ lange Entwicklungsepoche zurückblicken und hat sich bis heute prinzipiell nicht verändert. Neu sind lediglich der geringe Platzbedarf und der geringe Preis der hierzu erforderlichen Einrichtungen. Dadurch hat der Mikrocomputer in viele Produktionszweige Einzug erhalten und ist heute aus der modernen Technik nicht mehr fortzudenken.

Immer neue Anwendungen werden erschlossen und erfordern hochqualifizierte Fachleute zur Entwicklung und Betreuung der Anlagen. Ein Computer ohne Programm ist eine wertlose Maschine. Erst durch eine gut entwickelte Software wird sie zum hochwertigen und vielseitigen Arbeits- und Produktionsmittel. Während die Preise für die Hardware ständig sinken, bestimmt die Software zum großen Teil die Entwicklungskosten eines Mikrocomputersystems. Das liegt daran, daß die Softwareentwicklung (noch) nicht automatisiert werden kann und daher sehr personal- und zeitintensiv ist. Zahlreiche Hilfsmittel sind gebräuchlich und werden weiterentwickelt, um die Kosten zu senken und die Entwicklungszeit zu verkürzen.

Ein Entwicklungssystem für Mikrocomputer enthält in seiner einfachsten Form einen kompletten Mikrocomputer, der über ein Tastenfeld programmiert werden kann und über entsprechende Ein-/Ausgabeeinheiten die Anwenderschaltung bedient. In der Entwicklungsphase wird die Software dort eingegeben und im Zusammenspiel mit der Peripherie erprobt. Bei der späteren Anwendung kann das Tastenfeld entfallen, das fertige Programm wird in PROM- oder EPROM-Speicher eingegeben, und die Anwenderschaltung ist betriebsbereit. Ein solches System eignet sich nur für Einzelanfertigungen und kleine Programme. Ein Entwicklungssystem, das diesen Namen auch verdient, verfügt über zahlreiche hard- und softwaremäßige Zusatzeinrichtungen, die eine komfortable und rasche Programmierung zulassen.

Hardware

Diskette, Festplatte	Schneller Zugriff auf Dienstprogramme, Aufbau einer Programmbibliothek, Archivierung der entwickelten Programme.
Drucker	Zur Dokumentation von entwickelten Programmen. Protokoll der Programmausführung.
Emulator	Ersetzt die CPU in der Anwenderschaltung während der Erprobungsphase. Wird durch das Entwicklungssystem gesteuert (Echtzeitbetrieb!).

Logikanalysator	Schnelle Fehlersuche in Soft- und Hardware. Alle Bussignale können über viele Taktzyklen hinweg gleichzeitig beobachtet werden.
Software	
Betriebssystem	Programm, welches die Hardwareeinrichtungen des Entwicklungssystems verwaltet (z. B. CP/M).
Editor	Textbearbeitungsprogramm: Texte können bearbeitet, gespeichert und gedruckt werden. Mit dem Editor kann man die Quellenprogramme (Source Code) schreiben, die mit Hilfe eines Übersetzungsprogramms (Assembler, Compiler) in die Maschinensprache übersetzt werden.
Assembler (Assemblierer)	Übersetzt das in der Mnemonic eines Mikroprozessors geschriebene Quellenprogramm in die Maschinensprache (Objektprogramm).
Compiler (Kompilierer)	Übersetzt das in einer höheren Programmiersprache (Basic, Fortran) geschriebene Quellenprogramm in die Maschinensprache des verwendeten Prozessors.
Linker	Verbindet mehrere vom Assembler übersetzte Teilprogramme zu einem lauffähigen Programm.
Debugger	Programm zum Testen und Verändern von Programmen in Maschinensprache («Entwanzer»).
Disassembler	Zeigt vorhandene Maschinensprache in Mnemonics an. Dient zur Analyse von fremden Programmen.

7.1 Arbeitsweise eines Entwicklungssystems

Man unterscheidet zwischen Universalsystemen, welche jeden gängigen Mikroprozessor unterstützen, und Systemen, die auf einen Mikroprozessor zugeschnitten sind. Das Universalsystem enthält einen Computer mit den oben angeführten Hardwareeinrichtungen, auf dem Maschinenprogramme für viele gängige Mikroprozessoren geschrieben werden können. Der Zugang zum jeweiligen Prozessortyp wird durch den entsprechenden Assembler (Cross Assembler) hergestellt. Der Emulator bildet die CPU der Anwenderschaltung nach und ermöglicht so eine praxisgerechte Erprobung der entwikkelten Software im Anwendersystem. Bild 7.1 zeigt die einzelnen Entwicklungsphasen.

Ausgehend von einem Entwurf, in dem alle Programmteile schon als Flußdiagramm vorliegen, beginnt die Arbeit mit dem Schreiben des Quellenprogramms im Editor. Nach dem Archivieren der Quelle auf einem Datenträger wird das Programm vom Assembler übersetzt. Der Assembler erkennt dabei Formfehler bzw. falsche Mnemonics (Syntax-Fehler). Diese Fehler müssen im Editor beseitigt werden. Logische Fehler

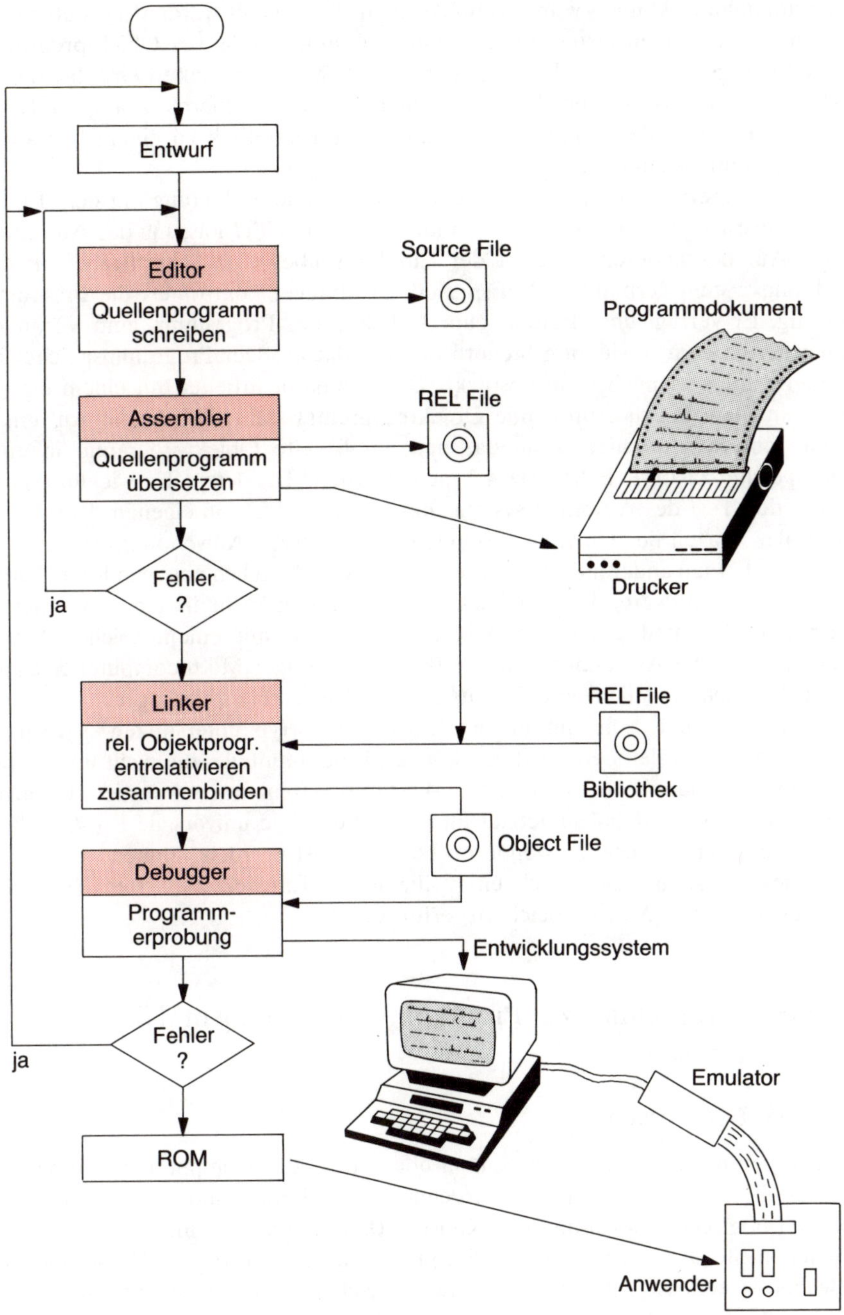

Bild 7.1 Ablauf einer Programmentwicklung in einem Universalsystem

im Programmablauf können vom Assembler nicht festgestellt werden! Das übersetzte Programm ist an keinen festen Speicherplatz gebunden (relatives Objektprogramm) und wird als sogenannte REL-Datei abgespeichert. Mit dem Linker wird das relative Objektprogramm entrelativiert (d. h. an einen festen Speicherplatz angepaßt) und gegebenenfalls mit anderen Programmen aus einer Bibliothek zu einem lauffähigen Objektprogramm zusammengebunden.

Die Programmerprobung erfolgt direkt in der Anwenderschaltung mit dem Emulator. Dazu wird das Anschlußkabel des Emulators in die CPU-Fassung des Anwenders gesteckt. Auf der anderen Seite ist der Emulator über eine Schnittstelle mit dem Entwicklungssystem verbunden. Ein spezieller Debugger kontrolliert die Programmausführung. Er verfügt über Befehle zum Anhalten des Programms, zum Verändern von Speicherinhalten sowie zum Steuern des Emulators. Der Programmspeicher des Anwendersystems ist noch nicht bestückt. Der Emulator arbeitet mit einem eigenen Speicher, in dem das zu erprobende Objektprogramm steht. Sobald die Anwenderschaltung fehlerfrei arbeitet, kann das neu entwickelte Objektprogramm in einen Festwertspeicher (ROM, EPROM) gebracht werden. Die letzte Entwicklungsphase beinhaltet den Test des Anwendersystems mit eigener CPU und eigenem ROM.

Ein großer Vorteil des Universalsystems liegt im breiten Anwendungsbereich. Das Umsteigen auf einen anderen Mikroprozessor erfordert lediglich einen anderen Emulator und andere Software. Der Entwickler braucht sich nicht in ein neues System einzuarbeiten. Nachteilig sind die hohen Kosten, die mit einem solchen System verbunden sind. Die Anwenderschaltung (ein vollständiger Mikrocomputer mit allen erforderlichen Schnittstellen) muß bereits in allen Einzelheiten vorliegen.

Entwicklungssysteme, die nur einen Mikroprozessortyp unterstützen, verwenden diesen auch als Zentraleinheit. Dadurch können Programmteile, die nicht unmittelbar mit der Anwenderperipherie zu tun haben, direkt im System erprobt werden. Derartige Systeme sind meist modular aufgebaut und enthalten viele universelle Ein-/Ausgabeeinheiten, mit denen viele Anwenderprobleme gelöst werden können. Bei einem Wechsel des Prozessors ist jedoch ein völlig neues Entwicklungssystem (mit allen Peripheriegeräten und Massenspeichern) erforderlich.

7.2 Hilfsprogramme zur Programmentwicklung und ihre Arbeitsweise

7.2.1 Das Betriebssystem

Dieses Programm ist sozusagen die Softwarebasis für jeden Computer. Es enthält alle Programmteile, die zum Betrieb des Rechners erforderlich sind. Dazu gehört zum Beispiel die logische Verwaltung der Konsole (Eingabetastatur und Sichtgerät), der Schnittstellen für Drucker und andere Peripherieeinheiten sowie der Massenspeicher. Das Betriebssystem ist entweder in Festwertspeichern oder auf einem Datenträger untergebracht. Dies erhöht die Flexibilität des Computers; denn man kann jederzeit auf ein anderes Betriebssystem «umsteigen». Die meisten Betriebssysteme sind weitgehend unabhängig von der vorhandenen Hardware. Sie benötigen nur eine bestimmte Minimalausrüstung bezüglich Speicherkapazität und der peripheren Massenspeicher

(Diskettenstationen, Festplattenlaufwerke). Ein Teil des Betriebssystems wird vom Hersteller des Computers geliefert, das *BIOS (Basic Input Output System)*. Es stellt die Softwareschnittstelle zur vorhanden Hardware dar. Über diese Schnittstelle verarbeitet das Betriebssystem die Daten der Peripherie. Was mit diesen Daten geschieht, ist allein Sache des Betriebssystems und damit hardwareunabhängig.

Am Beispiel von *CP/M (Control Program for Mikrocomputers)* soll die Arbeitsweise eines Betriebssystems erläutert werden. CP/M wurde 1976 von der Firma DIGITAL RESEARCH für den Mikroprozessor 8080 entwickelt und kann auch von den Prozessoren 8085 und Z80 verarbeitet werden. Es ist mehrmals verbessert worden und stellt auch heute noch einen weitverbreiteten Standard für 8-Bit-Mikroprozessorsysteme dar. Bild 7.2 zeigt den schematischen Aufbau von CP/M.

Bild 7.2
Aufbau des Betriebssystems CP/M
(Schalenmodell)

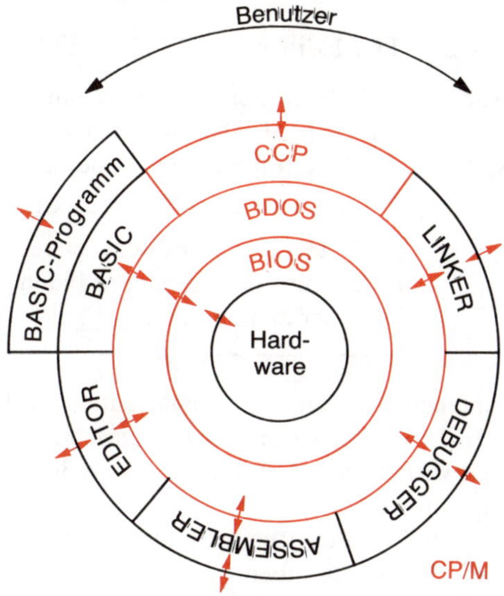

Die Verbindung zur jeweiligen Hardware bildet das BIOS. Das *BDOS (Basic Disk Operating System)* verwaltet die Massenspeicher (Diskettenlaufwerke und Plattenlaufwerke) und die Ein-/Ausgabegeräte. Es bildet die Software-Schnittstelle zu anderen Programmen, die unter CP/M laufen. So kann z. B. ein Textverarbeitungsprogramm seine Daten über das BDOS auf Diskette abspeichern, oder ein BASIC-Interpreter benutzt es, um Rechenergebnisse auf dem Drucker auszugeben. Der *CCP (Console Command Processor)* bildet die Schnittstelle des Betriebssystems zum Benutzer. Der Benutzer kann hier mittels der Konsole Befehle an das Betriebssystem geben, z. B. Inhaltsverzeichnisse einer Diskette anzeigen, laden und starten von Benutzerprogrammen, einschalten des Druckers, löschen und kopieren von Diskettenaufzeichnungen usw.

Mittlerweile gibt es unzählige Programme, die unter CP/M arbeiten und auf jedem Computersystem laufen, auf dem CP/M installiert ist. Die Weiterentwicklung der Mikroprozessortechnik in Richtung 16 Bit hat neue Betriebssysteme hervorgebracht, welche inzwischen einen festen Standard darstellen. Weit verbreitet ist das Betriebssystem *MS-DOS* von MICROSOFT, welches für die Prozessoren 8088 und 8086 geschrieben wurde und wegen der Verbreitung durch IBM zum Standard geworden ist. Die Weiterentwicklung von CP/M auf 16-Bit-Prozessoren hat dagen keine große Verbreitung gefunden (CP/M 86 bzw. CP/M 68). Im kommen sind dagegen mehrplatzfähige Betriebssysteme wie *UNIX* und *XENIX*.

Eine stark abgemagerte Art eines Betriebssystems nennt man MONITOR. Dieses Betriebsprogramm enthält die elementarsten Funktionen zur Bedienung der Ein-/Ausgabegeräte. Beim Einschalten übernimmt es die Funktion der Initialisierung (Herstellung eines definierten Anfangszustands) des Gesamtsystems. Oftmals dient es nur zum Laden des eigentlichen Betriebssystems von einem Massenspeicher. Der MONITOR ist deshalb meistens in Festwertspeichern untergebracht.

7.2.2 Der Editor

Mit einem Textverarbeitungsprogramm wird das Quellenprogramm für den Assembler geschrieben. Nicht alle Textverarbeitungsprogramme eignen sich hierfür, da sie z. T. zu viele Möglichkeiten bieten und daher schwer zu bedienen sind.

> Unter einem Editor versteht man heute ein Textverarbeitungsprogramm, das vorwiegend zum Schreiben und Bearbeiten von Quellenprogrammen dient.

Anfänglich waren nur zeilenorientierte Editoren im Gebrauch (wie z. B. «ED» unter CP/M). Zum Ändern schon geschriebener Texte mußte entweder die betreffende Zeile neu verfaßt oder das fehlerhafte Wort durch eine umständliche Befehlsfolge ausgetauscht werden.

Neue Editoren arbeiten bildschirmorientiert, d. h., man kann fehlerhafte Textstellen einfach überschreiben bzw. löschen oder neue Zeichen direkt auf dem Bildschirm einfügen. Ein solcher Editor ist z. B. WORDSTAR, der sich auch zur allgemeinen Textverarbeitung bestens eignet (unter CP/M und MS-DOS).

Das Quellenprogramm für den Assembler enthält die zur Programmausführung notwendigen Befehle in mnemotechnischer Form, Hilfsbefehle (Pseudobefehle) für den Assembler und den Programmkommentar. Es muß so geschrieben sein, daß es vom Assembler übersetzt werden kann (Assemblersprache).

> Das Quellenprogramm kann nicht gestartet werden. Es enthält nur Text.

Als Beispiel hierzu dient das Initialisierungsprogramm für die PIO aus Abschnitt 6.1.5.1. Zur besseren Erläuterung sind die Zeilen des Quellenprogramms nummeriert.

```
1:   . Z80
2:
3:   ; Initialisierung für Z80 PIO
4:
5:   ; Definition der Symbole
6:
7:   STWA       EQU 0EH          ; Steuerwortadresse Port A
8:   STWB       EQU 0FH          ; Steuerwortadresse Port B
9:   VEKTOR     EQU 12H          ; Interruptvektor
10:
11:
12:  INIT:      LD A,0FH         ; Modussteuerwort für Modus 0
13:             OUT (STWA),A     ; an Steuerwortadresse von Port A
14:
15:             LD A,VEKTOR      ; Interruptvektor laden
16:             OUT (STWB),A     ; an Steuerwortadresse von Port B
17:             LD A,4FH         ; Modussteuerwort für Modus 1
18:             OUT (STWB),A     ; an Steuerwortadresse von Port B
19:
20:             LD A,83H         ; Aktivierungswort, Int. frei
21              OUT (STWB),A     ; an Steuerwortadresse von Port B
22:
23:  END
```

Dieses Quellenprogramm ist so geschrieben, daß es vom MICROSOFT-Assembler M80 fehlerfrei in den Z80-Maschinencode übersetzt werden kann. In Zeile 1 steht ein Pseudobefehl für den Assembler. Dadurch «weiß» er, daß es sich im folgenden um Z80-Mnemonics handelt. Textstellen mit vorhergehendem Semikolon werden bei der Übersetzung nicht berücksichtigt. Sie enthalten den Kommentar. In den Zeilen 7 bis 9 werden die im Programm verwendeten Symbole definiert. Durch die Pseudoanweisung EQU (Equate = gleich) wird dem Symbol «STWA» (für Steuerwortadresse Port A) der Wert 0EH (H = hexadezimal) zugewiesen. Dadurch kann der Assembler den richtigen Zahlenwert einsetzen, wenn das Symbol als Operand im Programm erscheint. Die übrigen Zeilen enthalten die in Mnemonics geschriebenen Maschinenbefehle des Z80, wobei einige Operanden als (vorher definierte) Symbole eingesetzt sind. Zeile 23 enthält schließlich die Pseudoanweisung «END» = Ende des Quellenprogramms. Hier beendet der Assembler die Übersetzung. Nachfolgende Anweisungen werden nicht beachtet. Das Einfügen von Leerzeichen und Leerzeilen dient der optischen Gliederung. Dadurch erhält man später ein übersichtliches Programmdokument in dem vom Assembler erstellten Ausdruck (Assemblerlisting).

Nach Fertigstellen des Quellenprogramms übergibt es der Editor dem Betriebssystem zur Abspeicherung auf Diskette. Diese Quellendatei (Source File) wird mit einem Dateinamen (Filename) und mit einer Klassenbezeichnung (Filetype) versehen. Sie wird unter diesem Namen im Inhaltsverzeichnis der Diskette geführt und kann später vom Assembler bearbeitet werden.

7.2.3 Der Assembler

Bei der Übersetzung des Quellenprogramms kann der Assembler verschiedene Bearbeitungsstufen durchlaufen:

z. B.
- PASS 1: Umwandlung der Mnemonics in den Maschinencode
- PASS 2: Ausgabe der Assemblerliste auf der Konsole
- PASS 3: Ausgabe der Assemblerliste auf dem Drucker
- PASS 4: Abspeichern des übersetzten Maschinenprogramms als relatives Objektprogramm auf Diskette (REL-File)

Die Assemblerliste ist das wichtigste Programmdokument und dient als Unterlage bei der Programmerprobung. Hier die Assemblerliste des Beispiels, ausgegeben vom MICROSOFT-Assembler M80 (Firmen, die Crossassembler für MS-DOS-Rechner liefern, stehen im Literaturverzeichnis):

```
MACRO-80 3.43  PAGE1

                  . Z80

                  ; Initialisierung für Z80 PIO

                  ; Definition der Symbole

000E              STWA      EQU 0EH        ; Steuerwortadresse Port A
000F              STWB      EQU 0FH        ; Steuerwortadresse Port B
0012              VEKTOR    EQU 12H        ; Interruptvektor

0000'   3E 0F     INIT:     LD A,0FH       ; Modussteuerwort für
                                             Modus 0
0002'   D3 0E               OUT (STWA),A   ; an Steuerwortadr. von
                                             Port A

0004'   3E 12               LD A,VEKTOR    ; Interruptvektor laden
0006'   D3 0F               OUT (STWB),A   ; an Steuerwortadr. von
                                             Port B
0008'   3E 4F               LD A,4FH       ; Modussteuerwort für
                                             Modus 1
000A'   D3 0F               OUT (STWB),A   ; an Steuerwortadr. von
                                             Port B

000C'   3E 83               LD A,83H       ; Aktivierungswort, Int. frei
000E'   D3 0F               OUT (STWB),A   ; an Steuerwortadr. von
                                             Port B
                            END
```

```
MACRO-80 3.43   PAGE   S

Macros:

Symbols:

0000'   INIT        000E    STWA        000F    STWB
0012    VEKTOR

No Fatal Error(s)
```

Der Assembler gibt die Liste in Seiten (Page) unterteilt und numeriert aus. Auf der letzten Seite (PAGE S) sind alle im Programm verwendeten Symbole und ihre Zahlenwerte verzeichnet (Symboltabelle).

Die erste Spalte ist reserviert für Fehlermeldungen. Wenn bei der Übersetzung eine Unstimmigkeit auftaucht, wird dort ein Kennbuchstabe für den aufgetretenen Fehler abgedruckt. Die nächsten 4 Spalten enthalten die laufende hexadezimale Programmadresse. Sie ist hier mit einem hochgestellten Komma versehen. Dadurch erkennt man, daß es sich um eine auf den Programmanfang bezogene, relative Adresse handelt. (Dieser Assembler kann auch mit absoluten Adressen arbeiten. In diesem Fall ist das Programm an einen festen Speicherplatz gebunden.) Hinter der Adresse steht das übersetzte Maschinenprogramm Byte für Byte in hexadezimaler Codierung. Jede Zeile enthält alle zu einem Befehl gehörenden Bytes. Danach folgt der Befehl in Mnemonics, so wie er im Quellenprogramm geschrieben wurde. Das Semikolon leitet schließlich den Zeilenkommentar ein.

7.2.3.1 Assemblerbefehle

Assemblerbefehle sind die in der Mnemonic des verwendeten Mikroprozessors geschriebenen Maschinenbefehle (hier Z80-Befehle im ZILOG-Format) sowie die Pseudobefehle (7.2.3.5) für den Assembler.

> In der Regel kann ein Assembler nur Programme für einen Mikroprozessortyp übersetzen.
> Jeder Assemblerbefehl enthält höchstens einen Maschinenbefehl.

Ein Basic-Befehl besteht dagegen aus einer großen Zahl verschiedenster Maschinenbefehle. Ein Basic-Compiler muß daher ein komplettes Maschinenprogramm aufstellen, wenn er einen Basic-Befehl übersetzt.

Das grundsätzliche Format einer Assemblerzeile (= eine Zeile im Quellenprogramm) zeigt Bild 7.3. Die einzelnen Teile müssen durch Trennzeichen voneinander abgegrenzt sein:

Doppelpunkt	nach einer Marke
Leerzeichen	nach einem Befehl

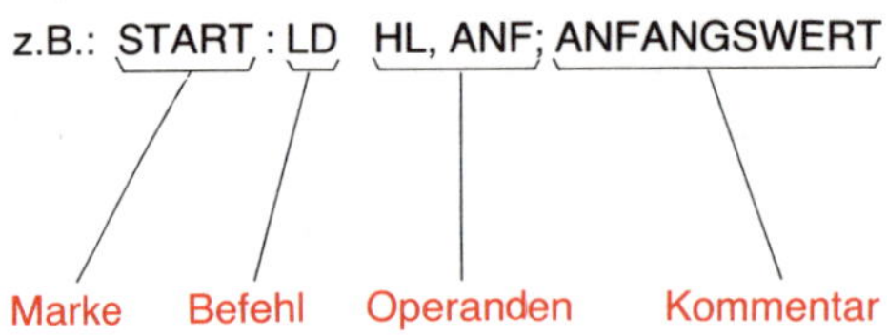

Bild 7.3
Format einer Assemblerzeile

Komma	zwischen Operanden
Semikolon	vor einem Kommentar

Dieses Format kann bei einigen Assemblern geringfügig abweichen, es stellt jedoch einen gewissen Standard dar. In vielen Fällen sind zusätzliche Leerzeichen zur optischen Gliederung erlaubt.

7.2.3.2 Marken

Eine Marke (Label) kennzeichnet eine bestimmte Stelle im Programm. Sie ist ein Symbol für eine bestimmte Programmadresse. In unserem Beispiel bezeichnet die Marke ‹INIT› den Programmanfang (relativer Adreßzählerstand 0000). Sie wird als Symbol in die Symboltabelle aufgenommen (PAGE S). Eine Marke kann auch als Symbol für einen Zahlenwert stehen. In diesem Fall muß sie durch EQU definiert werden.

Länge einer Marke	maximal 6 Zeichen
als Zeichen nicht erlaubt	Zwischenraum, Komma, Semikolon, Doppelpunkt, +,−

7.2.3.3 Operanden

Als Operanden sind erlaubt:

Registernamen	A,B,C,D,E,H,L,R,I bzw. AF,BC,DE,HL,IX,IY,SP (Z80) z. B.: LD A,C; ADD HL,DE
Marken	Sprungziele, Speicheradressen, I/O-Adressen, Zahlenwerte in symbolischer Form, z. B. JP START; LD (MERK),A; IN A,(PORT); LD A,WERT
Marken mit Offset	z. B. START +3; START −4 ; WERT −23
Zahlen	hexadezimal mit Kennung «H» (20H, 1ED5H) dezimal mit Kennung «D» (12D, 2340D) dual (binary) mit Kennung «B» (10010011B)
Bedingungen	Z,NZ,C,NC,PE,PO,P,M (Z80) z. B.: JP NC,START; JR Z,WARTE

7.2.3.4 *Kommentar*

Kommentare müssen immer mit dem Semikolon eingeleitet werden. Entweder als eigenständige Kommentarzeile (z. B. Überschrift) oder als Zeilenkommentar nach einem Befehl.

Hier einige Regeln:

- □ Kommentiere nur die Wirkung des Befehls. Ein Kommentar zur Mnemonic ist überflüssig!
- □ Verwende Marken und Symbole, die in engem Zusammenhang mit der Operation stehen. Dadurch kommentiert sich das Programm von selbst.
- □ Verwende eigenständige Kommentarzeilen, um die Funktion kleiner Programmabschnitte zu erklären.

7.2.3.5 *Pseudobefehle*

Zur Übersetzung des Quellenprogramms benötigt der Assembler Befehle, die nicht im Maschinencode enthalten sind. Solche Pseudobefehle ermöglichen z. B. die Definition von Symbolen, erlauben das Einschreiben von Texten oder erhöhen den Bedienungskomfort.

Pseudobefehle können nicht in den Maschinencode übersetzt werden.

Gute Assembler verfügen über viele Pseudobefehle, die man nur nach eingehendem Studium der Programmbeschreibung verstehen kann. Hier folgen einige Befehle, die in den meisten Assemblern verwendet werden:

END — zeigt das Ende des Quellenprogramms an. Nachfolgender Quelltext wird nicht mehr bearbeitet.

EQU — (Equate) weist einer Marke oder einem Symbol einen festen Wert zu. Die Wertzuweisung mit EQU sollte am Anfang geschehen.

DEFB n — (Define Byte) der durch n bezeichnete 8-Bit-Operand wird an dieser Stelle in das Objektprogramm übernommen (siehe Abschnitt 9.1.7.4 Initialisierung des CTC).

DEFW nn — (Define Word) der durch nn bezeichnete 16-Bit-Operand wird in der Reihenfolge L-Byte, H-Byte an dieser Stelle eingefügt.

DEFM 'S' — (Define Message) S ist ein Text, der, in Hochkommas eingeschlossen, an dieser Stelle im ASCII-Code eingefügt wird. Damit können Textstellen in das Objektprogramm geschrieben werden (1 Zeichen = 1 Byte).

DEFS mm — (Define Storage) reserviert an dieser Stelle mm-Bytes als Speicherbereich für Zwischenwerte o. ä. Der nächste Befehl beginnt nach mm-Bytes im Objektprogramm.

7.2.4 Der Linker

Der Linker (Loader) entrelativiert die vom Assembler erstellten relativen Objektprogramme (REL-Files) und bindet sie mit anderen Programmen zusammen. Ein REL-File enthält neben dem übersetzten Maschinenprogramm eine Symboltabelle, in der die Namen und Werte der verwendeten Symbole verzeichnet sind. Marken, die in anderen Programmen vorkommen, sind als nicht definierte Marken verzeichnet. Beim Zusammenbinden von mehreren Programmen werden die Symboltabellen miteinander verglichen und die Zahlenwerte an den entsprechenden Stellen im zusammengebundenen Objektprogramm eingesetzt.

Damit das Objektprogramm entrelativiert werden kann, erhält der Linker die absolute Adresse für das Ojektprogramm (Basisadresse) in geeigneter Form mitgeteilt. Er addiert die relative Adresse zur Basisadresse und erhält somit das Objektprogramm in endgültiger Form. Anschließend kann dieses Programm über das Betriebssystem als COM-File aufgezeichnet werden (= Kommando-Datei). Damit steht es als lauffähiges Maschinenprogramm zur Verfügung.

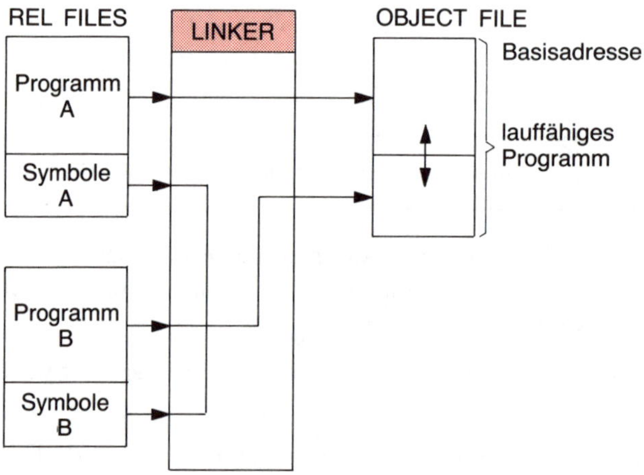

Bild 7.4
Arbeitsweise eines Linkers

Dieser Vorgang ist stark vereinfacht dargestellt. Er zeigt jedoch die prinzipielle Arbeitsweise eines Linkers (Bild 7.4). Für den Z80 empfiehlt der Autor den Linker L80 von MICROSOFT, der im Zusammenspiel mit dem Makroassembler M80 ein hervorragendes Softwarepaket bildet. Dieser Linker kann nicht nur übersetzte Assemblerprogramme zusammenbinden, sondern erlaubt auch einen Mischbetrieb mit compilierten Basic- und Fortran-Programmen (mit den Compilern «BASCOM» bzw. «F80»).

7.2.5 Der Debugger

Ein neuentwickeltes Programm kann nach einem fehlerfreien Assemblerdurchlauf noch logische Fehler enthalten, die bei einer Maschinensteuerung verheerende Folgen haben können. Daher ist eine gründliche und kontrollierte Programmerprobung unerläßlich. Dies geschieht mit dem Debugger.

Aufgaben eines Debuggers:

- □ kontrollierte Programmausführung und Unterbrechung (Breakpoint), d. h., das Programm kann an beliebiger Stelle gestartet und unterbrochen werden
- □ Einzelbefehlsausführung mit Protokoll der CPU-Register (Tracen)
- □ Veränderung von Speicherinhalten zur Korrektur bzw. zur Parametereinstellung
- □ Speicherauszüge zur Kontrolle von Programmaktivitäten (Memory Dump)
- □ Steuerung des Emulators (bei Universalsystemen)

7.3 Lernzieltest

1. Wie wird ein Programm in einem Universalsystem entwickelt?
2. Was ist ein Betriebssystem?
3. Welche Aufgaben erfüllen BIOS, BDOS und CCP?
4. Was ist ein Editor; welche Programme können mit ihm geschrieben werden?
5. Worin besteht der Unterschied zwischen Assembler und Compiler?
6. Was ist ein Pseudobefehl? Nenne einige Beispiele und erläutere sie!
7. Welche Programme werden vom Assembler ausgegeben?
8. Welche Aufgaben hat der Linker?

8 Problemlösungen

Bei vielen Anwendungen der Mikrocomputertechnik stößt man auf gleiche oder ähnliche Aufgaben, die sich zwar von der Anwendung her unterscheiden, aber programmtechnisch auf dasselbe Prinzip hinauslaufen. Im folgenden Abschnitt wollen wir einige typische Aufgaben anhand von Beispielen erläutern.

8.1 Codewandler

Codewandler benötigt man bei der Ein- oder Ausgabe von Daten. Häufig werden 7-Segment-Anzeigen verwendet, um irgendwelche Betriebszustände oder Positionen einer Steuerung zu melden. Zur Darstellung einer Ziffer von 0 bis 9 genügen theoretisch 4 Bit (1 Tetrade). Um diese auf einer 7-Segment-Anzeige darzustellen, müssen 7 Leuchtdioden angesteuert werden. In der herkömmlichen Technik verwendet man dazu einen Codewandler (Bild 8.1). Bei der Ansteuerung durch einen Mikrocomputer kann dieser Baustein eingespart werden, wenn die Codewandlung mit einem Programm durchgeführt wird (Bild 8.2). Man benötigt hier 7 Bits für eine Ziffer. Das freie achte Bit kann den Dezimalpunkt bedienen.

Nach welchem Prinzip arbeitet nun ein Codewandler, der einen Quellcode A (hier BCD-Code) in einen Zielcode B (hier 7-Segment-Code) per Software umwandelt? Dazu ist eine Codetabelle notwendig, die sich im Arbeitsspeicher des Rechners befindet.

> In einer Codetabelle bildet der Quellcode die relative Adresse für die Speicherzelle des Zielcodes.

Bild 8.1
7-Segment-Codewandlung mit IC

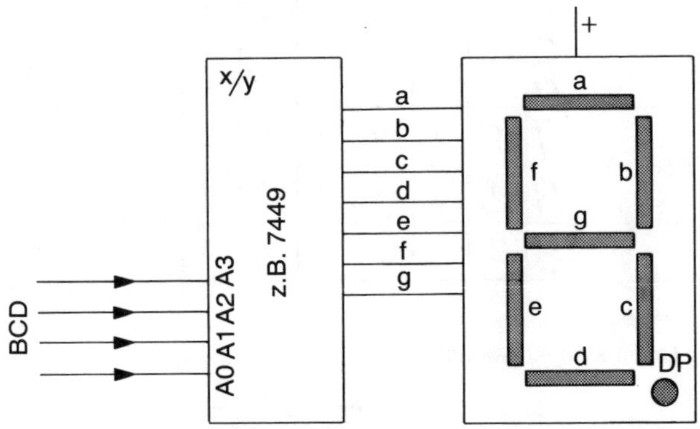

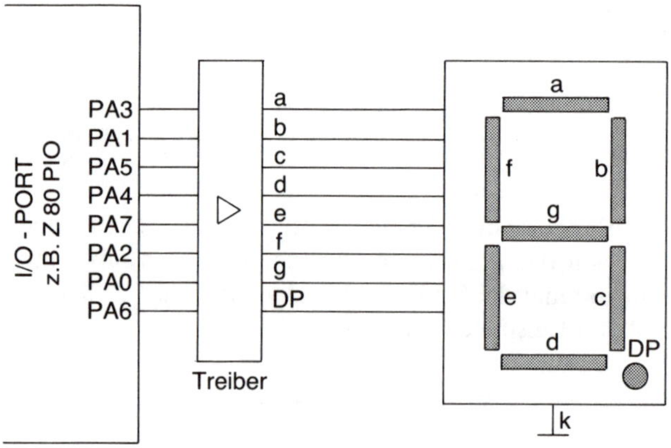

Bild 8.2
7-Segment-Anzeige ohne Codewandler an einem Ausgabeport eines Mikrocomputers

Bei der Codewandlung verwendet das Programm den Quellcode als Adresse und liest dort den Zielcode aus. Im gegebenen Beispiel wird der Zielcode direkt an das E/A-Port mit der 7-Segment-Anzeige ausgegeben. Bild 8.3 zeigt die Codetabelle, wenn das E/A-Port wie in Bild 8.2 beschaltet ist. Die Segmente sind bewußt ungeordnet an die Ausgabebits des Port geschaltet. In der Praxis verhindern oft Zwänge der Leitungsführung eine zusammenhängende Formation.

Ziffer (rel. Adr.)	PA0	PA1	PA2	PA3	PA4	PA5	PA6*	PA7	Hex.	Speicher (absolute Adresse)	
										1204	z.B. TAB 7 Tabellenanfang
0	0	1	1	1	1	1	0	1	BE	1205	
1	0	1	0	0	0	1	0	0	22	1206	
2	1	1	0	1	1	0	0	1	9B	1207	
3	1	1	0	1	1	1	0	0	3B	1208	
4	1	1	1	0	0	1	0	0	27	1209	
5	1	0	1	1	1	1	0	0	3D	120A	
6	1	0	1	1	1	1	0	1	BD	120B	
7	0	1	0	1	0	1	0	0	2A	120C	
8	1	1	1	1	1	1	0	1	BF	120D	
9	1	1	1	1	1	1	0	0	3F	120F	
											Tabellenende

1 = Led an
* Dezimalpunkt gelöscht

Bild 8.3 Codetabelle für 7-Segment-Code

Das Programm zur Codewandlung erhält vom Hauptprogramm den Quellcode in einem Register und muß daraus die absolute Adresse für den Zielcode bilden. Dazu wird der Quellcode (relative Adresse bezogen auf den Tabellenanfang) zur absoluten Adresse des Tabellenanfangs addiert. Das Ergebnis dieser Addition ist die absolute Adresse des Speicherplatzes, an dem der Zielcode abgelegt ist. Als Beispiel wird der Code für die Ziffer «3» ermittelt (Bild 8.3). Wenn man den Wert 03 zur absoluten Adresse des Tabellenanfangs (1205H) addiert, erhält man 1208H als absolute Adresse für die Speicherzelle des Zielcodes.

Beim Z80 läßt sich die registerindirekte Adressierung einsetzen, um den Zielcode auszulesen. Hierzu dient das HL-Register als Adreßzeiger:

1. HL-Register mit Adresse des Tabellenanfangs laden:	HL = 1205H
2. DE-Register mit relativer Adresse laden:	DE = 0003H
3. 16-Bit-Addition von HL- und DE-Register durch ADD HL,DE:	HL = 1208H
4. Zielcode auslesen durch LD A,(HL):	A = 5CH

Hier das Programm als Assemblerlisting für den Z80:

```
MACRO-80 3.43      PAGE 1

                   . Z80

                   ; *** CODE7 ****

                   ; wandelt BCD- in 7-Segment-Code
                   ; Programm erhält BCD-Ziffer in A
                   ; liefert 7-Segment-Code in A

1205               TAB7    EQU 1205H   ; Tabellenanfang definieren

0000'   D5         CODE7: PUSH DE      ; Arbeitsregister retten
0001'   E5                PUSH HL

                   ; relative 16-Bit-Adresse bilden

0002'   5F                LD E,A       ; Quellcode in E
0003'   16 00             LD D,0       ; DE = relative Adresse

                   ; absolute Adresse bilden

0005'   21 1205           LD HL,TAB7   ; Tabellenanfang in HL
0008'   19                ADD HL,DE    ; Zieladresse in HL

                   ; Zielcode holen

0009'   7E                LD A,(HL)    ; 7-Segment-Code in A

000A'   E1                POP HL       ; ursprüngliche Werte
000B'   D1                POP DE       ; wieder laden

000C'   C9                RET

                          END
```

```
MACRO-80 3.43           PAGE S

Macros:

Symbols:
0000'   CODE7   1205    TAB7

No Fatal Error(s)
```

Mit diesem Codewandlerprogramm können alle Fälle gelöst werden, bei denen Quellcode und Zielcode mit einer Wortlänge von 8 Bit auskommen (z. B. ASCII-BAUDOT-Wandler). Es gibt aber auch Fälle, in denen der Quellcode eine Wortlänge von 8 und der Zielcode eine Wortlänge von 16 Bit besitzen, z. B. die Bedienung einer alphanumerischen 16-Segment-Anzeige. Der Quellcode ist dabei meist der ISO-7-Bit-Code (ASCII-Code), der Zielcode benötigt 16 Bit. Bei der Wandlung muß der Wert des Quellcodes verdoppelt werden, weil der Zielcode zwei Speicherplätze belegt (das 3. Wort des Zielcodes beginnt auf dem 6. Tabellenplatz).

8.2 Tabellenverarbeitung

8.2.1 Textausgabe

Die einfachste Form einer Tabellenverarbeitung stellt die Ausgabe von Texten dar. Der Text steht in aufsteigender Reihenfolge im Arbeitsspeicher (1 Byte pro Zeichen), wird dort gelesen und zur Anzeige gebracht. Um das Ende des Textes zu erkennen, kann man

1. ein Schlußzeichen vereinbaren oder
2. die Textlänge markieren.

Beim ersten Verfahren darf das Schlußzeichen nicht im Zeichenvorrat des Textes vorkommen. Wenn alle Zeichen im ISO-7-Bit-Code vorliegen, kann man irgendeine Zahl mit gesetztem Bit 8 als Schlußzeichen verwenden. Wenn jedoch alle Zeichen zwischen 00 und FF gültig sind, wie es z. B. bei einer Druckergraphik der Fall ist, dann muß das Ende durch Abzählen ermittelt werden. Vor jedem Textblock wird dann die Textlänge durch eine Zahl markiert. Prinzipiell lassen sich beide Verfahren auf alle Arten der Zeichenausgabe anwenden (z. B. auch zur Ausgabe von Speicherinhalten auf einen Datenträger). Die im folgenden gezeigten Assemblerausdrucke zeigen beide Verfahren, wobei der Text ausgedruckt wird. Das Unterprogramm «DRUCK», welches das Zeichen an den Drucker weiterleitet, ist in Abschnitt 9.2.2 beschrieben.

```
MACRO-80  3.43      PAGE 1

                    . Z80

                    ; **** TEXTS ****

                    ; Textausgabeprogramm
                    ; gibt Text aus Arbeitsspeicher
                    ; auf Drucker

                    ; Textende wird markiert durch FFH
                    ; Text beginnt z. B. bei 0A00H

 0A00               TEXT      EQU 0A00H   ; Textanfang definieren
 00FF               SZ        EQU 0FFH    ; Schlußzeichen definieren

 0000'    21 0A00   TEXTS:    LD HL,TEXT  ; Textzeiger auf Text stellen

                    ; Zeichen holen und prüfen ob Ende

 0003'    7E        TEXTS1:   LD A,(HL)   ; Zeichen in A holen
 0004'    FE FF     CP SZ                 ; Schlußzeichen?
 0006'    C8        RET Z                 ; wenn ja, Programmende

                    ; Zeichen ausgeben

 0007'    4F        LD C,A                ; Druckerprogramm benötigt
                                          ; Zeichen in C

U 0008'   CD 0000   CALL      DRUCK       ; Druckerprogramm aufrufen

                    ; Textzeiger um eins erhöhen für nächstes Zeichen

 000B'    23        INC HL
 000C'    18 F5     JR TEXTS1             ; Schleife für nächstes Zeichen

                    END
```

```
MACRO-80 3.43       PAGE S

Macros:

Symbols:
0000U    DRUCK     00FF    SZ              0A00    TEXT
0000'    TEXTS     0003'   TEXTS1

1 Fatal Error(s)
```

Bei der Übersetzung ist ein Fehler aufgetaucht. Er ist mit «U» gekennzeichnet. Das bedeutet «unknown = unbekannt». Der Assembler hat die Marke «DRUCK» des Druckerprogramms nicht gefunden. Das Programm ist trotzdem lauffähig, wenn man hinter dem CALL-Befehl die Adresse des Druckerprogramms einsetzt.

```
MACRO-80 3.43       PAGE 1

                    . Z80

                    ; **** TEXTZ *****

                    ; Textausgabeprogramm ohne Schlußzeichen
                    ; Die Textlänge steht im ersten Byte vor dem Text
                    ; z. B. bei 0A00H
                    ; damit können max. 256 Zeichen ausgegeben werden
                    ; Register B wird zum Zählen verwendet

                    ; Die Zeichenausgabe erfolgt mit dem Unterprogramm
                      «DRUCK» aus Abschnitt 9.2.2

 0A00               TEXT    EQU 0A00H      ; Textanfang definieren

                    ; Textlänge ermitteln

 0000'   21 0A00    TEXTZ:  LD HL,TEXT     ; Textzeiger einstellen
 0003'   46                 LD B,(HL)      ; Textzähler laden
 0004'   23                 INC HL         ; Textzeiger auf erstes
                                             Zeichen

                    ; Zeichen holen und ausgeben

 0005'   4E         TEXTZ1: LD C,(HL)      ; Zeichen holen
U0006'   CD 0000            CALL DRUCK     ; an Druckprogramm
                                             übergeben

                    ; Zeichenzeiger und Zeichenzähler aktualisieren

 0009'   23                 INC HL         ; Zeichenzeiger erhöhen
 000A'   10 F9              DJNZ TEXTZ1    ; Zähler erniedrigen bis
                                             Null

 000C'   C9                 RET            ; Programmende

                            END
```

```
MACRO-80 3.43       PAGE S

Macros:

Symbols:
0000U   DRUCK       0A00    TEXT            0000'   TEXTZ
0005'   TEXTZ1

1 Fatal Error(s)
```

Um längere Textblöcke auszugeben, muß man 2 Bytes für die Textlänge reservieren. Dadurch ändert sich auch das Programm, da eine 16-Bit-Zahl abgezählt werden muß.

8.2.2 Mehrspaltige Tabellen

Wenn man eine Ampelanlage mit einem Mikroprozessor steuern will, dann gehören zum Ändern der Ampelphase eine Menge von Steuerdaten, die mehrere Bytes erfordern. Bei einer Ampel mit 6 Lampen (einschließlich der Lampen für den Fußgängerüberweg) kann man 1 Byte pro Ampel zur Verfügung stellen. Eine Kreuzung mit vier Ampeln benötigt also für jede Ampelphase 4 Bytes. Bild 8.4 zeigt eine Tabelle, in der alle Phasen für einen Zyklus dargestellt sind. Diese Tabelle hat soviele Spalten wie Ampeln und soviele Zeilen wie Ampelphasen. Im Speicher eines Computers kann man diese Tabelle nur seriell darstellen, d. h., für jede Phase müssen 5 Bytes aufeinanderfolgen. Das erste Byte enthält die Zeit, in der der Phasenwechsel erfolgt, die nächsten 4 Bytes enthalten die Steuerdaten für jede Ampel (Bild 8.5). Das Ampelprogramm arbeitet jetzt Phase für Phase ab, indem es immer 5 Bytes aus der Tabelle holt.

Durch die Tabellenverarbeitung ist das Steuerprogramm universell einsetzbar. Zu einer Änderung der Phasenfolge muß lediglich die Tabelle verändert werden. Man kann sogar mehrere solcher Tabellen im Arbeitsspeicher haben. Bei einem Zykluswechsel wird einfach der Tabellenzeiger (z. B. das HL-Register) auf die gewünschte Tabelle gestellt.

Tabellenverarbeitung verringert den Softwareaufwand erheblich und erhöht die Vielseitigkeit.

Ein Programmbeispiel hierzu wird in Abschnitt 9.1.7.4 (Initialisierung des CTC) gegeben. In diesem Beispiel enthält die Tabelle nur 2 Spalten.

Bild 8.4
Tabelle für alle Ampelphasen einer Ampelsteuerung
T = Phasenzeit
S = Steuerdaten

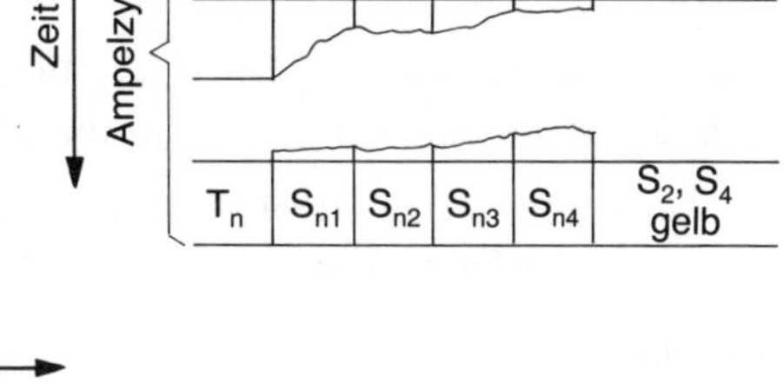

Bild 8.5
Serielle Darstellung einer mehrspaltigen Tabelle im Speicher eines Computers

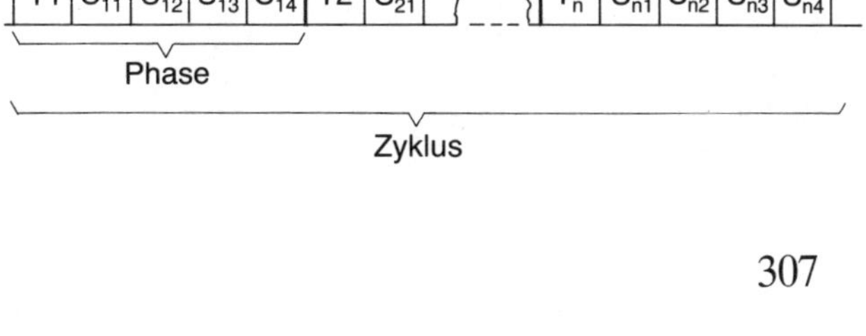

8.3 Berechnung von Zeitschleifen

Zeitschleifen sind Programme, deren einzige Aufgabe darin besteht, Zeit zu brauchen. Man verwendet sie zum Entprellen von Tasten, als Zeitnormal für die serielle Datenausgabe oder zur Herstellung von Verzögerungen allgemeinster Art.

Da jeder Befehl Zeit kostet, erhält man eine bestimmte Verzögerung durch Wiederholung des Befehls in einer Programmschleife. Am besten eignet sich hierfür ein Programm, welches ein CPU-Register so lange vermindert, bis der Wert Null erreicht ist (Bild 8.6).

> Durch eine Verschachtelung mehrerer Zeitschleifen erzielt man lange Verzögerungszeiten.

Wenn das Programm z. B. eine Zeitschleife von 1 ms 20mal durchläuft, dann beträgt die Gesamtzeit 20 ms (Bild 8.7). Die Befehlsliste enthält für jeden Befehl die Anzahl der benötigten Taktzyklen. Da die CPU im allgemeinen mit einem quarzstabilen Takt betrieben wird, läßt sich die Programmlaufzeit exakt ermitteln.

Als Beispiel soll nun eine Zeitschleife von 1 ms Dauer entstehen, die man durch Verschachtelung nahezu beliebig verlängern kann. Dazu dient folgendes Programm:

MARKE	BEFEHL		Befehlsdauer
DELAY1:	LD B,xx	; Anfangswert	4 T(aktzyklen)
DELAY2:	DJNZ DELAY	; dekrementieren	13 T für B>0
		; bis B=00	8 T für B=0

Der Anfangswert «xx» im Register B muß so bestimmt werden, daß der Durchlauf 1 ms dauert. Dazu führt man folgende Berechnung durch:

Zeiten vor der eigentlichen Schleife	$t1 = 4T$
Zeiten, die durch Wiederholung in der Schleife entstehen	$t2 = (xx-1) \cdot 13T$
Zeiten, die nach der Schleife entstehen	$t3 = 8T$

Die Addition aller Befehlszyklen führt zur gewünschten Zeit:

$$t = 1\ ms = 4\ T + (xx-1) \cdot 13\ T + 8\ T$$

Dies ist eine Bestimmungsgleichung für die Unbekannte «xx». Zur Lösung schreibt man die gewünschte Zeit als Vielfaches des CPU-Takts auf:

Bei 2 MHz CPU-Takt dauert ein Taktzyklus 0,5 ms
2000 Taktzyklen dauern dann 1 ms

also gilt:

$$2000T = 4T + (xx-1) \cdot 13T + 8T$$
$$2000 = (xx-1) \cdot 13 + 12$$
$$xx = 153{,}7$$

nach Aufrundung:

$$xx = 9AH$$

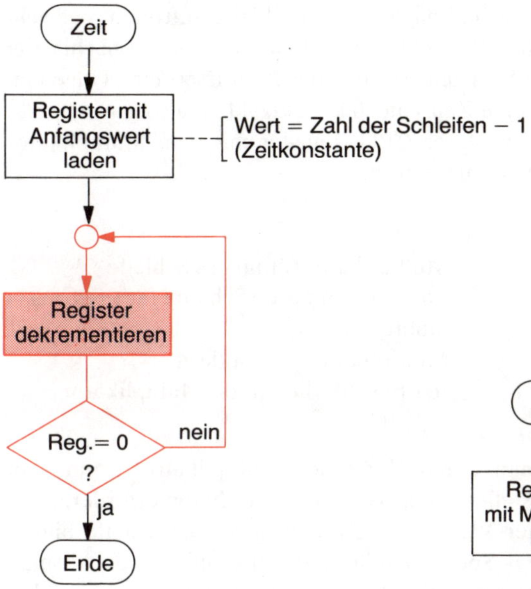

Bild 8.6
Einfache Zeitschleife durch Dekrementieren eines CPU-Registers

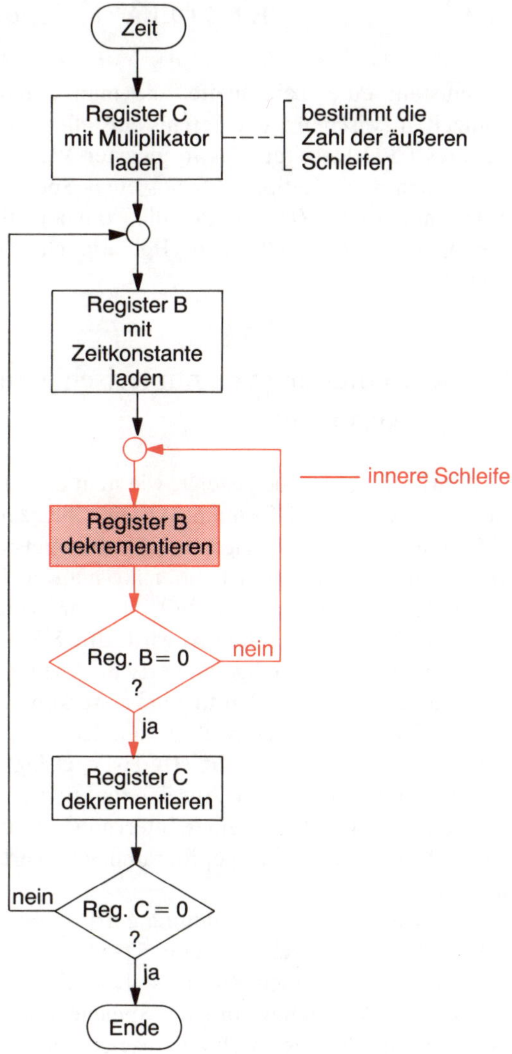

Bild 8.7
Verschachtelte Zeitschleife durch Dekrementieren zweier CPU-Register

Die festen Zeiten, die durch Befehle vor und nach der Zeitschleife auftreten, bezeichnet man als Zeitoffset. Bei ausreichender Schleifenzahl können sie vernachlässigt werden. In diesem Beispiel ergibt eine Vernachlässigung des Zeitoffsets eine Ungenauigkeit von 12 Taktzyklen, bezogen auf eine Zeit von 2000 Taktzyklen, also ganze 0,6 %! Für längere Laufzeiten muß man ein weiteres CPU-Register mit dem Multiplikator laden und es nach jedem Durchlauf dekrementieren:

```
MARKE     BEFEHL

DELAY     LD C,mm          ; Multiplikator für innere Schleife
DELAY1:   LD B,9AH         ; Laden der inneren Schleife für t = 1 ms
DELAY2:   DJNZ DELAY2      ; innere Schleife
          DEC C            ; Multiplikator vermindern
          JR NZ,DELAY1     ; so oft wiederholen, bis Multiplikator
                             C = 00
```

So entsteht eine Zeitschleife, die man durch Wahl des Multiplikators «mm» auf Laufzeiten zwischen 1 und 256 ms einstellen kann. Noch längere Zeiten erfordern ein weiteres CPU-Register, das in gleicher Weise eine zusätzliche Außenschleife bildet. Wenn man den Multiplikator aus einer Speicherstelle holt, entsteht eine universelle, programmierbare Zeitschleife, die vom aufrufenden Programm auf die gewünschte Verzögerung eingestellt wird. Bei doppelter CPU-Taktfrequenz halbieren sich die Zeiten.

8.4 Bedienung von numerischen und alphanumerischen Anzeigen

In Abschnitt 8.1 wurde gezeigt, wie man eine Tetrade des BCD-Codes so codiert, daß sie direkt auf einer 7-Segment-Anzeige angezeigt werden kann.

Eine numerische Anzeige besteht aber meistens aus mehreren Digits. Wenn man so verfahren würde wie in 8.1, bräuchte man für jedes Digit ein 8-Bit-E/A-Port, für eine vierstellige Anzeige also 2 PIOs. Dieser Aufand kann erheblich reduziert werden, wenn die Anzeige gemultiplext wird. Bild 8.8 zeigt eine Schaltung, die ohne zusätzliche Codewandler eine 8stellige numerische Anzeige bedient. Sie benötigt nur eine PIO zur Ansteuerung. Treiberschaltungen verstärken die schwachen Ausgangsströme der PIO. Die CPU übernimmt das Multiplexen der Anzeige per Programm, indem sie das jeweils aktuelle Bit von Port B auf HIGH-Pegel legt. Damit wird auch ein Nachteil dieser Lösung offensichtlich: Die Anzeige funktioniert nur, solange sich die CPU im Anzeigeprogramm befindet. Bei einer Interruptsteuerung spielt das jedoch keine Rolle, denn die CPU muß das Anzeigeprogramm nur verlassen, um einem Bedienungsaufruf zu folgen.

Es soll nun für diese Schaltung ein Programm entwickelt werden, welches bis zu 8 Ziffern auf der Anzeige ausgibt. Dazu reserviert man sich einen Speicherbereich, in dem die anzuzeigenden Ziffern stehen. Zur Vereinfachung stellt man für jedes Digit ein Byte zur Verfügung. In jeder Speicherzelle steht dann eine Zahl zwischen 0 und 9, entsprechend der gewünschten Anzeige. Das Programm muß eine Ziffer abholen, eine

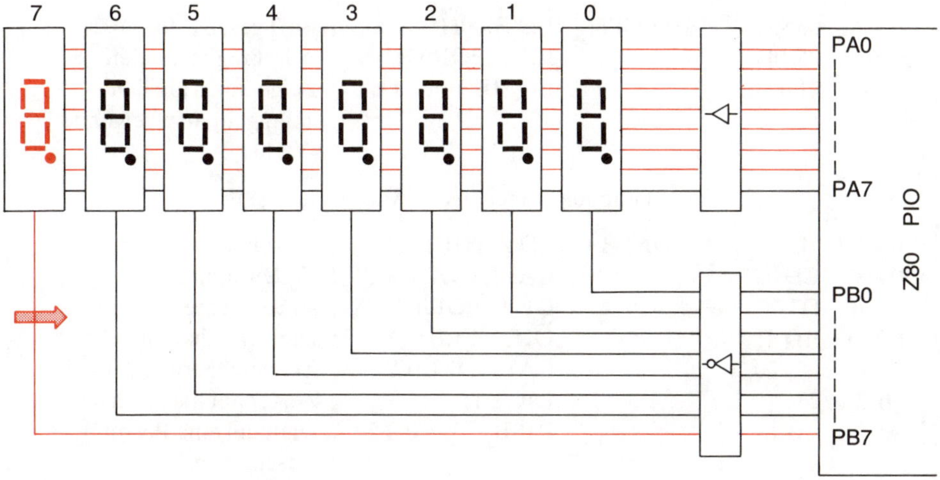

Bild 8.8 Bedienung einer 8stelligen Anzeige im Multiplexbetrieb

Codewandlung durchführen, die Ziffer ausgeben und nach einer Pause (Zeitschleife) auf das nächst Digit schalten. Bild 8.9 zeigt den Programmablaufplan für das folgende Z80-Programm.

```
MACRO-80 3.43    PAGE 1

                 . Z80

                 ; *** DIGIT ***

                 ; Bedienung einer 8stelligen Anzeige im Multiplexbetrieb

                 ; nach Durchlauf des Programms sind alle Werte einmal
                   angezeigt worden
                 ; zur Daueranzeige muß dieses Programm ständig
                   wiederholt werden

                 ; Hardware nach Bild 8.8
                 ; vor Aufruf des Programms muß die PIO initialisiert sein:
                 ; Port A und Port B arbeiten im Modus 0

                 ; Verwendung der Register:
                 ; HL = Zeiger für Ziffern im Speicher
                 ; B  = dient zum Schieben der Stellen
                 ; C  = Adreßregister für Port B

000C             PORT A EQU 0CH        ; Datenregister Port A
000D             PORT B EQU 0DH        ; Datenregister Port B

                 ; Grundeinstellung der Register vornehmen
```

```
0000'  06 80     DIGIT:   LD B,80H        ; Bit 7 gesetzt, für Digit 7
0002'  0E 0D              LD C,PORTB      ; Adreßregister laden
0004'  21 003C'           LD HL,WERTE     ; Zeiger auf Tabellen-
                                            anfang für anzuzeigende
                                            Werte

                 ; laufendes Zeichen zur Anzeige bringen

0007'  7E        DIGIT1:  LD A,(HL)       ; Wert holen
0008'  CD 0018'           CALL CODE7      ; Codewandlung
000B'  D3 0C              OUT (PORTA),A   ; an Segmente ausgeben
000D'  ED 41              OUT (C),B       ; Digit einschalten
000F'  CD 0025'           CALL DELAY      ; Zeitverzögerung 2 ms
0012'  23                 INC HL          ; Zeiger auf nächsten Wert
0013'  CB 18              RR B            ; Digit um eine Position
                                            verschieben
0015'  20 F0              JR NZ,DIGIT1    ; schieben, bis B = 00
0017'  C9                 RET             ; alle Werte angezeigt
                                          ; Ende von DIGIT

                 ; die benötigten Unterprogramme werden angeschlossen:

                 ; ** CODE7 **

                 ; Programm erhält BCD-Ziffer in A
                 ; liefert 7-Segment-Code in A

0018'  D5        CODE7:   PUSH DE         ; Arbeitsregister retten
0019'  E5                 PUSH HL
```

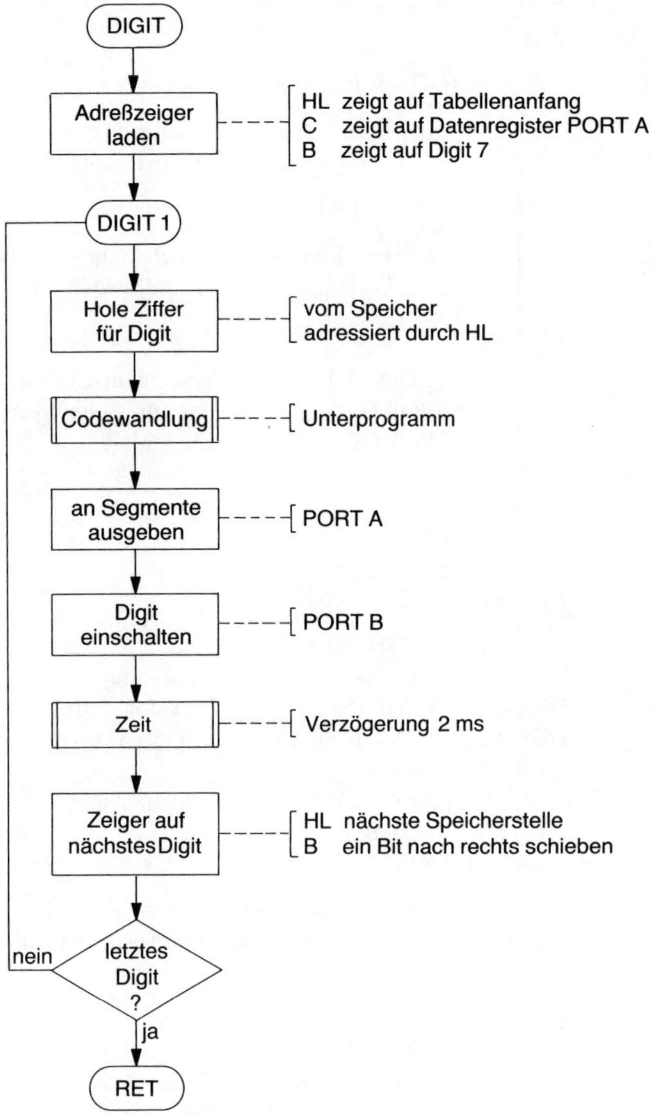

Bild 8.9 Programmablauf für eine Anzeige im Multiplexbetrieb

```
MACRO-80 3.43     PAGE 1-1

                  ; relative 16-Bit-Adresse bilden

001A'  5F                   LD E,A         ; Quellcode in E
001B'  16 00                LD D,0         ; DE = relative Adresse

                  ; absolute Adresse bilden

001D'  21 0031'             LD HL,TAB7     ; Tabellenanfang in HL
0020'  19                   ADD HL,DE      ; Zieladresse in HL

                  ; Zielcode holen

0021'  7E                   LD A,(HL)      ; 7-Segment-Code in A
0022'  E1                   POP HL         ; ursprüngliche Werte
0023'  D1                   POP DE         ; wieder laden

0024'  C9                   RET

                  ; ** DELAY **
                  ; Zeitverzögerung 2ms
                  ; bei 4-MHz-CPU-Takt

0025'  C5         DELAY:    PUSH BC
0026'  0E 04                LD C,4         ; 4mal ½ ms
0028'  06 9A      DELAY1:   LD B,154       ; Wert für ½ ms
002A'  10 FE      DELAY2:   DJNZ DELAY2    ; Schleife ½ ms
002C'  0D                   DEC C
002D'  20 F9                JR NZ,DELAY1   ; Schleife 2 ms
002F'  C1                   POP BC
0030'  C9                   RET

                  ; Codewandlertabelle nach Bild 8.3
                  ; wird erweitert um den Code 00 zum Austasten von
                    führenden Nullen

0031'  BE 22      TAB7:   DEFB 0BEH,22H    ; Ziffern 0,1
0033'  9B 3B              DEFB 9BH,3BH     ; Ziffern 2,3
0035'  27 3D              DEFB 27H,3DH     ; Ziffern 4,5
0037'  BD 2A              DEFB 0BDH,2AH    ; Ziffern 6,7
0039'  BF 3F              DEFB 0BFH,3FH    ; Ziffern 8,9
003B'  00                 DEFB 00          ; dunkel

                  ; hier beginnt der Speicherbereich für die anzuzeigenden
                    Werte auf den Digits 7 bis 0 für Dunkeltastung: Wert 0AH

003C'             WERTE:    DEFS 8         ; 8 Speicherplätze
                                             reserviert
```

MACRO-80 3.43		PAGE S			
Macros:					
Symbols:					
0018'	CODE7	0025'	DELAY	0028'	DELAY1
002A'	DELAY2	0000'	DIGIT	0007'	DIGIT1
000C	PORTA	000D	PORTB	0031'	TAB7
003C'	WERTE				
No Fatal Error(s)					

Zur Ansteuerung einer alphanumerischen 16-Segment-Anzeige muß ein weiteres 8-Bit-Ausgabeport hinzugefügt werden, damit alle 16 Segmente versorgt werden können. Außerdem ist ein anderes Programm zur Codewandlung erforderlich (Abschnitt 8.1).

8.5 Tastenfeldabfrage

Auf dem Markt gibt es Tastenfelder zu kaufen, die nach einem Tastendruck den Tastencode in serieller oder paralleler Form ausgeben. Sie enthalten oft einen eigenen Mikrocomputer und sind daher sehr leistungsfähig. In vielen Fällen passen diese Tastenfelder aber nicht zur beabsichtigten Aufgabe und sind zu teuer.

Bei einer Maschinensteuerung genügen oft nur wenige Tasten, die dann mit einem individuellen Code belegt sein müssen. Man verwendet daher Einzeltasten, die durch ein Programm abgefragt und codiert werden. Um Eingabeports zu sparen, ordnet man die Tasten in einer Matrix an (Bild 8.10) und erfaßt einen Tastendruck durch Multiplexen des Spaltensignals. Zum Bedienen von 16 Tasten genügt schon ein Port einer PIO. Dabei werden die Bits PA0 bis PA3 als Ausgänge verwendet, um die Spaltenleitungen nacheinander zu aktivieren. Die höherwertigen Bits PA4 bis PA7 sind Eingänge, mit denen die Zeilenleitungen abgefragt werden.

Bild 8.10
Tastenmatrix am I/O-PORT eines Computers

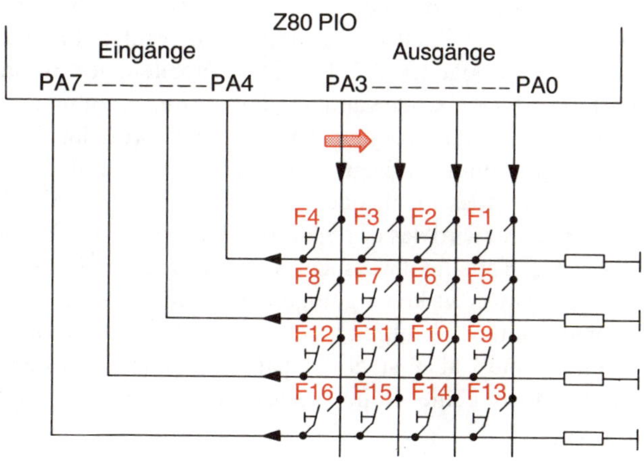

Die Tastenfeldabfrage beginnt mit dem Setzen von PA3. Danach wird das Port eingelesen. Damit können alle Tasten in der Spalte von PA3 erfaßt werden. Wenn mindestens eine dieser Tasten betätigt wird, enthalten die Bits PA4 bis PA7 einen von Null verschiedenen Wert. Bei einem gültigen Tastendruck darf nur eine Bitstelle belegt sein. Das Bedienprogramm muß Mehrfachbelegungen erkennen und sie ignorieren bzw. nur eine Bitstelle auswerten. Wenn keine Taste gedrückt ist, wird PA3 zurückgesetzt und PA2 gesetzt. Damit werden die Tasten in der nächsten Spalte erfaßt usw. Sobald ein gültiger Tastendruck vorliegt, beendet das Bedienprogramm die Abfrage und liefert den Tastencode ab. Danach kann die Information noch einen Codewandler durchlaufen und weiterverarbeitet werden. Die folgende Tabelle zeigt den beim Einlesen gelieferten Tastencode:

Zeile 1	Zeile 3
F1 : 0001.0001 = 11H	F9 : 0100.0001 = 41H
F2 : 0001.0010 = 12H	F10: 0100.0010 = 42H
F3 : 0001.0100 = 14H	F11: 0100.0100 = 44H
F4 : 0001.1000 = 18H	F12: 0100.1000 = 48H
Zeile 2	Zeile 4
F5 : 0010.0001 = 21H	F13: 1000.0001 = 81H
F6 : 0010.0010 = 22H	F14: 1000.0010 = 82H
F7 : 0010.0100 = 24H	F15: 1000.0100 = 84H
F8 : 0010.1000 = 28H	F16: 1000.1000 = 88H

Wenn keine Taste gedrückt ist, sind die Bits PA4 bis PA7 immer null.

Der Tastencode ist ein unvollständiger Code, da nicht alle möglichen Codewörter einem gültigen Tastendruck entsprechen bzw. gar nicht vorkommen können. Wenn man so verfährt wie in Abschnitt 8.1 und den Tastencode als Quellcode verwendet, benötigt man eine Codetabelle, die FF-Bytes umfaßt. Diese Tabelle ist mit Lücken behaftet, die durch ungültige Codewörter entstehen. Man kann nun diese Lücken mit 00 füllen und damit alle ungültigen Codes, wie sie bei einer Mehrfachbetätigung auftreten, eliminieren.

Ein weit besseres, speicherplatzsparendes Verfahren soll in einem Programm verwendet werden, das die beschriebene Tastatur bedient. Dazu werden alle gültigen Codewörter des Quellcodes, unmittelbar gefolgt von ihrem Zielcode, nacheinander im Speicher abgelegt (Bild 8.11). Das Tabellenende ist durch das Schlußzeichen «00» markiert. Bei der Codewandlung holt das Programm das erste Byte des Quellcodes aus dem Speicher und vergleicht es mit der aktuellen Tasteninformation. Wenn keine Übereinstimmung vorliegt, wird der nachfolgende Zielcode übersprungen und das nächste Byte des Quellcodes verglichen. Stimmen Quellcode und Tasteninformation überein, dann wird das dazugehörige Byte des Zielcodes gelesen und abgeliefert. Wenn die ganze Tabelle durchsucht ist und keine Übereinstimmung festgestellt werden konnte, dann liegt keine gültige bzw. keine Tastenbetätigung vor. Im Gegensatz zum obengenannten Verfahren belegt die Codewandlertabelle nur 33 Bytes. Bei der Codewandlung muß aber stets die ganze Tabelle durchsucht werden. Dieser Zeitverlust spielt jedoch keine Rolle, da die Tastenabfrage durch eine Zeitschleife entprellt werden muß.

Bild 8.11
Codetabelle zum Umwandeln der Tasteninformation in einen beliebigen Code

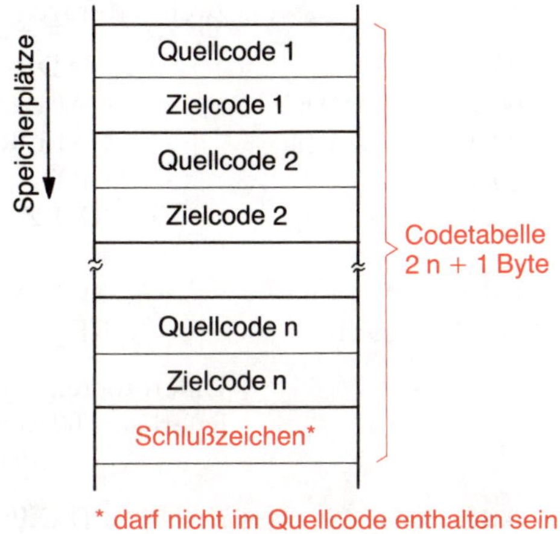

Die Dauer der erforderlichen Zeitschleife ist Erfahrungssache. Man kann davon ausgehen, daß die Prellzeit nicht mehr als 10 ms beträgt. Bei der Entprellung wird das Tastenfeld zweimal abgefragt. Die zweite Abfrage erfolgt nach einer Zeitverzögerung von 10 ms. Wenn in beiden Fällen die gleiche, gültige Tasteninformation vorliegt, kann davon ausgegangen werden, daß sie richtig ist.

Der nachfolgende Assemblerausdruck zeigt das Programm zur Abfrage des beschriebenen Tastenfelds. Das Hauptprogramm «KEY» durchläuft das Abfrageprogramm «READ» zweimal und vergleicht die Tasteninformationen nach einer Entprellzeit von 10 ms. Die Codetabelle für das Tastenfeld ist gleich an das Programmpaket angeschlossen. Bild 8.12 zeigt das Ablaufdiagramm dieses schon recht komplizierten Programms.

```
MACRO-80 3.43   PAGE 1

                . Z80
                ; **** KEY ****

                ; Tastenabfrage nach Bild 8.10
                ; PIO muß initialisiert sein
                ; Ausgabe: A = 1–10H bei Tastendruck (F1–F16)
                ;          A = 00, wenn keine Taste

000C            PORTA   EQU 0CH       ; Datenregister von Port A

                ; Hauptprogramm

0000'  16 00    KEY:    LD D,0        ; Zeichenmerker = 00

                ; erste Abfrage

0002'  CD 0012'         CALL READ     ; Tasteninformation holen
005'   BA               CP D          ; falls ungültig, ist D = A = 00
0006'  C8               RET Z         ; Programmende mit A = 00
```

```
                    ; zweite Abfrage

0007'   57                  LD D,A        ; Zeichen gültig; merken
0008'   CD 0036'            CALL DELAY    ; Entprellzeit
000B'   CD 0012'            CALL READ     ; nochmals holen
000E'   BA                  CP D          ; beide Zeichen gleich?
000F'   C8                  RET Z         ; ja, Programmende
                                          ; A = 1-10H
0010'   AF                  XOR A         ; nein, A = 00
0011'   C9                  RET           ; Programmende mit A = 00

                    ; Unterprogramm «READ», holt Zeichen
                    ; liefert A = 00 wenn ungültig
                    ;        A = 1-10H wenn gültig

0012'   0E 0C       READ:   LD C,PORTA    ; Adreßzeiger
0014'   06 08               LD B,08H      ; Anfangen mit PA3
0016'   ED 41       READ1:  OUT (C),B     ; Spalte aktivieren
0018'   ED 78               IN A,(C)      ; Tastencode einlesen
001A'   CD 0024'            CALL CODER    ; umcodieren
001D'   B7                  OR A          ; prüfen ob gültig
001E'   C0                  RET NZ        ; ja, zurück mit A<>00
001F'   CB 18               RR B          ; nächste Spalte
0021'   20 F3               JR NZ,READ1   ; weiter bis letzte Spalte
0023'   C9                  RET           ; kein Zeichen
                                          ; zurück mit A = 00

                    ; Unterprogramm «CODER»
                    ; erhält Tasteninformation in A
                    ; liefert Tastennummer in A
                    ; wenn ungültig ist A = 00

0024'   21 0040'    CODER:  LD HL,TAB     ; Zeiger auf Codetabelle
```

```
MACRO-80 3.43   PAGE 1-1

0027'   5F                  LD E,A        ; Zeichencode zwischen-
                                            speichern

                    ; prüfen, ob Tabellenende

0028'   7E          CODER1: LD A,(HL)     ; Zeichencode holen
0029'   B7                  OR A          ; = 00 Schlußzeichen?
002A'   C8                  RET Z         ; ja, ungültig

                    ; mit Tasteninfo vergleichen

002B'   7B                  LD A,E        ; Tasteninfo wieder in A
002C'   BE                  CP (HL)       ; mit Zeichencode vergleichen
002D'   20 03               JR NZ,CODER2  ; keine Übereinstimmung
```

```
                    ; Vergleich positiv, Zielcode holen

002F'  23                   INC HL        ; Zeiger auf Zielcode
0030'  7E                   LD A,(HL)     ; gültiges Zeichen holen
0031'  C9                   RET           ; zurück

                    ; Zeiger auf nächstes Wertepaar einstellen

0032'  23           CODER2: INC HL        ; Zielcode überspringen
0033'  23                   INC HL        ; Zeiger auf nächsten
                                          ; Zeichencode
0034'  18 F2                JR CODER1

                    ; Unterprogramm «DELAY» nach Abschnitt 8.3
                    ; erzeugt Entprellzeit

0036'  0E 0A        DELAY:  LD C,10D      ; Multiplikator für 10 ms
0038'  06 9A        DELAY1: LD B,9AH      ; Zeitkonstante für 1 ms
003A'  10 FE        DELAY2: DJNZ DELAY2
003C'  0D                   DEC C
003D'  20 F9                JR NZ,DELAY1
003F'  C9                   RET

                    ; Tabelle für Codewandlung

0040'               TAB:

0040'  11 01 12 05          DEFB 11H,1,12H,2,14H,3,18H,4 ; Zeile 1
0044'  14 09 18 0D
0048'  21 02 22 06          DEFB 21H,5,22H,6,24H,7,28H,8 ; Zeile 2
                            ; Zeile 2
004C'  24 0A 28 0E
0050'  41 03 42 07          DEFB 41H,9,42H,0AH,44H,0BH,48H,0CH
                            ; Zeile 3
0054'  44 0B 48 0F
0058'  81 04 82 08          DEFB 81H,0DH,82H,0EH,84H,0FH,88H,10H
                            ; Zeile 4
005C'  84 0C 88 10
005D'  00                   DEFB 00; Schlußzeichen

                    END
```

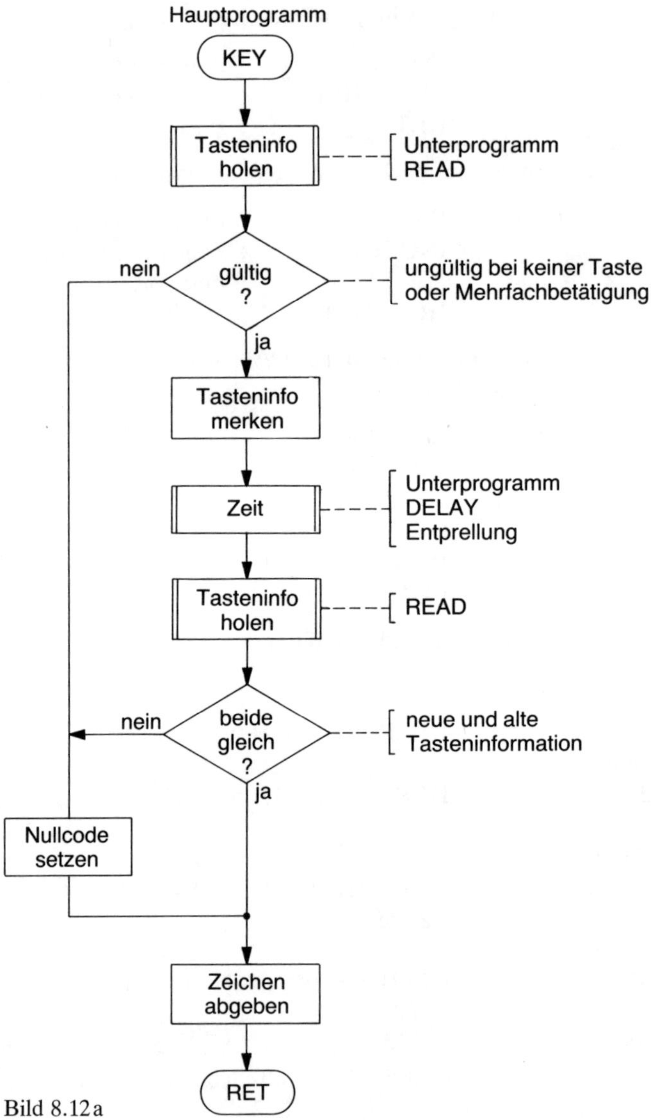

Bild 8.12 a

Bild 8.12 a–c Ablauf der Tastenfeldabfrage

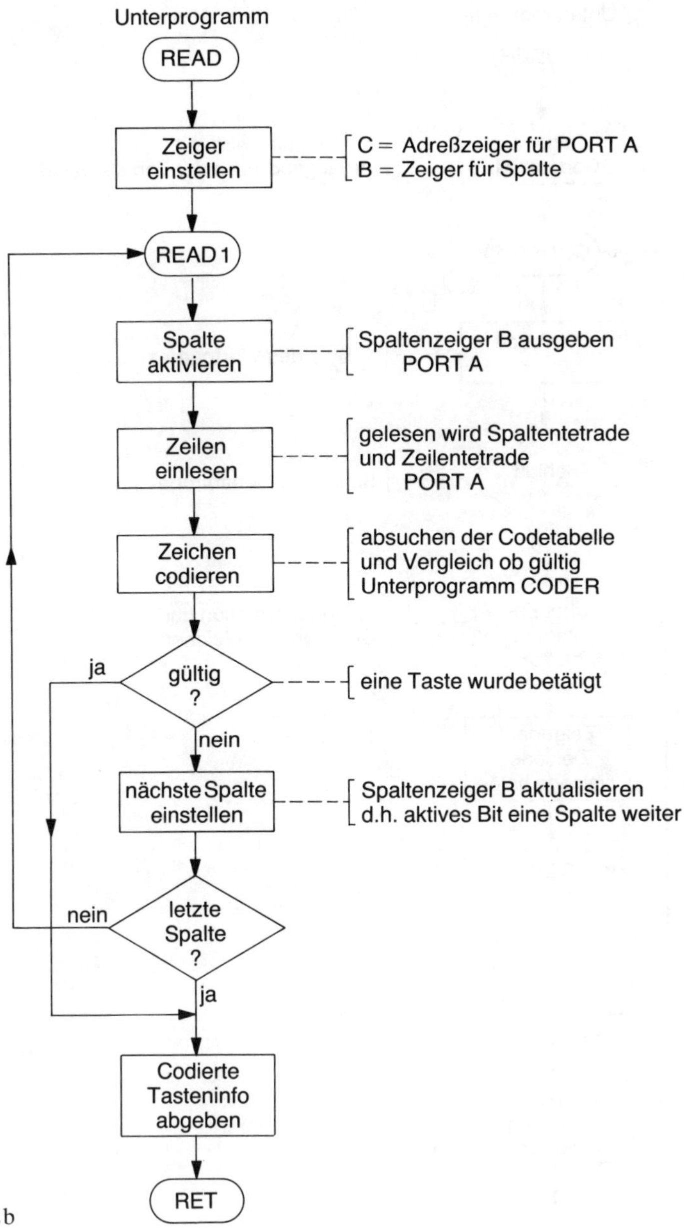
Unterprogramm
READ
Zeiger einstellen
C = Adreßzeiger für PORT A
B = Zeiger für Spalte
READ 1
Spalte aktivieren
Spaltenzeiger B ausgeben
PORT A
Zeilen einlesen
gelesen wird Spaltentetrade
und Zeilentetrade
PORT A
Zeichen codieren
absuchen der Codetabelle
und Vergleich ob gültig
Unterprogramm CODER
ja
gültig ?
eine Taste wurde betätigt
nein
nächste Spalte einstellen
Spaltenzeiger B aktualisieren
d.h. aktives Bit eine Spalte weiter
nein
letzte Spalte ?
ja
Codierte Tasteninfo abgeben
RET

Bild 8.12b

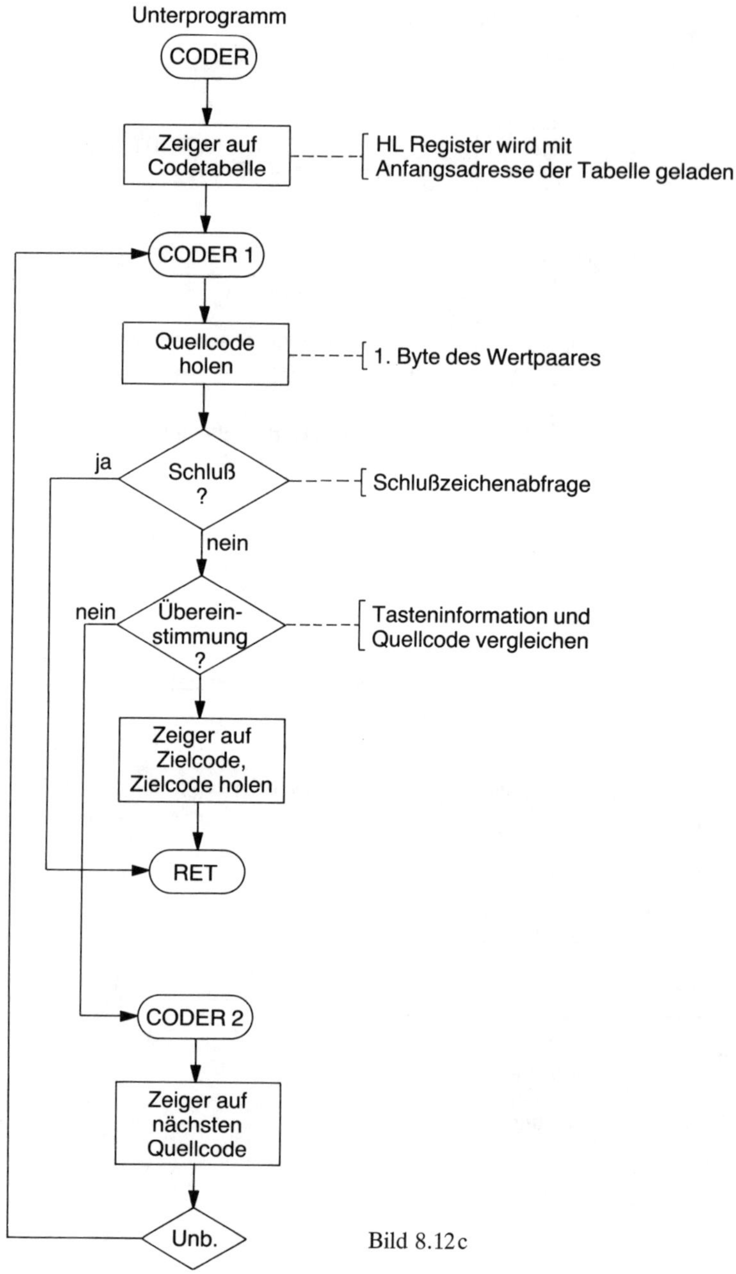
Unterprogramm
CODER
Zeiger auf Codetabelle
HL Register wird mit Anfangsadresse der Tabelle geladen
CODER 1
Quellcode holen
1. Byte des Wertpaares
ja
Schluß ?
Schlußzeichenabfrage
nein
nein
Überein-stimmung ?
Tasteninformation und Quellcode vergleichen
Zeiger auf Zielcode, Zielcode holen
RET
CODER 2
Zeiger auf nächsten Quellcode
Unb.

Bild 8.12c

MACRO-80 3.43		PAGE S			
Macros:					
Symbols:					
0024'	CODER	0028'	CODER1	0032'	CODER2
0036'	DELAY	0038'	DELAY1	003A'	DELAY2
0000'	KEY	000C	PORTA	0012'	READ
0016'	READ1	0040'	TAB		
No Fatal Error(s)					

Wenn das Tastenfeld mehr Tasten enthalten soll, dann muß die Zeilen- und Spaltenzahl erhöht werden. Mit dem beschriebenen Verfahren von Bild 8.10 gelangt man auf eine Matrix von 8 × 8 = 64 Tasten, wenn beide Ports der PIO ausgelastet werden. Mit einem zusätzlichen 1-aus-16-Codewandler kann man die Matrix so erweitern, daß insgesamt 8 × 16 = 128 Tasten möglich sind (Bild 8.13). Dies reicht auch für eine ausgewachsene Schreibmaschinentastatur mit zusätzlichen Funktionstasten voll aus.

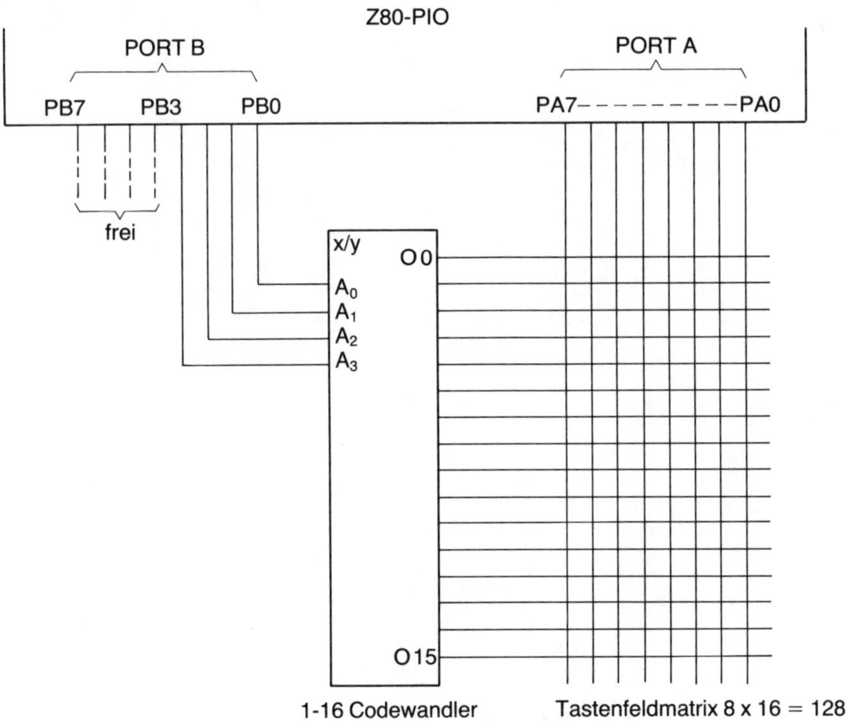

Bild 8.13 Erweiterung einer Tastenmatrix durch einen 1-aus-16-Codewandler

Da die Tastenfeldabfrage durch ein Programm geschieht, kann ein Tastendruck nur bemerkt werden, wenn die CPU gerade das Abfrageprogramm bedient. Bei der Verwendung des Bausteins Z80-PIO ist jedoch ein Interruptbetrieb möglich. Dazu müssen sämtliche Spalten aktiviert werden, während die CPU nicht im Abfrageprogramm arbeitet. Wenn eine Taste gedrückt wird, kann die PIO Interrupt auslösen. Im Interrupt-Serviceprogramm nimmt die CPU dann die Abfrage vor und kann die betätigte Taste ermitteln.

8.6 Lernzieltest

1. Nach welchen Prinzipien kann ein 8-Bit-Codewandler arbeiten?
2. An welcher Speicherstelle (absolute Adresse) steht der 7-Segment-Code für die Ziffer «8», wenn die Codetabelle ab Adresse 0A05H im Speicher steht?
3. Entwerfen Sie eine Zeitschleife von 1 min Dauer! Verwenden Sie dabei das Prinzip der Verschachtelung (Systemtakt 2 Mhz)!

9 Standardschnittstellen

Zum Datenaustausch zwischen Peripherie und Mikrocomputer sind im Lauf der technischen Entwicklung Standards entstanden, die teilweise zu einer international gültigen Empfehlung führten. Der serielle Datenaustausch über das Fernmeldenetz bzw. Datexnetz ist weitgehend vereinheitlicht durch die CCITT-Empfehlungen der V- und der X-Serie. Bei der parallelen Datenübertragung gibt es den IEC-BUS als internationalen Standard. Über ihn können Daten ausgetauscht werden, sofern Geräte über eine IEC-Bus-Schnittstelle verfügen. Weit verbreitet ist die sogenannte CENTRONIX-Schnittstelle. Sie dient zum parallelen Datenverkehr mit einem Drucker. Sie wurde ursprünglich von der Firma CENTRONIX für ihre Drucker entwickelt und ist von anderen Firmen übernommen worden. Dieser Industriestandard ist aber bis heute nicht genormt und unterliegt daher zahlreichen Modifikationen.

Zum Datenaustausch sind Übertragungsprotokolle notwendig, in denen z. B. der Ablauf des Datenaustauschs, die Spannungspegel, die Steckverbindungen usw. festgelegt sind. Das Übertragungsprotokoll kann man in verschiedene Schichten, oder – vergleichbar mit einer Zwiebel – in verschiedene Schalen einteilen. Hierzu gibt es ein OSI-7-Schichten-Referenzmodell, in dem die einzelnen Protokollebenen beschrieben werden. Dieses Modell ist zur Zeit nur für den Datenaustausch mit Teletex international gültig. Zur Verdeutlichung der Problematik wird ein einfaches 3-Schichten-Modell betrachtet:

Anwenderebene
Vermittlungsebene
Netzwerkebene

Der Datenaustausch funktioniert nur, wenn für jede Ebene ein Protokoll festgelegt ist. Bild 9.1 veranschaulicht die einzelnen Protokollebenen am Beispiel eines Telefongesprächs zwischen zwei Firmenchefs. Sobald in einer der drei Ebenen eine Unverträglichkeit auftritt, kann der ganze Ablauf gestört sein. Wenn die beiden Gesprächspartner nicht die gleiche Sprache sprechen (Anwenderebene) oder wenn eine Sekretärin die falsche Nummer wählt (Vermittlungsebene) bzw. wenn der Leitungspegel durch eine fehlende Vereinbarung zu niedrig ist, kann kein ordnungsgemäßer Informationsaustausch stattfinden. Die beim Datenaustausch mit der Peripherie auftretenden Schwierigkeiten sind immer auf eine fehlende bzw. nicht einheitlich festgelegte Protokollebene zurückzuführen.

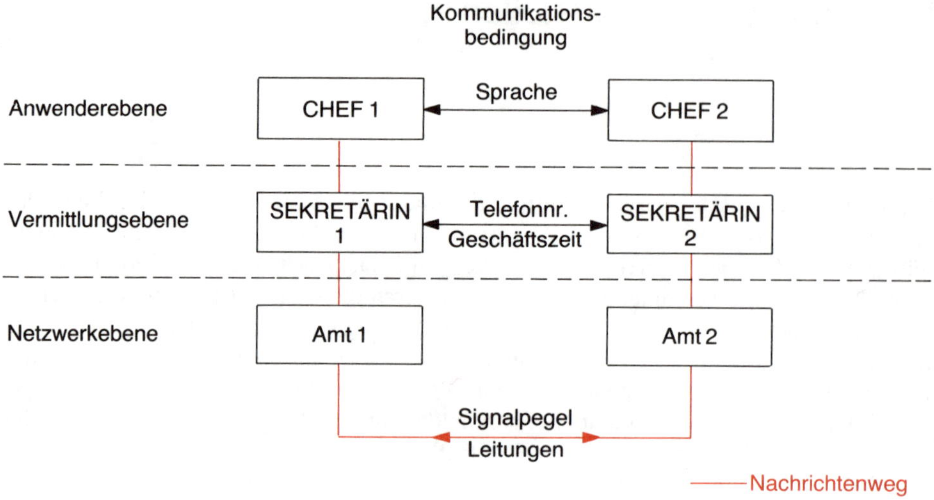

Bild 9.1 Protokollebenen beim Datenaustausch am Beispiel eines Telefongesprächs

9.1 Serielle Standardschnittstelle RS 232 C – V24/V28

Die Schnittstelle dient zur seriellen Datenübertragung zwischen einer Datenendeinrichtung (*DEE bzw. Terminal*) und einer Datenübertragungseinrichtung (*DÜE bzw. Modem*). Das Modem setzt die Binärsignale in Tonsignale um (Modulator) und bildet aus Tonsignalen Binärsignale (Demodulator). Die Tonsignale können dann über das Fernmeldenetz übertragen werden (Bild 9.2). *RS 232 C* ist eine Norm der EIA (Vereinigung der US-Elektronikindustrie). Sie wurde durch die CCITT zum internationalen Standard *V24/V28* erhoben und auch als deutsche Industrienorm anerkannt (DIN 66020).

Oft wird diese Schnittstelle auch zum Datenaustausch zwischen zwei Datenendeinrichtungen (Terminals) verwendet, z. B. zwischen einem Computer und einem Drukker. Eine direkte Verbindung ist in diesem Fall nicht möglich. Ein sogenanntes Nullmodem muß beide Geräte verbinden (siehe Anschlußtechnik).

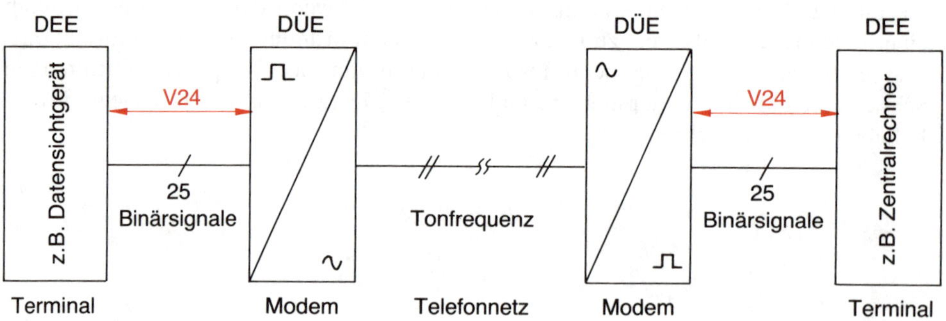

Bild 9.2 Datenfernübertragung über V24-Schnittstellen

9.1.1 Einrichtungen zur seriellen Datenübertragung

In einem Computersystem liegen die Daten in paralleler Form vor. Zum Senden serieller Daten benötigt man einen Parallel-Seriell-Wandler. Diese Aufgabe übernehmen meist intelligente Schnittstellenbausteine. Ein *UART* (Universal Asynchronus Receiver Transmitter) kann z. B. zum Empfang und zum Senden serieller, asynchroner Daten dienen (Abschnitt 6.3). Ein UART enthält im wesentlichen ein Schieberegister mit parallelen Eingängen und einem seriellen Ausgang (Sender) sowie ein Schieberegister mit seriellem Eingang und parallelen Ausgängen (Empfänger). Manche Bausteine enthalten auch einen programmierbaren Taktoszillator zur Auswahl der Schrittgeschwindigkeit (Baudrate).

9.1.2 Schnittstellenleitungen und ihre Bedeutung

Der Datenverkehr zwischen Terminal und Modem geschieht über Daten-, Takt-, Melde- und Quittungssignale (Netzwerkebene). Die elektrische Verbindung erfolgt über ein max. 25poliges Kabel mit der ISO-Steckverbindung 2110 (Terminal, männlich, und Modem, weiblich). In Bild 9.3 sind die wichtigsten Schnittstellenleitungen aufgeführt. Beim Datenaustausch zwischen Terminals über ein Nullmodem werden meistens

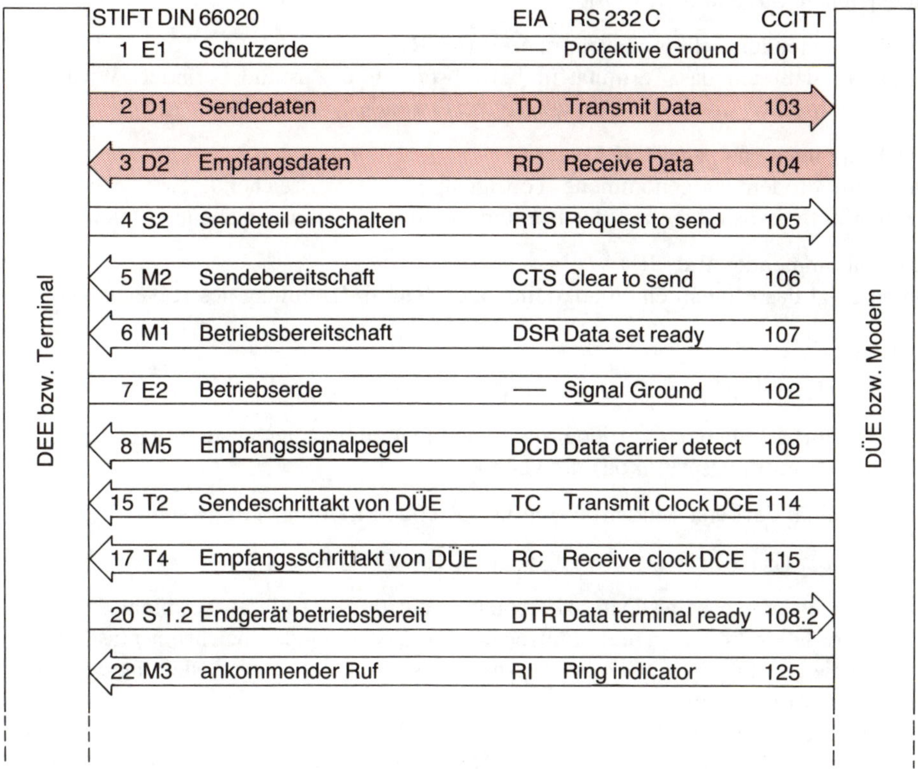

Bild 9.3 Schnittstellenleitungen zwischen Terminal und Modem

nicht alle Leitungen eingesetzt (fehlende Protokollebene). Hier gilt das alte Sprichwort «Probieren geht über Studieren» bzw. man verwendet einen der im Handel angebotenen Schnittstellentester.

Bedeutung der Signalleitungen

103 Sendedaten (TD)
Hier gelangen die vom Terminal gesendeten Daten in serieller Form zum Modem (DÜE). Dabei wird das Signal invertiert ausgegeben (negative Logik).

104 Empfangsdaten (RD)
Vom Modem kommende Daten zum Terminal. Auch hier ist das Signal invertiert.

105 Sendeteil einschalten (RTS)
Mit dieser Leitung schaltet das Terminal den Sender des Modems ein.

106 Sendebereitschaft (CTS)
Quittungssignal vom Modem. Wird nach Erhalt von RTS ausgegeben. Zeigt an, daß das Modem zur Aussendung bereit ist.

107 Betriebsbereitschaft (DSR)
Dieses Signal zeigt die Betriebsbereitschaft des Modems an, d. h., es können jetzt Steuersignale ausgetauscht werden.

108.2 Datenendeinrichtung betriebsbereit (DTR)
Zeigt an, daß sich das Terminal in betriebsbereitem Zustand befindet. Wird vom Modem zur Aktivierung des Empfangsteils verwendet.

109 Empfangssignalpegel (DCD)
Der vom Modem aufgenommene Tonsignalpegel ist ausreichend. Erst wenn diese Leitung aktiv ist, sind die auf der Empfangsleitung (RD) ausgegebenen Daten gültig.

125 Ankommender Ruf (RI)
Damit zeigt das Modem einen ankommenden Ruf an (Empfang des Rufsignals).

9.1.3 Betriebliche Anforderungen

Zur Gewährleistung einer zufriedenstellenden Datenübertragung sind folgende Bedingungen (Vermittlungsprotokoll) notwendig:

Das Terminal darf erst Senden, wenn die folgenden Leitungen aktiv sind:

105 (RTS), 106 (CTS), 107 (DSR), 108.2 (DTR)

In Zeiten, in denen keine Datenübertragung stattfindet, soll das Terminal dauerhaft das Binärzeichen 1 oder erlaubte Füllzeichen zur Erhaltung des Synchronismus senden. Solange die Leitung 109 (DCD) im Auszustand ist, muß die Empfangsleitung dauerhaft den Binärzustand 1 liefern.

Wenn das Terminal die Leitung 108.2 (DTR) abschaltet, darf sie erst wieder eingeschaltet werden, wenn Leitung 107 (DSR) ebenfalls ausgeschaltet ist (Ausnahme: Ankommender Ruf RI).

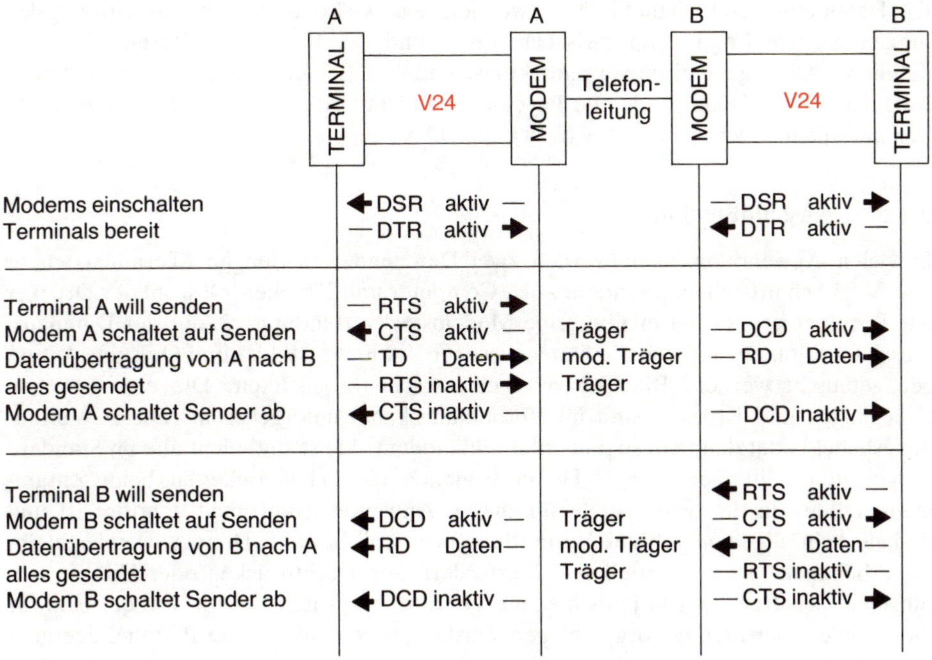

Bild 9.4 Datenfernübertragung im Halb-Duplex-Betrieb

Das Terminal muß alle Leitungen ignorieren, solange die Leitung 107 (DSR) ausgeschaltet ist. Ebenso darf das Modem die Zustände der Terminalleitungen nur akzeptieren, wenn die Leitung 108.2 (DTR) aktiv ist.

Solange das Modem die Leitung 106 (CTS) aktiv hält, darf das Terminal Daten abgeben.

> Der EIN-Zustand auf den Leitungen 107 und 108.2 ist eine Vorrausset-zung für gültige Daten.

Bild 9.4 zeigt das Zusammenwirken (Vermittlungsprotokoll) der Schnittstellenleitungen im Halb-Duplex-Verkehr (jedes Terminal kann alternativ senden oder empfangen).

9.1.4 Elektrische Eigenschaften

In der CCITT-Empfehlung V.28 sind die elektrischen Daten festgelegt. Dabei gelten für alle Leitungspegel die folgenden Spannungen:

HIGH-Pegel	+3 V...+25 V
LOW-Pegel	−3 V...−25 V

Die Datenleitungen (TD und RD) verwenden negative Logik, Steuer und Quittungsleitungen positive Logik. Der zwischen −3 V und +3 V liegende Bereich ist nicht definiert. Alle Signalleitungen sind kurzschlußfest. Bei den meisten Anwendungen wird der zur Verfügung stehende Pegelbereich nicht voll ausgenutzt. Man beschränkt sich auf Spannungen zwischen +12 V und −12 V.

9.1.5 Anschlußtechnik

In vielen Anwendungsfällen werden zwei Datenendeinrichtungen (Terminals) über eine V.24-Schnittstelle verbunden, z. B. Computer und Drucker. Obwohl der Drucker ein Terminal ist, verfügt er über eine Modemsteckverbindung. Damit der Datenaustausch funktioniert, müssen die Datenleitungen sowie die Melde- und Quittungsleitungen getauscht werden. Bild 9.5 zeigt eine solche Möglichkeit. Die erforderlichen Kreuzungen und Brücken sind im Verbindungskabel untergebracht. Dieses Verbindungskabel bildet dann ein sogenanntes Nullmodem. Meist sind nicht alle im Standard festgelegten Leitungen belegt. Damit beginnen die Schwierigkeiten beim Zusammenschalten, da die Schnittstelle für diesen Anwendungsfall nicht genormt ist und deshalb kein allgemeingültiges Vermittlungsprotokoll besteht. Dem Anwender bleibt es vorbehalten, die im speziellen Fall erforderlichen Drahtbrücken oder Hilfseinrichtungen zu schaffen. Es gibt jedoch einige Vermittlungsprotokolle, die von der EIA für die serielle Übertragung vorgeschlagen wurden und die von vielen Peripheriegeräten unterstützt werden:

1. READY/BUSY-Protokoll
Der Drucker liefert ein BUSY-Signal, wenn er keine Daten aufnehmen kann. Man kann nun dieses Signal invertiert auf die Leitung CTS der Ausgabeeinheit legen und als Quittungssinal verwenden. Die Ausgabeeinheit darf nur senden, wenn CTS HIGH-Pegel führt (READY).

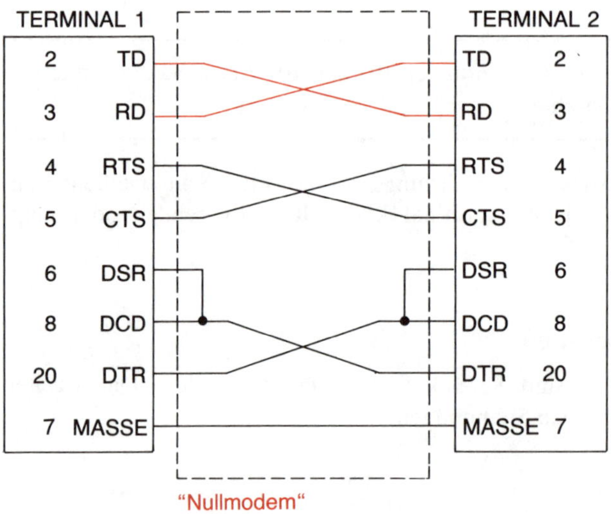

Bild 9.5
Nullmodem beim Datenaustausch zwischen zwei Terminals

2. X-ON/X-OFF-Protokoll
Bei diesem Protokoll wird der Datenfluß mit Steuerzeichen aus dem ASCII-Code gesteuert, die der Drucker über seine Sendeleitung an die Ausgabeeinheit sendet. Das Steuerzeichen DC1 (X-ON) zeigt die Empfangsbereitschaft an, während mit DC3 (X-OFF) der Zustand «nicht empfangsbereit» gemeldet wird. Die Ausgabeeinheit muß dabei im Voll-Duplex-Betrieb arbeiten und auf die Steuerzeichen des Druckers reagieren.

3. ETX/ACK-Protokoll
Im Verlauf des X-ON/X-OFF-Protokolls können noch zusätzliche Quittungssignale zwischen Ausgabeeinheit und Drucker ausgetauscht werden. Die Ausgabeeinheit sendet ein Zeichen (Datum) und gibt anschließend den Code ETX (End of Text) aus. Der Drucker quittiert dann mit dem Zeichen ACK (Acknowledge), daß er das Zeichenverarbeitet hat.

9.1.6 Stromschleife

Besonders rein mechanisch arbeitende Terminals (Fernschreiber) verwenden eine Stromschleife mit 20 mA Schleifenstrom zur Übertragung von Signalen. Dadurch können mehrere Terminals kaskadiert werden. Dabei bedeutet «Schleifenstrom ein» gleich logisch 1 und «Schleifenstrom aus» gleich logisch 0. Sämtliche Signal- und Meldeleitungen können als Stromschleifen ausgebildet sein. Dieser Sonderfall ist nur in der amerikanischen Ausführung der Schnittstelle (RS 232 C) üblich.

9.1.7 Ausführungsbeispiel

Bild 9.6 zeigt die praktische Ausführung einer V24-Schnittstelle für ein Z80-System. Dabei wurden folgende Grundsätze berücksichtigt:

- □ vollständige Decodierung der Moduladresse im extenden Adreßbereich des Z80
- □ Belastung der Systembussignale mit max. 1 TTL Lasteinheit
- □ Verwendung von bereits bekannten Schnittstellenbausteinen.

Zur Vereinfachung der Schaltung wurde auf ein gerichtetes Interrupt IM 2 und auf eine verschiebbare Moduladresse verzichtet. Der Baustein Z80-CTC erzeugt den Schiebetakt für Sender und Empfänger durch Teilen des Systemtakts. Damit kann die Übertragungsgeschwindigkeit per Software eingestellt werden. Als Seriell-Parallel-Wandler dient die Schaltung Z80-DART. Damit stehen auch Ein- und Ausgänge für die Steuersignale der Schnittstelle zur Verfügung. Verwendet wird nur Kanal A des DART. Bei Bedarf kann auch noch Kanal B durch sinngemäße Beschaltung der Anschlüsse in Betrieb genommen werden.

9.1.7.1 Adreßdecodierung und Ansteuerung

Das Schnittstellenmodul benötigt 8 Adressen im extenden Adreßraum des Z80. Jeweils 4 Adressen entfallen auf die Bausteine Z80-CTC und Z80-DART. Die Bausteinauswahl geschieht mit dem 1-aus-8-Codewandler 74LS138. Die höherwertigen Adreßbits

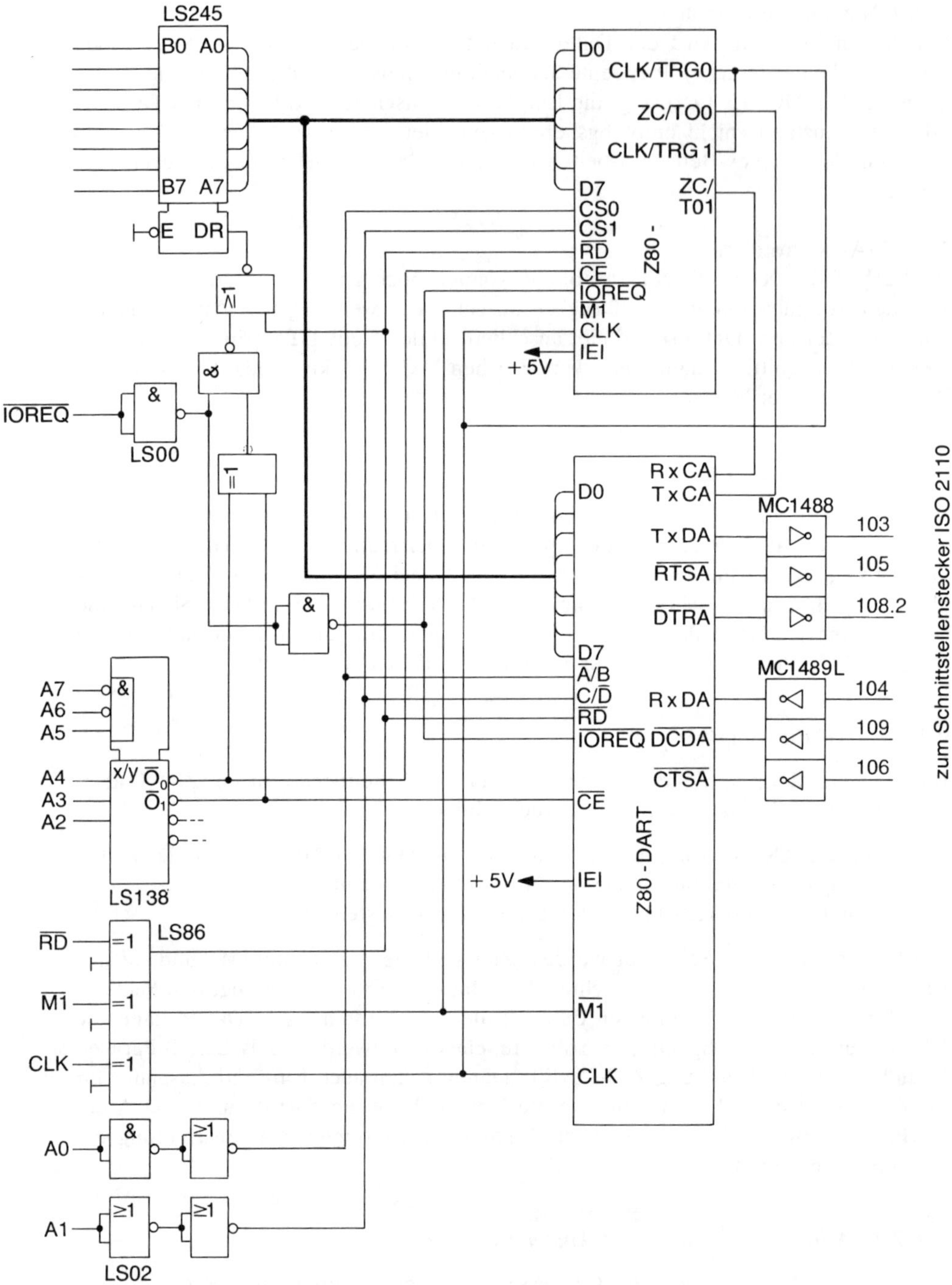

Bild 9.6 V24-Schnittstelle für ein Z80-System

A7	A6	A5	A4	A3	A2	A1	A0	Hex.	Bedeutung
0	0	1	0	0	0	0	0	20	CTC Kanal 0
0	0	1	0	0	0	0	1	21	CTC Kanal 1
0	0	1	0	0	0	1	0	22	CTC Kanal 2
0	0	1	0	0	0	1	1	23	CTC Kanal 3
0	0	1	0	0	1	0	0	24	DART Datenregister Kanal A
0	0	1	0	0	1	0	1	25	DART Datenregister Kanal B
0	0	1	0	0	1	1	0	26	DART Steuerworte Kanal A
0	0	1	0	0	1	1	1	27	DART Steuerworte Kanal B

Bild 9.7 Adressen für V24-Schnittstelle

A5 bis A7 werden zur Aktivierung des Bausteins gebraucht. Die Bits A2 bis A4 bilden eine dreistellige Dualzahl, die im Codewandler in den 1-aus-8-Code umgewandelt wird (Ausgänge O0 bis O7). Die Bausteinauswahlleitungen des CTC und des DART werden von den Ausgängen O0 und O1 angesteuert. Die niederwertigsten Adreßleitungen A0 und A1 gelangen unmittelbar an die Peripheriebausteine, wobei noch übrige Gatter als Puffer dienen. Bild 9.7 zeigt die mit dieser Adreßdecodierung bestimmten Adressen für die Steuer- und Datenregister der Schnittstellenbausteine. Schließt man die Bausteinauswahlleitungen an andere Ausgänge des 74LS138 an, dann können die Adressen bei Bedarf verändert werden.

Mit dem Baustein 74LS245 wird der Datenbus gepuffert. Die Richtungssteuerung der Treiber geschieht durch eine Verknüpfung der Bausteinauswahlsignale mit den Signalen $\overline{\text{IOREQ}}$ und $\overline{\text{RD}}$. Alle logisch nicht verwendeten Gatter sind als Bustreiber eingesetzt.

9.1.7.2 Erzeugung des Schiebetakts

Im Vollduplexbetrieb müssen Sender und Empfänger mit unterschiedlicher Schrittgeschwindigkeit arbeiten können. Deshalb wird der Schiebetakt von Sender und Empfänger getrennt erzeugt. Kanal 0 des Z80-CTC liefert das Taktsignal für den Sender, Kanal 1 für den Empfänger. Beide Zähler arbeiten im Zählbetrieb (Abschnitt 6.2.3).

In der Praxis sind Schrittgeschwindigkeiten zwischen 110 Bd und 9600 Bd üblich (Bild 6.36). Mit jeder Periode des Schiebetakts wird ein Bit seriell verarbeitet. Wegen der notwendigen Vorteilung des Schiebetakts im DART (Abschnitt 6.3.5) von mindestens 16, muß der CTC Taktsignale mit der 16fachen Frequenz zur Verfügung stellen. Um mit einem Zähler auszukommen, wird auf die niedrigste Baudrate von 110 Bd verzichtet. Bei 300 Bd muß der Vorteiler im DART auf 64 eingestellt sein. Bild 9.8 zeigt die notwendigen Einstellungen für DART und CTC. Es sind also Teilerverhältnisse zwischen 26 (9600 Bd) und 208 (300 Bd) erforderlich. Dies ist im Zeitgeberbetrieb des CTC wegen des zusätzlichen Vorteilers nicht möglich. Deshalb muß der CTC im Zählbetrieb arbeiten, d.h., die Eingänge CLK/TRG sind direkt mit dem Systemtakt zu verbinden.

9.1.7.3 *Schnittstellensignale*

Die Schaltung Z80-DART verarbeitet die Steuer- und Datensignale der V24/V28-Schnittstelle (siehe Abschnitt 6.3). Da dieser Baustein mit einer Spannung von 5 V betrieben wird, müssen die Spannungspegel entsprechend der Schnittstellenkonvention umgesetzt werden (Abschnitt 9.1.4). Dies besorgen die Bausteine MC 1488 (Leitungstreiber) und MC 1489L (Leitungsempfänger). Sie erfüllen außerdem weitgehend die elektrischen Eigenschaften bezüglich Belastbarkeit und Kurzschlußfestigkeit, wie sie in V28 festgelegt sind.

Nr.	Baudrate	DART-Vorteiler	Freq. CTC	Teiler CTC
0	300	64	19200 Hz	208
1	1200	16	19200 Hz	208
2	2400	16	38400 Hz	104
3	4800	16	76800 Hz	52
4	9600	16	153600 Hz	26

Bild 9.8 Teilerverhältnisse für verschiedene Schrittgeschwindigkeiten

Leider fehlt beim Z80-DART ein Eingang für das Schnittstellensignal DSR. Damit meldet das Modem seine Betriebsbereitschaft an. Man kann nun dieses Signal einfach ignorieren oder den Eingang $\overline{RI}$ dafür verwenden und auf die Erkennung eines ankommenden Rufs verzichten.

9.1.7.4 *Treibersoftware*

Zum Betreiben der Schnittstelle muß ein Programm vorhanden sein, welches die Bausteine Z80-CTC und Z80-DART initialisiert, die Meldesignale der Schnittstelle bedient und die Daten verwaltet. Die Bearbeitung der aus- und eingehenden Daten kann nicht allgemeingültig behandelt werden, da dies vom speziellen Anwendungsfall abhängt und von der Konzeption des Gesamtsystems (u. a. der Hardware) stark beeinflußt wird. Wie in Kapitel 5 bereits erläutert, kann der Datenaustausch mit der Peripherie durch Abfrage (Polling) oder Interrupt eingeleitet werden. Danach hat sich auch das Treiberprogramm für die serielle Schnittstelle zu richten. Im folgenden soll daher nur die Treibersoftware behandelt werden, welche unmittelbar zum Betrieb der gezeigten Schaltung erforderlich ist:

- □ Initialisierungsprogramm für CTC und DART
- □ Programm zum Empfangen serieller Daten
- □ Programm zum Senden serieller Daten

Initialisierung des CTC

Damit die Schnittstelle auf verschiedene Schrittgeschwindigkeiten einstellbar ist, enthält das Initialisierungsprogramm eine Tabelle, in der die zur Einstellung erforderlichen Parameter (Zeitkonstante bzw. Kanalsteuerwort) für jede Schrittgeschwindigkeit aufgelistet sind. Bei späteren Ergänzungen bzw. Änderungen muß nur die Tabelle angepaßt werden. Das eigentliche Programm bleibt unverändert.

In Bild 9.8 sind die vorgesehenen Geschwindigkeiten durchnumeriert. Beim Initialisieren wird dem Programm die gewünschte Nummer im Register A übergeben.

Register C muß mit der Steuerwortadresse für den gewünschten Kanal geladen sein. Durch die Vorgabe der Eingangsparameter kann man mit einem Programm beide Zeitgeber für Sender und Empfänger einstellen. Die in der Adreßspalte angegebene Adressen beginnen bei 0000, so daß das Initialisierungsprogramm leicht anzupassen ist. Bei 0005 wird das HL-Register mit der Tabellenadresse geladen. Nur diese Zeile enthält eine absolute Adresse und muß verändert werden.

```
ADRESSE OP-CODE    MARKEMNEMONIC   KOMMENTAR

0000    5F         CTC:  LD E,A      ; Nummer nach E laden
0001    CB 03            RLC E       ; Wert verdoppeln, da 2 Bytes
                                       pro Nummer
0003    16 00            LD D,00     ; relative Adresse für Kanal-
                                       steuerwort und Zeitkonstante in
                                       DE
0005    21 1100          LD HL,TAB   ; absolute Adresse Tabellenanfang
0008    19               ADD HL,DE   ; absolute Adresse bilden
                                       HL = Adreßzeiger
0009    7E               LD A,(HL)   ; Kanalsteuerzeichen laden
000A    ED 79            OUT (C),A   ; an Steuerwortadresse CTC
000C    23               INC HL      ; Adreßzeiger auf Zeitkonstante
000D    7E               LD A,(HL)   ; Zeitkonstante laden
000E    ED 79            OUT (C),A   ; an Steuerwortadresse CTC
0010    C9               RET

; hier beginnt die Tabelle


; DART Vorteiler = 64

0011    45         TAB:  DEFB 45H    ; Kanalsteuerzeichen
0012    D0               DEFB 208D   ; Zeitkonstante 300 Bd

; DART Vorteiler = 16
0013    45               DEFB 45H    ; Kanalsteuerzeichen
0014    D0               DEFB 208D   ; Zeitkonstante 1200 Bd

0015    45               DEFB 45H    ; Kanalsteuerzeichen
0016    68               DEFB 104D   ; Zeitkonstante 2400 Bd

0017    45               DEFB 45H    ; Kanalsteuerzeichen
0018    34               DEFB 52D    ; Zeitkonstante 4800 Bd

0019    45               DEFB 45H    ; Kanalsteuerzeichen
001A    1A               DEFB 26D    ; Zeitkonstante 9600 Bd
```

Initialisierung des DART
Hier wird das in Abschnitt 6.3.6.2 gezeigte Initialisierungsprogramm verwendet, in dem Sender und Empfänger mit dem gleichen Datenformat arbeiten: 8-Bit-Übertragung ohne Parität, 2 Stoppbits. Die Schnittstellensignale $\overline{\text{DTR}}$ und $\overline{\text{RTS}}$ sind auf LOW-

Pegel gesetzt. Da jetzt eine V24-Schnittstelle bedient werden soll, muß das Signal $\overline{DTR}$ auf HIGH-Pegel gesetzt sein, damit das Modem die Betriebsbereitschaft des Terminals erkennt.

Nach dem Aufruf der Initialisierungsprogramme (Unterprogramme) ist die V24-Schnittstelle bereit zum Datenaustausch. Das Hauptprogramm ruft hierzu die im folgenden beschriebenen Unterprogramme zum Senden und Empfang eines Zeichens auf. Wie dies geschieht, hängt vom speziellen Anwendungsfall ab und kann daher nicht besprochen werden. Wie in Abschnitt 9.1.3 bereits erwähnt, darf der Datenaustausch erst durchgeführt werden, wenn das Modem Betriebsbereitschaft meldet, d. h. wenn die Leitung DSR aktiv ist. Dies zu prüfen, ist Aufgabe des Hauptprogramms und kann dadurch geschehen, daß DSR über den Anschluß RI in das Leseregister RR0 geführt und dort abgefragt wird.

Empfangsprogramm
Auch dieses Programm lehnt sich stark an das bereits besprochene Programm aus Abschnitt 6.3.6.2 an. Die Unterschiede beziehen sich lediglich auf die Berücksichtigung der Schnittstellensignale. Bild 9.9 zeigt das Flußdiagramm, in dem das Signal DCD die Gültigkeit der Empfangsdaten quittiert.

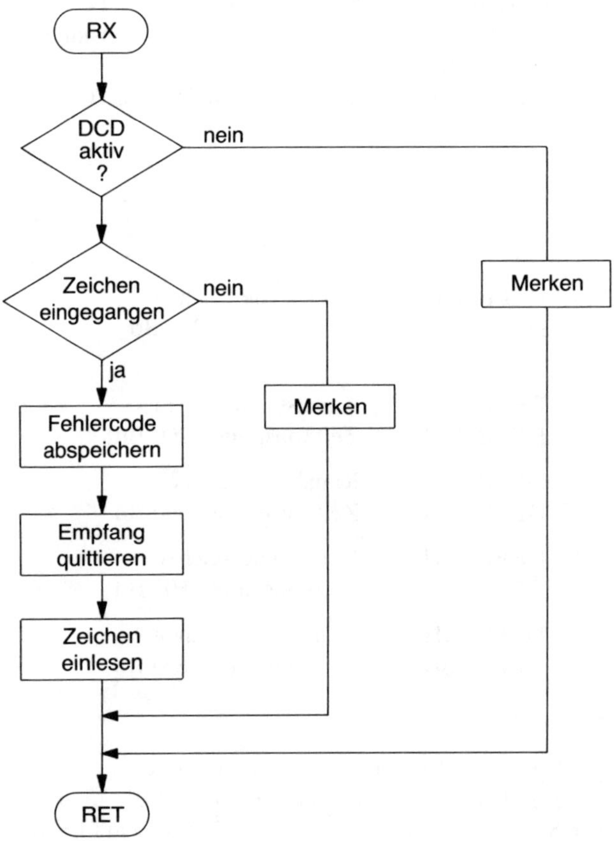

Bild 9.9
Ablauf des Empfangsprogramms für V24-Schnittstelle

ADRESSE	OP-CODE	MARKE	MNEMONIC	KOMMENTAR
; Prüfen ob gültiges Zeichen vorliegt				
0000	DB ss	RX:	IN A,(STWA)	; RR0 lesen
0002	CB 5F		BIT 3,A	; Bit 3=DCD aktiv ?
0004	28 02		JR Z,RX1	; ja, wenn Null
0006	AF		XOR A	; Z-Flag=1
0007	C9		RET	; zurück zum Hauptprogr.
				; Modem nicht bereit
				; Z-Flag gesetzt, A=00
0008	CB 47	RX1:	BIT 0,A	; Bit 0 = Dateneingang
000A	3E 01		LD A,1	; Adresse für RR1
000C	C8		RET Z	; kein gültiges Zeichen,
				; zurück ins Hauptprogramm
				; Z-Flag gesetzt, A=1
; Zeichen eingegangen, auf Fehler prüfen				
000D	D3 ss		OUT (STWA),A	; RR1 durch WR0 adressieren
000F	DB ss		IN A,(STWA)	; RR1 lesen
0011	E6 60		AND 60H	; Eingabemaske für Bit 5 u. 6,
				; ohne Fehler wenn A=00
0013	32 aaaa		LD (STATUS),A	; Fehlerstatus abspeichern
; Rücksetzen von RR1 für neues Datenwort				
0016	3E 30		LD A,30H	; Fehler-RESET-Code
0018	D3 ss		OUT (STWA),A	; an WR0 ausgeben
001A	B7		OR A	; Z-Flag zurücksetzen
; Zeichen lesen				
001B	DB dd		IN A,(DATENA)	; einlesen der Daten vom Datenregister Kanal A
001D	C9		RET	; zurück ins Hauptprogramm
				; A enthält Zeichen

Falls das Modem nicht bereit ist, erfolgt der Rücksprung zum Hauptprogramm mit gesetztem Z-Flag und mit A=00. Wenn kein neues Zeichen vorliegt, ist das Z-Flag ebenfalls gesetzt mit A=01. Dadurch kann das Hauptprogramm ein eingegangenes Zeichen erkennen. Am Fehlercode in der Speicherstelle «aaaa» kann ein eventuell aufgetretener Übertragungsfehler erfaßt werden. Das Programm ist relokativ, d. h., es kann an jeder beliebigen Speicherstelle arbeiten, da es keine Sprünge mit absoluten Adressen enthält. Lediglich die physikalischen Adressen von Steuerwortregister (STWA), Datenregister (DATENA) sowie der Speicherstelle für den Fehlerstatus (STATUS) müssen den Gegebenheiten angepaßt werden:

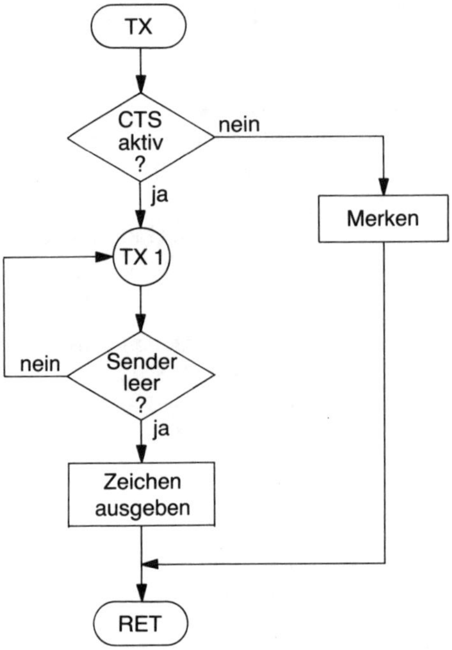

Bild 9.10
Ablauf des Sendeprogramms für V24-Schnittstelle

ss = 8-Bit-Adresse für Steuerzeichen von Kanal A
dd = 8-Bit-Adresse für das Datenregister von Kanal A
aaaa = 16-Bit-Adresse für Fehlerstatus

Sendeprogramm

Beim Senden muß das Signal RTS ausgeben werden. Dies ist schon bei der Initialisierung des DART geschehen. Wenn das Modem bereit ist, antwortet es mit CTS. Jetzt erst dürfen gültige Daten gesendet werden, wobei die Leitung CTS ständig zu überwachen ist. Bild 9.10 zeigt den Ablauf des Sendeprogramms. Das Hauptprogramm erhält dabei die Information über den Zustand von CTS vom Sendeprogramm und muß die Übertragung beenden, sobald eine Störung vorliegt.

```
ADRESSE OP-CODE MARKE  MNEMONIC       KOMMENTAR

; CTS abfragen, ob Modem bereit
; auszugebendes Zeichen im Acc.

0000    4F      TX:    LD C,A         ; Zeichen zwischenspeichern

0001    3E 00          LD A,0         ; Registeradresse RR0
0003    D3 ss          OUT (STWA),A   ; über WR0 adressieren
0005    DB ss          IN A,(STWA)    ; RR0 in A
0007    CB 6F          BIT 5,A        ; CTS aktiv?
0009    28 02          JR Z,TX1       ; ja, wenn null
```

```
000B    C9              RET                 ; Z-Flag = 0
                                            ; zurück ins Hauptprogramm
                                            ; Modem nicht bereit
; Senderstatus abfragen

000C    DB ss     TX1:  IN A,(STWA)         ; RR0 einlesen
000E    CB 57           BIT 2,A             ; Senderegister leer?
0010    20 FA           JR NZ,TX1           ; so lange warten bis leer

; Daten ausgeben

0012    79              LD A,C              ; Zeichen in A
0013    D3 aa           OUT (DATENA),A      ; an Datenregister Kanal A
0015    C9              RET                 ; Z-Flag gesetzt
```

Nach Programmende ist das Z-Flag gesetzt, wenn ein Zeichen ausgegeben wurde. Andernfalls war das Modem nicht sendebereit.

9.2 8-Bit-Parallelschnittstelle für Drucker (nach CENTRONIX)

Die von der Firma CENTRONIX entwickelte Schnittstelle für ihre Drucker ist auch von anderen Firmen in ähnlicher oder gleicher Form übernommen worden. Sie stellt einen gewissen Standard für die byteparallele Datenübertragung dar.

9.2.1 Schnittstellensignale

Bild 9.11 zeigt die wichtigsten Signale und ihre Richtung. Verwendet wird meist eine 36polige direkte Steckverbindung. Einige Drucker haben noch andere, zusätzliche Signale oder eine andere Logik.

Bedeutung der Signale

DATA 1-8	Datenbits für Drucker
$\overline{\text{DATA STROBE}}$	Übernahmeimpuls für den Drucker zur Übernahme der Daten auf den Datenbits
$\overline{\text{ACK}}$	Quittungssignal vom Drucker, Daten wurden aufgenommen
BUSY	Meldung vom Drucker, es können keine neuen Daten aufgenommen werden (beschäftigt)
PAPER EMPTY	Meldung vom Drucker, kein Papier im Druckwerk
$\overline{\text{FAULT}}$	Fehlermeldung vom Drucker, z. B. mechanischer Defekt

Ein Druckprogramm muß den Übernahmeimpuls für den Drucker erzeugen und die Meldungen des Druckers verarbeiten. Den zeitlichen Ablauf zeigt Bild 9.12. Mit dem Schnittstellenbaustein Z80-PIO kann eine solche Druckerschnittstelle nach CENTRONIX aufgebaut werden.

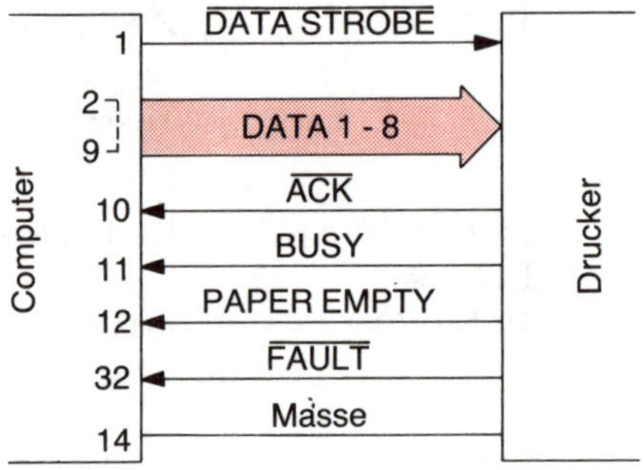

Bild 9.11
Signale einer CENTRONIX-Schnittstelle

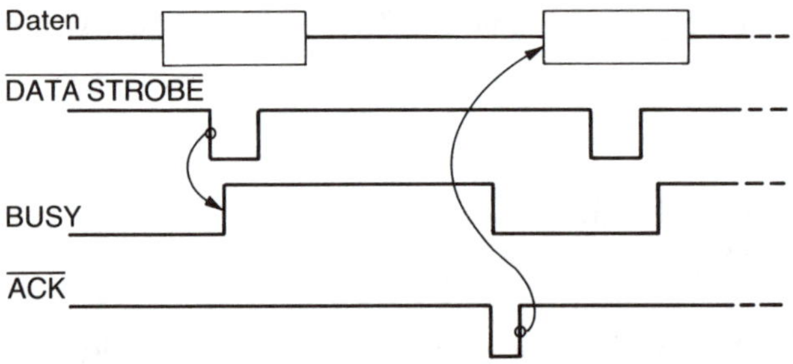

Bild 9.12
Impulsdiagramm für den Datentransport auf einer CENTRONIX-Schnittstelle ohne Störung

9.2.2 Parallele Druckerschnittstelle mit Z80-PIO

Ein Drucker mit paralleler Schnittstelle benötigt 8 Datenleitungen zur Zeichenübergabe und mindestens 2 Quittungsleitungen für den Datenaustausch. Eine Leitung meldet, daß der Drucker noch nicht bereit ist, neue Daten zu übernehmen (BUSY-Leitung des Druckers), die andere veranlaßt den Drucker, gültige Daten von der Ein-/Ausgabeeinheit des Computers anzunehmen ($\overline{\text{STROBE}}$-Leitung des Druckers).

Vergleicht man die Wirkungsweise der Quittungsleitungen eines Druckers mit denen der PIO (Abschnitt 6.1.2.1), so kann man zunächst eine Sinnumkehrung feststellen. Die PIO arbeitet hier als Datensender, der Drucker als Datenempfänger. Benutzt man die Quittungsleitungen der PIO, so muß die READY-Leitung der PIO mit der $\overline{\text{STROBE}}$-Leitung des Druckers und die BUSY-Leitung des Druckers mit der $\overline{\text{STROBE}}$-Leitung der PIO logisch verbunden sein. Wegen der vorgegebenen Polarität der aktiven Pegel muß das READY-Signal der PIO invertiert werden, so daß eine zusätzliche Interface-Schaltung erforderlich wird. Ein Vorteil dieses Verfahrens ist es, daß nur ein Port der PIO belegt wird und daß die Datenausgabe durch Interrupt gesteuert werden kann.

Häufig werden jedoch zusätzliche Statusleitungen benötigt, um z. B. einen mechanischen Fehler des Druckers oder Papiermangel zu melden. Hierfür verwendet man z. B. Port A im Modus 0 zur Ausgabe der Zeichen und Port B im Modus 3 zur Bearbeitung der Quittungs- und Statussignale (Bild 9.13). Hierzu zeigt Bild 9.14 das Flußdiagramm für das nachfolgende Bedienungsprogramm.

Bild 9.13
Druckerschnittstelle mit Z80-PIO
ohne Interruptsteuerung

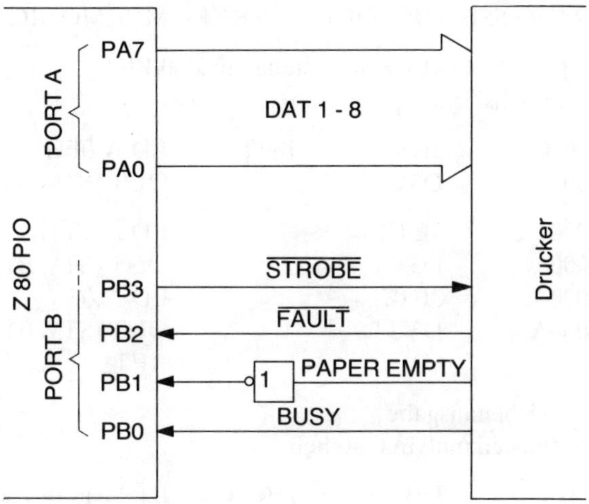

Bild 9.14
Druckerprogramm für
CENTRONIX-Schnittstelle

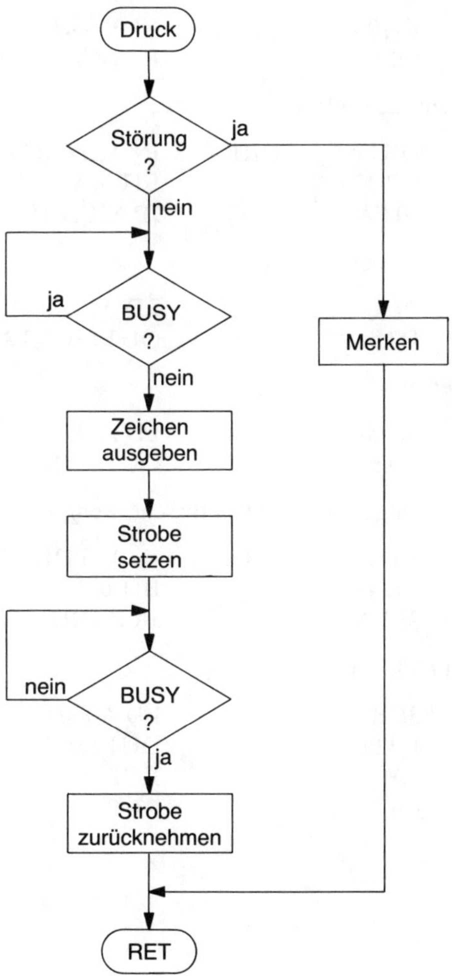

```
ADRESSE  OP-CODE  MARKE   MNEMONIC         KOMMENTAR

; CENTRONIX-Schnittstelle mit Z80-PIO
; Initialisierungsprogramm für PIO

0000     3E 0F    INIT:   LD A,0FH         ; Modussteuerwort f. Mod. 0
0002     D3 cc            OUT (STWA),A     ; an Steuerwortadr. Port A

0004     3E CF            LD A,CFH         ; Modussteuerwort f. Mod. 3
0006     D3 dd            OUT (STWB),A     ; an Steuerwortadr. Port B
0008     3E 07            LD A,07          ; Ein-/Ausgänge bestimmen
000A     D3 dd            OUT (STWB),A     ; an Steuerwortadr. Port B
000C     C9               RET

; Zeichenausgabe
; Zeichen muß in C stehen

000D     DB bb    DRUCK:  IN A,(PORTB)     ; Meldeleitungen einlesen
000F     E6 06            AND 06H          ; Maske für Papier- und
                                             Fehlerbit
0011     EE 06            XOR 06H          ; Bits invertieren
0013     C0               RET NZ           ; Fehler!

; BUSY-Leitung prüfen

0014     DB bb    DR1:    IN A,(PORTB)     ; einlesen
0016     CB 47            BIT 0,A          ; BUSY-Bit
0018     20 FA            JR NZ,DR1        ; warten

; Zeichen ausgeben

001A     79               LD A,C           ; Zeichen in A
001B     D3 aa            OUT (PORTA),A    ; ausgeben

; Strobe setzen

001D     3E 00            LD A,00
001F     D3 bb            OUT (PORTB),A

; BUSY-Leitung prüfen; muß aktiv sein, wenn Zeichen übernommen

0021     DB bb    DR2:    IN A,(PORTB)
0023     CB 47            BIT 0,A          ; BUSY-Bit
0025     28 FA            JR Z,DR2         ; warten bis BUSY aktiv

; Strobe zurücknehmen

0027     3E 80            LD A,80H         ; STROBE-Bit gesetzt
0029     D3 bb            OUT (PORTB),A
002B     AF               XOR A            ; Z-Flag setzen
002C     C9               RET              ; zurück für nächstes
                                             Zeichen
```

Zuerst muß das Initialisierungsprogramm aufgerufen werden, damit die PIO für diesen Anwendungsfall eingestellt ist. Danach kann das Hauptprogramm die Marke «DRUCK» anspringen und Zeichen ausgeben. Bei gesetztem Z-Flag ist das Zeichen vom Drucker übernommen worden. Andernfalls liegt ein Fehler vor (Papiermangel oder mechanischer Fehler).

aa = Datenregisteradresse von Port A
bb = Datenregisteradresse von Port B
cc = Steuerwortadresse von Port A
dd = Steuerwortadresse von Port B

9.3 Lernzieltest

1. Was bedeuten DEE und DÜE?
2. Welche Schnittstellensignale muß ein Terminal zur Datenausgabe über V24-Schnittstelle aktivieren?
3. Woran erkennt ein Terminal, daß Daten vom Modem vorliegen?
4. Durch welchen Spannungspegel wird ein gültiges Schnittstellensignal an einer V24-Schnittstelle angezeigt?
5. Welchen Spannungspegel hat ein Datenbit mit log. ‹1› auf der Leitung RD?
6. Was versteht man unter Duplexverkehr?
7. Welche Leitungen der CENTRONIX-Schnittstelle werden mindestens benötigt, damit Daten übertragen werden können?

10 Mikroprozessoren der 6er-Familie

Ziel dieses Buches ist es, dem Leser einen umfassenden Einblick in die Mikroprozessortechnik zu geben. Am Beispiel des Z80 wurde die prinzipielle Arbeitsweise von Mikrocomputerschaltungen und einige Lösungsmöglichkeiten für technische Anwendungen gezeigt. Mikroprozessoren anderer Hersteller arbeiten grundsätzlich nach demselben Verfahren. Sie unterscheiden sich hauptsächlich in der Registerstruktur, dem Befehlsvorrat und der Buskonfiguration. In diesem Kapitel sollen nun einige häufig eingesetzte 8-Bit-Mikroprozessoren anderer Hersteller beschrieben werden. Dabei muß sich die Darstellung auf die wichtigsten Merkmale dieser Prozessoren beschränken. Weitergehende Informationen kann der Leser in den Datenblättern und Assemblerhandbüchern der Hersteller finden.

Nahezu gleichzeitig mit dem Mikroprozessor 8080 der Firma INTEL kam der Mikroprozessor MC 6800 von MOTOROLA auf den Markt. Sein direkter Nachfolger, der MC 6809, verfügt über zusätzliche Befehle, die aufgrund von Hardwareerweiterungen notwendig wurden. Er ist aufwärtskompatibel zum MC 6800. Ein weiterer «Abkömmling» des MC 6800 ist der Mikroprozessor 6502 der Firma MOS-Technology. Er wurde (ähnlich wie der Z80) von ehemaligen Mitarbeitern der Stammfirma entwikkelt.

Für alle Nachfolger des MC 6800 gibt es heute 16-Bit-Weiterentwicklungen. Eine 32-Bit-Version wird bisher nur von MOTOROLA angeboten.

10.1 Der Mikroprozessor MC 6809

Bei neuen 8-Bit-Entwicklungen, basierend auf MOTOROLA-Bausteinen, wird heute fast ausschließlich der MC 6809 eingesetzt. Im folgenden sollen die wesentlichen Merkmale dieses Prozessors besprochen und mit den Eigenschaften des Z80 verglichen werden.

10.1.1 Anschlußbelegung und Bedeutung der Signalleitungen

Bild 10.1 zeigt die Anschlußbelegung des Bausteins. Man erkennt die Anschlüsse für den Adreß- und den Datenbus, deren Bedeutung und Funktion bekannt sind. Die anderen Leitungen unterscheiden sich vom Z80 und werden daher im einzelnen besprochen.

$\overline{\text{RESET}}$:
Bei LOW-Signal führt die CPU ein RESET durch. Dabei liest sie den Inhalt der beiden höchsten (!) Speicherzellen (FFFEH und FFFFH) und benutzt deren Inhalt (!) als Startadresse.

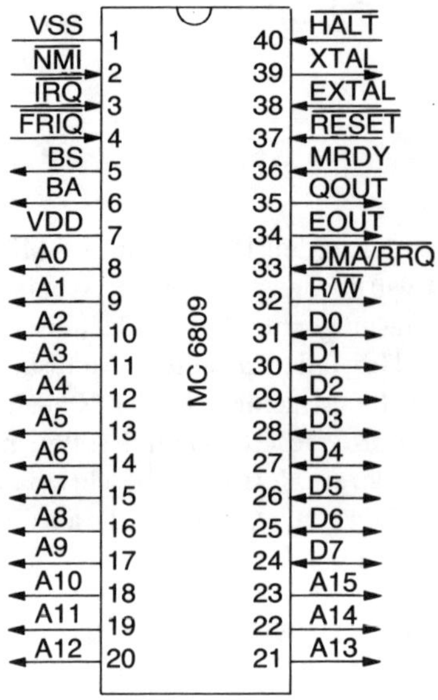

Bild 10.1
Anschlußbelegung des MC 6809

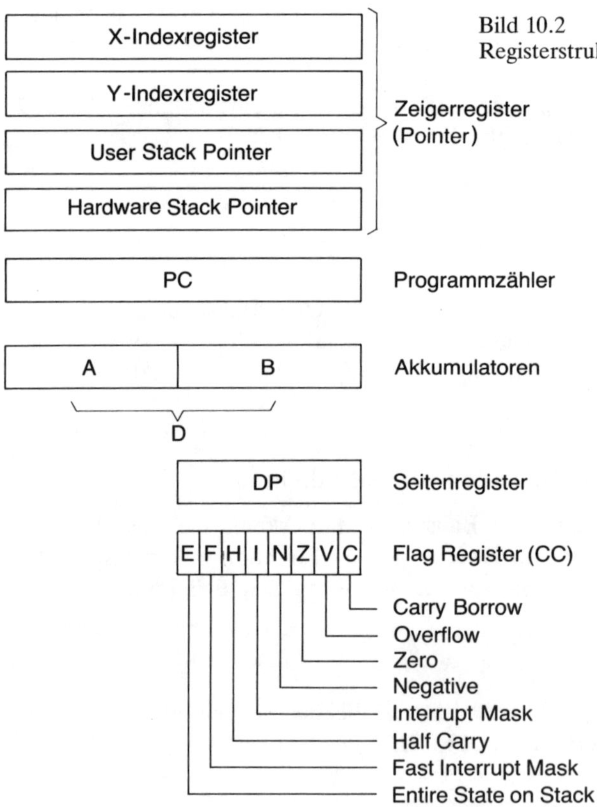

Bild 10.2
Registerstruktur des MC 6809

XTAL:
Dient zur Erzeugung des zentralen Takts (CLOCK). Hier kann direkt ein Schwingquarz in Parallelresonanz angeschlossen werden. Die Oszillatorschaltung befindet sich auf dem Prozessorchip (!).

EXTAL:
Eingang für ein externes Taktsignal, welches die 4fache Frequenz des gewünschten Systemtakts haben soll. Dieser Anschluß kann alternativ zu XTAL verwendet werden.

EOUT:
Ausgang. Dies ist das zentrale Taktsignal für den Systembus eines Mikrocomputers auf der Basis eines MC 6809. EOUT zeigt den Speicher- und Peripherieeinheiten an, daß eine gültige Adresse vorhanden ist, und kann zur Aktivierung (ENABLE-Signal) der Systembausteine verwendet werden. Nach der Vorderflanke dieses Signals sollten Speicher und Peripheriebausteine ihre Daten auf dem Datenbus zur Übernahme bereitstellen. Sie werden mit der Rückflanke des Impulses von der CPU übernommen.

QOUT:
Ausgang, geht dem Signal EOUT 1/4 der Taktperiode voran und zeigt an, das sich eine stabile Adresse auf dem Adreßbus befindet (Bild 10.3). Mit QOUT liefert die CPU ein zusätzliches Signal, das zur Vorbereitung einer Peripherieoperation verwendet werden kann.

MRDY:
Memory Ready. Eingang, kann von langsamen Speichereinheiten zur Verlängerung der Zugriffszeiten verwendet werden (Ähnlichkeit mit WAIT beim Z80). Wenn das Signal LOW-Signal führt, hält die CPU das Signal EOUT so lange aktiv, bis MRDY wieder HIGH-Pegel führt. Dieser Wartezyklus dauert mindestens vier Taktzyklen und kann höchstens 10 μs betragen.

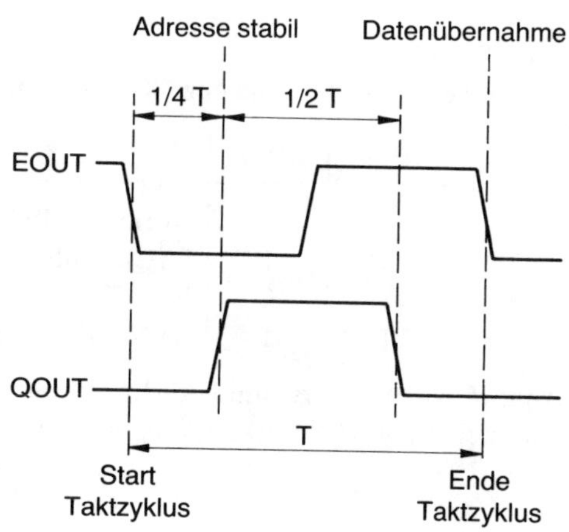

Bild 10.3
Impulsdiagramm der Signale EOUT und QOUT

T = Zyklusdauer

R/$\overline{\text{W}}$:
Read/Write. Ausgang, dient wie beim Z80 zur Richtungsanzeige des Datenflusses auf dem Datenbus. Kann zur Richtungssteuerung von Datenbustreibern und zur Schreib-/ Lesesteuerung von Speicher- und Peripheriebausteinen verwendet werden.

$\overline{\text{HALT}}$:
Eingang, stoppt die CPU nach Ausführung des laufenden Befehls. Adreß- und Datenbus werden hochohmig (Tri-State).

$\overline{\text{NMI}}$:
Eingang für das nichtmaskierbare Interrupt. Ähnlich wie beim Z80 ist dieser Eingang flankengesteuert. Bei jedem Impuls von QOUT werden die Interruptleitungen geprüft und nach einem weitern Buszyklus bearbeitet. Bei $\overline{\text{NMI}}$ holt sich die CPU die Startadresse für das Serviceprogramm von den Speicherstellen FFFCH und FFFDH. Dabei werden alle Register der CPU auf den HARDWARESTACK gelegt.

$\overline{\text{IRQ}}$:
Eingang für das langsame, maskierbare Interrupt. Der Eingang ist zustandsgesteuert, d. h., er wird durch ein LOW-Signal aktiviert. Falls Interrupt erlaubt ist, holt sich die CPU die Startadresse für das Serviceprogramm von den Speicherstellen FFF8H und FFF9H. Auch hier legt die CPU alle Register auf den HARDWARESTACK.

$\overline{\text{FIRQ}}$:
Eingang für das schnelle, maskierbare Interrupt. Dieser Eingang bewirkt die schnellste Reaktion auf ein externes Unterbrechungssignal, da nur die Rücksprungadresse und das Flagregister auf den HARDWARESTACK gelegt werden. Die Startadresse für das Serviceprogramm muß in den Speicherstellen FFF6H und FFF7H stehen.

$\overline{\text{DMA}}$/$\overline{\text{BRQ}}$:
Eingang für eine DMA-Anforderung. Nach Beendigung des EOUT Signals kann ein direkter Speicherzugriff vorgenommen werden. Bestätigt wird die Anforderung durch die Signalkombination 1/0 and den Ausgängen BA/BS.

BA,BS:
Ausgänge, die den Status der CPU reflektieren.

BA	BS	
0	0	Normal, CPU arbeitet Befehle ab
0	1	IACK, Interruptbestätigungssignal
1	0	HALT oder DMA. Bus hochohmig
1	1	SYNC-Bestätigung. Warte auf Interrupt

Ähnlich wie beim Z80 muß das Interruptbestätigungssignal für die Peripherieeinheiten durch eine logische Verknüpfung aus den Signalen BA und BS gewonnen werden.

10.1.2 Registerstruktur des MC 6809

Bild 10.2 zeigt die für den Programmierer wichtige Registeranordnung der CPU. Man erkennt vier 8-Bit-Register und fünf 16-Bit-Register. Die zwei Akkumulatorregister können getrennt als 8-Bit-Register verwendet werden oder lassen sich wie beim Z80 zu einem 16-Bit-Register zusammenschalten. Dabei bildet das Register A das höherwertige und Register B das niederwertige Byte des 16-Bit-Wortes. A und B sind Vielzweckregister für arithmetische und logische Datenbearbeitung.

Das direkte Seitenregister DP (Direct Page Register) enthält das höherwertige Byte der Seitenadresse für Befehle, die mit der Seitenadressierung arbeiten (siehe Abschnitt 10.1.1.4).

Wie beim Z80 besteht das Flagregister (hier Condition Code Register) aus einzelne Bits, die je nach Ergebnis der letzten Operation gesetzt oder zurückgesetzt werden.

Bit 0 (C):
Das Carry Flag wird gesetzt, wenn das Ergebnis einer Rechenoperation einen Übertrag ergibt. Transportbefehle und logische Operationen beeinflussen das Carry Flag nicht (beim Z80 wird es bei logischen Operationen zurückgesetzt!).

Bit 1 (V):
Dieses Bit wird bei einem Überlauf in einer 2er-Komplementberechnung gesetzt.

Bit 2 (Z):
Wenn das Ergebnis einer vorangegangenen Operation Null ergibt, wird das Zero Flag gesetzt. Im Gegensatz zum Z80 geschieht dies auch bei Datentransportbefehlen.

Bit 3 (N):
Wird gesetzt, wenn das Ergebnis eine negative Zahl im Sinne der 2er-Komplementarithmetik ergibt (höchstwertigstes Bit im Akku = 1).

Bit 4 (I):
Mit diesem Bit wird das langsame Interrupt maskiert. Wenn es per Programm gesetzt ist, nimmt der Prozessor kein maskierbares Interrupt mehr an. Es wird nach dem Eintreffen eines Hardwareinterrupts und nach dem Softwareinterrupt SW1 automatisch gesetzt.

Bit 5 (H):
Das Half Carry Flag wird bei einer BCD-Operation gesetzt, wenn an der vierten Bitstelle ein Dekadenübertrag auftritt.

Bit 6 (F):
Dieses Bit maskiert das schnelle, maskierbare Interrupt.

Bit 7 (E):
Mit diesem Bit wird der Status der Stackoperation nach einem Interrupt markiert. Wenn alle Register auf dem STACK abgelegt sind, wird E gesetzt. Damit kann der

Befehl RTI (Return from Interrupt) erkennen, ob er alle Register vom STACK zurückholen muß.

Die 16-Bit-Indexregister X und Y enthalten eine Adresse und werden bei der indizierten Adressierung verwendet. Sie können aber auch als Zwischenspeicher für Daten benutzt werden.

Der MC 6809 kann mit zwei Stapelzeigern (STACK POINTER) arbeiten. Der HARDWARESTACK dient zur Aufnahme der Rücksprungadressen und Registerinhalte beim Aufruf eines Unterprogramms oder beim Bearbeiten einer Interruptanforderung. Er wird automatisch bedient. Der USER STACK wird vom Programmierer zum Zwischenspeichern von Ergebnissen verwendet. Beide STACK POINTER verfügen über die gleichen indizierten Adressierungsarten wie die Indexregister.

10.1.3 Adressierungsarten

Bei den Adressierungsarten sind die Prozessoren der 6er-Familie vielseitiger und leistungsfähiger als die der 8er-Familie. Das Weniger an Befehlen wird durch ein Mehr an Adressierungsmöglichkeiten aufgewogen.

Bisher konnte noch keine einheitliche Sprachregelung für die einzelnen Adressierungsarten gefunden werden. Oft weichen die Bezeichnungen der Hersteller voneinander ab oder kennzeichnen völlig verschiedene Adressierungsarten mit demselben Ausdruck (z.B. direkte Adressierung beim Z80 und beim MC6809). Deshalb sollen hier die Bezeichnungen der Firma MOTOROLA verwendet und mit den in Kapitel 3 beschriebenen Adressierungsarten verglichen werden.

Inhärent:
Mit dieser Adressierungsart werden alle Befehle erfaßt, die keine Adresse beinhalten.

```
Beispiele:        NOP          ; keine Operation
                  RTS ;        ; Rücksprung vom Unterprogramm

Z80-Äquivalent:   NOP
                  RET
```

Akkumulator:
Alle Befehle, die nur in einem der beiden Akkumulatoren arbeiten.

```
Beispiel:         ROLA         ; Akkumulator A links rotieren

Z80-Äquivalent:   RLCA
```

Unmittelbar (Immediate):
Das dem Befehl unmittelbar folgende Byte oder Wort wird als Operand aufgefaßt.

```
Beispiele:        LDA #$56     ; Lade Akkumulator A mit dem
                               ; Wert 56H
LDX #$1200        ; Lade Index-
                    register X
                    mit dem
                  ; Wort 1200H
```

```
Z80-Äquivalent:  LD A,56H
                 LD IX,1200H
```

Anmerkung: Das Zeichen «#» kennzeichnet die unmittelbare Adressierung. Das Zeichen «$» kennzeichnet einen Wert als Hexadezimalzahl. Dies sind Sprachvereinbarungen in der 6809-Assemblersprache.

Absolut direkt (Seitenadressierung):
Das höherwertige Byte der Speicheradresse für den Operanden steht im Seitenregister DP, das niederwertige Byte folgt unmittelbar auf den Befehlscode.

```
Beispiel:        LDA <$4F     ; wenn z.B.: DP=00
                              ; Lade Akkumulator A mit dem
                              ; Inhalt der Speicherzelle
                              ; 004FH
Z80-Äquivalent:  –
```

Das Zeichen «<» kennzeichnet die direkte Seitenadressierung.

Absolut erweitert (extended):
Verwendet die dem Befehlscode folgenden Bytes als Adresse

```
Beispiel:        LDA $8000    ; Lade Akkumulator A mit dem
                              ; Inhalt der Speicherzelle 8000H

Z80-Äquivalent:  LD A,(8000H)
```

Absolut erweitert, indirekt (extended indirekt):
Verwendet die dem Befehlscode folgenden Bytes als Zeiger für diejenigen Speicherzellen,bei denen die effektive Adresse des Operanden steht.

```
Beispiel:        LDA [$8000]  ; Lade Akkumulator A mit dem
                              ; Inhalt der Speicherzelle, die
                              ; in 8000H,8001H steht

Z80-Äquivalent:  –
```

Indexed:
Die indizierten Adressierungsarten des MC 6809 sind sehr vielfältig und komplex. Erfahrene Programmierer können damit elegante Programme mit kurzer Laufzeit erstellen. Die komplette Darstellung aller indizierten Adressierungsarten würde den gesetzten Rahmen dieses Buches überschreiten. Stellvertretend seien zwei indizierte Adressierungsarten des MC 6809 erwähnt.

Indiziert mit konstantem Offset:

```
Beispiele:       (1) LDA ,X   ; Lade Akkumulator A mit dem
                              ; Inhalt der Speicherzelle
                              ; deren Adresse im Indexregister
                              ; X steht
```

(2) LDA 27,Y ; Lade Akkumulator A mit dem
; Inhalt der Speicherzelle,
; deren Adresse aus der Summe von
; Indexregister Y und dem Offset
; von 27 gebildet wird

Z80-Äquivalent: (1) LD A,(HL); register-indirekte Adressierung
(2) LD A,(IY+27)

Beim MC 6809 kann der Offset +/− 16 Bit betragen. Diese Adressierungsart steht auch in indirekter Form zur Verfügung, wobei die ermittelte Adresse auf diejenigen Speicherzellen zeigt, in denen die Adresse des Operanden steht.

Akkumulator indiziert:
Verwendet den Inhalt eines Akkumulators als Offset zu einem Indexregister.

Beispiel: LDB A,X ; Lade Akkumulator B mit dem
; Inhalt der Speicherzelle,
; deren Adresse aus der Summe
; von Indexregister X und dem
; Inhalt von Akkumulator A
; gebildet wird (2er-Komplement)

Z80-Äquivalent: –

Diese Adressierungsart ist besonders geeignet zum Codieren und Decodieren von Zeichensätzen (siehe Kapitel 8).

Relative Adressierung:
Diese Adressierungsart wird von den Sprungbefehlen verwendet. Die Sprungweite wird relativ zum Programmzählerstand als 2er-Komplement angegeben. Beim MC 6809 sind auch relative Sprünge mit 16-Bit-2er-Komplementzahlen möglich.

Beispiel: BNE $20 ; verzweige relativ um 20H,
; wenn das Z-Bit nicht gesetzt
; ist

Z80-Äquivalent: JR NZ,20H

Registeradressierung:
Zum Datentransport zwischen Registern und zur Datenbearbeitung von Registerinhalten wird die Registeradressierung verwendet.

Beispiel: TFR X,Y ; Lade Indexregister X mit dem
; Inhalt von Indexregister Y

Der Datentransport zwischen den CPU-Registern kann nur zwischen Registern mit gleicher Wortlänge geschehen. Beim Z80 gibt es keine Registeradressierung für 16-Bit-Worte.

10.1.4 Befehlsübersicht

Datentransport:
Zum Datentransport stehen im Prinzip die gleichen Befehle wie beim Z80 zur Verfügung. Beide Prozessoren unterscheiden sich dabei hauptsächlich in den Befehlscodes und den Adressierungsarten. Beim MC 6809 gibt es keine speziellen Transportbefehle für die Ein-/Ausgabe. Alle Peripheriebausteine werden wie Speicherzellen behandelt und müssen daher in den Adreßraum des Zentralspeichers eingebaut werden (*Memory Mapped I/O*).

Die Ansteuerung von Peripheriegeräten über die Speicheradressierung hat den Vorteil, daß alle komfortablen Adressierungsarten und Datenmanipulationen auch auf Peripheriebausteine angewendet werden können. Nachteilig ist jedoch, daß der Speicherbereich aufgeteilt werden muß und ein erheblicher Hardwareaufwand zur Adreßcodierung erforderlich ist.

Ein deutliches Plus kann der Z80 bei den Blocktransfer- und Suchbefehlen verbuchen. Hier gibt es nichts Vergleichbares beim MC 6809.

Datenbearbeitung:
Zusätzlich zu den Additions- und Subtraktionsbefehlen kann der MC 6809 noch zwei 8-Bit-Zahlen multiplizieren. Die Operanden stehen dabei in beiden Akkumulatoren, das Ergebnis wird als 16-Bit-Zahl in beiden Akkumulatoren abgelegt (zusammengeschaltet als Doppelakkumulator D).

Ein Vergleich zweier Operanden ist beim Z80 nur mit 8 Bit Wortlänge im Akkumulator möglich (z.B.: CP B). Beim MC 6809 können auch 16-Bit-Wörter miteinander verglichen werden. Dies wirkt sich positiv bei Operationen aus, in denen Adressen verglichen werden müssen.

Bei den anderen Befehlen zur Datenmanipulation bieten beide Prozessoren etwa dieselben Leistungsmerkmale. Lediglich die Einzelbitbefehle stehen beim MC 6809 nicht zur Verfügung. Hier muß der Programmierer mit logischen Operationen arbeiten, um einzelne Bits zu maskieren.

Programmsteuerung:
Bei den relativen Sprungbefehlen kann der MC 6809 auch Sprünge mit einer Sprungweite von +/− 15 Bit (2er-Komplement) vornehmen. Damit und mit der indizierten Adressierung ist es möglich, völlig relokative Programme zu schreiben, d. h. Programme, die an keinen festen Speicherplatz gebunden sind. Nachteilig kann sich das Fehlen bedingter Sprünge und bedingter Unterprogrammaufrufe mit absoluter Adresse auswirken. Auch gibt es keine bedingten Rücksprünge aus Unterprogrammen.

Das Interruptverhalten ist bei beiden Prozessoren stark verschieden. Hier weist der Z80 nach Meinung des Verfassers deutliche Vorteile auf. Bei gerichteten Interrupts mit unterschiedlichen Prioritäten ist beim MC 6809 ein nicht unerheblicher, zusätzlicher Hardwareaufwand erforderlich.

10.1.5 Zusammenfassung

Im folgenden werden die positiven Merkmale der beiden Mikroprozessoren einander gegenübergestellt. Diese Tabelle erhebt keinerlei Anspruch auf Vollständigkeit. Sie soll dem Leser lediglich eine Vergleichsmöglichkeit bieten.

	Z80	MC 6809
Hardware	liefert Refresh-Adressen, E-/A-Decodierung mit 8 Bit	Taktoszillator integriert, Datenzugriffszeit benötigt nur einen Taktzyklus
Software	Blocktransfer- und Einzelbitbefehle, viele Register, einfache Mnemonic	Multiplizieren, 16-Bit-Vergleich, 16-Bit relativ, vielseitige und komfortable Adressierung, 2 Stack Pointer
Interrupt	3 maskierbare Interruptarten, Daisy Chain	automatische Abspeicherung der CPU-Register

Zum Vergleich der Verarbeitungsgeschwindigkeit gibt es kein eindeutiges Kriterium, da der Datendurchsatz von vielen auch befehlsabhängigen Faktoren bestimmt wird. Sogenannte *Benchmarktests* sollen einen direkten Vergleich der Verarbeitungsgeschwindigkeiten verschiedener Prozessoren ermöglichen. Diese Tests sind so ausgelegt, daß sie möglichst viele verschiedene Befehlsarten einschließen, die im Befehlssatz aller Prozessoren enthalten sind. Bei der Lösung eines konkreten Problems kann ein solcher Test jedoch nicht als alleiniges Entscheidungskriterium für die Wahl der CPU herangezogen werden. Hier muß sorgfältig analysiert werden, welche Befehlsgruppen und Datentransporte vorrangig anfallen und welche Randbedingungen sonst zu erfüllen sind. Ein eindeutiger Geschwindigkeitsvergleich kann nur bei einer genau spezifizierten Operation vorgenommen werden. In den meisten Programmen beansprucht der Datentransport den größten Teil der Programmausführungszeit. Es erscheint daher sinnvoll, die Zeit zum Lesen einer Speicherzelle bei gleicher Systemtaktfrequenz als Kriterium heranzuziehen.

Bild 10.4 zeigt den Zeitverlauf bei einem Speicherlesezyklus mit den Prozessoren Z80 und MC 6809. Der MC 6809 benötigt hier einen Taktzyklus, der Z80 drei Taktzyklen. Bei gleicher Taktfrequenz bedeutet dies einen Geschwindigkeitsvorteil um den Faktor 3 zugunsten des MC 6809. Bei solchen Betrachtungen muß man die Zugriffszeit der verwendeten Speicherbausteine berücksichtigen. Mit einem Systemtakt von 1 MHz stehen beim MC 6809 etwa 700 ns Speicherzugriffszeit zur Verfügung, beim Z80 sind es etwa 900 ns. Legt man ein dynamisches RAM mit 200 ns Zugriffszeit zugrunde, dann kann man einen Z80A mit 4 MHz (225 ns bis zur Datenübernahme) oder einen MC 68B09 mit 2 MHz (maximaler) Taktfrequenz (350 ns bis zur Datenübernahme) verwenden. In diesem Fall ist der MC 68B09 noch um den Faktor 1,5 schneller als der Z80A.

Bild 10.4
Vergleich von Z80 und MC 6809 bei einem Speicherlesezyklus mit gleicher Taktfrequenz

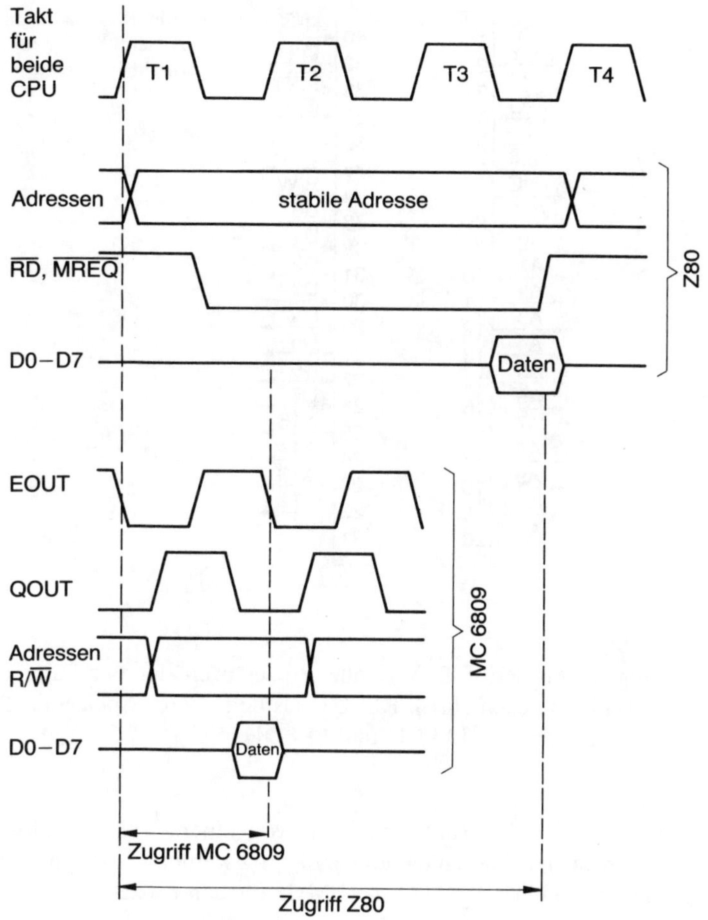

10.2 Der Mikroprozessor 6502

Ein weiterer direkter Nachfolger des MC 6800 ist der 8-Bit-Mikroprozessor 6502. Er ist eine Fortentwicklung ehemaliger Mitarbeiter von Motorola und wird sehr häufig im Home- und PC-Computermarkt verwendet. Der 6502 ist mit dem MC 6800 nicht kompatibel. Er gehört, von der Hardwarestruktur (Programmiermodell) aus betrachtet, zu den einfachen Mikroprozessoren.

10.2.1 Anschlußbelegung

Bild 10.5 zeigt die Anschlußbelegung des Prozessors. Mit 16 Adreßleitungen kann der Prozessor 64 k Speicherstellen adressieren. Es gibt noch andere Prozessoren der Familie 6500 mit weniger Adreßleitungen. Sie werden für Spezialzwecke und als Coprozessoren in größeren Systemen eingesetzt.

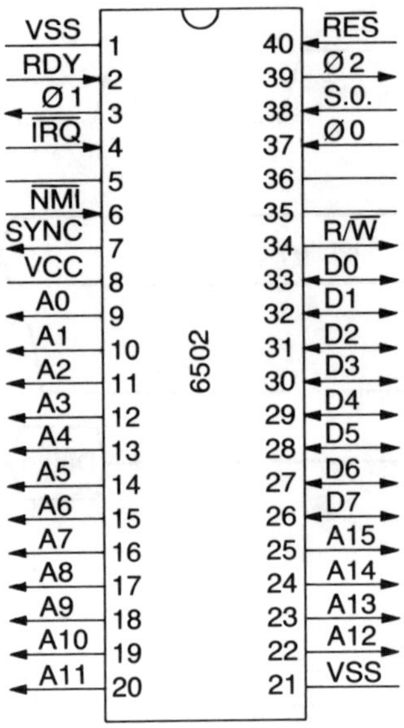

Bild 10.5
Anschlußbelegung des 6502
(nicht bezeichnete Anschlüsse sind frei)

RES:
Eingang für RESET. Wie alle Prozessoren der 6er Familie holt sich der 6502 die Startadresse nach einem RESET aus den oberen Speicherstellen. Der 6502 verwendet hier die Adressen FFFCH und FFFDH.

∅0:
Eingang für das Taktsignal. Das von einem Taktoszillator kommende Signal wird intern in den maschinennotwendigen Zweiphasentakt umgeformt. Die Taktfrequenz beträgt nominal 1 MHz bzw. 2 MHz für den 6502B.

∅1, ∅2:
Ausgänge für das Zweiphasentaktsignal (ähnlich EOUT und QOUT beim MC 6809). ∅2 wird als Systemtakt verwendet und dient zur Synchronisation der zur Familie gehörenden Peripheriebausteine.

SYNC:
Ausgang, zeigt an, daß der Prozessor gerade einen Befehl decodiert (OP-Code Fetch). Es entspricht dem M1-Signal des Z80. Zusammen mit der RDY-Leitung kann der Prozessor auf Einzelbefehlsbetrieb geschaltet werden.

RDY:
Eingang zum Anhalten des Prozessors. Entspricht in seiner Funktion dem WAIT-Signal beim Z80. Bei LOW-Pegel stoppt die CPU und hält die gerade bearbeitete Adresse stabil auf dem Adreßbus. Damit können langsame Speicher- und Peripheriebausteine mit der CPU synchronisiert werden.

$\overline{\text{NMI}}$:
Eingang für das nichtmaskierbare Interrupt. Bei einer negativen Impulsflanke holt sich die CPU die Startadresse für das Serviceprogramm von den Speicherstellen FFFAH und FFFBH.

$\overline{\text{IRQ}}$:
Eingang für das maskierbare Interrupt. Führt eine Programmunterbrechung durch, wenn das Maskenbit im Status-Code-Register nicht gesetzt ist. Als Startadresse wird der Inhalt der Speicherzellen FFFEH und FFFFH benutzt. Programmzähler und Prozessorstatusregister werden im STACK abgelegt.

S.O. (Set Overflow Flag):
Eingang. Bei einer negativen Flanke wird das Overflow Flag im Status-Code-Register gesetzt. Kann als serieller Eingang verwendet werden.

R/$\overline{\text{W}}$:
Ausgang für die Schreib-/Lese-Steuerung. Bei HIGH-Pegel findet ein Lesevorgang statt.

10.2.2 Registerstruktur

Bild 10.6 zeigt die Registerstruktur des 6502. Das einzige 16-Bit-Register ist der Programmzähler PC. Im Akkumulator laufen alle logischen und arithmetischen Operationen der CPU. Die Indexregister X und Y dienen vorwiegend der indizierten Adressierung. Sie können aber auch als Zwischenspeicher Verwendung finden. Der Stack Pointer enthält das niederwertige Byte des Stack. Das höherwertige Byte ist intern auf 01 gesetzt. Damit kann der Stack im 6502 maximal 256 Speicherstellen belegen und ist auf den Speicherbereich von 0100-01FFH beschränkt. Das Status-Code-Register P enthält die Flags und Statusinformationen der CPU:

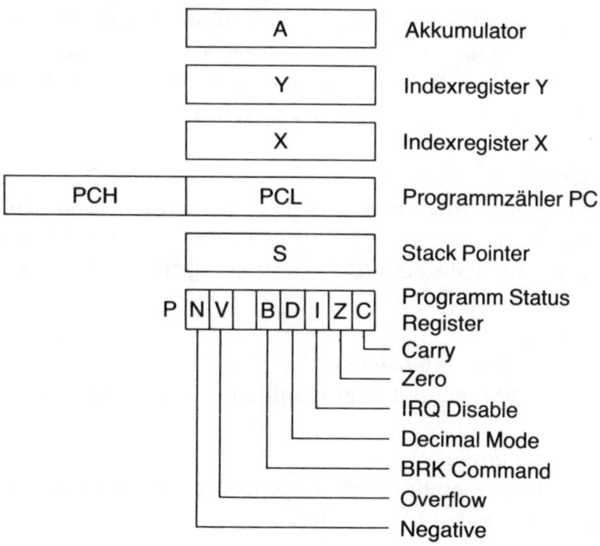

Bild 10.6
Registerstruktur des 6502

C (Carry):
Übertragsbit. Wird bei einem Übertrag einer 8-Bit-Operation gesetzt.

Z (Zero):
Wird gesetzt, wenn das Ergebnis einer logischen oder arithmetischen Operation in einem der Register oder das Laden eines Registers den Wert Null ergibt.

I (IRQ Disable):
Maskenbit für das maskierbare Interrupt. Wenn es gesetzt ist, ist IRQ nicht zugelassen.

D (Dezimal Mode):
Wenn D gesetzt ist, arbeitet die CPU im Dezimalmodus, d. h., die Rechenoperationen im Akkumulator werden in BCD-Arithmetik ausgeführt.

B (BRK Command):
Wird beim Bearbeiten des Softwareinterrupts BRK gesetzt. Bei BRK bearbeitet die CPU dieselbe Routine wie bei IRQ. BRK kann durch das Maskenbit nicht beeinflußt werden.

V (Overflow):
Wird gesetzt, wenn bei einer Addition oder Subtraktion ein 2er-Komplement-Überlauf eintritt oder wenn am Eingang S.O. eine negative Impulsflanke eintrifft.

N (Negative):
Wird gesetzt, wenn das Ergebnis einer 2er-Komplement-Operation eine negative Zahl ergibt (Bit 7 im Akkumulator gesetzt).

10.2.3 Adressierungsarten

Wie der MC 6809 besitzt der 6502 mehr Adressierungsarten als der Z80 und kann dadurch seine etwas dürftige Registerstruktur zum Teil kompensieren. Die Bezeichnungen der Adressierungsarten beim 6502 decken sich größtenteils mit denen des MC 6809. Im folgenden werden die vom Hersteller verwendeten Namen angegeben.

Implizit (Implied):
Bei dieser Adressierung ist kein Datum und keine Adresse notwendig. Die gesamte Information steckt im OP-Code (1-Byte-Befehl). Dazu gehören alle Datentransportbefehle innerhalb der CPU sowie alle Befehle, die den Zustand des Status-Code-Registers verändern.

Unmittelbar (Immediate):
Der 8-Bit-Operand folgt unmittelbar auf das Befehlsbyte (2-Byte-Befehl).

Absolut direkt:
Die dem Operationscode folgenden 2 Bytes enthalten die vollständige Speicheradresse des Operanden (3-Byte-Befehl).

Absolut indirekt:
Die dem Operationscode folgenden 2 Bytes zeigen auf die Speicherzelle, ab der die Adresse des Operanden im Speicher steht. Diese Adressierungsart steht nur beim Sprungbefehl JMP zur Verfügung.

Beispiel: JMP (8000)

Der Programmzähler wird mit dem *Inhalt* der Speicherzellen 8000H und 8001H geladen (wie LD HL;(8000H), JP (HL) beim Z80).

Akkumulator:
Darunter fallen alle Befehle, die nur den Akkumulatorinhalt verändern.

Relativ:
Die bedingten Sprungbefehle des 6502 werden alle in relativer Adressierung durchgeführt. Die Sprungweite wird durch das dem Befehlscode folgende Byte im 2er-Komplement angegeben (wie beim Z80).

Nullseitenadressierung (Zero Page):
Das dem Befehlscode folgende Byte ist das niederwertige Byte des Operanden. Der höherwertige Teil ist immer auf null gesetzt. Dadurch erreicht man alle Adressen im Bereich 0000-00FFH. Diese Adressierungsart ist mit der direkten Seitenadressierung des MC 6809 verwandt. Dort wird der höherwertige Adreßteil mit dem DP-Register eingestellt. Die Nullseitenadressierung spart Speicherplatz (2-Byte-Befehl) und Zeit.

Absolut durch X oder Y indiziert:
Der Inhalt des Indexregisters wird zu der absoluten Operandenadresse addiert.

Beispiel: LDA 8000,X

Enthält das Indexregister X den Wert 4FH, dann wird der Inhalt der Speicherzelle 804FH in den Akkumulator geladen.

Nullseitig durch X oder Y indiziert:
Diese Adressierungsart unterscheidet sich nicht wesentlich von der obengenannten. Die Adressen beschränken sich aber auf die Nullseite. Zum niederwertigen Adreßteil wird der Inhalt eines Indexregisters addiert (2-Byte-Befehl).

Indirekt durch X indiziert:
Am besten läßt sich diese Adressierung an einem Beispiel erklären:

LDA (80,X)

Zum Wert 80H, der auf die Nullseite zeigt, wird der Wert des X-Registers addiert. Wenn X den Wert 20H enthält, entsteht die Nullseitenadresse A0H. Die dort aufeinanderfolgenden Bytes werden als Adresse des Operanden aufgefaßt. Enthält die Speicherzelle 00A0H den Wert 00 und die Speicherzelle 00A1H den Wert 20H, dann wird der Akkumulator aus der Speicherzelle 2000H geladen. Man nennt diese Adreßbildung auch *vorindiziert*, da die Indizierung vor der indirekten Adresse erfolgt.

Indirekt durch Y indiziert:
Hier wird die Indizierung nach dem Laden der indirekten Adresse vorgenommen, d.h., die Adreßbildung ist *nachindiziert*. Dementsprechend ändert sich auch die Mnemonic des Befehls:

LDA (80),Y

Zu der bei 80H und 81H abgelegten Adresse wird der Inhalt des Y-Registers addiert. Das Ergebnis bildet dann die tatsächliche Operandenadresse.

Die beiden zuletzt genannten Adressierungsarten vereinfachen die Tabellenverarbeitung erheblich und stellen eine der Stärken des 6502 dar.

10.2.4 Befehlsübersicht

Der Befehlssatz des 6502 enthält keine 16-Bit-Operationen. Die meisten Befehle zur Datenbearbeitung müssen über den Akkumulator laufen. Aufgrund der wenigen Register kann es zu Engpässen bei der Zwischenspeicherung von Ergebnissen kommen.

Datentransport:
Diese Befehlsgruppe veranlaßt den Datentransport zwischen Speicher und CPU und innerhalb der Register. Wie beim MC 6809 gibt es keine Befehle zum Ansprechen von Peripheriebausteinen. Die Peripherie des 6502 muß über die Speicheradressierung angesprochen werden (Memory Mapped I/O).

Datenbearbeitung:
Hier stehen alle üblichen Befehle zur Verfügung, die zur Veränderung von Registerinhalten nötig sind. Logische, arithmetische und Schiebebefehle können nur im Akkumulator vorgenommen werden. Für die Indexregister stehen Inkrementier- und Dekrementierbefehle zur Verfügung. Speicherzellen können inkrementiert oder dekrementiert werden. Einzelbitbefehle sind lediglich zum Verändern der Bits im Status-Code-Register verfügbar.

Programmsteuerung:
Die bedingten Sprungbefehle werden alle relativ adressiert. Unbedingte Sprünge und Unterprogrammaufrufe sind absolut adressiert. Zur Behandlung von Interruptanforderungen stehen lediglich 2 Eingänge zur Verfügung. Gerichtete Interruptanforderungen sind nicht möglich.

10.2.5 Zusammenfassung

Der 6502 ist ein Mikroprozessor, der aufgrund seiner einfachen Struktur besonders zum Einstieg in die Mikroprozessortechnik geeignet erscheint. Dank seiner leistungsfähigen Adressierungsmöglichkeiten ist er einer der meistverkauften 8-Bit-Prozessoren. Hinzu kommt die relative hohe Verarbeitungsgeschwindigkeit. Durch das sogenannte *Pipelining* kann er in der Befehlserkennungsphase bereits das nächste Byte aus dem Speicher holen. Dadurch ist er schneller als der MC 6809 und der Z80. Gegenüber dem Z80 ergibt sich ein Geschwindigkeitsvorteil um den Faktor 4 bei gleicher Taktfrequenz. Mittlerweile existiert eine C-MOS-Version, der 65C02, der mit einer Taktfrequenz von 4 MHz arbeiten kann. Ein Z80 müßte mit einer Taktfrequenz von 16 MHz (!) betrieben werden, damit er dem 65C02 ebenbürtig wäre. Wie bereits erwähnt, beschränkt sich ein solcher Vergleich lediglich auf den Datenverkehr mit dem Speicher. In der Praxis vermindert sich die Geschwindigkeit wegen der Mindestzugriffszeiten der Speicherbausteine.

11 Komplexere Prozessoren der 8er-Familie

In diesem Kapitel soll kurz auf 16-Bit- und 32-Bit-Mikroprozessoren, Mikrocontroller und arithmetische Coprozessoren innerhalb der 8er-Familie eingegangen werden.

11.1 Der Mikroprozessor 8086 (16 Bit)

Er ist ein Nachfolger der Prozessoren 8080 und 8085, hat eine Verarbeitungsbreite von 16 Bit und einen Adressierungsraum von 1 MByte.

11.1.1 Signale und Anschlüsse

Nach der Anschlußbelegung in Bild 11.1 kann wiederum zwischen Adreß-, Daten- und Steuersignalen unterschieden werden. Im Gegensatz zum Z80 werden viele Anschlüsse im Multiplex-Betrieb verwendet, d.h., sie haben im Laufe eines Maschinenzyklus, oder abhängig von anderen Signalen, verschiedene Bedeutung. Diese häufig angewendete Methode spart Anschlußstifte.

11.1.1.1 Adreß- und Datensignale

Im ersten Taktzyklus eines jeden Maschinenzyklus schaltet die CPU Adressen auf die Leitungen AD19...AD0. Die restlichen Takte werden AD15...AD0 für Datentransporte und A16...A19 zur Ausgabe von Statusinformation benutzt. Die Adresse muß für den Rest des Maschinenzyklus in externen Bausteinen zwischengespeichert werden (Bild 11.2).

ALE
(Address Latch Enable) ist aktiv, wenn während des ersten Taktes Adressen gesendet werden. Während der restlichen Takte erscheint dann D0...D15 sowie S3...S6 auf den Leitungen AD0...A19.

$\overline{\text{BHE}}$
(Byte High Enable) ist eine Adreßinformation, die angibt, ob die höherwertigen Datenleitungen AD8...AD15 aktiviert sind.

Der gesamte adressierbare Speicher wird logisch aufgeteilt in 2 Blöcke zu je 512 KByte, wobei der eine Block alle geraden Adressen (ausgewählt mit A0=L), der andere Block alle ungeraden Adressen (ausgewählt mit $\overline{\text{BHE}}$=L) enthält, Bild 11.3.

16 Bit lange Wörter können also nur dann in einem Maschinenzyklus übertragen werden, wenn das niederwertige Byte in einer geradzahligen Adresse steht. Steht das niederwertige Byte in einer ungeradzahligen Adresse, so wird es zuerst übertragen, im nächsten Maschinenzyklus dann das höherwertige Byte.

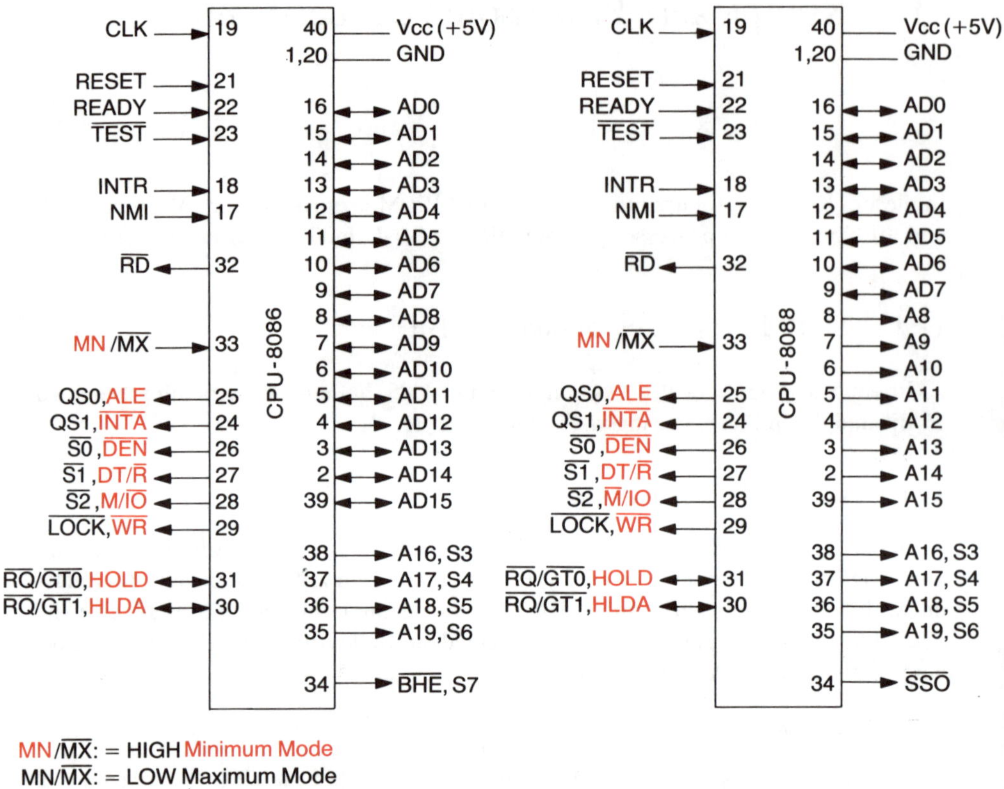

Bild 11.1 Anschlußbelegung für 8086 und 8088

11.1.1.2 Steuer- und Statussignale

Sie entsprechen zum Teil denen des Z80.

8086	Z80	Wirkung
$\overline{\text{RD}}$	$\overline{\text{RD}}$	Lesen-Signal
RESET	$\overline{\text{RESET}}$	Programmbeginn ist bei Adresse FFF0H
INTR	$\overline{\text{INT}}$	Maskierbarer Interrupt-Eingang
NMI	$\overline{\text{NMI}}$	nicht maskierbarer Interrupt-Eingang
READY	$\overline{\text{WAIT}}$	ist READY nicht aktiv, werden keine weiteren Befehle ausgeführt
$\overline{\text{TEST}}$	—	Nach dem Maschinenbefehl WAIT werden so lange keine weiteren Befehle ausgeführt, bis Eingang $\overline{\text{TEST}}$=LOW

Die folgenden Anschlüsse haben abhängig von dem Eingangssignal MN/$\overline{\text{MX}}$ (minimum/maximum) verschiedene Bedeutung.

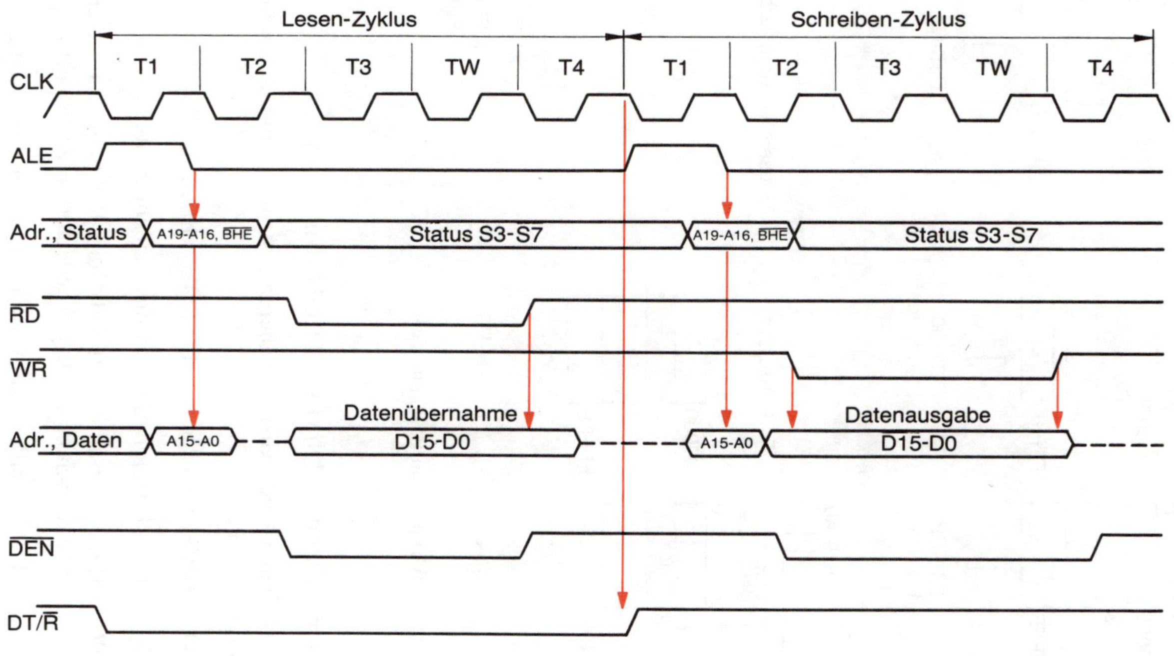

Bild 11.2 Buszyklen beim 8086, vereinfacht

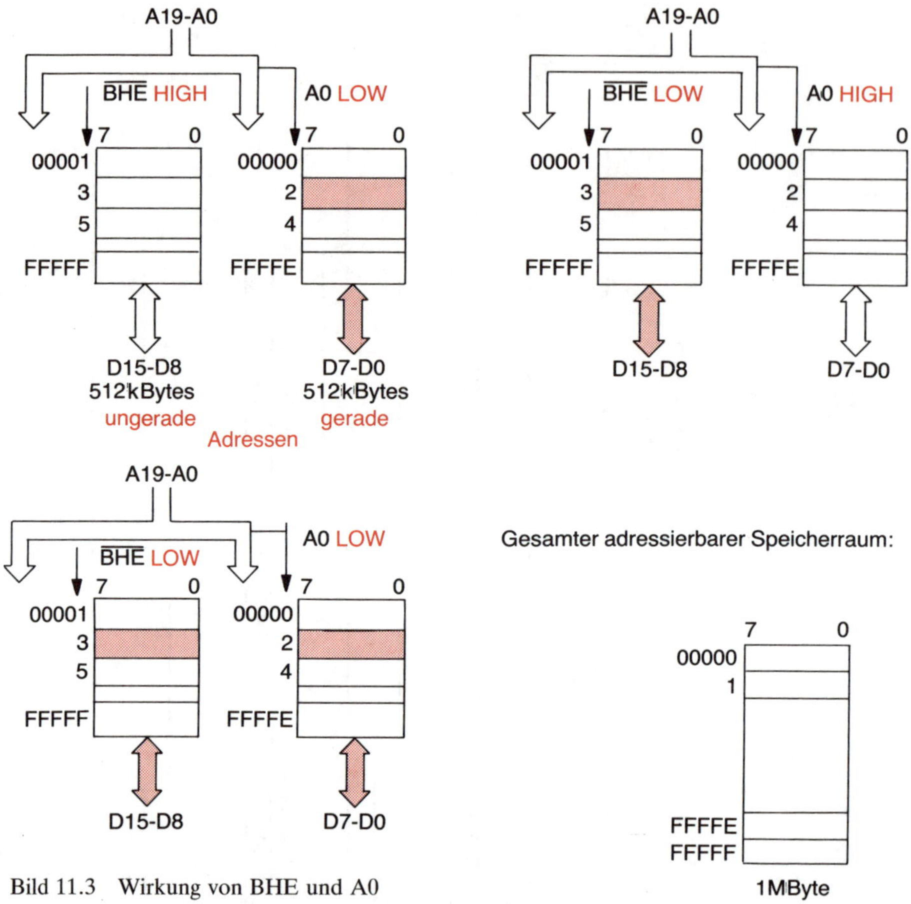

Bild 11.3 Wirkung von BHE und A0

Minimum Mode: MN/$\overline{\text{MX}}$ = HIGH (Bild 11.4)

Der Minimum Mode wird in kleineren Systemen verwendet, wenn der 8086 der einzige Prozessor ist (Bild 11.2).

M/$\overline{\text{IO}}$ HIGH : Speicherzugriff, LOW : E/A-Zugriff

$\overline{\text{DEN}}$ (Data Enable) Aktiviert die Datenbustreiber

DT/$\overline{\text{R}}$ (Data Transmit/Read) Gibt die Richtung des Datentransfers an, HIGH bedeutet Schreiben, LOW bedeutet Lesen (Read)

$\overline{\text{DEN}}$ und DT/$\overline{\text{R}}$ werden nur verwendet, wenn wegen langer Leitungen Datenbustreiber verwendet werden müssen

$\overline{\text{INTA}}$ Interrupt acknowledge entspricht $\overline{\text{M1}}$ und $\overline{\text{IORQ}}$ beim Z80

HOLD HIGH, wenn eine externe Einheit den Bus steuern möchte, entspricht dem $\overline{\text{BUSRQ}}$ beim Z80

HLDA (Hold Acknowledge) HIGH, wenn der 8086 die Busausgänge auf hochohmig schaltet, entspricht dem $\overline{\text{BUSAQ}}$ beim Z80

Maximum Mode: MN/$\overline{\text{MX}}$ = LOW

Der Maximum Mode wird verwendet, wenn mehrere 8086 oder andere Coprozessoren im System vorhanden sind. In dieser Betriebsart wird noch ein Bus Controller (z. B. 8288) benötigt, der zusätzliche Steuersignale erzeugt. Nachfolgend wird kurz die Bedeutung einiger Steuersignale erklärt.

S2,S1,S0 Der Bus Controller erzeugt daraus Bussteuersignale:

S2	S1	S0	Wirkung
0	0	0	Interrupt Acknowledge
0	0	1	Lesen vom E/A-Baustein
0	1	0	Schreiben zum E/A-Baustein
0	1	1	Halt
1	0	0	OP-Code lesen (aus dem Speicher)
1	0	1	Lesen aus dem Speicher
1	1	0	Schreiben in den Speicher
1	1	1	inaktiv

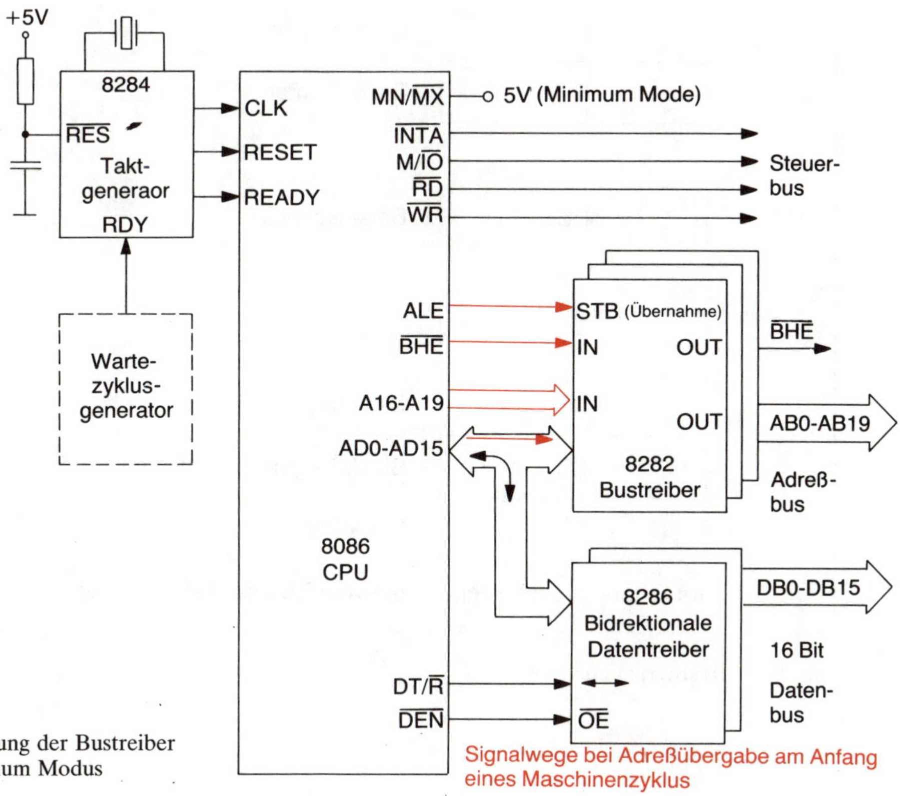

Bild 11.4
Ansteuerung der Bustreiber
im Minimum Modus

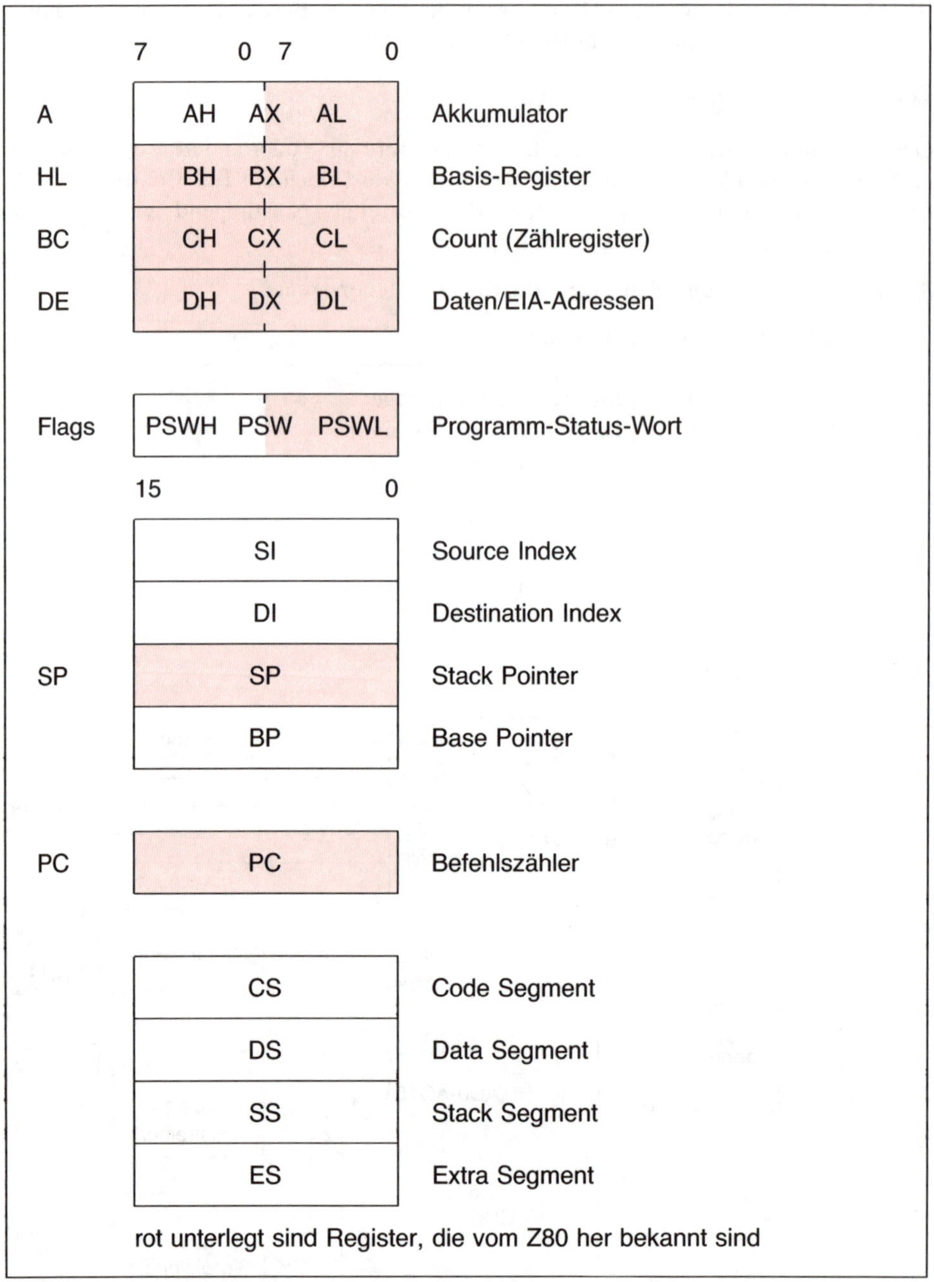

Bild 11.5 Registerplan des 8086

QS0,QS1 liefern Information über den Status der Befehls-Warteschlange (Queue Status)

$\overline{\text{RQ}}/\overline{\text{GT0}}$ $\overline{\text{RQ}}$ (Request) wird vom 8086 empfangen, ähnlich $\overline{\text{BUSRQ}}$ beim Z80
$\overline{\text{RQ}}/\overline{\text{GT1}}$ $\overline{\text{GT}}$ (Grant) wird vom 8086 gesendet, ähnlich $\overline{\text{BUSAQ}}$ beim Z80
Beide Signalpaare sind identisch, jedoch hat $\overline{\text{GT1}}$ geringere Priorität, wie $\overline{\text{GT0}}$. Zur Verwendung siehe auch Abschnitt 11.7.

$\overline{\text{LOCK}}$ Ist das Signal aktiv, wird der Systembus vom 8086 benötigt.

11.1.2 Register des 8086 (Bild 11.5)

Die 4 *Hauptregister (AX, BX, CX, DX)* können als 8-Bit- oder 16-Bit-Register verwendet werden. Das Flagregister ist zu einem 16 Bit langen *Statusregister* erweitert. SP und PC haben die gleiche Funktion wie beim Z80. SI und DI werden als Adreßzeiger und zum Zwischenspeichern von Operanden verwendet. Mit BP werden Speicherplätze im Stackbereich adressiert, ähnlich SP.

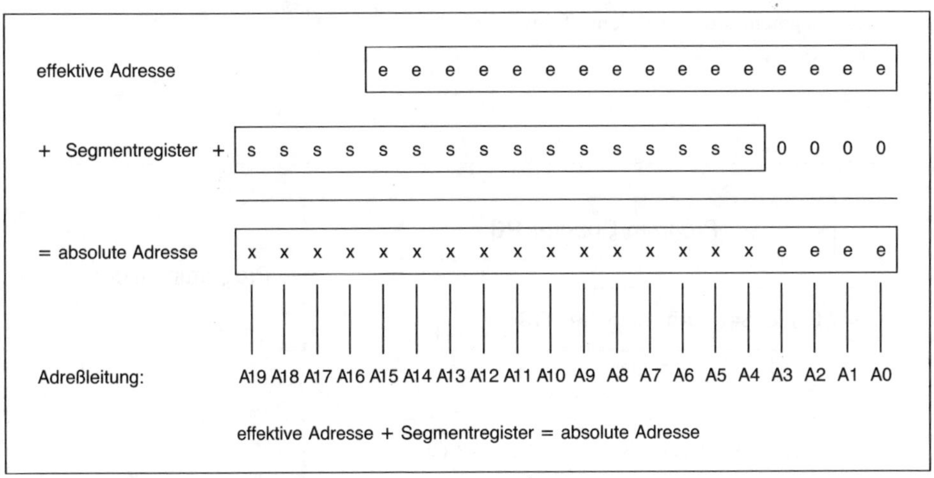

Bild 11.6 Bildung der absoluten Adresse

11.1.3 Adressierung beim 8086

Neu im Vergleich zum Z80 sind die *Segmentregister* (CS,DS,SS,ES). Bei allen Speicherzugriffen wird die *absolute Adresse (physikalische Adresse)* auf die in Bild 11.6 gezeigte Weise aus den Inhalten eines Segmentregisters und eines anderen 16 Bit langen Registers gebildet. Der gesamte Adreßraum reicht dann von 00000H bis FFFFFH, das sind 1 M (Mega) = 1048576 Adressen.

Der gesamte Speicherraum wird durch diese Segmentregister in 64 K große *Segmente* aufgeteilt. Segmente beginnen immer an Adressen, deren 4 niederwertigste Adreßbits 0 sind (Bild 11.7). Segmente dürfen sich überlappen oder können nebeneinanderliegen,

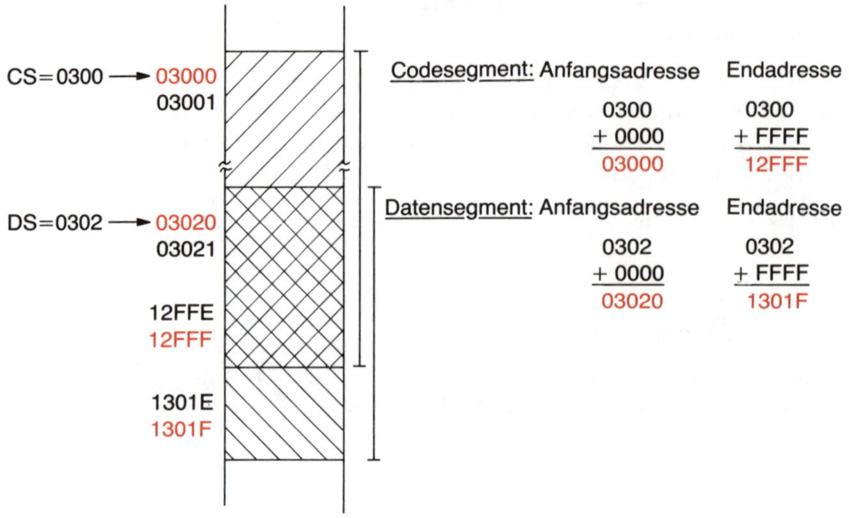

Bild 11.7 Segmentierung des Zentralspeichers

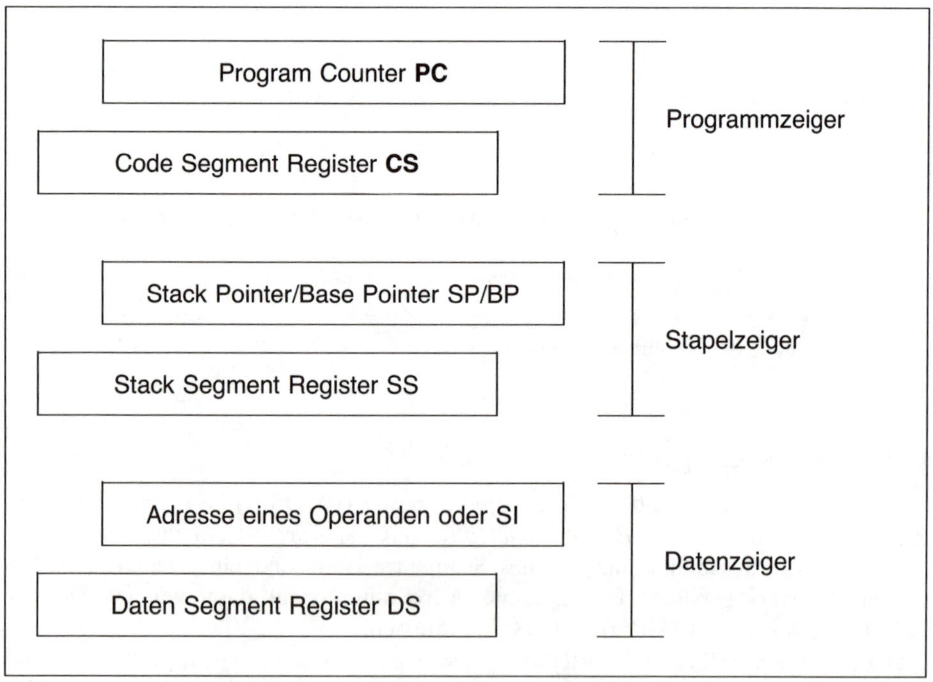

Bild 11.8 Registerpaarungen bei Bildung der absoluten Adresse

wenn z. B. Code- und Datensegment-Register mit demselben Wert geladen sind. Meist werden die in Bild 11.8 gezeigten Kombinationen verwendet.

Ein Programm kann also durch Einstellen des Codesegment-Registers in verschiedene Speicherbereiche geladen und dann immer mit PC=0 gestartet werden, Programme sind also relocativ. Das ist besonders von Vorteil beim *Multitasking-Betrieb*, siehe Abschnitt 11.4.

Sprungziele können innerhalb oder außerhalb eines Codesegmentes liegen. So bedeutet der Befehl JMP BX, daß der Inhalt des BX-Registers in den PC geladen und das Programm dann ab dieser Adresse fortgesetzt wird. CS bleibt dabei unverändert. Der entsprechende Z80-Befehl lautet: JP (HL). Für einem Sprung außerhalb des Codesegmentes wird auch CS umgeladen. So bedeutet der Befehle JMP (DI), daß der Inhalt des durch DI adressierten Speicherplatzpaares in den PC übertragen wird und der Inhalt der beiden nachfolgenden Zellen in das CS-Register. DI wird hier also als Zeigerregister für das Auffinden der Sprungzieladresse benutzt.

Nachfolgend noch einige andere Beispiele für Adressierung beim 8086.

Unmittelbare Adressierung (Immediate)

05	ADD AX,1234H	Zum Inhalt des AX-Registers wird die Konstante 1234H addiert (Z80 Befehl: ADD A,12H)
34	–	
12	–	

Direkte Adressierung

A3	MOV (1234H),AX	In die Speicherzelle 1234H wird der Inhalt von AL und in 1235H der Inhalt von AH gespeichert (Z80 Befehl: LD (1234H),A)
34	–	
12	–	

Register-indirekte Adressierung

F6	NEG (BX)	Der Inhalt der durch BX adressierten Speicherzelle wird durch sein Zweierkomplement ersetzt
1F	–	

Es sind auch kompliziertere Adreßbildungen möglich.

8D	LEA BX,(BP+SI+1234H)	Load Effective Address. Die Summe der Inhalte von BP-Register + SI-Register + der Konstante 1234H wird in das BX-Register geladen. (Die runde Klammer bedeutet hierbei keine Speicheradresse!)
5A	–	
34	–	
12	–	

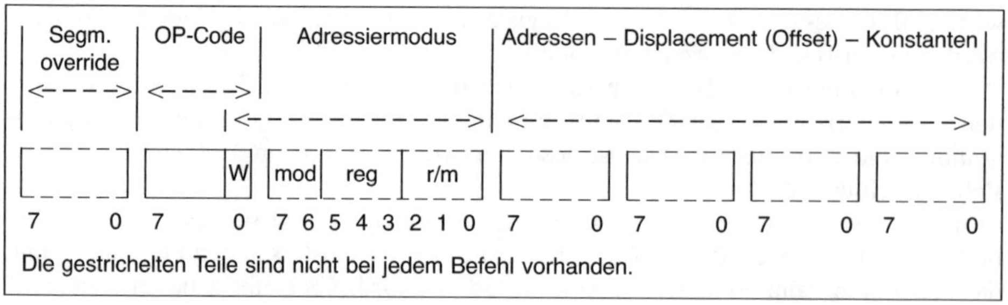

Bild 11.9 Aufbau eines Maschinencodes

11.1.4 Struktur des Maschinencodes

Maschinencodes haben die in Bild 11.9 gezeigte Form.

OP-Code: Gibt an, *was* zu tun ist. Diese Operationen sind vom Z80 her im Prinzip bekannt. Die meisten von ihnen können auch auf 16 Bit lange Operanden angewendet werden. Die sogenannten *String-Befehle* haben eine ähnliche Wirkung wie die Block-Befehle des Z80. Ganz neu sind lediglich Multiplikation (MUL) und Division (DIV).

w-Bit: (wide) w=1: 16-Bit-Operation, w=0: 8-Bit-Operation

mod: Gibt die Art an, wie der Operand adressiert wird (Bild 11.10)

r/m: gibt an, welche Register zur *Adreßbildung* verwendet werden, um einen Operanden auszuwählen

reg: Bezeichnet zusammen mit dem w-Bit das Register, in dem ein zu verarbeitender *Operand* steht

Segment Override: Ändert die in Bild 11.8 angegebene Standardzuordnung des Segmentregisters für den folgenden Befehl.

r/m	Operand befindet sich im Speicher			Operand im Reg.	
	kein disp mod=00	8 Bit disp mod=01	16 Bit disp mod=10	mod=11	
				w = 0	w = 1
000	BX+SI	BX+SI+disp	BX+SI+disp	AL	AX
001	BX+DI	BX+DI+disp	BC+DI+disp	CL	CX
010	BP+SI	BP+SI+disp	BP+SI+disp	DL	DX
011	BP+DI	BP+DI+disp	BP+DI+disp	BL	BX
100	SI	SI+disp	SI+disp	AH	SP
101	DI	DI+disp	DI+disp	CH	BP
110	direkte Adresse	BP+disp	BP+disp	DH	SI
111	BX	BX+disp	BX+disp	BH	DI

Bild 11.10 Adressierungsmöglichkeiten

Werden 2 Operanden miteinander verknüpft, z. B. bei arithmetischen oder logischen Befehlen, muß immer mindestens einer der Operanden bereits in einem CPU-Register stehen, wobei es folgende Möglichkeiten gibt:

1. Operand	2. Operand	Ergebnis
Register	Register	Register (wie Z80)
Register	Speicher	Register (wie Z80)
Speicher	Register	Speicher (bei Z80 nicht möglich)

11.1.5 Die Befehls-Warteschlange

Bei der 8086-CPU ist vor das Befehlsregister ein 6 Byte langer Pufferspeicher vorgeschaltet, die *Befehls-Warteschlange (Instruction Queue)*. Maschinenbefehle werden aus der Befehls-Warteschlange in das Befehlsregister geladen. Während nun der in das Befehlsregister geladene Befehl ausgeführt wird, kann parallel dazu diese Befehls-Warteschlange schon wieder aus dem Zentralspeicher mit dem darauf folgenden Maschinencode geladen werden. Diese Parallelarbeit spart Zeit.

Falls der gerade aktive Befehl auch auf einen Operanden im Zentralspeicher zugreifen muß, wird ein gerade laufender Maschinenzyklus, der die Befehls-Warteschlange füllen soll, zu Ende geführt, dann der Operand geladen und anschließend die Befehls-Warteschlange weiter aufgefüllt.

Nach Ausführung von Verzweigungsbefehlen muß die Warteschlange allerdings gelöscht und neu gefüllt werden.

11.1.6 Die Multiplizier- und Dividierbefehle

Bei der 8-Bit-Multiplikation wird der Inhalt von AL mit dem Inhalt eines anderen 8-Bit-Registers oder eines Speicherplatzes multipliziert, das 16 Bit lange Ergebnis steht in AX, z. B.

```
MUL AL,BH           ; AX := AL*BH
```

Bei der 16-Bit-Multiplikation wird AX mit einem 16-Bit-Register oder einem Speicherplatzpaar multipliziert, das 32 Bit lange Ergebnis steht in DX (höherwertiges Wort) und AX, z. B.

```
MUL AX,(DI+2F0H) ; DX/AX := AX*(DI+2FH)
```

Bei dem Befehl IMUL erfolgt die Multiplikation unter Berücksichtigung des Vorzeichens.

Bei Division kann ein 16-Bit-Operand durch einen 8-Bit-Operanden bzw. ein 32-Bit-Operand durch einen 16-Bit-Operanden dividiert werden. Ist das Ergebnis größer FFFFH, erfolgt Interruptanforderung (Division durch 0).

Bei IDIV wird unter Berücksichtigung des Vorzeichens dividiert.

11.1.7 Interruptstruktur des 8086

Interrupt kann sowohl hardwareseitig durch Eingangssignale als auch softwareseitig durch einen Maschinenbefehl ausgelöst werden. Die Interruptstruktur ist sehr effektiv und einfacher zu verstehen als beim Z80. Der 8086 verwendet *gerichtetes* (vektored) *Interrupt.*

Auslösung des Interrupts durch Signale (Hardware-Interrupt)
Die Anforderung eines Interrupt erfolgt über die Eingangssignale

- INTR (interrupt request, *maskierbares Interrupt*),
- NMI (*nicht maskierbares Interrupt*).

Maskierbare Interrupts (Eingang INTR) können mit dem Befehl CLI (Clear Interrupt) verboten und mit STI (Set Interrupt) zugelassen werden.

Der 8086 aktiviert bei Annahme eines Interrupts das Ausgangssignal INTA (Interrupt Acknowledge). Beim Z80 wird dafür die Kombination $\overline{M1}$ und $\overline{IORQ}$ verwendet.

Auslösung eines Interrupts durch Maschinenbefehl (Software-Interrupt)
Der 8086 kennt den Maschinenbefehl INT n, wobei n eine 8 Bit lange Konstante ist. Die Wirkung ist ähnlich den Restart-Befehlen RST n beim Z80.

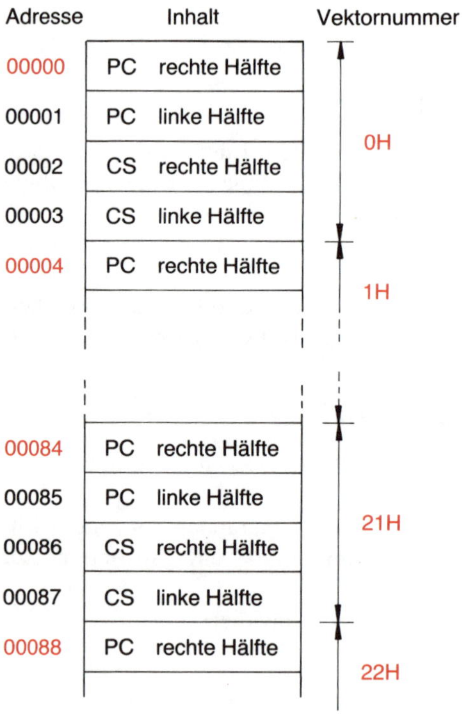

Bild 11.11
Tabelle der Anfangsadressen der Serviceprogramme

Bestimmung der Anfangsadresse des Serviceprogramms
Am Anfang des RAM-Speichers, also ab Adresse 0000H, wird eine Tabelle für insgesamt 256 Anfangsadressen (Interruptvektoren) von Serviceprogrammen eingerichtet. Da jede Adresse 4 Byte benötigt, ist diese Tabelle 1 KByte lang. Sie hat die in Bild 11.11 gezeigte Form.

Nach Interruptauslösung durch das Signal INTR und Bestätigung mit INTA liefert der anfordernde Baustein ein 1 Byte langes Vektorwort über den Datenbus an die CPU. Dieses Vektorwort wird mit 4 multipliziert und zeigt dann auf eine Adresse innerhalb der Tabelle. Der Inhalt dieser und der nächsten 3 Adressen muß die Anfangsadresse des Serviceprogramms enthalten.

Die Anfangsadresse des Serviceprogramms für das nicht maskierbare Interrupt NMI muß in dieser Tabelle immer auf den Adressen 00008H bis 0000BH stehen.

Bei Interruptauslösung durch den Maschinenbefehl INT n steht im zweiten Byte ein Vektor, der mit 4 multipliziert wiederum auf eine Adresse der Interrupttabelle zeigt. Zum Beispiel wird bei Ausführung des Befehls INT 21H ein Zeiger auf die Adresse 00084H erzeugt. In dieser und den 3 folgenden Speicherzellen ist dann die Anfangsadresse des Serviceprogramms zu finden.

Bei dieser Methode liegt nur der Platz für die Tabelle der Anfangsadressen der Serviceprogramme fest (00000H bis 003FFH), die Programme selbst können an geeigneter Stelle gespeichert werden. Bei Personalcomputern, die mit dem Betriebssystem MS-DOS arbeiten, werden z.B. alle BIOS- und DOS-Programme über solche Software-Interrupts (z.B. INT 21H) aufgerufen. Will ein Benutzer eigene Programme verwenden, muß er sein Programm speichern und die Anfangsadresse in die Interrupttabelle eintragen, man sagt, der Interrupt wird auf das neue Programm «umgebogen».

Mehrere Interruptleitungen werden durch spezielle Steuerbausteine *(Interrupt-Controller)* verwaltet. Der Baustein 8259 z.B. hat 8 Eingänge für Interruptleitungen, die durch Kaskadierung noch erweitert werden können. Während der Initialisierung des Bausteins können die Priorität und der Interruptvektor für die einzelnen Interrupteingänge festgelegt werden.

11.1.8 Beispielprogramm

Die größte Zahl aus einer Folge von 8 Bit langen Dualzahlen ohne Vorzeichen soll ermittelt und in Speicherzelle GROZ abgelegt werden.

Registerbelegung:
- AH größte Zahl
- AL aktuelle Zahl, wird über SI aus Speicher geladen
- SI Datenzeiger für den zu durchsuchenden Block
- CX Zähler für die Restlänge des Datenblockes

```
       XOR AH,AH      ; Ergebnisregister löschen
LOOP:  MOV AL,(SI)    ; Zeichen laden
       CMP AH,AL      ; Vergleich aktuelles Zeichen mit größtem
                        Zeichen (AH–AL)
       JAE PARAKT     ; Sprung, wenn größer oder gleich
                        (above or equal)
       MOV AH,AL      ; Größtes Zeichen nach AH umladen
```

```
PARAKT: INC SI          ; Adresse des nächsten Zeichens
        DEC CX          ; Zähler aktualisieren
        JNZ LOOP        ; Wiederholen, solange Block nicht
                          abgearbeitet
ENDE:   MOV (GROZ),AH
```

11.2 Der Mikroprozessor 8088

Der 8088 ist ein etwas *abgemagerter 8086 mit nur 8 Anschlüssen für den Datenbus*. Register, Befehlssatz und Adressierungsarten sind gleich wie beim 8086. Die Ausführungszeit der Befehle kann länger sein, da ja während eines Maschinenzyklus immer nur 8 Bit übertragen werden.

Die Anschlüsse entsprechen, mit den u.a. Ausnahmen, denen des 8086 (Bild 11.1). Datensignale werden nur über die Anschlüsse 9 bis 16 geleitet. Am Anschluß 34 wird das Statussignal $\overline{SSO}$ ausgegeben, da $\overline{BHE}$ beim 8088 nicht benötigt wird. Am Anschluß 28 hat das Signal umgekehrte Polarität und ist damit kompatibel zum 8085.

11.3 Der Mikroprozessor 80186

Der 80186 bzw. die 8-Bit-Version 80188 sind voll kompatibel zu 8086 bzw. 8088, es wurden nur zusätzlich einige Peripheriefunktionen integriert, wie Taktgenerator, Timer, DMA-Kanäle, Baustein-Auswahllogik, Wartezyklus-Logik usw. Auch einige neue Befehle, wie PUSH ALL und POP ALL, sind hinzugekommen.

Mit diesen Erweiterungen ist er gut geeignet zum Aufbau von kompakten Mikrocomputersystemen, da nur noch Speicher und je nach Aufgabe die entsprechenden E/A-Bausteine benötigt werden.

11.4 Mikroprozessoren für Multitasking

Solche Prozessoren werden zunehmend bei Personalcomputern der gehobenen Klasse eingesetzt.

11.4.1 Prinzip der Multitasking-Betriebsart

> *Multitasking* oder *Multi-Programming* bedeutet das – nur scheinbar gleichzeitige – Abarbeiten mehrerer Programmpakete in einem einzigen Computer.

Ein Beispiel wäre das Ausdrucken einer Liste, während der Benutzer am Bildschirm bereits ein anderes Programm testen kann.

Multi-User-Betrieb bedeutet, daß mehrere Terminals (darunter versteht man eine Tastatur mit Bildschirm, jedoch ohne Computer) an einen zentralen Computer angeschlossen sind, so daß mehrere Benutzer – wieder scheinbar gleichzeitig – am selben Computer arbeiten können.

Natürlich können die Ihnen bereits vertrauten Prozessoren immer nur einen Befehl nach dem anderen abarbeiten. Das Problem läßt sich nur so lösen, daß das Betriebssystem in gewissen zeitlichen Abständen zwischen den einzelnen zu bearbeitenden Aufgaben – den sog. Tasks – umschaltet.

Unter einer *Task* versteht man ein lauffähiges Programmpaket. Es enthält außer dem vom Benutzer geschriebenen Code noch ein übergeordnetes Programm, das in der richtigen Reihenfolge noch zusätzliche Programme aufruft, etwa komplexere Funktionen, die schon in Programmbibliotheken (Libraries) vorhanden sind.

Echte Parallelverarbeitung, bei der mehrere zentral gesteuerte Prozessoren gleichzeitig Programme verarbeiten, gibt es bei Mikrocomputern noch kaum. Erfolgt das Umschalten sehr häufig, und wurde eine CPU mit hoher Verarbeitungsgeschwindigkeit gewählt, hat der Benutzer dennoch den Eindruck, daß er einen Computer für sich alleine zur Verfügung hat.

Damit werden auch schon die beim Multitasking auftretenden Probleme sichtbar:

- ☐ Tasks müssen in verschiedenen physikalischen Speicherbereichen lauffähig sein.
- ☐ Die einzelnen Tasks dürfen sich nicht gegenseitig Programme oder Daten überschreiben.
- ☐ Es muß möglich sein, daß mehrere Tasks bestimmte Programme, z. B. Basic-Interpreter, gemeinsam benutzen.
- ☐ Vor dem Umschalten auf die nächste Task muß der Zustand der bisher aktiven Task – enthalten in den Zeiger- und Statusregistern – schnell und effektiv gerettet werden, da diese Umschaltezeit ja für die eigentliche Programmabarbeitung verlorengeht.

Im wesentlichen handelt es sich also wieder um Adressierungsprobleme. Für jede Task müssen bestimmte Speicherbereiche reserviert sein, auf andere darf sie nur lesend zugreifen, auf andere gar nicht.

11.4.2 Aufbau des 80286

Der 80286 ist in einem quadratischen 64poligen Gehäuse untergebracht. Die Chipfläche beträgt 74 mm^2, darauf sind 135000 Transistorfunktionen untergebracht. Alle Anschlüsse sind nur mit einem Signal belegt. Die Anschlußbelegung ist dadurch übersichtlicher geworden (Bild 11.12). Mit 24 Adreßleitungen sind 16 MByte Speicher ansteuerbar. Auch er hat eine Verarbeitungsbreite von 16 Bit. Es ist der erste

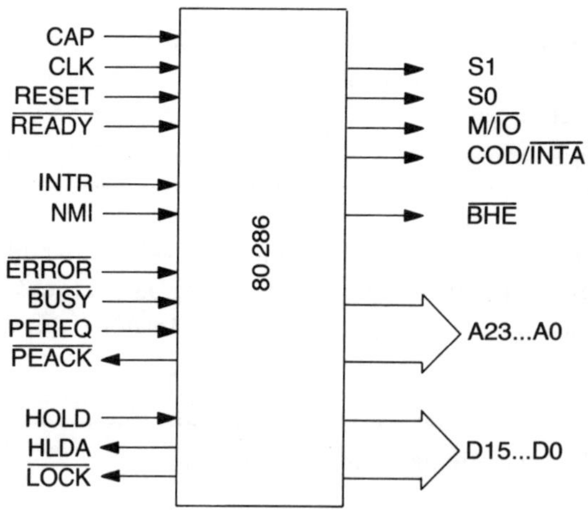

Bild 11.12
Anschlußbelegung des 80286

Prozessor in der 8er-Familie, der schon von seinem Aufbau her auf Multitasking ausgelegt ist.

Auch der 80286 besitzt 2 Betriebsarten:

- □ Im *Real Address Mode* ist der 80286 voll kompatibel zum 8086.
- □ Im *Virtual Address Mode* oder *Protected Mode* kann der volle Adreßraum von 16 MByte benutzt werden. In diesem Modus ist auch ein Speicherschutzkonzept wirksam, das Daten und Programme der einzelnen Benutzer voreinander und Systemprogramme vor unberechtigten Zugriffen schützt.

Da der Real Address Mode im Vergleich zum 8086 nichts Neues bietet, soll im folgenden kurz auf den Virtual Address Mode eingegangen werden.

11.4.3 Adreßverwaltung

Der *physikalisch vorhandene Adreßraum* von nun 16 M wird durch den 80286 wiederum in *Segmente* aufgeteilt. Doch während beim 8086 ein Segment lediglich durch seine Anfangsadresse in CS, DS, SS oder ES gekennzeichnet ist, gibt es beim 80286 wesentliche Erweiterungen.

> Beim 80286 sind Speichersegmente durch einen Segmentdeskriptor gekennzeichnet, der in einem 8-Byte-Feld folgende Angaben enthält (Bild 11.13):
>
> - □ Anfangsadresse des Segmentes (24 Bit)
> - □ Länge oder Endadresse des Segmentes (16 Bit)
> - □ Steuerbyte mit Angaben über Segmenttyp (System-Daten- oder Codesegment) und Zugriffsrechte (Privilegstufe).

7 0	7 0		
Länge des Segments (max. 64K)		adr + 0	Segment-deskriptor
Anfangsadresse des Segments **A15 – A0**		adr + 2	
Anfangsadresse Segment **A23–A16**	Steuerbyte	adr + 4	
Reserviert (für 80386)		adr + 6	

Das Steuerbyte enthält Angaben über das Segment, u. a. Privilegstufe, ob es Codes oder Daten enthält, ob es schreibgeschützt ist.

Bild 11.13 Aufbau eines Segmentdeskriptors

Diese Parameter werden im Programmablauf festgelegt. Die Segmentlänge ist auch hier noch auf 64 K begrenzt, erst beim 80386 werden Segmentlängen bis zu 4 G (Giga) möglich.

Wegen der Länge der Segmentdeskriptoren sind die Segmentregister auf insgesamt 64 Bit erweitert worden (Bild 11.14). Beeinflußbar für den Programmierer sind nur die Segmentselektor-Register (SSR). Die anderen 6 Bytes werden automatisch geladen, sobald ein SSR angesprochen wird.

Jeder Task wird nun ein bestimmter Adreßraum zugeordnet, wobei 2 Arten zu unterscheiden sind.

> Der *lokale Adreßraum* darf nur von der zuhörigen Task benutzt werden, während der *globale Adreßraum*, in dem bestimmte Betriebssystemprogramme, Sprachübersetzer, Editoren usw. gespeichert sind, von allen Tasks benutzt werden kann.

Segmentdeskriptoren werden in Deskriptortabellen aufgelistet, jeder Eintrag ist 8 Byte lang, wobei das Betriebssystem eine *globale Deskriptortabelle* und für *jede Task* eine *lokale Deskriptortabelle* anlegt. Jede Task kann also eine ganze Reihe von lokalen Segmenten benutzen.

Das CPU-Register GDTR enthält den Deskriptor (also die Anfangsadresse) der globalen Deskriptortabelle und LDTR den Deskriptor für die lokale Deskriptortabelle der gerade aktiven Task. Das GDTR wird bei der Initialisierung des Systems mit einem speziellen Befehl geladen, das LDTR wird sowohl bei der Initialisierung als auch bei *jedem Taskwechsel* geladen.

Segmentdeskriptoren werden durch die in manchen Maschinenbefehlen angegebenen virtuellen Adressen aus einer Deskriptortabelle herausgesucht und in das im Befehl angegebene Segmentregister geladen.

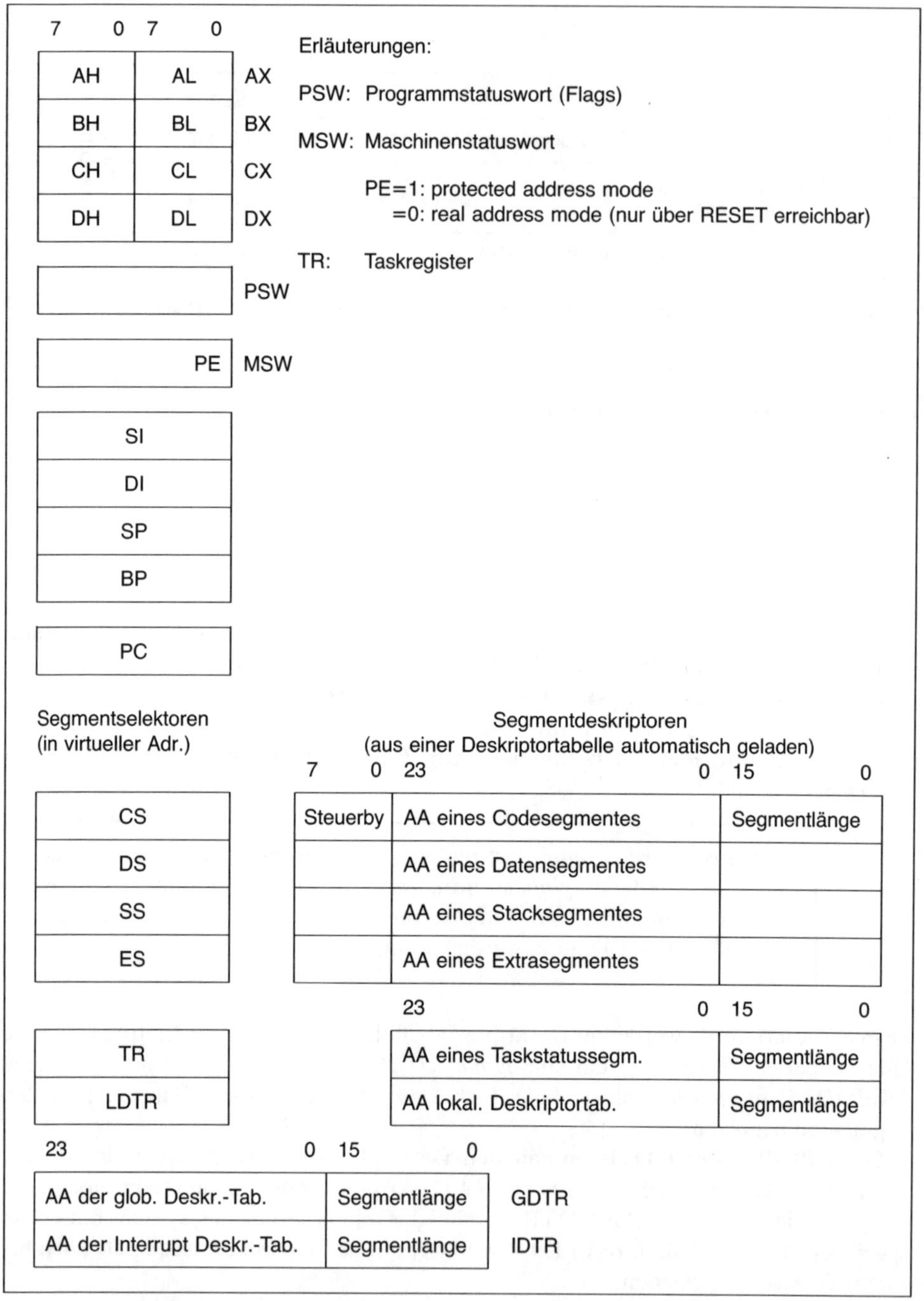

Bild 11.14 Registerplan des 80286

> Ganz allgemein versteht man unter dem Begriff *virtuelle Adresse* eine Größe in einem Maschinenbefehl, die bei Befehlsausführung erst mit Hilfe von Formeln oder Tabellen in eine physikalische Adresse umgewandelt werden muß.

Virtuelle Adreßangaben haben den in Bild 11.15 gezeigten Aufbau. Der Selektorteil wird in das im Befehl angegebene Selektorregister geladen, der Offset in ein anderes CPU-Register. Der automatisch mit 8 multiplizierte Index zeigt dabei auf einen Eintrag relativ zum Anfang einer globalen (TI=0) oder lokalen (TI=1) Deskriptortabelle. Der dort gespeicherte Segmentdeskriptor wird nun automatisch in den langen Teil des Selektorregisters geladen.

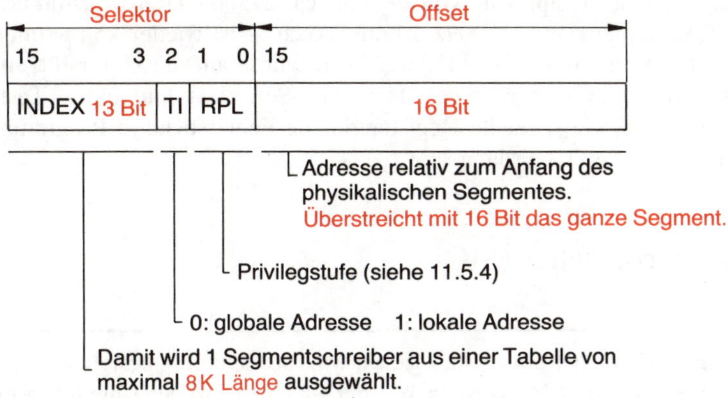

Bild 11.15 Aufbau einer virtuellen Adresse

11.4.4 Taskwechsel

Außer der lokalen Deskriptortabelle ist jeder Task noch ein 44 Byte langes *Taskstatus-Segment* zugeordnet, in das beim Taskwechsel Register und wichtige Adressen abgespeichert werden. Es enthält auch den Deskriptor der lokalen Deskriptortabelle sowie einen Zeiger, der auf die aufrufende Task zeigt. Der Deskriptor für dieses Taskstatus-Segment wiederum befindet sich in der globalen Deskriptortabelle und wird beim Aufruf in das Task-Register der CPU geladen.

Bei Aufruf einer anderen Task, z.B. mit speziellen CALL-Befehlen, müssen die folgenden Aufgaben erledigt werden:

- □ Retten aller CPU-Register in das aktuelle Taskstatus-Segment.
- □ Laden des Task-Registers mit einem Zeiger, der den Zugriff auf den Deskriptor des neuen Taskstatus-Segmentes erlaubt.
- □ Laden des LDTR mit dem Deskriptor der für die neue Task gültigen Segmentdeskriptortabelle.
- □ Laden der Register aus dem nun aktuellen Taskstatus-Segment.
- □ Abarbeiten dieser Task bis zu einem erneuten Taskwechsel.

11.4.5 Privilegmechanismen

In der virtuellen Adresse ist für jedes Segment eine *Privilegstufe* codiert, von denen es 4 gibt. Je höher die Privilegstufe, desto besser sollten die Programme ausgetestet sein. Die höchste Stufe ist z.B. für das Betriebssystem vorbehalten. Ein Programm darf nur auf Programme oder Daten der gleichen oder einer niedrigeren Stufe zugreifen, um wertvolle ausgetestete Programme zu schützen. Es gibt jedoch auch Möglichkeiten, diese Grenzen bewußt zu überschreiten.

11.5 Mikroprozessoren mit 32 Bit Verarbeitungsbreite

Bei der 8er-Familie zählt hier der 80386 dazu. Mit verfeinerten Herstellungstechnologien wurden auf einer Chipfläche von 98 mm^2 ca. 275000 Transistorfunktionen integriert, die Taktfrequenz auf 33 MHz erhöht. Auch er ist wieder kompatibel zu allen Prozessoren der 8086-Familie. Besonderer Wert wurde auf die Unterstützung bei der Fehlersuche gelegt, so gibt es einen Hardware-Selbsttest und einen Test bei der Adreßübersetzung sowie spezielle Register für die Fehlersuche in Programmen. Segmente können bis zu 4 GByte lang sein.

11.6 Mikrocontroller (MC)

> Ein *Mikrocontroller* (MC) ist ein Mikrocomputer – bestehend aus CPU, Speicher und E/A-Bausteinen –, der auf einen einzigen Chip integriert wird *(Einchip-Mikrocomputer)*.

Solche Mikrocontroller sind seit 1971 auf dem Markt. Es gibt sie mit verschiedenen Verarbeitungsbreiten, üblich sind 4, 8 und 16 Bit. Der erste MC mit 8 Bit Breite (Intel 8048) erschien 1976. Anwendungsschwerpunkt ist das Steuern (engl. to control) von Geräten und Maschinen, wie Drucker, Kopierer, Kfz-Elektronik, Videorecorder, Handhabungsautomaten (Roboter) usw.

Aus Platzgründen enthalten sie relativ wenig Speicher, typisch 8 KByte ROM und 512 KByte RAM. Bei größerem Speicherbedarf können externe Speicher verwendet werden.

Diese MC werden teilweise sogar nach Kundenspezifikation hergestellt. Um Entwicklungszeiten zu verkürzen, wird auf dem Chip ein Kern, meist CPU, Speicher und parallele Ports, unverändert gelassen und nur auf der noch freien Fläche je nach Anwendungsfall ADU, DAU, Timer, serielle Schnittstellen usw. integriert.

Als Beispiel soll hier der *Mikrocontroller 80515* beschrieben werden, der zur viel verwendeten *8051-Familie* gehört, die u.a. von Intel und Siemens gefertigt wird. Die Verarbeitungsbreite beträgt 8 Bit. Dieser Abschnitt kann aus Platzgründen die vielen Möglichkeiten, die diese MC bieten, nur andeuten. Für das weitere Studium sei der Leser auf die einschlägige Literatur verwiesen [13, 14].

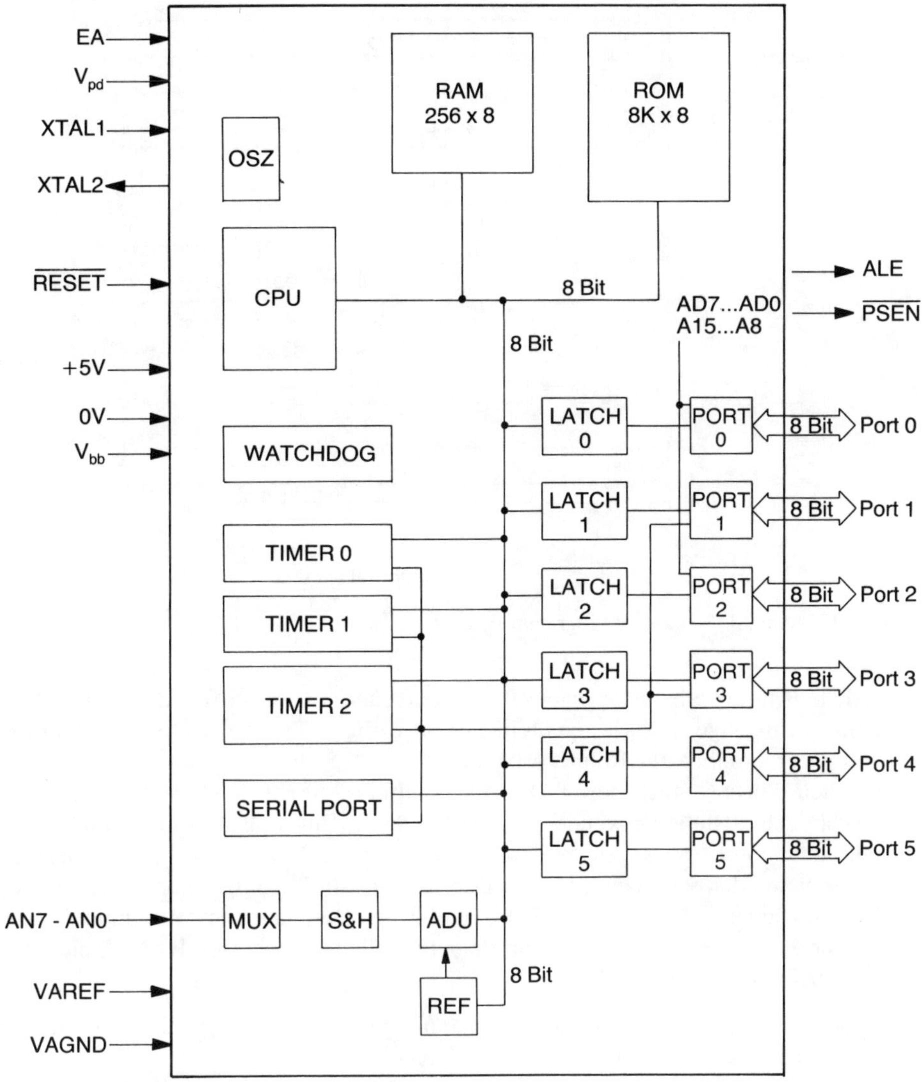

Bild 11.16 Blockschaltbild des MC 80515

Schon das Blockschaltbild (Bild 11.16) läßt die vielfältigen Anwendungsmöglichkeiten dieses MC ahnen:

- CPU mit Oszillator 12 MHz und *Watchdog-Timer,*
- RAM-Speicher 256 Byte, davon können 40 Byte über einen Batterieanschluß (VPD) gepuffert werden,
- ROM-Speicher 8 KByte (beim 80515) oder 0 KByte (beim 80535),
- Zähler/Zeitgeber 3 Stück mit 16 bit Länge, davon einer mit *Reload-, Capture-* und *Compare*-Funktionen,

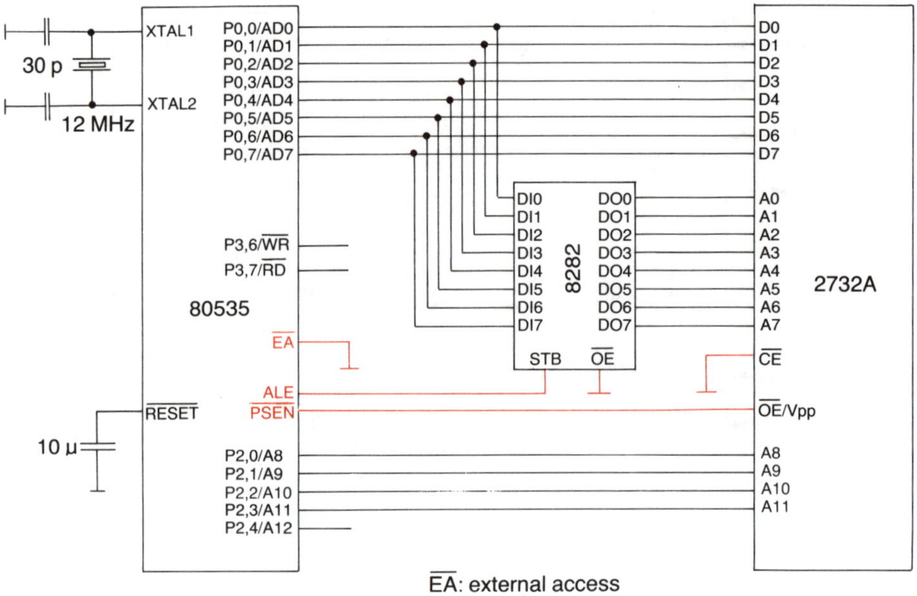

Bild 11.17 Anschluß externer Programmspeicher

- serielle Schnittstelle mit eigenem Baudratengenerator für 4800 und 9600 Baud,
- Analog-Eingänge 8 Stück gemultiplext, mit 8 Bit Auflösung, 15 µs Wandlungszeit und programmierbarer Referenzspannung,
- parallele Ports 6 Stück, jeweils 8 Bit breit, bidirektional. Werden Timer oder die serielle Schnittstelle verwendet, so werden deren Ein- und Ausgangssignale ebenfalls über diese Ports geleitet. Auch bei externen ROM- oder RAM-Speichern müssen zwei der parallelen Ports für Daten- und Adreßleitungen verwendet werden.
- Die Maschinensprache kennt außer den üblichen Befehlen noch Multiplikation und Division und die Adressierung einzelner Bitstellen – sowohl im RAM-Speicher als auch bei den E/A-Ports.

Zum Betrieb wird nur eine Versorgungsspannung von 5 V benötigt, ein Quarz für den internen Taktgenerator und eine einfache Reset-Schaltung.

Im folgenden werden die wichtigsten Eigenschaften kurz erklärt, um zu zeigen, daß sich die Arbeitsweise im Vergleich zu «konventionellen» Mikrocomputersystemen kaum geändert hat. Aus Platzgründen werden nur einige Maschinenbefehle als Beispiele zitiert, sehr gute Unterlagen dazu finden Sie in [13], [14] und [15]. Leider wird bei dieser Mikroprozessorfamilie wieder eine etwas andere Mnemonik verwendet, um gleiche Operationen zu beschreiben, z.B.:

	Z80	8051-Familie
Immediate-Adressierung	LD A,23H	MOV A,#23H
direkte Adressierung	LD A,(0900H)	MOV A,32H (8-Bit-Datenadresse im internen RAM)
registerindirekte Adr.	LD A,(HL)	MOV A,@RO

11.6.1 Speicherorganisation

Bei den 805xx wird zwischen Programm- und Datenspeicher und zwischen internen und externen Speichern unterschieden. Das hat den Vorteil, daß für Programm- und Datenspeicher jeweils ein Adreßraum von 64 KByte zur Verfügung steht. Welcher Speicher ausgewählt wird, hängt vom verwendeten Befehl bzw. der Adressierungsart ab.

Unterscheidung zwischen Programm- und Datenspeicher
Der *Programmspeicher* wird angesteuert, wenn die im Programmzähler (PC) stehende Adresse ausgegeben wird, also beim Laden von Befehlscodes in das Befehlswerk, oder mit speziellen Ladebefehlen,

z.B. MOVC A,@A+DTPR;Move from Code-Memory

Der *Datenspeicher,* dazu zählen auch Rechenregister, und die Steuer- und Datenregister der E/A-Ports werden mit den üblichen Adressierungsarten, wie direkter Adressierung, Immediate-Adressierung, Register-Register-Adressierung, registerindirekter Adressierung, angesteuert.

Erzeugung externer Speichersignale
Beim Zugriff auf externe Speicher werden Daten- und Adreßleitungen benötigt. Da Mikrocontroller dafür meist keine eigenen Anschlüsse haben, werden parallele E/A-Ports verwendet, die dann aber nicht mehr für andere Zwecke zur Verfügung stehen (Bild 11.17).

Bei den 805xx-MC wird Port 0 für das niederwertige Adreßbyte und für Daten verwendet. Das Ausgangssignal *ALE* (address latch enable) zeigt, ob es sich um Adressen (ALE=HIGH) oder Daten (ALE=LOW) handelt. Port 2 wird für das höherwertige Adreßbyte benutzt.

Soll der *Programmspeicher* angesprochen werden, wird das Steuersignal $\overline{PSEN}$ (program store enable) aktiv. Mit diesem Signal können bei dem ausgewählten Speicherbaustein die Bustreiber eingeschaltet werden.

Die Steuersignale $\overline{WR}$ (P3.6) und $\overline{RD}$ (P3.7) werden nur aktiv, wenn der *Datenspeicher* angesprochen wird.

Unterscheidung zwischen internen und externen Speichern
Bei Programmspeicher-Adressen zwischen 0000H und 1FFFH, also innerhalb des Bereiches der ersten 8 KByte, wird mit dem Eingangssignal $\overline{EA}$ (external access) unterschieden, ob auf einen externen ($\overline{EA}$=LOW) oder auf den internen *Programmspeicher* ($\overline{EA}$=HIGH) zugegriffen wird (Bild 11.18).

Ist die Programmspeicher-Adresse 2000H oder größer, so wird immer ein externer angesprochen.

Bei *Datenspeichern* hat das Signal $\overline{EA}$ keine Bedeutung. Hier gibt es bestimmte Befehle, die nur den externen Datenspeicher ansprechen (Bild 11.19).

z.B. MOVX A,@RO ;Lade vom externen Speicher (8-Bit-Speicheradresse)
MOVX @DPTR,A ;Lade in den externen Speicher (16-Bit-Speicheradresse)

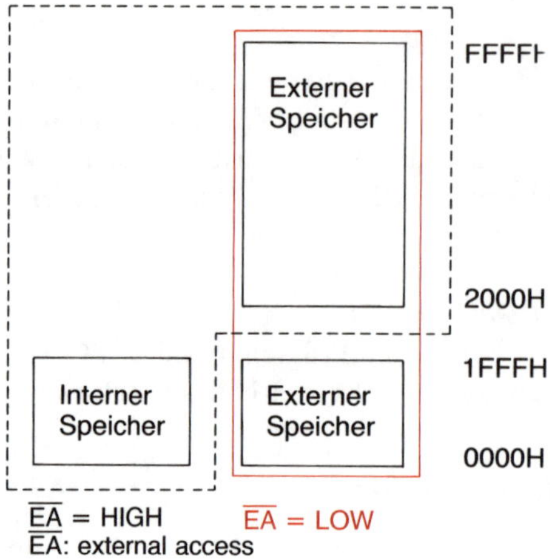

Bild 11.18
Organisation interner und externer Programmspeicher

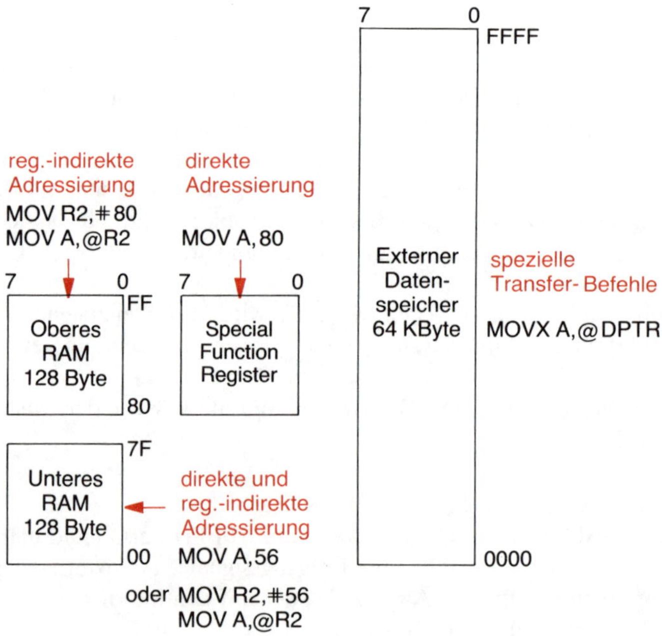

Bild 11.19 Organisation interner und externer Datenspeicher

Organisation des internen Datenspeichers (RAM)
Die Größe beträgt 256 Byte, die Adressen liegen zwischen 00H und FFH.

Die Adressen von 00H bis 1FH enthalten 4 *Registerbänke* zu je 8 Registern, die jeweils mit R0 bis R7 bezeichnet sind und mit *R-R-Adressierung* angesprochen werden (Bild 11.20).

z.B.	MOV A,R5	;Lade Register A aus Register R5
	MOV @RO,A	;Lade die durch R0 adressierte Datenspeicherzelle aus dem Register A

Die gerade aktive *Registerbank* ist durch die Bitstellen 3 und 4 des *Programmstatuswortes (PSW)* festgelegt (Bild 11.21).

Bei den nächsten 16 Datenspeicherzellen (20H bis 2FH) sind die Bitstellen auch einzeln adressierbar, das ergibt insgesamt 128 Bitadressen, für die es spezielle Befehle gibt,

z.B.	MOV 57H, C	;Lade die Bitadresse 57H aus dem Carry-Flag

Die Adressen 30H bis 7FH stehen als allgemeine *Datenspeicher* zur Verfügung. Sie können mit *direkter* und *indirekter Adressierung* angesprochen werden:

z.B.	MOV A,56H	; Lade Akku mit dem Inhalt der Datenspeicherzelle 56H
	ADDC A,@R3	; Addiere Akku + Inhalt der durch R3 adressierten ; Datenspeicherzelle + Carry-Flag, Ergebnis im ; Akku.

Der Adreßbereich von 80H bis FFH wird doppelt verwendet (Bild 11.19).

Um den internen Datenspeicher in diesem Bereich anzusprechen, müssen Befehle mit registerindirekter Adressierung verwendet werden.

z.B.	ORL A,@R5	; Verknüpfe mit ODER den Akku und die durch R5 ; adressierte Datenspeicherzelle, Ergebnis im Akku.

Der Block der *Special Function Register (SFR)* kann nur durch Befehle mit *direkter Adressierung* angesprochen werden.

z.B.	SUBB A,0F8H	; Akku := Akku − C-Flag – Inhalt der Adresse F8H

Da F8H die Adresse des Datenregisters von Port 5 ist, siehe Tabelle auf Seite 388, können also Eingabedaten auch direkt verarbeitet werden.

11.6.2 Register

Mit Ausnahme des Programmzählers befinden sich alle CPU- und E/A-Register im RAM-Speicher.

A-Register, Akkumulator, Akku (8 Bit)
Wie beim Z80 ist der Akku auch hier das zentrale Arbeitsregister. Auf ihn können die meisten Adressierungsarten angewendet werden. Vor *arithmetischen* und *logischen Operationen* enthält der Akku immer einen der Operanden, nachher das Ergebnis.

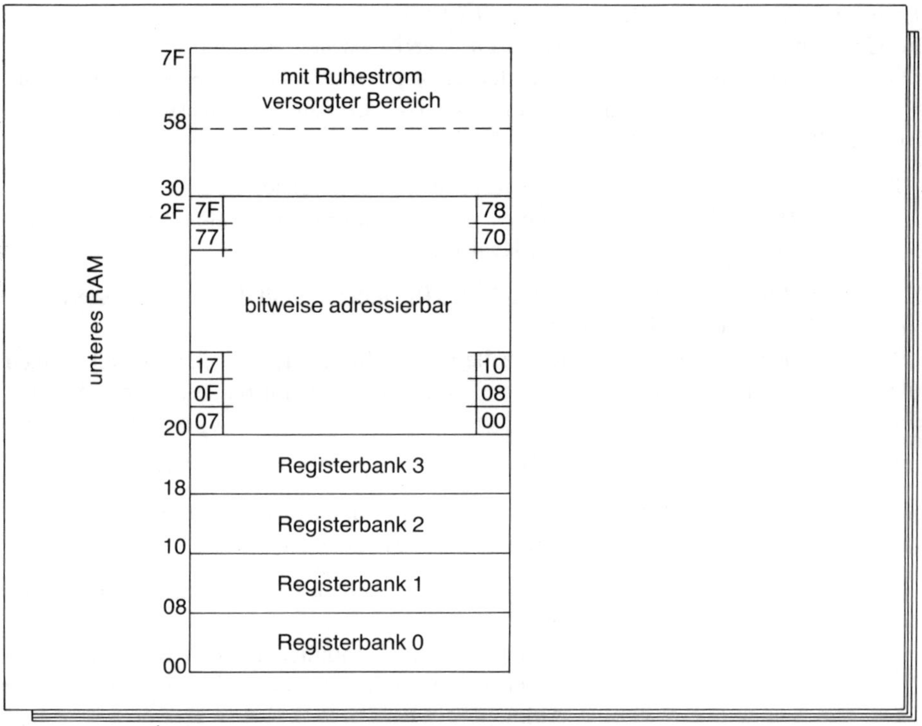

Bild 11.20 Interner Datenspeicher, untere Hälfte

z.B.	ADD A,0E8H	; A := A + (0E8H) Da es sich hier um direkte Adressierung handelt, wird die Operation mit dem Datenregister von Port 4 durchgeführt!

B-Register (8 Bit)
Wird bei Multiplikations- und Divisionsbefehlen verwendet.

	MOV A,#50H	; Immediate-Adressierung
	MOV B,#A0H	
	MUL AB	; Ergebnis: 3200H A := 00H und B := 32H

C-Register, Carry-Flag (1 Bit)
Es ist die Bitstelle 7 im *Programmstatus-Wort (PSW)* mit der üblichen Funktion des Carry-Flags. Zusätzlich wird es noch als Arbeitsregister bei *Bitoperationen* verwendet.

z.B.	ANL C,12H	; Der Inhalt des C-Registers wird UND-verknüpft mit dem Inhalt der achtzehnten Stelle im bitadressierten RAM des internen Datenspeichers.

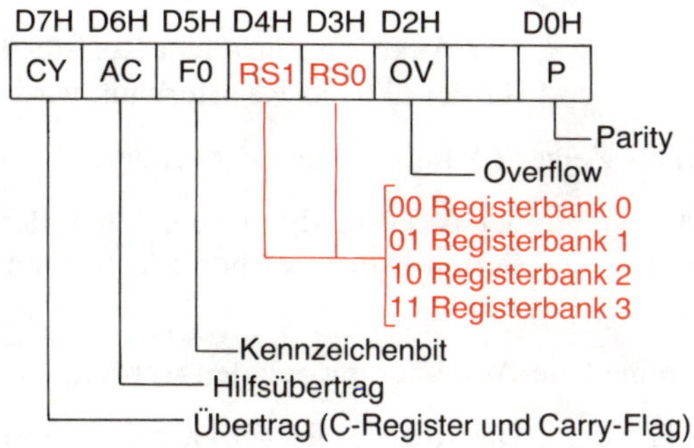

Bild 11.21 Programmstatuswort, Adressierung der Registerbänke

Programm-Zähler (program counter, PC) (16 Bit)
Zeigerregister mit seiner bekannten Funktion. Sein Inhalt zeigt immer auf eine Adresse des internen oder externen Programmspeichers. Bei Verwendung externer Speicher ($\overline{EA}$=LOW) wird $\overline{PSEN}$ aktiviert.

Programmstatus-Wort, PSW (8 Bit)
Enthält verschiedene *Flags* und das Kennzeichen, welche der 4 Registerbänke gerade angewählt ist (Bild 11.21).

Stackpointer, SP (8 Bit)
Er dient, wie üblich, zur Verwaltung des *Stackbereichs* im Datenspeicher. Mit PUSH und CALL wird gespeichert, mit POP, RET und RETI zurückgeholt.

Datenpointer, DPTR (16 Bit)
Er ist für den Zugriff auf externe Datenspeicher mit *registerindirekter Adressierung* gedacht.

```
MOV DPTR,#0900H ; lädt den Datenpointer mit der Konstante 0900H
MOVX A,@DPTR    ; lädt den Akku mit dem Inhalt der Adresse 0900H
INC DPTR        ; nächste Datenadresse
```

Registerbänke R0 bis R7
Es gibt 4 Registerbänke mit jeweils 8 Registern R0 bis R7. Das PSW enthält die Nummer der gerade aktiven Registerbank. Diese Nummer kann leicht geändert werden – eine sehr elegante Methode, um z. B. bei *Interrupt-Serviceroutinen* schnell auf bestimmte Daten oder Adressen zugreifen zu können. Sie werden über Befehle mit Register-Register-Adressierung angesprochen.

```
z.B.   MOV A,R5       ; Der Akku wird aus dem Register R5 geladen
       MOV R2,A       ; R2 der aktiven Registerbank wird aus A geladen
```

Häufig werden sie auch als Zeiger (Adreßregister) verwendet.

```
z.B.   MOV A,@R4      ; der Akku wird mit dem Inhalt der durch R4 adres-
                        sierten Datenspeicherzelle geladen
       MOV @R7,A
```

Sie können auch über Immediate-Adressierung geladen werden.

```
z.B.   MOV R6,#25H    ; Das Register R6 wird mit der Konstante 25H geladen
```

Special-Function-Register, SFR
Dazu gehören alle Register mit Ausnahme des PC und der 4 Registerbänke. Da beim Mikrocontroller alle E/A-Bausteine auf dem Chip integriert sind, liegen die Adressen für deren Daten- und Steuerregister fest. Alle diese Register sind im SFR-Block des Datenspeichers im Adreßbereich 80H bis FFH zusammengefaßt. Bei Z80-Systemen sind diese Register in den entsprechenden E/A-Bausteinen enthalten und müssen mit IN- und OUT-Befehlen angesprochen werden.

In der Tabelle sind diese Register mit ihren symbolischen und physikalischen Adressen aufgelistet. Der Assemblierer ASM 51 kennt diese Zuordnung, so daß der Programmierer die symbolischen Adressen verwenden kann, ohne sie alle vorher mit dem Pseudobefehl EQU definieren zu müssen.

Zum Ändern oder Lesen dieser Register können nur Befehle mit direkter Adressierung verwendet werden.

Adresse	Symbol		Bezeichnung
80	P0	*	Port 0
81	SP		Stack pointer
82,83	DPTR		Data pointer LOWByte HIGHByte
87	PCON		Power control register
88	TCON	*	Timer control register
89	TMOD		Timer mode register
8A,8C	T0		Timer 0
8B,8D	T1		Timer 1
90	P1	*	Port 1
98	SCON	*	Serial port control register
99	SBUF		Serial buffer register

Adresse	Symbol		Bezeichnung
0A0	P2	*	Port 2
0A8	IEN0	*	Interrupt enable register 0
0A9	IP0		Interrupt priority register 0
0B0	P3	*	Port 3
0B8	IEN1	*	Interrupt enable register 1
0B9	IP1		Interrupt priority register 1
0C0	IRCON	*	Interrupt request control register
0C1	CCEN		Compare/capture enable register
0C2,0C3	CC1		Compare/capture register 1
0C4,0C5	CC2		Compare/capture register 2
0C6,0C7	CC3		Compare/capture register 3
0C8	T2CON	*	Timer 2 control register
0CA,0CB	CRC		Compare/reload/capture register
0CC,0CD	T2		Timer 2
0D0	PSW	*	Program status word register
0D8	ADCON	*	A/D-Converter control register
0D9	ADDAT		A/D-Converter data register
0DA	DAPR		A/D-Converter program register
0E0	ACC	*	Akkumulator, A-Register
0E8	P4	*	Port 4
0F0	B	*	B-Register
0F8	P5	*	Port 5

Bei den mit * gekennzeichneten SF-Registern können auch einzelne Bitstellen adressiert werden.

```
z.B.   MOV A,0B0H    ;lädt den Akku aus dem Datenregister von Port 3
       ANL C,/0B0H   ;UND-Verknüpfung von C-Flag und der negierten
                      Bitstelle 0 von Port 3
```

11.6.3 Verwendung der Ports

Ein Port besteht aus einem Flipflop zum Zwischenspeichern, mehreren Tonschaltungen und dem Ausgangstransistor mit einem Pull-up-Widerstand (Bild 11.22).

Die Steuerleitungen Read Latch bzw. Read Pin schalten den Ausgang des Flipflops bzw. direkt den Signalpegel am Anschluß zum internen Datenbus durch. Bei «Write to Latch» wird der interne Datenbus in das Flipflop übernommen.

Der interne Datenbus wird verwendet, wenn das Port als parallele E/A-Einheit benutzt wird. Werden Ports für andere Funktionen benutzt, z.B. für die serielle Schnittstelle oder für Timersignale, so werden die Daten entweder über die Alternate Output Function oder die Alternate Input Function geführt (Bild 11.22).

Die Ports 0, 1, 2, und 3 können außer für parallele Ein- und Ausgabe auch noch für andere Funktionen verwendet werden (E: Eingang, A: Ausgang):

PORT 0	P0.0 E/A A0/D0 . . . P0.7 E/A A7/D7	Am Zyklusanfang Ausgabe des niederwertigen Adreßbyte (ALE=HIGH), dann Aus- bzw. Eingabe der Daten (ALE=LOW)
PORT 1	P1.0 E/A $\overline{INT3}$/CC0 P1.1 E/A INT4/CC1 P1.2 E/A INT5/CC2 P1.3 E/A $\overline{INT6}$/CC3 P1.4 E $\overline{INT2}$ P1.5 E T2EX P1.6 E CLKOUT P1.7 E T2	Eingänge für Interrupt und Capture-Funktion sowie Compare-Ausgang externer Interrupt 2 externer Reload-Eingang Systemtakt Ausgang Timer 2 Eingang
PORT 2	P2.0 A A8 . . . P2.7 A A15	Ausgänge für höherwertiges Adreßbyte für externen Datenspeicher
PORT 3	P3.0 E RxD P3.1 A TxD P3.2 E $\overline{INT0}$ P3.3 E $\overline{INT1}$ P3.4 E T0 P3.5 E T1 P3.6 A $\overline{WR}$ P3.7 A $\overline{RD}$	Serieller Port Dateneingang Serieller Port Datenausgang externer Interrupt 0 bzw. Timer 0 Gate externer Interrupt 1 bzw. Timer 1 Gate Zähler 0 Eingang Zähler 1 Eingang Schreibsignal für externen Datenspeicher Lesesignal für externen Datenspeicher

Jeder Pin kann einzeln für Eingabe oder für Ausgabe verwendet werden. Wird er für Eingabe oder für Alternate Output verwendet, so muß zuvor der Q-Ausgang des Flipflops per Programm auf HIGH gesetzt werden.

```
z.B.    MOV 80H,#0FFH    ;Register Port 0 auf HIGH
        MOV A,80H        ;Akku mit dem Zustand der Anschlüsse von Port 0
                          laden
```

Befehle, die von einem Port Daten holen, evtl. ändern und wieder rückspeichern, lesen immer den Zustand des Flipflops.

```
z.B.    ANL 90H,A        ;UND-Verknüpfung Port 1 mit Akku. Ergebnis steht
                         ;in den Flipflops von Port 1!
        INC 80H          ;Inhalt des Datenregisters von Port 0 inkrementieren
```

Die anderen Befehle lesen direkt den Signalpegel am Anschluß.

```
z.B.    MOV A,@80H       ;Akku wird aus dem Inhalt von Port 0 geladen
```

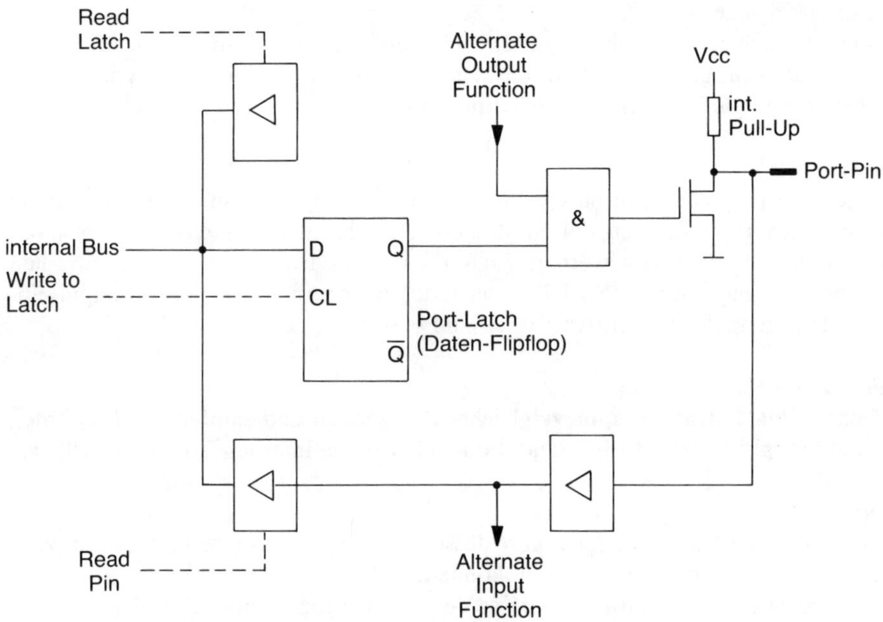

Bild 11.22 Interne Beschaltung eines Port-Anschlusses

Zähler/Zeitgeber Nr. 0 und 1 (16 Bit)
Sie arbeiten als Zeitgeber mit einer internen Taktfrequenz von f/12 oder als Zähler, wobei die H/L-Flanken an den externen Eingängen das Zählregister inkrementieren. Höchste mögliche *Zählrate* ist f/24 (f: Oszillatorfrequenz 12 MHz).

Die Funktion der Zähler wird gesteuert über ein Timer Control Register (TCON) und ein Timer Mode Register (TMOD).

Zähler/Zeitgeber Nr. 2 (16 Bit)
Diese Einheit bietet drei zusätzliche Funktionen:

- *compare,*
- *capture,*
- *reload.*

Dem eigentlichen Zählregister sind dazu noch vier 16-Bit-Register (CC bzw. CRC), vier 16-Bit-Vergleicher sowie vier Eingangssignale zugeordnet.

Reload (neu laden)
Bei jedem Überlauf des Zählregisters oder einer H/L-Flanke am Eingang P1.5 wird der Inhalt eines 16-Bit-Registers (CRC) in das Zählregister geladen, das dann von diesem nachgeladenen Wert aus weiterzählt. Es können Impulse von 1*f/12 = 1 µs bis 65536*f/12 = 65 ms erzeugt werden.

Compare (vergleichen)
Hier werden nach jedem Zählimpuls die Inhalte derjenigen 16-Bit-Register, die im Compare-Modus programmiert sind, mit dem Inhalt des Zählregisters verglichen. Bei Gleichheit kann jede der Vergleichsschaltungen einen eigenen Interrupt erzeugen.

Capture (fangen)
Bei denjenigen Registern, die im Capture-Modus programmiert sind, kann durch ein Signal am zugehörigen Eingang der im Moment aktuelle Inhalt des Zählregisters in das 16-Bit-Register übernommen werden. Damit können z.B. Verzögerungen zwischen zwei Impulsen gemessen werden, indem nach der Aktivierung des zweiten Impulseingangs die Differenz der beiden Registerinhalte berechnet wird.

Serielle Schnittstelle
Sie arbeitet *duplex,* d.h., sie kann zu gleicher Zeit senden und empfangen. Es werden Start- und Stoppbits erzeugt, die Baudrate ist über einen internen Timer einstellbar.

Interrupt
Es gibt insgesamt 12 externe, z.B. Anschlüsse von Port 1, und interne Quellen, z.B. Timer-Überlauf, die Interrupt auslösen können.
Jeder Quelle ist eine feste Anfangsadresse des Serviceprogramms zugeordnet.
Eine Quelle löst Interrupt aus, indem sie ein Bit im Interrupt Request Control Register (IRCON) setzt. Diese Bits können auch per Programm gesetzt werden *(Software-Interrupt).*

Alle Interrupts können durch ein zugeordnetes Bit im Interrupt Enable Register gesperrt (maskiert) werden.

In zwei Interrupt-Prioritäts-Registern wird einem Paar von Interruptleitungen eine von vier Prioritätsebenen zugeordnet. Das Paar liegt fest, die Prioritätsebene kann gewählt werden. Ein Interrupt höherer Priorität kann eine ISR niedrigerer Priorität unterbrechen.

Watchdog-Timer (WDT)
Der WDT erhöht die *Systemzuverlässigkeit* bei Störungen des Programmablaufs. Er besteht aus einem 16-Bit-Timer, der durch einen Befehl gestartet, dann aber per Programm nicht mehr anzuhalten ist. Der Start kann z.B. erfolgen mit

```
ORL 0B8H,40H        ;setze Bit 6 der E/A-Adresse B8H auf 1
                    ;das ist das Bit SWDT «start watchdog timer».
```

Der WDT erzeugt nun bei jedem Überlauf (ca. 65 ms bei 12-MHz-Takt) einen internen Reset, so daß das Programm erneut gestartet wird. Soll der Reset verhindert werden, muß das Programm innerhalb von 65 ms zwei verschiedene Bits setzen. Fällt das Programm außer Tritt, so unterbleibt dieses Setzen mit hoher Wahrscheinlichkeit, und das Programm wird spätestens nach 65 ms durch den Reset erneut gestartet.

Bei noch höheren Anforderungen an die Systemzuverlässigkeit müssen dann, wie üblich, fehlertolerante Systeme mit drei oder mehr parallel arbeitenden Mikrocontrollern verwendet werden.

Analog-Digital-Umsetzer (ADU)

Der ADU besteht aus einem *Multiplexer,* der einen Anschluß aus 8 Analogeingängen (Kanälen) durchschaltet, einem *Sample&Hold-Verstärker,* der während der Umwandlungszeit die Amplitude dieses Signals für den nachfolgenden Umsetzer konstant hält, und dem eigentlichen Umsetzer mit einer Auflösung von 256 Stufen (8 Bit).

Über das Register ADCON wird die Betriebsart des Umsetzers eingestellt, z.B. welcher Kanal gewandelt werden soll, ob die nächste Umwandlung auf Befehl oder automatisch starten soll.

Im Register DAPR kann sogar der Amplitudenbereich, dem am Ausgang des Umsetzers der Wert 00H bzw. FFH entspricht, programmiert werden, z.B.

DAPR: 00H Spannungsbereich 0 V (00H) bis + 5 V (FFH)
84H Spannungsbereich 1,25 V (00H) bis 2,5 V (FFH)
C8H Spannungsbereich 2,5 V (00H) bis 3,75 V (FFH)

Eine Umwandlung wird durch einen Schreibbefehl in das Register DAPR gestartet.

11.6.4 Zusammenfassung

Dieser kurze Einblick sollte zeigen, daß auch Mikrocontroller nach dem gleichen Prinzip wie konventionelle Mikrocomputersysteme arbeiten. Durch hohe Integration erlauben sie den Aufbau komplexer Steuerungen auf noch kleinerem Raum. Ihre Verbreitung nimmt rasch zu, vielleicht haben sie in einigen Jahren in der Steuerungstechnik die heute noch dominierenden Mikroprozessorsysteme abgelöst.

11.7 Mathematische Coprozessoren

11.7.1 Eigenschaften

Wie schon in Abschnitt 2.2 erwähnt, sind die bis jetzt vorgestellten Mikroprozessoren für kompliziertere Rechenaufgaben schlecht geeignet. Am Beispiel des 8087 (scherzhaft auch als «Number Cruncher» - Zahlenfresser – bezeichnet) soll die Arbeitsweise numerischer Coprozessoren beschrieben werden.

Er wird parallel zu einer CPU verschaltet (Bild 11.23). Ein Blick auf die Anschlußbelegung zeigt die meist schon vom 8086 her bekannten Signale (Bild 11.24).

Der 8087 kann mit einem Befehl bis zu 10 Byte lange Zahlen verarbeiten. Er enthält dazu – unter anderem – 8 Register mit je 80 Bit Länge. Es gibt Befehle,

- □ die solche Zahlen aus dem Zentralspeicher laden und Ergebnisse wieder dort abspeichern,
- □ für die 4 Grundrechnungsarten und das Ziehen von Quadratwurzeln,
- □ für trigonometrische, exponentielle und logarithmische Berechnungen.

Ein Statuswort-Register enthält Flags für Fehler, die bei den Berechnungen auftreten können, z.B. bei einer Division durch 0, oder nach einem Überlauf. Tritt ein solcher Fehler auf, wird das Signal INT aktiviert.

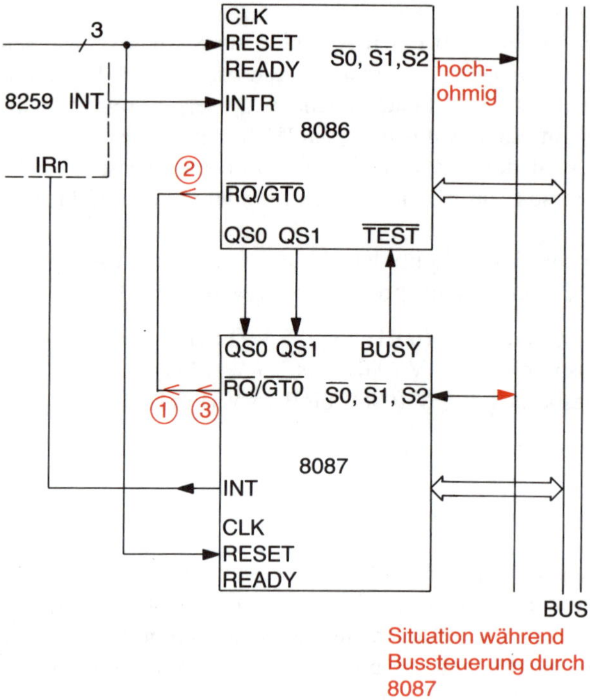

Bild 11.23
Anschluß des 8087 an den Systembus

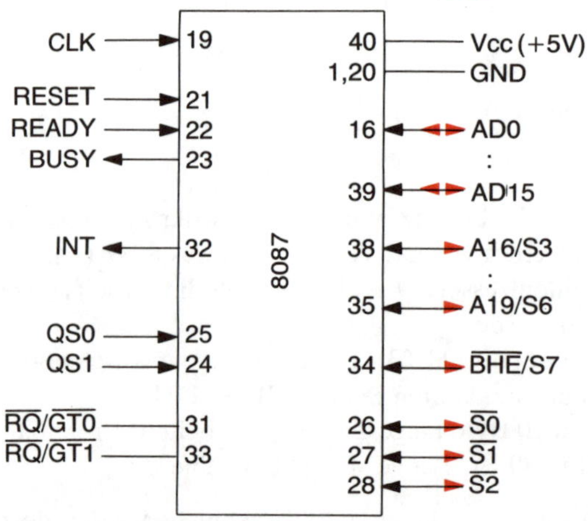

Die rot gezeichneten Pfeile zeigen die Signalrichtung, wenn der 8087 die Bussteuerung übernimmt.

Bild 11.24
Anschlußbelegung des 8087

Alle vom 8087 ausführbaren Befehle beginnen mit der Escape-Bitfolge (Bild 11.25). Diese Maschinenbefehle schalten das durch den Adreßteil des Befehles angesprochene 16-Bit-Wort auf den Datenbus, es erfolgt aber *keine Übernahme durch die 8086-CPU*, sie stellen also für die CPU eine Art NOP-Befehl dar (Dummy Read).

Bild 11.25
Aufbau eines Escape-Befehls

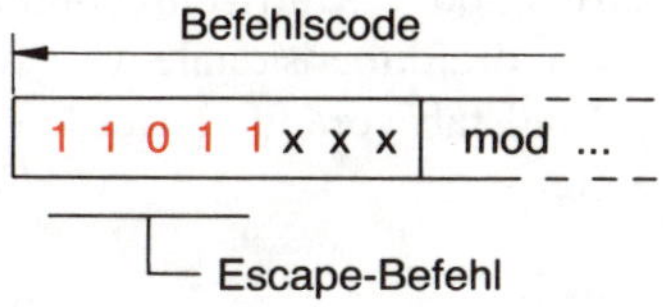

11.7.2 Arbeitsweise

Der 8087 enthält eine Befehls-Warteschlange, die parallel zur Warteschlange des 8086 betrieben wird, wobei der 8087 mit Hilfe der Signale $\overline{S0}$, $\overline{S1}$, $\overline{S2}$ und QS0, QS1 erkennt, welche Art von Zyklus gerade abläuft. Alle Befehle werden also synchron zur CPU decodiert, ohne die CPU dabei zu stören.

Erscheint nun während eines Maschinenzyklus «OP-Code laden» einer der Escape-Maschinenbefehle, z. B. «Lade eine 64 Bit lange Zahl aus der durch (BX+SI) adressierten Speicherzelle», so behält der 8087 die auf dem Bus am Zyklusanfang anliegende Speicheradresse und übernimmt den später auf dem Bus erscheinenden Inhalt dieser Adresse in seine Register. Der Befehlscode selbst befindet sich ja sowieso schon im Befehlswerk des 8087.

Da in diesem Beispiel noch mehrere Bytes geladen werden müssen, verlangt der 8087 über die Leitungen $\overline{RQ}/\overline{GT0}$ die Steuerung des Busses und lädt dann auch noch die restlichen Bytes in ein Operandenregister (Bild 11.26). Ist der 8087 länger mit einer

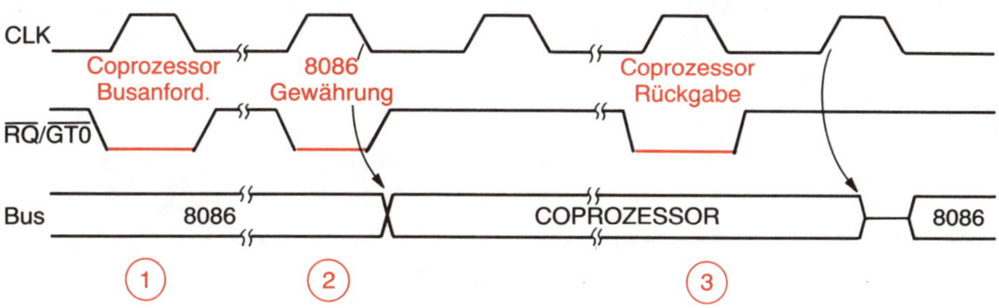

Bild 11.26 Busübernahme durch den Coprozessor

Rechenoperation beschäftigt, wird das Ausgangssignal BUSY aktiviert, das mit dem Eingang $\overline{TEST}$ des 8086 verbunden ist. Dieser Eingang wird mit dem 8086-Befehl WAIT überprüft, wobei die CPU so lange keine weiteren Befehle ausführt, bis an $\overline{TEST}$ wieder LOW anliegt (Bild 11.23).

11.7.3 Vorteile

Ist kein arithmetischer Coprozessor vorhanden, müssen für mathematische Operationen entsprechende Programme benutzt werden. Generell gilt, daß bei bei *rechenintensiven Programmen die Ausführungszeiten um dem Faktor 50 bis 100 reduziert werden*, z. B. bei Zinseszins- oder Matrizenrechnungen oder der bei CAD wichtigen 3-D-Bilderzeugung, wo dreidimensionale Gegenstände auf dem Bildschirm abgebildet, gedreht und im Maßstab verändert werden können. Diese Werte gelten nur für die reinen Rechenzeiten.

12 Weitere Prozessor-Architekturen

12.1 Signalprozessoren

Signalprozessoren sind spezielle Rechner, die Analogsignale digital verarbeiten können (Digital-Signal-Processing). Darunter versteht man die

- □ Eingabe von analogen Signalen in einem Digitalrechner,
- □ Verarbeitung der Signale im Rechenwerk,
- □ Ausgabe des modifizierten Analogsignals.

Bild 12.1 zeigt den prinzipiellen Vorgang der Signalverarbeitung mit Hilfe eines Signalprozessors. Das analoge Eingangssignal wird periodisch abgetastet. Jeder Abtastwert wird von einem *Analog-Digital-Wandler* in den entsprechenden binären Zahlenwert umgewandelt und dem Rechenwerk zugeführt. Danach kann das modifizierte Signal, nachdem es einen *Digital-Analog-Wandler* durchlaufen hat, am Ausgang abgenommen werden.

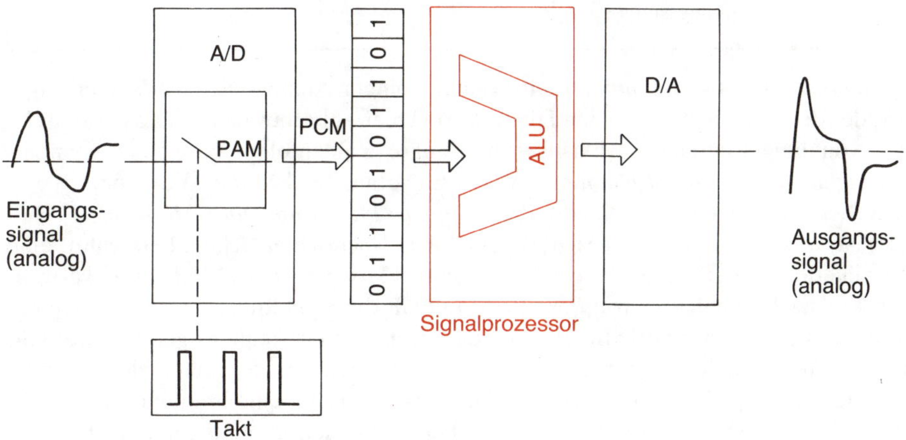

12.1 Signalverarbeitung mit einem Signalprozessor

Im Gegensatz zur herkömmlichen Datenverarbeitung müssen die Signale in *Echtzeit* bearbeitet werden. Echtzeitbearbeitung bedeutet die praktisch zeitgleiche Eingabe, Verarbeitung und Ausgabe von Signalen. Dadurch ist es möglich, Vorgänge wie *Modulation, Mischung, Filterung, Impulsformung, Sprachanalyse* usw. programmgesteuert in einem Computer durchzuführen. Die Vorteile liegen auf der Hand: Verstärkung, Bandbreite, Flankensteilheit und andere Signalparameter können per Programm eingestellt werden.

Die Echtzeitbedingung kann mit üblichen Mikroprozessoren nur erfüllt werden, wenn es sich um die Aufbereitung niederfrequenter Signale handelt. Deshalb wurden spezielle Mikroprozessoren entwickelt, deren Befehlssatz, Rechengeschwindigkeit und Architektur dem Anwendungsfall der digitalen Signalaufbereitung angepaßt ist. Voraussetzung für die Programmierung dieser Signalprozessoren ist eine genaue Kenntnis der theoretischen Grundlagen für die zeitdiskrete Bearbeitung analoger Signale, die fundierte mathematische Kenntnisse erfordert [16]. Deshalb können hier nur Grundlagen und Prinzipien besprochen werden.

12.1.1 Grundlagen der digitalen Signalverarbeitung

12.1.1.1 Aufbereitung des Signals

Analoge Signale, die mit einem Computer bearbeitet werden sollen, müssen zuvor in digitale Signale umgewandelt werden. Sollen die Signale in Echtzeit verarbeitet werden, wie es z. B. bei der Spracherkennung oder bei der Realisierung von digitalen Filtern der Fall ist, muß das Signal in konstanten Intervallen abgetastet werden. Nach dem *Theorem von Shannon* kann das Signal nur dann eindeutig erfaßt werden, wenn die Abtastfrequenz mindestens doppelt so groß ist wie die maximal zu erfassende Signalfrequenz.

> Die Abtastfrequenz muß mindestens doppelt so groß sein wie die Frequenz des Eingangssignals.

Der analoge Abtastwert *(Sample)* wird danach einem Analog-Digital-Wandler zugeführt, der den Analogwert in einen Digitalwert (Dualzahl) umwandelt. Die periodische Folge von umgewandelten Abtastwerten (binäre Zahlenfolge) bezeichnet man als *PCM-Signal (Puls-Code-Modulation).* Bild 12.2 veranschaulicht den Vorgang.

Das beim Abtasten entstehende *PAM-Signal (Puls-Amplituden-Modulation,* Bild 12.2c) ist, wenn man es aus der Sicht der analogen Nachrichtentechnik betrachtet, eine Multiplikation zweier Signale, wie sie auch bei der Mischung bzw. Modulation verwendet wird. Das Frequenzspektrum der PAM enthält die Signalfrequenz sowie Frequenzen, die aus Summen- und Differenzbildung mit der Abtastfrequenz gebildet werden. Enthält nun die abgetastete Signalschwingung Frequenzen, die höher als die halbe Abtastfrequenz f_T sind, so entstehen durch Differenzbildung Frequenzen, die im ursprünglichen Signal nicht enthalten sind. Diese Frequenzen erscheinen auch innerhalb des PCM-Signals und führen zu einer Fehlanalyse.

Wenn die Abtastung z. B. mit $f_T = 10$ kHz erfolgt und das Signal eine Frequenzkomponente von $f_s = 7$ kHz enthält, dann bildet sich im codierten PCM-Signal eine Frequenz von $f_T - f_s = 3$ kHz. Diesen Effekt bezeichnet man als *Aliasing.* Die durch das Aliasing entstehenden Frequenzen fallen in das genutzte Frequenzband und verursachen dort Störungen.

> Das Aliasing verursacht starke, nichtlineare Verzerrungen.

Zur Vermeidung des Aliasing muß dafür gesorgt werden, daß keine Frequenzen, die höher als die halbe Abtastfrequenz sind, die Abtastschaltung erreichen. Das geschieht

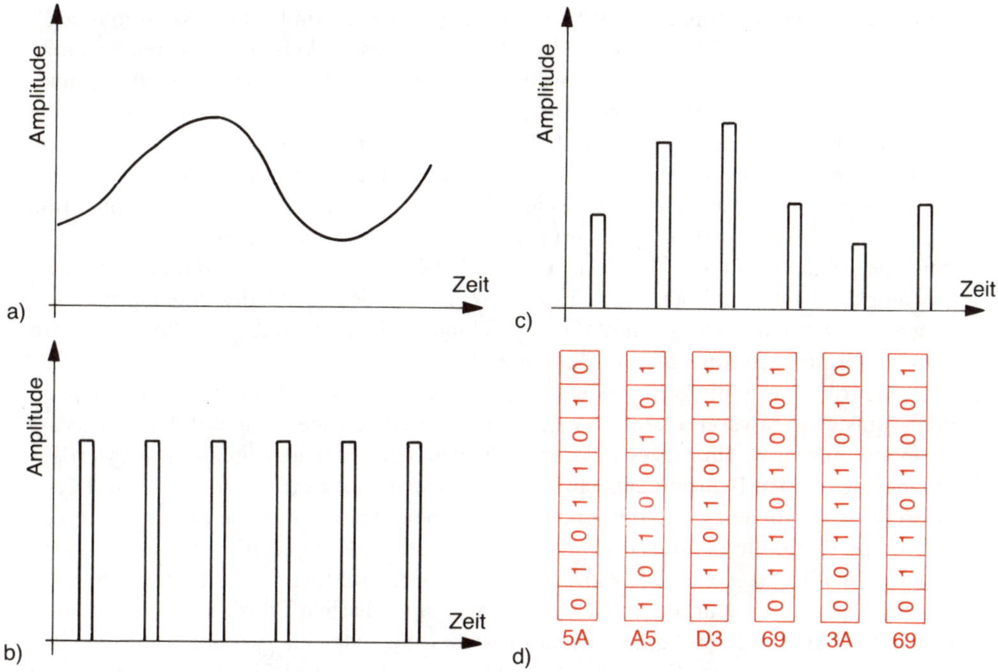

Bild 12.2
Umwandlung analoger Signale in PCM
a) Analogsignal c) PAM-Signal
b) Abtastsignal d) PCM-Signal

am einfachsten durch Vorschalten eines steilflankigen Tiefpasses, dessen Grenzfrequenz unterhalb der halben Abtastfrequenz liegen sollte *(Antialiasing-Filter)*.

Weitere Faktoren, die die Qualität des PCM-Signals beeinflussen, sind die Breite des Abtastimpulses, die Frequenzkonstanz des Abtastsignals und die Auflösung des Analog-Digital-Wandlers.

Die Breite des Abtastimpulses beeinflußt die bei der Aufbereitung verfügbare obere Grenzfrequenz. Änderungen der Signalamplitude, die während der Impulsdauer auftreten, können nicht mehr erfaßt werden. Bei einer Analog-Digital-Wandlung entsteht in der letzten Bitstelle eine Unsicherheit von ½ Bit. Diese Unsicherheit tritt statistisch auf und verursacht im aufbereiteten Ausgangssignal ein *Quantisierungsrauschen,* das dem Signal überlagert ist. Bei einer Auflösung von 8 Bit entspricht die letzte Bitstelle einem Signalanteil von etwa 0,4% (1/256). Das aufbereitete Signal enthält somit eine Rauschspannung von 0,4% (Rauschabstand ca. 48 dB).

12.1.1.2 Verarbeitung des Signals

Je nach Anwendungsfall erfordert die Aufbereitung des eingelesenen PCM-Musters verschiedene Vorgehensweisen. Bei der Realisierung von digitalen Filtern muß zwischen jedem Abtastwert eine Reihe von Rechenoperationen liegen. Wegen des Theorems von Shannon erfordert dies eine hohe Rechengeschwindigkeit. Wenn man z.B. einen Bandpaß im NF-Bereich von 20 Hz bis 10 kHz entwickeln möchte, benötigt man eine Abtastfrequenz von mindestens 20 kHz. Für den Signalprozessor bleiben daher nur 50 μs für eine ganze Reihe von Multiplikationen und Additionen. Schon bei einfachen Filterstrukturen können 10 Rechenoperationen erforderlich sein, d.h., im ungünstigsten Fall liegt hier die Ausführungszeit für eine Multiplikation unter 5 μs. Hinzu kommt noch die erhebliche Zeichenbreite der Operanden. Die Multiplikation muß mit hoher Genauigkeit durchgeführt werden, da Rundungsfehler zu Verzerrungen und Instabilitäten führen können. Ein 12-Bit-PCM-Muster muß daher mit einer Genauigkeit von mindestens 24, besser 32 Bit in der ALU des Signalprozessors bearbeitet werden. Das genannte Beispiel macht deutlich, daß diese Aufgabe mit herkömmlichen Mikroprozessoren kaum zu lösen ist.

In anderen Anwendungen, z.B. der Signalerkennung, genügt es nicht, einen einzelnen Abtastwert zu verarbeiten. Um ein Signal mit ausreichender spektraler Auflösung zu analysieren, muß ein ganzer Abschnitt (Fenster) des Eingangssignals erfaßt werden. Die nachfolgenden Bearbeitungsschritte können soviel Zeit erfordern, daß eine Lücke entsteht, in der neue Signalkomponenten nicht berücksichtigt werden können.

Die obengenannten Anforderungen, die sich aus der Komplexität der Signalanalyse und Bearbeitung ergeben, erfordern andere Rechnerstrukturen. Alle bisher behandelten Mikroprozessoren arbeiten nach dem von Neumannschen Prinzip: Anwendungsdaten und Programmdaten befinden sich im selben Speicher und werden über dasselbe Bussystem transportiert. Durch diese Architektur müssen Befehle, Befehlsoperanden und Anwenderdaten nacheinander in die CPU transportiert werden, wodurch ein erheblicher Zeitverlust entsteht.

Im folgenden soll nun gezeigt werden, wie die genannten Anforderungen durch andere Rechnerarchitekturen erfüllt werden können.

12.1.2 Aufbau und Programmierung von Signalprozessoren

Der Einsatz von Signalprozessoren hat in den letzten Jahren bedeutend zugenommen (z.B. digitales Fernsehen), so daß eine ganze Reihe von Signalprozessoren und adaptierte Peripheriebausteine verfügbar sind. Da hier nur eine grundlegende Einführung gegeben werden kann, sollen zwei Prozessoren besprochen werden, deren unterschiedliche Architektur Lösungsmöglichkeiten für die schnelle Signalanalyse aufzeigen sollen.

12.1.2.1 Der Signalprozessor 2920 von Intel

Dieser Prozessor wurde 1979 zum erstenmal vorgestellt und ist inzwischen durch Weiterentwicklungen abgelöst worden. Wegen seiner relativ einfachen Struktur eignet er sich besonders für eine einführende Darstellung.

Bild 12.3 zeigt das Anschlußbild, Bild 12.4 das Blockschaltbild der internen Schaltung. Der digitale Teil des Prozessors besteht aus einem EPROM-Programmspeicher mit einer Speicherorganisation von 192 × 24 Bit, einem Zwischenspeicher-RAM 40 × 25 Bit, einer Takt- und Zeitablauflogik, einem Schieberegister und einer 28-Bit-ALU.

Bild 12.3
Anschlußbild des 2920

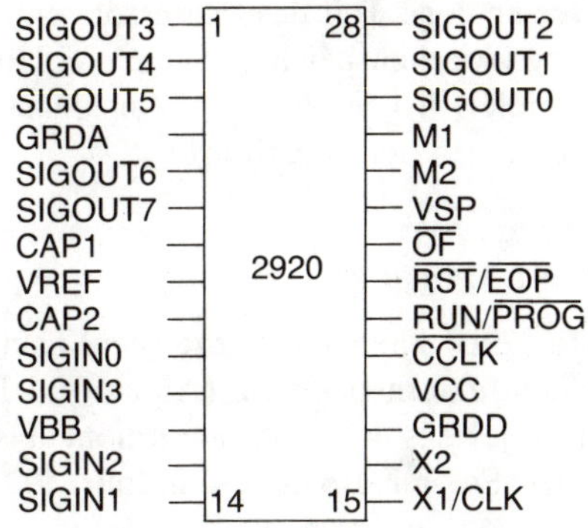

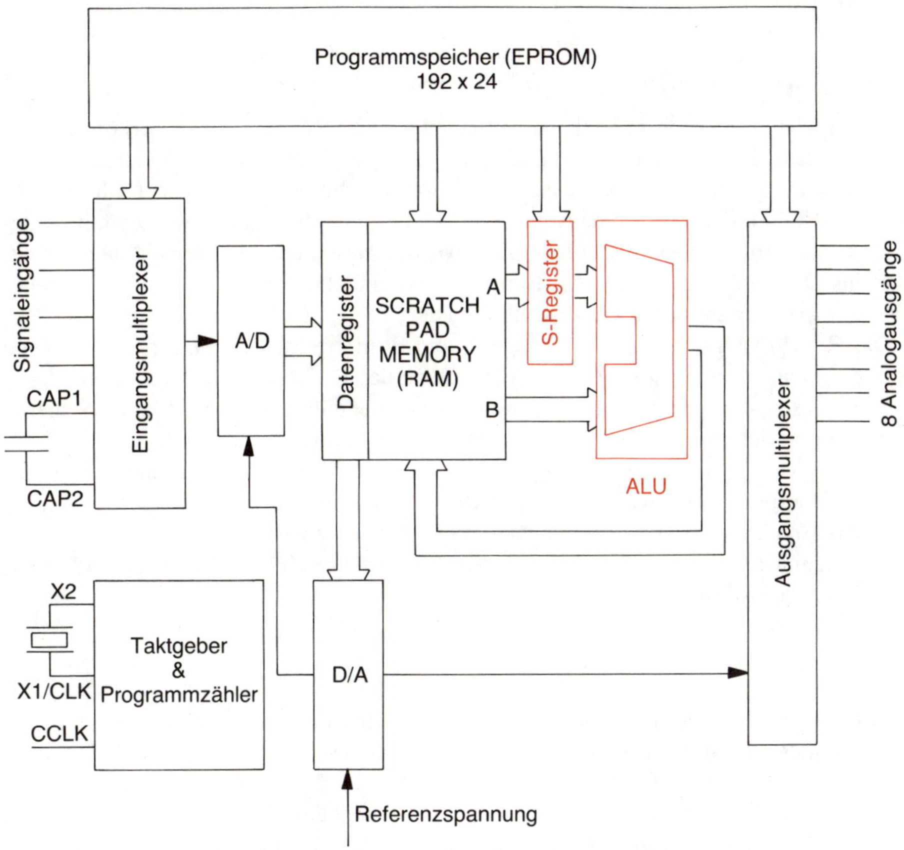

Bild 12.4 Innenschaltung des 2920

Der analoge Teil des Prozessors enthält 4 gemultiplexte Analogeingänge, einen Eingangszwischenspeicher (Sample & Hold), einen 9-Bit-A/D-Wandler, einen 9-Bit-D/A-Wandler, 8 gemultiplexte Analogausgänge und ein 9-Bit-Datenregister (DAR) zum Auffangen der Signalwerte.

Die Takt- und Zeitablauflogik

Der 2920 kann einen externen Taktgeber verwenden oder einen eigenen Takt mit einem externen Quarz (Anschlüsse 15 und 16) erzeugen. Der Programmzähler wird nach jeweils 4 Taktzyklen erhöht, bis er auf 191 steht, und danach wieder zurückgesetzt. Es sind also insgesamt (nur) 192 Befehle, bedingt durch die Speicherkapazität des EPROM, programmierbar. Interessant ist, daß die Signalabtastung per Programm geschehen muß (Polling, vgl. Kapitel 5). Dadurch wird die Abtastfrequenz durch die Anzahl der Befehle, die zwischen zwei analogen Eingabebefehlen liegen, bestimmt. Damit eine konstante Abtastfrequenz erzielbar ist, sind alle Befehle gleich lang, und es gibt keine bedingten Programmsprünge. Bei einer Taktfrequenz von 10 MHz beträgt die Befehlszykluszeit 400 ns, und man erhält bei insgesamt 192 möglichen Befehlen eine Abtastfrequenz f_T von 13 kHz.

Das Zwischenspeicher-RAM (Scratch Pad Memory)

Dieser Speicher übernimmt ähnliche Aufgaben wie der Registersatz im herkömmlichen Mikroprozessor. Die Speicherplätze dienen vorwiegend zum Speichern von Zwischenergebnissen. In den Adreßbereich des RAM ist das Datenregister (Adresse 40) einbezogen, so daß die Signalwerte aus dem Analogteil mit dem Digitalteil des Prozessors verbunden sind. Bei einem Konvertierungsbefehl wird der digitale Abtastwert ins Datenregister eingelesen. Bei einem Ausgabebefehl erhält der D/A-Wandler seinen Wert unmittelbar aus dem Datenregister.

Das RAM ist logisch in zwei Bereiche A und B unterteilt. Beide Bereiche enthalten aber dieselben 40 Speicherzellen zu 25 Bit. Wird das RAM als Teil A adressiert, kann es nur gelesen werden, und der Inhalt einer Speicherzelle gelangt nach einer Schiebeoperation im Schieberegister als erster Operand in das Rechenwerk (ALU). Wird das RAM als Teil B adressiert, gelangt der Inhalt einer Speicherzelle unmittelbar als zweiter Operand in die ALU. Nach der Rechenoperation mit dem ersten Operanden wird das Ergebnis in der ursprünglichen Speicherstelle abgelegt.

Diese zunächst uneinsichtig wirkende Struktur erlaubt eine sehr schnelle und effektive Befehlsausführung.

Das Schieberegister

Bevor der erste Operand in die ALU gelangt, wird er im Schieberegister um eine programmierbare Stellenzahl nach rechts oder links geschoben. Bei jeder Schiebeoperation nach links wird der Wert mit 2 multipliziert, d.h., bei N Schiebeoperationen wird der Wert mit 2^N multipliziert. Das Schieben nach rechts bewirkt eine Division durch zwei. Bei N Schiebeoperationen wird also durch 2^N dividiert bzw. mit 2^{-N} multipliziert. Die Schiebeoperation ist so programmierbar, daß Multiplikationen zwischen 2^2 und

2^{-13} möglich sind. Dadurch kann der erste Operand vor der Bearbeitung mit einer Zweierpotenz multipliziert (skaliert) werden.

Die ALU

Die ALU des 2920 berechnet ein 25-Bit-Ergebnis aus den skalierten Operanden A und den Operanden B, die sie aus dem RAM erhält. Das Ergebnis wird in Teil B des RAM zurückgespeichert. Bei einem Überlauf wird automatisch die größtmögliche positive bzw. negative Zahl eingesetzt. Die ALU verhält sich demnach wie ein übersteuerter Verstärker, der in die Sättigung geht. Diese Eigenschaft ist sehr nützlich bei der Bearbeitung von analogen Signalen.

Der Befehlssatz

Wie schon erwähnt, haben alle Befehle die gleiche Wortbreite von 24 Bit (= Wortbreite des EPROM). Diese Struktur findet man auch bei den RISC-Prozessoren, die bei vermindertem Befehlssatz eine größere Rechengeschwindigkeit bieten. Der 2920 besitzt keinen Befehlsdecoder. Alle Steuerfunktionen sind wie bei den RISC-Prozessoren im Befehl enthalten. Dadurch entfällt die Zeit zum Decodieren des Befehls (Ablauf eines Mikroprogramms). Bild 12.5 zeigt die Befehlsstruktur.

Bild 12.5
Befehlsformat des 2920

Die ersten 3 Bit des Befehls steuern die ALU. Dies geschieht dadurch, daß die ALU unmittelbar von den entsprechenden Datenausgängen des EPROM angesteuert wird.
Wegen der 3 Steuerleitungen sind 8 verschiedene ALU-Operationen möglich:

Mnemonic	Kommentar	Operation
ADD	Addiere	$(A*2^N)+B \longrightarrow B$
SUB	Subtrahiere	$B-(A*2^N) \longrightarrow B$
LDA	Lade	$(A*2^N)+0 \longrightarrow B$
XOR	Exklusiv-ODER-Verknüpfung	$(A*2^N)$ xor B $\longrightarrow$ B
AND	UND-Verknüpfung	$(A*2^N)$ UND B $\longrightarrow$ B
ABS	Absolutwert	$(A*2^N) \longrightarrow B$
ABA	Absolutwertaddition	$(A*2^N) \longrightarrow B$
LIM	Begrenzen vorzeichengerecht	Max $\longrightarrow$ B

Die nächsten 12 Bits bilden jeweils eine 6-Bit-Adresse für den B-Teil bzw. für den A-Teil des RAM. Auch hier geschieht die Adressierung unmittelbar aus dem Befehlscode. Die entsprechenden Datenleitungen des EPROM sind mit den Adreßleitungen des RAM verbunden.

Das RAM hat eine Speicherkapazität von 40 Wörtern. Mit 6 Bit können aber 64 verschiedene Adressen gebildet werden. Die restlichen 14 Bit werden zum Errechnen von Konstanten im A-Teil verwendet. Durch die RISC-Architektur des 2920 können keine Konstanten aus dem Speicher in die ALU geladen werden, wie es z. B. beim Z80-Befehl LD A,n geschieht. Dieser Befehl lautet eigentlich: «Lade den Inhalt der nachfolgenden Speicherzelle in den Akku». Weil die nachfolgende Speicherzelle schon den nächsten Befehl enthält, ist dies hier nicht möglich. Außerdem sind für den Befehl zwei Wörter erforderlich, so daß die Forderung nach einer konstanten Befehlsausführungszeit nicht erfüllt werden kann.

Bei der Berechnung von Filtern müssen Filterkoeffizienten (Konstante) mit der vollen Wortbreite von 25 Bit multipliziert werden, d. h., es muß möglich sein, Konstante in voller Wortbreite zu erzeugen. Zu diesem Zweck verwendet der 2920 die letzten 16 RAM-Adressen und das Schieberegister. Die letzten 16 Adressen haben das Format

11xxxx

Der Wert xxxx wird bei der Programmierung als 4-Bit-Konstante, deren Wert zwischen 0 und 15 liegen kann, eingegeben. Durch mehrfaches Schieben und Addieren kann daraus jede 25-Bit-Konstante errechnet werden:

z. B. $K = 1{,}7656 = 1 * 2^1 - 1 * 2^{-2} + 1 * 2^{-6}$

Bei der gezeigten Berechnung ist xxxx = 0001.

Die nächsten vier Bits enthalten den Code für die Skalierung im Schieberegister. So wird z. B. mit der Kombination 1011 der Operand aus dem A-Teil des RAM 12mal nach rechts geschoben (2^{-12}).

Die restlichen 5 Bits beeinflussen die analogen Operationen:

Mnemonic	Codierung	Kommentar
IN(K)	00 xxx	Abtasten des Eingabekanals 0–3; xxx = 000...011
OUT(K)	10 xxx	Ausgabe auf D/A-Wandler Kanal K = 0–7; xxx = 000...111
CVTS	00 110	Vorzeichen der Eingabe bestimmen.
CVT(K)	01 xxx	A/D-Wandlung auf Bit K = 0–7 beginnen; xxx = 000...111
EOP	00 101	Programmzähler auf Null setzen (End of Program)
NOP	00 100	keine Operation
CND(K)	11 xxx	Wähle Bit K = 0–7 für bedingte Operationen; xxx = 000...111
CNDS	00 111	Wähle das Vorzeichenbit für bedingte Operationen

Da es keine bedingten Programmsprünge gibt, sind die ALU-Operationen ADD, SUB, LDA, ABA und XOR auch bedingt möglich. Wenn das ausgewählte Bit gesetzt ist, wird die ALU-Operation durchgeführt, andernfalls wird der B-Operand unverändert zurückgespeichert (gleiche Befehlsausführungszeit!).

Zur Programmierung des 2920 gibt es einen speziellen Assembler, der das umständliche Zusammenfügen der einzelnen Bitgruppen wesentlich erleichtert. Das EPROM kann nur tetradenweise gebrannt werden (Anschlüsse D0...D3). Mit einem LOW-Signal am Eingang INCR kann man den Tetradenzähler zum Brennen der nächsten Tetrade erhöhen.

12.1.2.2 Der Signalprozessor TMS 32010 von Texas Instruments

Aufbau und Struktur

Dieser Prozessor ist eine neuere Entwicklung und unterscheidet sich in seinem Aufbau deutlich vom 2920. Bild 12.6 zeigt ein vereinfachtes Blockschaltbild des Innenaufbaus.

Der TMS 32010 verwendet die *Harvard-Struktur:* Befehlsdaten (aus dem ROM) und Programmdaten (aus dem RAM) werden über getrennte Busse geführt. Dabei können zwischen beiden Bussystemen Daten ausgetauscht werden. Diese sogenannte modifizierte Harvard-Struktur findet man heute bei vielen Signalprozessoren. Sie ermöglicht es, daß Befehle, die Speicherdaten bearbeiten, in einem Speicherzyklus durchführbar sind. Befehlsdaten und Programmdaten werden parallel über beide Bussysteme in die CPU geladen.

Die Parallelverarbeitung beschleunigt den Datendurchsatz bei Speicheroperationen um den Faktor zwei. Eine spezielle Multiplizierhardware ermöglicht eine Multiplikation innerhalb von 1 bis 2 Prozessorzyklen. Bei einer Taktfrequenz von 20 MHz benötigt der TMS 32010 4 Takte für einen Prozessorzyklus. Eine Speicheroperation dauert daher 200 ns, eine 16-Bit-Multiplikation 200 bis 400 ns.

Während beim 2920 die Abtastrate durch die Programmlaufzeit bestimmt wird, kann der TMS 32010 die PCM-Signale per Interrupt bearbeiten. Die A/D- bzw. D/A-Wandler sind nicht im Prozessor integriert. Sie müssen als Peripheriebausteine extern vorhanden sein. Nach einer erfolgten Wandlung können sie Interrupt auslösen. Dadurch ist der Prozessor von der Überwachung der fortwährend ein- und ausgehenden Signaldaten entlastet.

Das Rechenwerk

Das Rechenwerk des TMS 32010 enthält einen 16-Bit-Multiplizierer, der die Ergebnisse mit 32-Bit-Wortbreite an die ALU weitergibt. Mit einem Schieberegister kann der Operand vor der Operation in der ALU verschoben werden; als Beispiel hierzu der Befehl

ADD = Addiere den N-mal nach links verschobenen Inhalt des Datenspeichers zum Akku.

Das Rechenergebnis gelangt in das Akkumulatorregister und kann über ein weiteres Schieberegister geführt werden. Dadurch sind Datentransportbefehle mit gleichzeitiger 2er-Potenzbildung möglich (Multiplikation mit 2^N bzw. 2^{-N}):

SACH =Lade die oberen 16 Bit des Akkus N-mal nach links verschoben in den Datenspeicher.

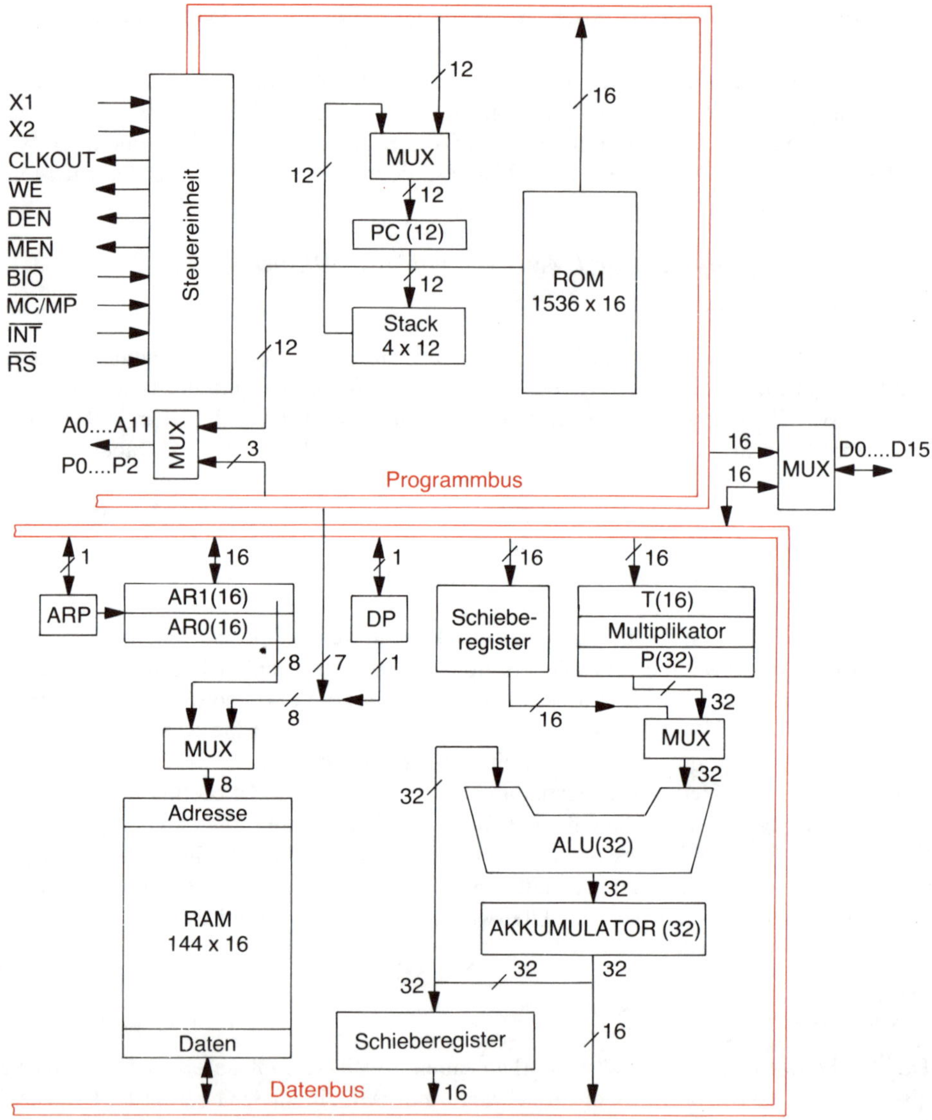

Bild 12.6 Innenschaltung des TMS 32010

Der Befehlssatz

Gegenüber dem 2920 ist der Befehlsvorrat größer. Neben den arithmetischen Befehlen Addieren, Subtrahieren und Multiplizieren sind auch bedingte Sprungbefehle und Unterprogrammaufrufe möglich. Der dazu notwendige Stack ist im Prozessor integriert und hat eine Tiefe von 4 Wörtern. Dadurch können Unterprogramme mit 3facher Verschachtelung durchgeführt werden. Über ein Flagbit ist das Interrupt maskierbar.

Wegen des einführenden Charakters dieser Darstellung wird auf eine ausführliche Erläuterung des Befehlssatzes verzichtet. Vom Hersteller des TMS 32010 gibt es detaillierte Beschreibungen und Applikationsbeispiele [17, 18, 19].

12.1.3 Ausblick

Der Einsatz von Signalprozessoren wird in Zukunft eine immer größere Bedeutung erlangen. Gerade auf dem Gebiet der modernen Telekommunikation ist ein steigender Bedarf zu verzeichnen. Die Einführung des ISDN-Netzes im Fernsprechverkehr wird den Einsatz von Signalprozessoren in großen Stückzahlen bewirken.

Auch auf dem Gebiet der Unterhaltungselektronik ist der Einsatz von Signalprozessoren nicht mehr aufzuhalten. Hier hat sich besonders die Firma Intermetall hervorgetan. Ihr Konzept des digitalen Fernsehens mit Hilfe von speziellen Signalprozessoren hat neue Anwendungsmöglichkeiten und Qualitätsmerkmale eröffnet, die mit der herkömmlichen Analogtechnik nicht mehr durchführbar sind.

12.2 RISC-Architektur

12.2.1 Probleme der CISC-Architektur

Die Architektur der meisten bisher in diesem Buch besprochenen Prozessoren wird unter dem Begriff *CISC* (Complex Instruction Set Computer) zusammengefaßt.

> Charakteristisch für die CISC-Architektur ist eine große Anzahl – meist einige Hundert – von zum Teil sehr komplexen Maschinenbefehlen unterschiedlicher Länge. Die Ausführung wird durch ein Mikroprogrammwerk gesteuert.

Die Ausführung dieser Befehle wird in kleine Schritte unterteilt. Bei jedem Schritt müssen alle Steuersignale festgelegte Werte haben, damit der Zustand der Hardware stets genau definiert bleibt. Der Zustand der Steuersignale für jeden möglichen Schritt ist im Mikroprogrammspeicher des Steuerwerkes enthalten (siehe auch Abschnitt 3.1.2). Jeder in das Befehlsregister geladene Maschinenbefehl startet nun sozusagen sein «Mikro-Unterprogramm», das aus dem Mikroprogrammspeicher eine Reihe von Steuerwörtern ausliest, die dann den Ablauf des Befehls steuern. Im Durchschnitt löst jeder Maschinenbefehl 10 *Mikrobefehle* aus. Das stark vereinfachte Blockschaltbild einer mikroprogrammierten Steuerung zeigt Bild 12.7.

Die Entwicklung solcher Mikroprogramme ist sehr zeitraubend und fehleranfällig. Ihre Implementierung auf dem Chip benötigt viel Platz und führt zu langen Entwicklungszeiten. Der Grund für diese Architektur war, daß die Leistung eines Rechners früher sehr stark durch den Speicher beschränkt wurde, denn die bis vor einigen Jahren üblichen Ferritkernspeicher waren langsam (Zykluszeit ca. 800 ns), sehr teuer und aufwendig (200 KByte benötigten 1973 noch einen 2 m hohen Schrank mit einer Leistungsaufnahme von ca. 3 kW!).

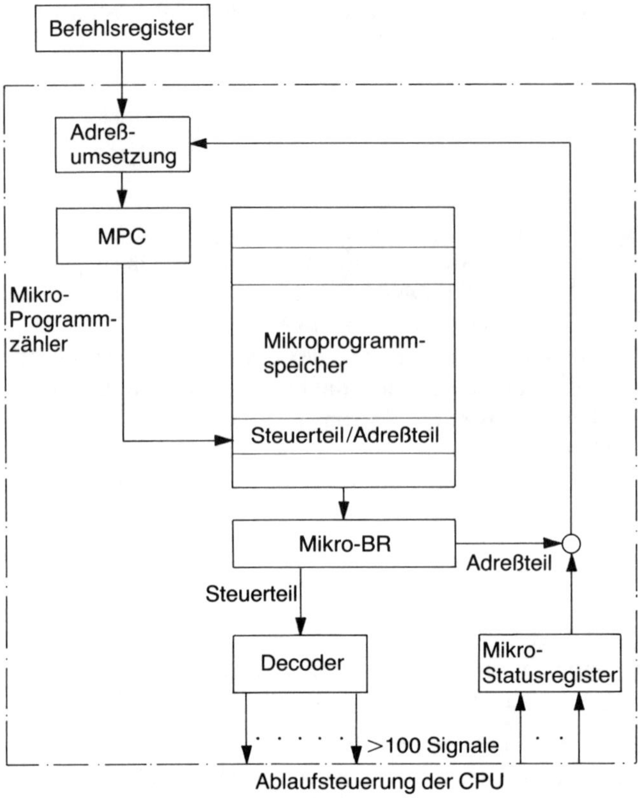

Bild 12.7
Blockschaltbild einer Steuerung durch ein Mikroprogramm

Hauptvorteil der mikroprogrammierten Steuerwerke war also der Zeitgewinn durch die Verlagerung der Abarbeitung in die CPU und ein kürzerer Maschinencode, wodurch der teure Zentralspeicher verkleinert werden konnte.

Mit der Verfügbarkeit schneller Halbleiterspeicher mit großer Kapazität und der Verwendung von *Cache-Speichern* (siehe Abschnitt 12.2.3.4) wurde diese Architektur jedoch immer fragwürdiger.

Außerdem zeigte es sich, daß *Compiler* (auch die meisten Programmierer) den umfangreichen Befehlssatz nur zu einem geringen Teil ausnutzen. Nach Befehlsstatistiken machen ca. 10 % des vorhandenen Befehlssatzes etwa 80 % des erzeugten Maschinencodes aus. Das bedeutet, daß etwa 90 % der komplexeren Befehle nur selten verwendet werden. Der Einbau dieser komplexen Befehle in das Mikroprogramm kompliziert aber das Befehlswerk sehr stark, was auch die Ausführung der häufig verwendeten Befehle verlangsamt.

12.2.2 Prinzip der RISC-Architektur

Die obengenannten Gründe

- ☐ schnellere, größere und billigere Zentralspeicher,
- ☐ Beschleunigung des Zugriffs durch Cache-Speicher,
- ☐ geringe Ausnutzung des komplexen Befehlssatzes durch die Compiler

führten zu Beginn der 80er Jahre zu einer neuen Architektur, die von Firmen wie IBM und Universitäten wie Stanford und Berkeley entwickelt wurde.

Die wichtigsten Kennzeichen dieser RISC (Reduced Instruction Set Computer) genannten Architektur sind:

- ☐ *Wenige* und einfache *Befehle* (80 bis 100) gleicher Struktur und gleicher Länge mit wenigen Adressierungsarten.
- ☐ *Kein Mikroprogrammspeicher*, d. h., der eingelesene Befehlscode wirkt über Decoder und festverdrahtete Logik direkt auf Register und Rechenwerk.
- ☐ Auf hohen Durchsatz ausgelegte Hardware mit *Pipelining* (Parallelverarbeitung), viele CPU-Register (500 oder mehr), getrennte Daten- und Programmspeicher mit getrennten Bussen (*Harvard-Architektur*).
- ☐ Programmierung in einer *höheren Programmiersprache*. Übersetzung mit Hilfe ausgefeilter, den Maschinencode *optimierender Compiler*, die den reduzierten Befehlssatz voll nutzen und damit das Programmieren in Maschinensprache überflüssig machen.

Es gibt nur noch ca. 80 Maschinenbefehle. In den ersten RISC-Prototypen der Universität von Berkeley waren sogar nur 31 Befehle implementiert. Es wird die *«Load Store Architektur»* bevorzugt, d. h., nur zum Laden und Speichern von Operanden wird auf den Datenspeicher zugegriffen, alle anderen Operationen werden in den immer noch schnelleren CPU-Registern ausgeführt.

Ein typischer Maschinenbefehl: ADDC Rd,S2,Rs hat die Wirkung: Rd := Rs + S2 + CFl. Es werden nur CPU-Register und das Carry Flag benutzt. Die ursprünglichen Operanden bleiben erhalten, müssen also bei weiterer Verwendung nicht neu geladen werden.

Durch die wenigen vorhandenen Adressierungsarten kann auch die Länge der Befehlscodes vereinheitlicht werden. Dadurch werden die Decodierung und der Ablauf der Befehle stark vereinfacht. Das wiederum macht es möglich, das komplizierte und relativ langsame mikroprogrammierte Steuerwerk durch eine wesentlich schnellere *festverdrahtete Logik* zu ersetzen, wo die Bits des Maschinencodes direkt in Steuersignale umgesetzt werden. Die freiwerdende Chipfläche kann z. B. für zusätzliche Register benutzt werden.

Durch die einfacheren Strukturen ergibt sich eine geringere Packungsdichte, das verkürzt die Entwicklungszeiten und erlaubt die frühzeitige Nutzung neuer Schaltkreistechnologien, wie z. B. den Einsatz der schnellen Ga-As-Technologie.

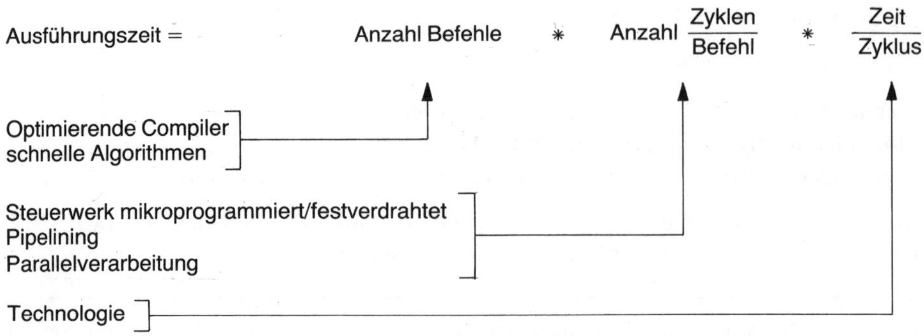

Bild 12.8 Einflußfaktoren auf die Geschwindigkeit von Rechner-Architekturen

12.2.3 Leistungssteigerung bei RISC-Architektur

Für den Benutzer letztendlich entscheidend ist die Ausführungszeit für seine Anwendung, die nach der Formel in Bild 12.8 berechnet wird. Im folgenden werden einige Möglichkeiten angedeutet, wie diese Faktoren verkleinert werden können.

12.2.3.1 Verkleinerung der Anzahl der Befehle

Grundsätzlich benötigt man für eine bestimmte Aufgabe bei einem RISC natürlich mehr Maschinenbefehle als bei CISC.

Wegen des reduzierten Befehlssatzes lassen sich aber wesentlich effektivere Compiler herstellen, die den kleineren Befehlssatz besser einsetzen.

Auch optimierende Compiler sind bei einem reduzierten Befehlssatz leichter zu entwickeln. *Optimierende Compiler* erstellen für ausgewählte Programmteile mehrere Übersetzungen, diejenige mit der kürzesten Laufzeit wird dann verwendet. Diese Optimierung kann wegen des Aufwandes immer nur für kleinere Programmteile vorgenommen werden. Da Laufzeitanalysen von Programmen ergeben haben, daß 90% der Programmlaufzeit mit der Ausführung von nur 10% des Codes verbraucht wird, ist es doch lohnend, zumindest diese Stellen, z.B. innere Schleifen, die sehr häufig durchlaufen werden, zu optimieren.

Dazu zwei Beispiele:

DO WHILE U < UMAX/SQR(2)

Bei jedem Durchlauf der DO-Schleife wird dividiert und eine Wurzel gezogen. Nach einer sog. *«Codeverschiebung»* wird diese Berechnung außerhalb der Schleife nur einmal durchgeführt:

UEFF = UMAX/SQR(2) : DO WHILE U < UEFF

Auch durch die sog. *«Reduzierung der Stärke»* lassen sich kürzere Laufzeiten erzielen: Wird z.B.

Z = Z–1 : SUM = Z*4 geändert in Z = Z–1 : SUM = SUM–4

wird eine zeitaufwendige Multiplikation durch eine schnellere Addition ersetzt.

Aber trotz aller Maßnahmen enthalten Maschinenprogramme für RISC ca. 30% mehr Befehle als entsprechende Programme für einen CISC.

12.2.3.2 Überlappende Befehlsabläufe (Pipelining)

Auch bei einem festverdrahteten Befehlswerk läuft ein Befehl in mehreren Phasen ab, die durch den Takt synchronisiert werden (Bild 12.9).

- □ *Befehl holen.* Zugriff auf Programmspeicher (evtl. Cache-Speicher) über den Programmzähler und Laden in das Befehlsregister.
- □ Befehl *decodieren.*
- □ *Durchschalten* der Operanden zum Rechenwerk (bei RISC meist aus Registern).
- □ *Ausführen* der Rechenoperation.
- □ *Speichern* des Ergebnisses (bei RISC meist in einem Register).

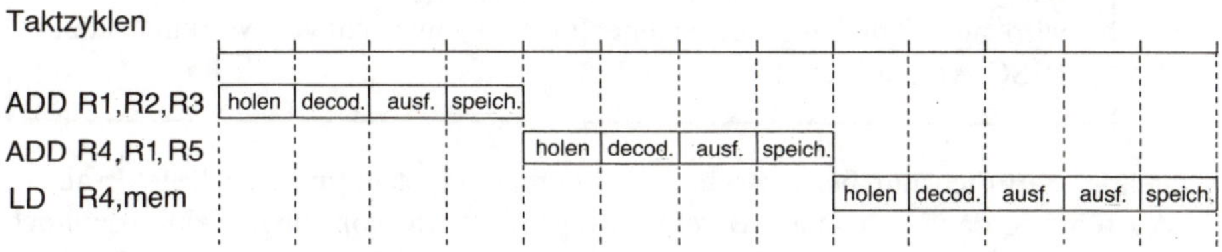

Bild 12.9 Sequentielle Ausführung von Befehlen

Normalerweise wird erst nach der letzten Phase einer Befehlsausführung ein neuer Befehl geladen. Da in den einzelnen Phasen verschiedene Einheiten der CPU benutzt werden, könnte aber der nächste Befehl schon geladen werden, während der aktuelle Befehl gerade ausgeführt wird (Bild 12.10).

Bild 12.10
Überlappte Ausführung von Befehlen (Pipelining)

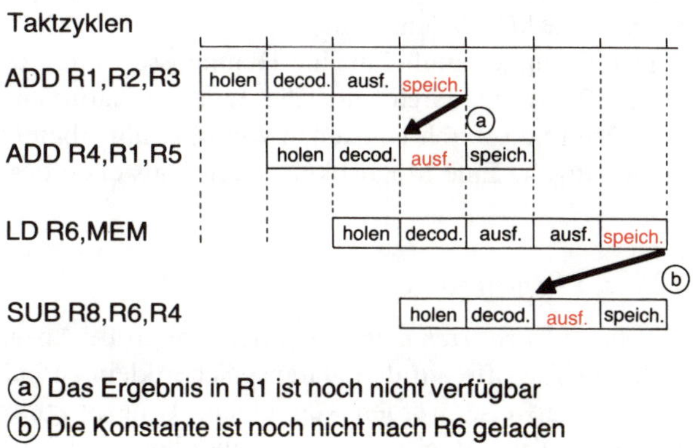

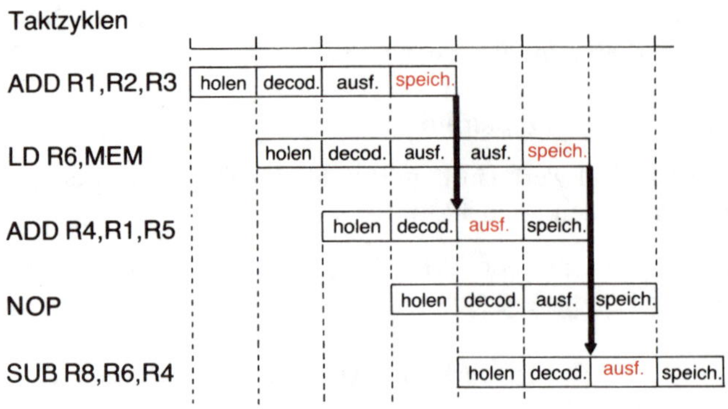

Bild 12.11
Pipelining optimiert

> Die sich zeitlich überlappende Bearbeitung von Maschinenbefehlen wird als *«Pipelining»* bezeichnet und ist ein wichtiges Merkmal aller RISC-Architekturen.

Das gelingt natürlich nur bei einfachen und einheitlich strukturierten Befehlssätzen. Die Ausführungsdauer für einen Befehl beträgt nach wie vor einige Takte, dennoch wird (fast) bei jedem Takt ein Befehl fertig, denn in einigen Fällen treten Probleme bei der Abarbeitung, sog. *«Pipeline-Hemmnisse»*, auf:

- ☐ Bei Befehlen mit abweichendem Zeitverhalten, z. B. bei Speicherzugriffen;
- ☐ bei Sprungbefehlen, die die sequentielle Abarbeitung unterbrechen;
- ☐ bei Datenabhängigkeiten, wenn z. B. das Ergebnis des laufenden Befehls sofort als Operand beim nächsten Befehl gebraucht wird.

Auch bei Bild 12.10 ergeben sich Pipeline-Hemmnisse. So wird bei der zweiten Addition noch der alte Inhalt von R1 verwendet, da das Ergebnis der vorherigen Addition noch nicht gespeichert ist. Ebenso ist bei der Subtraktion der neue Wert von R6 noch nicht geladen.

Der Compiler muß Pipeline-Hemmnisse erkennen und NOP-Befehle einschieben (Bild 12.11). Dadurch wird die Laufzeit natürlich länger. *Optimierende Compiler* versuchen nun durch Umstellen von Maschinenbefehlen wieder möglichst viele NOPs zu beseitigen. Eine Möglichkeit durch Umstellen des Ladebefehls zeigt Bild 12.11.

12.2.3.3 Registerorganisation

Die *Load Store Architektur* benötigt eine große Anzahl von Allzweckregistern, um die Zahl der Zugriffe auf den Datenspeicher klein zu halten.

Normalerweise werden von einem Unterprogramm nicht mehr als 32 Register benutzt. Diese Register müssen allerdings bei einem Prozeduraufruf gerettet und anschließend wieder zurückgeholt werden. Besser ist es, für jede Prozedur eine eigene Registerdatei vorzusehen.

Um Kopiervorgänge zwischen den Registerdateien bei der *Parameterübergabe* bei Aufruf und Rücksprung gering zu halten, überlappen sich die Blöcke, so daß die Ausgangsparameter der einen Prozedur zugleich als Eingangsparameter für die aufgerufene Prozedur verwendet werden können, siehe Bild 12.12. Wird die Größe der Registerdatei dem Unterprogramm angepaßt, kann wie beim AM32000 mit 192 Registern zu je 32 Bit erreicht werden, daß nur noch selten auf den Speicher zugegriffen werden muß.

Probleme ergeben sich beim Umschalten auf eine andere *Task*, z.B. bei Mehrplatzsystemen. Aus Messungen zur Programmlaufzeit ergibt sich aber, daß etwa alle 30 Befehle ein Unterprogramm aufgerufen wird, jedoch nur alle 10000 Befehle ein Taskwechsel stattfindet.

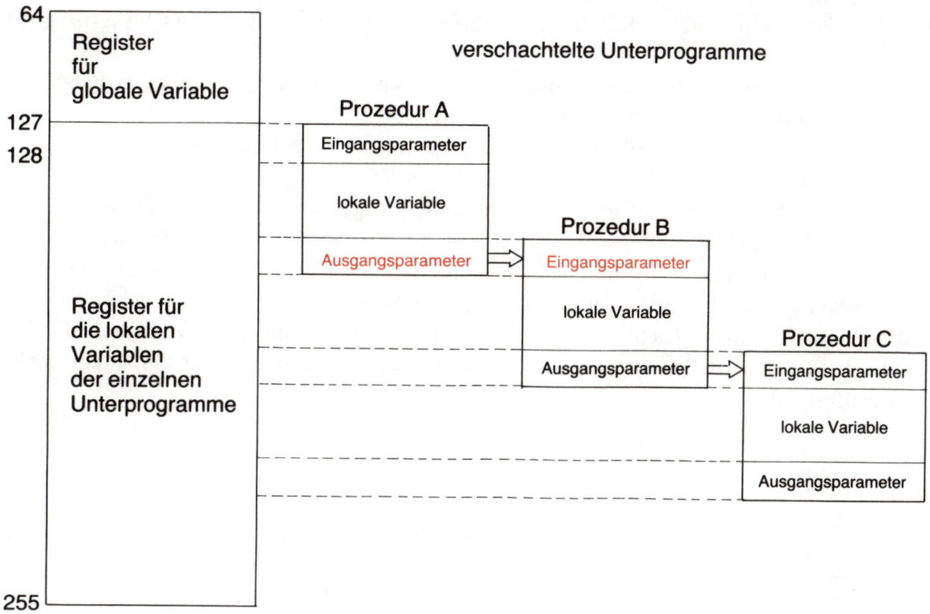

Bild 12.12 Registerfenster für Prozeduren

12.2.3.4 Speicherorganisation

Da bei großen Halbleiterspeichern aus Preisgründen relativ langsame Bausteine verwendet werden, wird versucht, durch entsprechende Organisation der Speicherzugriffe eine Geschwindigkeitssteigerung zu erreichen.

Im wesentlichen werden drei Methoden angewendet, um schneller auf den Speicher zuzugreifen:

- ☐ Zwischenschalten schnellerer Pufferspeicher (*Cache*),
- ☐ getrennte Busse für Daten und Befehle (*Harvard-Architektur*),
- ☐ Lesen im «*Burst-Mode*».

> Cache-Speicher sind Halbleiterspeicher mit kurzer Zugriffszeit, aber (aus Kostengründen) kleiner Kapazität. Sie sind zwischen CPU und Zentralspeicher angeordnet.

Obwohl Cache-Speicher schon seit Anfang der 70er Jahre untersucht werden, hat ihre Bedeutung für RISC-Systeme stark zugenommen. Die Belastung der Zentralspeicher ist gestiegen, da in jedem Taktzyklus ein Befehl geholt werden soll.

Durch Verlagern von Programmteilen in den Cache will man erreichen, daß die CPU bei einem Speicherzugriff die angesprochene Adresse möglichst oft im Cache vorfindet. Da Programme fast immer in Schleifen abgearbeitet werden, kann schon bei Kapazitäten des Cache von einigen KByte eine *Trefferrate (Hit Ratio)* von über 90 % erreicht werden.

Cache-Speicher sind für den Benutzer transparent, d. h., sie müssen beim Programmieren nicht berücksichtigt werden.

Die Verwaltung ist kompliziert und wird oft durch eine eigene Einheit (*MMU = Memory Managing Unit*) durchgeführt. Haupt- und Cache-Speicher sind meist in *Seiten (Page)* von 1 KByte organisiert. Eine von der CPU gesendete Speicheradresse besteht aus einer Seitenadresse und einer Byte-Adresse (10 Stellen) innerhalb dieser Seite. Zuerst wird verglichen, ob die Seitenadresse im Cache zu finden ist. Dann wird die Speicherzelle gelesen, andernfalls wird die ganze Seite aus dem Hauptspeicher nachgeladen. Zugriffe auf im Cache gelagerte Seiten werden in einer Liste vermerkt. Ist der Cache voll, so wird diejenige Seite überschrieben, auf die am längsten nicht mehr zugegriffen wurde.

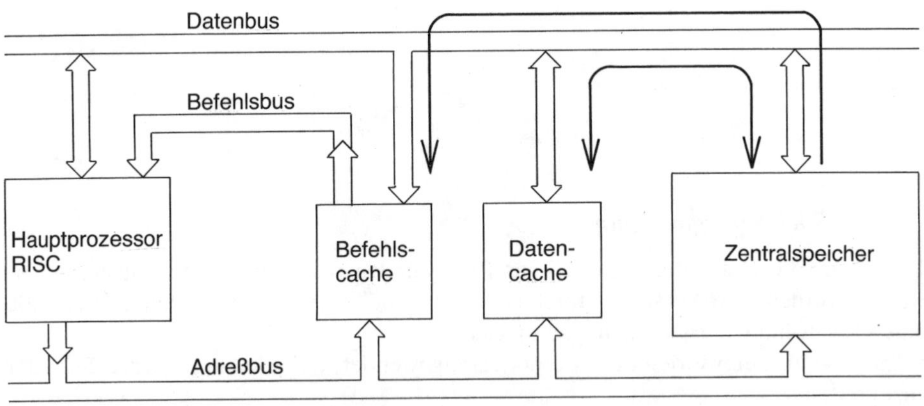

Bild 12.13 Cache-Speicher und Busstruktur

Busstruktur
Viele RISC-Prozessoren besitzen getrennte Busse für den Transport von Daten und Befehlen, oft als *Harvard-Struktur* bezeichnet, siehe Bild 12.13. Teilweise werden auch noch getrennte Adreßbusse verwendet, wie z. B. beim Motorola 88000. So können, voneinander unabhängig, gleichzeitig Daten und Befehle geladen werden.

Speicherzugriff im Burst-Mode
Spezielle Burst-Mode-EPROMs (z. B. INTEL 27960 128 K × 8) haben interne Adreßspeicher und Inkrementierer.

Moderne DRAM können in einem *Fast Page Mode* gelesen werden, wobei nur die Spaltenadresse geändert wird. Dann wird nur beim ersten Zyklus eine volle Zugriffszeit gebraucht, bis die Daten gültig sind, weitere Zugriffe können dann in der halben Zugriffszeit aufeinanderfolgen.

12.2.4 Zusammenfassung

Die RISC-Architektur vereinfacht die Hardware, das ergibt:

- ☐ hohen Durchsatz an Maschinenbefehlen durch Pipelining und fest verdrahtetes Steuerwerk,
- ☐ kürzere Entwicklungszeit,
- ☐ schnellere Anwendung neuerer Herstellungstechnologien,
- ☐ Hardware besser testbar,
- ☐ bei voller Nutzung der Chipfläche können zusätzliche Elemente darauf integriert werden, wie Register, Cache, Gleitkommarechenwerke.

Nachteile:

- ☐ komplizierte Compiler,
- ☐ nur sehr mühsam in Assembler programmierbar,
- ☐ Debugging schwierig, da der erzeugte Maschinencode durch Codumstellungen usw. fast keinen Bezug mehr zur Quelle hat,
- ☐ Compiler erzeugt trotz Optimierung um ca. 30 % längeren Code.

12.3 Transputer

> Transputer sind Mikroprozessoren mit speziellen Einrichtungen zur Kommunikation untereinander, sog. *«Links»*. Sie eignen sich gut zum Aufbau von Multiprozessor-Systemen.

Dazu sind auf dem Chip neben CPU und internem RAM noch vier bidirektionale serielle «Links» vorgesehen, die zur Kopplung der Transputer untereinander oder auch für externe I/O verwendet werden. Hersteller ist die Firma INMOS.

12.3.1 Blockschaltbild (Bild 12.14)

Jeder Transputer erhält einen eigenen Zentralspeicher. Erst über die *Links* der Transputer können Daten von Speicher zu Speicher übertragen werden. Die Übertragung geschieht ähnlich wie bei *DMA* (Direct Memory Access, siehe Abschnitt 5.1), so daß der Transfer nach der Initialisierung durch die CPU automatisch ablaufen kann.

Interner (4 KByte) und externer Speicher (bis 4 GByte) ergeben einen gemeinsamen Adreßbereich, wobei das interne RAM einfach den Anfang des Adreßbereiches bildet. Dadurch erübrigt sich die Umrechnung von virtuellen Adressen. Da das interne RAM sehr schnell ist, erübrigt sich die Verwendung eines Cache-Speichers.

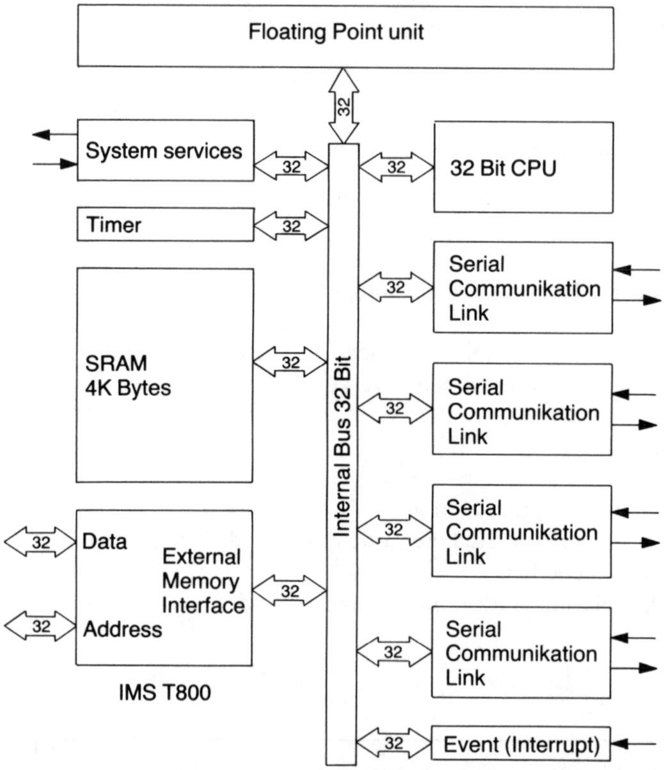

Bild 12.14
Blockschaltbild des Transputers IMS T800

Wegen des schnellen Zugriffs auf den internen Speicher sind nur wenige CPU-Register vorhanden. Sie sind alle 32 Bit lang, siehe Bild 12.15.

A, B und C sind *Universalregister*. Sie werden für Berechnungen und als Adreßregister verwendet. Sie sind in Form eines Stack organisiert. So wird bei vielen Befehlen, die A laden, gleichzeitig der alte Inhalt von A nach B und der alte Inhalt von B nach C gerettet.

Der *Programcounter* (Befehlszähler) zeigt auf die aktuelle Programmadresse.

Der *Workspacepointer* ist ein Zeigerregister, das auf den von einem Prozeß (Task) verwendeten Datenbereich (*Workspace*) im Zentralspeicher zeigt. Der Workspace enthält die im Prozeß verwendeten lokalen Daten und verschiedene Werte, die die Organisation des Prozesses selbst betreffen. Er hat eine wichtige Funktion als Adreßregister.

Das *Operandregister* dient zur Bildung von längeren Operanden und zur Zusammensetzung von längeren Befehlscodes. In das OP-Register wird immer die niederwertige Tetrade eines Maschinenbefehls geladen.

12.3.2 Befehlssatz

Die meisten Befehle sind fest verdrahtet, einige komplexe Befehle – vor allem für die Steuerung von Prozessen – sind mikrocodiert, also keine reine RISC-Architektur. Der Befehlssatz ist so strukturiert, daß die bei Übersetzung aus einer Hochsprache am meisten vorkommenden Befehle (ca. 80 %) nur 1 Byte lang sind und in einem Taktzyklus ausgeführt werden können. Speicheradressierung erfolgt immer relativ zu Zeigerregistern, so daß der Code im Speicher verschiebbar ist.

Auch Transputer sind – wie bei RISC üblich – für Hochsprachenprogrammierung ausgelegt, speziell die Sprache OCCAM ist für die Behandlung paralleler Prozesse und damit für Transputer geeignet.

Bild 12.15
CPU-Register und Behandlung von Prozessen beim Transputer

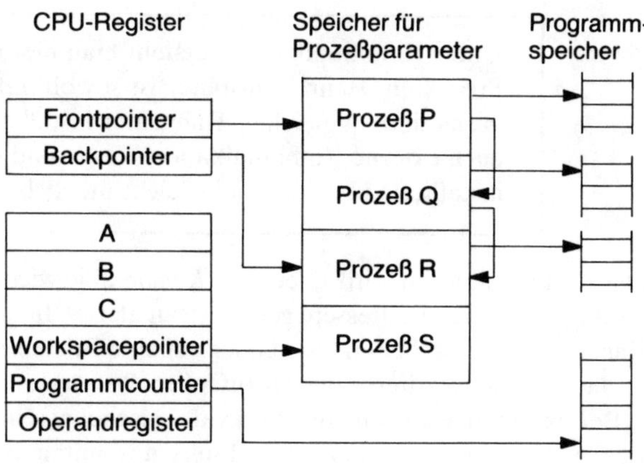

12.3.3 Multitasking

> Transputer besitzen spezielle Maschinenbefehle für die Prozeßsteuerung, mit denen – ohne die Hilfe aufwendiger Verwaltungsprogramme – zwischen verschiedenen Prozessen (Tasks) umgeschaltet werden kann.

Dabei wird unterschieden zwischen

- □ aktiven Prozessen, die gerade ausgeführt werden oder auf Ausführung warten, und
- □ inaktiven Prozessen, die auf Eingabe, Ausgabe oder Ablauf eines Timers warten.

Aktive Prozesse werden in einer Liste geführt, die durch zwei CPU-Register – den Frontpointer und den Backpointer – markiert ist. Innerhalb dieser Liste sind die Prozesse durch *Pointer*, die auf den nächsten Prozeß in der Liste hinweisen, verkettet (siehe Bild 12.15).

Ein aktiver Prozeß kann so lange arbeiten, bis er

- □ eine E/A-Operation ausführen will,
- □ auf den Ablauf eines Timers warten muß oder
- □ die ihm zugeteilte Zeitscheibe (Time Slice) abgelaufen ist.

Für dieses *Zeitscheibenverfahren* enthält die CPU Timer, die jeweils nach 2048 µs den laufenden Prozeß unterbrechen, wenn er nicht durch E/A-Operationen sowieso schon unterbrochen wurde.

Ein Prozeßwechsel läuft relativ schnell ab, da durch die Verwendung des Workspacepointers nur wenige Register gerettet werden müssen.

Der unterbrochene Prozeß wird in das Ende der Liste eingereiht, der Prozeß am Anfang der Liste wird gestartet und der Frontpointer auf den folgenden Prozeß umgebogen, siehe Bild 12.15.

12.3.4 Kommunikation

> Unter Kommunikation versteht man hier den Datenfluß zwischen zwei Prozessen. Beim Transputer ist sowohl interne Kommunikation (beide Tasks sind im gleichen Transputer installiert) über Speicheradressen als auch externe Kommunikation (Tasks sind in verschiedenen Transputern installiert) über die Links leicht möglich.

Die Kommunikation wird über sog. *Kanäle* abgewickelt. Diese Kanäle werden durch bestimmte Speicheradressen gebildet, an deren Inhalt man erkennen kann, ob der Kanal gerade nicht benutzt wird oder auf eine Bedienung wartet. In diesem Fall enthält er die Workspaceadresse des aufrufenden Prozesses.

Bei externen Kanälen sind Links dazwischengeschaltet, d.h., ein Transputer kann wegen der vier implementierten Links nur mit maximal vier weiteren Transputern verkehren, wie Bild 12.16 zeigt. Da aber kein zentraler Datenbus benötigt wird, können gleichzeitig mehrere Transputer-Paare Daten austauschen.

Interne und externe Kommunikation haben prinzipiell den gleichen Ablauf, es werden lediglich verschiedene Speicheradressen als Kanaladresse verwendet.

Der die Kommunikation anfordernde Prozeß (P1) speichert Anfangsadresse und Länge des zu übertragenden Datenblocks an bestimmten Stellen im Workspace ab, übergibt dann die Workspace-Adresse an den Kanal. Anschließend wird P1 inaktiv geschaltet und muß warten, bis ein anderer Prozeß auf diesem Kanal lesen will.

Bild 12.16
Multiprozessoranordnung

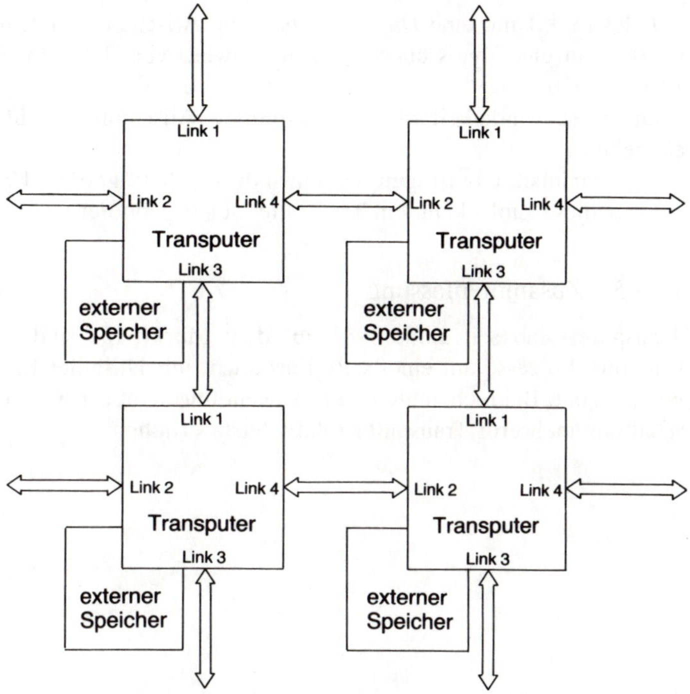

Die Befehle IN (Input Message, Maschinencode 20F7H) bzw. OUT (Output Message, 20FBH) empfangen bzw. senden einen Datenblock. Die Stackregister A, B und C müssen dabei mit der Länge des zu übertragenden Blockes, der Kanaladresse (entweder Speicherplatz oder Link) und der Zieladresse vorbesetzt sein.

Bild 12.17
Datenübertragungsformat über ein Link

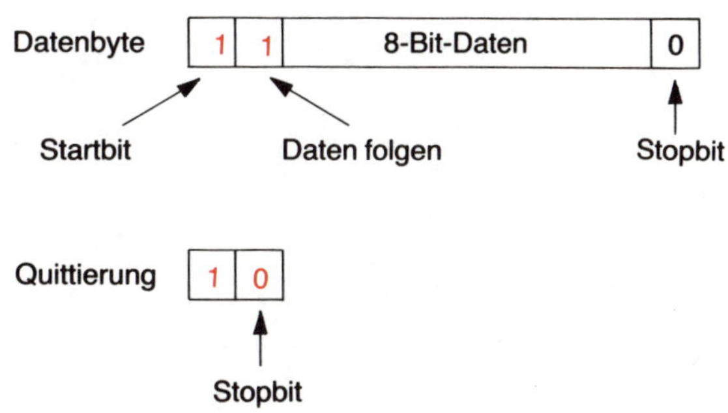

Jedes Link kann eine *Duplex-Verbindung* zwischen zwei Transputern herstellen. Es werden einzelne Bytes übertragen und jeweils vom Empfänger quittiert, wie in Bild 12.17 gezeigt.

Die Geschwindigkeit ist über bestimmte Anschlußpins auf 5, 10 und 20 MBaud einstellbar.

Die maximale Übertragungsgeschwindigkeit beträgt etwa 1,8 MByte/s.

Über diese Links kann ein Transputer sogar gebootet werden.

12.3.5 Zusammenfassung

Transputer sind seit Ende 1985 auf dem Markt. Sie sind sowohl für *Multitasking* (mehrere Prozesse auf einer CPU) als auch, mit Hilfe der Links, für *Multiprocessing* gut geeignet. Bei rechenintensiven Anwendungen läßt sich die Leistung durch Parallelschaltung mehrerer Transputer relativ leicht erhöhen.

13 Lösungen der Übungsaufgaben

Kapitel 4

Lösung 4.1

MARKE	ADR HEX	OP-CODE HEX	OP-CODE MNEMONISCH	KOMMENTAR
	0A00	3E	LD A,5BH	Akku wird mit der Konst. 5BH geladen
	0A01	5B	–	
	0A02	06	LD B,34H	Reg. B wird mit 34H geladen
	0A03	34	–	
	0A04	11	LD DE,A5B7H	DE mit Konstante A5B7 laden
	0A05	B7	–	Rechte Hälfte der Konstante ⟶ E
	0A06	A5	–	Linke Hälfte der Konstante ⟶ D
	0A07	76	HALT	Ende Programmabarbeitung

Die Spalte MARKE bleibt vorerst frei, sie wird dann bei Verwendung der Sprungbefehle gebraucht.

Lösung 4.2

MARKE	ADR HEX	OP-CODE HEX	OP-CODE MNEMONISCH	KOMMENTAR
	0800	06	LD B,06H	Lade B mit der Konstante 06H. OP-Code und Konstante haben hier den gleichen Wert, deshalb muß für die Analyse bekannt sein, in welcher Adresse der 1. OP-Code des Programmabschnitts steht
	0801	06	–	
	0802	11	LD DE,0921H	Nachdem der vorige Befehl 2 Byte lang ist, wird der Inhalt von Adresse 0802 wieder als OP-Code verwendet und der Inhalt der Zeile 0803H (zuerst rechte Hälfte) nach E und dann der Inhalt von 0804H (linke Hälfte) nach D transportiert
	0803	21	–	
	0804	09	–	
	0805	DD	LD IX,960AH	IX wird mit der Konstante 960A geladen
	0806	21	–	In 0807H steht wieder die rechte Hälfte und in 0808H die linke Hälfte der 16-Bit-Konstante
	0807	0A	–	
	0808	96	–	

Lösung 4.3

binär	sedezimal	mnemonisch	Wirkung
0100 1101	4 D	`LD C,L`	C ⟵ L
0110 1111	6 F	`LD L,A`	L ⟵ A
0101 0011	5 3	`LD D,E`	D ⟵ E
0110 1001	6 9	`LD L,C`	L ⟵ C

Lösung 4.4

MARKE	ADR HEX	OP-CODE HEX	OP-CODE MNEMONISCH	KOMMENTAR
	0900	ED	`LD DE,(0B12H)`	Das Zielregister DE wird mit dem
	0901	5B	-	Inhalt der Speicherzelle 0B12H
	0902	12	-	(rechte Hälfte) und 0B13H (linke
	0903	0B	-	Hälfte) geladen
	0904	4B	`LD C,E`	Inhalt von E retten
	0905	5A	`LD E,D`	E aus D laden, 1. Hälfte des Tausches
	0906	51	`LD D,C`	D aus Zwischenregister laden,
				2. Hälfte des Tausches
	0907	ED	`LD (0B14H),DE`	Ergebnis speichern
	0908	53	-	
	0909	14	-	
	090A	0B	-	
	090B	76	`HALT`	Programmende

$\overline{M1}$	$\overline{MREQ}$	$\overline{IORQ}$	$\overline{RD}$	$\overline{WR}$	ADRESS-BUS	DATEN-BUS	KOMMENTAR	
*	*		*		0900	ED	OP-Code lesen (M1-Zyklus)	Holphase
*	*		*		0901	5B		
	*		*		0902	12	Quellenadresse lesen (rechte Hälfte)	Holphase
	*		*		0903	0B	Quellenadresse lesen (linke Hälfte)	Holphase
	*		*		0B12	ab	E ⟵ rechte Hälfte der Konst.	Ausführungsphase
	*		*		0B13	cd	D ⟵ linke Hälfte der Konst.	Ausführungsphase
*	*		*		0904	4B	Register C aus Register E laden	Hol- und Ausführungsphase

Lösung 4.5

MARKE	ADR HEX	HEX	OP-CODE MNEMONISCH	KOMMENTAR
	0800	11	LD DE,0A00H	DE mit der Quellenadresse laden
	0801	00	–	
	0802	0A	–	
	0803	21	LD HL,0B00H	HL mit der Zieladresse laden
	0804	00	–	
	0805	0B	–	
	0806	1A	LD A,(DE)	Lade A aus dem Inhalt der durch DE adressierten Speicherzelle, also der Quelle
	0807	77	LD (HL),A	Lade die durch HL adressierte Speicherzelle, also die Zieladresse aus dem Akku
	0808	76	HALT	Programmhalt

Lösung 4.6

a) Berechnung des Zweierkomplements

Zahl d	:	0000 0111B
Einerkomplement	:	1111 1000B
		1B
Zweierkomplement	:	1111 1001B

Berechnung der effektiven Adresse:	IX	:	0011 1010 0000 0101 B
Zweierkomplement von d		:	1111 1111 1111 1001 B
effektive Adresse		:	10011 1001 1111 1110 B
			3 9 F E H

b)

IX	0011 1010 0000 0101 B		
+ d	0000 0000 0111 1111 B		
	0011 1010 1000 0100 B	⟶	3A84H höchste effektive Adresse

IX	0011 1010 0000 0101 B		
+ d	1111 1111 1000 0000 B		
	10011 1001 1000 0101 B	⟶	3985H kleinste effektive Adresse

Lösung 4.7

MARKE	ADR HEX	OP-CODE HEX	OP-CODE MNEMONISCH	KOMMENTAR
	0900	C5	PUSH BC	Doppelregister in den Stack
	0901	D5	PUSH DE	abspeichern, die Reihenfolge ist dabei beliebig
	0902	E5	PUSH HL	
	0903	D1	POP DE	Der letzte Stack-Eintrag, also der
	0904	C1	POP BC	Inhalt von HL, wird nach DE geladen,
	0905	E1	POP HL	der mittlere nach BC und der unterste Eintrag wird zuletzt nach HL geladen

c) Kleinster Inhalt des SP:=0F0AH
d) Jeder Befehl benötigt 1 Maschinenzyklus zum Laden des OP-Codes und 2 Maschinenzyklen zur Ausführung des Befehls, also insgesamt 18 Maschinenzyklen.
e) Jeder PUSH-Befehl benötigt 11 und jeder POP-Befehl 10 Taktzyklen, also insgesamt 63 Taktzyklen zu je 0,5 µs, ergibt 31,5 µs.

Lösung 4.8

Maschinencode FDE3H, 2 Bytes lang, 6 Maschinenzyklen, 23 Taktzyklen und damit eine Zeitdauer von $23 \cdot 0{,}25\ \mu s = 5{,}75\ \mu s$.

Lösung 4.9

a)

MARKE	ADR HEX	OP-CODE HEX	OP-CODE MNEMONISCH	KOMMENTAR
	0953	01	LD BC,2020H	BC wird mit der Konstante 2020H geladen
	0954	20	-	
	0955	20	-	
	0956	ED	IN C,(C)	C wird geladen aus dem Inhalt der
	0957	48	-	Portadresse 20H. Da die Ausgabe von C auf dem Adreßbus über ein Zwischenregister erfolgt, gibt es keine Komplikationen
	0958	ED	OUT (C),A	Ausgabe des Akku-Inhalts. Als
	0959	79	-	Portadresse wird der im vorigen Befehl nach C geladene Wert benutzt
	095A	48	LD C,B	Ursprünglichen Zustand von C wieder herstellen

b)

$\overline{M1}$	$\overline{MREQ}$	$\overline{IORQ}$	$\overline{RD}$	$\overline{WR}$	ADRESS-BUS	DATEN-BUS	KOMMENTAR
*	*		*		0956	ED	OP-Code lesen
*	*		*		0957	48	OP-Code lesen
		*	*		2020	12	Der Inhalt der Portadresse 20H wird in das Register C geladen
*	*		*		0958	ED	OP-Code lesen
*	*		*		0959	79	OP-Code lesen
		*		*	2012	xy	Der Inhalt des Akku wird in das durch Register C adressierte Port geladen und damit auf ein Peripheriegerät ausgegeben
*	*		*		095A	48	Register C zurückstellen

c) Der Inhalt des Akku kann über ein durch die Eingabeschalter vorgegebenes I/O-Port ausgegeben werden.

Lösung 4.10

Berechnung des Zweierkomplements		
	Zahl	0 1 1 1
	Einerkomplement	1 0 0 0
	+	1
	Zweierkomplement	1 0 0 1

Bei der Bildung des Zweierkomplements muß immer mit der vollen zur Verfügung stehenden Stellenzahl, im Beispiel sind das 4 Stellen, gerechnet werden.

Addition des Zweierkomplements

|1 1 0 0|
+|1 0 0 1|
1|0 1 0 1|

2. Beispiel:

Zahl	1 0 0 0
Einerkomplement	0 1 1 1
+	1
	1 0 0 0

Addition

|0 1 0 1|
+|1 0 0 0|
0|1 1 0 1|

Entsteht bei der Addition des Zweierkomplements ein Übertrag 0, so ist das Ergebnis negativ, und im Zweierkomplement dargestellt:

Ergebnis	1 1 0 1
Einerkomplement	0 0 1 0
+	1
	0 0 1 1 also Ergebnis eigentlich −3!

Lösung 4.11

MARKE	ADR HEX	OP-CODE HEX	OP-CODE MNEMONISCH	KOMMENTAR			
	0800	80	ADD A,B	0F+01 = 10	CFl:=0	ZFl:=0	SFl:=0
	0801	81	ADD A,C	10+B0 = C0	0	0	1
				SFl:=1 bedeutet nur, daß die höchstwertige Bitstelle gleich 1 ist			
	0802	82	ADD A,D	C0+80 = 40	1	0	0
	0803	83	ADD A,E	40+10 = 50	0	0	0
				Da bei dieser letzten Operation kein Überlauf auftritt, ist das CFl wieder 0!			
	0804	81	ADD A,C	50+B0 = 00	1	1	0
				Die 8 Stellen des Ergebnisses sind alle 0, also ist das ZFl gesetzt, außerdem tritt natürlich ein Überlauf auf			

Lösung 4.12

a)
```
LD IX,0A00H      ; Zeiger für beide Operanden laden
LD A,(IX+2H)     ; niederwertiges Byte des 1. Operanden laden
ADD A,(IX+5H)    ; niederwertiges Byte des 2. Operanden addieren
LD (IX+5),A      ; niederwertiges Byte des Ergebnisses speichern
LD A,(IX+1H)     ; mittleres Byte des 1. Operanden laden
ADC A,(IX+4H)    ; mittleres Byte des 2. Operanden addieren
LD (IX+4H),A     ; mittleres Byte des Ergebnisses speichern
LD A,(IX+0H)     ; höchstwertiges Byte des 1. Operanden laden
ADC A,(IX+3H)    ; höchstwertiges Byte des 2. Operanden addieren
LD (IX+3H),A     ; höchstwertiges Byte des Ergebnisses speichern
```

Abschnitt 4.4 zeigt, wie mit Hilfe von Sprungbefehlen solche Wiederholungen kürzer programmiert werden können.

b) Jeweils in der Bitstelle 7 der Adressen 0A00H und 0A03H.

c) Bei Zahlen ohne Vorzeichen, wenn am Programmende das Carry-Flag gesetzt ist. Bei Zahlen mit Vorzeichen, wenn am Programmende das V-Flag gesetzt ist, während ein gesetztes Carry-Flag nur zeigt, daß das Ergebnis negativ ist.

Lösung 4.13

MARKE	ADR HEX	OP-CODE HEX	OP-CODE MNEMONISCH	KOMMENTAR
	0900	DB	IN A,(20H)	Byte aus Portadresse 20H lesen
	0901	20	–	
	0902	E6	AND 1FH	Maske 0001 1111 löscht die
	0903	1F	–	höchstwertigen 3 Bitstellen
	0904	F6	OR 18H	Maske 0001 1000 setzt Bitstellen 4
	0905	18	–	und 3
	0906	EE	XOR 07H	Maske 0000 0111 invertiert die
	0907	07	–	3 niederwertigsten Bitstellen
	0908	D3	OUT (40H),A	Aufgabe auf Portadresse 40H
	0909	40		
	090A	76	HALT	Programmende

Lösung 4.14

MARKE	ADR HEX	OP-CODE HEX	OP-CODE MNEMONISCH	KOMMENTAR
	0900	21	LD HL,0B00H	Laden des als Datenzeiger verwendeten Registers
	0901	00	–	HL mit der Anfangsadresse des
	0902	0B	–	Datenblocks
	0903	CB	SRA (HL)	Das höchstwertige Byte wird um
	0904	2E	–	1 Stelle nach rechts geschoben, das Vorzeichenbit bleibt erhalten Inhalt der Bitstelle 0 geht ins Carry-Flag
	0905	23	INC HL	Zeiger auf nächstes Datenbyte stellen. Das CFl wird bei diesem Befehl nicht verändert!
	0906	CB	RR (HL)	Nächstes Byte 1 Stelle nach rechts
	0907	1E	–	schieben, dabei CFl ⟶ Bit 7 und Bit 0 ⟶ CFl
	0908	23	INC HL	Zeiger auf nächstes Datenbyte stellen
	0909	CB	RR (HL)	3. Byte um 1 Stelle nach rechts
	090A	1E	–	schieben
	090B	23	INC HL	Zeiger auf nächstes Datenbyte stellen
	090C	CB	RR (HL)	4. Byte um 1 Stelle nach rechts
	090D	1E	–	schieben

Lösung 4.15

Mnemonik	Maschinenzyklen	Taktzyklen
SET 4,D	2	8
RES 2,(HL)	4	15
BIT 7,A	2	8
		31

Laufzeit = Taktzyklen · Periodendauer
= 31 · 0,5 μs
= 15,5 μs

Lösung 4.16

Programmablaufplan: siehe Bild 12.1

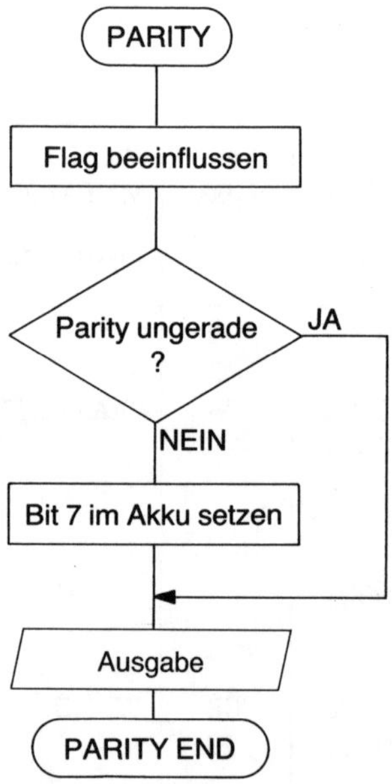

Bild 12.1
PA zur Lösung 4.16

Programm:

```
PARITY:   AND A          ; Log. Verknüpfung beeinflußt das P-Flag,
                           ändert jedoch den Akku nicht!
          JP PO,PAREND   ; ist die Parity bereits ungerade, wird die
                           anschließende Alternative übersprungen
          SET 7,A        ; Alternative, möglich wäre auch OR 80H
PAREND:   OUT A,(PORT)   ; Ausgabe und Ende des Programmbausteins
```

Lösung 4.17

Programmablaufplan: siehe Bild 12.2

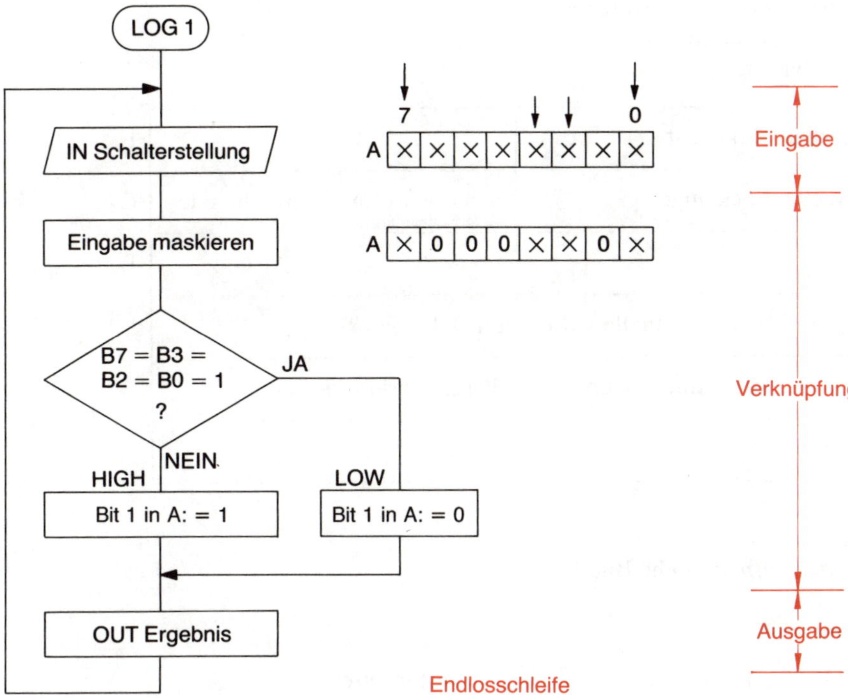

Bild 12.2 PA zur Lösung 4.17

Programm:

```
LOG1:     IN A,(20H)      ; Schalterstellung abfragen
          AND 8DH         ; Eingabe-Byte maskieren, Akku:= x000 xx0x
                          ; x Schalterstellung, 0 oder 1
          CP 8DH          ; Vergleich ergibt 0, wenn alle Schalter HIGH
          JR Z,LOW        ; Sprung zur Alternative LOW, wenn Erg.=0
HIGH:     SET 1,A         ; Alternative HIGH Bit 6 im Akku gleich 1
          JR OUTPUT
LOW:      RES 1,A         ; Alternative LOW Bit 6 im Akku gleich 0
          JR OUTPUT       ; ist nur der Übersichtlichkeit halber eingefügt
OUTPUT:   OUT (40H),A     ; Ausgabe
          JR LOG1         ; Endlosschleife
```

Lösung 4.18

Programmname: SUCHKON
Eingabeparameter: siehe Aufgabe
Ausgabeparameter: siehe Aufgabe
veränderte Register: keine
benutzte Register:

A	Vergleichskonstante		F
B	aktuelle Blocklänge	Steuerwort für Programmende	C
D			E
H	aktuelle Adresse im Datenblock		L
IX	Anfangsadresse des Parameterblocks		
IY			

Programmablaufplan: siehe Bild 12.3

Programm:

```
SUCHKON:    PUSH AF          ; Register retten
            PUSH BC
            PUSH HL

            LD L,(IX+0H)     : Initialisierung der Schleife
            LD H,(IX+1H)     ; Anfangsadresse laden
            LD A,(IX+3H)     ; Vergleichskonstante laden
            LD B,(IX+2H)     ; Blocklänge laden
            LD C,00H         ; Steuerwort löschen

STEUERBL:   CP (HL)          ; 1. Bedingung, Konstante gefunden?
            JR Z,FUND
            DEC B            ; 2. Bedingung, Blockende erreicht?
            JR Z,BLOCKEND

WEITER:     INC HL           ; Zeiger auf nächstes Datenwort stellen
            SET 0,C          ; Bit 0/C:=1 Code für Schleifenwiederholung
            JR TEST

BLOCKEND:   SET 5,(IX+4)     ; CONTROL/5:=1 bedeutet Konstante nicht
                               gefunden
            RES 0,C          ; Bit 0/C:=0 Code für Schleifenende
            JR TEST
```

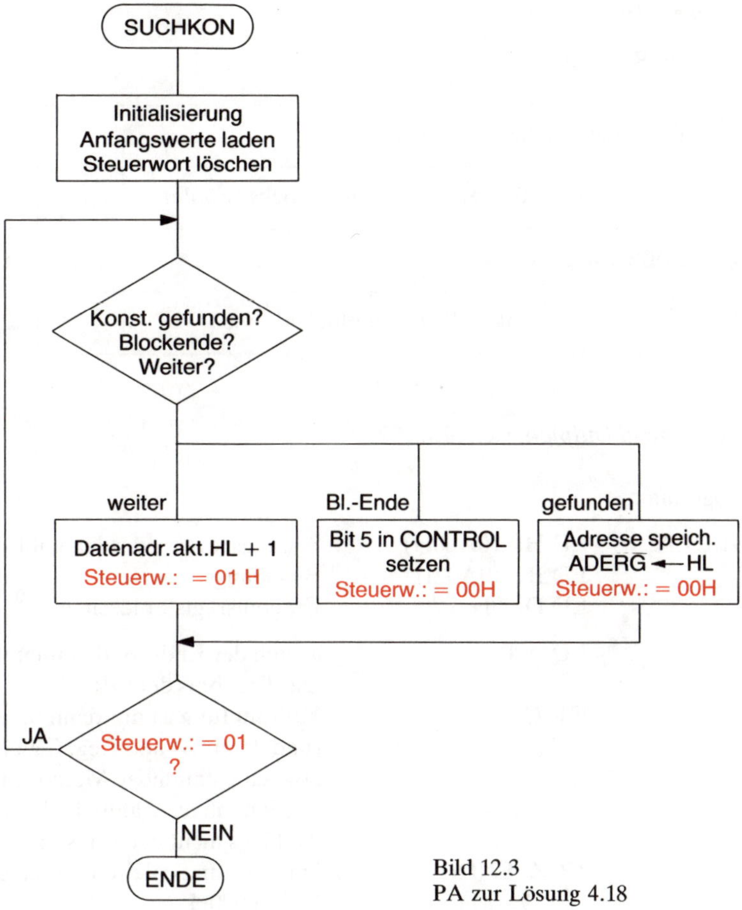

Bild 12.3
PA zur Lösung 4.18

```
FUND:       LD (IX+5),L        ; Adresse, wo Konstante gefunden wurde
            LD (IX+6),H        ; abspeichern
            RES 0,C            ; Bit 0/C:=0 Code für Schleifenende
            JR TEST

TEST:       BIT 0,C            ; Teste Bit 0/C auf Schleifenwiederholung
            JR NZ,STEUERBL     ; Wiederholung, wenn Bit 0/C gleich 1

SUCHEND:    POP HL             ; Register zurückholen
            POP BC
            POP AF
            RET
```

Hier müssen die Alternativen in einer bestimmten Reihenfolge abgefragt werden. Ohne Verwendung von Bit 0/C als Wiederholbedingung könnte das UP verkürzt werden, jedoch die Regeln für strukturierte Programmierung wären dann nur schwer einzuhalten.

Lösung 4.19

Benutzte Register:

A	Zwischenspeicher für RegB		F
B	aktuelle Länge des Datenblocks (Zähler)		C
D	größte Zahl		E
H	aktuelle Datenblockadresse		L

Programmablaufplan: siehe Bild 12.4

Programm:

```
GROZA:   LD HL,(0A00H)   ; Anfangsadresse des Datenblocks laden
         LD BC,(0A02H)   ; Blocklänge laden
         LD D,00H        ; Ergebnisregister löschen

LOOP:    LD A,B          ; Testen der Ende-Bedienung:
                           Das Ergebnis der OR
         OR C            ; Verknüpfung ist nur dann 0, wenn der Akku
                           (und damit B) und Reg. C gleich 0 sind. Diese
                           etwas umständliche Methode muß gewählt
                           werden, da die Zählbefehle für Doppelregister
                           die Flags nicht beeinflussen!
         JR Z, ENDE      ; Sprung zum Schleifen-Abschluß, wenn
                           BC:=0000H

         LD A,D          ; Größte Zahl für Vergleich nach A
         CP (HL)         ; A – (HL), wenn CFl:=0, ist die im Speicher
                           stehende Zahl gleich oder kleiner als die Zahl
                           im Akku bzw. in D
         JR NC,AKT       ; bedingte Verarbeitung, Zahl in D bleibt
                           unverändert
ALTERN:  LD D,(HL)       ; größere Zahl nach D
         LD (0A05H),HL   ; Adresse der größten Zahl nach 0A05H

AKT:     INC HL          ; Aktualisierung der Schleifenparameter
         DEC BC          ;
         JR LOOP         ; unbedingter Sprung zum Schleifenanfang

ENDE:    LD A,D          ; Größte Zahl nach A, da nur von dort eine
         LD (0A04H),A    ; Speicherung mit direkter Adressierung
                           möglich.
```

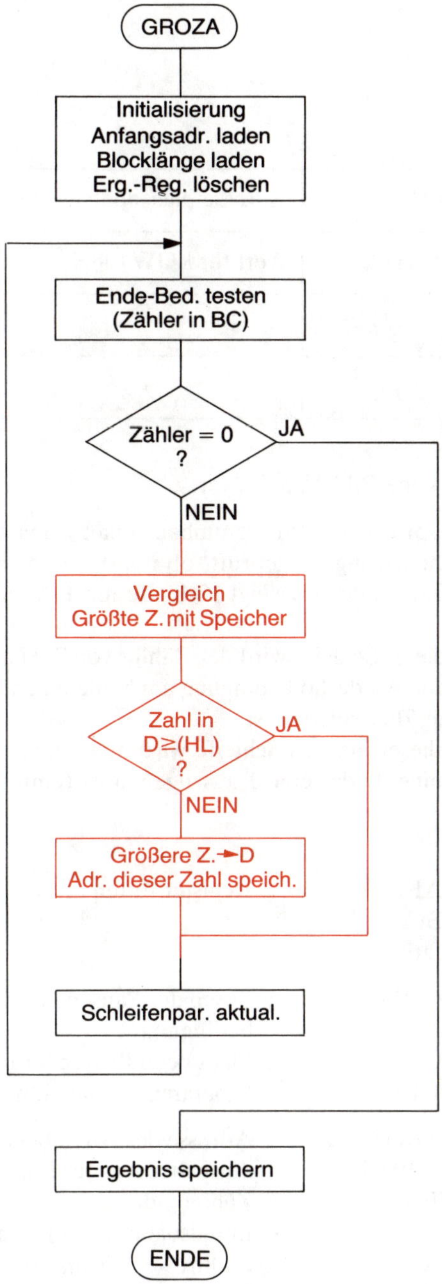

Bild 12.4 PA zur Lösung 4.19

Lösung 4.20

Benutzte Register:

A	Pausendauer		F
B	Zähler 7FH bis 00H	Adresse Ausgabebaustein	C
D	Wert für HIGH (01H)	Wert für LOW (00H)	E
H			L
IX			

Programmablaufplan: siehe Bild 12.5

Der PA enthält alle besprochenen Programmbausteine. Zunächst wird durch Abfrage von Bit 7 der Pausendauer-Eingabe geprüft, ob überhaupt getastet werden soll, sonst wird sofort zum Programmende verzweigt (Schleife mit Prüfung der Aussprungbedingung).

Im Schleifenkörper dieser Schleife wird der Zähler von 7FH auf 00H heruntergezählt (Schleife mit Prüfung der Wiederholbedingung am Schleifenende). Das ist möglich, da der Zähler zunächst mit 7FH geladen ist.

Im Schleifenkörper dieser inneren Schleife wird nun bei jedem Durchlauf entschieden, ob an Bitstelle 0 eine 0 oder eine 1 auszugeben ist (einfache Alternative).

Programm:

```
PULSVAR:  PUSH AF          ; Register retten
          PUSH BC
          PUSH DE

INPUT:    IN A,(PORTIN)    ; Lesen der Pausendauer und der Aussprung-
                             bedingung
          AND A            ; Flags beeinflussen für Ende-Bedingung
          JP M,PULSEND     ; Programm beenden, wenn Bit 7:=1

          LD C,PORTOUT     ; Adresse des Ausgabebausteins laden
          LD DE,0100H      ; Ausgabedaten für Impuls 01H und Pause 00H
          LD B,7FH         ; Zähler laden
LOOP:     CP B             ; Impulsdauer (in A) – Zählerstand (in B)
          JP C,HIGH        ; erfüllt, wenn Zählerstand noch größer als
                             Pausendauer
LOW:      OUT (C),E        ; Ausgabe einer 0 an Bitstelle 7
          JP COUNT
HIGH:     OUT (C),D        ; Ausgabe einer 1 an Bitstelle 7
          JP COUNT
```

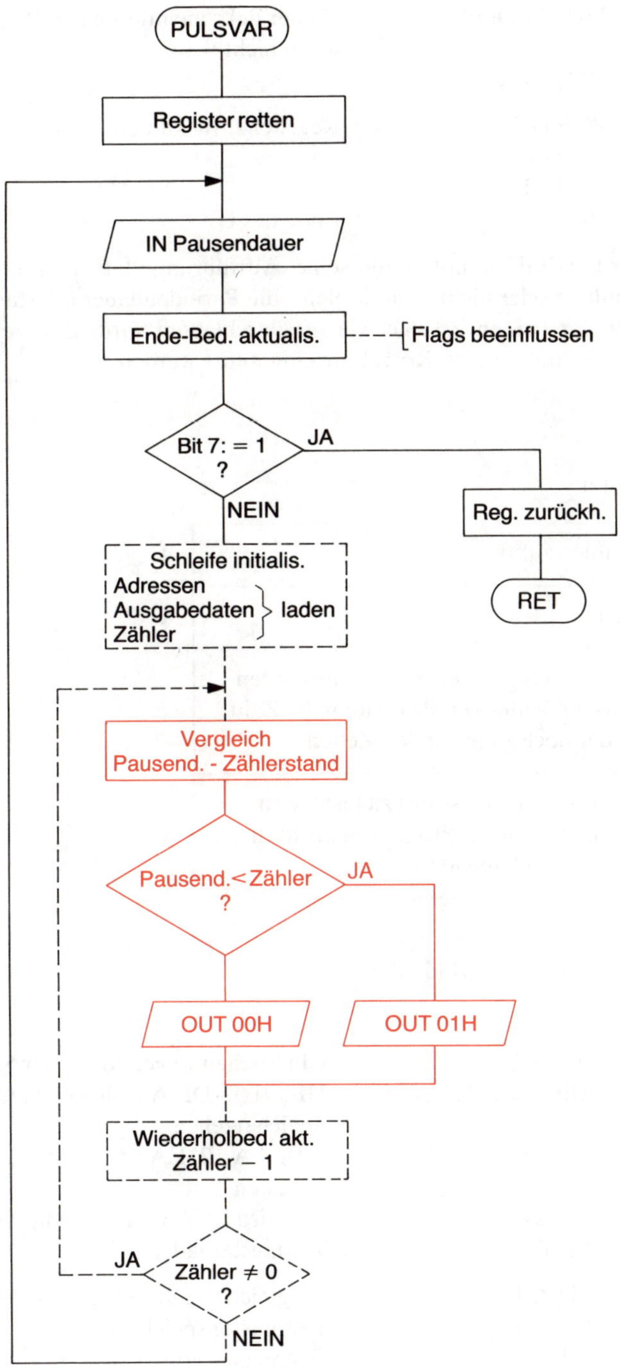

Bild 12.5 PA zur Lösung 4.20

```
COUNT:      DJNZ LOOP         ; Zähler dekrementieren und Wiederholung,
                                wenn nicht 0
            JP INPUT

PULSEND:    POP DE            ; Register zurückholen
            POP BC
            POP AF
            RET               ; Ende des UP
```

Der Befehl JP C,HIGH benötigt für seine Ausführung stets 10 Takte, ob nun die Bedingung erfüllt ist oder nicht. Damit bleibt die Periodendauer konstant, unabhängig davon, welcher der beiden Zweige wie oft durchlaufen wird. Bei Verwendung von relativen Sprüngen müßte eine Korrektur eingeführt werden.

Lösung 4.21

Benutzte Register:

A	Testen Zähler auf 0		F
B	Testmuster		C
D	zunächst Anfangsadresse des zu testenden Bereichs, im laufenden Programm die Zahl der noch zu testenden Zellen		E
H	zunächst Endadresse des zu testenden Bereichs, im laufenden Programm die aktuelle Datenadresse		L

Programmablaufplan: siehe Bild 12.6

Programm:

```
WALK1:      AND A             ; CFl löschen wegen folgender Subtraktion
            SBC HL,DE         ; HL:=HL–DE Anzahl der zu testenden
                                Speicherzellen
            INC HL            ; z. B. AA=2, EA=5, also 5−2+1=4 Zellen
                                zu testen
            EX DE,HL          ; DE wird Zähler, HL enthält Anfangsadresse
            LD B,01H          ; Testmuster laden

LOOPTEST:   LD A,B            ; Vergleich ist nur mit Akku möglich
            LD (HL),A         ; Testmuster speichern
            CP (HL)           ; Testmuster prüfen A – (HL)
            CALL NZ,ERROR     : Bei Fehler, A < > (HL), wird ERROR
                                ausgeführt
```

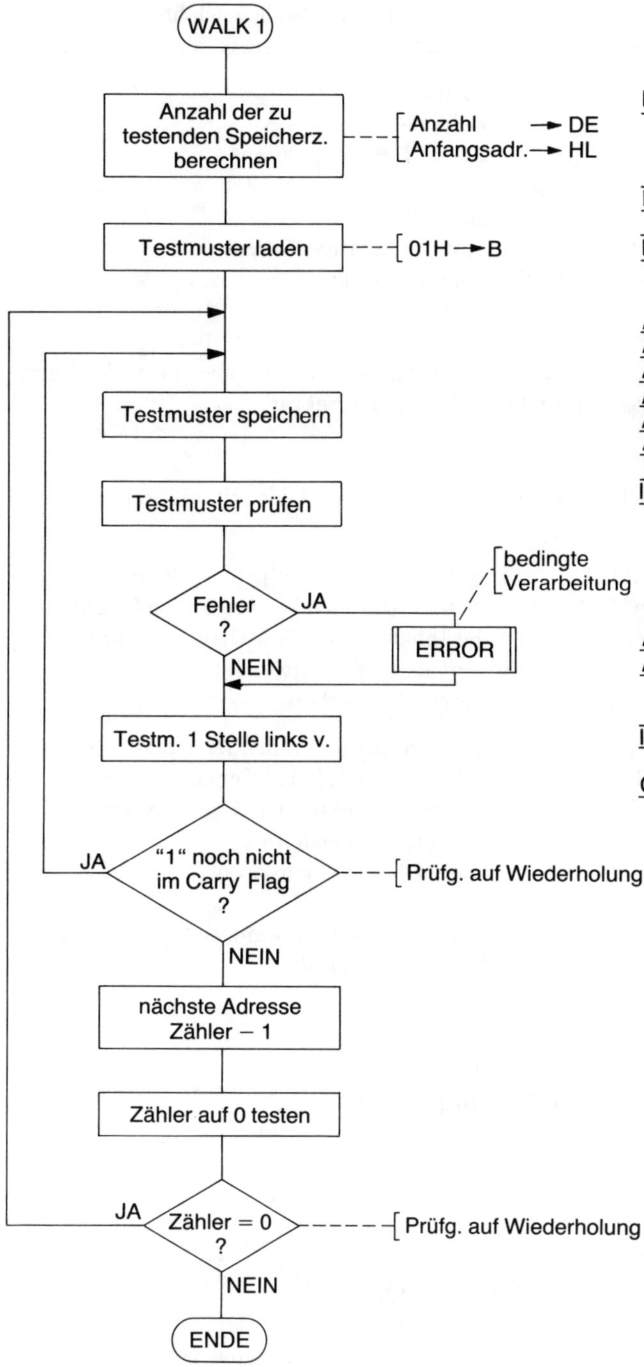

Bild 12.6 PA zur Lösung 4.21

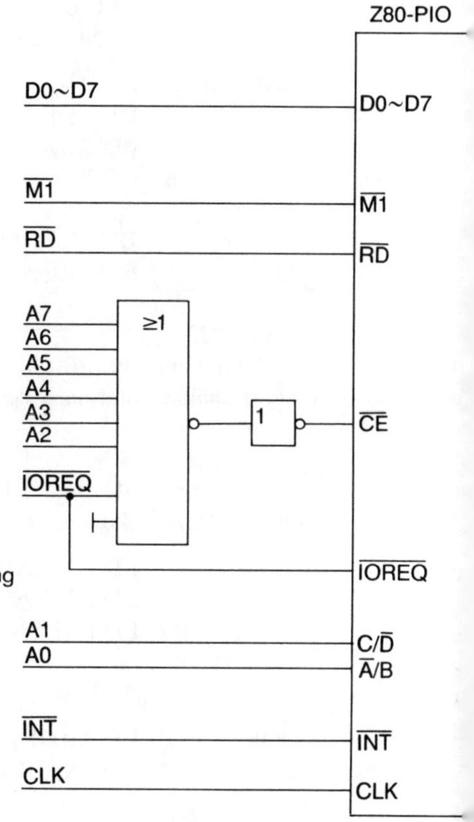

Bild 12.7
Lösung von 6.1

```
           RLC B              ; Testmuster um 1 Stelle nach links
           JR NC,LOOPTEST     ; Test der gleichen Adresse mit neuem Muster

LOOPZAHL:  INC HL             ; nächste Adresse
           DEC DE             : Zähler – 1
           LD A,D             ; Zähler DE auf 0 prüfen
           OR E               ; Ergebnis nur 0, wenn A bzw. D und E
                                gleich 0
           JP NZ, LOOPTEST    ; Test der nächsten Adresse
ENDE:      Beginn des nächsten Programmbausteins
```

Lösung 4.22

Die Zählbefehle für 8 Bit beeinflussen zwar das Half-carry-Flag, aber nicht das Carry-Flag, deshalb erfolgt nach der Zahl 99 eine falsche Korrektur.

Lösung 4.23

Da mit Dezimalzahlen gerechnet werden soll, muß nach jeder arithmetischen Operation eine Dezimalkorrektur erfolgen.

```
SUBDEZ:    LD HL,ZAHL1        ; Adresse des abzuziehenden Operanden
           LD DE,ZAHL2        ; Adresse des nach A zu ladenden Operanden
           LD B,(LEN)         ; der Inhalt der symbolischen Adresse LEN
                                wird als Zähler verwendet
           AND A              ; Carry-Flag löschen

LOOP:      LD A,(DE)          ; 2 Ziffern des Subtrahenden laden
           SBC A,(HL)         ; 2 Ziffern von (HL) abziehen
           DAA                ; Dezimalkorrektur des Ergebnisses im Akku
           LD (HL),A          ; Ergebnis abspeichern
           INC HL             ; Datenzeiger aktualisieren
           INC DE
           DJNZ LOOP          ; B dekrementieren, wenn B< >0 Wieder-
                                holung von LOOP
```

Lösungen der Lernzieltests in Kapitel 5 bis 9

Kapitel 5

1. siehe Buchtext
2. a) $\overline{BUSREQ}$, $\overline{BUSACK}$
   b) A0-A15, D0-D7, $\overline{MREQ}$, $\overline{RD}$, $\overline{WR}$,$\overline{IOREQ}$, $\overline{RFSH}$
3. bis 7. siehe Buchtext
8. Datenbustreiber müssen durch das Interruptbestätigungssignal gesteuert werden (Bild 6.21)
9. und 10. siehe Buchtext

Kapitel 6

1. Bild 12.7
2. und 3. siehe Buchtext
4. für PORT A:

```
für PORT A:  LD A,VEKTOR     ; Interruptvektor für Serviceprogramm
             OUT (STWA),A    ; an Steuerwortregister von PORT A
             LD A,4FH        ; Modussteuerwort, Modus 1
             OUT (STWA),A    ; an Steuerwortregister von PORT A
             LD A,83H        ; Interruptaktivierungswort
             OUT (STWA),A    ; an Steuerwortregister von PORT A
für PORT B:  LD A,VEKTOR     ; gleiches Serviceprogramm wie oben
             OUT (STWB),A    ; an Steuerwortregister von PORT B
             LD A,CFH        ; Modussteuerwort, Modus 3
             OUT (STWB),A    ; an Steuerwortregister von PORT B
             LD A,0CH        ; E/A-Wort. Eingänge festlegen
             OUT (STWB),A    ; an Steuerwortregister von PORT B
             LD A,D7H        ; Interruptsteuerwort
             OUT (STWB),A    ; an Steuerwortregister von PORT B
             LD A,F3H        ; Maskenwort für Interrupt-Eingänge
             OUT (STWB),A    ; an Steuerwortregister von PORT B
```

5. bis 8. siehe Buchtext
9. Vergleichen Sie Ihr Programm mit den Beispielen in 6.2.5!
10. Gleiche Übertragungsgeschwindigkeit von Sender und Empfänger, gleiches Datenformat, gleiche Logik
11. bis 15 siehe Buchtext
16. Verwendung der Eingänge $\overline{CTS}$,$\overline{DCD}$ und $\overline{RIA}$ sowie der Ausgänge $\overline{RTS}$ und $\overline{DTR}$. Die Eingänge können Interrupt auslösen und durch Abfragen der Leseregister erkannt werden. Die Ausgänge müssen durch die Schreibregister gesetzt werden.
17. Sender KANAL A:

```
Sender KANAL A:  LD A,04         ; Registeradresse 4
                 OUT (STWA),A    ; über Steuerwortadresse an WR0
                 LD A,4FH        ; Steuerwort für WR4
                 OUT (STWA),A    ; über Steuerwortadresse an WR4
                 LD A,05         ; Registeradresse 5
                 OUT (STWA),A    ; über Steuerwortadresse an WR0
                 LD A,C8H        ; Steuerwort für WR5
                 OUT (STWA),A    ; über Steuerwortadresse an WR5
```

Kapitel 7

1. siehe Bild 7.1
2. bis 6. siehe Buchtext
7. Der Assembler gibt meitens das übersetzte Maschinenprogramm in relativer Form aus. Dieses ist nicht lauffähig. Es muß noch im Linker entrelativiert werden.
8. siehe Buchtext

Kapitel 8

1. Der Quellcode wird als relative Adresse des Zielcodes verwendet (Codetabelle), oder Quellcode und Zielcode stehen nacheinander im Speicher, wie in 8.5 beschrieben.
2. bei A0DH
3. MIN:

```
MIN:      LD A,240D       ; 240mal 250 ms
DELAY:    LD C,250D       ; 250mal 1 ms
DELAY1:   LD B,99H        ; Zeitkonstante für 1 ms
DELAY2:   DJNZ DELAY2
          DEC C
          JR NZ,DELAY1
          DEC A
          JR NZ,DELAY
          RET
```

Kapitel 9

1. siehe Buchtext
2. DTR und RTS, wenn CTS aktiv ist
3. DSR und DCD aktiv
4. bis 6. siehe Buchtext
7. 8 Datenleitungen, STROBE und BUSY

Anhang

A Zusammenfassung der Maschinencodes und ihrer Ausführungszeiten

Dieser Anhang gibt eine tabellarische Zusammenfassung des Z80-Befehlssatzes entsprechend dem Technical Manual Z80-CPU der Firma ZILOG.
Für jeden Befehlstyp wird gezeigt:

- ☐ Mnemonische Abkürzung
- ☐ Befehlswirkung
- ☐ binärer Maschinencode
- ☐ Zustand der Flags *nach* Ausführung des Befehls
- ☐ Anz Byt: Länge des Befehles in Byte
- ☐ Anz Mzy: Anzahl der Maschinenzyklen
- ☐ Anz Takt: Anzahl der Taktzyklen

Berechnung der Dauer eines Maschinenbefehles:

Taktzyklusdauer = 1 / angelegte Taktfrequenz

z. B.: Bei einer Taktfrequenz f = 2 MHz beträgt die Taktzyklusdauer T = 0,5 µs.

Der Befehl OUT (n),A benötigt laut Tabelle 11 Zyklen, also 11 · 0,5 µs = 5,5 µs.

Darstellung der Flags:

- – Flag wird nicht beeinflußt
- * Flag wird beeinflußt, entsprechend dem Ergebnis der Operation
- x Zustand des Flags unbekannt
- 0 Flag ist auf 0 zurückgesetzt
- 1 Flag ist auf 1 gesetzt
- V P/V-Flag wird als Vorzeichen-Flag benutzt
- P P/V-Flag wird als Parity-Flag benutzt

In der Spalte Wirkung bedeutet

rH: rechte Hälfte eines 16-Bit-Operanden
lH: linke Hälfte eines 16-Bit-Operanden

Transportbefehle für 8 Bit

Maschinenbefehl mnemonisch	Wirkung	binär	Anz Byt	Anz Mzy	Anz Takt	Flags C	Z	P/V	S	N	H	Kommentar	
LD d,s	d:=s	01 d s	1	1	4	–	–	–	–	–	–	d/s	Register
LD d,n	d:=n	00 d 110	2	2	7	–	–	–	–	–	–		
		<--- n -->										000	B
LD d,(HL)	d:=(HL)	01 d 110	1	2	7	–	–	–	–	–	–	001	C
LD d,(IX+e)	d:=(IX+e)	11 011 101	3	5	19	–	–	–	–	–	–	010	D
		01 d 110										011	E
		<--- e -->										100	H
LD d,(IY+e)	d:=(IY+e)	11 111 101	3	5	19	–	–	–	–	–	–	101	L
		01 d 110										111	A
		<--- e -->											
LD (HL),s	(HL):=s	01 110 s	1	2	7	–	–	–	–	–	–	110	(HL) Speicher
LD (IX+e),s	(IX+e):=s	11 011 101	3	5	19	–	–	–	–	–	–		
		01 110 s											
		<--- e -->											
LD (IY+e),s	(IY+e):=s	11 111 101	3	5	19	–	–	–	–	–	–		
		01 110 s											
		<--- e -->											
LD (HL),n	(HL):=n	00 110 110	2	3	10	–	–	–	–	–	–		
		<--- n -->											
LD (IX+e),n	(IX+e):=n	11 011 101	4	5	19	–	–	–	–	–	–		
		00 110 110											
		<--- e -->											
		<--- n -->											
LD (IY+e),n	(IY+e):=n	11 111 101	4	5	19	–	–	–	–	–	–		
		00 110 110											
		<--- e -->											
		<--- n -->											
LD A,(BC)	A:=(BC)	00 001 010	1	2	7	–	–	–	–	–	–		
LD A,(DE)	A:=(DE)	00 011 010	1	2	7	–	–	–	–	–	–		
LD A,(nn)	A:=(nn)	00 111 010	3	4	13	–	–	–	–	–	–		
		<- n rH ->											
		<- n lH ->											
LD (BC),A	(BC):=A	00 000 010	1	2	7	–	–	–	–	–	–		
LD (DE),A	(DE):=A	00 010 010	1	2	7	–	–	–	–	–	–		
LD (nn),A	(nn):=A	00 110 010	3	4	13	–	–	–	–	–	–		
		<- n rH ->											
		<- n lH ->											
LD A,I	A:=I	11 101 101	2	2	9	–	*	IFF	*	0	0	IFF:	Der Inhalt des
		01 010 111											Interrupt-
LD A,R	A:=R	11 101 101	2	2	9	–	*	IFF	*	0	0		Enable
		01 011 111											Flipflop wird in
LD I,A	I:=A	11 101 101	2	2	9	–	–	–	–	–	–		das P/V-Flag
		01 000 111											kopiert
LD R,A	R:=A	11 101 101	2	2	9	–	–	–	–	–	–		
		01 001 111											

Transportbefehle für 16 Bit

Maschinenbefehl mnemonisch	Wirkung	binär			Anz Byt	Anz Mzy	Anz Takt	Flags C	Z	P/V	S	N	H	Kommentar
LD dd,nn	dd:=nn	00	dd0	001	3	3	10	–	–	–	–	–	–	dd Registerpaar
		<-	n rH	->										
		<-	n lH	->										00 BC
LD IX,nn	IX:=nn	11	011	101	4	4	14	–	–	–	–	–	–	01 DE
		00	100	001										10 HL
		<-	n rH	->										11 SP
		<-	n lH	->										
LD IY,nn	IY:=nn	11	111	101	4	4	14	–	–	–	–	–	–	
		00	100	001										
		<-	n rH	->										
		<-	n lH	->										
LD HL,(nn)	L:=(nn)	00	101	010	3	5	16	–	–	–	–	–	–	
	H:=(nn+1)	<-	n rH	->										
		<-	n lH	->										
LD dd,(nn)	ddrH:=(nn)	11	101	101	4	6	20	–	–	–	–	–	–	Zusätze rH bzw. lH
	ddlH:=(nn+1)	01	dd1	011										
		<-	n rH	->										rH: rechte Hälfte des
		<-	n lH	->										angesprochenen
LD IX,(nn)	IXrH:=(nn)	11	011	101	4	6	20	–	–	–	–	–	–	Doppelregisters
	IXlH:=(nn+1)	00	101	010										
		<-	n rH	->										lH: linke Hälfte des
		<-	n lH	->										angesprochenen
LD IY,(nn)	IYrH:=(nn)	11	111	101	4	6	20	–	–	–	–	–	–	Doppelregisters
	IYlH:=(nn+1)	00	101	010										
		<-	n rH	->										
		<-	n lH	->										gg Doppelregister
LD (nn),HL	(nn):=L	00	100	010	3	5	16	–	–	–	–	–	–	
	(nn+1):=H	<-	n rH	->										00 BC
		<-	n lH	->										01 DE
LD (nn),dd	(nn):=ddrH	11	101	101	4	6	20	–	–	–	–	–	–	10 HL
	(nn+1):=ddlH	01	dd0	011										11 AF
		<-	n rH	->										
		<-	n lH	->										
LD (nn),IX	(nn):=IXrH	11	011	101	4	6	20	–	–	–	–	–	–	
	(nn+1):=IXlH	00	100	010										
		<-	n rH	->										
		<-	n lH	->										
LD (nn),IY	(nn):=IYrH	11	111	101	4	6	20	–	–	–	–	–	–	
	(nn+1):=IYlH	00	100	010										
		<-	n rH	->										
		<-	n lH	->										
LD SP,HL	SP:=HL	11	111	001	1	1	6	–	–	–	–	–	–	
LD SP,IX	SP:=IX	11	011	101	2	2	10	–	–	–	–	–	–	
		11	111	001										
LD SP,IY	SP:=IY	11	111	101	2	2	10	–	–	–	–	–	–	
		11	111	001										
PUSH gg	(SP-2):=ggrH	11	gg0	101	1	3	11	–	–	–	–	–	–	
	(SP-1):=gglH													
PUSH IX	(SP-2):=IXrH	11	011	101	2	4	15	–	–	–	–	–	–	
	(SP-1):=IXlH	11	100	101										
PUSH IY	(SP-2):=IYrH	11	111	101	2	4	15	–	–	–	–	–	–	
	(SP-1):=IYlH	11	100	101										
POP gg	ggrH:=(SP)	11	gg0	001	1	3	10	–	–	–	–	–	–	
	gglH:=(SP+1)													
POP IX	IXrH:=(SP)	11	011	101	2	4	14	–	–	–	–	–	–	
	IXlH:=(SP+1)	11	100	001										
POP IY	IYrH:=(SP)	11	111	101	2	4	14	–	–	–	–	–	–	
	IYlH:=(SP+1)	11	100	001										

Ein- und Ausgabebefehle

Maschinenbefehl mnemonisch	Wirkung	binär	Anz Byt	Anz Mzy	Anz Takt	Flags C	Z	P/V	S	N	H	Kommentar
IN A,(n)	A:=(n)	11 011 011 <-- n --->	2	3	11	–	–	–	–	–	–	n -> Adreßleitungen A0–A7 Akku -> Adreßltg. A8–A15
IN d,(C)	d:=(C)	11 101 101 01 d 000	2	3	12	–	*	P	*	0	0	Reg. C -> Adreßltg. A0–A7 Reg. B -> Adreßltg. A8–A15 Wenn d:=110 werden nur die Flags beeinflußt
INI	(HL):=(C) B:=B-1 HL:=HL+1	11 101 101 10 100 010	2	4	16	–	4	x	x	1	x	Für INI.INIR.IND. INDR gilt: Reg. C --> A0–A7 Reg. B --> A8–A15
INIR	(HL):=(C) B:=B-1 HL:=HL+1 Wiederholen bis B:=0	11 101 101 10 110 010	2	5 für B<>0 4 für B=0	21 16	–	1	x	x	1	x	4: Ist B-1:=0 dann ZFl:=1 sonst ZFl:=0
IND	(HL):=(C) B:=B-1 HL:=HL-1	11 101 101 10 101 010	2	4	16	–	4	x	x	1	x	
INDR	(HL):=(C) B:=B-1 HL:=HL-1 Wiederholen bis B:=0	11 101 101 10 111 010	2	5 für B<>0 4 für B=0	21 16	–	1	x	x	1	x	
OUT (n),A	(n):=A	11 010 011 <-- n --->	2	3	11	–	–	–	–	–	–	n -> Adreßleitungen A0–A7 Akku -> Adreßltg. A8–A15
OUT (C),s	(C):=s	11 101 101 01 s 001	2	3	12	–	–	–	–	–	–	Reg. C -> Adreßltg. A0–A7 Reg. B -> Adreßltg. A8–A15
OUTI	(C):=(HL) B:=B-1 HL:=HL+1	11 101 101 10 100 011	2	4	16	–	4	x	x	1	x	Für OUTI.OTIR. OUTD.OTDR gilt:
OTIR	(C):=(HL) B:=B-1 HL:=HL+1 Wiederholen bis B:=0	11 101 101 10 110 011	2	5 für B<>0 4 für B=0	21 16	–	1	x	x	1	x	Reg. C --> A0-A7 Reg. B --> A8-A15
OUTD	(C):=(HL) B:=B-1 HL:=HL-1	11 101 101 10 101 011	2	4	16	–	4	x	x	1	x	
OTDR	(C):=(HL) B:=B-1 HL:=HL-1 Wiederholen bis B:=0	11 101 101 10 111 011	2	5 für B<>0 4 für B=0	21 16	–	1	x	x	1	x	

Exchangebefehle, Blocktransferbefehle, Suchbefehle

Maschinenbefehl mnemonisch	 Wirkung	 binär	Anz Byt	Anz Mzy	Anz Takt	Flags C	 Z	 P/V	 S	 N	 H	Kommentar
EX DE,HL	DE:=:HL	11 101 011	1	1	4	–	–	–	–	–	–	:=: bedeutet
EX AF,AF′	AF:=:AF′	00 001 000	1	1	4	–	–	–	–	–	–	Austausch
EXX	BC:=:BC′ DE:=:DE′ HL:=:HL′	11 011 001	1	1	4	–	–	–	–	–	–	
EX (SP),HL	H:=:(SP+1) L:=:(SP)	11 100 011	1	5	19	–	–	–	–	–	–	
EX (SP),IX	IXrH:=:(SP) IXlH:=:(SP+1)	11 011 101 11 100 011	2	6	23	–	–	–	–	–	–	
EX (SP),IY	IYrH:=:(SP) IYlH:=:(SP+1)	11 111 101 11 100 011	2	6	23	–	–	–	–	–	–	
LDI	(DE):=(HL) DE:=DE+1 HL:=HL+1 BC:=BC-1	11 101 101 10 100 000	2	4	16	–	–	2	–	0	0	2: P/V-Flag:=0 wenn BC-1:=0 sonst P/V-Flag:=1
LDIR	(DE):=(HL) DE:=DE+1 HL:=HL+1 BC:=BC-1 Wiederholen bis BC:=0	11 101 101 10 110 000	2	5 für BC<>0 4 für BC=0	21 16	–	–	0	–	0	0	
LDD	(DE):=(HL) DE:=DE-1 HL:=HL-1 BC:=BC-1	11 101 101 10 101 000	2	4	16	–	–	2	–	0	0	2: P/V-Flag:=0 wenn BC-1:=0 sonst P/V-Flag:=1
LDDR	(DE):=(HL) DE:=DE-1 HL:=HL-1 BC:=BC-1 Wiederholen bis BC:=0	11 101 101 10 111 000	2	5 für BC<>0 4 für BC=0	21 16	–	–	0	–	0	0	
CPI	A-(HL) HL:=HL+1 BC:=BC-1	11 101 101 10 100 001	2	4	16	–	3	2	*	1	*	3: Z-Flag:=1 wenn A:=(HL) sonst Z-Flag:=0
CPIR	A-(HL) HL:=HL+1 BC:=BC-1 Wiederholen bis A:=(HL) oder BC:=0	11 101 101 10 110 001	2	5 4	21 16	–	3	2	*	1	*	wenn BC<>0 und A<>(HL) wenn BC:=0 oder A:=(HL)
CPD	A-(HL) HL:=HL-1 BC:=BC-1	11 101 101 10 101 001	2	4	16	–	3	2	*	1	*	3: Z-Flag:=1 wenn A:=(HL) sonst Z-Flag:=0
CPDR	A-(HL) HL:=Hl-1 BC:=BC-1 Wiederholen bis A:=(HL) oder BC:=0	11 101 101 10 111 001	2	5 4	21 16	–	3	2	*	1	*	wenn BC<>0 und A<>(HL) wenn BC:=0 oder A:=(HL)

Arithmetische und logische Befehle für 8 Bit

Maschinenbefehl mnemonisch	Wirkung	binär	Anz Byt	Anz Mzy	Anz Takt	C	Z	P/V	S	N	H	Kommentar
ADD A,s	A:=A+s	10 000 s	1	1	4	*	*	V	*	0	*	s Register
ADD A,n	A:=A+n	11 000 110	2	2	7	*	*	V	*	0	*	
		<-- n --->										000 B
ADD A,(HL)	A:=A+(HL)	10 000 110	1	2	7	*	*	V	*	0	*	001 C
ADD A,(IX+e)	A:=A+(IX+e)	11 011 101	3	5	19	*	*	V	*	0	*	010 D
		10 000 110										011 E
		<-- e --->										100 H
ADD A,(IY+e)	A:=A+(IY+e)	11 111 101	3	5	19	*	*	V	*	0	*	101 L
		10 000 110										111 A
		<-- e --->										
												110 (HL)
ADC A,s	A:=A+s+CFl	001				*	*	V	*	0	*	s ist jedes der oben
SUB s	A:=A-s	010				*	*	V	*	1	*	genannten 8-Bit-Re-
SBC A,s	A:=A-s-CFl	011				*	*	V	*	1	*	gister oder n, (HL),
												(IX+e), (IY+e).
AND s	A:=A∧s	100				0	*	P	*	0	1	Sonst gleicher Ablauf
OR s	A:=A∨s	110				0	*	P	*	0	0	wie bei ADD-Bef.
XOR s	A:=A↮s	101				0	*	P	*	0	0	Die rot unterlegten
CP s	A-s	111				*	*	V	*	1	*	Bitstellen ersetzen
												die 000 in den oben
												beschriebenen ADD-
INC s	s:=s+1	00 d 100	1	1	4	–	*	V	*	0	*	Befehlen
INC (HL)	(HL):=(HL)+1	00 110 100	1	3	11	–	*	V	*	0	*	
INC (IX+e)	(IX+e):=	11 011 101	3	6	23	–	*	V	*	0	*	V:=1 Überlauf
	(IX+e)+1	00 110 100										Bit6 -> Bit7
		<--- e -->										V:=0 kein Überlauf
												P:=1 gerade Parität
												d. Erg.
INC (IY+e)	(IY+e):=	11 111 101	3	6	23	–	*	V	*	0	*	P:=0 ungerade
	(IY+e)+1	00 110 100										Parität
		<--- e -->										
DEC m	m:=m-1	101				–	*	V	*	1	*	m steht für s, (HL), (IX+e), (IY+e), wie beim INC-Befehl gezeigt. Gleiches Format und Befehlsverhalten wie INC. Im OP-Code muß 100 durch 101 ersetzt werden

Arithmetische Befehle 16 Bit

Maschinenbefehl mnemonisch	Wirkung	binär	Anz Byt	Anz Mzy	Anz Takt	C	Z	P/V	S	N	H	Kommentar	
ADD HL,ss	HL:=HL+ss	00 ss1 001	1	3	11	*	–	–	–	0	x	ss	Doppelregister
ADC HL,ss	HL:=HL+ss	11 101 101	2	4	15	*	*	V	*	0	x	00	BC
	+CFl	01 ss1 010										01	DE
												10	HL
SBC HL,ss	HL:=HL-ss	11 101 101	2	4	15	*	*	V	*	1	x	11	SP
	-CFl	01 ss0 010											
ADD IX,pp	IX:=IX+pp	11 011 101	2	4	15	*	–	–	–	0	x	pp	Doppelregister
		00 pp1 001											
												00	BC
												01	DE
												10	IX
												11	SP
ADD IY,rr	IY:=IY+rr	11 111 101	2	4	15	*	–	–	–	0	x	rr	Doppelregister
		00 rr1 001											
												00	BC
												01	DE
												10	IY
												11	SP
INC ss	ss:=ss+1	00 ss0 011	1	1	6	–	–	–	–	–	–		
INC IX	IX:=IX+1	11 011 101	2	2	10	–	–	–	–	–	–		
		00 100 011											
INC IY	IY:=IY+1	11 111 101	2	2	10	–	–	–	–	–	–		
		00 100 011											
DEC ss	ss:=ss-1	00 ss1 011	1	1	6	–	–	–	–	–	–		
DEC IX	IX:=IX-1	11 011 101	2	2	10	–	–	–	–	–	–		
		00 101 011											
DEC IY	IY:=IY-1	11 111 101	2	2	10	–	–	–	–	–	–		
		00 101 011											

Maschinenbefehl mnemonisch	Wirkung	binär	Anz Byt	Anz Mzy	Anz Takt	C	Z	P/V	S	N	H	Kommentar
RLCA	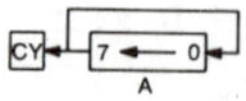	00 000 111	1	1	4	*	–	–	–	0	0	Rotate left circular accumulator
RLA	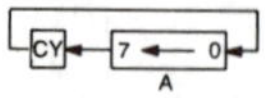	00 010 111	1	1	4	*	–	–	–	0	0	Rotate left accumulator
RRCA	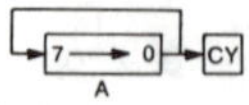	00 001 111	1	1	4	*	–	–	–	0	0	Rotate right circular accumulator
RRA	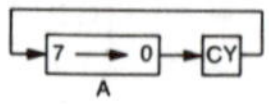	00 011 111	1	1	4	*	–	–	–	0	0	Rotate right accumulator
RLC s	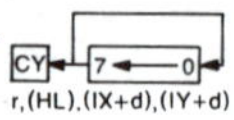	11 001 011 00 000 s	2	2	8	*	*	P	*	0	0	Rotate left circular register r
RLC (HL)		11 001 011 00 000 110	2	4	15	*	*	P	*	0	0	
RLC (IX+e)		11 011 101 11 001 011 <-- e ---> 00 000 110	4	6	23	*	*	P	*	0	0	
RLC (IY+e)		11 111 101 11 001 011 <-- e ---> 00 000 110	4	6	23	*	*	P	*	0	0	
RL s	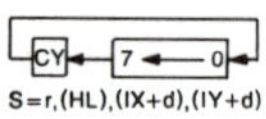	010				*	*	P	*	0	0	Befehlsformat und Ablauf gleich wie bei RLC s. Zur Bildung des neuen OP-Codes muß die Kombination 000 des Befehles RLC s durch den gezeigten Code ersetzt werden.
RRC s	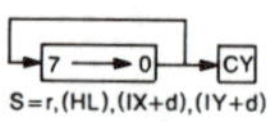	001				*	*	P	*	0	0	
RR s	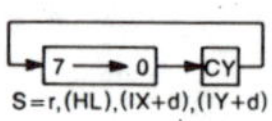	011				*	*	P	*	0	0	
SLA s	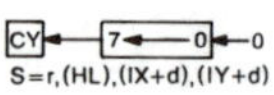	100				*	*	P	*	0	0	
SRA s	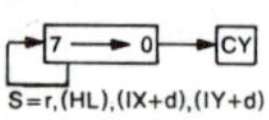	101				*	*	P	*	0	0	
SRL s	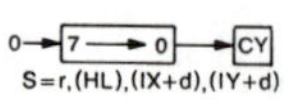	111				*	*	P	*	0	0	
RLD	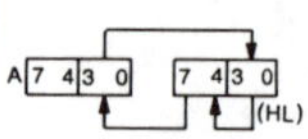	11 101 101 01 101 111	2	5	18	–	*	P	*	0	0	Nur möglich mit der durch HL adressierten Speicherzelle
RRD	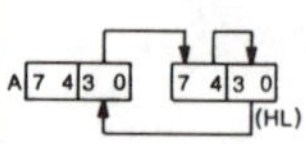	11 101 101 01 100 111	2	5	18	–	*	P	*	0	0	Der Inhalt der höherwertigen Tetrade im Akku wird nicht beeinflußt.

Einzelbit-Befehle

Maschinenbefehl mnemonisch	Wirkung	binär	Anz Byt	Anz Mzy	Anz Takt	C	Z	P/V	S	N	H	Kommentar
BIT b,r	ZFl:= $\bar{r}_b$	11 001 011	2	2	8	–	*	x	x	0	1	s_b: Bitstelle b(0...7)
		01 b r										in Quelle s
BIT b,(HL)	ZFl:= $\overline{(HL)}_b$	11 001 011	2	3	12	–	*	x	x	0	1	
		01 b 110										r | Register
BIT b,(IX+e)	ZFl:= $\overline{(IX+e)}_b$	11 011 101	4	5	20	–	*	x	x	0	1	
		11 001 011										000 | B
		<-- e --->										001 | C
		01 b 110										010 | D
BIT b,(IY+e)	ZFl:= $\overline{(IY+e)}_b$	11 111 101	4	5	20	–	*	x	x	0	1	011 | E
		11 001 011										100 | H
		<-- e --->										101 | L
		01 b 110										111 | A
SET b,r	r_b:=1	11 001 011	2	2	8	–	–	–	–	–	–	110 | (HL)
		11 b r										
SET b,(HL)	$(HL)_b$:=1	11 001 011	2	4	15	–	–	–	–	–	–	
		11 b 110										b | Bitstelle
SET b,(IX+e)	$(IX+e)_b$:=1	11 011 101	4	6	23	–	–	–	–	–	–	
		11 001 011										000 | 0
		<-- e --->										001 | 1
		11 b 110										010 | 2
SET b,(IY+e)	$(IY+e)_b$:=1	11 111 101	4	6	23	–	–	–	–	–	–	011 | 3
		11 001 011										100 | 4
		<-- e --->										101 | 5
		11 b 110										110 | 6
												111 | 7
RES b,m	m_b:=0 m:r, (HL), (IX+e),(IY+e)	10										Zur Bildung des OP-Code muß 11 von SET b,s ersetzt werden durch 10 Flags und Ausführungszeiten wie beim SET-Befehl

Verzweigungs-Sprungbefehle

mnemonisch	Maschinenbefehl Wirkung	binär	Anz Byt	Anz Mzy	Anz Takt	C	Z	P/V	S	N	H	Kommentar
JP nn	PC:=nn	11 000 011	3	3	10	–	–	–	–	–	–	c Bedingung
		<- n rH ->										
		<- n lH ->										000 NZ not zero
JP CC,nn	Wenn CC wahr	11 c 010	3	3	10	–	–	–	–	–	–	001 Z zero
	dann PC:=nn	<- n rH ->										010 NC no carry
	sonst PC:=	<- n lH ->										011 C carry
	PC+1											100 PO parity odd
												(ungerade
JR e	PC:=PC+e	00 011 000	2	3	12							PFl:=0)
		<- e-2 -->										101 PE parity even
												(gerade
												PFl:=1)
												110 P plus
												(SFl:=0)
												111 M minus
												(SFl:=1)
JR C,e	Wenn CFl=1	00 111 000	2	3	12	–	–	–	–	–	–	Wenn Bedingung
	dann PC:=	<- e-2 -->										erfüllt
	PC+e sonst											
	PC:=PC+1		2	2	7							Wenn Bedingung nicht erfüllt
JR NC,e	Wenn CFl=0	00 110 000	2	3	12	–	–	–	–	–	–	Wenn Bedingung
	dann PC:=	<- e-2 -->										erfüllt
	PC+e sonst											
	PC:=PC+1		2	2	7							Wenn Bedingung nicht erfüllt
JR Z,e	Wenn ZFl=1	00 101 000	2	3	12	–	–	–	–	–	–	Wenn Bedingung
	dann PC:=	<- e-2 -->										erfüllt
	PC+e sonst											
	PC:=PC+1		2	2	7							Wenn Bedingung nicht erfüllt
JR NZ,e	Wenn ZFl=0	00 100 000	2	3	12	–	–	–	–	–	–	Wenn Bedingung
	dann PC:=	<- e-2 -->										erfüllt
	PC+e sonst											
	PC:=PC+1		2	2	7							Wenn Bedingung nicht erfüllt
JP (HL)	PC:=HL	11 101 001	1	1	4							
JP (IX)	PC:=IX	11 011 101	2	2	8							
		11 101 001										
JP (IY)	PC:=IY	11 111 101	2	2	8							
		11 101 001										
DJNZ e	B:=B-1	00 010 000										
	wenn B<>0	<- e-2 -->	2	3	13	–	–	–	–	–	–	wenn B<>0
	dann PC:=											
	PC+e sonst											
	PC:=PC+1		2	2	8	–	–	–	–	–	–	wenn B:=0

Unterprogramm-Befehle

mnemonisch	Maschinenbefehl Wirkung	binär	Anz Byt	Anz Mzy	Anz Takt	Flags C	Z	P/V	S	N	H	Kommentar
CALL nn	(SP-1):=PClH (SP-2):=PCrH PC:=nn	11 001 101 <- n rH -> <- n lH ->	3	5	17	–	–	–	–	–	–	
CALL CC,nn	Wenn CC wahr wie CALL nn	11 c 100 <- n rH ->	3	5	17	–	–	–	–	–	–	Wenn Bedingung erfüllt
	sonst PC:= PC+1	<- n lH ->	3	3	10	–	–	–	–	–	–	Wenn Bedingung nicht erfüllt
RET	PCrH:=(SP) PClH:= (SP+1)	11 001 001	1	3	10	–	–	–	–	–	–	
RET CC	Wenn CC wahr wie RET	11 c 000	1	3	11	–	–	–	–	–	–	Wenn Bedingung erfüllt
	sonst PC:= PC+1		1	1	5	–	–	–	–	–	–	Wenn Bedingung nicht erfüllt
RETI	Return from interrupt	11 101 101 01 001 101	2	4	14	–	–	–	–	–	–	
RETN	Return from non maskable i.	11 101 101 01 000 101	2	4	14	–	–	–	–	–	–	
RST a	(SP-1):=PClH (SP-2):=PCrH PClH:=0 PCrH:=a	11 t 111	1	3	11	–	–	–	–	–	–	

c	Bedingung
000	NZ not zero
001	Z zero
010	NC no carry
011	C carry
100	PO parity odd (ungerade PFl:=0)
101	PE parity even (gerade PFl:=1)
110	P plus (SFl:=0)
111	M minus (SFl:=1)

t	a
000	00H
001	08H
010	10H
011	18H
100	20H
101	28H
110	30H
111	38H

CPU-Steuerbefehle

mnemonisch	Maschinenbefehl Wirkung	binär	Anz Byt	Anz Mzy	Anz Takt	Flags C	Z	P/V	S	N	H	Kommentar
DAA	Wandelt Inhalt des Akku in gepackte BCD-Darstellung um	00 100 111	1	1	4	*	*	P	*	–	*	Decimal adjust accumulator
CPL	A:=$\overline{A}$	00 101 111	1	1	4	–	–	–	–	1	1	Complement accumulator (Einerkomplement)
NEG	A:=0-A	11 101 101 01 000 100	2	2	8	*	*	V	*	1	*	Negate accumulator (Zweierkomplement)
CCF	CFl:=$\overline{CFl}$	00 111 111	1	1	4	*	–	–	–	0	x	Complement carry flag
SCF	CFl:=1	00 110 111	1	1	4	1	–	–	–	0	0	Set carry flag
NOP	no operation	00 000 000	1	1	4	–	–	–	–	–	–	Leerbefehl
HALT	CPU hält an	01 110 110	1	1	4	–	–	–	–	–	–	CPU führt laufend M1-Zyklen auf der nächsthöheren Adresse aus wegen Refresh
DI	IFF:=0	11 110 011	1	1	4	–	–	–	–	–	–	IFF: Interrupt-Enable
EI	IFF:=1	11 111 011	1	1	4	–	–	–	–	–	–	Flipflop
IM0	Setze Interrupt Modus 0	11 101 101 01 000 110	2	2	8	–	–	–	–	–	–	
IM1	Setze Interrupt Modus 1	11 101 101 01 010 110	2	2	8	–	–	–	–	–	–	
IM2	Setze Interrupt Modus 2	11 101 101 01 011 110	2	2	8							

8-Bit-Transportbefehle

	A	B	C	D	E	H	L	(HL)	(BC)	(DE)	(IX+e)	(IY+e)	n	(nn)
LD A,?	7F	78	79	7A	7B	7C	7D	7E	0A	1A	DD7Exx	FD7Exx	3Exx	3Axxxx
LD B,?	47	40	41	42	43	44	45	46			DD46xx	FD46xx	06xx	
LD C,?	4F	48	49	4A	4B	4C	4D	4E			DD4Exx	FD4Exx	0Exx	
LD D,?	57	50	51	52	53	54	55	56			DD56xx	FD56xx	16xx	
LD E,?	5F	58	59	5A	5B	5C	5D	5E			DD5Exx	FD5Exx	1Exx	
LD H,?	67	60	61	62	63	64	65	66			DD66xx	FD66xx	26xx	
LD L,?	6F	68	69	6A	6B	6C	6D	6E			DD6Exx	FD6Exx	2Exx	
LD (HL),?	77	70	71	72	73	74	75	76					36xx	
LD (BC),?	02													
LD (DE),?	12													
LD (IX+e),?	DD77xx	DD70xx	DD71xx	DD72xx	DD73xx	DD74xx	DD75xx						DD36xxxx	
LD (IY+e),?	FD77xx	FD70xx	FD71xx	FD72xx	FD73xx	FD74xx	FD75xx						FD36xxxx	
LD (nn),?	32xxxx													

FD36xxxx: letztes xx → n, vorletztes xx → e

		S Z H	P/V	N C		
LD A,I	ED57	* * 0	IFF2	0 –	LD I,A	ED47
LD A,R	ED5F	* * 0	IFF2	0 –	LD R,A	ED4F

16-Bit-Transportbefehle

	BC	DE	HL	SP	IX	IY
LD ??,nn	01xxxx	11xxxx	21xxxx	31xxxx	DD21xxxx	FD21xxxx
LD ??,(nn)	ED4Bxxxx	ED5Bxxxx	2Axxxx	ED7Bxxxx	DD2Axxxx	FD2Axxxx
LD (nn),??	ED43xxxx	ED53xxxx	22xxxx	ED73xxxx	DD22xxxx	FD22xxxx
LD SP,??			F9		DDF9	FDF9

	BC	DE	HL	AF	IX	IY
PUSH ??	C5	D5	E5	F5	DDE5	FDE5
POP ??	C1	D1	E1	F1	DDE1	FDE1

EX (SP),HL	E3			
EX (SP),IX	DDE3			
EX (SP),IY	FDE3			
EX DE,HL	EB			
EX AF,AF’	08			
EXX	D9	BC-BC’	DE-DE’	HL-HL’

Blocktransport- und Suchbefehle

LD: Load | CP: Compare | I: Increment | D: Decrem. | R: Repeat

Befehl	Code	S	Z	H	P/V	N	C	Funktion
LDI	EDA0	–	–	0	2	0	–	(DE)←(HL), HL+1, DE+1, BC–1
LDIR	EDB0	–	–	0	2	0	–	wie LDI, repeat until BC=0
LDD	EDA8	–	–	0	2	0	–	(DE)←(HL), HL–1, DE–1, BC–1
LDDR	EDB8	–	–	0	2	0	–	wie LDD, repeat until BC=0

P/V → P/V:=0, wenn BC:=0, sonst P/V:=1

Befehl	Code	S	Z	H	P/V	N	C	Funktion
CPI	EDA1	*	3	*	2	1	–	A – (HL), HL+1, BC–1
CPIR	EDB1	*	3	*	2	1	–	wie CPI, repeat until BC=0 oder A=(HL)
CPD	EDA9	*	3	*	2	1	–	A – (HL), HL–1, BC–1
CPDR	EDB9	*	3	*	2	1	–	wie CPD, repeat until BC=0 oder A=(HL)

P/V → P/V:=0, wenn BC:=0, sonst P/V:=1

Ein- und Ausgabebefehle

	A	B	C	D	E	H	L	S	Z	H	P/V	N	C
IN ?,(C)	ED78	ED40	ED48	ED50	ED58	ED60	ED68	*	*	0	P	0	–
OUT (C),?	ED79	ED41	ED49	ED51	ED59	ED61	ED69	–	–	–	–	–	–

Reg. B auf A15...A8, Reg. C auf A7...A0

IN A,(n)	DBxx	keine Flagbeeinflussung
OUT (n),A	D3xx	keine Flagbeeinflussung

Reg. A auf A15...A8, n auf A7...A0

Blockweise Ein- und Ausgabe

Befehl	Code	S	Z	H	P/V	N	C	Funktion
INI	EDA2	x	4	x	x	1	–	(HL)←(C), HL+1, B–1
INIR	EDB2	x	*	x	x	1	–	wie INI, repeat until B=0
IND	EDAA	x	4	x	x	1	–	(HL)←(C), HL–1, B–1
INDR	EDBA	x	*	x	x	1	–	wie IND, repeat until B=0
OUTI	EDA3	x	4	x	x	1	–	(C)←(HL), HL+1, B–1
OTIR	EDB3	x	*	x	x	1	–	wie OUTI, repeat until B=0
OUTD	EDAB	x	4	x	x	1	–	(C)←(HL), HL–1, B–1
OTDR	EDBB	x	*	x	x	1	–	wie OUTD, repeat until B=0

CPU-Steuerbefehle

						S	Z	H	P/V	N	C
NOP	00	EI	FB	DAA	27	*	*	*	*	–	*
HALT	76	DI	F3	CPL	2F	–	–	1	–	1	–
		IM 0	ED46	NEG	ED44	*	*	*	*	1	*
		IM 1	ED56	CCF	3F	–	–	*	–	0	*
		IM 2	ED5E	SCF	37	–	–	0	–	0	1

Erläuterungen

x: Tetrade, Nibble
n: 8-Bit-Konstante
nn: 16-Bit-Konstante
?: Operand (8 Bit)
??: Operand (16 Bit)
c: Bedingung

Flagregister:

S	Z	X	H	X	P/V	N	C

–: keine Änderung
1,0: auf 1 gesetzt bzw. auf 0 rückgesetzt
*: beeinflußt entspr. Ergebnis der Operation
x: unbestimmt
P: P/V=I wenn Parity gerade, sonst P/V=0
V: P/V=I bei Überlauf von 7. zur 8. Stelle
2: P/V=0 wenn BC–1=0 sonst P/V=1
3: Z=1, wenn A=(HL), sonst Z=0
4: Z=1, wenn B–1=0, sonst Z=0

Arithmetische und logische Befehle — *8-Bit*

	A	B	C	D	E	H	L	(HL)	(IX+e)	(IY+e)	n	S	Z	H	P/V	N	C
ADD A,?	87	80	81	82	83	84	85	86	DD86xx	FD86xx	C6xx	*	*	*	V	0	*
ADC A,?	8F	88	89	8A	8B	8C	8D	8E	DD8Exx	FD8Exx	CExx	*	*	*	V	0	*
SUB ?	97	90	91	92	93	94	95	96	DD96xx	FD96xx	D6xx	*	*	*	V	1	*
SBC A,?	9F	98	99	9A	9B	9C	9D	9E	DD9Exx	FD9Exx	DExx	*	*	*	V	1	*
AND ?	A7	A0	A1	A2	A3	A4	A5	A6	DDA6xx	FDA6xx	E6xx	*	*	1	P	0	0
XOR ?	AF	A8	A9	AA	AB	AC	AD	AE	DDAExx	FDAExx	EExx	*	*	1	P	0	0
OR ?	B7	B0	B1	B2	B3	B4	B5	B6	DDB6xx	FDB6xx	F6xx	*	*	1	P	0	0
CP ?	BF	B8	B9	BA	BB	BC	BD	BE	DDBExx	FDBExx	FExx	*	*	*	V	1	*
INC ?	3C	04	0C	14	1C	24	2C	34	DD34xx	FD34xx		*	*	*	V	0	–
DEC ?	3D	05	0D	15	1D	25	2D	35	DD35xx	FD35xx		*	*	*	V	1	–

Arithmetische Befehle — *16 Bit*

	BC	DE	HL	SP	IX	IY	S	Z	H	P/V	N	C
ADD HL,??	09	19	29	39			–	–	*	–	0	*
ADC HL,??	ED4A	ED5A	ED6A	ED7A			*	*	*	V	0	*
SBC HL,??	ED42	ED52	ED62	ED72			*	*	*	V	1	*
ADD IX,??	DD09	DD19		DD39	DD29		–	–	*	–	0	*
ADD IY,??	FD09	FD19		FD39		FD29	–	–	*	–	0	*
INC ??	03	13	23	33	DD23	FD23	–	–	–	–	–	–
DEC ??	0B	1B	2B	3B	DD2B	FD2B	–	–	–	–	–	–

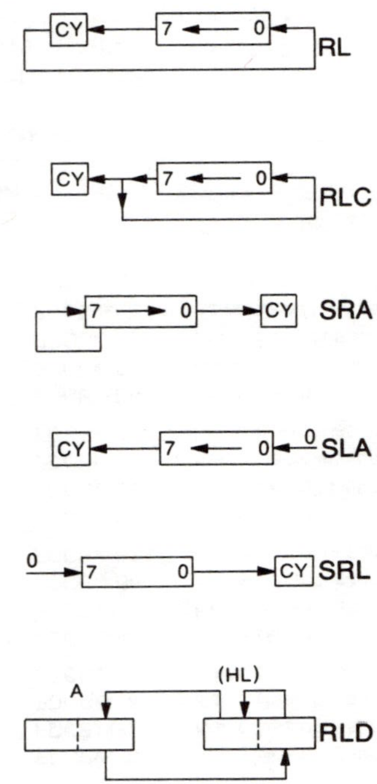

Rotier- und Schiebebefehle

	A	B	C	D	E	H	L	(HL)	(IX+e)	(IY+e)	S	Z	H	P/V	N	C
RR ?	CB1F	CB18	CB19	CB1A	CB1B	CB1C	CB1D	CB1E	DDCBxx1E	FDCBxx1E	*	*	0	P	0	*
RL ?	CB17	CB10	CB11	CB12	CB13	CB14	CB15	CB16	DDCBxx16	FDCBxx16	*	*	0	P	0	*
RRC ?	CB0F	CB08	CB09	CB0A	CB0B	CB0C	CB0D	CB0E	DDCBxx0E	FDCBxx0E	*	*	0	P	0	*
RLC ?	CB07	CB00	CB01	CB02	CB03	CB04	CB05	CB06	DDCBxx06	FDCBxx06	*	*	0	P	0	*
SRA ?	CB2F	CB28	CB29	CB2A	CB2B	CB2C	CB2D	CB2E	DDCBxx2E	FDCBxx2E	*	*	0	P	0	*
SLA ?	CB27	CB20	CB21	CB22	CB23	CB24	CB25	CB26	DDCBxx26	FDCBxx26	*	*	0	P	0	*
SRL ?	CB3F	CB38	CB39	CB3A	CB3B	CB3C	CB3D	CB3E	DDCBxx3E	FDCBxx3E	*	*	0	P	0	*

		S	Z	H	P/V	N	C
RRA	1F	–	–	0	–	0	*
RLA	17	–	–	0	–	0	*
RRCA	0F	–	–	0	–	0	*
RLCA	07	–	–	0	–	0	*
RRD (HL)	ED67	*	*	0	P	0	–
RLD (HL)	ED6F	*	*	0	P	0	–

Einzelbitbefehle

	A	B	C	D	E	H	L	(HL)	(IX+e)	(IY+e)	S Z H P/V N C
BIT 0,?	CB47	CB40	CB41	CB42	CB43	CB44	CB45	CB46	DDCBxx46	FDCBxx46	x * 1 x 0 –
BIT 1,?	CB4F	CB48	CB49	CB4A	CB4B	CB4C	CB4D	CB4E	DDCBxx4E	FDCBxx4E	x * 1 x 0 –
BIT 2,?	CB57	CB50	CB51	CB52	CB53	CB54	CB55	CB56	DDCBxx56	FDCBxx56	x * 1 x 0 –
BIT 3,?	CB5F	CB58	CB59	CB5A	CB5B	CB5C	CB5D	CB5E	DDCBxx5E	FDCBxx5E	x * 1 x 0 –
BIT 4,?	CB67	CB60	CB61	CB62	CB63	CB64	CB65	CB66	DDCBxx66	FDCBxx66	x * 1 x 0 –
BIT 5,?	CB6F	CB68	CB69	CB6A	CB6B	CB6C	CB6D	CB6E	DDCBxx6E	FDCBxx6E	x * 1 x 0 –
BIT 6,?	CB77	CB70	CB71	CB72	CB73	CB74	CB75	CB76	DDCBxx76	FDCBxx76	x * 1 x 0 –
BIT 7,?	CB7F	CB78	CB79	CB7A	CB7B	CB7C	CB7D	CB7E	DDCBxx7E	FDCBxx7E	x * 1 x 0 –
RES 0,?	CB87	CB80	CB81	CB82	CB83	CB84	CB85	CB86	DDCBxx86	FDCBxx86	Keine Beeinflussung
RES 1,?	CB8F	CB88	CB89	CB8A	CB8B	CB8C	CB8D	CB8E	DDCBxx8E	FDCBxx8E	Keine Beeinflussung
RES 2,?	CB97	CB90	CB91	CB92	CB93	CB94	CB95	CB96	DDCBxx96	FDCBxx96	Keine Beeinflussung
RES 3,?	CB9F	CB98	CB99	CB9A	CB9B	CB9C	CB9D	CB9E	DDCBxx9E	FDCBxx9E	Keine Beeinflussung
RES 4,?	CBA7	CBA0	CBA1	CBA2	CBA3	CBA4	CBA5	CBA6	DDCBxxA6	FDCBxxA6	Keine Beeinflussung
RES 5,?	CBAF	CBA8	CBA9	CBAA	CBAB	CBAC	CBAD	CBAE	DDCBxxAE	FDCBxxAE	Keine Beeinflussung
RES 6,?	CBB7	CBB0	CBB1	CBB2	CBB3	CBB4	CBB5	CBB6	DDCBxxB6	FDCBxxB6	Keine Beeinflussung
RES 7,?	CBBF	CBB8	CBB9	CBBA	CBBB	CBBC	CBBD	CBBE	DDCBxxBE	FDCBxxBE	Keine Beeinflussung
SET 0,?	CBC7	CBC0	CBC1	CBC2	CBC3	CBC4	CBC5	CBC6	DDCBxxC6	FDCBxxC6	Keine Beeinflussung
SET 1,?	CBCF	CBC8	CBC9	CBCA	CBCB	CBCC	CBCD	CBCE	DDCBxxCE	FDCBxxCE	Keine Beeinflussung
SET 2,?	CBD7	CBD0	CBD1	CBD2	CBD3	CBD4	CBD5	CBD6	DDCBxxD6	FDCBxxD6	Keine Beeinflussung
SET 3,?	CBDF	CBD8	CBD9	CBDA	CBDB	CBDC	CBDD	CBDE	DDCBxxDE	FDCBxxDE	Keine Beeinflussung
SET 4,?	CBE7	CBE0	CBE1	CBE2	CBE3	CBE4	CBE5	CBE6	DDCBxxE6	FDCBxxE6	Keine Beeinflussung
SET 5,?	CBEF	CBE8	CBE9	CBEA	CBEB	CBEC	CBED	CBEE	DDCBxxEE	FDCBxxEE	Keine Beeinflussung
SET 6,?	CBF7	CBF0	CBF1	CBF2	CBF3	CBF4	CBF5	CBF6	DDCBxxF6	FDCBxxF6	Keine Beeinflussung
SET 7,?	CBFF	CBF8	CBF9	CBFA	CBFB	CBFC	CBFD	CBFE	DDCBxxFE	FDCBxxFE	Keine Beeinflussung

Sprungbefehle

bedingt	Z	NZ	C	NC	PE	PO	M (S=1)	P (S=0)	*unbedingt*		(HL)	(IX)	(IY)
JP c,??	CAxxxx	C2xxxx	DAxxxx	D2xxxx	EAxxxx	E2xxxx	FAxxxx	F2xxxx	JP ??	C3xxxx	E9	DDE9	FDE9
JR c,?	28xx	20xx	38xx	30xx					JR ?	18xx			
CALL c,??	CCxxxx	C4xxxx	DCxxxx	D4xxxx	ECxxxx	E4xxxx	FCxxxx	F4xxxx	CAll ?	CDxxxx			
RET c	C8	C0	D8	D0	E8	E0	F8	F0	RET	C9			
RST 00	RST 08	RST 10	RST 18	RST 20	RST 28	RST 30	RST 38	DJNZ		RETI	RETN		
C7	CF	D7	DF	E7	EF	F7	FF	10xx		ED4D	ED45		
adr 00*H*	adr 08*H*	adr 10*H*	adr 18*H*	adr 20*H*	adr 28*H*	adr 30*H*	adr 38*H*	B-1, JR NZ,xx		from int.	from non maskable int.		

C Binäre Maschinencodes

Sie sind in aufsteigender Reihenfolge geordnet. Das ist nützlich zum «Disassemblieren» von Maschinenprogrammen. Kleinbuchstaben in der Spalte «binär» stehen für einen Operanden, wobei jeder Buchstabe eine Tetrade symbolisiert. Kleinbuchstaben in der Spalte «mnemonisch» symbolisieren jeweils ein ganzes Byte.

Beispiel:

Maschinencode				mnemonisch
01 n'n'nn				LD BC,nn'
adr	0	1	OP-Code	
adr+1	n'	n'	rechte Hälfte	
adr+2	n	n	linke Hälfte	

nn': rechte Hälfte, linke Hälfte

Maschinenbefehl

binär	mnemonisch	binär	mnemonisch	binär	mnemonisch	binär	mnemonisch
00	NOP	26 nn	LD H,n	4C	LD C,H	71	LD (HL),C
01 n'n'nn	LD BC,nn'	27	DAA	4D	LD C,L	72	LD (HL),D
02	LD (BC),A	28 ee	JR Z,e	4E	LD C,(HL)	73	LD (HL),E
03	INC BC	29	ADD HL,HL	4F	LD C,A	74	LD (HL),H
04	INC B	2A n'n'nn	LD HL,(nn')	50	LD D,B	75	LD (HL),L
05	DEC B	2B	DEC HL	51	LD D,C	76	HALT
06 nn	LD B,n	2C	INC L	52	LD D,D	77	LD (HL),A
07	RLCA	2D	DEC L	53	LD D,E	78	LD A,B
08	EX AF,AF'	2E nn	LD L,n	54	LD D,H	79	LD A,C
09	ADD HL,BC	2F	CPL	55	LD D,L	7A	LD A,D
0A	LD A,(BC)	30 ee	JR NC,e	56	LD D,(HL)	7B	LD A,E
0B	DEC BC	31 n'n'nn	LD SP,nn'	57	LD D,A	7C	LD A,H
0C	INC C	32 n'n'nn	LD (nn'),A	58	LD E,B	7D	LD A,L
0D	DEC C	33	INC SP	59	LD E,C	7E	LD A,(HL)
0E nn	LD C,n	34	INC (HL)	5A	LD E,D	7F	LD A,A
0F	RRCA	35	DEC (HL)	5B	LD E,E	80	ADD A,B
10 ee	DJNZ e	36 nn	LD (HL),n	5C	LD E,H	81	ADD A,C
11 n'n'nn	LD DE,nn'	37	SCF	5D	LD E,L	82	ADD A,D
12	LD (DE),A	38 ee	JR C,e	5E	LD E,(HL)	83	ADD A,E
13	INC DE	39	ADD HL,SP	5F	LD E,A	84	ADD A,H
14	INC D	3A n'n'nn	LD A,(nn')	60	LD H,B	85	ADD A,L
15	DEC D	3B	DEC SP	61	LD H,C	86	ADD A,(HL)
16 nn	LD D,n	3C	INC A	62	LD H,D	87	ADD A,A
17	RLA	3D	DEC A	63	LD H,E	88	ADC A,B
18 ee	JR e	3E nn	LD A,n	64	LD H,H	89	ADC A,C
19	ADD HL,DE	3F	CCF	65	LD H,L	8A	ADC A,D
1A	LD A,(DE)	40	LD B,B	66	LD H,(HL)	8B	ADC A,E
1B	DEC DE	41	LD B,C	67	LD H,A	8C	ADC A,H
1C	INC E	42	LD B,D	68	LD L,B	8D	ADC A,L
1D	DEC E	43	LD B,E	69	LD L,C	8E	ADC A,(HL)
1E nn	LD E,n	44	LD B,H	6A	LD L,D	8F	ADC A,A
1F	RRA	45	LD B,L	6B	LD L,E	90	SUB B
20 ee	JR NZ,e	46	LD B,(HL)	6C	LD L,H	91	SUB C
21 n'n'nn	LD HL,nn'	47	LD B,A	6D	LD L,L	92	SUB D
22 n'n'nn	LD (nn'),HL	48	LD C,B	6E	LD L,(HL)	93	SUB E
23	INC HL	49	LD C,C	6F	LD L,A	94	SUB H
24	INC H	4A	LD C,D	70	LD (HL),B	95	SUB L
25	DEC H	4B	LD C,E			96	SUB (HL)

Maschinenbefehl

binär	mnemonisch
97	SUB A
98	SBC A,B
99	SBC A,C
9A	SBC A,D
9B	SBC A,E
9C	SBC A,H
9D	SBC A,L
9E	SBC A,(HL)
9F	SBC A,A
A0	AND B
A1	AND C
A2	AND D
A3	AND E
A4	AND H
A5	AND L
A6	AND (HL)
A7	AND A
A8	XOR B
A9	XOR C
AA	XOR D
AB	XOR E
AC	XOR H
AD	XOR L
AE	XOR (HL)
AF	XOR A
B0	OR B
B1	OR C
B2	OR D
B3	OR E
B4	OR H
B5	OR L
B6	OR (HL)
B7	OR A
B8	CP B
B9	CP C
BA	CP D
BB	CP E
BC	CP H
BD	CP L
BE	CP (HL)
BF	CP A
C0	RET NZ
C1	POP BC
C2 n'n'nn	JP NZ,nn'
C3 n'n'nn	JP nn'
C4 n'n'nn	CALL NZ,nn'
C5	PUSH BC
C6 nn	ADD A,n
C7	RST 0
C8	RET Z
C9	RET
CA n'n'nn	JP Z,nn'
CC n'n'nn	CALL Z,nn'
CD n'n'nn	CALL nn'
CE nn	ADC A,n
CF	RST 8
D0	RET NC
D1	POP DE
D2 n'n'nn	JP NC,nn'
D3 nn	OUT (n),A
D4 n'n'nn	CALL NC,nn'
D5	PUSH DE
D6 nn	SUB n
D7	RST 10H
D8	RET C
D9	EXX
DA n'n'nn	JP C,nn'
DB nn	IN A,(n)
DC n'n'nn	CALL C,nn'
DE nn	SBC A,n
DF	RST 18H
E0	RET PO
E1	POP HL
E2 n'n'nn	JP PO,nn'
E3	EX (SP),HL
E4 n'n'nn	CALL PO,nn'
E5	PUSH HL
E6 nn	AND n
E7	RST 20H
E8	RET PE
E9	JP (HL)
EA n'n'nn	JP PE,nn'
EB	EX DE,HL
EC n'n'nn	CALL PE,nn'
EE nn	XOR n
EF	RST 28H
F0	RET P
F1	POP AF
F2 n'n'nn	JP P,nn'
F3	DI
F4 n'n'nn	CALL P,nn'
F5	PUSH AF
F6 nn	OR n
F7	RST 30H
F8	RET M
F9	LD SP,HL
FA n'n'nn	JP M,nn'
FB	EI
FC n'n'nn	CALL M,nn'
FE nn	CP n
FF	RST 38H
CB00	RLC B
CB01	RLC C
CB02	RLC D
CB03	RLC E
CB04	RLC H
CB05	RLC L
CB06	RLC (HL)
CB07	RLC A
CB08	RRC B
CB09	RRC C
CB0A	RRC D
CB0B	RRC E
CB0C	RRC H
CB0D	RRC L
CB0E	RRC (HL)
CB0F	RRC A
CB10	RL B
CB11	RL C
CB12	RL D
CB13	RL E
CB14	RL H
CB15	RL L
CB16	RL (HL)
CB17	RL A
CB18	RR B
CB19	RR C
CB1A	RR D
CB1B	RR E
CB1C	RR H
CB1D	RR L
CB1E	RR (HL)
CB1F	RR A
CB20	SLA B
CB21	SLA C
CB22	SLA D
CB23	SLA E
CB24	SLA H
CB25	SLA L
CB26	SLA (HL)
CB27	SLA A
CB28	SRA B
CB29	SRA C
CB2A	SRA D
CB2B	SRA E
CB2C	SRA H
CB2D	SRA L
CB2E	SRA (HL)
CB2F	SRA A
CB38	SRL B

Maschinenbefehl

binär	mnemonisch	binär	mnemonisch	binär	mnemonisch	binär	mnemonisch
CB39	SRL C	CB5F	BIT 3,A	CB84	RES 0,H	CBAA	RES 5,D
CB3A	SRL D	CB60	BIT 4,B	CB85	RES 0,L	CBAB	RES 5,E
CB3B	SRL E	CB61	BIT 4,C	CB86	RES 0,(HL)	CBAC	RES 5,H
CB3C	SRL H	CB62	BIT 4,D	CB87	RES 0,A	CBAD	RES 5,L
CB3D	SRL L	CB63	BIT 4,E	CB88	RES 1,B	CBAE	RES 5,(HL)
CB3E	SRL (HL)	CB64	BIT 4,H	CB89	RES 1,C	CBAF	RES 5,A
CB3F	SRL A	CB65	BIT 4,L	CB8A	RES 1,D	CBB0	RES 6,B
CB40	BIT 0,B	CB66	BIT 4,(HL)	CB8B	RES 1,E	CBB1	RES 6,C
CB41	BIT 0,C	CB67	BIT 4,A	CB8C	RES 1,H	CBB2	RES 6,D
CB42	BIT 0,D	CB68	BIT 5,B	CB8D	RES 1,L	CBB3	RES 6,E
CB43	BIT 0,E	CB69	BIT 5,C	CB8E	RES 1,(HL)	CBB4	RES 6,H
CB44	BIT 0,H	CB6A	BIT 5,D	CB8F	RES 1,A	CBB5	RES 6,L
CB45	BIT 0,L	CB6B	BIT 5,E	CB90	RES 2,B	CBB6	RES 6,(HL)
CB46	BIT 0,(HL)	CB6C	BIT 5,H	CB91	RES 2,C	CBB7	RES 6,A
CB47	BIT 0,A	CB6D	BIT 5,L	CB92	RES 2,D	CBB8	RES 7,B
CB48	BIT 1,B	CB6E	BIT 5,(HL)	CB93	RES 2,E	CBB9	RES 7,C
CB49	BIT 1,C	CB6F	BIT 5,A	CB94	RES 2,H	CBBA	RES 7,D
CB4A	BIT 1,D	CB70	BIT 6,B	CB95	RES 2,L	CBBB	RES 7,E
CB4B	BIT 1,E	CB71	BIT 6,C	CB96	RES 2,(HL)	CBBC	RES 7,H
CB4C	BIT 1,H	CB72	BIT 6,D	CB97	RES 2,A	CBBD	RES 7,L
CB4D	BIT 1,L	CB73	BIT 6,E	CB98	RES 3,B	CBBE	RES 7,(HL)
CB4E	BIT 1,(HL)	CB74	BIT 6,H	CB99	RES 3,C	CBBF	RES 7,A
CB4F	BIT 1,A	CB75	BIT 6,L	CB9A	RES 3,D	CBC0	SET 0,B
CB50	BIT 2,B	CB76	BIT 6,(HL)	CB9B	RES 3,E	CBC1	SET 0,C
CB51	BIT 2,C	CB77	BIT 6,A	CB9C	RES 3,H	CBC2	SET 0,D
CB52	BIT 2,D	CB78	BIT 7,B	CB9D	RES 3,L	CBC3	SET 0,E
CB53	BIT 2,E	CB79	BIT 7,C	CB9E	RES 3,(HL)	CBC4	SET 0,H
CB54	BIT 2,H	CB7A	BIT 7,D	CB9F	RES 3,A	CBC5	SET 0,L
CB55	BIT 2,L	CB7B	BIT 7,E	CBA0	RES 4,B	CBC6	SET 0,(HL)
CB56	BIT 2,(HL)	CB7C	BIT 7,H	CBA1	RES 4,C	CBC7	SET 0,A
CB57	BIT 2,A	CB7D	BIT 7,L	CBA2	RES 4,D	CBC8	SET 1,B
CB58	BIT 3,B	CB7E	BIT 7,(HL)	CBA3	RES 4,E	CBC9	SET 1,C
CB59	BIT 3,C	CB7F	BIT 7,A	CBA4	RES 4,H	CBCA	SET 1,D
CB5A	BIT 3,D	CB80	RES 0,B	CBA5	RES 4,L	CBCB	SET 1,E
CB5B	BIT 3,E	CB81	RES 0,C	CBA6	RES 4,(HL)	CBCC	SET 1,H
CB5C	BIT 3,H	CB82	RES 0,D	CBA7	RES 4,A	CBCD	SET 1,L
CB5D	BIT 3,L	CB83	RES 0,E	CBA8	RES 5,B	CBCE	SET 1,(HL)
CB5E	BIT 3,(HL)			CBA9	RES 5,C	CBCF	SET 1,A

Maschinenbefehl

binär	mnemonisch	binär	mnemonisch	binär	mnemonisch	binär	mnemonisch
CBD0	SET 2,B	CBF6	SET 6,(HL)	DD9E dd	SBC A,(IX+d)	DDCB dd F6	SET 6,(IX+d)
CBD1	SET 2,C	CBF7	SET 6,A	DDA6 dd	AND (IX+d)	DDCB dd FE	SET 7,(IX+d)
CBD2	SET 2,D	CBF8	SET 7,B	DDAE dd	XOR (IX+d)	ED40	IN B,(C)
CBD3	SET 2,E	CBF9	SET 7,C	DDB6 dd	OR (IX+d)	ED41	OUT (C),B
CBD4	SET 2,H	CBFA	SET 7,D	DDBE dd	CP (IX+d)	ED42	SBC HL,BC
CBD5	SET 2,L	CBFB	SET 7,E	DDE1	POP IX	ED43 n'n'nn	LD (nn'),BC
CBD6	SET 2,(HL)	CBFC	SET 7,H	DDE3	EX (SP),IX	ED44	NEG
CBD7	SET 2,A	CBFD	SET 7,L	DDE5	PUSH IX	ED45	RETN
CBD8	SET 3,B	CBFE	SET 7,(HL)	DDE9	JP (IX)	ED46	IM 0
CBD9	SET 3,C	CBFF	SET 7,A	DDF9	LD SP,IX	ED47	LD I,A
CBDA	SET 3,D	DD09	ADD IX,BC	DDCB dd 06	RLC (IX+d)	ED48	IN C,(C)
CBDB	SET 3,E	DD19	ADD IX,DE	DDCB dd 0E	RRC (IX+d)	ED49	OUT (C),C
CBDC	SET 3,H	DD21 n'n'nn	LD IX,nn'	DDCB dd 16	RL (IX+d)	ED4A	ADC HL,BC
CBDD	SET 3,L	DD22 n'n'nn	LD (nn'),IX	DDCB dd 1E	RR (IX+d)	ED4B n'n'nn	LD BC,(nn')
CBDE	SET 3,(HL)	DD23	INC IX	DDCB dd 26	SLA (IX+d)	ED4D	RETI
CBDF	SET 3,A	DD29	ADD IX,IX	DDCB dd 2E	SRA (IX+d)	ED50	IN D,(C)
CBE0	SET 4,B	DD2A n'n'nn	LD IX,(nn')	DDCB dd 3E	SRL (IX+d)	ED51	OUT (C),D
CBE1	SET 4,C	DD2B	DEC IX	DDCB dd 46	BIT 0,(IX+d)	ED52	SBC HL,DE
CBE2	SET 4,D	DD34 dd	INC (IX+d)	DDCB dd 4E	BIT 1,(IX+d)	ED53 n'n'nn	LD (nn'),DE
CBE3	SET 4,E	DD35 dd	DEC (IX+d)	DDCB dd 56	BIT 2,(IX+d)	ED56	IM 1
CBE4	SET 4,H	DD36 dd nn	LD (IX+d),n	DDCB dd 5E	BIT 3,(IX+d)	ED57	LD A,1
CBE5	SET 4,L	DD39	ADD IX,SP	DDCB dd 66	BIT 4,(IX+d)	ED58	IN E,(C)
CBE6	SET 4,(HL)	DD46 dd	LD B,(IX+d)	DDCB dd 6E	BIT 5,(IX+d)	ED59	OUT (C),E
CBE7	SET 4,A	DD4E dd	LD C,(IX+d)	DDCB dd 76	BIT 6,(IX+d)	ED5A	ADC HL,DE
CBE8	SET 5,B	DD56 dd	LD D,(IX+d)	DDCB dd 7E	BIT 7,(IX+d)	ED5B n'n'nn	LD DE,(nn')
CBE9	SET 5,C	DD5E dd	LD E,(IX+d)	DDCB dd 86	RES 0,(IX+d)	ED5E	IM 2
CBEA	SET 5,D	DD66 dd	LD H,(IX+d)	DDCB dd 8E	RES 1,(IX+d)	ED60	IN H,(C)
CBEB	SET 5,E	DD6E dd	LD L,(IX+d)	DDCB dd 96	RES 2,(IX+d)	ED61	OUT (C),H
CBEC	SET 5,H	DD70 dd	LD (IX+d),B	DDCB dd 9E	RES 3,(IX+d)	ED62	SBC HL,HL
CBED	SET 5,L	DD71 dd	LD (IX+d),C	DDCB dd A6	RES 4,(IX+d)	ED67	RRD
CBEE	SET 5,(HL)	DD72 dd	LD (IX+d),D	DDCB dd AE	RES 5,(IX+d)	ED68	IN L,(C)
CBEF	SET 5,A	DD73 dd	LD (IX+d),E	DDCB dd B6	RES 6,(IX+d)	ED69	OUT (C),L
CBF0	SET 6,B	DD74 dd	LD (IX+d),H	DDCB dd BE	RES 7,(IX+d)	ED6A	ADC HL,HL
CBF1	SET 6,C	DD75 dd	LD (IX+d),L	DDCB dd C6	SET 0,(IX+d)	ED6F	RLD
CBF2	SET 6,D	DD77 dd	LD (IX+d),A	DDCB dd CE	SET 1,(IX+d)	ED72	SBC HL,SP
CBF3	SET 6,E	DD7E dd	LD A,(IX+d)	DDCB dd D6	SET 2,(IX+d)	ED73 n'n'nn	LD (nn'),SP
CBF4	SET 6,H	DD86 dd	ADD A,(IX+d)	DDCB dd DE	SET 3,(IX+d)	ED78	IN A,(C)
CBF5	SET 6,L	DD8E dd	ADC A,(IX+d)	DDCB dd E6	SET 4,(IX+d)	ED79	OUT (C),A
		DD96 dd	SUB (IX+d)	DDCB dd EE	SET 5,(IX+d)	ED7A	ADC HL,SP

Maschinenbefehl

binär	mnemonisch	binär	mnemonisch	binär	mnemonisch
ED7B	LD SP,(nn)	FD74 dd	LD (IY+d),H	FDCB dd BE	RES 7,(IY+d)
EDA0	LDI	FD75 dd	LD (IY+d),L	FDCB dd C6	SET 0,(IY+d)
EDA1	CPI	FD77 dd	LD (IY+d),A	FDCB dd CE	SET 1,(IY+d)
EDA2	INI	FD7E dd	LD A,(IY+d)	FDCB dd D6	SET 2,(IY+d)
EDA3	OUTI	FD86 dd	ADD A,(IY+d)	FDCB dd DE	SET 3,(IY+d)
EDA8	LDD	FD8E dd	ADC A,(IY+d)	FDCB dd E6	SET 4,(IY+d)
EDA9	CPD	FD96 dd	SUB (IY+d)	FDCB dd EE	SET 5,(IY+d)
EDAA	IND	FD9E dd	SBC A,(IY+d)	FDCB dd F6	SET 6,(IY+d)
EDAB	OUTD	FDA6 dd	AND (IY+d)	FDCB dd FE	SET 7,(IY+d)
EDB0	LDIR	FDAE dd	XOR (IY+d)		
EDB1	CPIR	FDB6 dd	OR (IY+d)		
EDB2	INIR	FDBE dd	CP (IY+d)		
EDB3	OTIR	FDE1	POP IY		
EDB8	LDDR	FDE3	EX (SP),IY		
EDB9	CPDR	FDE5	PUSH IY		
EDBA	INDR	FDE9	JP (IY)		
EDBB	OTDR	FDF9	LD SP,IY		
FD09	ADD IY,BC	FDCB dd 06	RLC (IY+d)		
FD19	ADD IY,DE	FDCB dd 0E	RRC (IY+d)		
FD21 n'n'nn	LD IY,nn'	FDCB dd 16	RL (IY+d)		
FD22 n'n'nn	LD (nn'),IY	FDCB dd 1E	RR (IY+d)		
FD23	INC IY	FDCB dd 26	SLA (IY+d)		
FD29	ADD IY,IY	FDCB dd 2E	SRA (IY+d)		
FD2A n'n'nn	LD IY,(nn')	FDCB dd 3E	SRL (IY+d)		
FD2B	DEC IY	FDCB dd 46	BIT 0,(IY+d)		
FD34 dd	INC (IY+d)	FDCB dd 4E	BIT 1,(IY+d)		
FD35 dd	DEC (IY+d)	FDCB dd 56	BIT 2,(IY+d)		
FD36 dd nn	LD (IY+d),n	FDCB dd 5E	BIT 3,(IY+d)		
FD39	ADD IY,SP	FDCB dd 66	BIT 4,(IY+d)		
FD46 dd	LD B,(IY+d)	FDCB dd 6E	BIT 5,(IY+d)		
FD4E dd	LD C,(IY+d)	FDCB dd 76	BIT 6,(IY+d)		
FD56 dd	LD D,(IY+d)	FDCB dd 7E	BIT 7,(IY+d)		
FD5E dd	LD E,(IY+d)	FDCB dd 86	RES 0,(IY+d)		
FD66 dd	LD H,(IY+d)	FDCB dd 8E	RES 1,(IY+d)		
FD6E dd	LD L,(IY+d)	FDCB dd 96	RES 2,(IY+d)		
FD70 dd	LD (IY+d),B	FDCB dd 9E	RES 3,(IY+d)		
FD71 dd	LD (IY+d),C	FDCB dd A6	RES 4,(IY+d)		
FD72 dd	LD (IY+d),D	FDCB dd AE	RES 5,(IY+d)		
FD73 dd	LD (IY+d),E	FDCB dd B6	RES 6,(IY+d)		

D Umrechnung dual <--> dezimal

7 6 5 4 3 2 1 0 <--- Bitstelle

Format	M S D	L S D

MSD: most significant digit
LSD: least significant digit

Bei vorzeichenbehafteten Zahlen enthält die Bitstelle 7 das Vorzeichen.

LSD / MSD	0	1	2	3	4	5	6	7	8	9	A	B	C	D	E	F
0	0	1	2	3	4	5	6	7	8	9	10	11	12	13	14	15
1	16	17	18	19	20	21	22	23	24	25	26	27	28	29	30	31
2	32	33	34	35	36	37	38	39	40	41	42	43	44	45	46	47
3	48	49	50	51	52	53	54	55	56	57	58	59	60	61	62	63
4	64	65	66	67	68	69	70	71	72	73	74	75	76	77	78	79
5	80	81	82	83	84	85	86	87	88	89	90	91	92	93	94	95
6	96	97	98	99	100	101	102	103	104	105	106	107	108	109	110	111
7	112	113	114	115	116	117	118	119	120	121	122	123	124	125	126	127
8	128	129	130	131	132	133	134	135	136	137	138	139	140	141	142	143
	−128	−127	−126	−125	−124	−123	−122	−121	−120	−119	−118	−117	−116	−115	−114	−113
9	144	145	146	147	148	149	150	151	152	153	154	155	156	157	158	159
	−112	−111	−110	−109	−108	−107	−106	−105	−104	−103	−102	−101	−100	−99	−98	−97
A	160	161	162	163	164	165	166	167	168	169	170	171	172	173	174	175
	−96	−95	−94	−93	−92	−91	−90	−89	−88	−87	−86	−85	−84	−83	−82	−81
B	176	177	178	179	180	181	182	183	184	185	186	187	188	189	190	191
	−80	−79	−78	−77	−76	−75	−74	−73	−72	−71	−70	−69	−68	−67	−66	−65
C	192	193	194	195	196	197	198	199	200	201	202	203	204	205	206	207
	−64	−63	−62	−61	−60	−59	−58	−57	−56	−55	−54	−53	−52	−51	−50	−49
D	208	209	210	211	212	213	214	215	216	217	218	219	220	221	222	223
	−48	−47	−46	−45	−44	−43	−42	−41	−40	−39	−38	−37	−36	−35	−34	−33
E	224	225	226	227	228	229	230	231	232	233	234	235	236	237	238	239
	−32	−31	−30	−29	−28	−27	−26	−25	−24	−23	−22	−21	−20	−19	−18	−17
F	240	241	242	243	244	245	246	247	248	249	250	251	252	253	254	255
	−16	−15	−14	−13	−12	−11	−10	−9	−8	−7	−6	−5	−4	−3	−2	−1

				B6 B5 B4	0 0 0	0 0 1	0 1 0	0 1 1	1 0 0	1 0 1	1 1 0	1 1 1
B3	B2	B1	B0	MSD LSD	0	1	2	3	4	5	6	7
0	0	0	0	0	NUL	DLE	SP	0	@ §	P	`	p
0	0	0	1	1	SOH	DC1	!	1	A	Q	a	q
0	0	1	0	2	STX	DC2	”	2	B	R	b	r
0	0	1	1	3	ETX	DC3	#	3	C	S	c	s
0	1	0	0	4	EOT	DC4	¤ S	4	D	T	d	t
0	1	0	1	5	ENQ	NAK	%	5	E	U	e	u
0	1	1	0	6	ACK	SYN	&	6	F	V	f	v
0	1	1	1	7	BEL	ETB	´	7	G	W	g	w
1	0	0	0	8	BS	CAN	(	8	H	X	h	x
1	0	0	1	9	HT	EM	)	9	I	Y	i	y
1	0	1	0	A	LF	SUB	*	:	J	Z	j	z
1	0	1	1	B	VT	ESC	+	;	K	[Ä	k	{ ä
1	1	0	0	C	FF	FS	.	<	L	l Ö	l	l ö
1	1	0	1	D	CR	GS	-	=	M	] Ü	m	} ü
1	1	1	0	E	SO	RS	,	>	N	–	n	~ ß
1	1	1	1	F	SI	US	/	?	O	_	o	DEL

Übertragungssteuerzeichen

HEX	DEZ			
01	001	SOH	start of header	Anfang des Kopfes
02	002	STX	start of text	Anfang des Textes
03	003	ETX	end of text	Ende des Textes
04	004	EOT	end of transmission	Ende der Übertragung
05	005	ENQ	enquiriy	Stationsaufforderung
06	006	ACK	acknowledge	Positive Rückmeldung
10	016	DLE	data link escape	Datenübertragungsumschaltung
15	021	NAK	negative acknowledge	negative Rückmeldung
16	022	SYN	synchronous idle	Synchronisierung
17	023	ETB	end of transmission block	Ende des Datenübertragungsblockes
Formatsteuerzeichen				
08	008	BS	backspace	Rückwärtsschritt
09	009	HT	horizontal tabulator	waagrechter Tabulator
0A	010	LF	line feed	Zeilenvorschub
0B	011	VT	vertical tabulator	senkrechter Tabulator
0C	012	FF	form feed	Formularvorschub
0D	013	CR	carriage return	Wagenrücklauf
Gerätesteuerzeichen				
11	017	DC1	device control 1	Einschalten von Geräten
12	018	DC2	device control 2	Einschalten von Geräten
13	019	DC3	device control 3	Einschalten von Geräten
14	020	DC4	device control 4	Ausschalten von Geräten
Informationstrennzeichen				
1C	028	FS	file separator	Hauptgruppe (größte Einheit)
1D	029	GS	group separator	Gruppe
1E	030	RS	record separator	Untergruppe
1F	031	US	unit separator	Teilgruppe (kleinste Einheit)
Steuerzeichen zur Code-Erweiterung				
0E	014	SO	shift out	Dauerumschaltung
0F	015	SI	shift in	Rückschaltung
1B	027	ESC	escape	Code-Umschaltung (für 1 Zeichen)
sonstige Steuerzeichen				
00	000	NUL	null	nil (Füllzeichen)
07	007	BEL	bell	Klingel
18	024	CAN	cancel	ungültig (vorherige Zeichen)
19	025	EM	end of medium	Ende der Aufzeichnung
1A	026	SUB	substitute character	Ersetzen eines fehlerhaften Zeichens
20	032	SP	space	Zwischenraum
FF	255	DEL	delete	Löschen und Füllzeichen

F Sinnbilder für Programmablaufpläne nach DIN 66 001 (Auszug)

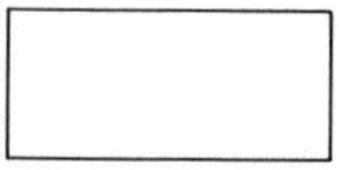

Operation, allgemein

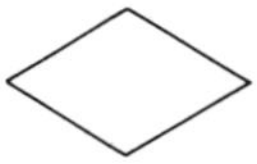

Verzweigung
meist 1 Eingang und 2 Ausgänge

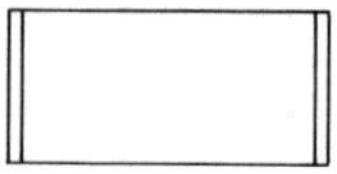

Unterablauf
z. B. Unterprogramm, das an anderer Stelle dokumentiert ist

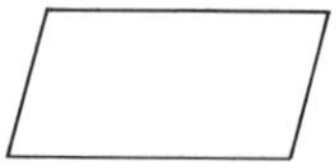

Eingabe, Ausgabe
maschinell oder manuell

Zusammenführung von Ablauflinien
Pfeilspitze zeigt die logische Richtung

Übergangsstelle
zu einem getrennt gezeichneten PA. Wird als Ausgang und Eingang verwendet. Zusammengehörige Übergangsstellen müssen gleiche Beschriftung tragen.

Grenzstelle
z. B. Beginn oder Ende eines Programmbausteins

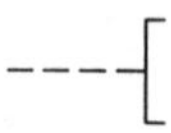

Bemerkung
Dieses Sinnbild kann, meist an der rechten Seite, an jedes andere Sinnbild angefügt werden.

Literaturverzeichnis

[1] Klaus Beuth: *Elektronik 4: Digitaltechnik.* Würzburg: Vogel-Buchverlag.
[2] H. Bernstein: *15 Jahre EPROM-Bausteine.* DE/der Elektromeister, Heft 18 1985, S. 1307.
[3] Zilog: *Z80-CPU Technical Manual.* Eching: KONTRON Electronic.
[4] Zilog: *Z80-Assembly Language, Programming Manual.* Eching: KONTRON Electronic.
[5] DIN 66261: *Sinnbilder nach Nassi-Shneiderman.* Berlin 30: Beuth-Verlag.
[6] DIN 66262: *Programmkonstrukte zur Bildung von Programmen.* Berlin: Beuth-Verlag.
[7] Michael Haßelberg: *Zusätzliche Befehle beim Z80.* MC 1/1982, Würzburg: Vogel-Verlag.
[8] W. Jordan / D. Sahlmann / H. Urban: *Strukturierte Programmierung.* Berlin: Springer-Verlag.
[9] Russel Rector / George Alexy: *Das 8086/8088 Buch.* München, 1982: te-wi-Verlag.
[10] W. Hofacker (Hrsg.): *Mikrocomputer, Hardware Handbook.* Holzkirchen, Hofacker GmbH.
[11] C. Vieillefond: *Programmierung des 80286.* Düsseldorf, 1986: Sybex Verlag.
[12] Unterlagen der Firma Intel: *8087 Numeric Data Coprozessor.* 8000 München 2, Seidelstr. 27.
[13] Otmar Feger: *Die 8051-Mikrocontroller-Familie.* München, 1987: Markt & Technik.
[14] Otmar Feger: *Applikationen zur 8051-Mikrocontroller-Familie.* München, 1988: Markt & Technik.
[15] Siemens Datenbuch: *Microcomputer-Components.* Siemens, 1988. 8000 München 80, Balanstr. 73.
[16] N. Hesselmann: *Digitale Signalverarbeitung.* Würzburg, 1987: Vogel-Buchverlag.
[17] Texas Instruments: *Digital Signalprozessor TMS 32010.*
[18] Texas Instruments: *TMS 32010 User's Guide.*
[19] Texas Instruments: *Digital Signal Processing Applications with the TMS 320 Family (SPRA012).*
[20] Arndt Bode (Hrsg.): *RISC-Architekturen.* Mannheim: BI-Wissenschafts-Verlag, ISBN 3-411-03189-1.
[21] Häußler / Guthseel: *Transputer.* München: Franzis-Verlag, ISBN 3-7723-6293-3.

Firmen, die auf IBM-kompatiblen PCs basierende Entwicklungssoftware für den Z80 vertreiben:

Engelmann & Schrader, Am Fuhrengehege 2, 3101 Eldingen, Tel. 05148/286, Fax 05148/853: Entwicklungsumgebungen für gängige Mikroprozessoren, bestehend aus Editor, Assemblierer und Simulator, lauffähig auf dem Betriebssystem MS-DOS. Außerdem EPROM-Simulator und -Programmer, Einsteckkarte in IBM-PC mit Z80-Interfacebausteinen.

Herbert Rose, Bogenstraße 43, 4390 Gladbeck:
Crossassembler und Crosscompiler für die Betriebssysteme MS-DOS und CP/M.

Stichwortverzeichnis